Otto Zinke · Hans Seither

Widerstände, Kondensatoren, Spulen und ihre Werkstoffe

Zweite, neubearbeitete und erweiterte Auflage

Mit 275 Abbildungen

Springer-Verlag
Berlin Heidelberg GmbH 1982

Dr.-Ing. habil. **Otto Zinke**
em. o. Professor, Technische Hochschule Darmstadt

Dr.-Ing. **Hans Seither**
Leiter Zentrale Entwicklungsaktivitäten Bauelemente
Standard-Elektrik-Lorenz AG, Stuttgart

CIP-Kurztitelaufnahme der Deutschen Bibliothek
Zinke, Otto:
Widerstände, Kondensatoren, Spulen und ihre Werkstoffe / Otto Zinke ; Hans Seither. –
2., neubearb. u. erw. Aufl.

ISBN 978-3-540-11334-8   ISBN 978-3-642-50981-0 (eBook)
DOI 10.1007/978-3-642-50981-0

NE: Seither, Hans:

Vorwort zur zweiten Auflage

Die lebhafte Entwicklung der aktiven elektronischen Bauelemente brachte auch eine Weiterentwicklung und Anpassung der passiven Bauelemente mit sich. Dies bezieht sich sowohl auf die Technologie (z. B. Aufdampftechnik, Dickschichttechnik) als auch auf ihre Konstruktion. Andererseits verlangt sowohl in der Energietechnik wie in der Nachrichtentechnik der Umgang mit höheren Spannungen, Strömen, Leistungen und Temperaturen vom Ingenieur eingehende Kenntnisse der passiven Bauelemente. Wesentlich war es auch, neuere Normen und Prüfverfahren zu berücksichtigen. Der Unterzeichnete hat daher im Einvernehmen mit dem Springer-Verlag Herrn Dr.-Ing. Hans Seither gebeten, mit einigen seiner Mitarbeiter im Hause Standard Elektrik Lorenz (SEL), Stuttgart, bei der Vorbereitung der 2. Auflage dieses Bauelementebuches mitzuwirken und einige Abschnitte neu zu gestalten. Diese Herren sind auch im Inhaltsverzeichnis namentlich genannt.

Im Kapitel „Widerstände und ihre Werkstoffe" verfaßte Herr Ing. F. Kuhn dankenswerterweise die Abschnitte „Bauformen und Normen von Widerständen" (1.11), „Nichtlinearität von Widerständen" (1.12), „Prüfungen an Widerständen und Zuverlässigkeit" (1.13) sowie „Einige Anwendungsrichtlinien" (1.14).

Außerdem erfuhr das 1. Kapitel Erweiterungen in den Abschnitten „Kaltleiter" (1.2), „Heißleiter" (1.3), „Magnetfeldabhängige Bauelemente" (1.5), „Varistoren" (1.6.1) sowie „Supraleitfähigkeit" (1.9).

Das Kapitel 2 „Kondensatoren und Isolierstoffe (dielektrische Werkstoffe)" konnte durch die Mitarbeit der Herren Dipl.-Phys. U. Grössler und Dipl.-Phys. K. Lehner erweitert werden. Ihnen sind vor allem die Abschnitte über dielektrische Werkstoffe und ihre Anwendungen bei Kondensatoren, 2.6 (Papier), 2.7 (Kunststoffe), 2.8 (Keramik, Glimmer, Quarz und Glas), 2.9 (Elektrolyt-Kondensatoren), 2.10 (Prüfungen an Kondensatoren und Zuverlässigkeit) sowie 2.11 (Anwendungsrichtlinien) zu verdanken.

Das 3. Kapitel „Spulen und magnetische Werkstoffe" der ersten Auflage wurde wesentlich erweitert durch Aufnahme der Übertrager und Sparübertrager, ihre Ersatzschaltbilder und Kurven des Übertragungsmaßes für verschiedene Streuung, Lebensdauer und Zuverlässigkeit technischer Spulen. Der Abschnitt 3.3 über Spulen mit magnetischem Kern behandelt jetzt auch geklebte Kernblechpakete, abgleichbare Spulenkerne und Festinduktivitäten. Der Abschnitt 3.6 über magnetisch weiche Werkstoffe wurde ergänzt durch Tabellen über Elektrobleche, Werkstoffe für Übertrager und weichmagnetische Ferrite unter Berücksichtigung der neueren Normen. Alle genannten Erweiterungen verdanke ich Herrn Dipl.-Ing. R. Hörndlein. Am Anfang des Kapitels 3 sind die Grundbeziehungen für die Induktivität durch zwei neue Abschnitte über „Spule und Kondensator als duale Schaltelemente" und „Kapazitätsbelasteter Gyrator als Induktivität" ergänzt worden.

Den Schluß bildet ein Anhang über die „Grundlagen der Zuverlässigkeitsanalyse und -synthese", den ich Herrn Prof. Dr.-Ing. A. Vlcek (Technische Hochschule Darmstadt) verdanke.

Herr Dipl.-Ing. U. Kluge las das gesamte Manuskript mit dem Ziel, vor allem Formelzeichen zu vereinheitlichen und der DIN-Norm 1304 sowie den Bezeichnungen der IUPAP (International Union of Pure and Applied Physics) anzupassen.

Die Erweiterungen des Manuskripts schrieben freundlicherweise an der Technischen Hochschule Darmstadt Frau E. Nothnagel und Frau U. Steckenreuter. Die zahlreichen neuen Zeichnungen fertigten sorgfältig Frau B. Häussler und Herr K. Dertinger im Hause SEL.

Allen Mitarbeitern an der 2. Auflage danke ich herzlich. Dem Springer-Verlag gebührt mein Dank für die vorzügliche Ausstattung.

Darmstadt, im Februar 1982   **Otto Zinke**

Vorwort zur ersten Auflage

Von jedem Studenten der Elektrotechnik auf Hochschulen und Höheren Technischen Lehranstalten werden heute vertiefte Kenntnisse auf dem Gebiete der Bauelemente erwartet. Das vorliegende Buch will eine Einführung in das Gebiet der wichtigsten passiven Bauelemente, der Widerstände, Kondensatoren, Spulen und ihrer Werkstoffe geben. Obwohl hier eine Reihe von wichtigen Tatsachen mitgeteilt wird, ist es vor allem mein Ziel gewesen, auf Zusammenhänge hinzuweisen, Erklärungen zu geben und – so oft wie möglich – durch sinnvolle Normierung vielfältige Gesetze auf einen Nenner zu bringen. Vollständiges Tatsachenmaterial darzubieten, muß den Handbüchern und Spezialwerken überlassen bleiben.

Der Leser findet in Kapitel 1 über Widerstände und ihre Werkstoffe die Grundgesetze über den Verlauf des spezifischen Widerstandes von unmagnetischen und magnetischen Leiter-Werkstoffen in einem sehr weiten Temperaturbereich, ferner Kalt- und Heißleiter sowie die Grundgesetze über Erwärmung, Temperaturgleichgewicht und Höchsttemperatur von Widerständen. Bei der Besprechung der Festwiderstände wird die Bedeutung der DIN-Normblätter für dieses Gebiet deutlich. Varistoren und Photowiderstände dienen als Beispiele für Spannungs- und Lichteinfluß auf den Leitwert.

Der Frequenzabhängigkeit von Widerständen durch unvermeidliche Induktivitäten und Kapazitäten sowie dem Skineffekt ist ein größerer Abschnitt vorbehalten. Die Supraleitfähigkeit wird als Skineffekt bei Gleichstrom dargestellt. Das thermische Rauschen und das Stromrauschen von Widerständen beschließen das 1. Kapitel.

Im Kapitel 2 (Kondensatoren und Isolierstoffe) findet man neben den grundlegenden Bauformen von Fest- und Drehkondensatoren eine genauere Darstellung der Randfeldstärken bei verschiedenen Abrundungen der Platten sowie Kurven zum Paschen-Gesetz und seinen Ausnahmen. Der technische Kondensator mit seinen Verlusten wird eingehend analysiert. Hierbei hat die Darstellung der komplexen Dielektrizitätskonstante bei Polarisationsverlusten durch Debye- und Cole-Kreise die gleiche Bedeutung wie die Darstellung der komplexen Permeabilität magnetischer Werkstoffe mit Nachwirkungs- und Wirbelstromverlusten. Nach einer Übersicht über Gase und Flüssigkeiten als Isolierstoffe werden die festen Isolierstoffe in zwei Gruppen unterteilt: wickelbare bzw. biegsame Isolierstoffe (Papier, Metalloxidschichten, Kunststoffolien) und andererseits harte Isolierstoffe (Duroplaste, Quarze, Glas Glimmer, Keramik mit niedriger und hoher Dielektrizitätskonstante ($\varepsilon' > 200$)).

Kapitel 3 über Spulen und magnetische Werkstoffe bringt einige Grundbeziehungen für die Berechnung magnetischer Feldstärken und Induktivitäten bei Drahtringen, dem Helmholtz-Spulenpaar, ferner optimalen Zylinderspulen, Flachspulen, Spulen mit quadratischem Wickelraum und Spulen mit geringem Streufeld. Die technischen Spulen mit den verschiedenen Verlusten von Blechkernen, Bandkernen, Pulver- und Ferritkernen werden dargestellt.

Eine Übersicht über die verschiedenen magnetischen Erscheinungen einschließlich Antiferromagnetismus, Ferrimagnetismus und Metamagnetismus dient als Einführung in die Eigenschaften magnetisch weicher und harter Werkstoffe und Legierungen.

Bei der Fertigstellung dieses Bandes konnte ich mich der Mitarbeit und kritischen Sichtung durch die Herren Dipl.-Ing. Eberhard Hoefer, Dipl.-Ing. Karl Hoffmann, Dipl.-Ing. Günter Landvogt und Dipl.-Ing. Alfons Kessler erfreuen. Insbesondere hat Herr Hoefer den Abschnitt 3.5 verfaßt.

Die Zeichnungsunterlagen wurden von Frl. Ute Kessler sauber hergestellt und das Manuskript sorgfältig von Frau Brigitte Schneider mit Maschine geschrieben. Allen Mitarbeitern danke ich herzlich für ihre Hilfe. Dem Springer-Verlag gebührt mein Dank für die vorzügliche Ausstattung.

Darmstadt, im November 1964   **Otto Zinke**

Inhaltsverzeichnis

Formelzeichen

A	Fläche; Koeffizient; Abstand
a	Dämpfungsmaß; Koeffizient; Abstand, Dicke
B	magnetische Induktion; Blindleitwert; $B = E_g/2k$, Temperatur
b	Breite; Phasenmaß
C	elektrische Kapazität; Koeffizient; Abstand
c	Lichtgeschwindigkeit im leeren Raum; spezifische Wärmekapazität; Koeffizient
D	elektrische Flußdichte, elektrische Verschiebung; Durchmesser
d	Durchmesser; Dicke, Abstand; Koeffizient
E	elektrische Feldstärke; elektrische Urspannung (EMK)
E_g	Bandabstand
e	Elementarladung
F	Kraft; Koeffizient
f	Frequenz
G	elektrischer Leitwert; Wirkleitwert
G_{th}	Wärmeleitwert
g	Ausbreitungsmaß
H	magnetische Feldstärke
h	Plancksches Wirkungsquantum; Hysteresebeiwert
I	elektrische Stromstärke
i	elektrische Stromstärke
J	elektrische Stromdichte
K	Koeffizient; Bezugstemperatur
k	Boltzmann-Konstante; Klirrfaktor; Kopplungsgrad; Koeffizient
L	Induktivität; Lorentz-Konstante
l	Länge
M	Magnetisierung; Gegeninduktivität
m	Masse
N	Windungszahl; Atomzahldichte; Anzahl
n	Teilchenzahldichte; Nachwirkungsbeiwert; Windungszahlverhältnis
n_n	Elektronenzahldichte
n_p	Lochzahldichte
P	Leistung, Wirkleistung
P_q	Blindleistung
p	Druck
Q	elektrische Ladung; Gütefaktor
q	elektrische Ladung
R	elektrischer Widerstand
R_{th}	Wärmewiderstand

r Radius; Verlust-Widerstand
S Energiestromdichte; Poynting-Vektor; Steilheit; Koeffizient
s Weglänge; Abstand
T (thermodynamische) Temperatur; Zeitkonstante
t Zeit
U elektrische Spannung
u elektrische Spannung
$\ddot{u}$ Übersetzungsverhältnis
V Volumen; spezifischer Verlust; Breitenverhältnis
v Geschwindigkeit; Verstärkungsfaktor
W Energie; bandbreitenbezogene Rauschleistung
w Energiedichte; Wirbelstrombeiwert
X Blindwiderstand, Reaktanz
Y (komplexe) Admittanz
Z (komplexe) Impedanz
Z Wellenwiderstand

α Temperaturkoeffizient; Winkel; Dämpfungskoeffizient; Koeffizient
β Winkel; Phasenkoeffizient; Koeffizient
γ elektrische Leitfähigkeit; Ausbreitungskoeffizient; gyromagnetischer
        Koeffizient; Exponent
δ Verlustwinkel; Leitschichtdicke, Eindringtiefe
ε Permittivität
ε_0 elektrische Feldkonstante
ε_r Permittivitätszahl
η dynamische Viskosität
θ_D Debye-Temperatur
θ_H Hall-Winkel
ϑ Celsius-Temperatur
Λ freie Weglänge
λ Wellenlänge; Wärmeleitfähigkeit
μ Permeabilität; Beweglichkeit; Poisson-Zahl
μ_0 magnetische Feldkonstante
μ_r Permeabilitätszahl
ξ Kohärenzlänge
ϱ spezifischer elektrischer Widerstand; Radius
ϱ_m (Massen-)Dichte
σ Streufaktor; Stefan-Boltzmann-Konstante
τ Zeitkonstante
Φ magnetischer Fluß; elektrisches Potential
Φ_0 Flußquant
φ Phasenwinkel
χ_e elektrische Suszeptibilität
χ_m magnetische Suszeptibilität
Ψ elektrischer Fluß
ω Kreisfrequenz

1 Widerstände und ihre Werkstoffe

Widerstände sind die verbreitetsten Bauelemente der Elektrotechnik. Vorwiegend werden in der Nachrichtentechnik Widerstände verwendet in Schaltungen mit aktiven Elementen, in Konstantstromquellen, Phasenschiebern, als Widerstände in RC-Netzwerken, in Sensoren für Dehnungen (siehe Abschnitt 1.1.2.1), Temperaturen (1.3.1), Magnetfelder (1.5). Jede Transistor- und Röhrenstufe enthält Widerstände. Der erste Abschnitt bringt eine Deutung des spezifischen Widerstandes und des Temperaturkoeffizienten, der zweite und dritte Abschnitt die Anwendung von Kaltleitern und Heißleitern. Im Abschnitt 1.4 findet man die Grundgesetze für Erwärmung, Temperaturgleichgewicht und die Bedeutung des Wärmewiderstandes. Abschnitt 1.5 bringt Widerstände und Potentiometer, die über ein Magnetfeld gesteuert werden, in Abschnitt 1.6 werden Widerstände besprochen, deren Leitwert sich durch die angelegte Spannung (Varistoren) bzw. eine Belichtung (Photowiderstände) ändert.

Für die Praxis besonders wichtig sind die Bauformen und Normen (Abschnitt 1.11), Nichtlinearität von Widerständen (Abschnitt 1.12), Prüfungen an Widerständen und Zuverlässigkeit (Abschnitt 1.13).

1.1 Spezifischer Widerstand und Temperaturkoeffizient von Metallen, Widerstandslegierungen und Halbleitern

1.1.1 Deutung der Leitfähigkeit und Grundbegriffe

Vom Bauelement Widerstand (engl. resistor) ist zu unterscheiden der manchmal als Widerstandswert oder Resistanz bezeichnete elektrische Widerstand R (engl. resistance), der nach dem Ohmschen Gesetz als das Verhältnis der längs der Oberfläche des Leiters in Stromrichtung vorhandenen Spannung U zur Stromstärke I definiert ist. Diese Definition bleibt bei Wechselströmen gültig, solange Strom und Spannung phasengleich sind, und gilt auch, wenn die Leiterkontur von einem magnetischen Wechselfeld durchsetzt ist (Beispiel: Ring oder Spule).

Legt man an einen Leiter eine Spannung, so wirkt an jedem Punkt eine elektrische Feldstärke E, welche die Ladungsträger in Bewegung setzt und mit der Stromdichte J durch die Beziehung

$$J = \gamma E \quad \text{bzw.} \quad E = \varrho J \tag{1.1-1a}$$

(γ ist die elektrische Leitfähigkeit (Konduktivität), $\varrho = 1/\gamma$ der spezifische Widerstand (Resistivität)) verknüpft ist. Dies ist das Ohmsche Gesetz im Strömungsfeld beliebig ausgedehnter gleichförmiger (isotroper) Leiter.

Hat der Leiter innerhalb seiner Länge l gleichbleibenden Querschnitt A_q, dann sind die elektrische Feldstärke $E = U/l$ und die Stromdichte $J = I/A_q$ ortsunabhängig. Der elektrische Widerstand

$$R = U/I = E\, l/(J\, A_q) = \varrho\, l/A_q \tag{1.1-1 b}$$

ist damit nur durch den Geometriefaktor (l/A_q) und den spezifischen Widerstand ϱ des Leiters bestimmt.

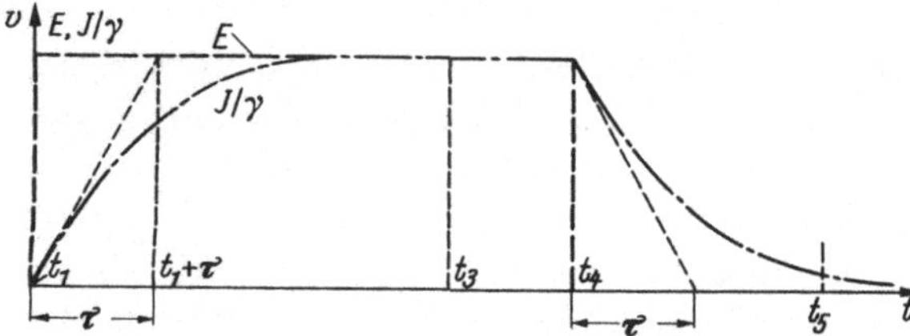

Bild 1.1-1. Zeitlicher Verlauf der Stromdichte, wenn die elektrische Feldstärke bei t_1 ein- und zur Zeit t_4 wieder ausgeschaltet wird. Die mittlere Trägergeschwindigkeit v entspricht der Kurve für J

Georg Simon Ohm fand 1826 das Gesetz $U = RI$ nach zahlreichen Experimenten bei konstanter Temperatur der Leiter. Wir interessieren uns dafür, ob $\gamma = 1/\varrho$ eine frequenzunabhängige Werkstoffkonstante ist. Bild 1.1-1 zeigt den zeitlichen Verlauf der Stromdichte J, wenn die Feldstärke E im Zeitpunkt t_1 trägheitslos angelegt und zur Zeit t_4 ausgeschaltet wird. Da die Ladungsträger auch Masse besitzen, folgt die Stromdichte J der Feldstärke E erst nach der Zeit von einigen τ entsprechend einem Exponentialgesetz

$$J = \gamma E \left(1 - e^{-\frac{t - t_1}{\tau}}\right) \tag{1.1-2}$$

und ist auch nach dem Ausschalten bei $t = t_4$ noch für einige τ merklich entsprechend dem Gesetz

$$J = \gamma E\, e^{-\frac{t - t_4}{\tau}}. \tag{1.1-3}$$

Man müßte also eine Zeit- bzw. Frequenzabhängigkeit der J und E verknüpfenden wirksamen Leitfähigkeit erwarten. Glücklicherweise hat τ bei Elektronen die Größenordnung von nur 10^{-14} s. Für eine Frequenz von $100\,\text{GHz} = 10^{11}/\text{s}$ (entsprechend einer Wellenlänge von $\lambda = 3\,\text{mm}$ im Vakuum und Luft) ist diese „Relaxationszeit" τ noch so gering, daß für alle Frequenzen der Elektrotechnik $\omega\,\tau \ll 1$ bleibt. Der Anstiegs- bzw. Abklingvorgang ist so kurz, daß man auf ihn keine Rücksicht zu nehmen braucht (Leitung in Metallen und Halbleitern).

Wohl zeigt aber die Zeitkonstante τ einen Weg, das Zustandekommen der Leitfähigkeit selbst besser zu verstehen. Zu diesem Zweck ist der Zeitabschnitt von t_1 bis t_5 gedehnt in Bild 1.1-2 dargestellt und folgende Modellvorstellung angenommen. Die Ladungsträger bewegen sich innerhalb des Atomgitters und können ungehindert eine freie Weglänge zurücklegen, die um so größer ist, je weniger Fehlstellen (Versetzungen, unbesetzte Gitterplätze, Zwischengitterplätze) und Fremdatome (Verunreinigungen) im Kristallgitter vorhanden sind.

Während der freien Flugzeit τ_f werden die Elektronen mit der Masse m durch das Feld E mit der Kraft eE beschleunigt:

$$m\frac{\mathrm{d}v}{\mathrm{d}t} = eE \qquad \frac{\mathrm{d}v}{\mathrm{d}t} = \frac{e}{m}E\;. \tag{1.1-4}$$

v wächst also während der Flugzeit τ_f linear mit der Zeit, wenn E konstant ist. (Im folgenden sind nur die Beträge der vektoriellen Größen v, E, J betrachtet, da Richtung und Richtungssinn für die Abhängigkeit von der Zeit nicht interessieren.)

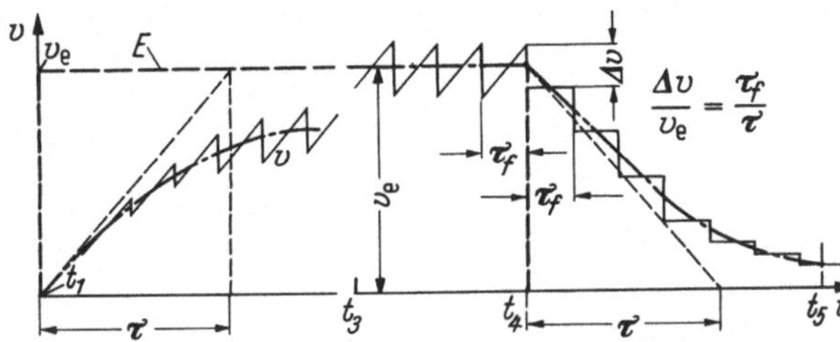

Bild 1.1-2. Zeitlicher Verlauf der Geschwindigkeit eines Elektrons beim Einschalten der elektrischen Feldstärke zur Zeit t_1 und beim Ausschalten zur Zeit t_4

Wir nehmen zur Vereinfachung an, daß die Flugzeit τ_f unabhängig von der Geschwindigkeit v sei. Bei jedem Zusammenstoß verlieren die Elektronen einen Betrag an Energie bzw. Geschwindigkeit, der ihrer jeweiligen Geschwindigkeit proportional ist. Bei Anlegen eines konstanten Feldes E ergibt sich schließlich ein Gleichgewichtszustand (s. Zeitabschnitt $t_3 \ldots t_4$), so daß $\tau_f\,\mathrm{d}v/\mathrm{d}t$ im Mittel gerade ebenso groß ist wie Δv.

Damit folgt

$$\tau_f\frac{e}{m}E = \Delta v\;. \tag{1.1-5}$$

Andererseits sieht man aus Bild 1.1-2, daß nach dem Abschalten des Feldes E bei $t = t_4$

$$\frac{\Delta v}{v_e} = \frac{\tau_f}{\tau} \tag{1.1-6}$$

ist. Aus (1.1-5) und (1.1-6) folgt für die mittlere Geschwindigkeit v_e der Elektronen

$$v_e = \tau\frac{e}{m}E\;. \tag{1.1-7}$$

Es geht also die Zeitkonstante τ unmittelbar in das Verhältnis v_e/E ein. Dieser Faktor

$$\mu = \frac{v_e}{E} = \tau\frac{e}{m} \tag{1.1-8}$$

heißt Beweglichkeit.

Er bestimmt direkt die Leitfähigkeit γ; denn die Stromdichte J ist ja v_e proportional. Wenn n Elektronen in der Volumeneinheit vorhanden sind, so treten in der Zeiteinheit $n\,v_e$ nach Bild 1.1-3 durch den Querschnitt. Also ist die Stromdichte

$$J = e\,n\,v_e = \frac{e^2}{m}\tau\,n\,E = \gamma E\;. \tag{1.1-9}$$

Damit wird die elektrische Leitfähigkeit γ durch $e\,n\,v_e/E = e\,n\,\mu$ bzw.

$$\gamma = \frac{e^2}{m}\,\tau\,n \qquad\qquad (1.1\text{-}10)$$

bestimmt.

Da e und m Ladung bzw. Masse des Elektrons bedeuten, ist bemerkenswert, daß damit die Leitfähigkeit der verschiedenen Leiterwerkstoffe und Legierungen durch zwei Größen, nämlich die Zeitkonstante τ und die Konzentration n der Ladungsträger, bestimmt ist.

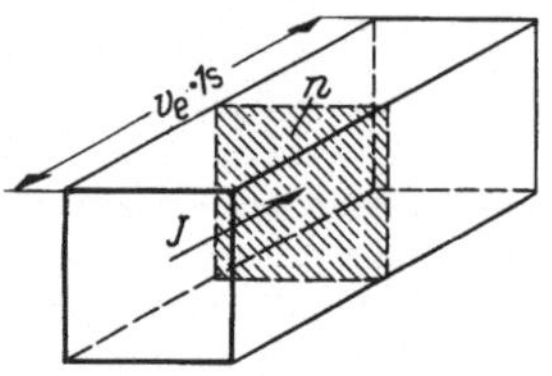

Bild 1.1-3. Zur Ableitung des Zusammenhangs zwischen mittlerer Elektronengeschwindigkeit v_e und Stromdichte J

Die obere Grenze der Konzentration ist bei Kupfer und Silber durch die Atomzahl gegeben. In diesem Falle nehmen alle Elektronen der äußersten Schale (die bei Cu und Ag *ein* Elektron enthält) an der Stromleitung teil. Die Zahl der Atome in der Volumeneinheit beträgt bei Kupfer $8{,}4 \cdot 10^{22}/\mathrm{cm}^3$. Ob wirklich alle Valenzelektronen voll zur Stromleitung beitragen, kann man nun durch Messung der Hall-Spannung[1] eines dünnen Bandleiters im Magnetfeld feststellen. Denn die Hall-Konstante ist $1/n\,e$, also der Trägerzahl umgekehrt proportional (s. 1.5.1). Sobald n durch diese Messung bekannt ist, folgt aus der gemessenen Leitfähigkeit die Zeitkonstante τ. Sie hat für Metalle, wie vorher erwähnt, die Größe 1 bis $4 \cdot 10^{-14}$ s bei Zimmertemperatur.

1.1.1.1 Temperaturabhängigkeit des spezifischen Widerstandes unmagnetischer Metalle

Einen Überblick über den Verlauf von $\varrho = 1/\gamma$ mit der Temperatur gibt Bild 1.1-4 für einige reine Metalle. Die Werkstoffe der Elektrotechnik werden nicht nur bei Zimmertemperatur eingesetzt. Gerade die Widerstandswerkstoffe müssen, bedingt durch die entwickelte Eigenwärme, oft Temperaturen von 100 °C bis 600 °C und als Heizleiter Temperaturen von 1000 °C bis 2000 °C aushalten. Auch tiefe Temperaturen interessieren, z.B. beim Maser[2] und beim Kryotron[3]. Damit entsteht die Frage, wie γ und damit τ von der Temperatur abhängt.

---

1 Edwin Herbert Hall, 1855–1938, USA. Der nach ihm benannte Hall-Effekt wurde 1879 gefunden.

2 Maser sind bei Temperaturen des flüssigen Heliums arbeitende rauscharme Molekularverstärker für die Höchstfrequenztechnik, die z.B. als Eingangsverstärker in Radioteleskopen eingesetzt werden. MASER = Molecular Amplification by Stimulated Emission of Radiation.

3 Kryotron ist der Name eines Schaltelements für Schaltkreise, bei dem der Strom in supraleitenden dünnen Schichten durch das Magnetfeld eines Steuerstroms schnell unterbrochen werden kann.

Tabelle 1.1-1

Metall	Symbol	Spezifischer Widerstand bei $T = 293$ K $\vartheta = 20\,°C$	Debye-Temperatur	Grenztemperatur	Spezifischer Widerstand bei $T = \Theta_D$	Spezifischer Restwiderstand bei $T \ll 0,15\ \Theta_D$
		$\varrho_{20}/(\mu\Omega\,\text{cm})$	Θ_D/K	$0,15\ \Theta_D/\text{K}$	$\varrho_{\Theta_D}/(\mu\Omega\,\text{cm})$	$\varrho_s/(\mu\Omega\,\text{cm})$
Silber	Ag	1,62	214	32	1,16	0,0040
Kupfer	Cu	1,7 … 1,8 [b]	320	48	1,94	0,0004 [a]
Gold	Au	2,22	160	24	1,17	0,0006 [a]
Aluminium	Al	2,77 … 2,9 [c]	374	56	3,79	0,0035 [a,d]
Zink	Zn	6,12	180	27	3,65	0,0096 [a]
Platin	Pt	10,6	220	33	7,91	0,0029
Blei	Pb	20,8	84,5	12,7	5,5	0 (supraleitend bei $T < 7,2$ K)
Wolfram	W	5,39	346	52	6,76	0,0015

[a] Einkristalle. − [b] Siehe VDE-Vorschrift 0201/1934. − [c] Siehe VDE-Vorschrift 0202/VII.43. − [d] Supraleitend bei $T < 1,19$ K.

Soweit τ von Störstellen herrührt, erwartet man einen von der Temperatur unabhängigen Wert τ_s. Die Anregung der thermischen Gitterschwingungen durch die Leitungselektronen führt zu einem zweiten Wert τ_T. Damit besteht nun der spezifische Widerstand[1] (s. auch Bild 1.1-4 b)

$$\varrho = \frac{1}{\gamma} = \frac{m}{e^2\,n}\,\frac{1}{\tau_s} + \frac{m}{e^2\,n}\,\frac{1}{\tau_T} = \varrho_s + \varrho_T \qquad (1.1\text{-}11)$$

aus einem temperaturunabhängigen Anteil ϱ_s, der bei sehr tiefen Temperaturen allein übrigbleibt und einem temperaturabhängigen Anteil ϱ_T der mit wachsender Temperatur zunimmt, weil τ_T abnimmt (stärkere Behinderung durch Gitterschwingungen mit wachsender thermodynamischer Temperatur T). Es ist $1/\tau_T$ proportional $T - 0,145\ \Theta_D$ für alle reinen nichtferromagnetischen Metalle (also ausgenommen Fe, Co, Ni). Es folgt ϱ_T dem einfachen Gesetz [1] nach Grüneisen

$$\frac{\varrho_T}{\varrho_{\Theta_D}} = 1,17 \cdot \frac{T}{\Theta_D} - 0,17 = \frac{T - 0,145\ \Theta_D}{0,855\ \Theta_D} \quad \text{für} \quad T \ge 0,15\ \Theta_D\,, \qquad (1.1\text{-}12)$$

das sich aus Messungen des spezifischen Widerstandes ergeben hat. Hierin ist Θ_D eine für das Material charakteristische Temperatur, die sog. Debye-Temperatur[2], $T = 273,15$ K $+ \vartheta$ ist die thermodynamische Temperatur und ϱ_{Θ_D} der spezifische Widerstand bei $T = \Theta_D$ (s. folgende Tabelle).

Tabelle 1.1-1 gibt für einige reine Metalle die Werte Θ_D/K und $\varrho_{\Theta_D}/(\mu\Omega\,\text{cm})$, ferner die Grenztemperatur $0,15\ \Theta_D$ und den Restwiderstand für $T \ll 0,15\ \Theta_D$.

---

1 Regel nach Mathiessen.

2 Peter J.W. Debye (1884−1966), holländischer Physiker und Chemiker. Debye war längere Zeit Direktor des Kaiser-Wilhelm-Instituts für physikalische Chemie in Berlin-Dahlem. Bücher: 1929 Polare Molekeln, 1933 Struktur der Materie, 1935 Kernphysik.

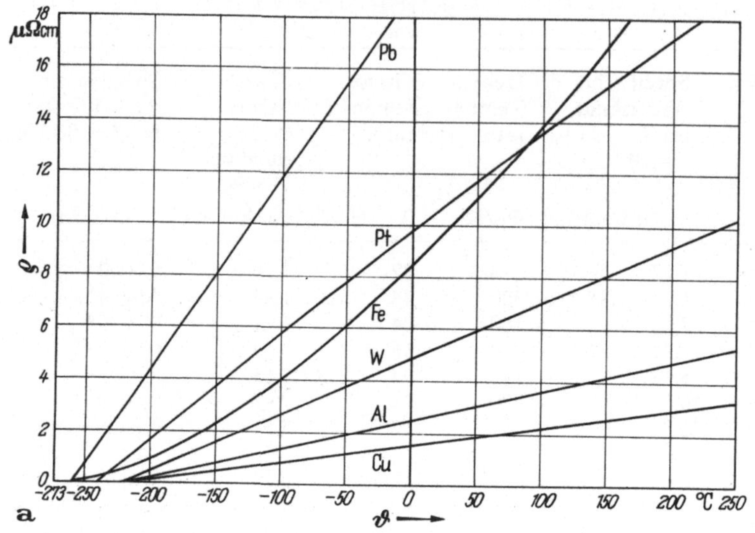

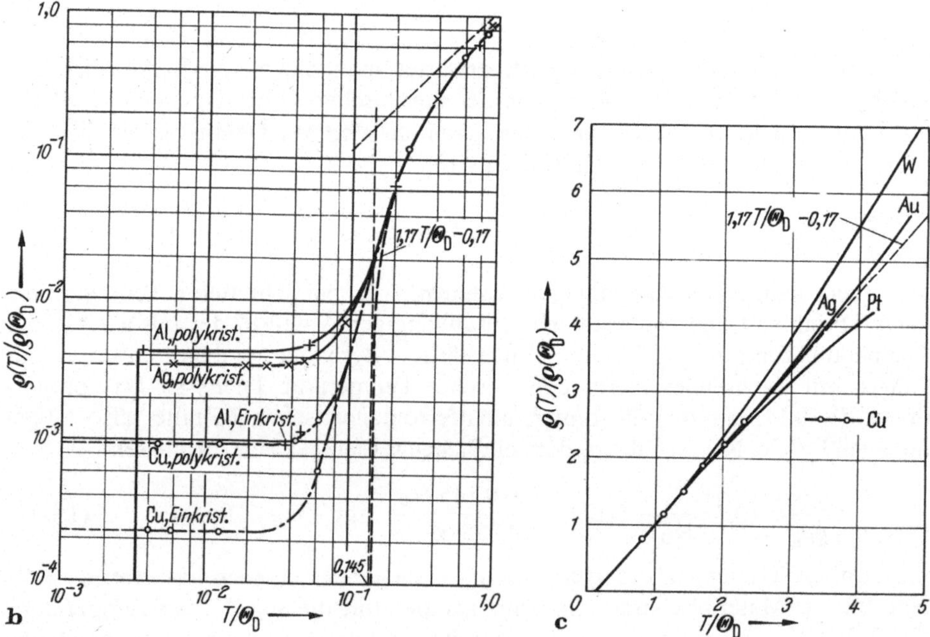

Bild 1.1-4 a–c. Temperaturabhängigkeit des spezifischen Widerstandes möglichst reiner Metalle. (Nach [17].) **a** im linearen Maßstab, abhängig von $\vartheta = T - 273°$;
b im doppelt-logarithmischen Maßstab für tiefe Temperaturen T unterhalb der Debye-Temperatur Θ_D normierte Größen; **c** im linearen Maßstab für Temperaturen $T \geqq 0,15\,\Theta_D$ normierte Größen. $\Theta_{el} = \Theta = \Theta_D$ ist die „elektrische" Debye-Temperatur, die man durch Vergleich der Gl. (1.1-12) mit Meßwerten des spezifischen Widerstandes gewinnt

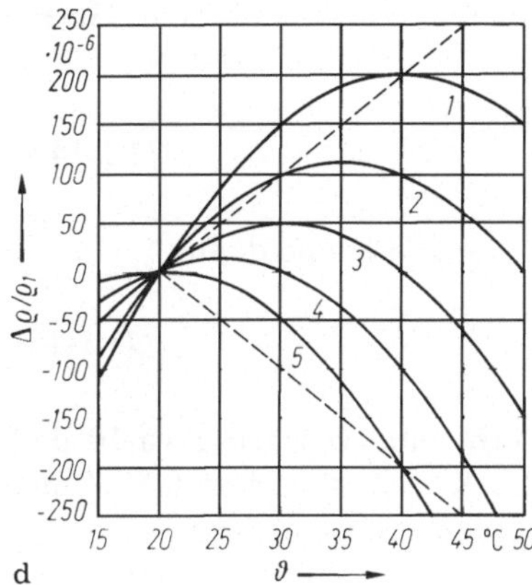

Bild 1.1-4 d. Änderung $\Delta\varrho$ des spezifischen Widerstandes ϱ von Manganin, bezogen auf ϱ_1 bei 20 °C, abhängig von der Temperatur ϑ. Hersteller von Manganin-Drähten streben an, die Kurve *3* einzuhalten

Bemerkenswert ist der bei Temperaturen von etwa $< 10\,\text{K}$ nahezu temperaturunabhängige Restwiderstand (letzte Spalte von Tabelle 1.1-1). Er ist um 2 bis 3 Zehnerpotenzen kleiner als bei 293 K (20 °C) und proportional $1/\tau_s$ (durch Unregelmäßigkeiten im Gitteraufbau und Verunreinigungen durch Fremdatome bedingt). Bei diesen geringen Temperaturen ist offenbar $\tau_T \gg \tau_s$, so daß $1/\tau_T$ gegenüber $1/\tau_s$ unbedeutend wird. Dieser spezifische Restwiderstand verschwindet bei weiterer Verkleinerung der Temperatur, wenn Supraleitung einsetzt. (Merkwürdigerweise zeigen gerade die besonders guten Leiter, wie Silber, Kupfer und Gold, in Spalte I b des periodischen Systems bisher keine Supraleitfähigkeit, wohl aber den sehr kleinen Restwiderstand in Bild 1.1-4 b).

Gleichung (1.1-12) kann auch dazu dienen, den Temperaturkoeffizienten α_{T_1} für reine, nichtferromagnetische Metalle zu bestimmen. Er ist definiert durch die Beziehung

$$\varrho = \varrho_{T_1}(1 + \alpha_{T_1}\,\Delta T) = \varrho_{T_1}(1 + \alpha_{T_1}\,\Delta\vartheta)\,. \tag{1.1-12a}$$

Andererseits kann man die Widerstands-Temperaturkennlinie $\varrho = \varrho(T)$ in der Umgebung der Temperatur T_1 in eine Taylor-Reihe entwickeln:

$$\varrho(T_1 + \Delta T) = \varrho_{T_1} + \left(\frac{\mathrm{d}\varrho}{\mathrm{d}T}\right)_{T-T_1}\Delta T + \frac{1}{2}\left(\frac{\mathrm{d}^2\varrho}{\mathrm{d}T^2}\right)_{T-T_1}\Delta T^2 + \ldots.$$

Ist $\Delta T \ll T_1$, so gilt mit

$$\left(\frac{\mathrm{d}\varrho}{\mathrm{d}T}\right)_{T-T_1} \equiv \frac{\mathrm{d}\varrho_{T_1}}{\mathrm{d}T}$$

als Abkürzung

$$\varrho = \varrho_{T_1} + \frac{\mathrm{d}\varrho_{T_1}}{\mathrm{d}T}\,\Delta T = \varrho_{T_1}\left(1 + \frac{1}{\varrho_{T_1}}\,\frac{\mathrm{d}\varrho_{T_1}}{\mathrm{d}T}\,\Delta T\right)\,. \tag{1.1-13}$$

Demnach ist der Temperaturkoeffizient bei der Temperatur T_1 allgemein nach Vergleich von (1.1-13) mit (1.1-12a)

$$\alpha_{T_1} = \frac{1}{\varrho_{T_1}}\,\frac{\mathrm{d}\varrho_{T_1}}{\mathrm{d}T}\,. \tag{1.1-14}$$

Für nichtferromagnetische Metalle, deren spezifischer Widerstand dem Gesetz (1.1-12) folgt, gilt nach (1.1-14)

$$\alpha_{T_1} = \frac{1}{T_1 - 0,145\,\Theta_D} \approx \frac{1}{T_1} \quad \text{für} \quad T_1 > \Theta_D. \tag{1.1-14a}$$

Bei einer üblichen Bezugstemperatur $\vartheta_1 = 20\,°C$ ist $T_1 = 293\,K$ und damit

$$\alpha_{\vartheta=20\,°C} \equiv \alpha_{20} = \frac{1}{293\,K - 0,15\,\Theta_D}. \tag{1.1-15}$$

Da nach Tabelle 1.1-1 Spalte 5 der Wert von $0,15\,\Theta_D$ nur zwischen etwa 10 und 60 K schwankt, liegt α_{20} zwischen 1/283 und 1/233 K d.h. zwischen 0,35% und 0,43%/K, also im Mittel bei 0,4%/K. Diese Werte wurden auch gemessen.

1.1.2 Unmagnetische Legierungen mit sehr kleinem Temperaturkoeffizienten

Der große Temperaturkoeffizient der Metalle ist für den Aufbau von Meß- und Normalwiderständen sehr unerwünscht. Man weiß, daß schon geringe Verunreinigungen τ_s herabsetzen und ϱ_s stark erhöhen. Bei den Widerstandslegierungen Manganin und Konstantan sowie Neusilber und Nickelin ist es gelungen, ϱ_s so stark zu erhöhen, daß $\varrho_T \ll \varrho_s$ bleibt und damit der Temperaturkoeffizient um 1 bis 3 Zehnerpotenzen geringer ist als bei den reinen Metallen.

Tabelle 1.1-2a zeigt einen Ausschnitt aus dem periodischen System, der die wichtigsten Metalle und Halbleiter enthält, und Tabelle 1.1-2b die Kombination zu nahezu temperaturunabhängigen Widerstandslegierungen, wie sie der Einteilung der DIN-Normen entspricht. Eine Legierung wie Manganin hält ihren spezifischen Widerstand zwischen 41 und 43 $\mu\Omega$ cm (0,41 bzw. 0,43 $\mu\Omega$ m) in einem Temperaturbereich zwischen $-200\,°C$ bis $+400\,°C$. Das äußerst flache Maximum von 43 $\mu\Omega$ cm liegt bei etwa 20 bis 40 °C.

Oft ist es zweckmäßig, neben dem Temperaturkoeffizienten von ϱ bei der Temperatur T_1 (bzw. ϑ_1)

$$\alpha_{T_1} \equiv \alpha_{\varrho_1} = \frac{1}{\varrho_1}\frac{d\varrho}{dT} = \frac{1}{\varrho_1}\frac{d\varrho}{d\vartheta} \tag{1. 1-14a}$$

die relative Widerstandsänderung $(R - R_1)/R_1 = (\varrho - \varrho_1)/\varrho_1 = \Delta\varrho/\varrho_1$ über der Temperatur ϑ aufzutragen (s. Bild 1.1-4d). Diese Darstellung gibt gleichzeitig eine Übersicht über das „Toleranzfeld", nämlich die relative Abweichung $\Delta\varrho$ des Sollwertes vom Istwert bei verschiedenen Temperaturen ϑ. Für Manganin ergeben Schwankungen der Zusammensetzung und der Wärmebehandlung, daß die $(\Delta\varrho/\varrho_1)$-Kurven zwischen den Kurven *1* und *5* von Bild 1.1-4d liegen können. Bemerkenswert ist, daß die Krümmung der Kurven weder von der Wärmebehandlung noch von der Kaltverformung abhängt.

Stellt man für normgerechtes Manganin (CuMn 12 Ni, Werkstoffnummer 2.1362, DIN 46461) den Zusammenhang zwischen ϱ und ϑ her, so gilt mit den Ausgangsgrößen ϱ_1 bei $\vartheta_1 = 20\,°C$ allgemein bei parabelförmigem Verlauf

$$\varrho = \varrho_1(1 + \alpha(\vartheta - \vartheta_1) + \beta(\vartheta - \vartheta_1)^2) \tag{1.1-14b}$$

und

$$\frac{\Delta\varrho}{\varrho_1} \equiv \frac{\varrho - \varrho_1}{\varrho_1} = \alpha(\vartheta - \vartheta_1) + \beta(\vartheta - \vartheta_1)^2 = \alpha\,\Delta\vartheta + \beta\,\Delta\vartheta^2 \,. \tag{1.1-14c}$$

Damit wird für alle Kurven *1* bis *5* der Zusammenhang zwischen dem Temperaturkoeffizienten α_ϱ und $\Delta\varrho/\varrho_1$ nach Differenzieren von (1.1-14c) nach ϑ

$$\alpha_\varrho \equiv \frac{1}{\varrho}\,\frac{\mathrm{d}\varrho}{\mathrm{d}\vartheta} = \alpha + 2\beta\,\Delta\vartheta = \frac{\Delta\varrho}{\varrho_1}\,\frac{1}{\Delta\vartheta} + \beta\,\Delta\vartheta \,. \tag{1.1-14d}$$

In Bild 1.1-4d ist für alle Kurven der spezifische Widerstand $\varrho = \varrho_1$ bei $\vartheta_1 = 20\,°\mathrm{C}$ und $\beta = -0,5 \cdot 10^{-6}/\mathrm{K}^2$, während α in Gl. (1.1-14b und c) zwischen $\alpha = 0$ und $20 \cdot 10^{-6}/\mathrm{K}$ variiert.

1.1.2.1 Anwendung bei Dehnungsmeßstreifen

Verformen eines Leiters durch Dehnen oder Stauchen beeinflußt dessen elektrischen Widerstand durch Änderung sowohl des Geometriefaktors l/A_q, als auch des Gefüges und damit des spezifischen Widerstandes ϱ.

Nach Gl. (1.1-1b) ist $R = \varrho \cdot l/A_\mathrm{q}$. Für die Änderung $\mathrm{d}R$ des Widerstandes gilt

$$\mathrm{d}R = \frac{\partial R}{\partial l}\,\mathrm{d}l + \frac{\partial R}{\partial A_\mathrm{q}}\,\mathrm{d}A_\mathrm{q} + \frac{\partial R}{\partial \varrho}\,\mathrm{d}\varrho \,.$$

Also ist die relative Widerstandsänderung

$$\frac{\mathrm{d}R}{R} = \frac{\mathrm{d}l}{l} - \frac{\mathrm{d}A_\mathrm{q}}{A_\mathrm{q}} + \frac{\mathrm{d}\varrho}{\varrho} \,.$$

Eine in Längsrichtung des Leiters wirkende mechanische Zugkraft hat neben einer Dehnung $\mathrm{d}l/l$ auch eine Querschnittsminderung $\mathrm{d}A_\mathrm{q}/A_\mathrm{q}$ zur Folge:

$$\frac{\mathrm{d}A_\mathrm{q}}{A_\mathrm{q}} = -2\mu\,\frac{\mathrm{d}l}{l} \,,$$

wobei die Poisson-Zahl μ bei quasiisotropen Stoffen, z. B. Metallen, ungefähr den Wert 0,3 hat. Dann ist

$$\frac{\mathrm{d}R}{R} = \frac{\mathrm{d}l}{l}\,(1 + 2\mu) + \frac{\mathrm{d}\varrho}{\varrho} \,.$$

Berücksichtigt man, daß mit der Dehnung auch eine Änderung des Gefüges, und damit des spezifischen Widerstandes verbunden ist, so ergibt sich beispielsweise für einen Wert $\mathrm{d}\varrho/\varrho \approx 0,4\,\mathrm{d}l/l$ eine Dehnungsempfindlichkeit

$$K = \frac{\mathrm{d}R/R}{\mathrm{d}l/l} \approx 2 \,.$$

Für die hier betrachteten unmagnetischen Legierungen liegt der K-Faktor je nach dem Verformungsverhalten in Querrichtung und der relativen Änderung des spezifischen Widerstandes im Bereich 2 bis 6. Konstantan zeichnet sich durch einen bis an die Streckgrenze gleichbleibenden K-Wert ≈ 2 aus. Die Dehnungsempfindlichkeit läßt sich meßtechnisch ausnutzen, indem Widerstandsmaterial (Draht, Folie) in Form eines mäanderförmigen Meßgitters, Bild 1.1-5, als sog. Dehnungsmeßstreifen (DMS) durch Kleben, Schweißen, Flammspritzen auf dem Meßobjekt befestigt wird, um bei dort auftretenden statischen oder dynamischen Oberflächendehnungen entsprechende Widerstandsänderungen zu erfahren. Je

Tabelle 1.1-2 a. Die wichtigsten Metalle und Halbleiter *[ ]* im periodischen System

Gruppe / Periode	I	II	III	IV	V	VI	VII	VIII	Ib	IIb	IIIb	IVb	Vb	VIb
2	Li	Be	*[B]*	*[C]*										
3	Na	Mg	Al	*[Si]*										
		IIa	IIIa	IVa	Va	VIa	VIIa	VIII	Ib	IIb	IIIb	IVb	Vb	VIb
4	K	Ca	Sc	Ti	V	Cr	Mn	Fe	Co	Ni	Cu	Zn	Ga	*[Ge]*	*[As]*	*[Se]*
5	Rb	Sr	Y	Zr	Nb	Mo	Tc	Ru	Rh	Pd	Ag	Cd	In	Sn	Sb	*[Te]*
6	Cs	Ba	La	Hf	Ta	W	Re	Os	Ir	Pt	Au	Hg	Tl	Pb	Bi
7			Th											

☐ Elemente für Widerstände und Widerstandslegierungen.   *[ ]* Halbleiter-Elemente.

Tabelle 1.1-2 b. Spezifischer elektrischer Widerstand, Temperaturkoeffizient und Zusammensetzung von Widerstandsdrähten (Auswahl nach DIN-Normen 17663, 43760, 46461 und 46463)

Lfd. Nr.	DIN	Werkstoff		Frühere Bezeichnung (veraltet)	Spez. elektr. Widerstand ϱ bei 20 °C $\Omega \cdot \text{mm}^2/\text{m}$ [d]	Temperaturkoeffizient [f] α_ϱ zwischen 20 °C und 105 °C $10^{-6}/\text{K}$	Beispiele für Handelsnamen	Beispiele für Anwendungen
		Kennzeichen	Werkstoff-Nr.					
1	43760	Ni	—	—	0,08	+6100 bis +6240	Nickel spezial	Widerstandsthermometer, Münzzählerspulen

2	17663	CuNi 18 Zn 20	2.0740	Ns 6218	0,30	+ 350 bis + 450	Neusilber	korrosionsbeständige Wickeldrähte
3		CuMn 3	2.1356	WM 13	0,125	+ 280 bis + 380[b]	ISA 13	niederohmige Widerstände geringer Belastung
4		CuNi 30 Mn	2.0890	WM 40	0,40	+ 80 bis + 180[b]	Nickelin W	Widerstände, Anlasser
5	46461	CuMn 12 Ni	2.1362	WM 43	0,43	− 10 bis + 10[a]	Manganin	Präzisionswiderstände, Normale
6		CuNi 44[e]	2.0842	WM 50	0,49	− 80 bis + 40	Konstantan, Isotan	Potentiometer, Meßwiderstände
7		CuMn 12 NiAl	2.1365	WM 50	0,50	− 50 bis + 50[b]	ISA 50	Widerstände
8		NiCr 8020	2.4869	WM 110	1,08	+ 50 bis + 150	Nikrothal 80 Chromnickel 80/20	hochohmige Widerstände, Heizleiter
9	46463	NiCr 6015	2.4867	WM 110	1,11	+ 100 bis + 200	Nikrothal 60	hochohmige Widerstände, Heizleiter
10		NiCr 20 AlSi	2.4872	WM 130	1,32	− 50 bis + 50[c]	Isaohm	hochohmige Präzisionswiderstände

[a] Gilt nur im Temperaturbereich von 20 °C bis 50 °C; Werkstoff hat parabolische Widerstands-Temperatur-Kurve mit Widerstandsmaximum zwischen 20 °C und 40 °C.
[b] Temperaturkoeffizienten sind nur Richtwerte.
[c] Bei Verwendung für hochohmige Präzisionswiderstände kann der Temperaturkoeffizient auf − 10 bis + 10 · 10^{-6}/K eingestellt werden.
[d] $1\ \Omega\ mm^2/m = 1\ \mu\Omega m = 100\ \mu\Omega \cdot cm$.
[e] CuNi 44 (Konstantan, Isotan) enthält 44% Ni, 1% Mn und 55% Cu. Mittelwerte der Zusammensetzung der 10 Werkstoffe findet man in den DIN-Normen 17470 und 17471 für Widerstandslegierungen.
[f] Der Temperaturkoeffizient α von Widerständen wird meist in %/K angegeben. Wegen der sehr kleinen Werte von α_ϱ bei Widerstandsdrähten bevorzugen die Normen die Angabe in 10^{-6}/K.

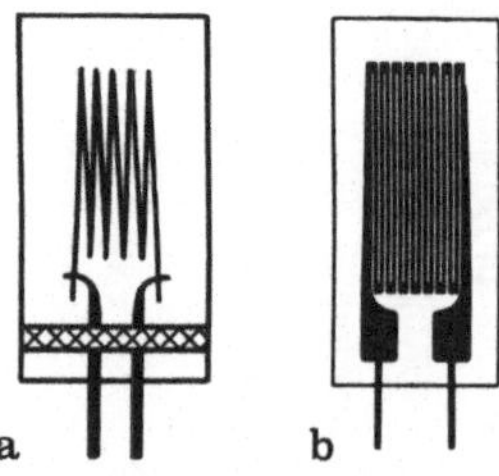

Bild 1.1-5 a u. b. Grundsätzlicher Aufbau von Dehnungsmeßstreifen. **a** mit Drahtmeßgitter; **b** mit Folienmeßgitter

nach Verwendungszweck gibt es verschiedene Ausführungsformen, 3 Beispiele sind in Bild 1.1-6 aufgezeigt.

Meßtechnische Forderungen nach möglichst kleiner Meßgitterfläche und geringer Störbeeinflussung des Meßobjekts, sowie Widerstands-Vorzugswerten von 120, 300 und 600 Ω führen zu sehr geringen Leiterdicken, 20 bis 30 µm bei Drähten, 2 bis 10 µm bei Folien. Dennoch stellt der normalerweise auf einem Träger montierte, umhüllte DMS ein mechanisch und elektrisch robustes Bauelement dar. DMS lassen sich beim Anschluß an Meßbrücken und bei Beherrschung störender Einflüsse zur genauen Bestimmung von relativen Längenänderungen im Bereich 10^{-7} bis 10^{-1}, bei Lastspielzahlen von 10^3 bis 10^7, Schwingfrequenzen bis oberhalb 50 kHz, Umgebungstemperaturen von $-270\,°C$ bis $480\,°C$ bei Konstantan, bis $1000\,°C$ bei Platin-Iridium oder Platin-Wolfram einsetzen. Keramikumhüllte Konstantan-DMS widerstehen sogar der Belastung durch Kernstrahlung.

Kenngrößen und Prüfbedingungen für DMS mit metallischem Meßgitter sind in den VDE/VDI-Richtlinien 2635 festgelegt.

Zunehmende Bedeutung haben metallische Dünnschicht-DMS erlangt. Sowohl die Leiterzüge als auch die erforderliche Isolierschicht werden im Aufdampfbzw. Aufsprüh-Verfahren direkt auf das Meßobjekt, meist ein Meßwertaufnehmer, aufgebracht.

DMS auf Halbleitergrundlage haben zwar größere K-Faktoren (ca. 100), besitzen aber gekrümmte Kennlinien und erhebliche Temperaturabhängigkeit. Sie

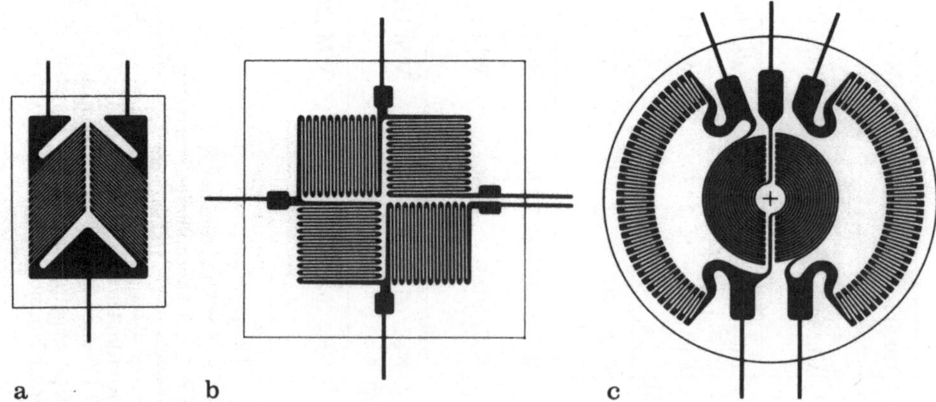

Bild 1.1-6 a – c. Verschiedene Ausführungsformen von Dehnungsmeßstreifen. **a** 2-Meßgitter-Anordnung, $\pm 45°$ zur Symmetrieachse geneigt, besonders geeignet für Drehmoment- und Schubspannungsmessung; **b** 4-Meßgitter-Anordnung, xy-Vollbrücken-Rosette; **c** Membran-Rosette für Druckaufnehmer mit eingespannter Kreismembran

werden daher vornehmlich zur Bestimmung sehr kleiner Dehnungen verwendet, bzw. dann, wenn die Einfachheit der Meßanordnung gegenüber höchstmöglicher Genauigkeit vorrangig ist.

Metallische DMS (z.B. aus Konstantan) mit stabilem Verstärker haben aber gleiche Empfindlichkeit bei größerer Konstanz [27, 28].

1.1.3 Temperaturabhängigkeit des Widerstandes reiner ferromagnetischer Werkstoffe

Der spezifische Widerstand von Eisen, Kobalt und Nickel folgt nach Messungen dem Gesetz

$$\varrho \approx c\, T^{1,7} \quad \text{für} \quad T < T_\text{C} \tag{1.1-16}$$

in einem großen Bereich mit Ausnahme sehr tiefer Temperaturen (s. Bild 1.1-7). Für hohe Temperaturen liegt die Grenze bei der jeweiligen Curie-Temperatur T_C (bzw. ϑ_C), wo die Ferromagnetika paramagnetisch werden und $\mu_\text{r} \approx 1$ wird

	T_C	ϑ_C
Eisen	1043 K	770 °C
Kobalt	1400 K	1127 °C
Nickel	635 K	362 °C

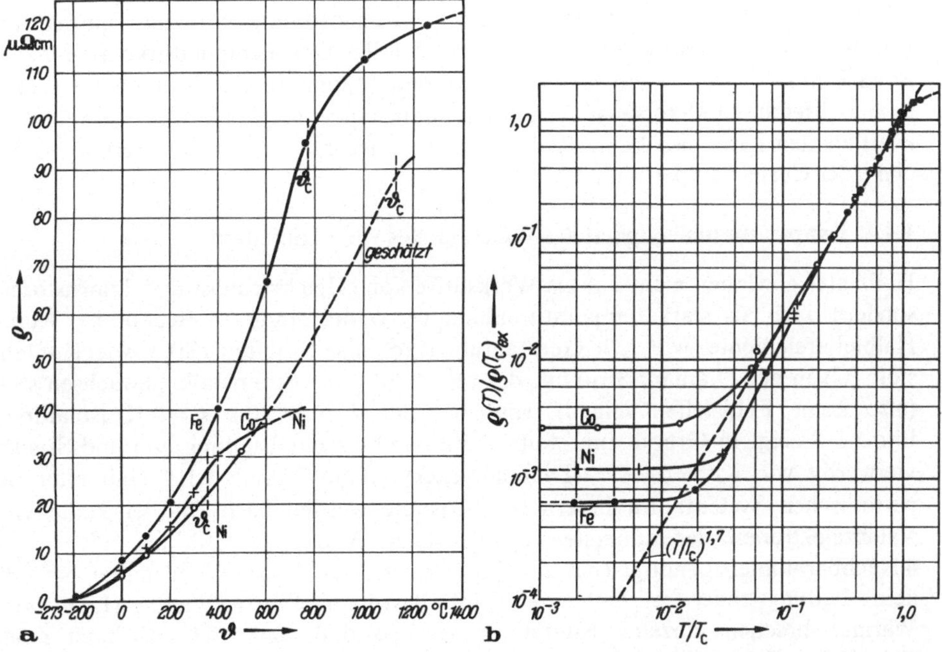

Bild 1.1-7a u. b. Temperaturabhängigkeit des spezifischen Widerstandes möglichst reiner und isotroper, polykristalliner, ferromagnetischer Metalle. (Nach [17].) **a** im linearen Maßstab, abhängig von $\vartheta = T - 273,15$ K; **b** im doppeltlogarithmischen Maßstab. ϱ ist normiert auf $\varrho(T_\text{c})_\text{ex}$. $\varrho(T_\text{c})_\text{ex}$ ist der aus dem $T^{1,7}$-Verlauf extrapolierte spezifische Widerstand bei der Curie-Temperatur

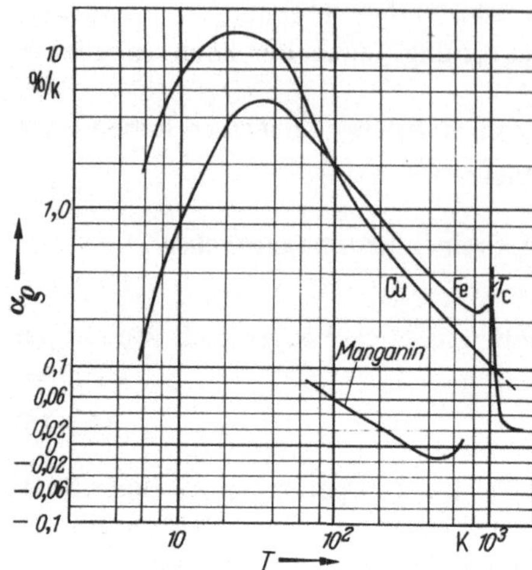

Bild 1.1-8. Temperaturabhängigkeit des Temperaturkoeffizienten des spezifischen Widerstandes von möglichst reinem Kupfer und Eisen sowie von Manganin

Der Temperaturkoeffizient der Ferromagnetika folgt unterhalb T_C aus

$$\alpha_{T_1} = \left(\frac{1}{\varrho}\,\frac{d\varrho}{dT}\right)_{T-T_1} = \left(\frac{c \cdot 1,7\ T^{0,7}}{c\ T^{1,7}}\right)_{T-T_1} = \frac{1,7}{T_1} \sim 5,8 \cdot 10^{-3}/K$$

bei Zimmertemperatur. Die gemessenen Werte sind für Eisen und Nickel $4,5 \cdot 10^{-3}/K$, liegen also in der gleichen Größenordnung wie die Temperaturkoeffizienten der reinen, unmagnetischen Metalle. Der Temperaturkoeffizient α_{T_1} ist in Bild 1.1-8 für Fe einerseits und Cu und Manganin als Vertreter unmagnetischer Metalle andererseits dargestellt. Von einer Konstanz des Temperaturkoeffizienten kann also keine Rede sein. Man beachte bei Fe den Verlauf in der Nähe der Curie-Temperatur.

1.1.4 Temperaturabhängigkeit des Widerstandes von Halbleitern

Halbleiter gewinnen nicht nur als Werkstoffe von Gleichrichtern und Transistoren, sondern auch als stark temperaturabhängige Widerstände an Bedeutung. Reine Halbleiterelemente, wie z. B. Germanium (Ge) und Silicium (Si) sowie Kohlenstoff (C) in der Diamant-Struktur, die regelmäßig als Einkristalle gewachsen sind (also keine Fehlstellen zeigen), sind bei der Temperatur $T = 0\ K$ Isolatoren. Bild 1.1-9 zeigt in Grund- und Aufriß die Struktur der Bindung. Ge und Si sind vierwertig wie Kohlenstoff[1] (Diamantgitter) (siehe Tabelle 1.1-3 Halbleiter im periodischen System). Im Innern der Kristalle werden nach Bild 1.1-9 alle vier Valenzelektronen der äußersten Schale jedes Atoms zur Bildung mit seinen 4 Nachbaratomen benötigt (bei $T = 0\ K$). Im idealen Kristall sind daher bei 0 K keine Ladungsträger frei. Unter dem Einfluß von zugeführter Energie (Licht oder Wärme) brechen einzelne Bindungen auf, so daß unter der Wirkung eines elektrischen Feldes die abgespaltenen Elektronen wie Leitungselektronen entgegen der Feldrichtung mit einer Beweglichkeit μ_n durch das Gitternetz wandern. Dort

---

1 Die übliche Tetraeder-Darstellung läßt den Aufbau aus senkrecht zueinander verwobenen Zickzack-Ketten nicht gut erkennen.

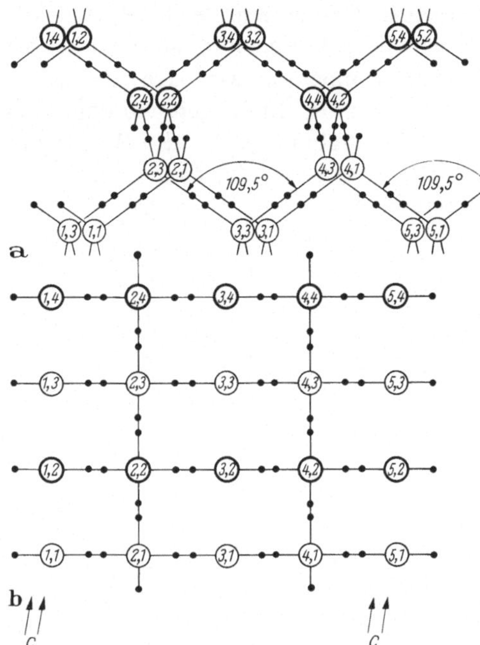

Bild 1.1-9a u. b. Diamantstruktur von Kohlenstoff, Germanium und Silicium. **a** Aufriß (Ansicht in Pfeilrichtung „c"); **b** Grundriß

Tabelle 1.1-3. Für Halbleiterverbindungen wichtige Elemente im periodischen System

Periode \ Gruppe	III	IV	V	VI	VII
2	B	C		O	
3	Al	Si	P	S	
	IIIb	IVb	Vb	VIb	VIIb
4	GA	Ge	As	Se	
5	In	grau Sn	Sb	Te	I
6	Tl	Pb	Bi		

wo Elektronen abgewandert sind, bleiben positive Ionen zurück, die Elektronen von Nachbaratomen zu binden vermögen (sogenannte Rekombination) und diese ebenfalls entgegen der Feldrichtung aus ihrer Bindung herausziehen. Die den Nachbaratomen fehlenden Elektronen (Fehlelektronen oder Defektelektronen oder „Löcher" analog „holes" genannt) wandern in der Feldrichtung und tragen entsprechend ihrer Beweglichkeit μ_p ebenfalls zur Leitfähigkeit bei. Damit ist die Eigenleitfähigkeit der Halbleiter, obwohl es sich um eine reine Elektronenbewegung ohne Stofftransport[1] handelt, durch zwei Anteile bestimmt:

$$\gamma = e\,n\,\mu_n + e\,n\,\mu_p = e\,n(\mu_n + \mu_p)\,. \tag{1.1-17}$$

---

1 Im Gegensatz zur Stoffwanderung bei Ionenleitfähigkeit im Alkalihalogenid-Kristall oder bei der Elektrolyse.

Die Dichte n der Elektronen (bei eigenleitenden Halbleitern gleich der Zahl der Fehlelektronen) steigt nun sehr stark mit wachsender Temperatur (während bei der metallischen Bindung n konstant ist). Bei jeder Temperatur wird sich ein Gleichgewicht einstellen zwischen der Zahl der aufbrechenden Bindungen und damit der neugeborenen Ladungs-Paare und den durch Rekombination für die Wanderung verlorenen Elektronen, die an der Stelle eines Fehlelektrons festgehalten werden.

Die Temperaturabhängigkeit der Trägerdichte n kann abgeschätzt werden (Bild 1.1-10):

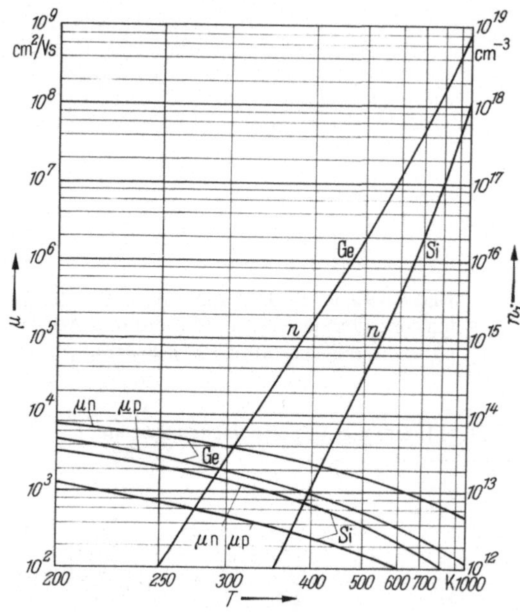

Bild 1.1-10. Temperaturabhängigkeit der Elektronen- bzw. Löcherkonzentration n bei Eigenleitfähigkeit sowie der Elektronen- bzw. Löcherbeweglichkeit b von reinem Germanium und Silicium

Die Zahl der Rekombinationen zwischen Elektronen und Fehlelektronen ist proportional der Dichte n der Elektronen und der Dichte n der Fehlelektronen, also proportional n^2. Die Dichte der neu entstehenden Trägerpaare ist proportional der Zahl der noch fest gebundenen Atome $N - n$ (N ist die Zahl der Atome im Volumen) und einem Temperaturfaktor, der nach Überlegungen der statistischen Mechanik den Boltzmann-Faktor $\mathrm{e}^{-E_g/kT}$ enthält. Hierin ist $k = 1{,}381 \cdot 10^{-23}$ Ws/K und E_g die Energiedifferenz, die nötig ist, um die Bindung eines Elektrons zu lösen (Differenz zwischen den Energieniveaus des Leitungsbandes und des Valenzbandes oder „Bandabstand"). Der Bandabstand E_g hat bei Germanium die Größe 0,67 eV, bei Silicium 1,12 eV, bei Diamant über 6 eV. Im Gleichgewichtszustand entstehen ebensoviel Trägerpaare wie sie vergehen. Also ist

$$n^2 = c_1 (N - n)\, \mathrm{e}^{-\frac{E_g}{kT}}. \tag{1.1-18}$$

Die Konstante c_1 (Termdichte) ist bestimmt durch

$$c_1 = \left(\frac{2\pi\, m\, kT}{h} \right)^3 \tag{1.1-19}$$

mit $h = 6{,}626 \cdot 10^{-34}\ \text{Ws}^2$, enthält also nochmals die Temperatur als Faktor T^3. Demnach wird mit $n \ll N$

$$n \approx c_2\, T^{1{,}5}\, \mathrm{e}^{-\frac{E_g}{2kT}}. \tag{1.1-20}$$

Es überwiegt natürlich die Temperaturabhängigkeit des Boltzmann-Faktors, zumal auch der Faktor $T^{1{,}5}$ durch die Abnahme der Beweglichkeiten mit wachsender Temperatur in der Formel für die elektrische Leitfähigkeit (1.1-22) kompensiert wird.

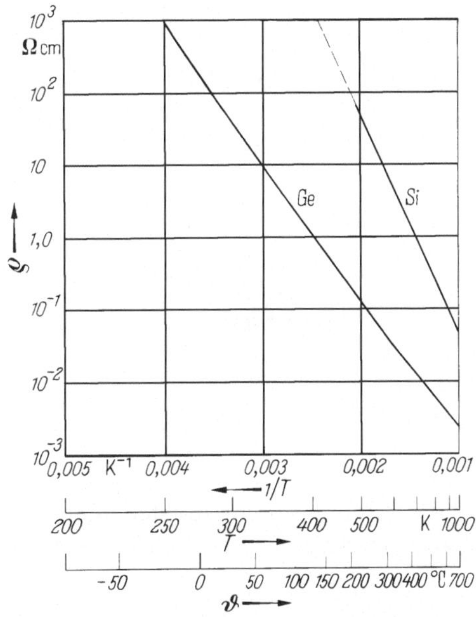

Bild 1.1-11. Temperaturabhängigkeit des spezifischen Widerstandes von reinem Germanium und Silicium (Eigenleitfähigkeit). (Nach [17])

Denn die Beweglichkeit folgt bei eigenleitenden Halbleitern dem Gesetz

$$\mu \equiv \frac{e}{m}\, \tau = \frac{\text{const}}{T^{\text{c}}}, \tag{1.1-21}$$

wo c zwischen 1,5 und 2,5 gemessen wurde (Bild 1.1-10).

Damit wächst also die Leitfähigkeit entsprechend der starken Vermehrung der Träger mit wachsender Temperatur trotz der abnehmenden Beweglichkeit entsprechend (s. auch Bild 1.1-11)

$$1/\varrho \equiv \gamma = e\, n\, \mu \approx c_3\, \mathrm{e}^{-\frac{E_g}{2kT}}. \tag{1.1-22}$$

Die Tabelle 1.1-4 stellt die Eigenschaften von Metallen und Halbleitern zusammenfassend gegenüber. Die drei obersten Zeilen betreffen die Eigenleitfähigkeit bzw. den ihr reziproken spezifischen Widerstand. Die letzte Zeile kennzeichnet einen weiteren wesentlichen Unterschied von Metallen und Halbleitern: Legierungen aus Metallen haben *höheren* spezifischen Widerstand als ihre Komponenten. Bei Halbleitern vermehrt der Zusatz von Fremdatomen („Dotierung") die Zahl von

Tabelle 1.1-4

Leiterart	Kaltleiter	Heißleiter
Leitermaterial	Metall	Halbleiter
Dichte der Ladungsträger n	etwa gleich der Atomdichte N; unabhängig von Temperatur	um viele Zehnerpotenzen kleiner als N; wächst stärker als exponentiell mit T $n \sim T^{1,5} \, e^{-\frac{E_g}{2kT}}$
Beweglichkeit der Ladungsträger $\mu = v/E$	$\approx \dfrac{1}{T - 0,15\,\Theta_D}$ $0,15\,\Theta_D \approx 50\,\mathrm{K}$	$\approx \dfrac{1}{T^c}$ $c = (1,5 \ldots 2,5)$
Spezifischer *Widerstand* ϱ	$\approx T - 0,15\,\Theta_D$	$\approx T^{(c-1,5)} \, e^{\frac{E_g}{2kT}}$
Temperaturkoeffizient von ϱ	$= \dfrac{1}{T - 0,15\,\Theta_D}$, positiv	$\approx -\dfrac{E_g}{2kT^2}$; stark negativ
Fremdatome und Störstellen	vermindern μ, erhöhen ϱ	erhöhen n, vermindern ϱ

Ladungsträgern und *vermindert* damit den Widerstand durch Störstellenleitung. Bei der Störstellenleitung ist die Temperaturabhängigkeit der Leitfähigkeit kleiner als bei der Eigenleitung.

1.2 Kaltleiter (Leiter mit positivem Temperaturkoeffizienten, PTC-Widerstände)

Man unterscheidet metallische Kaltleiter mit positivem Temperaturkoeffizienten α_R in der Größenordnung von $+\,0{,}5\%/\mathrm{K}$, die in einem sehr weiten Temperaturbereich (z. B. von $-\,200\,°\mathrm{C}$ bis zu Glühtemperaturen) brauchbar sind, von den keramischen Kaltleitern, welche anschließend an einen Temperaturbereich mit schwach negativem α_R einen schmalen, aber technisch wichtigen Temperaturbereich mit stark positivem α_R zwischen $+\,5\%/\mathrm{K}$ und $+70\%/\mathrm{K}$ je nach Kaltleitertyp besitzen, so daß der Widerstand bei steigender Temperatur um mehrere Zehnerpotenzen wächst. Bild 1.2-0 zeigt das Schaltzeichen der PTC-Widerstände nach DIN 44080.

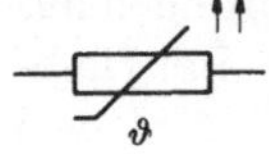

Bild 1.2-0. Schaltzeichen eines PTC-Widerstandes nach DIN 44080

1.2.1 Metallische Kaltleiter

Reine Metalle haben nach Gl. (1.1-14a) gleiche Größenordnung des TK, nämlich

$$\alpha_R = 1/(T - 0{,}145\ \Theta_\mathrm{D}) \approx 1/T \quad \text{für} \quad T > \Theta_\mathrm{D},$$

wobei T die thermodynamische Temperatur und Θ_D die Debye-Temperatur in K (siehe Tabelle 1.1-1) bedeutet.

Verwendung bei höheren Temperaturen erfordert Metalle mit hohem Schmelzpunkt und guter Korrosionsbeständigkeit, z. B. Platin (Schmelzpunkt 1770 °C), Nickel (Schmelzpunkt 1453 °C), Wolfram (Schmelzpunkt 3400 °C). Der Temperaturverlauf des spezifischen Widerstandes ϱ der drei Metalle ist in Bild 1.1-4 bzw. 1.1-5 dargestellt. Die Spannungsabhängigkeit von Strom I und Widerstand R eines metallischen Kaltleiters findet man in Bild 1.2-1.

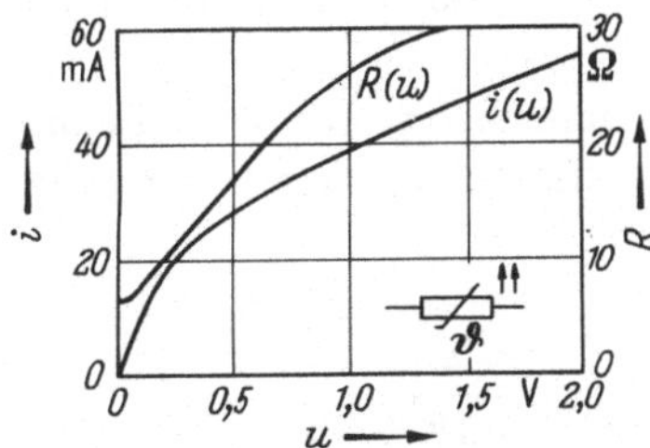

Bild 1.2-1. Spannungsabhängigkeit von Strom und Widerstand eines metallischen Kaltleiters

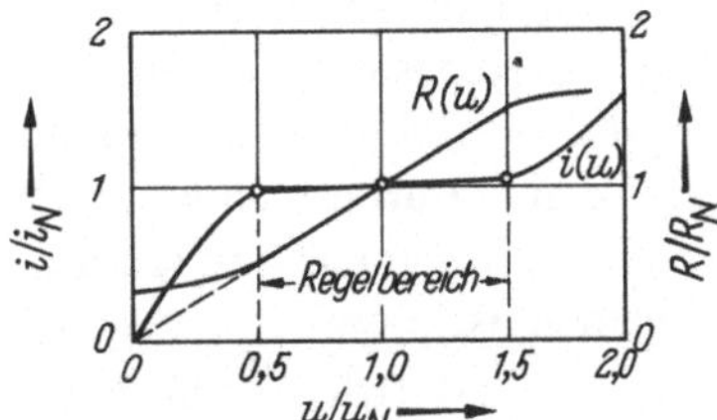

Bild 1.2-2. Spannungsabhängigkeit des Stromes und Widerstandes eines Eisen-Wasserstoff-Widerstandes. $i_\mathrm{N} = $ Nennstrom; $u_\mathrm{N} = $ Nennspannung

Alle Metallfaden-Glühlampen sind Kaltleiter, deren Widerstand im Nenn-Betrieb auf etwa das 5- bis 10fache des Kaltwiderstandes anwächst.

Eisen-Wasserstoff-Widerstände (EW) halten bei stark schwankender Spannung konstanten Strom. Es sind dünne Eisendrähte, die in eine Glasröhre eingeschmolzen sind. Nach dem Evakuieren ist das Glasrohr mit Wasserstoff von geringem Druck von etwa 70 mbar gefüllt, das als Schutzgas gegen Korrosion dient und relativ zu Luft eine gute Wärmeleitung besitzt. Bild 1.2-2 zeigt die Regelcharakteristik in der Darstellung des Stromes i über der angelegten Spannung u und dem aus u/i bestimmten Widerstand R in Abhängigkeit von u. Dabei sind i_N und u_N die zur Normierung gewählten Nenngrößen des EW-Widerstandes. Bemerkenswert ist, daß der Strom innerhalb eines weiten Spannungsbereiches (zwischen 0,5 u_N und 1,5 u_N) praktisch konstant $= i_\mathrm{N}$ bleibt.

1.2.2 Keramische Kaltleiter (DIN 44 080)

Bei „normalen" Halbleitern wie Germanium und Silicium nimmt der spezifische Widerstand ϱ mit wachsender Temperatur stetig ab, weil die Zahl der Ladungsträger viel stärker wächst als die Beweglichkeit abnimmt (s. Bild 1.1−10). Dies gilt auch für die in Abschnitt 1.3 besprochenen Heißleiter. Bei diesen Halbleitern mißt man Temperaturkoeffizienten α_R von ϱ in der Größenordnung von $-3\%/$K bis $-5\%/$K. Diesen negativen Temperaturkoeffizienten (TK) zeigen keramische Kaltleiter nur bei Temperaturen unterhalb der Curie-Temperatur (s. Abschnitt 2.8.3

Ferroelektrizität). Keramische Kaltleiter bestehen aus polykristallinen ferroelektrischen Substanzen wie Bariumtitanat ($BaTiO_3$) bzw. Strontiumtitanat ($SrTiO_3$), die mit Metallsalzen dotiert sind und bei Anwesenheit von Sauerstoff zwischen 1000 °C und 1400 °C gesintert werden. Dabei bilden sich an den Korngrenzen der Kristallite Sperrschichten [32], die den Widerstand in einem Temperaturintervall von 50 °C um 3 bis 4 Zehnerpotenzen erhöhen.

1.2.2.1 Statische Kennlinien keramischer Kaltleiter

Den typischen Verlauf von R eines niederohmigen Kaltleiters für Überlastschutz (220/240/V) abhängig von ϑ zeigt Bild 1.2-3 mit den Kennwerten R_{25} bei $\vartheta = 25$ °C mit $\alpha_R < 0$ und dem Widerstand R_{min} bei ϑ_{Rmin} mit $\alpha_R = 0$. Der Bezugswiderstand R_b ist durch $R_b = 2\,R_{min}$ definiert. Die zugehörige Bezugstemperatur ϑ_b entspricht etwa der ferroelektrischen Curie-Temperatur. ϑ_b kann durch verschiedene Dotierung auf Werte -30 °C, 0 °C, $+40$ °C, $+60$ °C usw. bis $+180$ °C und 220 °C eingestellt werden.

Bei $\vartheta > \vartheta_b$ steigt R steil an und $\ln R$ wächst nahezu linear mit ϑ. In diesem engen Temperaturbereich kann der Temperaturkoeffizient α_R aus der Steigung der $R(\vartheta)$-Kurve besonders einfach bestimmt werden.

Allgemein ist

$$\alpha_R \equiv \frac{1}{R}\frac{dR}{d\vartheta} = \frac{d\ln R}{d\vartheta} = \ln 10\,\frac{d\lg R}{d\vartheta} \approx 2{,}303\,\frac{d\lg R}{d\vartheta}$$

oder

$$\alpha_R \approx 2{,}30\,\frac{\Delta\lg R}{\Delta\vartheta} = 2{,}3\,\frac{\lg R_2 - \lg R_1}{\vartheta_2 - \vartheta_1} = 2{,}3\,\frac{\lg R_2/R_1}{\vartheta_2 - \vartheta_1}\,,$$

wobei $R_2 > R_1$ und $\vartheta_2 > \vartheta_1$. Wählt man im steilen Teil der $R(\vartheta)$-Kurve $R_2(\vartheta_2) = 10\,R_1(\vartheta_1)$, so wird

$$\lg\frac{R_2}{R_1} = 1 \quad \text{und} \quad \alpha_R \approx \frac{2{,}3}{(\vartheta_2 - \vartheta_1)_{R_2=10R_1}}\,.$$

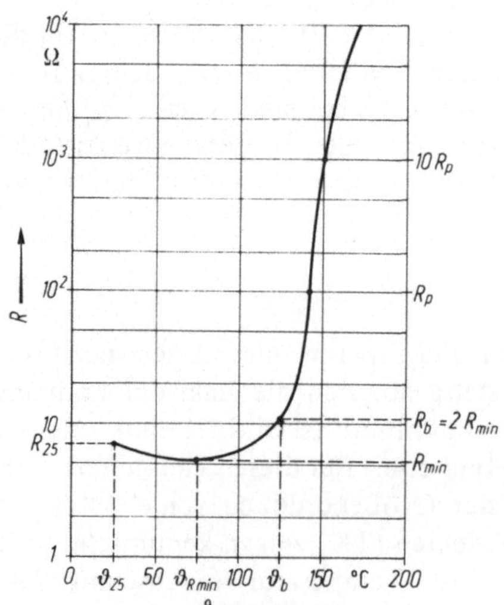

Bild 1.2-3. Widerstand R abhängig von der Temperatur ϑ eines niederohmigen keramischen Kaltleiters bei Wärmeausgleich. Als Ordinate ist $\ln R$ aufgetragen. (Nach [31], S. 127)

Da es üblich ist, Temperaturkoeffizienten in %/K anzugeben, folgt damit

$$\alpha_R \approx \frac{230\ \text{K}}{(\vartheta_2 - \vartheta_1)_{R_2 = 10 R_1}}\ \%/\text{K}\ . \tag{1.2-1}$$

In Bild 1.2-3 ist $R_1 = R_\text{p}$ bei 143 °C und $R_2 = 10\,R_\text{p}$ bei 152 °C und damit

$$\alpha_R \approx \frac{230}{9}\ \%/\text{K} \approx +26\,\%/\text{K}\ .$$

Wählt man aber in Bild 1.2-3 $R_1 = R_\text{b}$ bei $\vartheta_1 = \vartheta_\text{b} = 125$ °C und damit $R_2 = 10\,R_\text{b}$ bei $\vartheta_2 \approx 143$ °C, so folgt mit $\alpha_R \approx \dfrac{230}{18}\ \%/\text{K} = +13\,\%/\text{K}$ etwa der halbe Wert des TK im steilsten Teil.

Der $R(\vartheta)$-Verlauf in Bild 1.2-3 ist bei so geringer Spannung ($\leqq 1{,}5$ V) statisch aufgenommen, daß sich bei beliebiger Belastungsänderung der Widerstand um maximal $\pm 0{,}1\,\%$ ändert („Nullast-Widerstand"). Bei verschiedenen Kaltleitertypen hat α_R Werte zwischen $+5\,\%/\text{K}$ und $+70\,\%/\text{K}$.

Bild 1.2-4 zeigt die stationäre Strom-Spannungs-Kennlinie bei Spannungen über 1 V (Bild 1.2-4a in linearer Darstellung, Bild 1.2-4b in doppelt-logarithmischer Auftragung) für eine Kaltleiter-Standardtype (s. Firmen-Handbücher [30, 31]). Übersichtlich ist die doppelt-logarithmische Auftragung von I über U, weil die unter 45° steigenden Netzgeraden die Widerstände U/I und die dazu senkrechten, fallenden Netzgeraden die Leistung $U \cdot I$ angeben. Man erkennt aus Bild 1.2-4b, daß in dem linearen Strombereich bei Spannungen unter 3 V und Strömen unter 80 mA nur höchstens 1/4 W als Wärmeleistung im Kaltleiter entwickelt wird. In diesem Bereich ist sein Widerstand mit $\approx 40\ \Omega$ noch nahezu konstant im flachen Gebiet der $R(\vartheta)$-Charakteristik. Erst bei etwa 5 V wird der Kippstrom von ca. 90 bzw. 130 mA erreicht und bei Spannungen zwischen 5 V und 50 V sinkt bei steil ansteigendem Widerstand der Strom stark ab (auf 15 bzw. 22 mA), so daß die Wärmeleistung P etwa U^n mit $n \ll 1$ (anstelle von U^2 bei einem konstanten ohmschen Widerstand) proportional ist. So wächst nach Bild 1.2-4b bei einer Steigerung der Spannung von 10 V auf das Fünffache die Leistung von 550 mW auf nur 700 mW. Auswertung der I, U-Kennlinien oberhalb der Kippspannung ergibt n-Werte zwischen 0,1 und 0,15. Allgemeiner gilt mit dem Exponenten n

$$\frac{P}{\text{mW}} = \frac{U}{\text{V}}\ \frac{I}{\text{mA}} = C \left(\frac{U}{\text{V}} \right)^n \quad \text{mit} \quad C = \text{dimensionsloser Koeffizient} \tag{1.2-2}$$

also

$$\frac{I}{\text{mA}} = C \left(\frac{U}{\text{V}} \right)^{n-1} = \frac{C}{\left(\dfrac{U}{\text{V}} \right)^{1-n}}\ . \tag{1.2-3}$$

In Übereinstimmung mit Bild 1.2-4 nimmt für $U > U_{\text{kipp}}$ der Strom nahezu umgekehrt zur Spannung ab, während beim Varistor der Strom mit der Spannung zunimmt.

Für den Widerstand gilt nach (1.2-3)

$$R/\text{k}\Omega \equiv \frac{U/\text{V}}{I/\text{mA}} = \frac{U/\text{V} \cdot (U/\text{V})^{1-n}}{C} = \frac{1}{C} \left(\frac{U}{\text{V}} \right)^{2-n}\ . \tag{1.2-4}$$

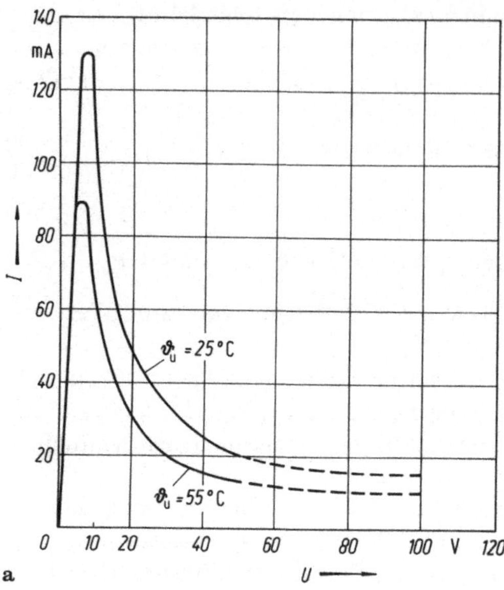

Bild 1.2-4 a. Statische Kennlinien $I = f(U)$ bei Umgebungstemperaturen von 25 °C und 55 °C

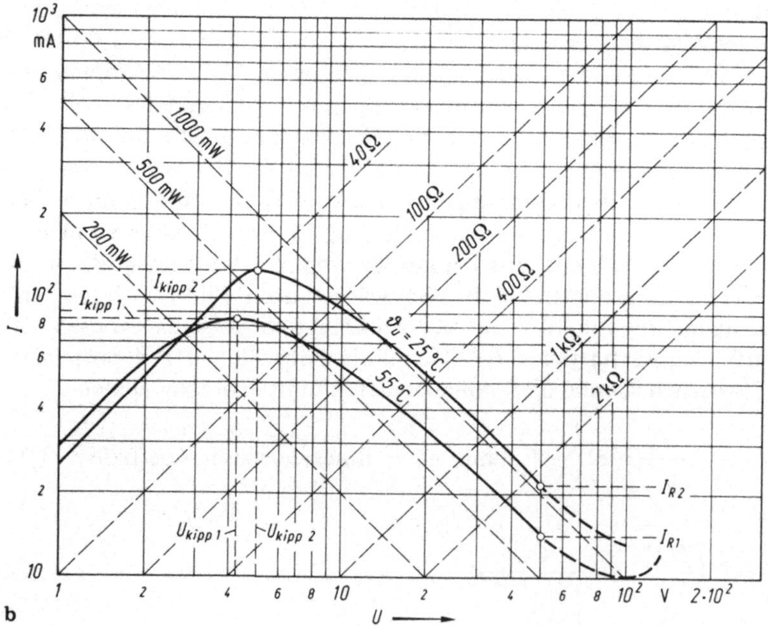

Bild 1.2-4 b. Die gleiche Abhängigkeit des Stroms I von der Spannung U in doppelt-logarithmischer Darstellung mit $R = U/I = $ const und $P = U\,I = $ const. I_{kipp} Kippstrom, U_{kipp} Kippspannung, I_{R} Reststrom

Der Widerstand der Kaltleiter nimmt also für $U > U_{\text{kipp}}$ nahezu mit dem Quadrat der Spannung zu, was wiederum im Gegensatz zum Verhalten des Varistors steht, bei dem der Widerstand mit wachsender Spannung stark fällt. Nur für $U < U_{\text{kipp}}$ nimmt R mit wachsendem U ab.

Bemerkenswert ist der allgemeine Zusammenhang zwischen der $I(U)$-Kennlinie und der $R(\vartheta)$-Kennlinie, den man mit dem Wärmeleitwert G_{th} über die Leistung $P = I^2 R = U^2/R = G_{\text{th}}(\vartheta - \vartheta_{\text{u}})$ gewinnt. ϑ_{u} ist die Temperatur in der Umgebung des Kaltleiters. Bei bekanntem G_{th} und bekanntem Zusammenhang $R(\vartheta)$ ist

$$I^2 = \frac{G_{\text{th}}(\vartheta - \vartheta_{\text{u}})}{R(\vartheta)} \,, \tag{1.2-5}$$

$$U^2 = G_{\text{th}}(\vartheta - \vartheta_{\text{u}}) \cdot R(\vartheta) \,. \tag{1.2-6}$$

Damit sind für jedes $\vartheta > \vartheta_{\text{u}}$ zusammengehörende Werte für I und U zu ermitteln. Für kleine Ströme und Spannungen bis in den Bereich der Kippspannung kann $R(\vartheta)$ mit guter Näherung durch das Potenz-Gesetz

$$\ln R = \ln R_{\min} + \frac{(\vartheta - \vartheta_{R_{\min}})^p}{(\vartheta_{\text{b}} - \vartheta_{R_{\min}})^p} \ln 2 \tag{1.2-7}$$

bzw.

$$R = R_{\min} \exp \left\{ \frac{(\vartheta - \vartheta_{R_{\min}})^p}{(\vartheta_{\text{b}} - \vartheta_{R_{\min}})^p} \ln 2 \right\}$$

$$= R_{\min}\, 2 \exp \left\{ \frac{(\vartheta - \vartheta_{R_{\min}})^p}{(\vartheta_{\text{b}} - \vartheta_{R_{\min}})^p} \right\} . \tag{1.2-8}$$

dargestellt werden. Damit läßt sich auch die Kipptemperatur ϑ_{kipp} ermitteln, bei der I sein Maximum I_{kipp} erreicht. Anstatt $dI/dU = 0$ zu setzen, ist es einfacher, ϑ_{kipp} aus dem Verschwinden von $dI/d\vartheta$ zu bestimmen. Nun ist nach (1.2-5) und (1.2-8)

$$\frac{dI^2}{d\vartheta} = \frac{G_{\text{th}}}{R_{\min}} \exp \left\{ - \ln 2 \cdot \frac{(\vartheta - \vartheta_{R_{\min}})^p}{(\vartheta_{\text{b}} - \vartheta_{R_{\min}})^p} \right\}$$

$$\times \left[1 - (\vartheta - \vartheta_{\text{u}})\, p \cdot \ln 2 \cdot \frac{(\vartheta - \vartheta_{R_{\min}})^{p-1}}{(\vartheta_{\text{b}} - \vartheta_{R_{\min}})^p} \right] . \tag{1.2-9}$$

I erreicht seim Maximum I_{kipp}, wenn in (1.2-9) die eckige Klammer Null ist.

Damit folgt

$$(\vartheta_{\text{kipp}} - \vartheta_{\text{u}})\,(\vartheta_{\text{kipp}} - \vartheta_{R_{\min}})^{p-1} = \frac{(\vartheta_{\text{b}} - \vartheta_{R_{\min}})^p}{p \ln 2} \,. \tag{1.2-10}$$

Diese Gleichung (1.2-10) gibt bei beliebigem ϑ_{u} und p immer eine grafische Lösung von $\vartheta_{\text{kipp}} > \vartheta_{R_{\min}}$, indem man die Gerade $\vartheta_{\text{kipp}} - \vartheta_{\text{u}}$ mit der Hyperbel $\text{const}/(\vartheta_{\text{kipp}} - \vartheta_{R_{\min}})^{p-1}$ zum Schritt bringt.

Für $\vartheta_{\text{u}} = \vartheta_{R_{\min}}$ ergibt sich auch eine einfache rechnerische Lösung aus (1.2-10):

$$(\vartheta_{\text{kipp}} - \vartheta_{R_{\min}})^p = \frac{(\vartheta_{\text{b}} - \vartheta_{R_{\min}})^p}{p \ln 2}$$

oder

$$\vartheta_{\text{kipp}} - \vartheta_{R_{\min}} = \frac{\vartheta_{\text{b}} - \vartheta_{R_{\min}}}{\sqrt[p]{p \ln 2}} \,. \tag{1.2-10a}$$

Für viele $R(\vartheta)$-Kennlinien ist $p \approx 4$ und damit $\sqrt[4]{2{,}772} \approx 1{,}29$. So folgt

$$\vartheta_{\text{kipp}} \approx \vartheta_{R_{\min}} + 0{,}8\,(\vartheta_{\text{b}} - \vartheta_{R_{\min}}) \approx 0{,}8\,\vartheta_{\text{b}} + 0{,}2\,\vartheta_{R_{\min}} < \vartheta_{\text{b}}\,.$$

Bei $\vartheta_{\text{u}} = \vartheta_{R_{\min}}$ und $p = 2$ ist nach Gl. (1.2-10a) $\vartheta_{\text{kipp}} = 0{,}85\,\vartheta_{\text{b}} + 0{,}15\,\vartheta_{R_{\min}} < \vartheta_{\text{b}}$, ϑ_{kipp} also nur sehr wenig von p abhängig.

Bei Umgebungstemperaturen $\vartheta_{\text{u}} < (\vartheta_{R_{\min}} + \vartheta_{\text{b}})/2$ ist $\vartheta_{\text{kipp}} < \vartheta_{\text{b}}$.

Durch ϑ_{u}, ϑ_{b} und $\vartheta_{R_{\min}}$ ist nach Gl. (1.2-10) ϑ_{kipp} und damit $R(\vartheta_{\text{kipp}})$ sowie Kippstrom und Kippspannung nach (1.2-5) und (1.2-6) bestimmt.

Der Widerstand $R(\vartheta_{\text{kipp}})$, bei dem I_{kipp} und U_{kipp} erreicht werden, ist also im allgemeinen kleiner als R_{b}!

Die Konstante C in Gl. (1.2-2) bis (1.2-4) kann $\approx \dfrac{I_{\text{kipp}}}{\text{mA}} \cdot \dfrac{U_{\text{kipp}}}{\text{V}}$ gesetzt werden.

Da keramische Kaltleiter ein leitendes Dielektrikum darstellen, ist beim Betrieb mit Wechselstrom die $R(\vartheta)$-Kennlinie von der Frequenz abhängig, wie es Bild 1.2-5 zeigt [30], weil Teilkapazitäten die Sperrschichten mit hohem Übergangswiderstand überbrücken.

1.2.2.2 Anwendungen keramischer Kaltleiter

Man kann unterscheiden zwischen dem Einsatz von Kaltleitern ohne Eigenerwärmung als Temperaturfühler (Sensoren), die mit Feldstärken von etwa 0,1 V/cm betrieben werden, und Anwendungen, bei denen die Erwärmung des Kaltleiters wesentlich ist, so daß Feldstärken über 1 V/cm im Kaltleiter vorhanden sind.

(a) Kaltleiter als Temperaturfühler (Sensoren) werden als kleine Scheibchen mit wenigen mm Durchmesser in der Meß- und Regeltechnik eingesetzt, z.B. zur

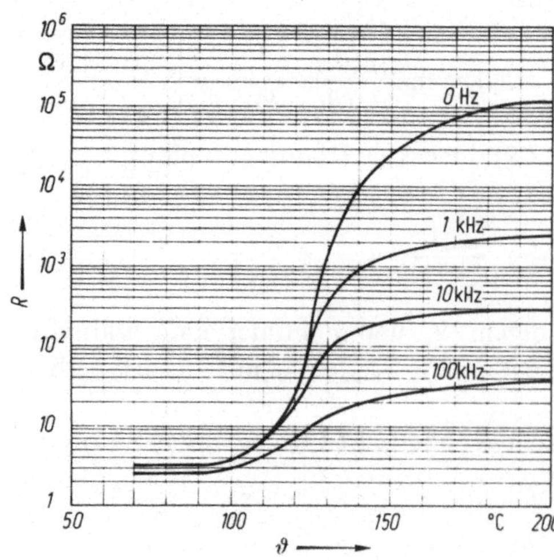

Bild 1.2-5. Widerstand R abhängig von der Temperatur ϑ eines keramischen Kaltleiters bei 3 Frequenzen im Vergleich zur stationären Kennlinie (0 Hz). (Nach [30], S. 20)

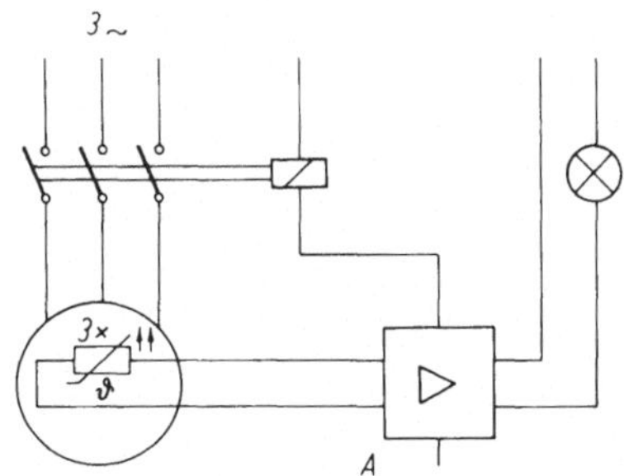

Bild 1.2-6. Prinzip einer Motor-Schutzschaltung mit 3 Kaltleitern, Auslösegerät A, Schaltschütz und Signallampe. (Nach [30], S. 86)

Kontrolle der Temperatur in Heißwasser-Geräten und in Dimmer-(Abdunkel-) Schaltungen.

Ein Beispiel für die Temperaturüberwachung von elektrischen Maschinen gibt Bild 1.2-6 [30], wobei die Nenn-Ansprechtemperatur ϑ_{NAT} der Kaltleiter zwischen 60 °C und 180 °C in Stufen von 5 °C bis 10 °C gewählt werden kann. Bei $\vartheta > \vartheta_{NAT}$ schaltet das Auslösegerät ab.

(b) Kaltleiter als Überstrombegrenzer (Überlastschutz) und in Verzögerungsschaltungen werden in Serie mit dem zu schützenden oder nach einer definierten Schaltzeit abzuschaltenden Gerät betrieben. Als Beispiel gibt Bild 1.2-7 [30] die Anordnung des Kaltleiters in Serie mit der Hilfswicklung des Motors, die nach dem Motoranlauf durch den hohen Widerstand des Kaltleiters fast stromlos wird. Andere Beispiele sind Relaisverzögerung und der Schutz von Kleintransformatoren, Haushaltsgeräten sowie von elektronischen Baustufen und Lautsprechern vor Überlastung. Die Schaltzeit kann näherungsweise nach Abschnitt 1.4.1, Gl. (1.4-3) berechnet werden. Danach ist die Zeitkonstante τ_{th} des Erwärmungsvorganges im Kaltleiter

$$\tau_{th} = c\, m\, \frac{\vartheta_0 - \vartheta_u}{P}. \tag{1.2-11}$$

Dabei bedeutet c die spezifische Wärmekapazität und m die Masse des Kaltleiters, $\vartheta_0 - \vartheta_u$ die Übertemperatur nach dem Einschalten, wobei $\vartheta_0 \approx \vartheta_b$ gesetzt werden kann, ferner P die Anfangs-Heizleistung nach dem Einschalten des Kaltleiters. Die Masse m ist das Produkt aus Dichte ϱ_m und Kaltleiter-Volumen V_{KL}. Setzt man

$$c\, \varrho_m = 3\, \frac{Ws}{cm^3\,K} \text{ [30], so folgt für die Zeitkonstante als Maß für die Schaltzeit}$$

$$\frac{\tau_{th}}{s} \approx 3\, \frac{V_{KL}}{cm^3}\, \frac{\vartheta_b - \vartheta_u}{K}\, \frac{1}{P/W}. \tag{1.2-12}$$

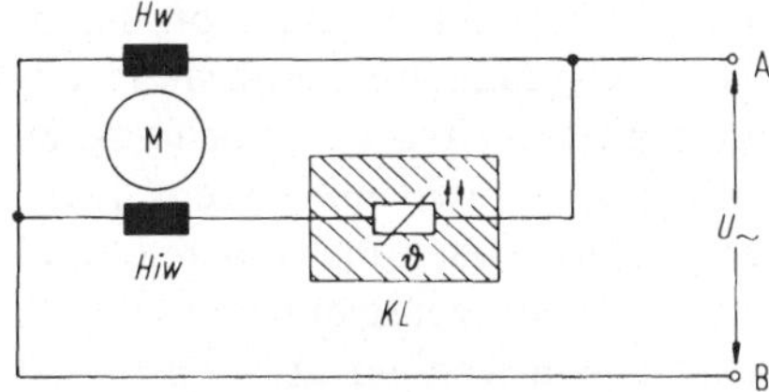

Bild 1.2-7. Startschaltung eines Einphasenmotors. (Nach [30], S. 34.) KL Keramischer Kaltleiter, Hw Hauptwicklung, Hiw Hilfswicklung

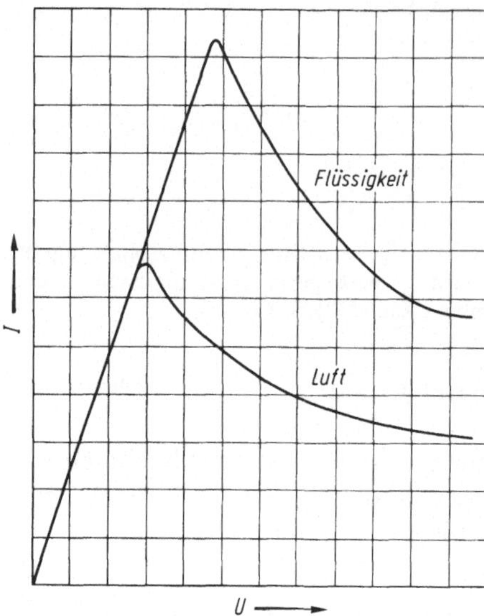

Bild 1.2-8. Statische Kennlinien $I = f(U)$ eines Keramik-Kaltleiters bei verschiedener Wärmeableitung. (Nach [30], S. 25)

(c) Kaltleiter als selbstregelnde Thermostate sind zur Temperaturstabilisierung von Klein-Heizgeräten geeignet, wobei die im Kaltleiter entwickelte Wärme direkt zur Heizung verwertet wird. Die Ringe, Scheiben oder Platten haben etwa 15 bis 20 mm Durchmesser und eine Dicke zwischen etwa 2 und 5 mm. Der Kaltleiter wird nach dem Einschalten mit der relativ hohen „dynamischen Heizleistung" auf eine Temperatur ca. 20 °C oberhalb ϑ_b aufgeheizt.

Dabei nimmt sein Widerstand um 1 bis 2 Zehnerpotenzen zu, so daß die „stationäre Heizleistung" nach Erreichen des Temperaturgleichgewichts nur etwa 1/10 der dynamischen Heizleistung beträgt. Steigt nun die Außentemperatur, so bewirkt der höhere Kaltleiterwiderstand eine Leistungsabnahme und die Kaltleiter-Temperatur bleibt fast konstant. Ebenso ist diese gegenüber Änderungen der Betriebsspannung unempfindlich, da die Leistung nach Gl. (1.2-2) nur schwach $\sim U^n$ mit $n = 0{,}1$ bis $0{,}15$ von der Spannung abhängt. Derartige Kaltleiter werden z. B. in Startautomatiken von Kraftfahrzeugen eingesetzt.

(d) Kaltleiter als Flüssigkeitsniveau-Fühler und Abfüllsicherung. Bild 1.2-8 zeigt zwei stationäre I,U-Kennlinien analog Bild 1.2-4a. Arbeitet der Kaltleiter bei Spannungen $> U_{kipp}$, so unterscheiden sich die Kennlinien, wenn der Kaltleiter in Luft bzw. in einer Flüssigkeit (Öl oder Benzin) betrieben wird. Die erhöhte Wärmeableitung der Flüssigkeit führt im stationären Gleichgewicht zu einer Erhöhung des Kaltleiterstroms, die zur Signalabgabe dient.

(e) Kaltleiter für die Entmagnetisierung. Bei der Entmagnetisierung von ferromagnetischem Material ist es nötig, es einem Wechsel-Magnetfeld mit stetig abnehmender Amplitude auszusetzen. Für die Entmagnetisierung der Lochmasken von Farbbildröhren in Fernsehempfängern werden Kaltleiter mit einem Kaltwiderstand R_{25} von ca. 50 Ω an einer effektiven Wechselspannung von maximal 265 V betrieben und vor die Feldspule geschaltet. Der Spitzenstrom von ca. 5 A klingt 5 s nach dem Einschalten auf einen Reststrom von weniger als 70 mA und

nach 3 min auf unter 2 mA ab, weil der Kaltleiterwiderstand auf 2500 R_{25} angestiegen ist. Durch eine T-Schaltung aus einem Doppelkaltleiter und einem Widerstand mit kleinem TK läßt sich der Reststrom auf fast Null herabsetzen.

1.3 Heißleiter (Leiter mit negativem Temperaturkoeffizienten, NTC-Widerstände) (DIN 44070)

Heißleiter sind Halbleiter, die nach Gl. (1.1-22) mit wachsender Temperatur ihren Widerstand vermindern. Der Temperaturkoeffizient (TK) ist negativ und etwa zehnmal größer als der TK reiner Metalle (bei 20 °C). Englisch NTC-thermistor, gekürzt aus **therm**al sensitive res**istor**, französisch thermistance. Andere übliche Heißleiter-Namen: Thernewid = **Therm**isch **negativer Wider**stand (Siemens), NTC = **N**egativer **T**emperatur-**C**oeffizient (Philips). (Neuerdings wird der Name Thermistor auch für Kaltleiter in der Form PTC-Thermistor verwendet.) Das Schaltzeichen von NTC-Widerständen nach DIN 44070 zeigt Bild 1.3-0.

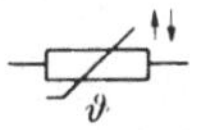

Bild 1.3-0. Schaltzeichen eines NTC-Widerstandes nach DIN 44070

Reine Stoffe, wie Graphit, Germanium und Silicium werden nicht als Heißleiter benutzt, sondern Metalloxide, die in Stäbchen-, Perlen- oder Scheibenform gepreßt und bei hoher Temperatur wie Keramik gesintert werden. Nach [33] werden als Metalloxide entweder Mischkristalle mit Spinellstruktur (Fe_3O_4 mit Zn_2TiO_4 oder $MgCr_2O_4$) oder Fe_2O_3 mit TiO_2 oder NiO, CoO mit Zusatz von Li_2O verwendet.

(a) Kennlinien von Heißleitern [33, 34, 35]. Die Temperaturabhängigkeit des Widerstandes der Heißleiter läßt sich aus Gl. (1.1-22) ableiten, wonach der spezifische Widerstand ϱ etwa $\exp(E_g/2kT)$ proportional ist. Dabei ist k die Boltzmann-Konstante ($1{,}381 \cdot 10^{-23}$ Ws/K) und E_g die Energiedifferenz zwischen Leitungsband und Valenzband des Heißleitermaterials. E_g hat bei Germanium die Größe 0,67 eV. Setzt man für Heißleiter $E_g \approx (0{,}35 \ldots 1)$ eV, so folgt für den Wert $E_g/2k$ etwa 2000 K bis 6000 K. Der Wert $E_g/2k$ wird heute allgemein mit B bezeichnet. Damit ist der spezifische Widerstand ϱ der Heißleiter

$$\varrho \sim e^{B/T} \quad \text{mit} \quad B = (2000 \ldots 6000) \text{ K}$$
$$\text{und} \quad T = (273{,}15 + \vartheta/°C) \text{ K}$$
$$= \text{absolute (thermodynamische) Temperatur.} \tag{1.3-1}$$

Dann ist der Temperaturkoeffizient (TK) mit $\ln \varrho \sim B/T$

$$\alpha_\varrho \equiv \frac{1}{\varrho} \frac{d\varrho}{dT} = \frac{d \ln \varrho}{dT} \approx -\frac{B}{T^2}. \tag{1.3-2}$$

Für $B = 3000$ K und $T = 300$ K folgt $\alpha_\varrho \approx -3{,}3\%/$K, bei $B = 6000$ K ist $\alpha_\varrho \approx -6{,}7\%/$K. Da der TK nicht von konstanten Faktoren abhängt, gilt Gl. (1.3-2) auch für den TK des Heißleiterwiderstandes R_T.

Allgemein schreibt man den Ausdruck für R_T

$$R_T = A \, e^{B/T}, \tag{1.3-3}$$

wobei A eine Konstante mit der Dimension eines Widerstandes bedeutet. Es liegt nahe, anstatt A den Widerstand bei einer Bezugstemperatur einzuführen. Wählt man $R_{25} \equiv R_{(273\,\text{K}\,+\,25\,°\text{C})}$ als Widerstand bei 25 °C, so folgt

$$R_{25} = A\,e^{\frac{B}{298\,\text{K}}}, \quad \text{also} \quad A = R_{25}\,e^{-\frac{B}{298\,\text{K}}} \quad \text{und}$$

$$R_T = R_{25}\,e^{\left(\frac{B}{T} - \frac{B}{298\,\text{K}}\right)} = R_{25}\,e^{B\left(\frac{1}{T} - \frac{1}{298\,\text{K}}\right)}. \tag{1.3-4}$$

Aus 2 Wertepaaren gemessener Kennlinien, z.B. R_{25} bei 25 °C und R_{85} bei 85 °C, kann man den B-Wert einfach ermitteln: für $\vartheta = 85$ °C ist $T = 358$ K und

$$R_{85} = R_{25} \cdot e^{B\left(\frac{1}{358\,\text{K}} - \frac{1}{298\,\text{K}}\right)}$$

und damit

$$B = \frac{\ln(R_{25}/R_{85})}{\dfrac{1}{298\,\text{K}} - \dfrac{1}{358\,\text{K}}} = 2{,}3\,\frac{\lg R_{25} - \lg R_{85}}{0{,}56}\,1000\,\text{K}\,,$$

$$B = 4100 \cdot \lg(R_{25}/R_{85})\,\text{K}\,. \tag{1.3-5}$$

Trägt man $\ln R_T = \ln R_{25} + B\left(\dfrac{1}{T} - \dfrac{1}{298\,\text{K}}\right)$ über T bzw. $\vartheta = T - 273{,}15$ K auf, so erhält man hyperbelartige Kurven mit Steigungen, die B proportional sind (Bild 1.3-1 a). Bei gemessenen Kennlinien wird man eine geringe Temperaturabhängigkeit von B feststellen [34].

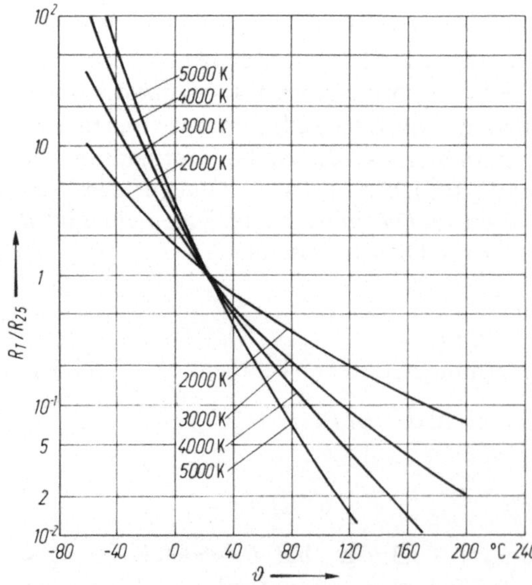

Bild 1.3-1 a. Widerstand R_T von Heißleitern, bezogen auf den Bezugswiderstand R_{25} bei 4 verschiedenen B-Werten in Abhängigkeit von der Temperatur. (Nach [34])

Mit Hilfe des Wärmeleitwerts $G_{\text{th}} \equiv \alpha_K A_0$ nach Gl. (1.4-4) kann man nun die stationäre Spannungs-Strom-Kennlinie von Heißleitern ermitteln. Besser ist es, die echten Wärmeleitwerte zu messen, da in Datenblättern oft nur Mindestwerte für

G_{th} angegeben werden. Im stationären Fall wird die zugeführte elektrische Leistung $P = UI$ gleich der abgegebenen Wärmeleistung, die bei Übertemperaturen bis etwa 200 °C dem Wärmeleitwert G_{th} und der Übertemperatur $T - T_u = \vartheta - \vartheta_u = \Delta T$ proportional ist.

Also gilt mit $R_T = A\,\mathrm{e}^{B/T}$

$$P \equiv \frac{U^2}{R_T} = I^2\,R_T = G_{th} \cdot \Delta T = G_{th}(T - T_u)\,,$$

$$U = \sqrt{A\,\mathrm{e}^{B/T}\,G_{th}\,\Delta T} \quad \text{und} \quad I = \sqrt{\frac{G_{th} \cdot \Delta T}{A\,\mathrm{e}^{B/T}}} = \sqrt{\frac{G_{th}}{A}}\,\mathrm{e}^{-B/T}\,\Delta T\,. \tag{1.3-6}$$

Nimmt man also T-Werte $> T_u$ an, so erhält man nach Gl. (1.3-6) zusammengehörige U- und I-Werte, und damit eine U,I-Kennlinie, an die gleichzeitig die Temperatur bzw. Übertemperatur ΔT angetragen werden kann. So ergibt die Auftragung von U über I einen Maximalwert von U bei eindeutigen I-Werten, die mit eindeutigen Temperaturwerten T gekoppelt sind (s. a. Bild 1.3-3 a). Das Maximum der Spannung U_{max} folgt aus $\mathrm{d}U/\mathrm{d}I = 0$. Da aber I mit T eindeutig zusammenhängt, kann U_{max} auch aus $\mathrm{d}U/\mathrm{d}T = 0$ oder auch $\mathrm{d}U^2/\mathrm{d}T = 0$ ermittelt werden.

Nach Gl. (1.3-6) ist $U^2 = A \cdot G_{th}\,\mathrm{e}^{B/T}(T - T_u)$ und damit

$$\frac{\mathrm{d}U^2}{\mathrm{d}T} = A \cdot G_{th}\,\mathrm{e}^{B/T}\left[1 - \frac{B}{T^2}\,(T - T_u)\right].$$

$\mathrm{d}U^2/\mathrm{d}T$ verschwindet für $T^2 - BT + BT_u = 0$.

Die Lösung dieser quadratischen Gleichung ergibt ein Spannungsmaximum für

$$T_{(U=U_{max})} = \frac{B}{2}\left(1 - \sqrt{1 - 4\,\frac{T_u}{B}}\right).$$

Für $B > 4\,T_u$ ist

$$T_{(U=U_{max})} \approx T_u\left(1 + \frac{T_u}{B} + 2\left(\frac{T_u}{B}\right)^2\right).$$

Bei $T_u = 300\ \mathrm{K}$ und $B = 3000\ \mathrm{K}$ ist dann die Temperatur beim Spannungsmaximum um ca. 36 K höher als die Umgebungstemperatur.

Die 2. Lösung der quadratischen Gleichung gilt für das Spannungsminimum bei

$$T_{(U=U_{min})} = \frac{B}{2}\left(1 + \sqrt{1 - 4\,\frac{T_u}{B}}\right).$$

Für $B > 4\,T_u$ ist

$$T_{(U=U_{min})} \approx B\left(1 - \frac{T_u}{B} - \left(\frac{T_u}{B}\right)^2\right) \approx B - T_u\left(1 + \frac{T_u}{B}\right).$$

Es liegt für $B \geq 2000\ \mathrm{K}$ außerhalb der praktisch benutzbaren Heißleiterkennlinie.

(b) Anwendungen von Heißleitern. Der TK-Wert beträgt -3 bis $-6\,\%/\mathrm{K}$. Bei 20 bis 30 °C Übertemperatur zeigt der Heißleiter nur noch den halben Widerstand. Die Technik unterscheidet 4 Arten: 1. Heißleiter mit sehr geringer Eigenerwärmung (auch zur Leistungsmessung bei Mikrowellen), 2. fremdgeheizter Heißleiter,

3. Regelheißleiter und 4. Anlaßheißleiter mit festgelegter thermischer Zeitkonstante.

1.3.1 Meß- und Kompensations-Heißleiter sehr geringer Eigenerwärmung

Der Heißleiterstrom ist hier so gering, daß die Eigentemperatur nur unwesentlich über der Umgebungstemperatur liegt. Neben der Temperaturmessung ist die Temperaturkompensation anderer temperaturempfindlicher Bauelemente wichtigste Anwendung. Bild 1.3-1b zeigt als Beispiel die Kompensation eines Metallwiderstandes R_M durch einen Heißleiter R_H, der bei Serienschaltung die Größe $R_H \approx 0{,}1\,R_M$, bei Parallelschaltung die Größe $R'_H \approx 10\,R'_M$ erhält. Für Serienschaltung gilt in einem kleinen Temperaturbereich

$$R = R_H + R_M = R_{H_{20}} + R_{M_{20}} + \Delta\vartheta\,(R_{H_{20}}\,\alpha_{H_{20}} + R_{M_{20}}\,\alpha_{M_{20}})$$

Kompensation ist also vorhanden für

$$\frac{R_{H_{20}}}{R_{M_{20}}} = -\,\frac{\alpha_{M_{20}}}{\alpha_{H_{20}}}\,.$$

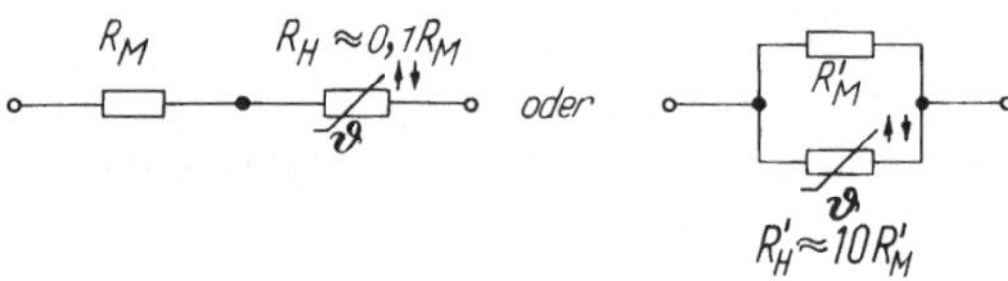

Bild 1.3-1b. Zwei Möglichkeiten der Temperaturkompensation bei Metallwiderständen durch Heißleiterwiderstände. Bei der angegebenen Dimensionierung ist der negative TK des Heißleiters 10mal größer als der positive TK des Metallwiderstandes (siehe Tabelle 1.1-2b, Nr. 1−4 u. 8, 9)

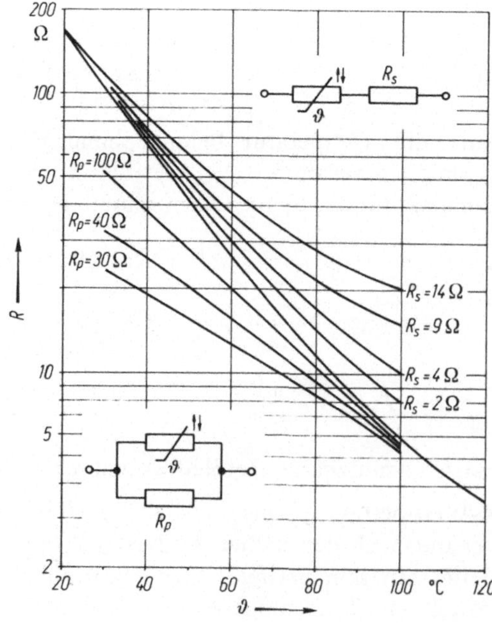

Bild 1.3-1c. Widerstand eines Heißleiters ($R_{25} = 130\,\Omega$) abhängig von der Temperatur ϑ. Einfluß des Serienwiderstandes R_s bzw. des Parallelwiderstandes R_p, mit dem S-förmige $R(\vartheta)$-Kennlinien erreicht werden können. (Nach [34])

Bei Parallelschaltung eines Heißleiters mit dem Widerstandswert $R_H \equiv 1/G_H$ und eines Metallwiderstandes mit dem Widerstandswert $R_M \equiv 1/G_M$ ist der Gesamtleitwert

$$G = G_H + G_M = G_{H_{20}} - G_{H_{20}} \Delta\vartheta\, \alpha_{H_{20}} + G_{M_{20}} - G_{M_{20}} \Delta\vartheta\, \alpha_{M_{20}} .$$

Kompensation liegt vor, wenn die Glieder mit $\Delta\vartheta$ verschwinden, d. h. für $\Delta\vartheta\, (G_{H_{20}}\alpha_{H_{20}} + G_{M_{20}}\, \alpha_{M_{20}}) = 0$, also ist für Parallelschaltung die Kompensationsbedingung

$$\frac{R_{H_{20}}}{R_{M_{20}}} = - \frac{\alpha_{H_{20}}}{\alpha_{M_{20}}} .$$

Parallelschaltung mehrerer Heißleiter ist nur möglich, wenn die Heißleiter sich nicht erwärmen. Andernfalls übernimmt der Heißleiter mit dem größeren $|\alpha_0|$ bzw. kleineren Widerstand die Hauptlast.

Entweder durch Serienschaltung oder durch Parallelschalten eines linearen Widerstandes mit einem Heißleiter läßt sich die Steigung der $R(\vartheta)$-Kennlinie so abflachen, wie es Bild 1.3-1 c für einen Heißleiter mit einem Kaltwiderstand von 130 Ω (bei $\vartheta = 25\,°C$) mit einem TK von $-5,1\,\%/K$ ($B = 4600$) zeigt [33].

Heißleiter zeigen als polykristalline Körper auch bei niedrigen Temperaturen Alterungserscheinungen. Durch künstliche Alterung kann aber die Langzeitstabilität gesichert werden, so daß Heißleiter als zuverlässige Thermometer nicht nur in Technik, Physik und Chemie bei Gasen und Flüssigkeiten, sondern auch in der Medizin zur Messung der Strömungsgeschwindigkeit des Blutes und der Haut- und Körpertemperatur eingesetzt werden. Durch den großen Temperaturkoeffizienten der Heißleiter lassen sich auch sehr kleine Temperaturen von $< 1/10\,°C$ genau und bei geringer Masse kleiner Heißleiterperlen (0,4 mm $\varnothing$) mit geringer Ansprechzeit messen (Abkühlzeitkonstante je nach Masse zwischen 30 s und 0,4 s).

1.3.2 Fremdgeheizte Heißleiter

Auch bei diesen soll die Eigenerwärmung des Heißleiters gering sein. Seine Temperatur wird bestimmt durch den Strom der elektrisch isolierten, aber in geringem Abstand gut wärmeleitend angebrachten Heizwendel. Fremdgeheizte Heißleiter dienen

(a) zur Verstärkungs- oder Pegelregelung, z. B. in Trägerfrequenzsystemen,
(b) als steuerbare, induktivitätsarme Widerstände in Hochfrequenzkreisen und in der Regeltechnik,
(c) mit Relais als periodische Zeitschaltungen für große Schaltzeiten bis zu einigen Minuten.

Es ist üblich, die u,i-Kennlinien bei verschiedener Heizleistung in doppeltlogarithmischem Maßstab aufzutragen, weil dann die Linien für $R = const$ und $P_h = const$ bequem als Geraden unter $+45°$ bzw. $-45°$ gegen die Achsen darstellbar sind (s. Bild 1.3-2). Als Beispiel für die Größenordnungen der elektrischen Daten von 2 Heißleiterperlen mit Fremdheizung sei genannt:

Maximalwert $R_{max} \equiv R_{20}$	fällt auf R_{min}	durch Heizleistung P_h	in der Zeit Δt
200 kΩ	600 Ω	30 mW	5 s
5 kΩ	50 Ω	100 mW	3 s

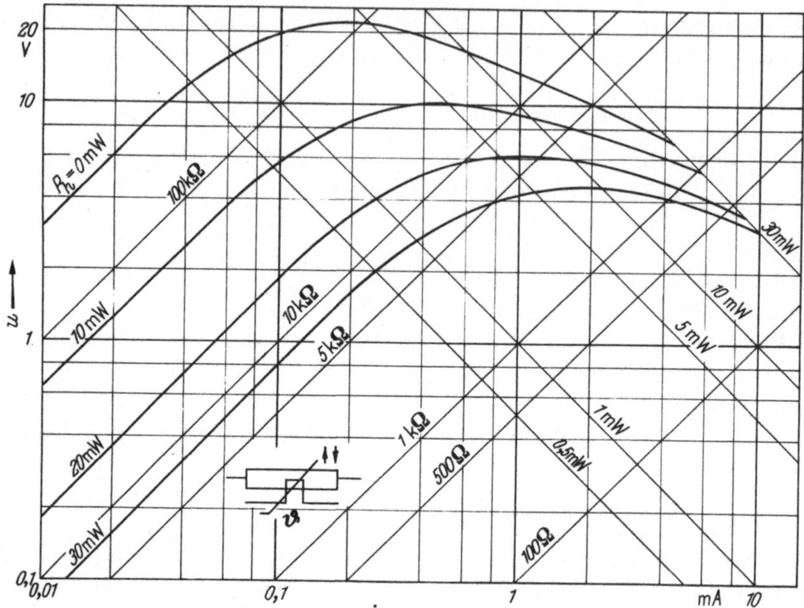

Bild 1.3-2. Strom-Spannungs-Kennlinien eines fremdgeheizten Heißleiters in ruhender Luft bei Raumtemperatur für verschiedene zugeführte Heizleistungen P_h

1.3.3 Regelheißleiter, direkt geheizt

Man kann die Kennlinie eines Heißleiters (Bild 1.3-3 a) durch Wahl des TK in Verbindung mit einem Vorwiderstand so verändern, daß in einem gewissen weiteren Strombereich die an dem Heißleiter und Vorwiderstand abgegriffene Spannung konstant bleibt (Bild 1.3-3 b). Die so gewonnene Regelkennlinie zeigt, daß $u \approx 4$ V nahezu konstant bleibt in einem Strombereich von 1 bis 20 mA (dieser Verlauf stellt also die Umkehrung der Verhaltens des EW dar, s. Abschnitt 1.2.1). Diese Regelheißleiter finden vor allem zwei Anwendungen:

(a) zur Stabilisierung von Spannungen,
(b) Begrenzung von Gleich- und Wechselspannungen, auch in HF-Kreisen.

1.3.4 Anlaßheißleiter mit Eigenerwärmung innerhalb einer vorgeschriebenen Zeit

Bei dieser Gruppe wünscht man im Zusammenhang mit den Geräten (Bauelementen), die geschützt werden sollen, die Größenordnung der thermischen Zeitkonstanten τ_{th} der Erwärmungskurve des Heißleiters festzulegen. Folgende Anwendungen sind häufig:

(a) parallel zur Signallampe in Haushaltsgeräten; im Normalbetrieb verbraucht der Heißleiter nur einen Bruchteil des Stroms der Signallampe; brennt diese durch, erwärmt sich der Heißleiter und nimmt den Strom der Signallampe auf; Zeitkonstante $\tau_{th} < 30$ s;
(b) zur Verzögerung von Leuchtstoffzündgeräten wünscht man $\tau \approx 10$ s;
(c) zur Relaisverzögerung kann man z. B. $\tau_{th} \approx 8$ s erhalten.

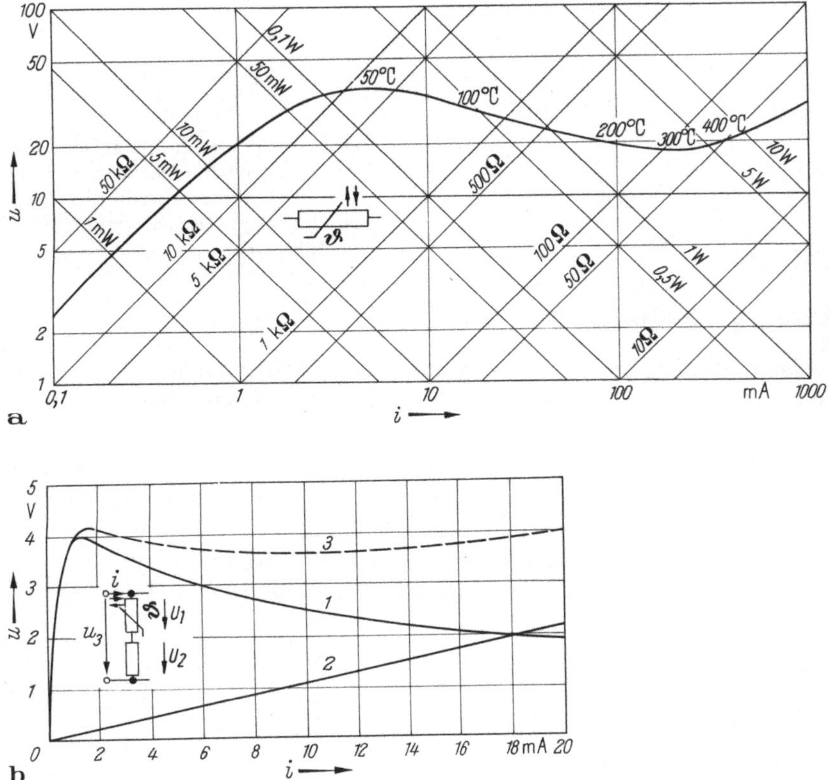

Bild 1.3-3. **a** Strom-Spannungs-Kennlinie eines Heißleiters in ruhender Luft bei Raumtemperatur. An die Kennlinie sind die infolge Eigenaufheizung hervorgerufenen Temperaturen der Widerstandsoberfläche angeschrieben; **b** Schaltung zur Stabilisierung der Lastspannung u_3 gegen Schwankungen des Stromes i

Schließlich werden die Einschaltstromspitzen von Kondensatoren und Transformatoren wirksam durch Anlaß-Heißleiter gedämpft, deren kleiner Widerstand im heißen Zustand bei der Betriebsstromstärke des zu schützenden Geräts nicht wesentlich ist.

1.4 Erwärmung, Temperaturgleichgewicht und Wärmewiderstand

Im Falle einer Eigenerwärmung besteht ein enger Zusammenhang zwischen der elektrischen Leistung, die Widerständen (oder Thermistoren) zugeführt wird, und der Übertemperatur, die sie gegenüber ihrer Umgebung annehmen.

Die Entwicklung der elektrischen Rechenmaschinen und die elektrische Ausrüstung von Flugzeugen und Flugkörpern sind Beispiele dafür, daß immer mehr Bauelemente in beschränktem Raum eingebaut werden und daher ihre Verkleinerung notwendig wird (Miniaturtechnik). Es ist also für den Elektroingenieur wichtig, festzustellen, wo der Verkleinerung von Bauelementen Grenzen gesetzt sind. Bei Widerständen ist es die Wärmebelastung.

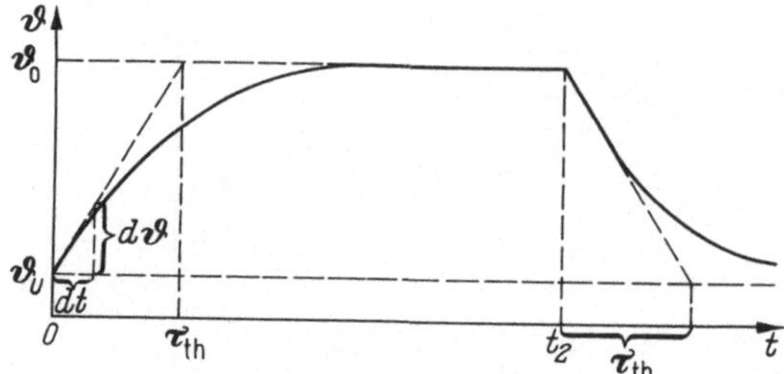

Abb. 1.4-1. Zeitlicher Verlauf der Temperatur an einem bestimmten Punkt eines Widerstandes, wenn die elektrische Leistung zwischen $t = 0$ und $t = t_2$ zugeführt wird

1.4.1 Erwärmung und Wärmezeitkonstante

Wir betrachten zunächst die Erwärmungskurve eines Widerstandes, der während der Zeitspanne von $t = 0$ bis $t = t_2$ mit der konstanten elektrischen Leistung P beschickt wird. Bild 1.4-1 zeigt, wie die Temperatur ϑ bis zum Erreichen des thermischen Gleichgewichtes auf ϑ_0 ansteigt und wie nach dem Abschalten zur Zeit $t = t_2$ der Widerstand sich allmählich wieder auf die Umgebungstemperatur ϑ_u abkühlt. Die Zeit der Erwärmung und Abkühlung ist durch die Wärmezeitkonstante τ_{th} der exponentiell verlaufenden Temperaturkurve festgelegt. Bezeichnet man die Endtemperatur des Gleichgewichtszustandes mit ϑ_0, so folgt aus Bild 1.4-1 der Zusammenhang

$$\left(\frac{d\vartheta}{dt} \right)_{t=0} = \frac{(\vartheta_0 - \vartheta_u)}{\tau_{th}} . \qquad (1.4\text{-}1)$$

Andererseits gilt für den Anstieg

$$\left(\frac{d\vartheta}{dt} \right)_{t=0} = \frac{P}{c\, m} \qquad (1.4\text{-}2)$$

mit der elektrischen Leistung P, die bei $t = 0$ eingeschaltet wird, der spezifischen Wärmekapazität c und der Masse m des Widerstandes. Damit kann man die Zeitkonstante aus der Beziehung

$$\tau_{th} = c\, m\, \frac{\vartheta_0 - \vartheta_u}{P} \qquad (1.4\text{-}3)$$

abschätzen, sobald man die Übertemperatur $\vartheta_{\ddot{u}} = \vartheta_0 - \vartheta_u$ kennt. Beispiel: Bei einer Leistung $P = 1$ W stelle sich eine Endtemperatur ϑ_0 von 150 °C ein. Der 05/17-Widerstand habe eine Masse $m = 8{,}5$ g und eine spezifische Wärmekapazität $c = 0{,}7$ J/(g K). Dann wird $\tau_{th} = 780$ s $= 13$ min.

Tabelle 1.4-1 gibt einige Werte der spezifischen Wärme an.

Tabelle 1.4-1. Spezifische Wärmekapazität $c \left/ \dfrac{\text{Ws}}{\text{g K}} \right.$

Kupfer	Aluminium	Kohlenstoff	Glas	Wasser	Öl
0,39	0,9	0,5	0,8	4,19	1,9

Im nächsten Abschnitt wird der Zusammenhang zwischen P und $\vartheta_{\ddot{u}}$ gebracht.

1.4.2 Temperaturgleichgewicht und Leistung

Um Widerstände, Transistoren, Halbleiterdioden und andere Bauelemente nicht zu überlasten, ist es notwendig, die Temperatur zu kennen, die sich nach Abklingen des Aufheizvorganges im stationären Gleichgewicht zwischen verbrauchter elektrischer Leistung P und ohne besondere Kühlmittel abgeführte Wärmeleistung einstellt. Welche Möglichkeiten der Wärmeabgabe bestehen? Ohne forcierte Kühlung durch Druckluft oder Wasserkühlung wird Wärme abgegeben durch

(a) Konvektion durch umgebende Luft oder Gase,
(b) Wärmeabstrahlung, auch im Vakuum,
(c) Wärmeleitung durch Anschluß-Schellen, -Drähte, Kupferlitze usw.

1.4.2.1 Wärmeabgabe durch Konvektion und Wärmestrahlung

Auch bei niedrigen Temperaturen ist neben der Konvektion immer die Wärmestrahlung an der Wärmeabfuhr beteiligt. Die durch *Konvektion* der umgebenden Luft abführbare Wärmeleistung P_K kann durch ein einfaches Gesetz erfaßt werden:

Sie ist proportional der Übertemperatur $\vartheta_ü$ gegenüber der Umgebung und proportional der Größe A_0 der Oberfläche

$$P_K = \alpha_K A_0 \vartheta_ü . \tag{1.4-4}$$

Der Koeffizient α_K ist praktisch nicht abhängig vom Material des Widerstandes, sondern nur bestimmt von dem umgebenden Medium (Luft, Wasser, Öl) und seiner Strömungsgeschwindigkeit und damit vom Durchmesser des Widerstandes. Nach Bild 1.4-2a ist α_K *keine* Konstante, sondern für dünne zylindrische Widerstände proportional $\sqrt[4]{\vartheta_ü}$ und $1/\sqrt{\text{Durchmesser } d}$. Damit wird ihr Wärmeleitwert

$$G_{th} \equiv 1/R_{th} = \alpha_K A_0 \sim \pi\, d\, l \sqrt[4]{\vartheta_ü} / \sqrt{d} \sim \pi\, l \sqrt{d} \sqrt[4]{\vartheta_ü} ,$$

$$G_{th} = \text{const} \sqrt{l} \sqrt{A_0} \sqrt[4]{\vartheta_ü} . \tag{1.4-4a}$$

Der Wärmeleitwert ist proportional ihrer Länge l und $\sqrt{d}$ *und* $\sqrt[4]{\vartheta_ü}$ oder auch $G_{th} \sim \sqrt{A_0\, l} \sqrt{\vartheta_ü}$ (s. auch Abschnitt 1.4.2.3). Für nicht durch Lüfter bewegte Luft ist α_K erstaunlich klein:

Je 1 cm² der Oberfläche A_0 und 1 K Übertemperatur können nur einige mW abgeführt werden: Bei Temperaturen bis etwa 350 °C ist die durch *Strahlung* zusätzlich zur Konvektion abgeführte Wärmeleistung P_S nicht größer als P_K, oberhalb $\vartheta = 600$ °C überwiegt dann die Strahlungsleistung erheblich. Quantitativ übersieht man den Zusammenhang zwischen Strahlungsleistung P_S der Oberfläche A_0 und Temperatur ϑ des erwärmten Körpers bei Durchmesserwerten zwischen 1 und 10 mm mit Hilfe von Bild 1.4-2b. Hier ist der Strahlungsanteil entsprechend dem Stephan-Boltzmannschen Gesetz

$$P_S = c\, \sigma A_0 (T^4 - T_0^4) \text{ mit } T = 273{,}15 \text{ K} + \vartheta \text{ K/°C und } T_0 = 293 \text{ K} \tag{1.4-5}$$

nicht in Abhängigkeit von der absoluten Temperatur T, sondern abhängig von ϑ aufgetragen, und zwar die „schwarze" Strahlung des geschwärzten Hohlraumstrahlers ($\sigma = 5.67 \cdot 10^{-8}$ W/(m² K⁴)); dargestellt ist die spezifische Strahlungsleistung P_S/A_0 für den schwarzen Strahler in der oberen gekrümmten Kurve mit $c = 1$).

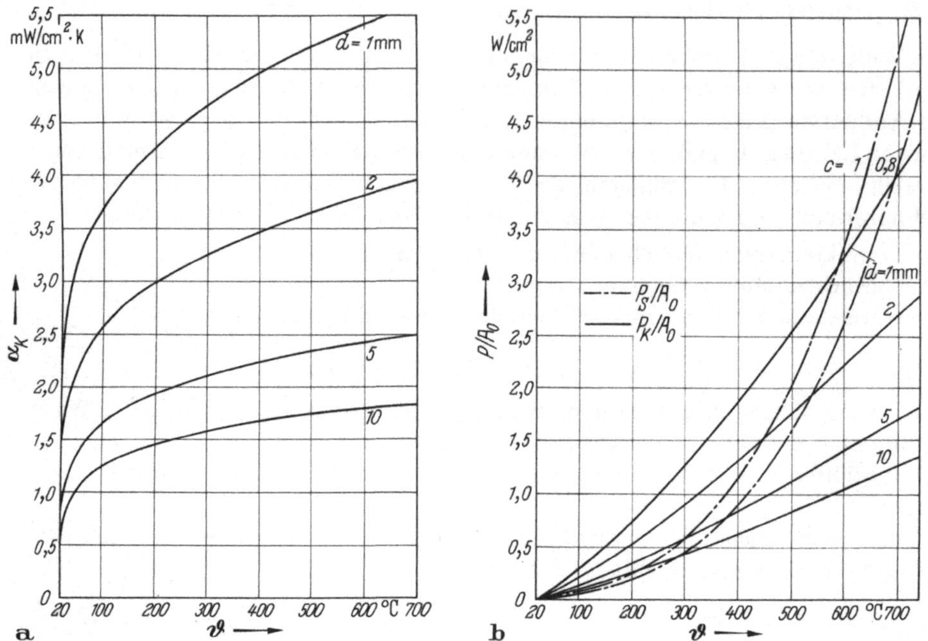

Bild 1.4-2. **a** Wärmeübergangszahl durch freie Konvektion von waagerecht in ruhender Luft von 20 °C frei aufgehängten sehr langen Zylindern mit glatter Oberfläche als Funktion der Temperatur der Zylinderoberfläche (nach [22]); **b** pro Flächeneinheit abgegebene Wärmeleistung der Zylinder von Bild 1.4-2a infolge freier Konvektion (ausgezogene Linien) und Strahlung (gestrichelte Linien) als Funktion der Temperatur der Zylinderoberfläche

Ludwig Boltzmann, 1844 bis 1906, Professor in Graz, München, Leipzig und Wien, begründete mit Gesetzen der Statistik das von Stephan gefundene Strahlungsgesetz.

Sicherheitshalber rechnet man besser mit der schlechteren Wärmeabgabe des „grauen" Strahlers entsprechend der unteren gekrümmten Kurve $(0,8\,\sigma = 4,54 \cdot 10^{-8}\,\text{W/(m}^2\,\text{K}^4))$ Man erkennt, daß diese Kurve die Konvektionskurve für $d = 5$ mm bei 370 °C schneidet. Erst bei $\vartheta = 620$ °C wird der Anteil der Strahlungswärme doppelt so hoch wie der Anteil der Konvektion.

Da Konvektion und Strahlung in gleicher Weise von der Geometrie des Widerstandskörpers, nämlich seiner Oberfläche A_0 abhängen, ist es zweckmäßig, P_K und P_S zusammenzufassen. Wir wollen $(P_K + P_S)/A_0$ als Leistung, die je Einheit der Oberfläche abgeführt wird, oder als Oberflächenleistung einführen. In Bild 1.4-3 ist jetzt (unter Vertauschung der Achsen gegenüber Bild 1.4-2b die Temperatur ϑ_0, die sich im Wärmegleichgewicht einstellt, in Abhängigkeit von der Oberflächenleistung $(P_K + P_S)/A_0$ eingetragen. Gleichzeitig sind die nach DIN zulässigen Maximaltemperaturen für verschiedenen Aufbau der Widerstände gekennzeichnet. Als Umgebungstemperatur ist 20 °C angenommen. Die Kurve gibt das Temperaturgleichgewicht entsprechend der Gleichung (Zufuhr = Abfuhr)

$$P_{el} = P_K + P_S = A_0\{\alpha_K(\vartheta_0 - \vartheta_u) + 0,8\,\sigma\,[(273\,\text{K} + \vartheta_0\,\text{K/}^\circ\text{C})^4 - (293\,\text{K})^4]\}$$

$$(1.4\text{-}6)$$

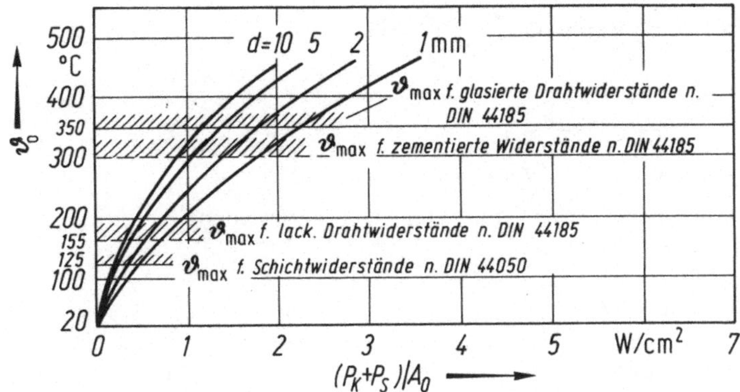

Bild 1.4-3. Oberflächentemperatur der Zylinder von Bild 1.4-2a als Funktion der je Fläche abgegebenen Gesamtwärmeleistung (grauer Strahler mit $c = 0{,}8$)

an. Angenommen ist dabei, daß die Wärme nur über Konvektion und Strahlung abgeführt wird und keine Wärmeleitung daran beteiligt ist. Ferner ist dabei vorausgesetzt, daß alle Punkte der Oberfläche die gleiche Temperatur ϑ_0 angenommen haben. Diese Voraussetzung ist exakt nur bei einem unendlich langen Stab gleichen Querschnitts oder einem entsprechenden Ring erfüllt (z. B. Ringpotentiometer ohne Halterung und Anschlüsse). Im nächsten Abschnitt wird der Einfluß der Wärmeleitung diskutiert.

1.4.2.2 Wärmeabgabe durch Wärmeleitung

Die Befestigung und die elektrischen Anschlußdrähte oder Bänder bzw. ein Verguß in Gießharz sorgen für eine Wärmeableitung, welche längs des aufgeheizten Körpers ein Temperaturgefälle erzwingt und das Ergebnis des vorigen Abschnitts modifiziert. Das Prinzip der Wärmeleitung in festen Stoffen ist der

Tabelle 1.4-2. Gegenüberstellung einiger Größen bei Elektrizitäts- und bei Wärmeleitung

Elektrischer Strom	Wärmeleistung (Wärmestrom)
$I = \dfrac{Q}{\Delta t} = \gamma A_q \dfrac{U_1 - U_2}{l}$	$P_L = \dfrac{Q_{th}}{\Delta t} = \lambda A_q \dfrac{\vartheta_1 - \vartheta_2}{l}$
Potentialdifferenz $U_1 - U_2$	Temperaturdifferenz $\vartheta_1 - \vartheta_2$
Elektrische Feldstärke $E = \dfrac{U_1 - U_2}{l}$	Temperaturgefälle $\dfrac{\vartheta_1 - \vartheta_2}{l}$
Elektrischer Widerstand	Wärmewiderstand
$R = \dfrac{U_1 - U_2}{I} = \dfrac{E\,l}{E\,\gamma A_q} = \dfrac{l}{\gamma A_q}$	$R_{th} = \dfrac{\vartheta_1 - \vartheta_2}{P_L} = \dfrac{\vartheta_1 - \vartheta_2}{\lambda A_q \dfrac{\vartheta_1 - \vartheta_2}{l}} = \dfrac{l}{\lambda A_q}$
Elektrische Leitfähigkeit γ	Wärmeleitfähigkeit λ

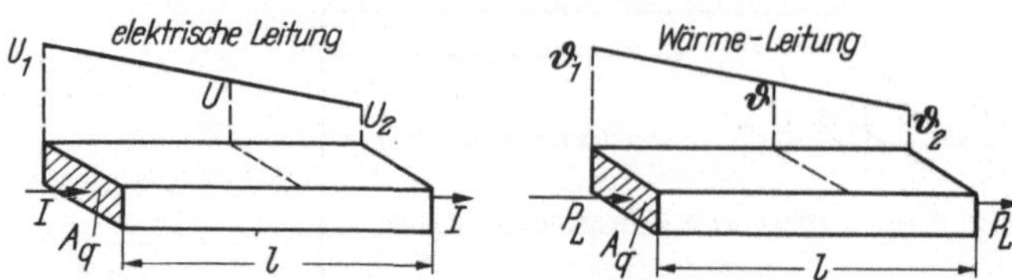

Bild 1.4-4. Analogie zwischen elektrischer Stromleitung und Wärmeleitung

Tabelle 1.4-3. Wärmeleitfähigkeit $\lambda \left/ \dfrac{\mathrm{W}}{\mathrm{m\,K}}\right.$

Kupfer	Aluminium	Kohlenstoff	Keramik	Wasser	Öl	Luft
380	230	1 bis 140	1 bis 2	0,55	0,15	0,025

elektrischen Leitung analog. Bild 1.4-4 zeigt als Beispiel die Wärmeleitung durch einen rechteckigen Stab mit dem Querschnitt A_q. In Tabelle 1.4-2 sind die wichtigsten elektrischen Größen und Wärmegrößen gegenübergestellt.

Dem elektrischen Widerstand mit der Einheit Ω entspricht der Wärmewiderstand mit der Einheit K/W. Ferner ist der elektrischen Leitfähigkeit γ die Wärmeleitfähigkeit λ analog. Nach Bild 1.4-4 wird λ definiert durch $P_\mathrm{L} = \lambda A_\mathrm{q}(\vartheta_1 - \vartheta_2)/l$.

Bemerkenswert ist die Verknüpfung von γ und λ entsprechend

$$\frac{\lambda}{\gamma} = L \cdot T \quad \text{mit} \quad L = \text{Lorentz-Konstante} = \frac{\pi^2}{3}\left(\frac{k}{e}\right)^2 = 2,44 \cdot 10^{-8}\left(\frac{\mathrm{V}}{\mathrm{K}}\right)^2$$

$$(1.4\text{-}7)$$

nach dem Wiedemann-Franzschen Gesetz[1] für reine Metalle, wobei oberhalb der Debye-Temperatur Θ_D (siehe 1.1.1.1) die Wärmeleitfähigkeit λ praktisch nicht von der Temperatur T abhängt. Tabelle 1.4-3 gibt Werte der Wärmeleitfähigkeit für einige Werkstoffe der Elektrotechnik an.

Das in Bild 1.4-4 dargestellte Modell der Wärmeleitung setzt voraus, daß die Wärme wirklich durch den Querschnitt strömt und nicht teilweise an den (vier) Seitenflächen der Länge l durch Strahlung oder Konvektion entweicht.

Zur genauen Darstellung des Problems dient das Bild 1.4-5. Im ganzen Querschnitt an der Stelle x sei die Temperatur ϑ, an der Stelle $x + \mathrm{d}x$ möge die Temperatur auf $\vartheta + \mathrm{d}\vartheta$ gefallen sein ($\mathrm{d}\vartheta$ negativ). Dann ist der Wärmestrom an der Stelle x in Pfeilrichtung

$$P_{L_x} = -\lambda A_\mathrm{q}\frac{\mathrm{d}\vartheta}{\mathrm{d}x}.$$

Das Temperaturgefälle bei $x + \mathrm{d}x$ ist

$$\frac{\mathrm{d}}{\mathrm{d}x}(\vartheta + \mathrm{d}\vartheta) = \frac{\mathrm{d}\vartheta}{\mathrm{d}x} + \frac{\mathrm{d}^2\vartheta}{\mathrm{d}x^2}\,\mathrm{d}x \qquad\qquad (1.4\text{-}8)$$

---

1 (1853) Gustav Heinrich Wiedemann, 1826 bis 1899, und Rudolf Franz, 1827 bis 1902 (deutsche Physiker).

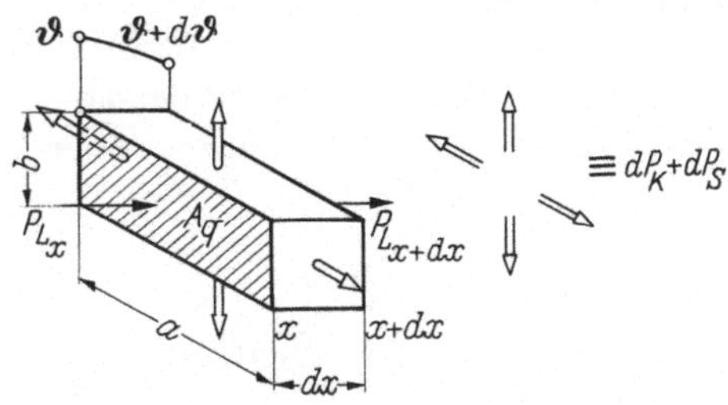

Bild 1.4-5. Volumenelement der Länge dx zur Ableitung der Differentialgleichung der Temperaturverteilung eines Widerstandes

und damit der Wärmestrom bei $x + \mathrm{d}x$

$$P_{L_{x+\mathrm{d}x}} = -\lambda\, A_\mathrm{q} \left(\frac{\mathrm{d}\vartheta}{\mathrm{d}x} + \frac{\mathrm{d}^2\vartheta}{\mathrm{d}x^2}\,\mathrm{d}x \right). \tag{1.4-9}$$

Im stationären Zustand ist die dem erwärmten Volumen mit dem Widerstand dR nach Bild 1.4-5 zugeführte gleich der daraus abgeführten Leistung. Die Leistungsbilanz lautet:

$$I^2\,\mathrm{d}R + P_{L_x} = P_{L_{x+\mathrm{d}x}} + \mathrm{d}P_k + \mathrm{d}P_s \tag{1.4-10}$$

oder

$$I^2\,\mathrm{d}R = -\lambda\, A_\mathrm{q} \frac{\mathrm{d}^2\vartheta}{\mathrm{d}x^2}\,\mathrm{d}x \tag{1.4-11}$$

$$+\, u_0\,\mathrm{d}x\,\{\alpha_k(\vartheta - \vartheta_0) + 0{,}8\,\sigma\,[(273{,}15\ \mathrm{K} + \vartheta\ \mathrm{K}/°\mathrm{C})^4 - 273{,}15\ \mathrm{K})^4]\}.$$

u_0 ist der (beliebig geformte) Umfang in der Querschnittsebene. Damit steht eine Differentialgleichung zur Berechnung der stationären Temperaturverteilung ϑ in Abhängigkeit von x zur Verfügung. Man kann diese Temperaturverteilung näherungsweise in zwei Schritten berechnen. Man löst zunächst die einfachere Gleichung

$$I^2\,\frac{\mathrm{d}R}{\mathrm{d}x} = -\lambda\, A_\mathrm{q} \frac{\mathrm{d}^2\vartheta}{\mathrm{d}x^2} \tag{1.4-12}$$

und bestimmt damit die Temperaturverteilung, die sich bei alleiniger Wärmeableitung durch die Widerstandsenden ergibt und in der Mitte des Widerstandes ein Maximum zeigt, wenn die Wärme nach beiden Seiten gleich abgeleitet wird. Indem man diese Temperaturverteilung annimmt, wird dann als zweiter Schritt die

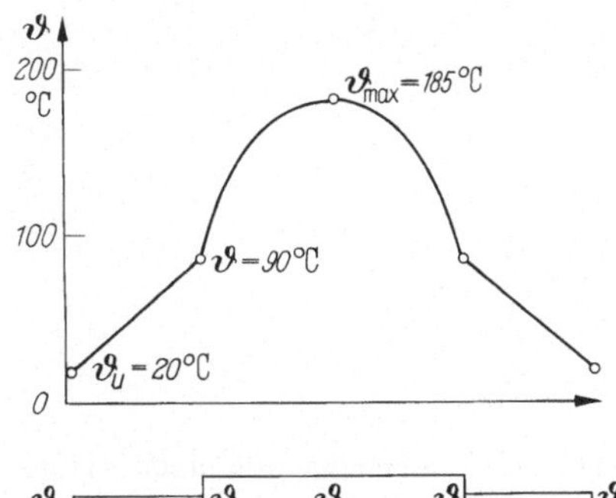

Bild 1.4-6. Temperaturverteilung eines Drahtwiderstandes, Baugröße 11 × 53 bei 5 W Belastung

Wärmeabgabe infolge Konvektion und Strahlung durch Integration über die Länge x des Widerstandes berechnet.

Als Beispiel stellt Bild 1.4-6 die Temperaturverteilung eines Draht-Widerstandes dar. In der Mitte erkennt man einen Verlauf, welcher der Umkehrung einer „Kettenlinie" entspricht, also $\sim 1/\cosh x$ ist.

1.4.2.3 Bedeutung des Wärmewiderstandes und seine Messung

Der Wärmewiderstand R_{th} ist definiert als Quotient aus der Übertemperatur $\vartheta_{ü} = \vartheta_o - \vartheta_u$ und der Verlustleistung P, welche die stationäre Temperatur ϑ_o eines Bauteils bewirkt. ϑ_u ist die Umgebungstemperatur in der Nähe des Bauteils.

Der Wärmewiderstand R_{th} ist der Kehrwert des in 1.2 und 1.3 eingeführten Wärmeleitwerts G_{th}, also

$$R_{th} = 1/G_{th} = (\vartheta_o - \vartheta_u)/P = \vartheta_{ü}/P \ . \tag{1.4-13}$$

R_{th} ist bei zylindrischen Widerständen umgekehrt proportional ihrer Länge l und der Wurzel aus dem Durchmesser d (siehe 1.4.2.1 und Gl. (1.4-4a)). R_{th} dient auch zur Bestimmung der Belastbarkeit P_{70} bei der Umgebungstemperatur $\vartheta_u = 70\,°C$. Mit der oberen Grenztemperatur $\vartheta_{o\,max}$ eines Widerstandes ist

$$P_{70} = \frac{\vartheta_{o\,max} - 70\,°C}{R_{th}} \ . \tag{1.4-14}$$

Es kann auch mit R_{th} bei bekannter Belastung P und Umgebungstemperatur ϑ_u die Oberflächentemperatur ϑ_o im Betrieb ermittelt werden. Diese Temperatur ϑ_o ist für die zeitliche Drift des Widerstandswertes wichtig, weil das Driftverhalten praktisch nur von der Temperatur und deren Zeitdauer abhängt.

Größtwerte für den Wärmewiderstand sowie das temperatur- und zeitabhängige Driftverhalten sind in den DIN-Normen angegeben (DIN 44050ff. und DIN 44185ff.). (In den ausländischen Normen IEC, CECC, MIL, BS und NF etc. ist der Wärmewiderstand nicht erwähnt.)

Die räumliche Anordnung der Widerstände beeinflußt den Wert ihres Wärmewiderstandes: zu seiner Messung werden größere Drahtwiderstände waagerecht

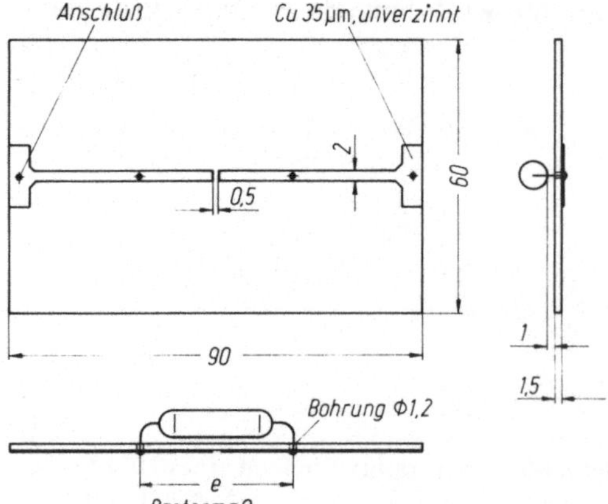

Bild 1.4-7. Widerstand auf einer Leiterplatte

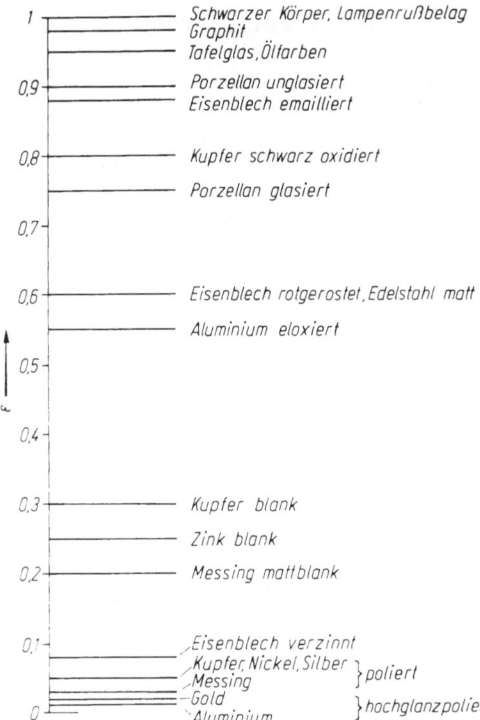

Bild 1.4-8. Gesamtemissionsgrad ε verschiedener Werkstoffe bei 300 K

frei im Raum aufgehängt und mit verschiedenen Werten von P bis zur maximal zulässigen Grenztemperatur belastet. Nach Erreichen des Wärmegleichgewichts wird jeweils ϑ_o und ϑ_u gemessen. − Kleinere Widerstände werden nach Bild 1.4-7 angeordnet, wobei das Rastermaß e je nach Bauartnorm gewählt ist. Bei Anordnung mehrerer, eng benachbarter Widerstände auf einer Leiterplatte muß die Belastung auf ca. 30% der Belastbarkeit des einzelnen Widerstandes verringert werden.

Bei der Temperaturmessung [36] ist darauf zu achten, daß die Wärmeableitung des Temperaturfühlers sehr klein ist. Deswegen sind Thermoelemente ($d < 0,1\,\mathrm{mm}$) oft geeigneter als Heißleiterfühler. Infrarot-Thermometer [37, 38] messen berührungsfrei und beeinflussen daher nicht die Temperatur der Meßobjekt-Oberfläche, deren Emissionskoeffizient für Infrarotstrahlung jedoch berücksichtigt werden muß (Bild 1.4-8). Infrarot-Thermometer sind besonders bei kleinen Widerständen (Durchmesser < 4 mm, Länge < 10 mm) und bei bewegten Meßobjekten zweckmäßig [39]. Eine andere Möglichkeit der Temperaturmessung an Widerständen ist das Aufbringen von Schmelzsalzen mit verschiedenen, bekannten Schmelztemperaturen.

1.5 Magnetfeldabhängige Bauelemente (Hall-Generatoren, Feldplatten)

1.5.1 Der Hall-Effekt

Leiter, die in ein magnetisches Querfeld gebracht werden, zeigen den Hall-Effekt. Läßt man entsprechend Bild 1.5-1 senkrecht zur Stromrichtung ein Magnetfeld auf den Leiter einwirken, so werden die Elektronen senkrecht zur eigenen Bewegungsrichtung und senkrecht zum Magnetfeld abgelenkt mit der Kraft

$$F_M = q\,[v \times B] = -\,e\,[v \times B]$$

oder entsprechend Gl. (1.1-9)

$$v = -\frac{1}{e\,n}\,J\,,\qquad F_M = \frac{1}{n}\,[J \times B]\,.$$

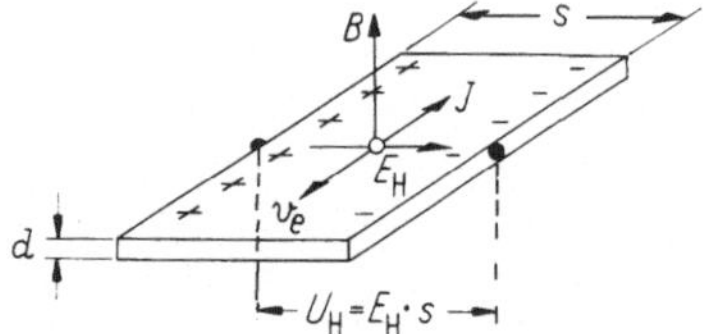

Bild 1.5-1. Hall-Effekt bei Elektronenleitung. Orientierung von Hall-Spannung U_H, Stromdichte J und Induktion B

Durch die Ablenkung entsteht ein Elektronenüberschuß am rechten Rand und ein entsprechendes Elektronendefizit am linken Rand der Platte. Die senkrecht zu J entstehende Hall-Feldstärke E_H kann als Hall-Spannung bei Leerlauf gemessen werden. Die durch die Hall-Feldstärke auf die Elektronen ausgeübte Kraft

$$F_H = q\,E_H = -\,e\,E_H$$

ist im stationären Gleichgewicht entgegengesetzt gleich der magnetischen Ablenkkraft F_M, da die Summe der am Elektron wirkenden Kräfte Null sein muß. Daraus folgt

$$E_H = \frac{1}{e\,n}\,[J \times B] = A_H\,[J \times B]\,.$$

Hierin nennt man

$$A_H = \frac{1}{e\,n}$$

den Hall-Koeffizienten, der experimentell aus Stromdichte J, Induktion B und Hall-Feldstärke E_H bzw. Hall-Spannung $U_H = E_H\,s$ bestimmt werden kann.

Aus der Messung des Hall-Koeffizienten A_H kann man also direkt die Leitungselektronendichte n und bei bekanntem spezifischem Widerstand ϱ die Beweglichkeit μ_n der Elektronen bestimmen. Dies gilt jedoch nur, solange der Stromtransport allein durch Elektronen erfolgt (normaler Hall-Effekt). Allgemein können auch Ionen und die besprochenen Defektelektronen oder Löcher Ladungen transportieren. Wegen ihrer großen Masse bzw. geringen Beweglichkeit leisten Ionen keinen meßbaren Beitrag zum Hall-Effekt. Defektelektronen sind jedoch ähnlich beweglich wie Elektronen und können wegen ihrer positiven Ladung den sog. „anomalen Hall-Effekt" bewirken, wobei die Hall-Spannung ihr Vorzeichen umkehrt. Werkstoffe mit den höchsten Werten für die Beweglichkeit der Ladungsträger sind die $A^{III}B^{V}$-Verbindungen, insbesondere geeignet dotiertes Indiumantimonid bzw. Indiumarsenid.

Bei der bisher betrachteten Kräfteeinwirkung des Magnetfeldes auf den stromdurchflossenen bandförmigen Leiter war vorausgesetzt, daß dieser homogen und langgestreckt ist. Bild 1.5-2 veranschaulicht, wie in einem rechteckförmigen Leiterplättchen die seitlich abgelenkten Strombahnen verlaufen; sie zeigt ferner, daß durch die Wirkung des Magnetfeldes die Bewegungsrichtung der Elektronen und die Äquipotentiallinien nicht länger zueinander orthogonal sind. Der Zwischenwinkel Θ (Hall-Winkel) ist gekennzeichnet durch die Beziehung $\tan \Theta = \mu B$.

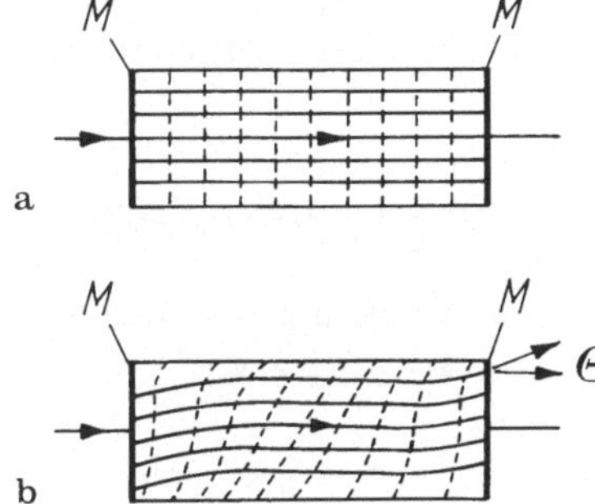

Bild 1.5-2a u. b. Verlauf der Strombahnen (ausgezogen) und der Äquipotentiallinien (gestrichelt) in einer rechteckigen Halbleiterplatte. **a** ohne Magnetfeld; **b** mit Magnetfeld

Die Feldverteilung läßt drei Bereiche erkennen: Den mittleren Bereich, in dem der Stromdichtevektor parallel zu den Längskanten verläuft, d. h. mit ausgeglichenen Querkräften F_M und F_H, und mit ausgeprägt vorhandener Hall-Spannung, sowie die beiden anschließenden Bereiche, in denen der Stromdichtevektor umgelenkt wird, bis er schließlich unter dem Hall-Winkel auf die metallisierte Stirnseite M trifft, wobei die effektive Länge der Strombahnen vergrößert und der effektive Querschnitt verkleinert wird, was zu einer merklichen Vergrößerung des elektrischen Widerstandes führt.

Da die Ausgeprägtheit dieser Bereiche vom Seitenverhältnis s/l des rechteckförmigen Leiterplättchens gegenläufig abhängt, sind bei der Auslegung magnetisch steuerbarer Bauelemente zur Ausnutzung des Hall-Effektes bzw. Widerstandseffektes die geometrischen Abmessungen entsprechend zu wählen [51].

1.5.2 Hall-Generatoren

Hall-Generatoren sind auf dem Hall-Effekt beruhende Wandler, deren Funktion mit dem Ersatzschaltbild Bild 1.5-3 beschrieben werden kann.

Hierbei ist der Steuerstrom
$$I_s = \int_{A_q} J \, \mathrm{d}A_q \approx J s d$$

und die Leerlauf-Hall-Spannung $U_{HO} = E_H \cdot s = \dfrac{A_H}{d}[I_s \times B]$. $\qquad$ (1.5-1)

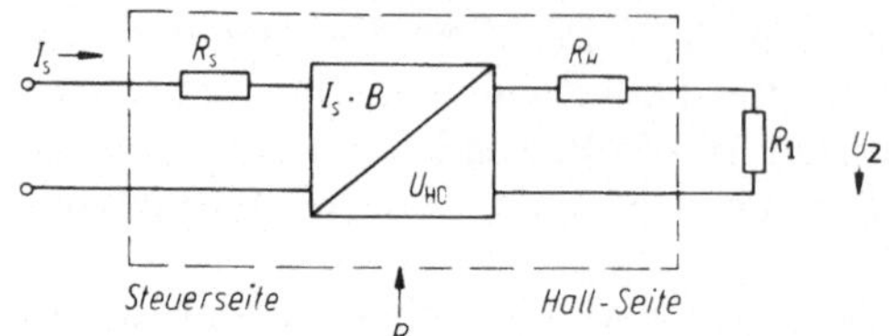

Bild 1.5-3. Ersatzschaltbild für den Hall-Generator als elektrischer Wandler

Da die Größe der Innenwiderstände R_s und R_H vom Steuerfeld B abhängt, ist die Übertragungscharakteristik U_2/I_s nichtlinear, jedoch kann durch Wahl eines optimalen Außenwiderstandes $R_{L\,opt}$ der Linearisierungsfehler klein gehalten werden.

Als Störfaktoren sind neben den fertigungsbedingten ohmschen und induktiven Nullkomponenten vor allem die Temperaturabhängigkeit des Hall-Koeffizienten A_H, siehe Bild 1.5-4 und des Hallseitigen Innenwiderstandes R_H zu nennen. Die maximal zulässige Temperatur der Halbleiterschicht beträgt normalerweise 120 °C.

Hauptanwendungsgebiete für Hall-Generatoren sind:

- Feldmessungen (axiale und tangentiale Magnetfelder, auch bei tiefen Temperaturen),
- berührungslose Signalgabe bei Steuerungen, sowie zur Abtastung von magnetischen Aufzeichnungen, unabhängig von der Bewegungsgeschwindigkeit,
- Multiplikation und Modulation.

Durch entsprechende Formgebung des Hall-Plättchens, sowie geeignete Bauweise, einschließlich für den magnetischen Kreis wird der Hall-Generator für die vorgesehene Aufgabe optimiert, siehe [40].

Nach Gl. (1.5-1) ist die Hall-Spannung indirekt proportional zur Dicke d des Hall-Plättchens. Bei monokristallinem Halbleitermaterial lassen sich durch mechanisch-chemisches Abtragen Schichtdicken von 5 bis 100 µm herstellen. Bei polykristallinem Material, das auf geeignete ferromagnetische Träger direkt aufge-

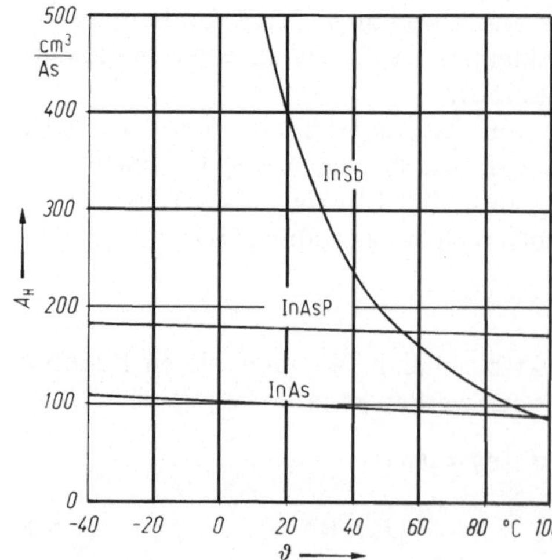

Bild 1.5-4. Abhängigkeit der Hall-Konstante von der Temperatur ϑ bei verschiedenen Materialien

dampft und einem nachfolgenden Rekristallisierungsprozeß unterworfen wird, lassen sich die Schichtdicken auf 2 bis 3 μm reduzieren und somit auch dünnere Sonden herstellen. Diese Methode gestattet es auch, die Leiterzüge für die Anschlüsse mit anzubringen und damit sowohl die Funktion als auch die Zuverlässigkeit zu verbessern, erforderlichenfalls sogar die Auswerteelektronik mit zu integrieren.

1.5.3 Magnetisch steuerbare Widerstände, Feldplatten, kontaktlose Potentiometer und Schalter

Die in Bild 1.5-2 gezeigte Feldverteilung entartet, wenn das Seitenverhältnis l/s des Leiterplättchens Werte ≤ 1 annimmt. Der mittlere Bereich verschwindet, die beiden restlichen Bereiche rücken zusammen. Für $l/s \ll 1$ verlaufen die Stromfäden infolge des Magnetfeldes B unter dem Hall-Winkel Θ, der Widerstand zwischen beiden Elektrodenflächen wird bestimmt durch die effektive Länge der Stromfäden $l_{\text{eff}} = l/\cos \Theta$, sowie die effektive Breite der Strombahn

$$s_{\text{eff}} = s \cdot \cos \Theta - l \cdot \sin \Theta \approx s \cdot \cos \Theta, \quad \text{d. h.} \quad R \approx R_0/\cos^2 \Theta = R_0(1 + \tan^2 \Theta)$$

mit dem Grundwiderstand $R_0 = \varrho\, l/(s\, d)$. Der Widerstand ist hierbei unabhängig vom Richtungssinn des Stromes bzw. des Magnetfeldes.

Leider ist der Grundwert eines derartigen Leiterplättchens sehr niedrig, für $\varrho = 5 \cdot 10^{-3}\ \Omega\,\text{cm}$ (InSb), $l/s \leq 0{,}1$, $d = 25\ \mu\text{m}$ ist $R_0 \leq 200\ \text{m}\Omega$. Um Widerstandswerte im Bereich von einigen Ω bis $\text{k}\Omega$ zu erhalten, müssen demnach viele dieser Widerstandselemente hintereinandergeschaltet werden, beispielsweise durch eine Schichtfolge von Halbleiterplättchen und dazwischen befindlichen Flächen bzw. Zonen hoher Leitfähigkeit, die quergerichtete Äquipotentialflächen erzwingen.

Als technologisch einfacher Lösungsweg hierfür ist insbesondere die Implantation gutleitender Nadeln in monokristallinem Indiumantimonid zu nennen. Beim gerichteten Erstarren einer eutektischen Schmelze aus InSb-NiSb bilden sich im Innern des Einkristalls parallel ausgerichtete Nadeln aus NiSb mit einer mittleren Länge von 50 μm, einem Durchmesser $< 1\ \mu\text{m}$ und einer Leitfähigkeit $\sigma \approx 7 \cdot 10^4$ $(\Omega\,\text{cm})^{-1} = 7\ \text{MS/m}$ (im Gegensatz dazu hat eigenleitendes InSb ein $\sigma \approx 200$ $(\Omega\,\text{cm})^{-1} = 20\ \text{kS/m}$). Der prinzipielle Verlauf der Strombahn in einer rechteckigen Halbleiterplatte aus InSb mit metallisch leitenden Nadeln aus NiSb ist in Bild 1.5-5 wiedergegeben.

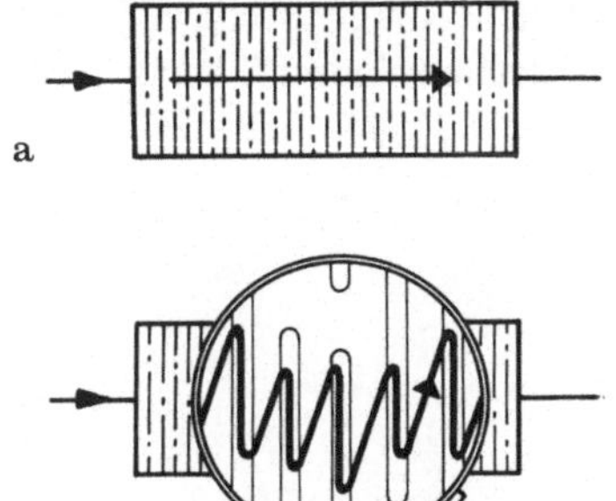

Bild 1.5-5 a u. **b.** Verlauf der Strombahnen in einer rechteckigen Halbleiterplatte mit metallisch leitenden Nadeln

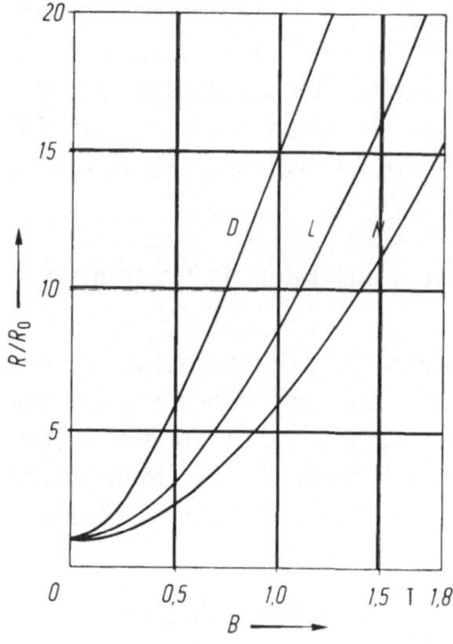

Bild 1.5-6. Widerstandsverhältnis R/R_0 in Abhängigkeit von der magnetischen Induktion B bei den verschiedenen Halbleiterwerkstoffen ($\vartheta_u = 25\,°C$).
D-Material $\gamma = 200$ S/cm (eigenleitend)
L-Material $\gamma = 550$ S/cm
N-Material $\gamma = 800$ S/cm

Durch zusätzliches Dotieren mit Tellur wird der hohe Temperaturkoeffizient des InSb-NiSb-Materials verringert, sowie die Charakteristik $R\,(\Theta)$ linearisiert, allerdings unter Inkaufnahme verminderter Elektronenbeweglichkeit und damit geringerer relativer Veränderbarkeit des Widerstandswertes durch die magnetische Induktion. Bild 1.5-6 gibt diese Veränderbarkeit für drei Dotierungsgrade wieder.

Das so gewonnene Halbleitermaterial wird in ca. 25 µm dicke Scheiben zerteilt, mit gleicher Orientierung der Trennflächen wie die NiSb-Nadeln. Aus diesen Scheiben durch Formätzen herausgelöste, mäanderförmige Streifen werden auf geeignete magnetische oder unmagnetische Substrate aufgeklebt und mit Anschlüssen versehen. Diese in Bild 1.5-7 wiedergegebene Bauform wird Feldplatte genannt.

Nichtmagnetische Substrate haben den Vorteil, daß Wechselfelder nur geringe Wirbelströme verursachen; damit lassen sich nahezu frequenzunabhängige Widerstandswerte bis in den GHz-Bereich erzielen. Das Stromrauschen von Feldplatten ist gering.

Hauptanwendungen von Feldplatten [40, 51]:

(a) Fühler zur Erfassung von Bewegungsabläufen. Ein zur Vormagnetisierung der Feldplatte dienendes Gleichfeld erfährt durch vorbeibewegte magnetische Körper eine Verzerrung, die mit einer Änderung der magnetischen Durchflutung der

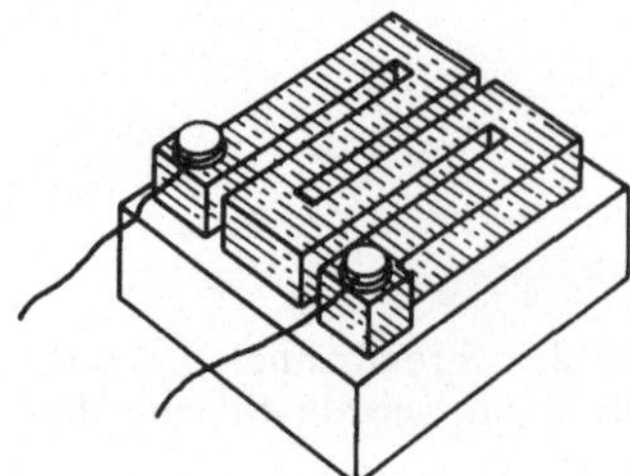

Bild 1.5-7. Feldplatte mit Träger

Feldplatte und damit ihres Widerstandswertes verbunden ist, unabhängig von der Änderungsgeschwindigkeit. Fühler mit hoher Empfindlichkeit besitzen vormagnetisierte Feldplatten-Paare in Differentialanordnung.

(b) Feldplatten-Potentiometer. Das Prinzip des Feldplattenpotentiometers beruht auf einem in Reihe geschalteten Feldplattenpaar mit Mittelanschluß M, das

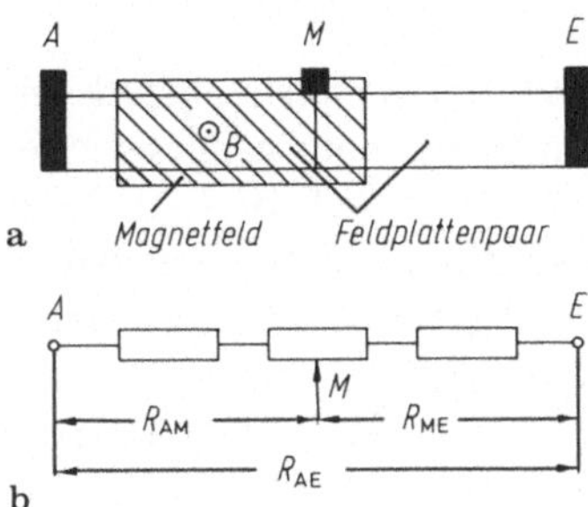

Bild 1.5-8. Prinzip des Feldplatten-Potentiometers (**a**) mit Ersatzschaltbild (**b**)

partiell von einem konstanten Magnetfeld durchflutet wird, siehe Bild 1.5-8. Durch quergerichtete Verschiebung des Magnetfeldes kann ein gegenläufiges Verhalten der Teilflüsse durch die beiden Feldplatten erreicht werden. Damit ist ein differentiales Verhalten der Teilwiderstände verbunden, da der Gesamtwiderstand näherungsweise konstant bleibt. Der Verlauf der Widerstandskennlinie wird durch die Verschiebungscharakteristik des Magnetfeldes bestimmt.

Gegenüber herkömmlichen Potentiometern weist das Feldplatten-Potentiometer folgende Vorzüge auf: Keine mechanische Abnutzung, unbegrenztes Auflösungsvermögen, Wegfall der mit dem Schleifer verbundenen Kontaktprobleme. Durch Kombination des Feldplatten-Potentiometers mit angebauter Verstärkerschaltung können Fehler kompensiert, sowie Exemplarstreuungen der Widerstände ausgeglichen werden.

(c) Kontaktlose Schalter, Relais. Diese beruhen auf dem Zusammenwirken von magnetfeldgesteuerter Feldplatte mit nachfolgendem Logikschaltkreis; sie zeichnen sich durch prellfreies Verhalten, sowie Schaltzeiten von ca. 1 µs aus.

1.6 Widerstände mit veränderlichem Leitwert

Photowiderstände und spannungsabhängige Widerstände (Varistoren, Varistor = **Va**riable **Resistor**; VDR = **V**oltage **D**ependent **R**esistor; andere Abkürzungen: MOV = **M**etal **O**xide **V**aristor oder OV = **O**xide **V**aristor) haben eine zunehmende Bedeutung in der Schaltungstechnik.

1.6.1 Spannungsabhängige Widerstände (Varistoren)

Varistoren sind spannungsabhängige Widerstände, deren Ohmwert mit wachsender Spannung stark sinkt. Die Widerstandsabnahme beruht nicht etwa auf einem negativen Temperaturkoeffizienten, sondern auf einer fast trägheitslosen Wirkung der Spannung:

Es sind Halbleiter, deren Trägerzahl bei wachsender Spannung stark anwächst. Man kann Niederspannungs- und Hochspannungs-Varistoren unterscheiden. Von beiden verlangt man, daß die Polarität der Spannung keine Rolle spielt, die Kennlinien also zu $u = 0$ symmetrisch sind.

1.6.1.1 Varistoren für Spannungen unter 1 V

Varistoren, die schon bei Spannungen von zehntel Volt ihren Widerstand stark ändern, erhält man nach Bild 1.6-1 durch Parallelschalten zweier entgegengesetzt gepolter gleichartiger Dioden. Oberhalb von 0,4 bis 0,5 V sinkt nach Bild 1.6-2 der Widerstand so stark ab, daß sich Varistoren als Schutzschaltung gegen Überlastung von Thermoelementen, Meßinstrumenten und anderen Verbrauchern gut eignen, deren Betriebsspannung 0,3 bis 0,4 V beträgt. (Anmerkung: Als Schutzschaltung für Thermokuppel-Instrumente bereits 1937 vorgeschlagen, s. „Hochfrequenz-Meßtechnik" von O. Zinke, 1. Aufl., Leipzig 1937). Als Dioden kommen die früher verwendeten Halbleiterdioden der Meßtechnik aus Kupferoxid, Selen sowie Germanium- und Siliciumdioden in Betracht. Die Strom-Spannungs-Kennlinie einer Diode entspricht etwa dem Shockley-Gesetz.

$$i = i_0 \left(e^{\frac{e\,u}{kT}} - 1 \right) = i_0 \left(e^{\frac{u}{U_T}} - 1 \right). \tag{1.6-1}$$

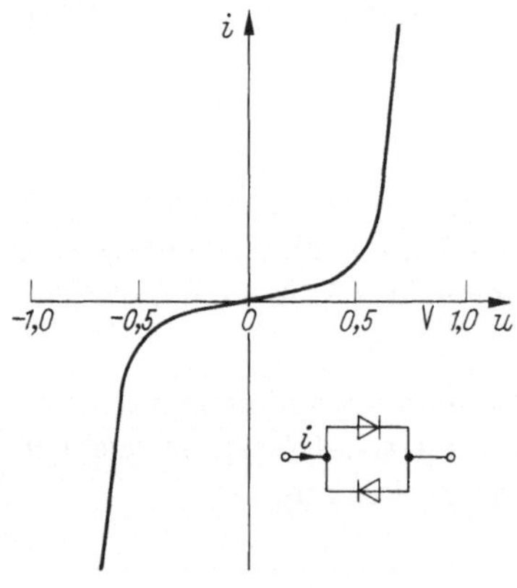

Bild 1.6-1. Varistor-Kennlinie zweier antiparallel geschalteter Halbleiterdioden

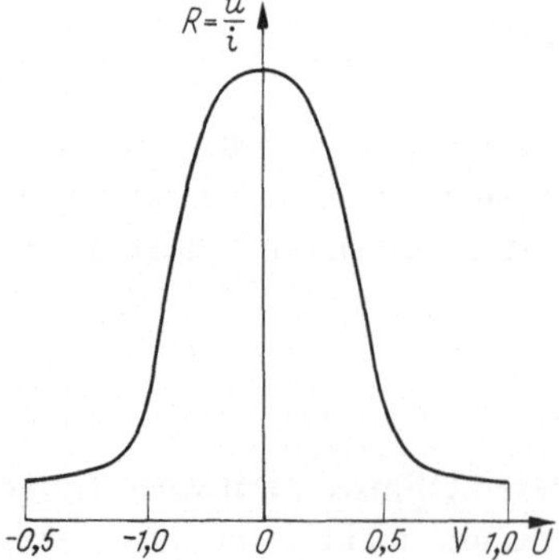

Bild 1.6-2. Spannungsabhängigkeit des Widerstandes der antiparallel geschalteten Halbleiterdioden

Dabei ist i_0 der Sperrstrom und U_T die Temperaturspannung. ($U_T = kT/e = 0{,}025\,\text{V}$ für $T \approx 300$ K). Kennlinie s. Bild 1.6-1. Die Überlagerung der beiden Kennlinien bei Antiparallelschaltung der Dioden nach Bild 1.6-1 führt bei gleichem Sperrstrom zu dem Gesamtstrom

$$i = i_0 \left(e^{\frac{u}{U_T}} - 1\right) - i_0 \left(e^{-\frac{u}{U_T}} - 1\right) = 2\,i_0 \sinh \frac{u}{U_T}\,.$$

Für kleine Spannungen $u < U_T$ erhält man den Maximalwert des Widerstandes $R_{\max} \approx U_T/(2\,i_0)$. Den Verlauf von u/i zeigt Bild 1.6-2.

1.6.1.2 Varistoren für Spannungen über 1 V

Diese Varistoren bestehen aus Siliciumcarbid-Körnern oder Metalloxiden, die mit tonartigen Bindemitteln bei Temperaturen zwischen 1000 °C und 1300 °C zu einem keramischen Halbleiter in Stab- oder Scheibenform gesintert werden. Die gesinterten Varistoren sind stark porös und müssen imprägniert werden, um das Eindringen von Feuchtigkeit zu verhindern (oder umhüllt werden). Die Ursache für den Anstieg des Leitwertes mit der Spannung ist in der Form und der Feldstruktur an den Kontakten der einzelnen SiC-Körner zu suchen. Die Nichtlinearität kommt darin zum Ausdruck, daß Strom und Spannung im wesentlichen Teil der Varistorkennlinie durch ein Potenzgesetz verknüpft sind. Man findet zwei Darstellungsformen:

(a) $\qquad \dfrac{u}{V} \approx C \left(\dfrac{i}{A}\right)^{\beta} \quad$ mit $\quad \beta = \approx 0{,}02 \dots 0{,}5$ und $C = 10 \dots 1100$

oder

(b) $\qquad \dfrac{i}{A} = K_1 \dfrac{u}{V} + K \left(\dfrac{u}{V}\right)^{\gamma}\,.$

$$(1.6\text{-}2)$$

Der Exponent γ liegt zwischen 2 und 50. Für sehr kleine Spannungen u überwiegt das erste Glied $K_1\,u/V$ mit konstantem Widerstand. Der Widerstand R folgt dem Gesetz

$$R = \frac{u}{i} = \frac{u}{K_1 \dfrac{u}{V} + K \left(\dfrac{u}{V}\right)^{\gamma}} \, \frac{1}{A} = \frac{1\,\Omega}{K_1 + K \left(\dfrac{u}{V}\right)^{\gamma-1}}\,. \qquad (1.6\text{-}3)$$

Dieser Verlauf von R als Funktion von u ist in Bild 1.6-3 für $\gamma = 5$ als einem mittleren Exponenten in doppeltlogarithmischem Maßstab gezeigt. Für kleine Spannungen $u < 1$ V ist $R = 1\,\Omega/K_1 = 8$ MΩ konstant. Bei $u = 10$ V ist R schon auf 3,5 MΩ gesunken. Oberhalb von 20 V ist im Nenner K_1 zu vernachlässigen, weil $K(u/V)^4$ überwiegt, und R bei 90 V auf 1 kΩ abgefallen.

Bei der $R(u)$-Kurve in Bild 1.6-3 ist $K_1 = 1{,}25 \cdot 10^{-7}$ und $K = 1{,}5 \cdot 10^{-11}$; die von den Varistorabmessungen abhängige Konstante C hat hier den Wert 140.

Zwischen den Exponenten β und γ des gleichen Varistors einerseits und den Konstanten C und K andererseits in Gl. (1.6-2) besteht natürlich ein Zusammenhang. Aus den Gln. (1.6-2) folgt für $K_1 \ll K(u/V)^{\gamma-1}$

$$\lg \frac{u}{V} = \lg C + \beta \lg \frac{i}{A} \quad \text{und} \quad \lg \frac{i}{A} = \lg K + \gamma \lg \frac{u}{V}\,, \qquad (1.6\text{-}4)$$

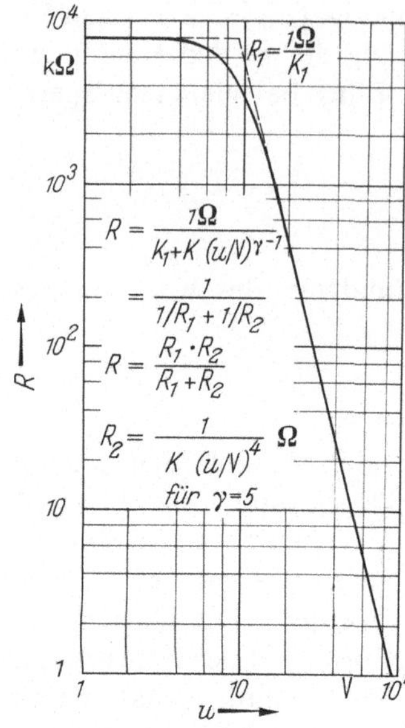

Bild 1.6-3. Spannungsabhängigkeit des Widerstandes eines SiC-Varistors

daher auch

$$\lg \frac{u}{V} = -\frac{1}{\gamma}\lg K + \frac{1}{\gamma}\lg \frac{i}{A}.$$

Der Vergleich ergibt

$$(1) \qquad \beta = \frac{1}{\gamma}, \tag{1.6-5}$$

$$(2) \qquad C = \frac{1}{K^{1/\gamma}} = \frac{1}{K^{\beta}} \quad \text{bzw.} \quad K = \frac{1}{C^{\gamma}} = \frac{1}{C^{1/\beta}}. \tag{1.6-6}$$

Aus gemessenen Varistorkennlinien kann man (ohne Kenntnis von C bzw. K) β oder γ aus 2 Wertepaaren (u_1, i_1) und (u_2, i_2) nach Gl. (1.6-4) bestimmen:

$$\lg \frac{u_1}{V} = \lg C + \beta \lg \frac{i_1}{A}, \qquad \lg \frac{u_2}{V} = \lg C + \beta \lg \frac{i_2}{A},$$

$$\lg \frac{u_1}{V} - \lg \frac{u_2}{V} = \beta \left(\lg \frac{i_1}{A} - \lg \frac{i_2}{A} \right) \quad \text{oder} \quad \beta = \frac{\lg (u_1/u_2)}{\lg (i_1/i_2)} = 1/\gamma.$$

Der Exponent β wird nach CECC 42000 (DIN 42923 T.1) *Stromindex*, der Exponent γ *Spannungsindex* genannt. Man kann β und γ auch an jedem Punkt der Varistorkennlinie $i(u)$ bzw. $u(i)$ ermitteln. Dies ist wichtig, weil die gemessenen Kennlinien auch bei doppelt-logarithmischer Auftragung oft nicht exakt gerade verlaufen, insbesondere bei Stromdichten $< 1\,\text{mA/cm}^2$ und $> 1\,\text{A/cm}^2$ (s. auch Bild 1.6-3a,b [41]). Hier ist u über i aufgetragen. Im Unterschied zu Bild 1.6-3a soll hier zu einer guten Spannungsbegrenzung die Kennlinie möglichst flach verlaufen.

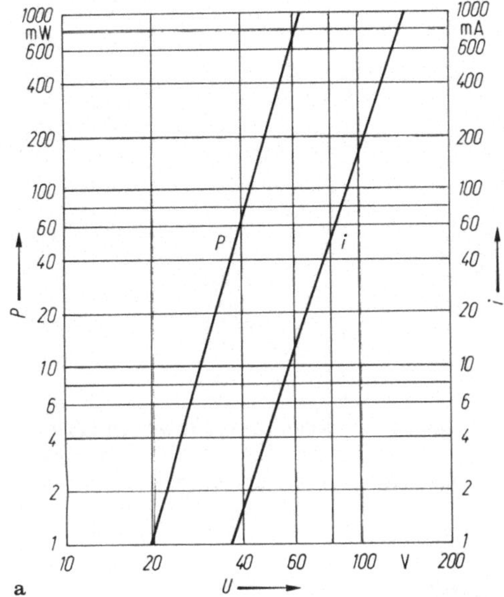

Bild 1.6-3a. Leistung P und Strom i, abhängig von der Varistorspannung u für den Varistor in Bild 1.6-3

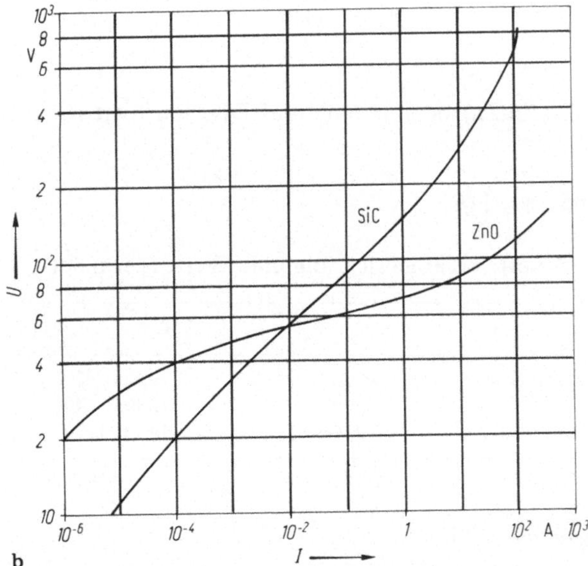

Bild 1.6-3b. Gemessene u, i-Kennlinien für eine SiC- und einen ZnO-Varistor. Der Maßstab für i ist stark komprimiert und umfaßt über 8 Zehnerpotenzen, der Maßstab für u nur 2 Zehnerpotenzen. Bei gleichen Maßstäben verlaufen die Kennlinien wesentlich flacher. (Nach [41])

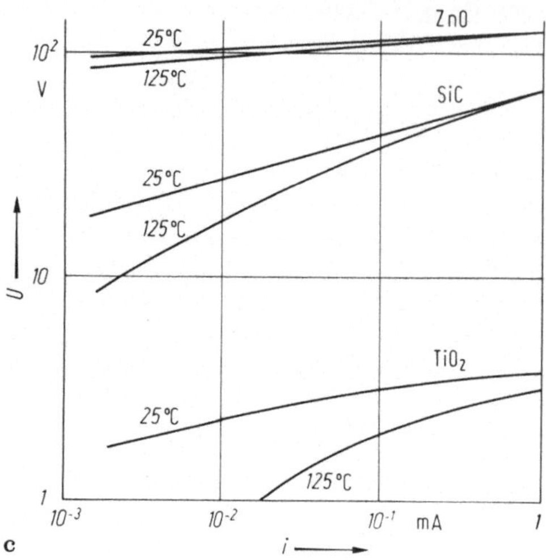

Bild 1.6-3 c. Kennlinien für verschiedene Varistorarten bei 25 °C und 125 °C. Bei allen ist $|\alpha_i| > |\alpha_u|$. (Nach [42])

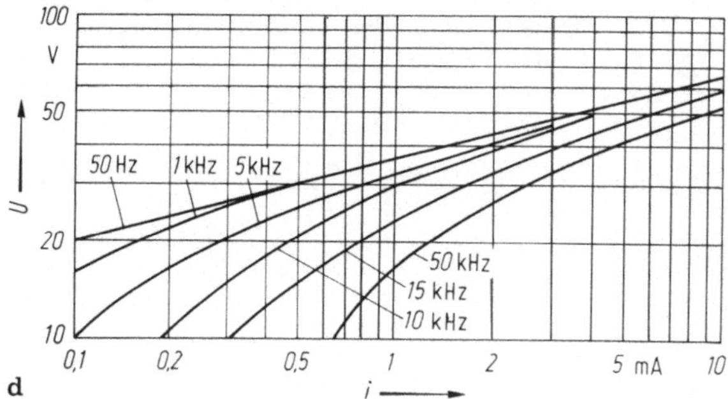

Bild 1.6-3 d. Frequenzabhängigkeit der i, u-Kennlinie. (Nach [42])

Durch Differenzieren von Gl. (1.6-2 a) oder (1.6-4) und Division folgt für den Stromindex

$$\beta = \frac{i/A}{u/V} \frac{d(u/V)}{d(i/A)} \quad \text{und} \quad \gamma = 1/\beta \,.$$

Für die wichtigsten Varistor-Werkstoffe ergaben sich folgende Werte (gerundet):

		β	γ	C
Zinkoxid	(ZnO)	$\leqq 0,033$	$\geqq 30$	70 bis 320
Titandioxid	(TiO₂)	0,1 bis 0,28	3,6 bis 10	12 bis 40
Siliciumcarbid	(SiC)	0,13 bis 0,56	1,8 bis 7,7	14 bis 1100

1.6.1.3 Varistoren für Spannungen über 10 V

Die Verlustleistung P, die ein Varistor aufnimmt, ist bestimmt durch

$$\frac{P}{W} = \frac{u}{V} \cdot \frac{i}{A} = C\, i^{\beta+1} = K_1 \left(\frac{u}{V}\right)^2 + K \left(\frac{u}{V}\right)^{\gamma+1} \approx K \left(\frac{u}{V}\right)^{\gamma+1} \quad \text{für } u > 20\,\text{V}.$$

In Bild 1.6-3a sind P und i in Abhängigkeit von der Spannung u zwischen 20 und 100 V für denselben Varistor berechnet, desssen Kennlinie $R(u)$ in Bild 1.6-3 gezeichnet ist.

Bei dem Schutz von Bauelementen gegen Überspannungen besteht die Gefahr, daß die eingesetzten Varistoren ihre Kennlinie ändern. Unter normalen Betriebsbedingungen (Oberflächentemperatur $\leq 125\,°C$) bleibt die Alterung unter 10% während einer Brauchbarkeitsdauer von 10 Jahren. Bei mäßiger Überlast wird die Steilheit di/du kleiner, d.h. K kleiner und β größer.

Dauerüberlast zerstört die pn-Übergänge an den Korngrenzen. Bei hoher Stoßenergie kann der Varistor platzen.

Der Einfluß der Temperatur auf die Kennlinien geht nach [42] aus Bild 1.6-3c hervor. Wenn die Temperatur steigt, nimmt bei konstant gehaltenem Strom die Spannung ab, bei konstanter Spannung dagegen der Strom stark zu.

Definiert man die Temperaturkoeffizienten

$$\alpha_u\,(i = \text{const}) = \frac{1}{u}\,\frac{du}{d\vartheta} \quad \text{und} \quad \alpha_i\,(u = \text{const}) = \left|\frac{1}{i}\,\frac{di}{d\vartheta}\right.,$$

so ist wegen der entgegengerichteten Wirkung der Temperatur $\alpha_u = -\beta \cdot \alpha_i$.

Erfahrungsgemäß [42] gelten für α_u folgende Werte: für ZnO $-0,02\%/K$, für TiO_2 $-0,2\%/K$ und für SiC $-0,1\%/K$.

Wegen der Eigenkapazität der Varistoren ist die Varistorkennlinie frequenzabhängig, wie es Bild 1.6-3d zwischen 50 Hz und 50 kHz zeigt [42]. Die Frequenzabhängigkeit ist bei kleinem i (großem R) besonders ausgeprägt. Über das Schutzverhalten von Metalloxid-Varistoren bei Stoßbeanspruchung und über edelgasgefüllte Überspannungsableiter für Schutzpegel über 1000 V siehe Firmenkataloge [43].

Varistoren eignen sich als Überspannungsableiter. Gleichartige Varistoren kann man in Serie schalten, um den Spannungsbereich zu erhöhen, sollte man dagegen nicht parallelschalten, weil die Stromverteilung stark von der Toleranz der Widerstände abhängt.

Varistoren werden auch eingesetzt zur Absenkung von Spitzenspannungen beim Ausschalten von Drosseln und Transformatorwicklungen, zur Funkenlöschung parallel zu Kontakten, als Knallschutz parallel zur Hörkapsel im Telefonhörer. In Serie mit linearen Widerständen dienen Varistoren zur Stabilisierung gegenüber Änderungen der Last bzw. der Betriebsspannung (Näheres s. [16]).

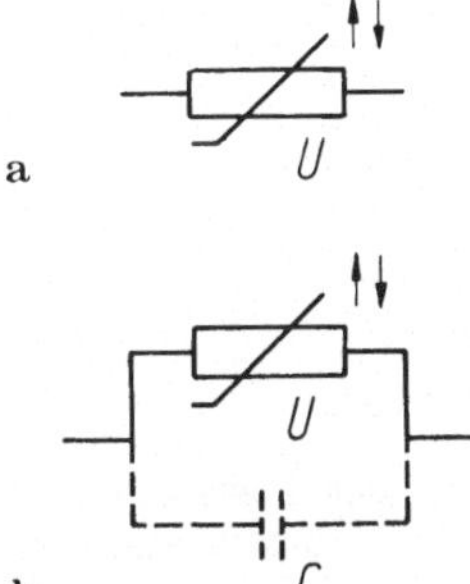

Bild 1.6-4. **a** Schaltzeichen für Varistoren; **b** Varistor mit Eigenkapazität

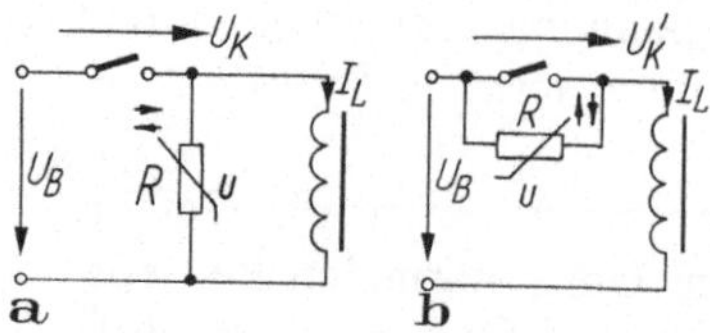

Bild 1.6-5 a u. b. Funkenlöschung mit Varistoren. Im Abschaltmoment ist die Kontaktspannung in Bild **a** $U_K = I_L R + U_B$, also um U_B größer als in Bild **b** $U'_K = I_L R$; andererseits entfällt in Bild **a** der Verluststrom über R bei geöffnetem Schalter

Nach (1.6-3) kann

$$R = \frac{1\,\Omega}{K_1 + K\left(\dfrac{u}{V}\right)^{\gamma-1}} = \frac{1}{\dfrac{1}{R_1} + \dfrac{1}{R_2}} = \frac{R_1 R_2}{R_1 + R_2} \qquad (1.6\text{-}7)$$

als Parallelschaltung eines konstanten Widerstandes $R_1 = 1\,\Omega/K_1$ und eines nicht-linearen Widerstandes $R_2 = \dfrac{1\,\Omega}{K(u/V)^{\gamma-1}}$ aufgefaßt werden. Bild 1.6-4a zeigt das international übliche Schaltbild des Varistors (s. auch DIN 40712). Bei höheren Frequenzen als $\approx 50\,Hz$ ist nach Bild 1.6-4b noch die parallel liegende Eigenkapazität C zu berücksichtigen.

In Bild 1.6-5 sind 2 Schaltungen zum funkenfreien Abschalten von Induktivitäten gezeigt.

Bild 1.6-6 zeigt, wie mit Hilfe eines Varistors und eines konstanten Vorwiderstandes bei schwankender Versorgungsspannung u_B die Spannung u_L an der Last nahezu konstant gehalten werden kann ($\Delta u_L \approx \Delta u_B/4$).

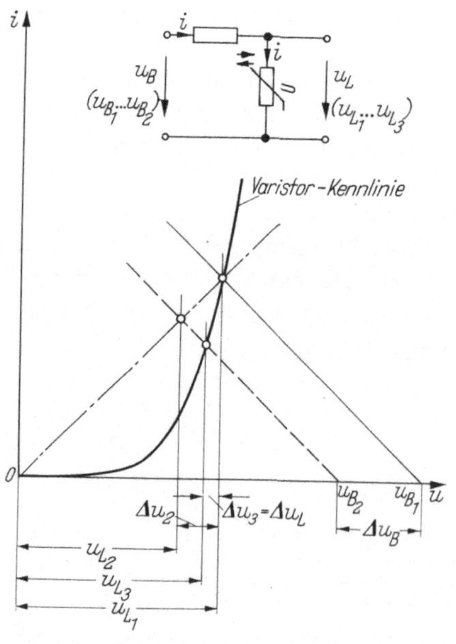

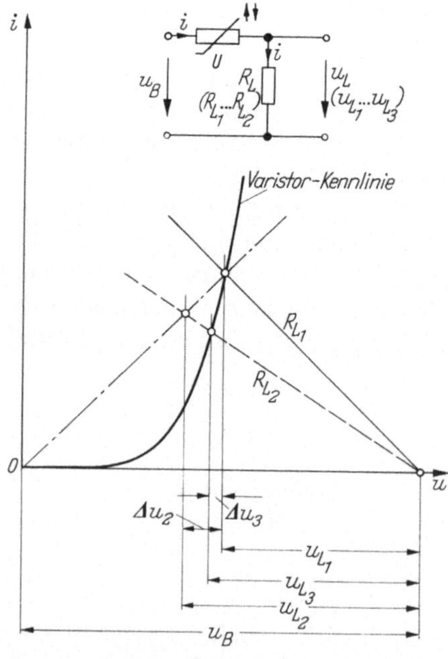

Bild 1.6-6. Stabilisierung der Lastspannung u_L gegen Schwankungen der Batteriespannung Δu_B mit einem Varistor

Bild 1.6-7. Stabilisierung der Lastspannung u_L gegen Schwankungen des Lastwiderstandes R_L mit einem Varistor

In Bild 1.6-7 ist die Lösung der umgekehrten Aufgabe skizziert. Es soll bei fester Speisespannung u_B und stark schwankendem Lastwiderstand R_L die Spannung u_L möglichst konstant bleiben. Beim Widerstand R_{L_1} zeigt das Diagramm in dem Schnittpunkt der ausgezogenen und strichpunktierten Geraden die Lastspannung u_{L_1}. Vergrößert sich der Widerstand (gestrichelte Gerade), so wäre bei konstantem Vorwiderstand die Lastspannung u_{L_2} um Δu_2 größer. Durch den vorgeschalteten Varistor wächst die Lastspannung nur um Δu_3 auf u_{L_3} ($\Delta u_3 \approx \Delta u_2/3$).

1.6.2 Lichtempfindliche Widerstände (Photowiderstände)

Halbleiter, die ihren Widerstandswert unter der Einwirkung einer Belichtung ändern, nennt man Photowiderstände (innerer Photoeffekt). (Beim äußeren Photoeffekt ergibt sich an den Klemmen eine von der Beleuchtungsstärke abhängende Urspannung.) Der Zusammenhang zwischen Strom und Spannung folgt annähernd dem Ohmschen Gesetz. Die Änderung des Widerstandes mit der Beleuchtung wird durch folgende Tatsache erklärt:

Durch die Energiezufuhr (Energie der auftreffenden Photonen) werden zuvor gebundene Elektronen befreit und dadurch die Anzahl der freien Ladungen vergrößert. Die Leitfähigkeit wird größer. Die spezifische Leitfähigkeit γ ergibt sich dann zu (s. Gl. (1.1-17)):

$$\gamma = e\,(n_n\,\mu_n + n_p\,\mu_p)$$

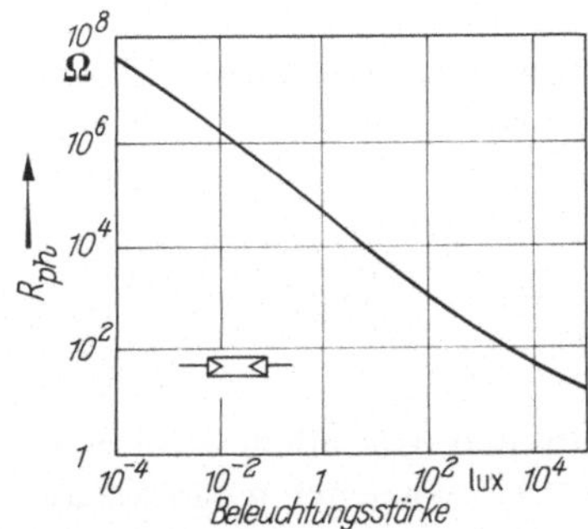

Bild 1.6-8. Lichtabhängigkeit eines Photowiderstandes

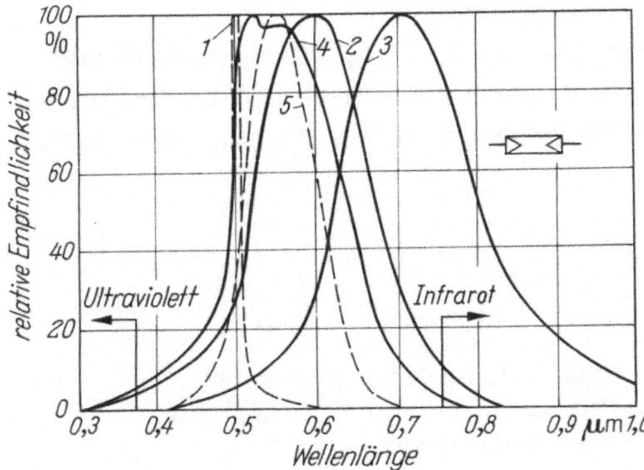

Bild 1.6-9. Spektrale Empfindlichkeit verschiedener Photowiderstände. *1* Photowiderstand aus reinem CdS-Einkristall; *2* Normalausführung eines Cadmium-Chalkogenid-Widerstandes; *3* Photowiderstand mit erhöhter Infrarot-Empfindlichkeit; *4* Photowiderstand mit erhöhter Blau-Empfindlichkeit; *5* Empfindlichkeit des menschlichen Auges

mit n_k = Anzahl der ohne Beleuchtung vorhandenen und der neuen Ladungsträger je Volumen (Elektronen und Löcher), μ_k deren Beweglichkeit in Richtung des angelegten elektrischen Feldes, e = Elementarladung.

Bei den meisten Photowiderständen läßt sich die Größe des Widerstandes in Abhängigkeit von der Beleuchtungsstärke für einen großen Bereich von etwa 10^{-1} bis 10^3 Lux durch eine Gerade darstellen, wenn man einen logarithmischen Maßstab für den Widerstand und die Beleuchtungsstärke wählt (Bild 1.6-8).

Bei den ersten hergestellen Photowiderständen wurde als Material Cadmiumsulfid (CdS) verwendet. Die spektrale Empfindlichkeit (blauer und blaugrüner Bereich, Kurve *1* in Bild 1.6-9) war unbefriedigend. In der neueren Zeit werden Photowiderstände durch Sintern, Pressen oder Sedimentieren von Cadmiumchalkogenidpulvern mit Zusatz von Stoffen der Spalten I b, III a, V a und VII a des periodischen Systems hergestellt.

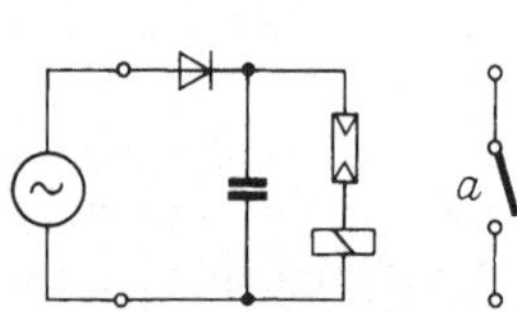

Bild 1.6-10. Lichtsteuerung eines Relais mit einem Photowiderstand

Bild 1.6-11. Photorelais mit Transistorverstärker

Den Verlauf der spektralen Empfindlichkeit erkennt man aus den Kurven *2* bis *4* in Bild 1.6-9 im Vergleich zu der des menschlichen Auges (Kurve *5*).

In Bild 1.6-10 und 11 sind zwei Beispiele ihrer Anwendung angegeben. Näheres über Photowiderstände siehe [4]. Häufig werden Photowiderstände zum „weichen Schalten" ohne Kontakte verwandt.

1.7 Frequenzabhängigkeit von Widerständen

Jeder stromdurchflossene Widerstand trägt innerhalb und vor allem außerhalb seines Querschnitts magnetische Felder und ist daher ein Speicher magnetischer Energie. Es muß bei den Frequenzen der Tonfrequenztechnik, bei Hochfrequenz, aber oft schon bei der Netzfrequenz (50 bis 60 Hz) die Induktivität L neben dem Widerstand R berücksichtigt werden.

Zwischen den einzelnen Windungen eines gewendelten Schichtwiderstandes oder eines gewickelten Drahtwiderstandes bestehen ferner im Betrieb Spannungsunterschiede. Die entsprechenden elektrischen Felder zwischen den Windungen binden

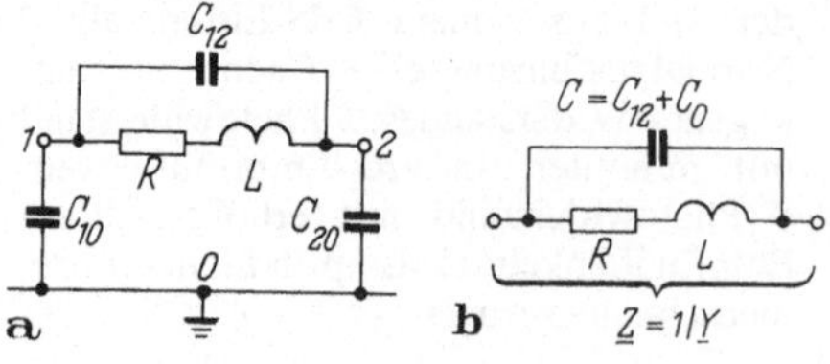

Bild 1.7-1. (a) Prinzipielles und (b) vereinfachtes Ersatzschaltbild eines Widerstandes

Ladungen und sind Träger elektrischer Energie. Daher hat jeder Widerstand verteilte Kapazitäten zwischen seinen Teilen, den Anschlüssen und gegen benachbarte Metallteile (z.B. das Chassis oder Abschirmtöpfe). Ein vereinfachtes Ersatzbild, das mindestens im Tonfrequenzbereich brauchbar ist, zeigt Bild 1.7-1. In Bild 1.7-1 b sind die verteilten Kapazitäten, die zu einer zwischen den Klemmen liegenden Kapazität C_{12} zusammengezogen sind, und die Erdkapazität C_{10} bzw. C_{20} zu einer einzigen Betriebskapazität $C_{12} + C_0$ vereinigt [5, 6].

1.7.1 Einfluß der Blindwiderstände

In der folgenden Rechnung wird untersucht, wie der Eingangswiderstand $\underline{Z}$ bzw. der Leitwert $\underline{Y} = 1/\underline{Z}$ von R, L und C und der Frequenz abhängt (hierbei sollen R, L und C selbst nicht frequenzabhängig sein).

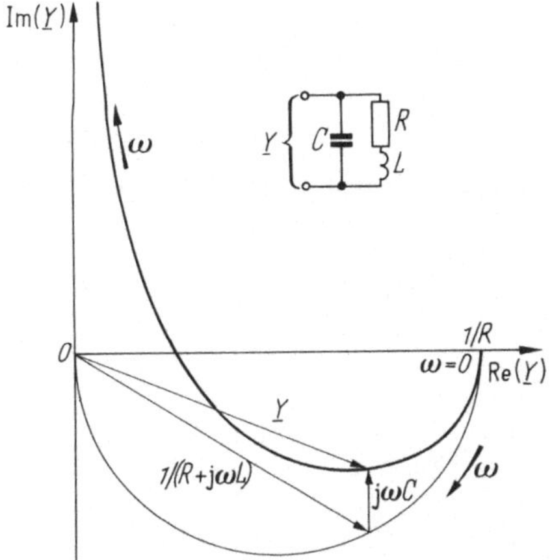

Bild 1.7-2. Mögliche Ortskurve des komplexen Leitwerts eines Widerstandes

In Bild 1.7-2 ist $\underline{Y}$ entsprechend dem Ausdruck

$$\underline{Y} = \frac{1}{\underline{Z}} = \frac{1}{R + j\,\omega\,L} + j\,\omega\,C \tag{1.7-1}$$

als komplexer Leitwert für sinusförmigen Wechselstrom der Kreisfrequenz $\omega = 2\pi f$ in der komplexen Leitwertebene dargestellt. $\underline{Y}$ hängt von den 4 Größen ω, R, L und C ab. Durch „Normierung" kann man die 4 Größen auf nur zwei voneinander unabhängige Größen zurückführen und damit $\underline{Y}R = \underline{Y}/G$ für beliebige Kombinationen von ω, R, L und C einheitlich darstellen. Die folgende Rechnung zeigt das Verfahren der „Normierung", bei welchem man die Gleichung so umformt, daß alle Rechengrößen dimensionslos werden:

$$\underline{Y} = \frac{1}{R + j\,\omega\,L} + j\,\omega\,C = \frac{1}{R}\left[\frac{1}{1 + j\,\omega\,\dfrac{L}{R}} + j\,\omega\,C\,R\right]. \tag{1.7-2}$$

Die Ausdrücke $\tau_L = L/R$ und $\tau_C = R\,C$ haben die Dimension einer Zeit und werden als Zeitkonstanten bezeichnet. Wir multiplizieren den ersten Summanden mit

$1 - j\,\omega\,L/R$, um dessen Nenner reell zu erhalten:

$$\underline{Y} = \frac{1}{R}\left[\frac{1 - j\,\omega\,\dfrac{L}{R}}{1 + \omega^2\,\dfrac{L^2}{R^2}} + j\,\omega\,R\,C\right] = \frac{1}{R}\,\frac{1 - j\,\omega\left(\dfrac{L}{R} - R\,C\right) + j\,\omega^2\,L\,C\,\dfrac{\omega L}{R}}{1 + \omega^2\,\dfrac{L^2}{R^2}}.$$

(1.7-3)

Dieser Ausdruck vereinfacht sich für bestimmte Frequenzbereiche:

1. Bei tiefen Frequenzen kann man die quadratischen Frequenzglieder vernachlässigen. Der restliche Blindleitwert ist proportional dem Glied $L/R - R\,C = \tau_L - \tau_C$. Er kann durch konstruktive Maßnahmen, also durch den Abgleich der Zeitkonstanten $\tau_L = \tau_C$ nahezu zum Verschwinden gebracht werden. Dieses Verfahren wird bei Normalwiderständen angewandt. Die nach Wagner und Wertheimer gewickelten Widerstände haben nur noch eine resultierende Zeitkonstante $\tau = \tau_L - \tau_C$ in der Größe von einigen 10^{-9} s $=$ ns. Neben der Zeitkonstanten $\tau = L/R - R\,C$ ist der Fehlwinkel φ mit der Definition $\tan\varphi = \omega\,\tau = \omega(L/R - R\,C)$ üblich, wobei φ naturgemäß von der Frequenz abhängt und ihr nahezu proportional ist.

2. Bei höheren Frequenzen sind die Summanden mit ω^2 und ω^3 wirksam. Durch Einführen der Kennkreisfrequenz $\omega_0 = 1/\sqrt{L\,C}$ werden diese in einheitliche Form gebracht:

$$\underline{Y}\,R = \frac{Y}{G} = \frac{1 - j\,\dfrac{\omega}{\omega_0}\left(\dfrac{\omega_0 L}{R} - \omega_0\,R\,C\right) + j\left(\dfrac{\omega}{\omega_0}\right)^3\dfrac{\sqrt{L/C}}{R}}{1 + \left(\dfrac{\omega}{\omega_0}\right)^2\dfrac{L/C}{R^2}}$$

$$\underline{Y}\,R = \frac{1 - j\,\dfrac{\omega}{\omega_0}\left(\dfrac{\sqrt{L/C}}{R} - \dfrac{R}{\sqrt{L/C}}\right) + j\left(\dfrac{\omega}{\omega_0}\right)^3\dfrac{\sqrt{L/C}}{R}}{1 + \left(\dfrac{\omega}{\omega_0}\right)^2\left(\dfrac{\sqrt{L/C}}{R}\right)^2}.$$

(1.7-4)

In dieser normierten Form ist $\underline{Y}$ im Verhältnis zum Leitwert $G = 1/R$ dargestellt, der bei tiefen Frequenzen ($\omega \leq \omega_0/10$) allein maßgebend ist. Der normierte Leitwert ist nach (1.7-4) nur noch von 2 Größen abhängig, nämlich

(a) von der „normierten Frequenz" $\omega/\omega_0 = f/f_0$,

(b) vom Verhältnis des sog. Kennwiderstandes $X_k = \sqrt{L/C} \equiv \omega_0\,L \equiv 1/(\omega_0\,C)$ zum Wirkwiderstand R.

Der Zeitkonstantenausgleich ist dann identisch mit der Forderung, den Kennwiderstand X_k dem Wirkwiderstand R anzugleichen:

$$X_k = R \quad \text{bzw.} \quad \sqrt{L/C} = R\,.$$

Die Ortskurve von $\underline{Y}\,R$ kann man zeichnen, wenn man Gl. (1.7-4) darstellt oder unmittelbar die Ausgangsgleichung (1.7-2) umformt in die „normierte" Gleichung

$$\underline{Y}\,R = \frac{1}{1 + j\,\dfrac{\omega}{\omega_0}\,\dfrac{\sqrt{L/C}}{R}} + j\,\frac{\omega}{\omega_0}\,\frac{R}{\sqrt{L/C}}\,.$$

(1.7-5)

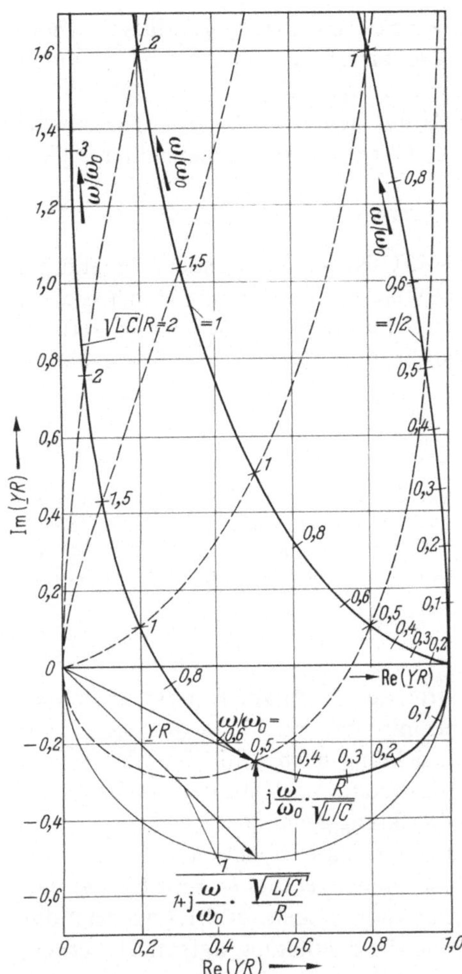

Bild 1.7-3. Ortskurvenschar des normierten komplexen Leitwertes eines Widerstandes nach Bild 1.7-1 b. Die gestrichelten Kurven verbinden die Punkte gleicher normierter Frequenz $\omega/\omega_0 = f/f_0$

Der erste Summand ergibt in der Ebene, die $\underline{Y}R$ nach Realteil und Imaginärteil darstellt, einen Halbkreis $\left(\text{Inversion der Geraden } 1 + j\,\dfrac{\omega}{\omega_0}\,\dfrac{\sqrt{L/C}}{R}\right)$, der zweite Summand stellt die Gerade $j\,\dfrac{\omega}{\omega_0}\,\dfrac{R}{\sqrt{L/C}}$ dar, die bei Verändern der Frequenz durchlaufen wird. Die Summe liefert die Kurven von Bild 1.7-3. Als Beispiel ist die Konstruktion für $\dfrac{\sqrt{L/C}}{R} = 2$ im Punkt $\omega/\omega_0 = 0,5$ durchgeführt.

1.7.2 Einfluß der Größe des Widerstandswerts

Ohne besondere Maßnahmen wird bei kleinen Widerstandswerten der Einfluß der Induktivität überwiegen (τ und φ positiv, weil $L/R > RC$ ist). Bei sehr großen Widerständen R wird andererseits $RC > L/R$ und damit der Einfluß der Kapazität zwischen den Enden des Widerstandes maßgebend sein (τ und φ

negativ). Erfahrungsgemäß liegt die Mitte, wo sich beide Einflüsse nahezu kompensieren, bei Widerständen von $R \approx 200$ bis $500 \, \Omega$. Kleinere Drahtwiderstände mit $R < 200 \, \Omega$ müssen also induktivitätsarm gewickelt werden. Bei großen Widerstandswerten $R > 1000 \, \Omega$ muß man darauf achten, daß sie kapazitätsarm aufgebaut werden, daß also z. B. die Drahtenden nicht direkt nebeneinanderliegen.

1.7.2.1 Induktivitätsarme Wicklungen für Widerstände kleiner als 200 Ω

Normale Drahtwiderstände nach DIN- oder IEC-Norm, auf rundem Tragkörper einlagig gewickelt, haben die gleiche Induktivität L wie eine aus gleich dickem Kupferdraht gewickelte Spule mit denselben Abmessungen. Wesentlich vermindern läßt sich L nach Bild 1.7-4 in der Ausführung b. Hier ist der Widerstands-

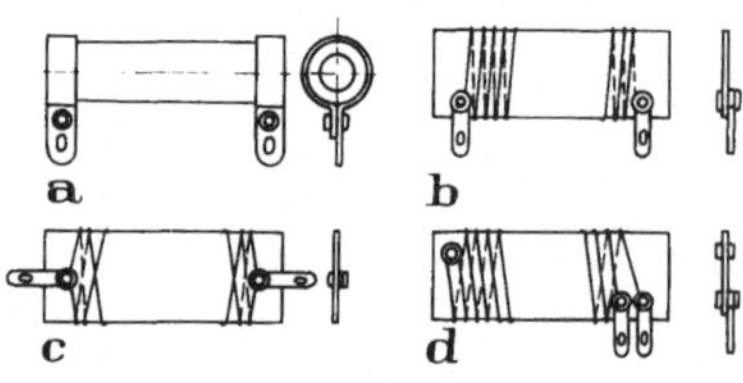

Bild 1.7-4 a–d. Verschiedene Bauformen von Drahtwiderständen. **a** Ausführung auf rundem Wickelkörper; **b** Flachwiderstand; **c** Flachwiderstand mit Kreuzwicklung; **d** Flachwiderstand mit Bifilarwicklung

draht auf eine flache, möglichst dünne Karte aus Hartpapier (oder Glimmer, Keramik usw.) gewickelt, wobei der Querschnitt der Wicklung auf etwa 1/10 gesenkt wird. Durch die etwas teurere Kreuzwicklung nach Bild 1.7-4c kann man auf etwa 1/100 der Induktivität des Drahtwiderstandes nach Bild 1.7-4a kommen. (Die Kreuzwicklung wird auch Ayrton-Perry-Wicklung genannt.)

Sehr wirksam bei niedrigen R-Werten ist die bifilare Wicklung (Bild 1.7-4d). Der Widerstandsdraht wird zunächst einmal zusammengefaltet (s. Bild 1.7-5a) und dann auf einen runden oder flachen Tragkörper aufgewickelt. Bild 1.7-5b zeigt das Ersatzbild von a. Eine Bifilarwicklung kann als Doppelleitung aufgefaßt werden, die am Ende kurzgeschlossen ist. Zwischen den Eingangsklemmen ist dann der Eingangswiderstand $= \underline{Z} \tanh \gamma l$, wie aus der Theorie homogener Leitungen folgt [26]. Hierin bedeutet $\underline{Z} = \sqrt{R' + j \omega L'} / \sqrt{G' + j \omega C'}$ den Wellenwiderstand der Doppelleitung, $\gamma = \sqrt{(R' + j \omega L')(G' + j \omega C')}$ den Ausbreitungskoeffizienten und l die Länge des gefalteten Widerstandsdrahtes (s. Bild 1.7-5a), also die halbe Drahtlänge. Man kann den Eingangsleitwert $\underline{Y}$ in eine recht übersichtliche Form bringen:

$$\underline{Y} = \frac{1}{\underline{Z} \tanh \gamma l} = \frac{\coth \gamma l}{\underline{Z}} \, .$$

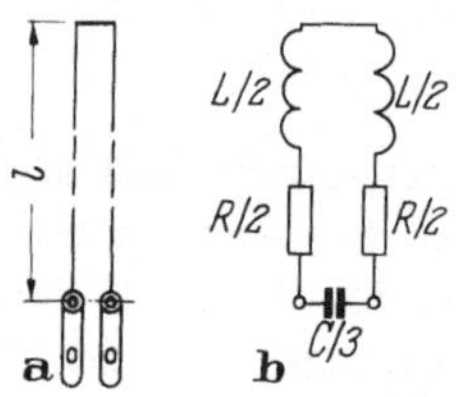

Bild 1.7-5a u. b. Bifilare Drahtschleife. **a** Schema; **b** Ersatzbild unterhalb der ersten Resonanzfrequenz

Nun gilt die Reihenentwicklung

$$\coth x = \frac{1}{x}\left(1 + \frac{x^2}{3} - \frac{x^4}{45} + \frac{2\,x^6}{945} - \ldots +\right).$$

Für $x = \gamma\,l < 1$ ist dann eine gute Näherung (Fehler $< 1\%$)

$$\underline{Y} = \frac{1}{\underline{Z}\,\gamma\,l}\left(1 + \frac{(\gamma\,l)^2}{3}\right) = \frac{1}{\underline{Z}\,\gamma\,l} + \frac{\gamma\,l}{3\underline{Z}}$$

oder

$$\underline{Y} = \frac{1}{R'\,l + j\,\omega\,L'\,l} + \frac{1}{3}\,(G'\,l + j\,\omega\,C'\,l)$$

$$= \frac{1}{R + j\,\omega\,L} + \frac{1}{3}\,(G + j\,\omega\,C).$$

Es liegt also für $\gamma\,l < 1$ (d.h. wenn die halbe Drahtlänge l kleiner oder gleich 1/8 der Betriebswellenlänge bleibt) dem Wirkwiderstand und induktiven Blindwiderstand $R + j\,\omega\,L$ noch 1/3 der gesamten Kapazität C zwischen beiden Drahthälften parallel (s. Bild 1.7-5 b). $C = C'\,l$ kann man messen, wenn man das kurzgeschlossene Ende aufschneidet. $G/3$ ist vernachlässigbar bei guter Isolation der Drahthälften. Der Ausgleich der Zeitkonstante ist für einen bestimmten Widerstandswert erreicht, nämlich wie oben dann, wenn $\tau_L = \tau_C$ ist: Diese Bedingung ist nach Bild 1.7-5 b erfüllt, wenn

$$\frac{L}{R} = \frac{RC}{3} \quad \text{oder} \quad R = \sqrt{3}\,\sqrt{\frac{L}{C}} = \sqrt{3}\,\sqrt{\frac{L'}{C'}}.$$

Größere Widerstandswerte ergeben wieder kapazitive Komponenten.

1.7.2.2 Wicklungen für Widerstände größer als 1 kΩ

Wenn man aus irgendeinem Grunde keine Schichtwiderstände verwenden kann, läßt sich die Zeitkonstante von Drahtwiderständen bei Widerstandswerten über 1 kΩ klein halten, wenn man den Draht auf rundem Tragkörper wickelt und dabei in eine gerade Zahl von Abschnitten unterteilt, deren Wicklungssinn nach jedem Abschnitt umgekehrt wird (s. Bild 1.7-6). Dadurch wird die bei hohem R zur Kompensation benötigte höhere Induktivität L erreicht.

Bei allen genannten Wicklungen ist die Kompensation nur möglich, wenn die Drahtlänge unter etwa 1/8 der Betriebswellenlänge bleibt. Drahtwiderstände von 10 kΩ und mehr erfordern, besonders bei größerer Belastbarkeit von einigen W, relativ hohe Drahtlängen und sind daher bei Frequenzen oberhalb 300 kHz ($\lambda = 1000$ m) normalerweise nicht mehr brauchbar. Es treten dann nicht nur erhebliche Blindwiderstände auf, sondern der Wirkwiderstand wird selbst frequenzabhängig. Für letztere Tatsache gibt es zwei verschiedenartige Ursachen:

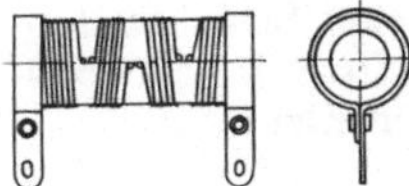

Bild 1.7-6. Günstige Bauform für Drahtwiderstände mit hohen Widerstandswerten (größer als 1 kΩ)

(a) Drahtgewickelte Widerstände zeigen bei hohen Frequenzen eine Widerstands*erhöhung* durch Skineffekt, weil der Strom den Querschnitt nicht mehr gleichmäßig erfüllt.

(b) Drahtgewickelte und gewendelte Schicht-Widerstände zeigen eine *Abnahme* des Wirkwiderstandes, weil der Strom bei höheren Frequenzen nicht mehr den Windungen folgt, sondern quer dazu über die Windungskapazitäten bzw. die Erdkapazitäten seinen Weg nimmt.

1.7.3 Abnahme des Wirkwiderstandes bei Widerständen größer als 1 kΩ durch verteilte Kapazitäten

Bild 1.7-7a zeigt schematisch einen gewendelten Schichtwiderstand, wie er bei Widerstandswerten oberhalb 1 kΩ üblich ist. Bild 1.7-7b gibt ein Ersatzbild mit der Aufteilung in die einzelnen Windungen an. Jede Windung enthält den Wirkwiderstand R' und die Induktivität L'. Sie ist überbrückt durch die unvermeidliche Parallelkapazität C'_p, deren Feldlinien z.T. durch die Luft, zum wesentlichen Teil aber durch den Keramikkörper (mit $\varepsilon_r \approx 5$), zur Nachbarwindung verlaufen. Wesentlich ist, daß in Reihe mit C'_p ein Widerstand $\Delta R'$ anzusetzen ist, weil die Verschiebungsströme sich als Leitungsstrom quer zur Wendel fortsetzen. Außerdem sind natürlich die Feldlinien zu benachbarten Leiterteilen in Form der Erdkapazitäten C'_0 zu beachten.

Der Übersicht wegen wollen wir die Wirkung der Parallelkapazitäten C'_p von der Wirkung der Erdkapazitäten trennen.

1.7.3.1 Abnahme des Wirkwiderstandes durch Parallelkapazitäten

Wir vernachlässigen zunächst die Erdkapazitäten und können auch annehmen, daß R' im betrachteten Frequenzbereich $\omega L'$ wesentlich überwiegt. Dann ist der Leitwert des Teilabschnitts, der einer Windung entspricht,

$$\frac{1}{R'} + \frac{1}{\Delta R' + \dfrac{1}{j\,\omega\,C'_p}} = \frac{1}{R'} + \frac{1}{\Delta R'}\;\frac{1}{1 + \dfrac{1}{j\,\Delta R'\,\omega\,C'_p}}.$$

Bei der Kreisfrequenz ω_K, für die $\Delta R'\,\omega_K\,C'_p = 1$ ist, ist die Amplitude des Spannungsabfalls an $\Delta R'$ ebenso groß wie an C'_p. Der Leitwert kann mit $\Delta R'\,C'_p = 1/\omega_K$ einfacher geschrieben werden:

$$\frac{1}{R'} + \frac{1}{\Delta R'}\;\frac{1}{1 - j\,\dfrac{\omega_K}{\omega}} = \frac{1}{R'} + \frac{1}{\Delta R'}\;\frac{1 + j\,\dfrac{\omega_K}{\omega}}{1 + \left(\dfrac{\omega_K}{\omega}\right)^2} = G + j\,B\,.$$

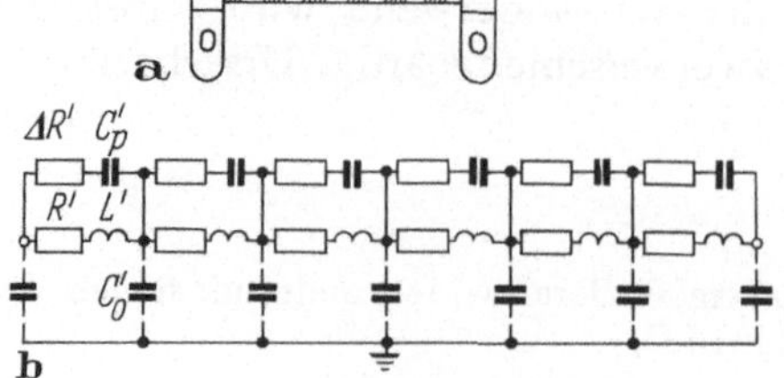

Bild 1.7-7a u. b. Gewendelter Schichtwiderstand. **a** schematischer Aufbau; **b** Ersatzbild des Widerstandes als Kettenleiter

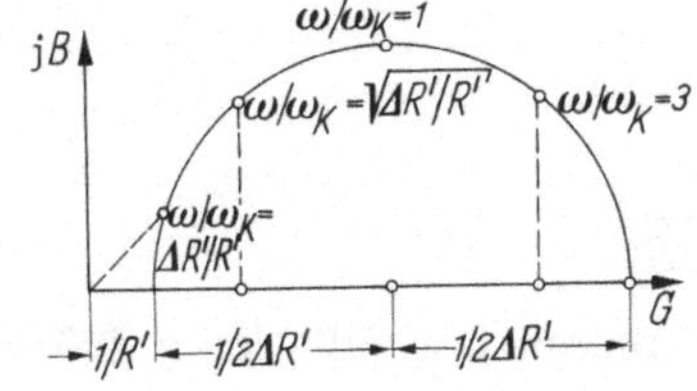

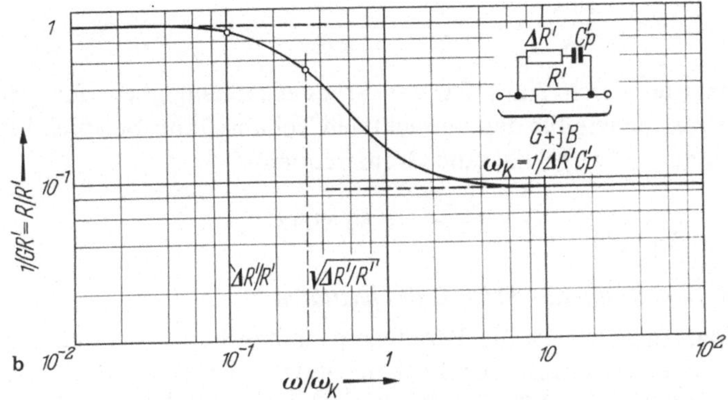

Bild 1.7-8. a Ortskurve des komplexen Leitwerts eines Schichtwiderstandes bei Vernachlässigung seiner Induktivität (hohe Widerstandswerte); **b** normierte Frequenzabhängigkeit der Wirkwiderstandskomponente 1/G eines Schichtwiderstandes (hohe Widerstandswerte)

Also ist der Wirkleitwert

$$G = \frac{1}{R'} + \frac{1}{\Delta R'} \; \frac{1}{1 + \left(\dfrac{\omega_K}{\omega}\right)^2}$$

und der Blindleitwert

$$B = \frac{1}{\Delta R'} \; \frac{\dfrac{\omega_K}{\omega}}{1 + \left(\dfrac{\omega_K}{\omega}\right)^2} \; .$$

Für den Verlauf von $G + jB$ mit wachsender normierter Frequenz ω/ω_K ist als Ortskurve das Kreisdiagramm nach Bild 1.7-8 a maßgebend. Der Wirkwiderstand $R = 1/G$ ist in Bild 1.7-8 b als Funktion der Frequenz gezeichnet. Es lassen sich einige markante Frequenzen definieren. Mit $\Delta R' \ll R'$ gilt:

Für $\dfrac{\omega}{\omega_K} = \dfrac{\Delta R'}{R'}$ ist $G = \dfrac{1}{R'} + \dfrac{1}{\Delta R'} \; \dfrac{1}{1 + \left(\dfrac{R'}{\Delta R'}\right)^2} \approx \dfrac{1}{R'}\left(\dfrac{\Delta R'}{R'}\right) .$

Für $\dfrac{\omega}{\omega_K} = \sqrt{\dfrac{\Delta R'}{R'}}$ ist $G = \dfrac{1}{R'} + \dfrac{1}{\Delta R' + R'} \approx \dfrac{1}{\dfrac{R'}{2}} = \dfrac{2}{R'} .$

$$\text{Für } \frac{\omega}{\omega_K} = 1 \qquad \text{ist } \quad G = \frac{1}{R'} + \frac{1}{2\,\Delta R'} \approx \frac{1}{2\,\Delta R'} \,.$$

$$\text{Für } \frac{\omega}{\omega_K} = 3 \qquad \text{ist } \quad G = \frac{1}{R'} + \frac{9}{10\,\Delta R'} \approx \frac{1}{\Delta R'} \,.$$

Als kritische Grenzfrequenz, oberhalb welcher R merklich abfällt, kann definiert werden

$$\frac{\omega_{c1}}{\omega_K} = \frac{\Delta R'}{R'} \quad \text{bzw.} \quad \omega_{c1} = \frac{\Delta R'}{R'}\,\omega_K = \frac{1}{R'\,C_p'} = \frac{1}{R\,C_p} \,.$$

Solange die Teilabschnitte gleich sind, ist die Frequenzabhängigkeit für den Gesamtwiderstand die gleiche wie für den betrachteten Teilabschnitt. Beispiel: Ein Widerstand zu 10 kΩ mit $C_p = 1/3$ pF hat eine Grenzfrequenz

$$f_{c1} = \frac{1}{2\,\pi\,R\,C_p} = \frac{1}{2\,\pi \cdot 10^4\,\Omega \cdot \frac{1}{3} \cdot 10^{-12}\,\text{Ss}} \approx 50\ \text{MHz} \,.$$

1.7.3.2 Abnahme des Wirkwiderstandes durch Erdkapazitäten

Unter der Annahme, daß in R bereits die Parallelkapazitäten berücksichtigt sind, kann man nun getrennt den Einfluß der Erdkapazitäten berücksichtigen. Wir können wieder $\omega L'$ gegen R' vernachlässigen und annehmen, daß der Widerstand in der Mitte (symmetrischer Betrieb) oder am Ende (unsymmetrischer Betrieb) geerdet ist. Dann ist entsprechend Bild 1.7-9 der Eingangsleitwert

$$G_w + j\,\omega\,C_w = \frac{\coth \gamma\,l}{\underline{Z}} \,. \tag{1.7-6}$$

Für $\gamma\,l < 1$ ist das Resultat bereits bekannt:

$$G_w = \frac{1}{R} \quad \text{und} \quad C_w = \frac{C}{3}$$

(siehe 1.7.1.1), da man $\underline{Z} = \sqrt{R'/j\,\omega\,C_0'}$ und $\gamma = \sqrt{R'\,j\,\omega\,C_0'}$ vereinfachen kann. Nun ist andererseits für höhere Frequenzen $\gamma\,l = a + j\,b > 1$ und damit nach der Beziehung

$$\tanh \gamma\,l = \tanh(a + j\,b) = \frac{\tanh a + j\,\tan b}{1 + j\,\tanh a \tan b}$$

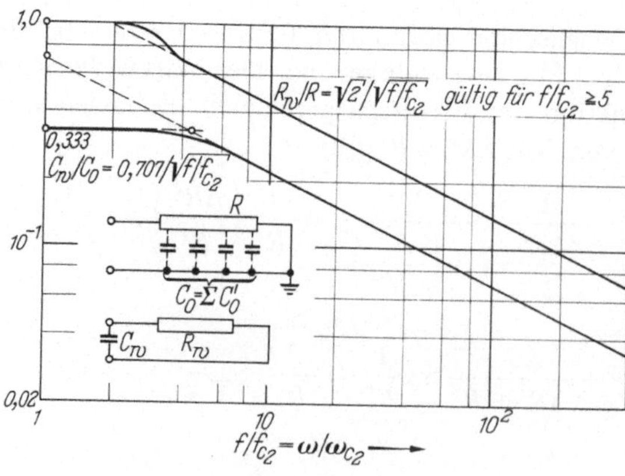

Bild 1.7-9. Frequenzverlauf des Wirkwiderstandes und der Eingangs-Kapazität bei einem Schichtwiderstand mit Erdkapazitäten

mit $a > 2{,}3$ auch $\tanh a \approx 1$ und somit bei *beliebigem* b

$$\tanh \gamma l \approx \frac{1 + j \tan b}{1 + j \tan b} = 1 \;.$$

Damit verhält sich der Widerstand wie eine genügend lange, gedämpfte Leitung, und der Eingangswiderstand wird gleich dem Wellenwiderstand $\underline{Z} = \sqrt{R/(j\,\omega\,C_0)}$, ist also komplex. Übersichtlicher ist die Darstellung des Leitwertes nach Einführen der normierten Kreisfrequenz $\omega_{c2} = 1/(R\,C_0)$

$$G_{\mathrm{w}} + j\,\omega\,C_{\mathrm{w}} = \frac{1}{\underline{Z}} = \sqrt{\frac{j\,\omega\,C_0}{R}} = \sqrt{j\,\frac{\omega}{\omega_{c2}}\,\frac{1}{R^2}} = \frac{1}{R}\sqrt{\frac{\omega}{\omega_{c2}}\,\frac{1+j}{\sqrt{2}}} \;.$$

Wirk- und Blindleitwert sind in diesem Frequenzbereich gleich und steigen mit $\sqrt{f}$ an. Wir schreiben noch etwas übersichtlicher

$$G_{\mathrm{w}} = \frac{1}{R_{\mathrm{w}}} = \frac{1}{\sqrt{2}\,R}\sqrt{\frac{\omega}{\omega_{c2}}} \quad \text{oder} \quad R_{\mathrm{w}} = \frac{\sqrt{2}\,R}{\sqrt{\dfrac{f}{f_{c2}}}} \;. \tag{1.7-7}$$

Der Verlauf des Wirkwiderstandes nach Bild 1.7-9 zeigt also, daß im Bereich $f/f_{c2} < 2$ auch $R_{\mathrm{w}} = R$ konstant bleibt. Für $f/f_{c2} > 2$ nimmt R_{w} schnell ab und folgt für $f/f_{c2} > 5$ der Beziehung (1.7-7).

In Bild 1.7-9 ist noch der Verlauf der wirksamen Kapazität C_{w} angegeben. Da

$$j\,\omega\,C_{\mathrm{w}} = \frac{j}{\sqrt{2}\,R}\sqrt{\frac{\omega}{\omega_{c2}}} = \frac{j}{\sqrt{2}}\,\omega_{c2}\,C_0\sqrt{\frac{\omega}{\omega_{c2}}} = \frac{j\,\omega\,C_0}{\sqrt{2}}\sqrt{\frac{\omega_{c2}}{\omega}}$$

folgt

$$C_{\mathrm{w}} = \frac{C_0}{\sqrt{2}}\,\frac{1}{\sqrt{\dfrac{f}{f_{c2}}}} \quad \text{für} \quad \frac{f}{f_{c2}} \geq 5 \;.$$

Für niedrige Frequenzwerte ($f/f_{c2} < 5$) biegt die Kurve für C_{w} schnell von der Geraden (Steigung $-1\!:\!2$ in doppeltlogarithmischer Auftragung, Bild 1.7-9) ab und nähert sich dem schon bekannten Wert $C_0/3$.

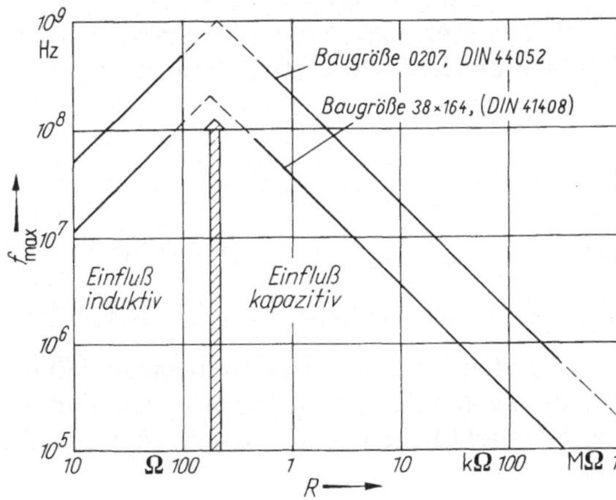

Bild 1.7-10. Grenzfrequenz als Funktion des Nennwiderstandes, bei der die Abweichung des Scheinwiderstandes vom Nennwiderstand 10% beträgt (Schichtwiderstände)

Die Abnahme von R_w setzt bei $f/f_{\mathrm{c}2} = 3$ ein. Aus den Beziehungen

$$3 f_{\mathrm{c}2} = \frac{3}{2\pi R C_0} \quad \text{und} \quad f_{\mathrm{c}1} = \frac{1}{2\pi R C_\mathrm{p}}$$

folgt: Wäre $C_\mathrm{p} = C_0/3$, so würde der Einfluß von C_p und C_0 bei gleicher Grenzfrequenz wirksam.

Als Gesamtergebnis zeigt Bild 1.7-10 die maximal zulässige Grenzfrequenz (bei 10% Fehler) für die verschiedenen Nennwerte von Schichtwiderständen in Glanzkohleausführung. Für Widerstände unter 200 Ω überwiegen die induktiven Einflüsse, bei Widerständen größer als 300 Ω auch bei gewendelter Ausführung in jedem Falle die kapazitiven Einflüsse durch Parallel- und Erdkapazitäten.

1.8 Widerstandserhöhung durch Stromverdrängung (Skineffekt)

Wir wollen hier nicht den Skineffekt runder Drähte berechnen, da dieses Problem in bekannten Büchern, z.B. [7, 8 (S. 304−308), 9 (S. 212−215)], behandelt ist, sondern wollen einige Grundsätze aufstellen, die man auch dann anwenden kann, wenn wegen der besonderen Querschnittsform der Leiter eine mathematische Lösung der Verteilung von Stromdichte und magnetischer Feldstärke und damit der Wechselstromwiderstand unbekannt ist. Diese Grundsätze wollen wir zunächst formulieren und dann beweisen:

Satz I. Bei *Gleichstrom* ist in homogenen stromdurchflossenen Leitern die Stromdichte J an jedem Punkt des Querschnitts (senkrecht zu den Stromlinien) konstant $= I/A$, wobei A die Größe des Querschnitts bedeutet. Dagegen ist die magnetische Feldstärke H nach Richtung und Stärke an den einzelnen Punkten des Querschnitts verschieden. Es gibt einen Punkt, wo $H = 0$ ist oder einen Kleinstwert hat. An einer oder mehreren Stellen des Umfangs ist ein Maximum von H vorhanden.

Satz II. Fließt *Wechselstrom* durch den Leiter, so sind zwei Grenzfälle besonders übersichtlich:

(a) Bleiben bei der Betriebsfrequenz f alle Querschnittsabmessungen (Durchmesser bzw. Kantenlänge) kleiner als die Leitschichtdicke $\delta = \sqrt{\varrho/(\pi f \mu_0 \mu_\mathrm{r})}$, so ist die Stromdichte wie bei Gleichstrom konstant und auch die Verteilung der magnetischen Feldstärke H praktisch ungeändert. Die Leitschichtdicke wird oft auch als Eindringmaß bezeichnet:

$$\delta = \sqrt{\frac{\varrho}{\pi f \mu_0 \mu_\mathrm{r}}} \,,$$

ϱ spezifischer Widerstand, $\mu_0 = 12{,}56 \cdot 10^{-7}$ Ω s/m, μ_r relative Permeabilität, $\delta = \dfrac{6{,}7 \text{ cm}}{\sqrt{f/\mathrm{Hz}}}$ für Kupfer. Man kann daher Stromverdrängung auch bei hohen Frequenzen völlig vermeiden, wenn es gelingt, den Leiter so dünn zu machen, daß die Leitschichtdicke noch die Wandstärke des Leiters übertrifft (ungewendelte Kohleschichtwiderstände bei cm-Wellen mit Schichtdicken unter 10 μm, während die Leitschichtdicke noch 100 μm stark ist).

(b) Wenn umgekehrt bei der Betriebsfrequenz die Leitschichtdicke klein ist gegen alle Querschnittsabmessungen, so ist die Stromdichte ungleichmäßig über den Querschnitt verteilt. Die Stromdichte ist dort hoch, wo die magnetische Feldstärke bei Gleichstrom (bzw. niedrigen Frequenzen) besonders hohe Werte hat, d.h. an einem Rand des Leiters. Man kann aus der räumlichen Verteilung der magnetischen Feldstärke *bei Gleichstrom* schließen, wo große Stromdichten bei höheren Frequenzen auftreten werden. Stromdichte $\underline{J}_0$ am Rand und magnetische Feldstärke $\underline{H}_0$ am Rand sind bei hohen Frequenzen (praktisch unabhängig von der Gestalt des Leiterumfangs) verknüpft durch die Beziehung

$$\underline{J}_0 = \frac{\underline{H}_0}{\delta}(1 + \mathrm{j}), \qquad |\underline{J}_0| = \sqrt{2}\,\frac{|\underline{H}_0|}{\delta}, \tag{1.8-1}$$

wenn H und J sich sinusförmig ändern.

Bemerkenswert an dieser universellen Beziehung ist: Die Abmessungen des Querschnitts haben keinen Einfluß; an ihre Stelle tritt die Leitschichtdicke δ; $\underline{J}_0$ und $\underline{H}_0$ sind einander proportional und $\underline{J}_0$ eilt $\underline{H}_0$ um 45° voraus. Damit eilt auch die Längsspannung am Leiter dem Strom um 45° voraus. Daß die Querschnittsabmessungen nicht wichtig sind, liegt daran, daß die Stromdichte $\underline{J}(x)$ in der Tiefe x unter der Oberfläche sehr rasch nach dem Gesetz

$$\underline{J}(x) = \underline{J}_0\, \mathrm{e}^{-\frac{x}{\delta}(1+\mathrm{j})}$$

abnimmt. (Im Abstand $x = 3\,\delta$ von der Oberfläche ist die Stromdichte $\underline{J}(x)$ nur noch 5% von $\underline{J}_0$, bei $x = 4,6\,\delta$ nur noch 1% von $\underline{J}_0$.)

Bei hohen Frequenzen kennt man die räumliche Verteilung der magnetischen Feldstärke $\underline{H}_0$ auf der Oberfläche der Leiter, z.B. in Topfkreisen und Hohlleitern. Daher kennt man auch die Größe der Stromdichte $\underline{J}_0$ nach (1.8-1). Die Orientierung von $\underline{J}$ zu $\underline{H}$ gibt Bild 1.8-1. Beide stehen immer senkrecht aufeinander.

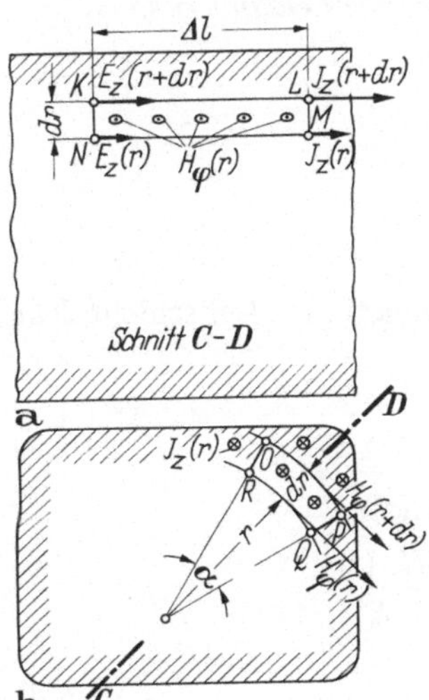

Bild 1.8-1. a Zur Anwendung des Induktionsgesetzes auf eine differentielle Schleife im Längsschnitt; **b** zur Anwendung des Durchflutungsgesetzes auf einem differentiellen Umlauf im Querschnitt

1.8.1 Ableitung der Beziehung zwischen magnetischer Feldstärke und Stromdichte

Wir wollen diese Behauptungen nun beweisen und verwenden dazu die beiden Grundgesetze der Elektrotechnik, das Induktionsgesetz und das Durchflutungsgesetz:

Das Induktionsgesetz besagt, daß in einer beliebigen Wegschleife die elektrische Umlaufspannung dem magnetischen Schwund (zeitliche Abnahme des Flusses) proportional ist:

$$\oint E_z \, \mathrm{d}s = - \, \mathrm{d}\Phi/\mathrm{d}t \; .$$

Wir wenden diese Gleichung auf die Leiterschleife *KLMN* in Bild 1.8-1a an (Längsschnitt in Stromrichtung): H_φ geht senkrecht durch die Fläche $\Delta l \, \mathrm{d}r$ hindurch:

$$E_z(r + \mathrm{d}r) \, \Delta l + U_{LM} - E_z(r) \, \Delta l + U_{NK} = \mu_0 \, \mu_\mathrm{r} \frac{\partial H_\varphi(r)}{\partial t} \Delta l \, \mathrm{d}r \; .$$

LM und *NK* sind Wegelemente senkrecht zur Strömungsrichtung und geben daher keinen Beitrag zur Umlaufspannung. Ferner ist

$$E_z(r + \mathrm{d}r) = E_z(r) + \frac{\partial E_z(r)}{\partial r} \, \mathrm{d}r \; .$$

Demnach wird

$$\frac{\partial E_z(r)}{\partial r} \, \mathrm{d}r \, \Delta l = \mu_0 \, \mu_\mathrm{r} \frac{\partial H_\varphi(r)}{\partial t} \Delta l \, \mathrm{d}r$$

und mit

$$E_z(r) = \varrho \, J_z(r) \; ,$$

$$\frac{\partial J_z(r)}{\partial r} = \frac{\mu_0 \, \mu_\mathrm{r}}{\varrho} \frac{\partial H_\varphi(r)}{\partial t} \; . \tag{1.8-2}$$

Der Zuwachs der Stromdichte J_z in Richtung r ist proportional der zeitlichen Änderung der magnetischen Feldstärke, der Permeabilität $\mu_0 \, \mu_\mathrm{r}$ und umgekehrt proportional dem spezifischen Widerstand ϱ. Für *sinusförmige Feldänderung* ist

$$\frac{\partial H_\varphi(r)}{\partial t} = \mathrm{j} \, \omega \, \underline{H}_\varphi(r)$$

und

$$\frac{\partial \underline{J}_z(r)}{\partial r} = \frac{\mathrm{j} \, \omega \, \mu_0 \, \mu_\mathrm{r}}{\varrho} \underline{H}_\varphi(r) = 2\mathrm{j} \frac{\pi f \, \mu_0 \, \mu_\mathrm{r}}{\varrho} \underline{H}_\varphi(r) \; .$$

Der Faktor $\pi f \mu_0 \, \mu_\mathrm{r}/\varrho$ ist identisch mit $1/\delta^2$, wo δ die eingeführte Leitschichtdicke bedeutet. Damit wird

$$\frac{\partial \underline{J}_z(r)}{\partial r} = \frac{2\mathrm{j}}{\delta^2} \underline{H}_\varphi(r) \tag{1.8-3}$$

unabhängig von der besonderen Form des Querschnitts und

$$\underline{J}_z(r + \mathrm{d}r) = \underline{J}_z(r) + \frac{\partial \underline{J}_z(r)}{\partial r} \, \mathrm{d}r = \underline{J}_z(r) + \mathrm{j} \frac{2 \, \mathrm{d}r}{\delta} \frac{\underline{H}_\varphi(r)}{\delta} \; ,$$

$$\underline{J}_z(r + \mathrm{d}r) = \underline{J}_z(r) + \mathrm{j} \frac{2 \, \mathrm{d}r}{r} \left(\frac{r}{\delta} \right)^2 \frac{\underline{H}_\varphi(r)}{r} \; . \tag{1.8-4}$$

Aus Gl. (1.8-3) bzw. (1.8-4) kann man sogleich schließen:

1. Bei Gleichstrom und tiefen Frequenzen ($f \to 0$; $\delta \to \infty$) ist bei beliebigem $\underline{H}_\varphi(r)$ stets $\partial \underline{J}_z / \partial r = 0$ und $\underline{J}_z$ konstant unabhängig von r. Damit ist die Behauptung von Satz I bewiesen, daß die Stromdichte $\underline{J}_z$ überall gleichmäßig über einen beliebigen Querschnitt verteilt ist.

2. Ist die Leitschichtdicke δ nicht kleiner als der Krümmungsradius r der Feldlinie, also $r/\delta \leqq 1$, so kann man die Stromverdrängung vernachlässigen; denn in (1.8-4) ist der Wert $\underline{H}_\varphi(r)/r \leqq \underline{J}_z(r)$, was sogleich aus dem Durchflutungsgesetz abgeleitet wird. Zwischen $\underline{J}_z(r)$ und $\underline{J}_z(r+dr)$ besteht dann lediglich eine kleine Phasenverschiebung. Ihre Größen unterscheiden sich nicht wesentlich. Für $r/\delta < 1$ stimmt dann auch der Wechselstromwiderstand nahezu mit dem Gleichstromwiderstand überein, unabhängig von der Frequenz. Da die Leiterdicke in der Größenordnung des Krümmungsradius r der magnetischen Feldlinien liegt, ist damit auch Satz II, Teil a) bewiesen.

Wir verwenden nun das zweite Grundgesetz der Elektrotechnik, das Durchflutungsgesetz, das einen weiteren einfachen Zusammenhang zwischen magnetischer Feldstärke $H_\varphi(r)$ und Stromdichte $J_z(r)$ aufdeckt: Das Durchflutungsgesetz sagt aus, daß die magnetische Umlaufspannung auf einem in sich geschlossenen Weg gleich der Summe aller Ströme ist, welche die Wegschleife senkrecht durchsetzen: $\oint H \, ds = \sum i$. Als Weg nehmen wir entsprechend dem Verlauf der magnetischen Feldlinien in Bild 1.8-1 b die durch 2 Kreisbögen OP und QR begrenzte Wegschleife im Abstand dr. OP hat die Bogenlänge $\alpha(r + dr)$, QR die Länge αr. Dabei ist r der Krümmungsradius, der zu diesen Bogenstücken der magnetischen Feldlinien gehört.

Damit folgt (bei Beachtung der Richtungsregeln)

$$H_\varphi(r + dr) \, \alpha(r + dr) + H_{PQ} \, dr - H_\varphi(r) \, \alpha \, r + H_{RO} \, dr = J_z(r) \, \alpha \, r \, dr \,.$$

Die Wege PQ und RO laufen senkrecht zu den magnetischen Feldlinien, leisten also keinen Beitrag zur magnetischen Umlaufspannung: $H_{PQ} = 0$ und $H_{RO} = 0$. Ferner ist

$$H_\varphi(r + dr) = H_\varphi(r) + \frac{\partial H_\varphi(r)}{\partial r} \, dr$$

und damit bleibt, da α auf beiden Seiten erscheint

$$\left(H_\varphi(r) + \frac{\partial H_\varphi(r)}{\partial r} \, dr \right) (r + dr) - H_\varphi(r) \, r = J_z(r) \, r \, dr \,,$$

$$H_\varphi(r) \, dr + \frac{\partial H_\varphi(r)}{\partial r} \, dr \, r + \frac{\partial H_\varphi(r)}{\partial r} \, dr \, dr = J_z(r) \, r \, dr$$

oder

$$\frac{H_\varphi(r)}{r} + \frac{\partial H_\varphi(r)}{\partial r} + \frac{\partial H_\varphi(r)}{\partial r} \, \frac{dr}{r} = J_z(r) \,.$$

Macht man dr sehr klein gegen r, verschwindet der 3. Summand gegen den 2., und es bleibt

$$\frac{H_\varphi(r)}{r} + \frac{\partial H_\varphi(r)}{\partial r} = J_z(r) \,. \tag{1.8-5}$$

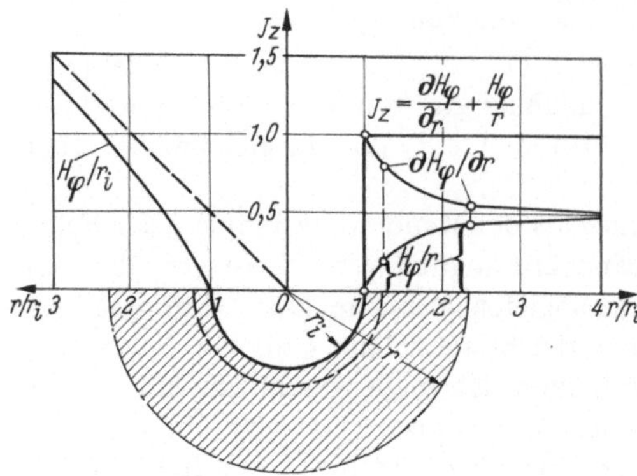

Bild 1.8-2. Verlauf von Feldstärke H_φ, H_φ/r und $\partial H_\varphi/\partial r$ im kreiszylindrischen Rohr bei Gleichstrom ($J_z = $ const)

Dieser Zusammenhang ist dadurch bemerkenswert, daß hier nur die Abhängigkeit vom Krümmungsradius r der magnetischen Feldlinien eine Rolle spielt. (Bei kreisrunden Drähten und Rohren ist r der Radius innerhalb des Querschnitts.) Diese Beziehung gilt auch bei beliebiger Frequenz. Der Feldstärkeanstieg $\partial H_\varphi(r)/\partial r$ und $H_\varphi(r)/r$ ergeben zusammen an jeder Stelle des Leiterquerschnitts die Stromdichte $J_z(r)$. Man kann sofort fragen, welcher der beiden Anteile, H_φ/r oder $\partial H_\varphi/\partial r$, den größten Beitrag liefert. In dem Beispiel eines dünnwandigen Rohres bei Gleichstrom in Bild 1.8-2 ergibt der Anstieg $\partial H_\varphi/\partial r$ den größeren Anteil. Beim kreisrunden Rohr sind die magnetischen Feldlinien Kreise, deren Radius gleichzeitig Krümmungsradius ist. Das Durchflutungsgesetz ergibt

$$H_\varphi \cdot 2\pi r = J_z \pi (r^2 - r_\mathrm{i}^2) \, ,$$

$$H_\varphi(r) = \frac{J_z}{2}\left(r - \frac{r_\mathrm{i}^2}{r}\right) = J_z \frac{r_\mathrm{i}}{2}\left(\frac{r}{r_\mathrm{i}} - \frac{r_\mathrm{i}}{r}\right)$$

und

$$\frac{H_\varphi(r)}{r} = \frac{J_z}{2}\left(1 - \frac{r_\mathrm{i}^2}{r^2}\right)$$

sowie

$$\frac{\partial H_\varphi(r)}{\partial r} = \frac{J_z}{2}\left(1 + \frac{r_\mathrm{i}^2}{r^2}\right) \, .$$

Diese Beziehungen sind in Bild 1.8-2 rechts dargestellt. Nur bei sehr dickwandigen Rohren oder dem kreiszylindrischen Draht ($r/r_\mathrm{i} \to \infty$) ist $H_\varphi/r = \partial H_\varphi/\partial r$ für *Gleichstrom*. Auch bei Gleichstrom zeigen dünnwandige Rohre, daß $\partial H_\varphi/\partial r$ wesentlich größer ist als H_φ/r. Wir werden daher in Gl. (1.8-5) den Anteil H_φ/r zunächst vernachlässigen und erhalten zwei Gleichungen für die zwei gesuchten Größen $J_z(r)$ und $H_\varphi(r)$ bei Wechselstrom in der Form

$$\frac{\partial J_z(r)}{\partial r} = \frac{2\mathrm{j}}{\delta^2} H_\varphi(r) \, , \tag{1.8-6}$$

$$\frac{\partial H_\varphi(r)}{\partial r} \approx J_z(r) \, . \tag{1.8-7}$$

Differenzieren wir eine der Gleichungen nach r, so läßt sich eine der Größen eliminieren. Zum Beispiel ergibt Differenzieren der oberen Gleichung nach r

$$\frac{\partial^2 \underline{J}_z}{\partial r^2} = \frac{2j}{\delta^2}\,\frac{\partial \underline{H}_\varphi(r)}{\partial r} \approx \frac{2j}{\delta^2}\,\underline{J}_z(r)\,. \tag{1.8-8}$$

Dies ist eine Differentialgleichung 2. Ordnung für $\underline{J}_z(r)$ mit der Lösung

$$\underline{J}_z(r) = \underline{J}_1\,e^{\sqrt{2j}\frac{r}{\delta}} + \underline{J}_2\,e^{-\sqrt{2j}\frac{r}{\delta}} \quad \text{mit} \quad \sqrt{2j} = 1+j$$

und

$$\underline{H}_\varphi(r) = \underline{J}_1\,\frac{\delta}{\sqrt{2j}}\,e^{\sqrt{2j}\frac{r}{\delta}} - \underline{J}_2\,\frac{\delta}{\sqrt{2j}}\,e^{-\sqrt{2j}\frac{r}{\delta}}\,. \tag{1.8-9}$$

$\underline{J}_1$ und $\underline{J}_2$ sind Stromdichte-Konstanten, die durch Grenzbedingungen festgelegt werden. Die 2. Gleichung zeigt, daß es z.B. möglich ist, die Bedingung $\underline{H}_\varphi(r) = 0$ für einen bestimmten Radius r der sich aus dem speziellen Problem ergibt, zu erfüllen.

1.8.1.1 Großer Skineffekt

Wir nehmen $\delta < r_0$ an, wobei r_0 der kleinste Krümmungsradius der Oberfläche ist. In diesem Fall überwiegt für $r \approx r_0$ die Exponentialfunktion $e^{\frac{r}{\delta}(1+j)}$ stark gegenüber $e^{-\frac{r}{\delta}(1+j)}$ und es ist

$$\underline{J}_z(r) \approx \underline{J}_1\,e^{\frac{r}{\delta}(1+j)}$$

sowie nach (1.8-3)

$$\underline{H}_\varphi(r) \approx \underline{J}_1\,\frac{\delta}{1+j}\,e^{\frac{r}{d}(1+j)} = \underline{J}_z(r)\,\frac{\delta}{1+j}\,. \tag{1.8-10}$$

In der Nähe und an der Oberfläche besteht also zwischen $\underline{J}_z(r)$ und $\underline{H}_\varphi(r)$ eine feste Phasenverschiebung von $45°$. Die Stromdichte $\underline{J}_z(r)$ eilt vor (s. Bild 1.8-3). Für die Werte an der Oberfläche ($r = r_0$) gilt ebenso mit $\underline{H}_\varphi(0) \equiv \underline{H}_0$ und $\underline{J}_z(0) \equiv \underline{J}_0$

$$\underline{H}_0 = \underline{J}_0\,\frac{\delta}{1+j} \quad \text{oder} \quad \underline{J}_0 = \frac{1+j}{\delta}\,\underline{H}_0\,, \tag{1.8-11}$$

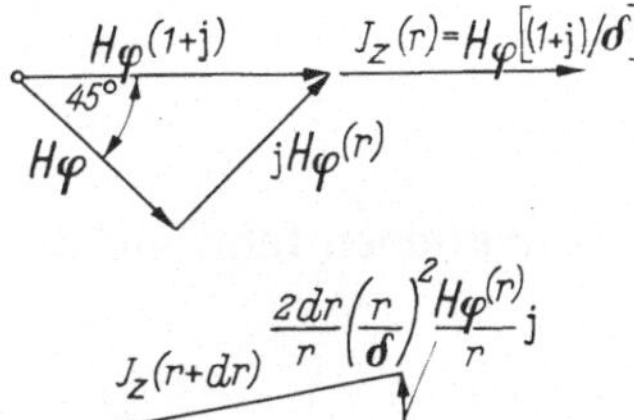

Bild 1.8-3. Komplexes Zeigerdiagramm von Stromdichte und magnetischer Feldstärke bei großer Stromverdrängung

wie in Satz II, Teil b) behauptet war. Führt man noch den Abstand x von der Oberfläche mit $r = r_0 - x$ ein, so folgt

$$\underline{J}_z(r) \approx \underline{J}_1 \, e^{\frac{r_0}{\delta}(1+j)} \, e^{-\frac{x}{\delta}(1+j)} = \underline{J}_0 \, e^{-\frac{x}{\delta}(1+j)}$$

und

$$\underline{H}_\varphi(r) \approx \underline{J}_1 \frac{\delta}{1+j} \, e^{\frac{r_0}{\delta}(1+j)} \, e^{-\frac{x}{\delta}(1+j)} = \underline{H}_0 \, e^{-\frac{x}{\delta}(1+j)} \, .$$

$\underline{J}_z$ und $\underline{H}_\varphi$ nehmen also mit wachsendem Abstand x von der Oberfläche schnell ab. Das bedeutet, daß man bei $\delta < r_0$ bzw. $\delta < s$, wenn s die Wandstärke von Rohren bedeutet, den Wechselstromwiderstand so berechnen kann, als ob der Strom in einer Oberflächenschicht gleichmäßig fließt, deren Leitschichtdicke $= \delta$ ist, wie zum Schluß gezeigt wird. In Wirklichkeit nimmt die Stromdichte stetig mit x (nahezu exponentiell) ab. Wir wollen noch $\partial \underline{H}_\varphi / \partial r$ und $\underline{H}_\varphi / r$ miteinander vergleichen: Nach (1.8-7) ist (einfacher als im Gleichstromfall)

$$\frac{\partial \underline{H}_\varphi}{\partial r} \approx \underline{J}_z(r) = \underline{J}_1 \, e^{\frac{r}{\delta}(1+j)}$$

und

$$\frac{\underline{H}_\varphi}{r} \approx \frac{\underline{J}_1}{1+j} \frac{\delta}{r} \, e^{\frac{r}{\delta}(1+j)} = \frac{\delta}{r} \frac{1}{1+j} \frac{\partial \underline{H}_\varphi}{\partial r} \, .$$

$\left| \underline{H}_\varphi / r \right|$ bleibt also um den Faktor $\delta/(r\sqrt{2})$ kleiner als $\left| \partial \underline{H}_\varphi / \partial r \right|$. Damit ist bewiesen, daß bei großer Stromverdrängung die Vernachlässigung von $\underline{H}_\varphi / r$ in der Gl. (1.8-7) nicht nur bei dünnwandigen Leitern, sondern auch bei Vollquerschnitten berechtigt ist.

Es ist möglich, das Gleichungssystem (1.8-2) und (1.8-5) für runde Drähte und Rohre streng zu lösen. Als Lösungen ergeben sich Bessel- und Hankel-Funktionen, die tabuliert sind und für die auch eine einführende Darstellung existiert [10, 11]. Wie gut aber die hier gewählte Näherung ist, erkennt man aus folgendem Vergleich:

Nach der Näherung ist der Wirkwiderstand R (aus dem Ersatzrohr mit der Wandstärke δ berechnet) eines Drahtes der Länge l

$$R \approx \frac{\varrho \, l}{\pi(d - \delta)\,\delta}$$

(s. Bild 1.8-4) da der mittlere Durchmesser $= d - \delta$ ist, gültig für $\delta < d/2 = r_0$. Da der Gleichstromwiderstand des Drahtes $R_G = \dfrac{\varrho \, l}{\pi \, d^2/4}$ ist, wird das Verhältnis

$$\frac{R}{R_G} \approx \frac{d}{4\delta} \frac{1}{1 - \dfrac{\delta}{d}} = \frac{d}{4\delta}\left(1 + \frac{\delta}{d} + \left(\frac{\delta}{d}\right)^2 + \ldots\right)$$

$$= \frac{d}{4\delta} + \frac{1}{4} + \frac{1}{4}\frac{\delta}{d} + \ldots \, .$$

Die Reihenentwicklung der strengen Lösung mit Bessel-Funktionen führt auf die Gleichung

$$\frac{R}{R_G} = \frac{d}{4\delta} + \frac{1}{4} + \frac{3}{16}\frac{\delta}{d} + \ldots = \frac{d}{4\delta}\left(1 + \frac{\delta}{d} + \frac{3}{4}\left(\frac{\delta}{d}\right)^2 + \ldots\right) \, .$$

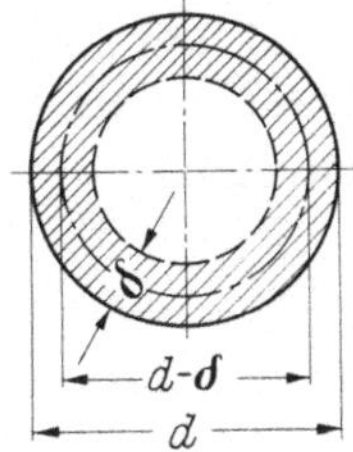

Bild 1.8-4. Ersatzzylinder mit konstanter Stromdichte bei großem Skineffekt ($\delta < d/2$) in kreiszylindrischen Drähten

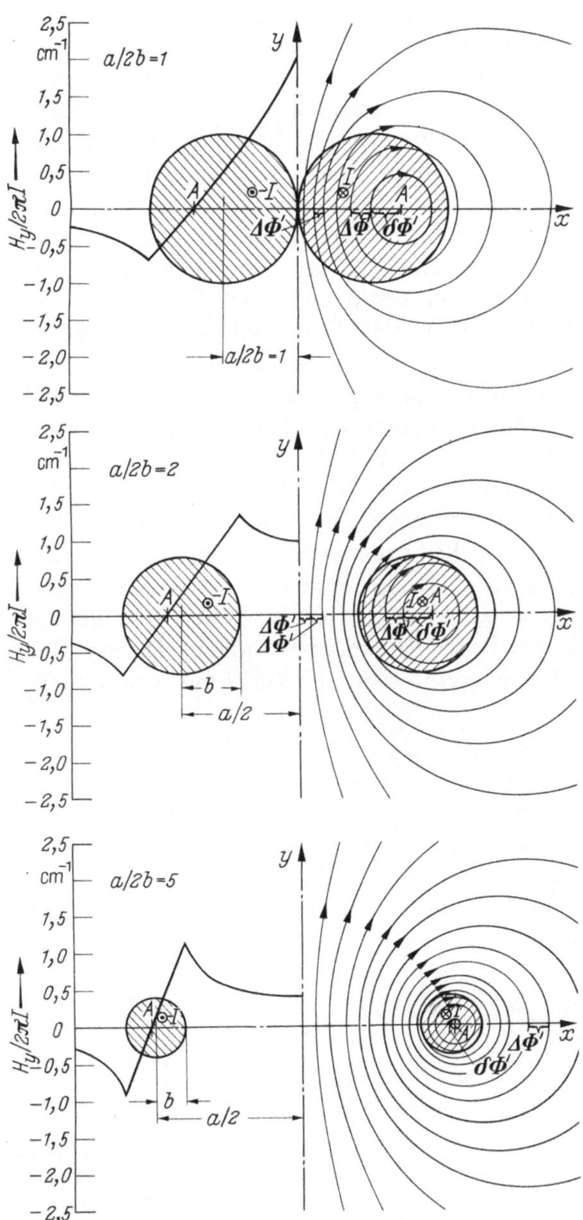

Bild 1.8-5. Verlauf der magnetischen Feldstärke längs der x-Achse (links) und der magnetischen Feldlinien (rechts) einer Doppelleitung bei Gleichstrom und tiefen Frequenzen

Die Näherung berechnet also den relativen Wechselstromwiderstand um nur $\delta/(16\,d)$ zu hoch. Die Näherung ist also bei diesem noch relativ dicken Ersatzrohr sehr gut und der Fehler bei geringer Leitschichtdicke $\delta < d/4$ vernachlässigbar.

1.8.2 Einfluß der Querschnittsform auf die Stromverteilung in einem Leiter

Wir wollen nun den Einfluß der Querschnittsform auf die Stromverteilung und den Wirkwiderstand untersuchen. Bei runden Drähten, Rohren und geschichteten zylindrischen Leitern (z. B. Stahldraht mit Kupferauflage) hängt die Stromverdrängung nur vom Verhältnis der Leitschichtdicke δ zu Wandstärke und Radius ab. Die magnetischen Feldlinien sind zur Leiterachse koaxiale Kreise. An jedem Punkt des Kreisumfangs ist die Feldstärke gleich und damit auch die Stromdichte. Diese „allseitige" Stromverdrängung bleibt exakt erhalten, wenn die Rückleitung ebenfalls konzentrisch ist (Koaxialkabel), und annähernd erhalten, wenn die Rückleitung einen Abstand hat, der mindestens dem fünffachen Durchmesser entspricht. Bild 1.8-5 zeigt magnetische Feldlinien und magnetische Feldstärke bei Gleichstrom [25]. Bei geringem Abstand bemerkt man eine ausgeprägte „einseitige" Feldverdrängung, d. h., die magnetische Feldstärke ist an den einzelnen Punkten des Umfangs sehr verschieden. Bei Doppelleitungen heißt diese Erscheinung „Nähewirkung" (proximity effect). Die Stromdichte ist bei hohen Frequenzen ($\delta < d/2$) wieder durch die Größe der magnetischen Feldstärke bestimmt. Der Strom fließt also, wenn die Doppelleitung die normale Gegentaktwelle führt, besonders stark an der Innenseite zwischen beiden Leitungen. Dies gilt auch für bifilar gewickelte Drahtwiderstände, die eine oder mehrere am Ende kurzgeschlossene Doppelleitungen enthalten. Bild 1.8-6 zeigt das Feldbild der Doppelleitung mit einigen elektrischen und magnetischen Feldlinien zwischen den Rundleitern bei hohen Frequenzen. Der Wirkwiderstand von Hin- und Rückleitung bei großer Stromverdrängung ($\delta < d/2$) ist wegen der ungleichmäßigen Stromdichte, die in Bild 1.8-6 innen etwa 2 bis 3mal größer als außen ist, höher als bei zwei weit entfernten Runddrähten. Diese Widerstandserhöhung ist von Mie berechnet worden [9, S. 216–217]. Sie ergibt sich als Verhältnis von Leiter-

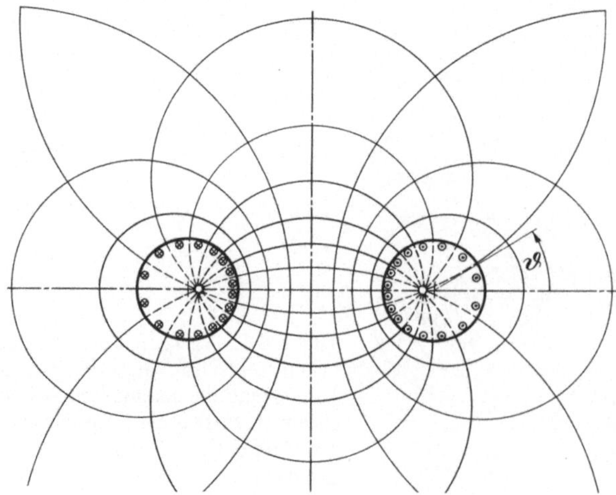

Bild 1.8-6. Elektrische und magnetische Feldlinien einer Doppelleitung bei großem Skineffekt

abstand A zum Abstand C der „geladenen Linien", in deren Spuren die Kreise aller elektrischen Feldlinien sich schneiden. Dann ist für die Hin- und Rückleitungen mit dem Durchmesser d

$$R = 2 \cdot \frac{\varrho\, l}{\pi(d-\delta)\,\delta} \frac{A}{C} = \frac{2\varrho\, l}{\pi(d-\delta)\,\delta} \frac{A}{\sqrt{A^2 - d^2}} \, .$$

Es ist ersichtlich, daß die Stromdichte bei Hochfrequenz dort besonders stark ist, wo bei Gleichstrom das magnetische Feld sein Maximum hat. Dieser Zusammenhang gibt auch in allen Fällen Aufschluß über die Stromverteilung, in denen keine geschlossene mathematische Lösung für die Stromverdrängung angegeben werden kann, wie z.B. bei quadratischen und rechteckigen Querschnitten der Stromleiter [24].

1.9 Supraleitfähigkeit (Skineffekt bei Gleichstrom)

Es ist bemerkenswert, daß auch bei Gleichstrom eine Stromverdrängung aus dem Leiterinnern beobachtet wird, im Gegensatz zur Aussage von (1.8-1), wonach mit $f \to 0$ $\delta \to \infty$ geht. Eine ausgeprägte Verdrängung von Stromdichte und magnetischer Feldstärke aus dem Leiterinnern an die Leiteroberfläche zeigt sich, wenn bei sehr tiefen Temperaturen Ströme in supraleitenden Metallen fließen (W. Meissner und R. Ochsenfeld 1933, [19]) [1, S. 68–72, 12]. Wesentliche Zusammenhänge erkennt man, wenn man neben dem Induktionsgesetz und dem Durchflutungsgesetz auf das Beschleunigungsgesetz der Elektronen (siehe 1.1.1) zurückgeht. Die Stromdichte $J = -e\,n\,v$ ergibt mit dem Newtonschen Gesetz $m\,\mathrm{d}v/\mathrm{d}t = -e\,E$ z.B. für die z-Komponenten das Beschleunigungsgesetz

$$E_z = \frac{m}{e^2\,n} \frac{\partial J_z}{\partial t} \, . \tag{1.9-1}$$

Dieses Gesetz gilt bei normalen Leitern nur für eine Gruppe von Elektronen während der kurzen Flugzeit τ_f zwischen zwei Zusammenstößen, bei der Supraleitung aber für beliebige Zeit, da die Zusammenstöße ausbleiben. Eine zeitlich konstante elektrische Feldstärke E_z würde nach (1.9-1) bei Supraleitern zu einem ständigen (linearen) Anstieg der Stromdichte mit der Zeit führen. Andererseits ist ein dauernder Gleichstromfluß durchaus nach (1.9-1) mit verschwindender Feldstärke E_z verträglich $(\mathrm{d}J_z/\mathrm{d}t = 0)$. Der Faktor $m/(e^2\,n)$ hat den Charakter einer Selbstinduktion (analoges Gesetz $u = L\,\mathrm{d}i/\mathrm{d}t$). Wir schreiben nun weiter mit $x = r_0 - r$, Gl. (1.8-2), (1.8-5), das

Induktionsgesetz im Leiterinnern

$$-\frac{\partial E_z}{\partial x} = \mu_0\,\mu_\mathrm{r}\frac{\partial H_\varphi}{\partial t} \, , \tag{1.9-2}$$

das Durchflutungsgesetz im Leiterinnern

$$-\frac{\partial H_\varphi}{\partial x} = J_z \tag{1.9-3}$$

(H_φ/r kann für großes r vernachlässigt werden). Wir wollen die elektrische Feldstärke E_z ersetzen.

Durch Differenzieren der Beschleunigungsgleichung (1.9-1) nach x folgt

$$\frac{\partial E_z}{\partial x} = \frac{m}{e^2\,n}\,\frac{\partial^2 J_z}{\partial x\,\partial t} = -\,\mu_0\,\mu_\mathrm{r}\frac{\partial H_\varphi}{\partial t}$$

oder nach zeitlicher Integration

$$\frac{\partial J_z}{\partial x} = -\,\mu_0\,\mu_\mathrm{r}\,\frac{e^2\,n}{m}\,H_\varphi \tag{1.9-4}$$

und durch weitere Ableitung nach x

$$\frac{\partial^2 J_z}{\partial x^2} = -\,\mu_0\,\mu_\mathrm{r}\,\frac{e^2\,n}{m}\,\frac{\partial H_\varphi}{\partial x} = +\,\mu_0\,\mu_\mathrm{r}\,\frac{e^2\,n}{m}\,J_z . \tag{1.9-5}$$

Diese einfache Differentialgleichung 2. Ordnung für J_z führt zur Lösung

$$J_z = J_0\,e^{-\frac{x}{\lambda_\mathrm{L}}}$$

mit J_0 Stromdichte an der Oberfläche und der Londonschen Eindringtiefe

$$\lambda_\mathrm{L} = \sqrt{\frac{m}{\mu_0\,\mu_\mathrm{r}\,e^2\,n}} . \tag{1.9-6}$$

Aus (1.9-3) folgt

$$H_\varphi = \lambda_\mathrm{L}\,J_0\,e^{-\frac{x}{\lambda_\mathrm{L}}} = \lambda_\mathrm{L}\,J_z .$$

H_φ und J_z nehmen mit wachsender Tiefe x unter der Oberfläche rasch ab. Das Maß hierfür ist λ_L. Setzt man in (1.9-6) für die Trägerdichte n den Wert $10^{22}/\mathrm{cm}^3$ ein, so folgt bei $\mu_\mathrm{r} = 1$

$$\lambda_\mathrm{L} = 5{,}3 \cdot 10^{-5}\,\mathrm{mm} = 53\,\mathrm{nm} .$$

Die Eindringtiefe ist also sehr gering und hat die Größenordnung der Leitschichtdicke normaler Leiter bei Wellenlängen von 0,1 mm. Merkwürdig ist noch folgender Zusammenhang zwischen δ und λ_L. Setzt man in

$$\delta = \frac{1}{\sqrt{\pi\,\mu_0\,\mu_\mathrm{r}\,f\,\gamma}}$$

anstelle des für $f \to 0$ und $\gamma \to \infty$ unbestimmt werdenden Produkts $f\,\gamma$ nach (1.1-10) für die Leitfähigkeit

$$\gamma = \frac{e^2\,n}{m}\,\tau$$

und anstelle von f die dimensionsgleiche Größe $1/(\pi\,\tau)$ ein, so wird damit aus δ die oben abgeleitete Beziehung für λ_L.

Die oben genannten Beziehungen für die Strom- und Feldverdrängung bei Strömen in Supraleitern wurden von F. London und H. London 1935 aufgestellt. Gleichung (1.9-1) ist die „1. London-Gleichung". Mit dieser führt (1.9-3) zu Gl. (1.9-4), welche eine für den ebenen Fall geltende Form der „2. London-Gleichung" rot$(\lambda_\mathrm{L}^2\,J) = -\,H$ darstellt [44].

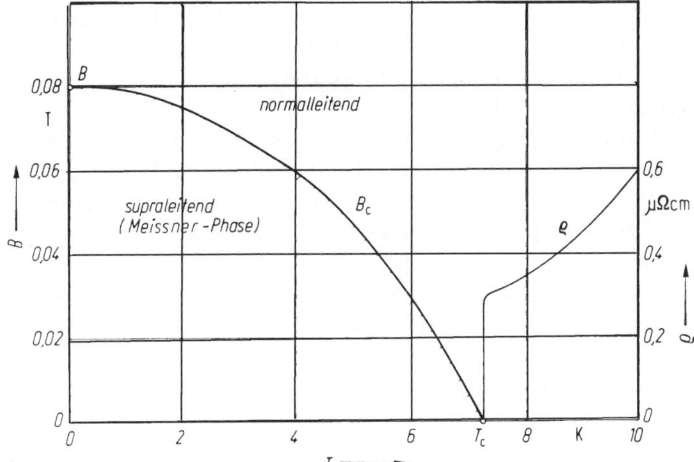

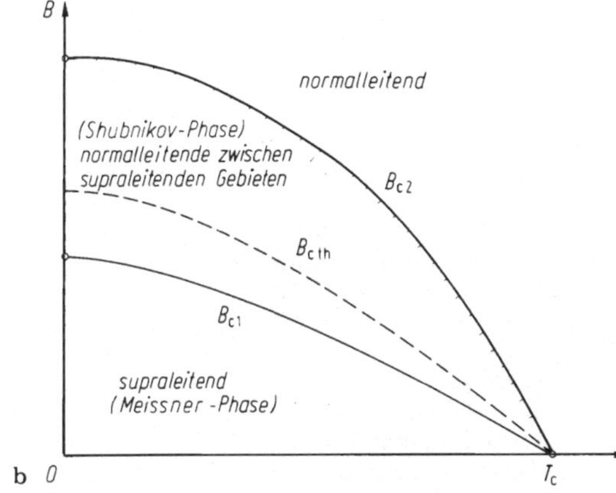

Bild 1.9-1a u. b. Kritische Flußdichte B über der Temperatur T. **a** B, T-Diagramm für Supraleiter 1. Art (Beispiel Blei), rechts: Temperaturabhängigkeit des spezifischen Widerstands ϱ; **b** B, T-Diagramm für Supraleiter 2. Art. In der Shubnikov-Phase bestehen normalleitende Gebiete neben supraleitenden. Es ist $B_{Cth} = B_{C2}\,\xi/(\lambda_L \sqrt{2})$

Die London-Gleichungen setzen eine ortsunabhängige Dichte n der Ladungsträger voraus. Ginzburg und Landau führten in ihrer Theorie 1950 eine Ortsabhängigkeit der Ladungsträgerdichte n und eine zugehörige *Kohärenzlänge* ξ ein, die numerisch etwa die Größenordnung von λ_L hat. Mit ξ und λ_L lassen sich unterscheiden

„weiche" Supraleiter (Supraleiter 1. Art): $\quad \xi > \lambda_L \cdot \sqrt{2}$,

„harte" Supraleiter (Supraleiter 2. Art): $\quad \xi < \lambda_L \cdot \sqrt{2}$,

die sich durch ihre Struktur und durch ihr Verhalten im magnetischen Gleichfeld unterscheiden (s. Bild 1.9-1).

Supraleiter 2. Art vertragen wesentlich höhere Stromdichten und magnetische Gleichflußdichten, ohne daß die Supraleitfähigkeit verschwindet (z. B. für Nb_3Sn erst bei $B_c \approx 10$ Tesla). Wesentlich für das Verständnis der Supraleitfähigkeit waren die Arbeiten von J. *B*ardeen, L. N. *C*ooper und J. R. *S*chrieffer (BCS-Theorie 1957). Danach schließen sich bei Temperaturen T unterhalb der Sprungtemperatur T_c je 2 Elektronen mit entgegengesetztem Impuls und entgegengesetztem Spin zu sogenannten Cooper-Paaren zusammen, die keine absorbierende Wechselwirkung mit den Gitterschwingungen des Supraleiters haben und daher keinen elektrischen Widerstand zeigen [46].

In Supraleitern 2. Art gibt es Ringströme aus Cooper-Paaren, die normalleitende fadenförmige oder filamentartige Bereiche umschließen. Diese führen Magnetflüsse, deren Größe gequantelt ist. Ein Flußquant hat den Wert $\Phi_0 = h/2\,e \approx 2{,}068 \cdot 10^{-15}$ Wb $\approx 2{,}07$ mV $\cdot$ ps (h = Plancksches Wirkungsquantum, $e = 1{,}6 \cdot 10^{-19}$ As = Elementarladung).

Für Supraleiter 2. Art wurde die Theorie von *Ginzburg* und *Landau* durch *Abrikosov* und *Gorkov* weitergeführt (GLAG-Theorie, 1960).

1.9.1 Supraleitende Elemente und Verbindungen

Supraleitfähigkeit ist bei mehr als der Hälfte der metallischen Elemente nachgewiesen, außerdem bei etwa 1000 Verbindungen und Legierungen mit z. T. nicht supraleitenden Elementen [45, 46].

Relativ hohe Sprungtemperaturen haben folgende metallische Elemente bzw. Verbindungen:

Tabelle 1.9-1

	T_c/K		T_c/K
Tantal (Ta)	4,39	Vanadium-Germanium (V_3Ge)	6
Zinn (Sn)	3,7	Vanadium-Silicium (V_3Si)	17
Indium (In)	3,4	Vanadium-Gallium (V_3Ga)	14–20
Antimon (Sb)	2,6	Niob-Titan (Nb/Ti)	9,3
Blei (Pb)	7,2	Niob-Zinn (Nb_3Sn)	18,2
Niob (Nb)	9,2	Niob-Germanium (Nb_3Ge)	23,2
Vanadium (V)	5,3	Niob-Silicium (Nb_3Si)	27

Von den metallischen Elementen sind Blei, Zinn und Tantal Supraleiter 1. Art, Niob und Vanadium Supraleiter 2. Art.

Für die Supraleitfähigkeit günstig ist die β-Wolfram-Struktur mancher Verbindungen. Damit scheint es möglich, T_c-Werte um 30 K für Supraleiter zu erreichen, die statt mit flüssigem Helium (bei ≈ 4 K) dann mit flüssigem Wasserstoff (bei ≈ 20 K) gekühlt betrieben werden können (bei Wasserstoff Achtung auf Explosionsgefahr bei Knallgasbildung!).

Keine Supraleitung zeigen die ferromagnetischen Elemente Fe, Co, Ni, ferner die Edelgase in Gruppe VIII a des Periodischen Systems (von Helium bis Radon). Ebensowenig gelang es, Supraleitfähigkeit an den Elementen Cu, Ag, Au der Gruppe I b bei Temperaturen über 0,0002 K nachzuweisen.

1.9.2 Anwendungen der Supraleiter

Seit vielen Jahren werden supraleitende Gleichstrommagnete in Technik und Physik hoher Magnetfelder betrieben, z. B. Blasenkammer-Magnete, um die Spur hochenergetischer Teilchen sichtbar zu machen. Kleinere Forschungsmagnete für magnetische Felder bis zu ca. 10 T werden serienmäßig hergestellt.

Magnetische Lagerungen finden vielleicht Anwendung bei Schwebebahnen für hohe Zuggeschwindigkeiten. − Supraleitende Energiekabel sind zur Zeit im Vergleich zu Energiekabeln mit SF_6-Druckgas-Isolation (s. Abschnitt 2.5.1.1) nicht wirtschaftlich. Dagegen wird die Gleichstromerregung der Magnete von Hochleistungsmaschinen mit Supraleitern ausgeführt, wobei normalleitende Dämpferwicklungen bei Kurzschlüssen oder Lastsprüngen den Schutz der supraleitenden Spulen übernehmen. Bei Wechselstrom von 50 oder 60 Hz ist zu beachten, daß die Flußfäden in Supraleitern wandern und damit Verluste verursachen.

Aussichtsreich ist die Anwendung der Supraleitung auf Schaltelemente der Digitaltechnik. Für schnelle Rechner interessieren möglichst kurze Umschaltzeiten. Mit den im Abschnitt 1.1.1.1 erwähnten Kryotrons in Schichtbauweise wurden Schaltzeiten unter 100 ns erreicht. Da es schwierig ist, viele Schichtkryotrons mit der nötigen Genauigkeit reproduzierbar zu bauen, sind die Kryotronschalter durch supraleitende Josephson-Kontakte verdrängt worden, mit denen Schaltzeiten unter 0,1 ns (100 ps) möglich sind. Josephson-Kontakte bestehen aus 2 supraleitenden Elektroden, die über eine so extrem dünne Isolierschicht ($\approx$ 50 nm) aneinanderstoßen, daß ein Tunnelstrom von einer Elektrode zur anderen fließen und mit einer sehr geringen Schaltleistung von einigen μW unterbrochen werden kann [47, 48].

1.10 Rauschen von Widerständen

Jeder Widerstand, gleich welcher Bauart, ist nicht nur passiver Verbraucher von Wirkleistung, sondern erzeugt auch als Wechselstromgenerator eine geringe Störleistung auf Grund der thermischen Bewegung der Elektronen. Das Frequenzspektrum der Störleistung (Rauschleistung) erstreckt sich von sehr geringen Frequenzen (< 1 Hz) bis zu den höchsten Frequenzen der Mikrowellentechnik. Man unterscheidet bei Widerständen zwei Formen des Rauschens:

1. das thermische Rauschen von Widerständen, die keinen oder nur unwesentlichen Strom (< 10 μA) führen,
2. das Stromrauschen von stromdurchflossenen Kohle- und Halbleiterwiderständen. Im Niederfrequenzbereich überwiegt das thermische Rauschen, wenn der Gleichstrom kleiner als 10 μA ist.

1.10.1 Thermisches Rauschen

1.10.1.1 Größe der Rauschleistung

Wenn die mittlere Rauschleistung im ganzen Frequenzbereich der Elektrotechnik konstant bleibt, nennt man es „weißes Rauschen", um zu betonen, daß alle Frequenzen gleichberechtigt sind. Nyquist [20] hat nach gründlichen Versuchen von Johnson [21] als maximal bei Anpassung abgebbare Leistung [13]

$$P = kT\,\Delta f \tag{1.10-1}$$

angegeben. Das thermische Rauschen heißt im angelsächsischen Schrifttum auch „Johnson-noise". Δf ist das Frequenzband $f_2 - f_1$, das in einer technischen

Schaltung verwertet wird, $k = 1{,}38 \cdot 10^{-23}$ Ws/K die Boltzmann-Konstante und T die thermodynamische Temperatur des Widerstandes. Die Leistung je Bandbreite stellt eine Energie dar, die bei Zimmertemperatur ($T = 293$ K) die Größenordnung $kT_0 = 4{,}1 \cdot 10^{-21}$ Ws hat. Die Ableitung von (1.10-1) findet man auch bei Küpfmüller [8, S. 535–540] oder v. Weiss [14]. Daß bei Vergrößerung der Bandbreite Δf die Leistung P nicht ins Ungemessene wächst, erkennt man wie folgt:

(a) Setzt man für f_2 den hohen Wert der oberen Bandgrenze $f_2 \approx \Delta f = 300$ GHz ein ($\lambda = 1$ mm), so folgt $P = kT_0 \cdot 3 \cdot 10^{11}$ Hz $= 1{,}25 \cdot 10^{-9}$ W.

(b) Es gilt analog dem Planckschen Strahlungsgesetz für die auf die Bandbreite bezogene Rauschleistung

$$W = kT \frac{\dfrac{hf}{kT}}{e^{\frac{hf}{kT}} - 1}$$

mit $h = 6{,}626 \cdot 10^{-34}$ Ws² (Planck-Konstante) nur etwa bis zu einer Maximalfrequenz

$$f_{\max} = 0{,}1 \cdot \frac{kT}{h}$$

weil nur dann $W = kT$ unabhängig von f ist, wie die Reihenentwicklung

$$e^{\frac{hf}{kT}} = 1 + \frac{hf}{kT} + \frac{1}{2} \left(\frac{hf}{kT} \right)^2 + \dots$$

zeigt. Für $hf > kT$ wird

$$W \approx kT \frac{hf}{kT} \, e^{-\frac{hf}{kT}}$$

mit wachsender Frequenz rasch abnehmen. Setzt man die Größen ein, so ergibt sich für die obere Frequenzgrenze $f_{\max}$, bis zu der man das thermische Rauschen von Widerständen als weißes Rauschen ansehen kann, bei Zimmertemperatur

$$f_{\max} = 0{,}1 \cdot \frac{kT}{h} = 6{,}2 \cdot 10^{11} \text{ Hz} = 620 \text{ GHz} \,.$$

Allgemein ist

$$P = \int_{f_1}^{f_2} W \, \mathrm{d}f = kT \int_{f_1}^{f_2} \frac{hf}{kT} \, \frac{\mathrm{d}f}{e^{\frac{hf}{kT}} - 1} \,.$$

1.10.1.2 Ersatzschaltungen rauschender Widerstände

Setzt man

$$P = \frac{U_r^2}{R} = I_r^2 R = \frac{I_r^2}{G}$$

so folgt

$$U_{0r} = 2 U_r = \sqrt{4kTR} \, \sqrt{\Delta f}$$

als mittlere Leerlauf-Rauschspannung, die an den Klemmen des unbelasteten Widerstandes auftritt. Andererseits stellt

$$I_{\mathrm{kr}} = 2\,I_{\mathrm{r}} = \sqrt{4\,kTG}\,\sqrt{\Delta f} = \sqrt{\frac{4\,kT}{R}}\,\sqrt{\Delta f}$$

den bei Kurzschluß der Klemmen fließenden mittleren Rauschstrom dar. Bild 1.10-1 b und c zeigt die zwei möglichen Ersatzbilder des rauschenden Widerstandes R. Die graue Tönung in Bild 1.10-1 a soll die „Wärmetönung" des Widerstandes mit der Temperatur T andeuten. In Bild 1.10-1 b liegt die Rausch-Leerlaufspannung $U_{0\mathrm{r}}$ in Serie mit dem jetzt passiven (kalten) Widerstand R und einem Außenwiderstand R_{a}. In Bild 1.10-1 c ist der belastungsunabhängige Strom I_{kr} als

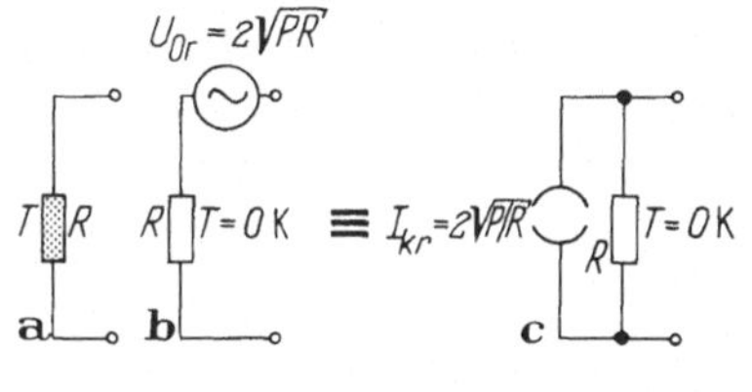

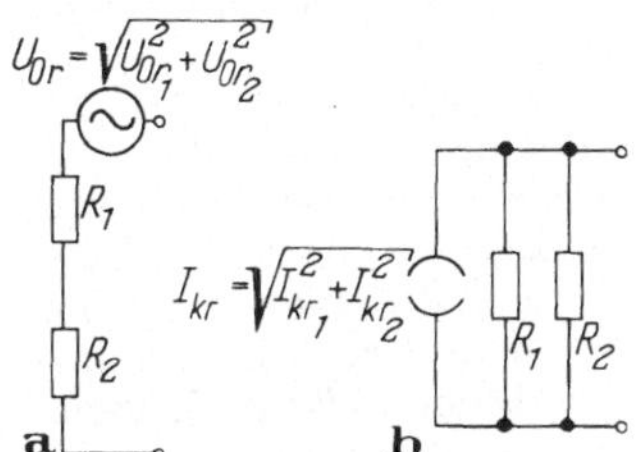

Bild 1.10-1. a Rauschender Widerstand bei der Temperatur T; **b** sein Ersatzbild aus einem nicht rauschenden Widerstand und einer Rauschspannungsquelle; **c** sein Ersatzbild aus einem nicht rauschenden Widerstand und einer Rauschstromquelle

Einströmung zu denken, die sich auf R und einen an den Klemmen anschaltbaren Außenwiderstand R_{a} verteilt. Man überzeugt sich leicht, daß sich der Strom in einem an die Klemmen angeschlossenen nichtrauschenden (bzw. rauscharmen) Widerstand $R_{\mathrm{a}} = 1/G_{\mathrm{a}}$ entweder aus

$$I = \frac{U_{0\mathrm{r}}}{R + R_{\mathrm{a}}} \quad \text{oder aus} \quad I = I_{\mathrm{kr}}\frac{G_{\mathrm{a}}}{G + G_{\mathrm{a}}} = I_{\mathrm{kr}}\frac{R}{R + R_{\mathrm{a}}}$$

berechnen läßt, da $I_{\mathrm{kr}}\,R = U_{0\mathrm{r}}$ ist.

Bei Serienschaltung rauschender Widerstände ist entsprechend Bild 1.10-2a zweckmäßig, wobei die Rauschspannungen, die ja ganz beliebige Phasen ohne Korrelation haben, quadratisch addiert werden müssen.

Entsprechend ist der mittlere Rauschstrom beim Parallelschalten zweier rauschender Widerstände R_1 und R_2 durch $\sqrt{I_{\mathrm{kr}_1}^2 + I_{\mathrm{kr}_2}^2}$ bestimmt ($I_{\mathrm{kr}_1}^2 = 4P_1/R_1$) und $I_{\mathrm{kr}_2}^2 = 4P_2/R_2$) (Bild 1.10-2 b).

1.10.2 Stromrauschen

Drahtgewickelte Widerstände und Metallschichtwiderstände zeigen mit guten Anschlußverbindungen bei Stromdurchgang praktisch nur das thermische Rauschen.

Bild 1.10-2. a Spannungsquellenersatzbild zweier in Reihe geschalteter rauschender Widerstände; **b** Stromquellenersatzbild zweier parallelgeschalteter rauschender Widerstände

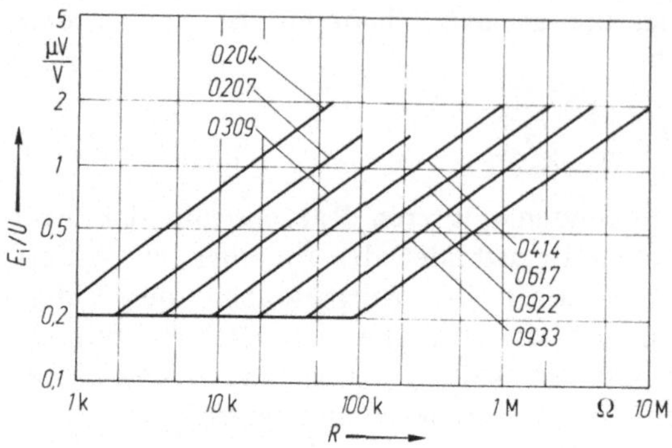

Bild 1.10-3. Maximales Stromrauschen A_i, gemessen nach DIN 44049 T1, Bandbreite 618 bis 1618 Hz für Kohleschichtwiderstände nach DIN 44052. Parameter ist die Baugröße

Dagegen liegt das Stromrauschen von Kohlewiderständen und anderen Halbleitern erheblich über dem Wärmerauschen. K. E. Doering [15] hat nach Messungen an Kohleschichtwiderständen folgende Beziehung aufgestellt: Die mittlere Rauschspannung E_i (bedingt nur durch Stromrauschen)

$$\frac{E_i}{\mu V} = \frac{I}{\mu A} \left(\frac{R}{M\Omega}\right)^{3/2} \frac{c}{\dfrac{l}{dm}} \sqrt{\ln \frac{f_2}{f_1}} \,,$$

l ist die Länge der eingeschliffenen Wendel. Die Vorzahl c streut zwischen 0,1 und 1. Bezieht man E_i auf die am Widerstand liegende Gleichspannung $U = IR$, so folgt

$$\frac{\dfrac{E_i}{\mu V}}{\dfrac{U}{V}} = \frac{c}{\dfrac{l}{dm}} \sqrt{\frac{R}{M\Omega}} \sqrt{\ln \frac{f_2}{f_1}} \,.$$

Bild 1.10-3 zeigt ein Beispiel für die Veränderung von E_i/U mit wachsendem Widerstandswert für Kohleschichtwiderstände mit den Baugrößen als Parameter.

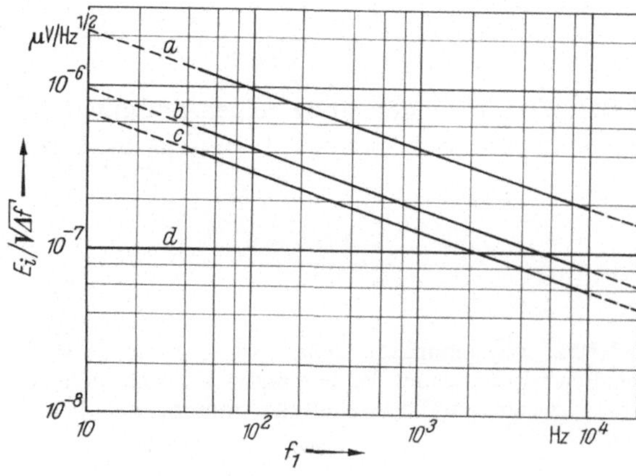

Bild 1.10-4. Die auf 1 Hz Bandbreite bezogene Strom-Rauschspannung von einem Kohleschichtwiderstand von 1 MΩ als Funktion der Frequenz. Kurve a bei einem Belastungsstrom von 70 µA, Kurve b von 35 µA, Kurve c von 24 µA. Zum Vergleich ist in Kurve d noch die zusätzlich wirkende Wärme-Rauschspannung eingetragen

Für ein relativ schmales Frequenzband $\Delta f = f_2 - f_1$ kann man

$$\sqrt{\ln \frac{f_2}{f_1}} = \sqrt{\ln \frac{f_1 + \Delta f}{f_1}}$$

$$= \sqrt{\ln\left(1 + \frac{\Delta f}{f_1}\right)} \approx \sqrt{\frac{\Delta f}{f_1} - \frac{1}{2}\left(\frac{\Delta f}{f_1}\right)^2 + \frac{1}{3}\left(\frac{\Delta f}{f_1}\right)^3 - \ldots} \approx \sqrt{\frac{\Delta f}{f_1}}$$

schreiben. Dann sieht man, daß $E_i/(U\sqrt{\Delta f})$ im Gegensatz zum thermischen Rauschen mit $1/\sqrt{f_1}$ abnimmt, also wie der Funkeleffekt bei Röhren und Transistoren im Tonfrequenzgebiet bei tiefen Frequenzen besonders hoch ist. Bild 1.10-4 zeigt diese Frequenzabhängigkeit im Vergleich zum thermischen Rauschen.

Liegt Stromrauschen und thermisches Rauschen eines Widerstandes in der gleichen Größenordnung, so muß man wieder leistungsmäßig addieren

$$U^2 = U_r^2 + E_i^2 \, .$$

1.11 Bauformen und Normen von Widerständen

Die Technik kommt nicht ohne Normen aus. Wichtigste Norm bei Widerständen ist die Stufung der Widerstandswerte. Da Widerstandsnormale großer Genauigkeit in den Werten $1\,\Omega$, $10\,\Omega$, $100\,\Omega$, $1000\,\Omega$, verfügbar sind, ist die Frage, welche Zwischenwerte man außer diesen Werten für technische Widerstände normen soll. Eine sehr feinstufige Unterteilung mit z.B. $101\,\Omega$, $102\,\Omega$, $103\,\Omega$ usw. zu wählen, wäre sehr unwirtschaftlich, weil der Aufwand für Lagerhaltung, Fabrikationseinrichtungen und Prüffeldeinrichtungen immens wäre. Eine arithmetische Stufung würde sich nicht mit dem Prinzip konstanter Toleranzwerte vertragen, sondern nur eine Stufung mit geometrischer Progression, bei welcher der Stufensprung, d.h. das Verhältnis zweier aufeinanderfolgender Werte konstant bleibt. Der Stufensprung muß wegen des Anschlusses an die glatten Werte $10\,\Omega$, $100\,\Omega$ usw. $\sqrt[n]{10}$ betragen, wobei n die Zahl der Zwischenstufen ist. Die frühere deutsche Norm legte in Übereinstimmung mit den Tendenzen der ISO die dekadische Einteilung $n = 10$, für gröbere Stufen $n = 5$, für feinere $n = 20$ und $n = 40$, zugrunde. Damit hatte die Reihe $R10$ den Stufensprung $\sqrt[10]{10} = 1{,}2589 \approx 1{,}25$. So ergab sich durch Multiplikation von $10\,\Omega$ mit $\sqrt[10]{10}$, $\left(\sqrt[10]{10}\right)^2 = 1{,}585$, $\left(\sqrt[10]{10}\right)^3 = 1{,}995$ usw. die gerundete Reihe

10　12.5　16　20　25　30　40　50　60　80 Ω .

Bei einer Toleranz von $\pm 10\%$ hat ein Widerstand von z.B. $600\,\Omega$ den oberen Grenzwert von $660\,\Omega$, der nächsthöhere Nennwert $800\,\Omega$ den unteren Grenzwert $720\,\Omega$, so daß hier eine Lücke von $60\,\Omega$ klafft (s.a. [50]).

Deswegen hat, auch mit Rücksicht auf den Export, die deutsche Industrie dem 1952 festgelegten Beschluß der IEC zugestimmt, die $\sqrt[12]{10}$ als Reihe E 12 zu wählen, d.h. 12 Stufen innerhalb einer Dekade zu wählen; hierbei schließt bei einer Toleranz von $\pm 10\%$ der obere Grenzwert von z.B. $220\,\Omega$, nämlich $242\,\Omega$ an den unteren Grenzwert des nächst höheren Wertes ($270\,\Omega$), nämlich $243\,\Omega$, gut an (s. die folgende Aufstellung der Reihe E 12).

Die IEC-Reihe E 12 enthält entsprechend dem Stufensprung $\sqrt[12]{10} = 1{,}212$ folgende gerundete Werte:

Reihe E 12: 1,0   1,2   1,5   1,8   2,2   2,7   3,3   3,9   4,7   5,6   6,8   8,2 .

Für gröbere Stufung genügt die Reihe E 6 mit dem Stufensprung

$$\sqrt[6]{10} = 1{,}468 .$$

Reihe E 6: 1,0   1,5   2,2   3,3   4,7   6,8 .

Der Vorteil der Reihe E 12 ist neben ihrer feineren Stufung, daß sie besser zu einer Toleranz von $\pm 10\%$ paßt als die Reihe R 10, weil die Toleranzfelder lückenlos aneinander anschließen. Ebenso gehört zur Reihe E 6 (Stufensprung $\sqrt[6]{10} =$ 1,468) die Toleranz $\pm 20\%$. Ist die Reihe E 12 noch nicht fein genug gestuft, so kann man die Reihe E 24 (Stufensprung $\sqrt[24]{10} = 1{,}101$) wählen, welche die Werte der Reihe E 12 und folgende Zwischenwerte umfaßt:

E 24 = E 12 + 1,1   1,3   1,6   2,0   2,4   3,0   3,6   4,3   5,1   6.2   7,5   9,1 .

Zur Reihe E 24 gehört die Toleranz $\pm 5\%$, zur Reihe E 48 die Toleranz $\pm 2\%$ und zur Reihe E 96 entsprechend die Toleranz $\pm 1\%$.

Nach diesen IEC-Reihen werden jetzt Widerstände und auch Kondensatoren geliefert, da sich 23 der wichtigsten Industriestaaten dieser Norm angeschlossen haben. Die feinste Abstufung von Präzisions-Schichtwiderständen hat die Reihe E 192 mit dem Stufensprung $\sqrt[192]{10} = 1{,}0121$.

Diesem Stufensprung ordnet man eine Toleranz von nur $\pm 0{,}5\%$ zu. In Tabelle 1.11-1 sind die Reihen mit Anliefertoleranzen und zugehörigen Wertziffern zusammengefaßt.

Tabelle 1.11-1. Übersicht über die in der Praxis eingeführten Anliefer-Toleranzen

Reihe	Anliefer-toleranzen	Wertziffern	Reihe	Anliefer-toleranzen	Wertziffern
E 6	$\pm 20\%$		E 48	$\pm\ 2\%$	
E 12	$\pm 10\%$	2 Wertziffern	E 96	$\pm\ 1\%$	3 Wertziffern
E 24	$\pm\ 5\%, \pm 2\%$		E 192	$\pm\ 0{,}5\%$	

Engere Toleranzen sind nur selten, z.B. für Präzisions-Meßwiderstände, notwendig und bedeuten höhere Kosten.

Die Kennzeichnung des Nennwerts, der Anliefertoleranzen und ggf. des Temperaturkoeffizienten erfolgt meistens durch Farbringe nach IEC 62, bzw. DIN 41 429, Farbkennzeichnung von Widerständen. Wenn Platz vorhanden, ist jedoch Klartext zu bevorzugen.

1.11.1 Feste Drahtwiderstände (DIN 44 185)

1.11.1.1 Normen und Allgemeines

Bis 1970 galt DIN 41 410 als Grundnorm für Drahtwiderstände und DIN 41 411 ff. als Bauartnormen. Ab 1971 gilt nun die DIN 44 185 (z. Z. Ausg. 4.80) als Grund-

norm. Inzwischen ist man bestrebt, auf europäischer Ebene Normen für gütebestätigte Bauelemente zu erstellen. (Prüfnormen mit vorgeschriebenen Prüfreihen-
folgen, die beim Hersteller durch nationale Überwachungsstellen, z. B. durch den
VDE überwacht werden.)

Die Fachgrundspezifikation für Widerstände ist die CECC 40 000 (1979), die als
DIN 45 920 (3.80) wörtlich übernommen ist.

Für Drahtfestwiderstände gilt die Rahmenspezifikation CECC 40 200 (1974) und
DIN 45 921 Teil 2 (9.76).

Benennung der Drahtwiderstände. Die Benennung eines Widerstandes ist die Baugröße, die Durchmesser und Länge in mm angibt. Bei der Baugröße 8 × 33 hat
der Widerstand 8 mm Durchmesser und die Länge 33 mm (siehe DIN 44 185,
Abschnitt 3.2). Die Baugröße als Benennung hat sich als vorteilhafter erwiesen als
die veraltete „Nennlast"-Bezeichnung, die keine Beziehung der „Nennlast" zur
Abmessung und zur entsprechenden Übertemperatur hatte. Mit Hilfe des Wärmewiderstands läßt sich die Belastbarkeit eines Widerstands bei vorgegebener Oberflächentemperatur und Umgebungstemperatur ermitteln. Der Wärmewiderstand ist
ein Kennwert für jede Baugröße, der in den Bauartnormen temperaturabhängig
angegeben ist (s. a. Abschnitt 1.4.2.3).

Bereiche der Widerstandswerte. Die möglichen Widerstandswerte sind durch den
Durchmesser und die Länge des verwendeten Drahtes gegeben. Widerstandsdrähte
unter ca. 25 µm Durchmesser lassen sich schwer wickeln. Die untere Grenze ist
etwa 1 Ω, wobei Sonderausführungen bis etwa 0,1 Ω noch möglich sind. Maximal-
werte liegen je nach Baugröße zwischen 2 kΩ (für Baugröße 6 × 13) und 240 kΩ
(für Baugröße 33 × 330).

1.11.1.2 Aufbau von Drahtwiderständen

Drahtwiderstände auf Keramikträger. Diese Drahtwiderstände werden einlagig auf
Keramikstäbe oder -rohre gewickelt. Am häufigsten werden die Drahtenden an
Kappen der Keramikstäbe angeschweißt. Weitere Bauformen sind Rohrkeramik-
körper mit Anschlußschellen für größere Abmessungen bis ca. 36 mm Durchmesser und 330 mm Länge. Diese Schellenwiderstände werden auch mit einstell-
barer Abgreifschelle geliefert.

Drahtwiderstände auf Glasfaserträger. Einen für die Fertigung günstigen Aufbau
haben Drahtwiderstände, die zu Millionen Stück in der Unterhaltungselektronik
verwendet werden: Ein Glasfaserbündel mit ca. 4 mm Durchmesser wird in großen
Längen gleichmäßig mit Widerstandsdraht bewickelt. Nachdem die Fertigungs-
längen (ca. 4 bis 8 m) mit Kunststoff imprägniert und ausgehärtet sind, werden die
Stangen auf die Widerstandslänge zersägt, dann Kappen mit Anschluß-Drähten
aufgepreßt oder auch in Vierkantrohren aus Keramik mit Sandfüllung eingebaut.
Diese Bauart hat den Nachteil, daß die Verbindung zwischen Wicklung und
Kappe nur ein Druckkontakt ist, weshalb der Widerstandswert um den Wert einer
Windung (ca. 1 bis 3 %) unsicher ist.

Die Wicklung der Drahtwiderstände besteht aus Runddraht, für kleine Widerstandswerte auch aus Band, meist aus NiCr-Legierungen, nur für Spezialzwecke
werden noch CuNi-Legierungen verwendet (s. Abschnitt 1.1.2, Tabelle 1.1-2b, die
auch die Temperaturkoeffizienten für die Widerstandsmaterialien angibt).

Fertige Widerstände haben wegen der mechanischen Beanspruchung beim Wickeln geringfügig anderen TK_R, der für

NiCr-Drähte mit $-$ 50 bis $+$ 250 $\cdot$ 10^{-6}/K
CuNi-Drähte mit -100 bis $+$ 100 $\cdot$ 10^{-6}/K angegeben wird.

Für Präzisionsdrahtwiderstände sind noch kleinere TK_R möglich, ($\pm$ 10; $\pm$ 5; $\pm$ 3) $\cdot$ 10^{-6}/K.

Der Oberflächenschutz richtet sich nach der Oberflächentemperatur:
Glasierte Widerstände sind bis 350 °C brauchbar, zementierte bis 250 °C, lackierte bis ca. 125 °C, ungeschützte mit oxidiertem Draht etwa bis 155 °C. Es haben sich die glasierten Drahtwiderstände mit axialen Anschlußdrähten (DIN 41 431), sowie Schellenwiderstände in glasierter oder zementierter Ausführung bewährt.

1.11.1.3 Belastbarkeit von Drahtwiderständen

Die zulässige Belastbarkeit wird allgemein für $+$ 70 °C Umgebungstemperatur angegeben, dabei erreicht der Widerstand an der heißesten Stelle die maximal zulässige Oberflächentemperatur. Für geringere Belastungen kann mit Hilfe des Wärmewiderstands R_{th} die dann auftretende Oberflächentemperatur und die zugehörige zeitliche Änderung des Widerstandswertes ermittelt werden.

Tabelle 1.11-2. Beispiel für Belastbarkeit glasierter Drahtwiderstände mit axialen Drahtanschlüssen. Siehe hierzu auch Bild 1.11-1

Baugröße	Belastbarkeit $P_{70/350}$ in W	Wärmewiderstand R_{th} (Größtwerte) in K/W für ϑ_0 in °C			Bereiche der Widerstandswerte	Zulässige Änderung nach t_N = 10 000 h für ϑ_0 in °C		
		150	300	350		150	300	350
6 × 13	2,7	125	115	105	1 Ω bis 2,2 kΩ			
8 × 26	4,3	75	73	65	1 Ω bis 3,3 kΩ	$-$ 1,5 bis $+$ 3%	$-$ 3 bis $+$ 6%	$-$ 4 bis $+$ 7%
9 × 36	6,6	50	45	40	1 Ω bis 4,3 kΩ			
11 × 53	9,3	40	35	30	1 Ω bis 7,5 kΩ			

$P_{70/350}$ = Belastbarkeit bei 70 °C Umgebungstemperatur und einer Oberflächentemperatur ϑ_0 = 350 °C.

Driftverhalten des Widerstandswerts während der Betriebszeit.
Infolge von Temperatureinwirkung und Zeitdauer ändert sich der Widerstandswert nach folgendem empirischen Gesetz:

$$\left(\frac{\Delta R}{R}\right)_t \leqq \left(\frac{\Delta R}{R}\right)_{t_N} \cdot \left(\frac{t}{t_N}\right)^{0,25}, \tag{1.11-1}$$

wobei t_N = 10 000 h ist. Dieses Gesetz gilt bis 100 000 h.
Beispiel: Änderung nach 10 000 h bei ϑ_0 = 300 °C beträgt $-$ 3 bis $+$ 6%, gesucht ist die Änderung nach t = 100 000 h:

$$\left(\frac{100\,000}{10\,000}\right)^{0,25} = 1,78 \, ,$$

d. h. nach 100 000 h ist die Änderung bis zu 1,8 mal größer als nach 10 000 h.

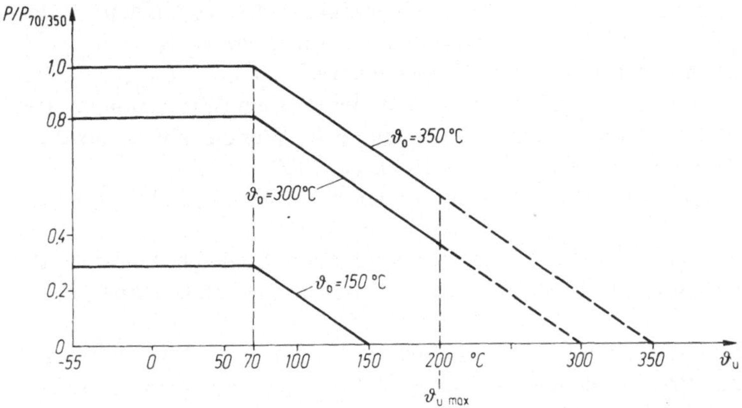

Bild 1.11-1. Verminderung der Betriebslast gegenüber der Belastbarkeit P_{70} als Funktion der Umgebungstemperatur für glasierte Drahtwiderstände (Derating- oder Lastminderungs-Kurve)

1.11.2 Schichtwiderstände (DIN 44050)

1.11.2.1 Normen und Allgemeines

Normen. Die Norm DIN 41400 galt bis 1967 als Grundnorm für Schichtfestwiderstände und DIN 41401 ff. als Bauartnormen. Seit 1967 gelten die Grundnorm DIN 44050, z. Z. Ausg. 4.76 und die Bauartnormen

DIN 44051 Kohleschichtwiderstände für allgemeine Anforderungen,

DIN 44052 Kohleschichtwiderstände für erhöhte Anforderungen[1],

DIN 44053 Kohleschichtwiderstände für Präzisions-Anforderungen,

DIN 44055 Kohleschichtwiderstände für erhöhte Anforderungen (mit kleiner Drift und kleiner Ausfallrate),

DIN 44054 Kohlegemisch-Schichtwiderstände für allgemeine Anforderungen[1],

DIN 44061 Metallschichtwiderstände für erhöhte Anforderungen[1],

DIN 44063 Metalloxidschichtwiderstände für erhöhte Anforderungen[1],

DIN 44064 Metallglasurwiderstände für erhöhte Anforderungen.

Für gütebestätigte Widerstände besteht auf europäischer Normen-Ebene die Fachgrundspezifikation CECC 40000, die als DIN 45920 erschienen ist; für Schichtwiderstände gilt CECC 40100 als Rahmenspezifikation, entsprechend DIN 45921 Teil 1.

Die Bauartnormen für gütebestätigte Schichtwiderstände obiger DIN-Normen laufen unter DIN 45921 Teil 102 und ff.

Für Schichtwiderstände (non wirewound resistors) gibt es weitere Normen: IEC, MIL, VG, GFW und nationale Normen der Industrieländer. Diese sind jedoch nur Prüfnormen und geben dem Anwender fast keine Hinweise über Eigenschaften, wie es in den DIN-Normen der Fall ist.

Allgemeines. Die mit der Widerstandsschicht (Kohle, Metall, Metalloxid oder Metallglasur) versehenen Keramikstäbe werden zur Fertigstellung nach Grundwerten sortiert, kontaktiert, anschließend mit Laserstrahl oder Schleifscheibe ge-

---

1 Siehe dazu Tabelle 1.11-3.

wendelt, bis der Nennwert erreicht ist. Die Genauigkeit des verlangten Widerstandswertes geht bis zu $\pm$ 0,1%. Die Auswendelung soll mehr als 80% der wirksamen Widerstandslänge umfassen. Der Widerstandswert der noch ungewendelten Stäbe (Grundwert) muß so gewählt werden, daß bei kleinen Widerstandswerten kleine Wendelzahlen, bei hohen Widerstandswerten große Wendelzahlen entstehen. Das Verhältnis von Endwert zu Grundwert ist 10 bis ca. 1000.

Nach dem Lackieren, Kennzeichnen, Gurten, ggf. Voraltern und Prüfen ist der Widerstand fertig.

Bei Masse- und Schichtgemischwiderständen entfällt ein Abgleich. Diese werden nach dem Fertigstellen sortiert, höchstens nach E 12-Reihen gekennzeichnet, gegurtet und geprüft.

Benennung der Schichtwiderstände. Auch Schichtwiderstände werden wie Drahtwiderstände nach der Baugröße benannt (siehe DIN 44050). Baugröße 0309 z. B. bedeutet 3 mm Durchmesser und 9 mm Länge.

Wärmewiderstand R_{th}. Der Wärmewiderstand ist wie bei den Drahtwiderständen ein wichtiger Kennwert für jede Baugröße, der in den Bauartnormen angegeben ist (s. a. Abschnitt 1.4.2.3). Der Wärmewiderstand beträgt nach Messungen bei SEL für die Baugröße 0207 ca. 200 K/W und für die Baugröße 0617 ca. 100 K/W und ist in diesem Bereich annähernd der Wurzel aus der Oberfläche proportional.

Widerstandswertbereiche. Diese Bereiche sind durch die herstellbaren Schichtdikken, das Änderungsverhalten des Widerstandswertes und durch die Baugröße begrenzt. Dünne Widerstandsschichten bei Kohle sind instabiler als dicke.

Die Widerstandsbereiche sind in den Bauartnormen angegeben und sollten vom Anwender nicht überschritten werden, weil dann für die Qualität der Widerstände keine Zusage gegeben werden kann. Werte sind in Tabelle 1.11-3 angegeben.

1.11.2.2 Kohleschichtwiderstände (DIN 44051/052/053/055)

Auf Keramikstäbe wird eine Schicht kristalliner Kohle aus Kohlenwasserstoffen bei hohen Temperaturen unter Schutzgas aufgebracht. Die Schichtdicke bestimmt den Wert des Flächenwiderstandes (siehe Abschnitt 1.11.2.9). Dieser ist nach oben begrenzt, weil eine zusammenhängende Kohleschicht erzielt werden muß, die noch hinreichend stabil ist, während die Begrenzung nach unten durch die Haftfähigkeit der Kohleschicht auf der Keramik, sowie durch die noch wirtschaftlich vertretbare Bekohlungszeit, die bis zu 3 h dauern kann, bestimmt ist. Die Qualität der Keramik ist wesentlich für die späteren Eigenschaften der fertigen Widerstände: So muß die Keramik eine gute Wärmeleitfähigkeit besitzen, um bei gegebener Baugröße und Oberflächentemperatur eine möglichst hohe Belastbarkeit zu erzielen; sie muß frei von Ionenleitung, d. h. frei von Alkalimetallen sein, sie darf weder Risse noch Löcher usw. aufweisen. Ferner muß sie eine für die Haftung der Kohleschicht geeignete Oberfläche haben. Heute wird hierfür Keramik mit hohem Anteil von Aluminiumoxid, Al_2O_3, verwendet; Berylliumoxid kommt trotz seiner guten Wärmeleitfähigkeit nicht in Betracht, da es zu teuer und hochgiftig ist.

1.11.2.3 Kohlegemisch-Schichtwiderstände (DIN 44054)

In ein Glasrohr von entsprechender Länge wird ein Kohle-Lack-Gemisch mit einem den Widerstandswert bestimmenden Kohleanteil gebracht, ausgehärtet, mit

Anschlußdrähten versehen und mit Kunstharz umpreßt. Der Temperaturkoeffizient ist im Anwendungstemperaturbereich nicht konstant, die Widerstandsänderung beträgt zwischen 25 °C und 125 °C + 6% und − 18%, entsprechend einem Grenz-TK_R von + 600 bis − 1800 · 10^{-6}/K.

1.11.2.4 Massewiderstände (MIL-R-11)

Massewiderstände haben in Deutschland wenig Bedeutung, während sie in den USA in großen Mengen eingesetzt werden (carbon composition resistors). Mischungen von Kohle und Harzen werden zusammen mit den Anschlußdrähten zylindrisch gepreßt und ausgehärtet. Nach Umpressen einer Duroplast-Isolierung werden die Widerstände in die Toleranzbereiche einsortiert. Die Anliefertoleranzen sind ± 20%, ± 10%, Widerstände mit Toleranzen von ± 5% sind teuer. Die Temperaturabhängigkeit ist nichtlinear, die Widerstandsänderung beträgt im Temperaturbereich 25 °C bis 125 °C bis ± 13%, die Drift des Widerstandswertes macht bereits nach 1000 h Belastung bis zu ± 5% aus.

1.11.2.5 Metallschichtwiderstände (DIN 44061)

Auch bei dieser Widerstandsart dient hochwertige Aluminiumoxid-Keramik als Trägermaterial. Im Vakuum wird Nickel-Chrom in bestimmten Anteilen aufgedampft. Das Ni-Cr-Verhältnis bestimmt den Temperaturkoeffizienten TK_R; dieser ist nicht konstant, man gibt die Temperaturabhängigkeit wegen des geringen Wertes trotzdem als TK_R an und versteht darunter die Hüllgeraden der Temperaturcharakteristik, siehe DIN 44050.

Die Aufdampfzeit bestimmt auch hier den Wert des Flächenwiderstandes. Grundwerte sind 2 Ω bis 5 kΩ, je nach der Baugröße des Widerstandes. TK_R-Werte von (± 100; ± 50; ± 25; ± 15) · 10^{-6}/K sind handelsüblich.

Eine weitere Art der Metallschichtwiderstände, die hauptsächlich als niederohmige Schichtwiderstände (< 10 Ω) angeboten werden, sind die sogenannten Nickelschichtwiderstände. Eine Nickelphosphid-Schicht wird chemisch aufgebracht und ergibt kleine positive TK_R-Werte, ca. 0 bis 150 · 10^{-6}/K. Werden diese Widerstände jedoch auf ca. 150 °C oder mehr erwärmt, so kristallisiert das Nickelphosphid, NiP, der TK_R wird wesentlich größer ($\geqq$ 1000 · 10^{-6}/K); außerdem kann hierbei die Widerstandsänderung bis zu − 30% vom Anfangswert erreichen.

Die Alterung von Metallschichtwiderständen ist bei allen Anliefertoleranzen von ± 2% bis herab zu ± 0,1% gleich groß und beträgt nach 10000 h bei 125 °C Oberflächentemperatur − 0,5% bis + 1%, bei 40 °C Oberflächentemperatur noch − 0,5% bis + 0,15%. Man muß daher bei Anwendung engtolerierter Metallschichtwiderstände deren Alterungsverhalten berücksichtigen.

1.11.2.6 Metalloxidschichtwiderstände (DIN 44063)

Metalloxide, hauptsächlich Zinnoxid, werden bei hohen Temperaturen entweder in Glasstäbe eindiffundiert oder auf Keramikstäbe über eine Gasphase aufgedampft. Die Diffusionszeit und die Gaskonzentration bestimmen den Wert des Flächenwiderstandes. Der Temperaturkoeffizient ist keine Konstante im Anwendungstemperaturbereich, deshalb wird die Temperaturcharakteristik angegeben; die Widerstandsänderung beträgt zwischen 25 °C und 125 °C ± 2% oder auch ± 1%, was einem Grenz-TK_R von ± 200 · 10^{-6}/K, bzw. ± 100 · 10^{-6}/K entspricht.

1.11.2.7 Metallglasurwiderstände (DIN 44064)

Metallglasurwiderstände werden auch unter dem Namen „metal glaze" oder „Cermet" (ceramic metal) geführt.

Auf Keramikstäbe wird Metallglasur, z. B. Ruthenium- und Wismutoxid als Dickschichtpaste aufgetragen und bei ca. 800 °C eingebrannt. Es werden auch Oxide, Carbide und Nitride von Tantal, Titan und Wolfram verwandt. Die Stäbe werden abgelängt, die Enden metallisiert zum Anlöten der axialen Anschlußdrähte. Die Flächenwiderstände liegen im Bereich 10 Ω bis ca. 1 MΩ. Die Widerstandsänderung beträgt im Temperaturbereich zwischen 25 °C und 125 °C $\pm$ 1%, entsprechend einem Grenz-TK$_R$ von $\pm$ 100 · 10^{-6}/K.

Tabelle 1.11-3. Übersicht zu festen Schicht- und Massewiderständen

	Kohleschichtwiderstände DIN 44052	Metallschichtwiderstände DIN 44061
Spezifischer Widerstand der Schicht Schichtdicken	$\sim$ 3000 · 10^{-6} Ω cm (10 … 30000) nm	$\sim$ 100 · 10^{-6} Ω cm (10 … 100) nm
Baugrößen	0204 bis 0933	0204 bis 0617
Widerstands-Wertbereiche Anliefertoleranz in %	10 Ω bis 22 MΩ $\pm$ 5; $\pm$ 2	10 Ω bis 1 MΩ $\pm$ 2; $\pm$ 1; $\pm$ 0,5; $\pm$ 0,1
Temperaturkoeffizient in 10^{-6}/K	$\leqq$ 100 kΩ: $-$ 200 bis $-$ 600 > 100 kΩ: $-$ 250 bis $-$ 1500	> 51 Ω: $\pm$ 50 nichtlinear > 10 Ω: $\pm$ 100 nichtlinear
Maximale Schichttemperatur $\cong$ obere Grenztemperatur	125 °C dauernd 155 °C ca. 5000 h	125 °C dauernd 155 °C ca. 5000 h
Ausfallquotient Richtwerte	(0,3 … 30) · 10^{-9}/h	10 · 10^{-9}/h
Belastbarkeit $P_{70/125}$	0,14 W bis 0,85 W	0,14 W bis 0,46 W
Drift nach 10000 h $\vartheta_0 = 125$ °C	für Baugröße 0309: bis 1 kΩ: ($-$ 1 … + 3) % bei 100 kΩ: ($-$ 1 … + 4) % siehe Abb. 1.14-1	$-$ 0,5 % bis + 1 % alle R_N und Baugrößen
Ursache des Driftverhaltens	Oxidation	Oxidation und Rekristallisation
Nichtlinearität A_3 (Klirren)	> 100 dB	> 110 dB
Stromrauschen A_i	< 1 µV/V	< 0,2 µV/V

1.11.2.8 Belastbarkeit und Änderungsverhalten

Die Belastbarkeit eines Widerstandes ist abhängig von der zulässigen Temperatur an der Oberfläche und der zugelassenen Änderung des Widerstandswertes. Meist gibt man für Schichtwiderstände + 125 °C Oberflächentemperatur für 10 Jahre Betrieb an. Um bei der heute üblichen Leiterplattenmontage das Verfärben der Leiterplatte durch aufliegende Widerstände zu vermeiden, sollte man noch weniger belasten ($\vartheta_0 \leqq 90$ °C).

Die Oberflächentemperatur kann für eine Betriebsdauer von ca. 5000 h bis 155 °C erhöht werden; dies ist im allgemeinen die Grenze für den Lack. Bei längerem Betrieb als 5000 h und einer Temperatur von > 155 °C wird der Lack

Tabelle 1.11-3 (Fortsetzung)

Metalloxidschichtwiderstände DIN 44063	Massewiderstände MIL R 11	Kohlegemischschichtwiderstände DIN 44054	Metallglasurschichtwiderstände DIN 44064
$\sim 1000 \cdot 10^{-6}\ \Omega$ cm	– Vollkörper Masse	ca. 0,1 mm Lackschichten auf Glasrohr	Flächenwiderstand 10 Ω bis 100 kΩ ca. 20 µm
0414 bis 0933	0204 bis 0833	0207 bis 0619	0207 bis 0617
10 Ω bis 100 kΩ $\pm 2; \pm 1$	10 Ω bis 22 MΩ $\pm 20; \pm 10; (5)$	10 Ω bis 22 MΩ ± 10 und ± 5	10 Ω bis 1 MΩ $\pm 2; \pm 1$
± 200, nichtlinear	± 1500, nichtlinear	$- 1800 \ldots + 600$, nichtlinear	± 100, nichtlinear
155 °C abhängig von 220 °C Baugröße	130 °C	125 °C	155 °C
$100 \cdot 10^{-9}$/h	$100 \cdot 10^{-9}$/h	$100 \cdot 10^{-9}$/h	$5 \cdot 10^{-9}$/h bei $\vartheta_0 = 85$ °C $50 \cdot 10^{-9}$/h bei $\vartheta_0 = 155$ °C
0,53 W bis 1,42 W	0,1 W bis 2 W	0,27 W bis 0,73 W	0,5 W bis 1 W
$\pm 2\%$ bei $\vartheta_0 = 155$ °C alle R_N und Baugrößen	ca. $\pm 15\%$ alle R_N und Baugrößen	$(+ 5 \ldots - 15)\%$ alle R_N und Baugrößen	$\pm 2\%$ bei $\vartheta_0 = 155$ °C alle R_N und Baugrößen
Rekristallisation und Diffusion	Oxidation und Änderung des Bindemittels	Oxidation und Änderung des Bindemittels	Oxidation und Rekristallisation
> 100 dB	~ 60 dB	~ 60 dB	> 100 dB für $R_N < 3$ kΩ > 50 dB für $R_N > 20$ kΩ
< 1 µV/V	$\sim (2 \ldots 6)$ µV/V	$(5 \ldots 50)$ µV/V	$\sim (0,1 \ldots 10)$ µV/V

spröde und rissig, der Widerstandswert wird durch den Sauerstoff der Luft stark erhöht.

Die Belastbarkeit P_{70} (bei 70 °C Umgebungstemperatur) wird errechnet aus der Beziehung

$$P_{70} = \frac{\vartheta_0 - \vartheta_u}{R_{th}} \quad \text{mit} \quad \begin{array}{ll} \vartheta_0 & \text{zulässige Oberflächentemperatur,} \\ \vartheta_u & \text{Umgebungstemperatur 70 °C,} \\ R_{th} & \text{Wärmewiderstand.} \end{array}$$

Die Belastbarkeit bei anderen Umgebungstemperaturen ergibt sich aus der sogenannten Lastminderungskurve (Derating-Kurve) Bild 1.11-2. Demnach darf man den Widerstand für $\vartheta_0 = 125\,°C$ bei $\vartheta_u = 40\,°C$ sogar mit $1{,}54\,P_{70}$ belasten (uprating).

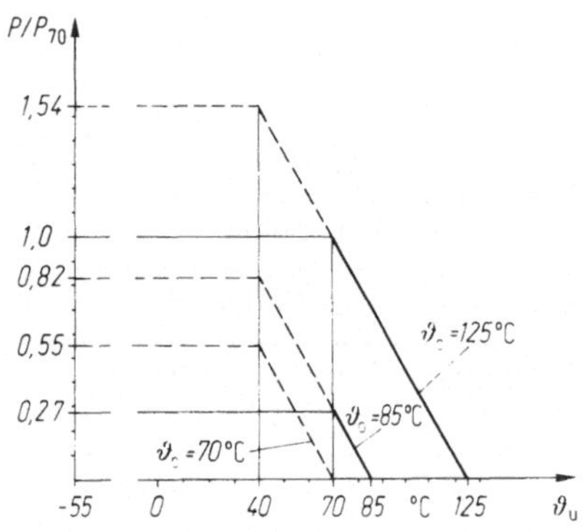

Bild 1.11-2. Lastminderungskurve (Derating) für Schichtwiderstände aus DIN 44052

Änderungsverhalten. Man unterscheidet reversible Änderungen infolge des Temperaturkoeffizienten und irreversible infolge von Alterung der Widerstandsschicht. Die Alterung wird bei Kohleschichten durch Oxidation, bei Metallschichten durch Oxidation und Rekristallisation, bei Metalloxiden durch Rekristallisation und Diffusion, bei Schichtgemischen durch Änderung des Lackes und Oxidation hervorgerufen. Diese Vorgänge laufen bei höheren Temperaturen schneller ab.

In erster Näherung ist die Drift des Widerstandswertes unabhängig davon, ob die Temperatur durch elektrische Belastung oder durch die Umgebungstemperatur hervorgerufen wird. Die zulässige Temperatur ist von der Art des Oberflächenschutzes abhängig. Es ist üblich, das Änderungsverhalten eines Widerstandes bei der oberen Grenztemperatur 125 °C oder 155 °C anzugeben. Bei Kohleschichtwiderständen nach DIN 44052 ist z. B. nach 10000 h und $\vartheta_0 = 125\,°C$ die Änderung zwischen -1% bis $+3\%$ bei Widerstandswerten bis 120 kΩ der Baugröße 0309. Bei Metallschichtwiderständen nach DIN 44061 ist die Änderung nach 10000 h und $\vartheta_0 = 125\,°C$ bei allen Baugrößen und Widerstandswerten nur $-0{,}5\,°C$ bis $+1\%$. Die Änderungen nach 10000 bis 130000 h folgen dem empirisch gefundenen Gesetz

$$\left(\frac{\Delta R}{R}\right)_{t,\,\vartheta_0} = \left(\frac{\Delta R}{R}\right)_{t_N} \left(\frac{t}{t_N}\right)^k f\left(\frac{\vartheta_0}{\vartheta_N}\right), \tag{1.11-2}$$

wobei $10\,000\ \mathrm{h} \leqq t \leqq 130\,000\ \mathrm{h}$, $t_N = 10\,000\ \mathrm{h}$, $k = \ddot{\mathrm{A}}$nderungsexponent. In Tabelle 1.11-4 sind Änderungsverhalten für $t = t_N$ bei $\vartheta_0 = \vartheta_N = 125\ ^\circ\mathrm{C}$, sowie der k-Wert für die verschiedenen Schichtarten angegeben.

Tabelle 1.11-4. Änderungsverhalten und k-Wert für verschiedene Schichtarten

	$\left(\dfrac{\Delta R}{R}\right)_{t_N}$ bei 125 °C nach 10 000 h	k-Wert
Kohleschichtwiderstand	+ 3% bis + 6%, negative Änderung maximal − 1%	0,5
Metallschichtwiderstand	+ 1%, negative Änderung maximal − 0,5%	0,33
Metalloxidwiderstand	± 2% (bei 155 °C)	0,33 (geschätzt)
Kohlegemisch-Schichtwiderstand	+ 5% bis − 15%	0,25
Massewiderstand	± 15%	keine Erfahrungswerte

Die empirisch ermittelte, in Tabelle 1.11-5 angegebene Temperaturabhängigkeit gilt näherungsweise für alle Schichtarten [55].

Tabelle 1.11-5. Temperaturabhängigkeit des Änderungsfaktors $f(\vartheta_0/\vartheta_N)$

Schichttemperatur in °C	$\leqq 40$	70	85	125	155
Änderungsfaktor $f(\vartheta_0/\vartheta_N)$	0,15	0,35	0,45	1	2

1.11.2.9 Ebene Dick- und Dünnschichtwiderstände

Widerstandsnetzwerke (zusammenhängende Einzelwiderstände) und Hybridschaltkreise werden auf Keramik- oder Glas-Substraten gedruckt bzw. auf Widerstandsschichten aufgetragen, dazu auch die Verbindungsleiterzüge und Anschlußflächen für Anschlüsse der Hybridbauelemente, sowie für Außenanschlüsse.

Widerstände werden in Dickschichttechnik und Dünnschichttechnik gefertigt [56]: Dickschichttechnik lohnt sich schon ab 1000 Stück, während die Dünnschichttechnik sich erst ab etwa 10 000 Stück wegen der hohen Werkzeugkosten rentiert. Die Dünnschichttechnik ist etwa dreifach teurer als Dickschichttechnik, hat aber den Vorteil, genauer und stabiler zu sein.

Dickschichtwiderstände (Schichtdicke $> 5\ \mu$m), *(Metal-glace oder Cermet)*. Im Siebdruckverfahren werden auf Keramikplatten (Abmessungen $51 \times 51\ \mathrm{mm}^2$) aus $\mathrm{Al_2O_3}$ ($> 93\%$) zuerst die Leiterzüge und Kontaktstellen mit Metallpasten aus Ag, AgPd, Au, PdAu oder PtAu aufgebracht. Anschließend wird im Siebdruckverfahren die Widerstandspaste (Ruthenium, Wismut usw.) aufgebracht. Diese Pasten haben Flächenwiderstände von $10\ \Omega$ bis $1\ \mathrm{M}\Omega$. (Der Flächenwiderstand einer Schicht ist der Widerstand eines quadratischen Flächenelements, dessen Länge in Stromrichtung ebenso groß ist wie die Breite der Strombahn.) Durch Ändern der Seitenverhältnisse der Widerstände lassen sich praktisch alle Widerstandswerte

Tabelle 1.11-6. Eigenschaften von Dick- und Dünnschichtwiderständen

	Dickschicht	Dünnschicht
Anwendungsbereich	$(-55 \ldots +125)\,°C$ $\leqq 75\%$ rel. Feuchte	$(-40 \ldots +125)\,°C$ $\leqq 75\%$ rel. Feuchte
Widerstands-Wertbereich	$10\,\Omega$ bis $10\,M\Omega$ $(1\,\Omega$ bis $100\,M\Omega)$	$5\,\Omega$ bis $1\,M\Omega$
Mögliche Anliefer-Toleranzen in %	$\pm 20; \pm 10; \pm 5; \pm 2; \pm 1;$ zusätzl. $\pm 50\,m\Omega$	$\pm 10; \pm 5; \pm 2; \pm 1; \pm 0,5;$ $\pm 0,2; \pm 0,1;$ zusätzl. $\pm 50\,m\Omega$
Grenz-TK_R der Temperatur-Charakteristik zwischen -55 und $+125\,°C$	$\pm 250 \cdot 10^{-6}/K$ $\pm 100 \cdot 10^{-6}/K$ $\pm \;\;50 \cdot 10^{-6}/K$	$\pm 50 \cdot 10^{-6}/K \quad -100 \ldots -40$ $\qquad\qquad\qquad\;\; \cdot 10^{-6}/K$ für NiCr $\qquad$ für Ta_2N
Leiterbahn-Flächenwiderstand	PdAg $\sim 30\,m\Omega$ unverzinnt $\sim \;\;5\,m\Omega$ verzinnt Au $\;\;\sim 5\,m\Omega$	$\sim 200\,m\Omega$ unverzinnt $\sim \;\;\;5\,m\Omega$ verzinnt $\sim \;\;\;6\,m\Omega$ galvanisch verstärkt
Leiterbahn-Breiten Leiterbahn-Abstände	0,2 bis 1 mm > 0,2 mm	0,1 bis 1 mm > 0,1 mm
Zulässige Spannung je mm Widerstandslänge	50 bis 200 V	50 V
Belastbarkeit bei 70 °C	$0,4\,W/cm^2$ Substratfläche	$0,4\,W/cm^2$ Substratfläche
Impulsbelastbarkeit (relativ)	10	~ 2
Spannungsabhängigkeit	$\sim 0,1\,‰/V$ pasten- u. formabhängig	$\ll 0,1\,‰/V$
Nichtlinearität	> 65 dB pasten- u. formabhängig	> 100 dB
Zeitliche Änderung des Widerstandswerts bei $\vartheta_0 = 70\,°C$ und $125\,°C$	nach $\qquad$ 70 °C $\quad$ 125 °C 1000 h $\quad$ 0,5% $\quad$ 0,8% 10000 h $\quad$ 0,8% $\quad$ 1,2% 100000 h $\quad$ 1,2% $\quad$ 2%	nach $\qquad$ 70 °C $\quad$ 125 °C 1000 h $\quad$ 0,1% $\quad$ 0,2% 10000 h $\quad$ 0,2% $\quad$ 0,5% 100000 h $\quad$ 0,6% $\quad$ 1,5%
Stromrauschen	$(1 \ldots 3 \ldots 10)\,\mu V/V$ je nach Paste	$\ll 1\,\mu V/V$

herstellen. Nach Einbrennen bei Temperaturen um 800 bis 900 °C mit bestimmtem Temperaturzeitprofil sind die Widerstände fertig zum Abgleichen. Die Genauigkeit der nicht abgeglichenen Widerstände beträgt ca. $\pm 15\%$. Der Abgleich erfolgt durch Einritzen quer zum Widerstand mit einem YAG-Laser-Strahl, früher mit Sandstrahl: Der Widerstand wird im Wert steigen, deshalb wird er auf 70% des Endwerts ausgelegt. Beim Abgleich sollte nicht mehr als 50 bis 60% der Widerstandsbreite eingeritzt werden.

Dünnschichtwiderstände. Durch Aufdampfen im Vakuum (Kathodenzerstäubung) wird eine Nickelchromschicht (NiCr) durch Masken oder eine Tantalschicht als Ta_2N großflächig aufgebracht. Der Schichtträger ist hochwertige Aluminiumoxid-Keramik (> 98%) mit sehr kleiner Rauhigkeit oder alkalifreies Glas, sogenanntes Borsilicatglas.

(a) NiCr-Technik. Die Herstellung der Schichtschaltung erfolgt in einem Arbeitsgang im Vakuum. In verschiedenen Schritten werden als erstes die NiCr-Schicht aufgestäubt (Flächenwiderstand 10 bis 200 Ω), danach durch weitere Masken die Leiterzughaftschicht aus NiCr und die Leiterbahn-Leitschicht aus Gold. Flächenwiderstand der Leiterbahn ist 200 mΩ. Durch Verzinnen kommt man auf ca. 5 mΩ. Die Widerstände werden danach durch Mikrogravur auf Toleranzen des Nennwiderstandswerts bis zu ± 0,1% bzw. ± 50 mΩ abgeglichen.

Auf dieser NiCr-Dünnschichtschaltung können auch Schichtkondensatoren integriert werden, indem man Silicium-Dielektrikum mit Aluminium-Elektroden im Vakuum aufbringt. Wirtschaftlich möglich sind Kapazitäten bis 500 pF.

(b) Tantaltechnik mit Ta_2N. Bei diesen Widerständen ist der Herstellprozeß durch Fotoätztechnik gekennzeichnet. Die beschichteten Substrate werden vollflächig mit Fotolack bedeckt, belichtet und dann die entsprechenden Stellen mit selektiven Ätzmitteln entfernt. Der Flächenwiderstand der Schichten beträgt 10 bis 150 Ω. Höhere Widerstandswerte sind durch längere Widerstandsbahnen (Mäanderform) ohne weiteres möglich.

Der Abgleich der Widerstände erfolgt durch anodische Oxidation oder Laserabgleich. Widerstandswert-Toleranzen bis zu ± 0,1% bzw. ± 50 mΩ sind möglich. Auch mit der Tantaldünnschichttechnik lassen sich Kondensatoren auf das Substrat integrieren. Das Dielektrikum ist Tantalpentoxid (Ta_2O_5), diese Kondensatoren sind gepolt. Kapazitätswerte von 50 bis ca. 20 000 pF sind herstellbar.

Eigenschaften siehe Tabelle 1.11-6.

1.11.3 Veränderbare Widerstände

Bei diesen mechanisch veränderbaren Widerständen wird der Widerstandswert gleichförmig durch Dreh- oder Schiebebewegung mit einem Schleifer verändert.

Die Veränderung kann vom Anfangswert bis zum Ende entweder linear mit der Bewegung des Schleifers oder aber nach einer Exponential-Funktion erfolgen. Der Kontakt des Schleifers ist kritisch: Die meisten Störungen sind auf Kontaktschwierigkeiten zurückzuführen. Veränderbare Schicht- und Drahtwiderstände werden auch Potentiometer genannt.

1.11.3.1 Schichtdrehwiderstände und Schiebewiderstände (DIN 41 450, IEC 393 u. 190)

Die Widerstandsschichten bestehen aus Kohlegemischen (Lack und Ruß), selten aus eingebrannten Dickschichten (Cermet). Träger der Widerstände sind Hartpapier, bei konstanteren Ausführungen Keramik. Ein Schleifer schleift kreisförmig oder der Länge nach und ändert dadurch den Widerstandswert zwischen Anfang und Schleifer.

Die Regelkennlinie ist linear oder exponentiell (fallend oder steigend). Es gibt auch Zwischenanzapfungen, z. B. für gehörrichtige Lautstärkeregelung in der Audiotechnik. Der Widerstandsverlauf hat relativ große Toleranzen bis ±20%, so daß keine hohe Genauigkeit für den Kurvenverlauf gefordert werden darf. Eine exponentielle Kennlinie wird maximal aus drei verschiedenen Widerstandsteilbereichen bzw. Segmenten angenähert.

Bauformen:

(a) Einfachdrehwiderstände, offen oder geschirmt, die nur eine Schleiferebene besitzen,

(b) Mehrfachdrehwiderstände mit Schleifern, die auf mehreren Ebenen hintereinander gleichzeitig oder auf zwei Ebenen einzeln durch eine Voll- und Hohlwelle betätigt werden.

(c) Trimmerwiderstände, offen oder staubgeschützt, zum ein- oder mehrmaligen Einstellen mittels Werkzeug im Prüffeld. Diese Trimmerwiderstände werden in der Schaltung eingelötet.

Widerstandswerte sind von $10\,\Omega$ bis $4,7\,M\Omega$ lieferbar, nur in Werten der Reihe E 3.

Die Anliefertoleranz des Gesamtwiderstandswerts ist $\pm 20\%$; die Belastbarkeit, je nach Baugröße, bis 2 W.

Der Drehwinkel ist ca. 270°. Bei Schiebereglern ist die geradlinige Bewegung an einer linearen Skala leicht erkennbar. Elektrisch unterscheiden sich Schieberegler nicht von Drehwiderständen.

1.11.3.2 Drahtdrehwiderstände und Spindelwiderstände

Diese Widerstände besitzen auf einem Ringkörper eine Wicklung aus Widerstandsdraht, die mit einer Ringwickelmaschine gewickelt wird (relativ teuer). Der Ringkörper ist meist aus Keramik, so daß man bis ca. 300 °C Oberflächentemperatur belasten kann. Die Kontaktbahn befindet sich auf einer Ringfläche, der Schleifer hat Ag-Kontakte. Das Widerstandsmaterial ist CuNi oder eine CrNi-Legierung. Anliefertoleranz $\pm 10\%$.

Es gibt zwei Arten: Hochlastwiderstände und Präzisionsdrehwiderstände. Diese werden auch als Mehrwendeldrehwiderstände mit bis zu 10 Umdrehungen von Anfang bis Ende gefertigt. Sie werden in Meßgeräten und Widerstandsdekaden angewendet. Einwendelwiderstände mit 360° Drehwinkel werden als Lagegeber z. B. bei Radarantennen eingesetzt.

Eine weitere Ausführung ist der Spindelwiderstand: Ein zylindrischer Körper trägt eine Widerstandswicklung, ein Schleifer wird axial durch eine Gewindespindel bewegt. Auch hier ist die Zuverlässigkeit durch die Schleifkontakte und Oxidfreiheit der Schleifbahn bestimmt.

1.12 Nichtlinearität von Widerständen

Nichtlineares Verhalten eines Festwiderstandes liegt dann vor, wenn innerhalb des zulässigen Belastungsbereiches die Strom-Spannungs-Charakteristik nicht streng geradlinig verläuft.

Die Nichtlinearität kann meßtechnisch als Spannungsabhängigkeit S_u des Widerstandswertes bestimmt werden: Der Widerstandswert wird bei der Nennspannung U_N, bzw. bei seiner Dauergrenzspannung U_{gr} gemessen, anschließend bei $0,1\,U_N$, bzw. $0,1\,U_{gr}$ und daraus die Änderung, bezogen auf 1 V, ermittelt.

Diese Methode ist jedoch nur bei S_u-Werten $> 10 \cdot 10^{-6}/\text{V}$ einsetzbar, z. B. bei Massewiderständen mit Werten von $10^{-3}/\text{V}$; außerdem erfordert sie Kurzzeitmessungen, um eine verfälschende Erwärmung des zu messenden Widerstandes bei Nennbelastung zu vermeiden.

Deshalb wird heute fast nur noch die Nichtlinearitätsmessung nach DIN 44049 Teil 2 (bzw. IEC-Publication 440) angewandt. Hierbei wird der Widerstand mit einer vom Nennwert abhängigen Wechselspannung U_1 von 10 kHz belastet und die erzeugte Urspannung E_3 der dritten Harmonische (30 kHz) gemessen. Der Wert der Nichtlinearität A_3 ist gegeben durch die Beziehung $A_3 = 20 \cdot \lg\ (U_1/E_3)\,\text{dB}$. Ein hoher Wert der „Nichtlinearität" A_3 bedeutet also eine hohe Linearität des Widerstandes, da ja E_3 im Nenner steht. Da Widerstände von hoher Güte A_3-Werte von über 100 dB (bis 140 dB) aufweisen, muß die Meßanordnung entsprechend beschaffen sein und eine Eigenklirrdämpfung > 140 dB besitzen.

Nach [52] gibt es eine Beziehung zwischen der Nichtlinearität A_3 und der Spannungsabhängigkeit S_u bei der Meßspannung U_s. Sie lautet:

$$S_u = \frac{4 \cdot 10^{-A_3/20}}{U_s}\ \text{V}^{-1}.$$

Ursache der Nichtlinearität. Die bei einem Widerstand gemessene Nichtlinearität signalisiert „Dreckeffekte" in der Widerstandsstruktur. Typische Fehlerstellen bei Schichtwiderständen [53]:

- Die Kontaktierung der Metallkappen mit der Schicht oder der Drähte mit der Kappe, bei kappenlosen Widerständen die Metallisierung der Kohleschicht; es bildet sich ein halbleitender Oxidbelag mit Halbleitereffekt,
- Einschnürungen in der Schichtbahn,
- Risse im Keramikträger,
- Verunreinigungen der Keramik,
- ungleichmäßige Schichtdicke,
- zu große Abgleichtiefe bei Dickschichtwiderständen.

Bei Drahtwiderständen liegt die Fehlerursache meist in einer schlechten Schweißstelle oder einem Windungsschluß.

Anwendung. Die Messung von A_3 und das anschließende Aussortieren schlechter Exemplare stellt eine wichtige Prüfung für alle Widerstandsarten dar; mit handelsüblichen Meßanordunungen lassen sich bis 10 Messungen pro Sekunde erreichen. Widerstände mit niedrigen A_3-Werten zeigen mit Sicherheit im Betrieb häufiger Ausfälle als solche mit normalen Werten.

Ein gewisser Zusammenhang zwischen Stromrauschen A_I und Nichtlinearität A_3 wurde empirisch gefunden [54]; dabei wurde auch gezeigt, daß Widerstände mit abnormen A_I-, bzw. A_3-Werten beim Lebensdauertest vergleichsweise ungünstig abschneiden.

1.13 Prüfungen an Widerständen und Zuverlässigkeit

Unter einer Prüfung eines Bauelements versteht man: Vorbehandlung, Anfangsmessung, Beanspruchung, Nachbehandlung, Endmessung und Beurteilung.

1.13.1 Elektrische Prüfungen

Diese werden durchgeführt, um das Verhalten des Widerstands im Betrieb zu beurteilen. Dabei wird oft höher belastet als im Betrieb, z. B. wird zur Zeitraffung eine Prüfung bei höheren Temperaturen (155 °C statt 125 °C) durchgeführt.

1.13.1.1 Dauerprüfung mit elektrischer Belastung (DIN 44050/44185)

Der Widerstand wird mit P_{70} bei 70 °C Umgebungstemperatur belastet; man darf aber auch bei Raumtemperatur entsprechend höher belasten, so daß die obere Grenztemperatur erreicht wird. (Geringer Aufwand, keine Öfen.) Die Dauer der Prüfung, wobei Lastzyklen (1,5 h ein- und 0,5 h ausgeschaltet) gefahren werden, ist mindestens 8000 h, wobei schon nach 1000 h vorgegebene Widerstandswertänderungen nicht überschritten werden dürfen, ebenso nach 8000 h.

1.13.1.2 Überlastprüfung bei Schichtwiderständen

Der Sinn dieser Prüfung ist, Schwachstellen in der Schicht festzustellen. Dazu wird der Widerstand mit 25facher Last P_{70} 1000mal belastet. Die Belastungszeit ist z. B. 0,1 s bei Baugröße 0204 und, entsprechend der Wärmezeitkonstante, 3 s bei Baugröße 0933. Die stromlose Pause ist 2,5 s bzw. 75 s. Die zulässige Gleichspannung ist auf das 2,5fache der höchstzulässigen Dauerspannung wegen der Überschlagsgefahr begrenzt.

1.13.1.3 Spannungsprüfung der Isolierung

Dabei wird geprüft, ob die Isolierumhüllung bei isolierten Widerständen die vorgegebene Dicke hat. Dazu wird der Widerstand in einen metallischen V-Block gelegt. Zwischen den Widerstandsanschlüssen und dem V-Block wird die Prüfwechselspannung gelegt; es darf kein Durch- oder Überschlag erfolgen. Vorzugsweise wird diese Prüfung nach Feuchtelagerung durchgeführt.

1.13.1.4 Messung des Isolationswiderstands der Isolierung

Durch die Messung des Isolationswiderstands (nur bei isolierten Widerständen) wird nachgewiesen, ob das Isolationsmaterial die vorgegebene Art und Qualität besitzt. Dabei wird der Widerstand, wie bei 1.13.1.3 in einen V-Block gelegt und zwischen V-Block und Widerstand der Isolationswiderstand gemessen; die Meßspannung beträgt ca. 100 V, die Meßzeit 60 s. Diese Messung wird meistens nach Feuchtelagerung durchgeführt.

1.13.2 Umweltprüfungen (DIN 40046 und IEC 68)

Diese Prüfungen sollen die Widerstandsfähigkeit gegen Umwelt-Einflüsse nachweisen und verschiedene Prüflinge in ihrem Verhalten vergleichen. Diese Prüfungen liefern dann eindeutige, vergleichbare und reproduzierbare Prüfergebnisse. Die nachfolgend aufgeführten Prüfungen werden mit verschiedenen in der Spezifikation vorgeschriebenen Schärfegraden durchgeführt, z. B. Temperatur, Zeitdauer, Feuchte, Kraft, Beschleunigung usw.

Diese Prüfungen sagen allein nicht aus, ob ein Bauelement bei bestimmten Umweltanforderungen betrieben werden kann. Sie sagen nur, ob die in den Prüfnormen geforderten Grenzwerte erfüllt werden.

Man hat deshalb Anwendungsklassen in DIN 40040 festgelegt, in denen die Umweltbeanspruchungen in bestimmten, auf der Erde vorkommenden, Regionen angegeben werden.

Für diese Anwendungsklassen, hinsichtlich Temperatur, Feuchte, Zuverlässigkeit, mechanische und chemische Beanspruchung usw., hat man für das Bauelement in den Bauartnormen der DIN-Normen die zugehörigen Prüfungen festgelegt.

Tabelle 1.13-1. Übersicht über die Prüfarten nach DIN 40046 und IEC 68

A Kälte	J Schimmelwachstum	Q Dichtheit
B trockene Wärme	K korrosive Atmosphäre	S Strahlung
C feuchte Wärme konstant	L Staub und Sand	T Lötung (Lötbarkeit und
D feuchte Wärme zyklisch	M Unterdruck	Lötwärmebeständigkeit)
E Stoßen	N Temperatur-Wechsel	U mechanische Widerstands-
F Schwingen	P Entflammbarkeit	fähigkeit der Anschlüsse
G gleichförmige Beschleu-	(aktiv und passiv)	V Schall
nigung		Z kombinierte Prüfungen

1.13.3 Zuverlässigkeit und Ausfallverhalten

1.13.3.1 Zuverlässigkeit

Dies ist die Fähigkeit eines Bauelements, eine Funktion unter bestimmten Bedingungen für eine bestimmte Zeitspanne zu erfüllen. Da es prinzipiell keine absolut guten, sich nicht verändernden Bauelemente gibt, muß immer mit Ausfällen während des Betriebs gerechnet werden.

Die Zuverlässigkeit wird durch die sogenannte Ausfallrate (in 10^{-9}/h) angegeben. Diese gilt für eine bestimmte Beanspruchungsdauer, meistens 100000 h, und für eine bestimmte Beanspruchung, z. B. bei 125 °C Oberflächentemperatur.

(Allgemeines s. Anhang A.1).

1.13.3.2 Ausfallverhalten

Als Ausfälle kommen bei Widerständen vor:

(a) Voll- oder Totalausfall

Dieser Fehler ist nicht vorhersehbar, er stellt ein unmotiviertes Versagen des Bauelements dar; dabei wird die Schaltung nicht mehr funktionsfähig sein, falls das Bauelement nicht redundant vorhanden ist. Zur Beurteilung der Schaltung ist dies wichtig. Bei Schichtwiderständen kommt als Vollausfall nur Unterbrechung vor.

(b) Änderungsausfall

Eigentlich kann man nicht von einem Änderungsausfall reden, da das Änderungsverhalten eines Widerstandes vorhersehbar ist. Das Änderungsverhalten ist leicht an relativ wenigen Exemplaren nachzumessen, z. B nach DIN 44052, Abschnitt 3.6.3. Diese Änderungen des Widerstandswertes in Abhängigkeit von der Zeit können bei der Schaltungsauslegung eingeplant und berechnet werden („worst case" oder nach statistischen Gesichtspunkten).

(c) Sprungausfall

Das sind sprunghafte Änderungen, die über das normale, gesetzmäßige Änderungsverhalten hinausgehen (statistische Ausreißer). Bei Schichtwiderständen entstehen z. B. sprunghafte Änderungen durch Kohlebrücken an den Wendeln, die plötzlich durchbrennen und den Widerstandswert sprunghaft, z. B. um 10% ansteigen lassen. Duch verbesserte Fertigungs- und Prüfmethoden sind solche Sprungausfälle fast ausgeschlossen.

Dieser Fehler ist nicht vorhersehbar und ist deshalb unter die Vollausfälle einzuordnen [55].

1.13.3.3 Prüfung der Zuverlässigkeit

Da die Ausfallraten bei Schichtwiderständen in der Größenordnung 10^{-9}/h bis 10^{-11}/h liegen (in der MIL-Vorschrift R 39017 werden Ausfallraten $< 10^{-6}$/h gefordert) ist die Prüfung der Zuverlässigkeit, selbst bei zugestandener Einschränkung der Aussagewahrscheinlichkeit (confidence level) nur mit sehr hohem Prüf- und Zeitaufwand möglich und durchzuführen. Man muß daher andere Methoden anwenden: Es sind die im Betrieb befindlichen Geräte über viele Jahre hinweg zu überwachen und die ausgefallenen Bauelemente zu registrieren, zu analysieren und mit den gesamten, im Betrieb befindlichen Bauelementen ins Verhältnis zu setzen. Aufgrund solcher „Betriebsversuche" sind die Ausfallraten in den Normen für Schichtwiderstände ermittelt worden.

1.14 Einige Anwendungsrichtlinien, Auswahl für die Praxis

1.14.1 Kohleschichtwiderstände

Für Anwendung bei kleinen Belastungen ($\leqq$ 0,5 W) verwendet man üblicherweise die preiswerten Kohleschichtwiderstände (DIN 44052). Diese werden vollautoma-

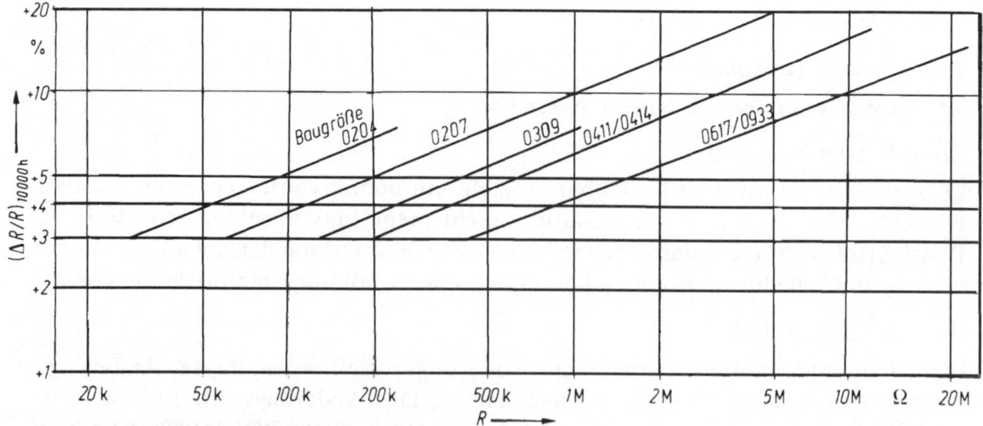

Bild 1.14-1. Zulässiges Alterungsverhalten $\Delta R/R$ (Widerstandszunahme) von Kohleschichtwiderständen nach DIN 44052 bis 10000 h bei einer Oberflächentemperatur $\vartheta_0 = 125\,°C$ in Abhängigkeit vom Widerstandswert. Für die Alterung durch Widerstandsabnahme gilt -1% über den gesamten Widerstandsbereich

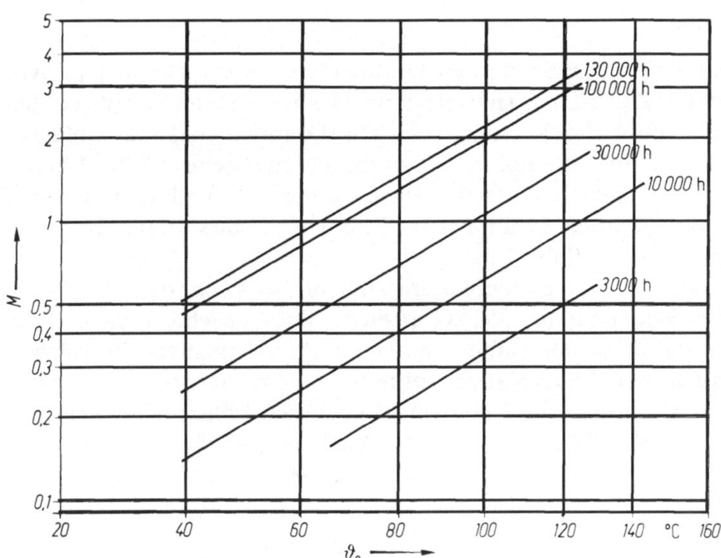

Bild 1.14-2. Einfluß von Zeit und Oberflächentemperatur auf das gesamte Driftverhalten $(\Delta R/R)_{\text{ges}}$ von Kohleschichtwiderständen. Ausgehend vom Driftverhalten für $t = 10\,000$ h bei $\vartheta_0 = 125\,°\text{C}$ nach Bild 1.14-1 gilt näherungsweise $(\Delta R/R)_{\text{ges}} \approx (\Delta R/R)_{10\,000\,\text{h},\ 125\,°\text{C}} \cdot M$, mit

$$M = \sqrt{\frac{t}{10\,000\ \text{h}}} \cdot (\Delta R/R)_{\vartheta_0}$$

tisch hergestellt und haben deshalb eine hohe Betriebszuverlässigkeit ($\lambda < 10^{-9}$/h) und sind problemlos in Geräte einzubauen.

Als Anliefertoleranzen sollen $\pm 5\%$ oder $\pm 2\%$ angewandt werden. Die Alterung bei 125 °C und 10 000 h (Nennänderung) in Abhängigkeit von der Baugröße und Widerstandswert ist in Bild 1.14-1 dargestellt. Ebenso ist in Bild 1.14-2 die Temperatur- und Zeitabhängigkeit für Kohleschichtwiderstände dargestellt. Damit kann man für jeden Betriebsfall die Änderung des Widerstandswerts unter Zuhilfenahme des R_{th}-Wertes (s. Abschnitt 1.4.2.3) errechnen. Die Anliefertoleranz ist noch zu addieren.

1.14.2 Metallschichtwiderstände

Sollten kleine Änderungen und kleine Anliefertoleranzen ($\pm 1\%$, $\pm 0,5\%$) benötigt werden, so nimmt man Metallschichtwiderstände (DIN 44061). Die Nennänderung in 10 000 h bei 125 °C beträgt nur $+ 1\%$ und $- 0,5\%$, unabhängig von Widerstandswert und Baugröße. Die Änderung ist also mindestens 3mal geringer als bei Kohleschichten. Auch ist als k-Wert nur 0,33 anstelle von 0,5 bei Kohleschichtwiderständen zu berücksichtigen (s. Gl. (1.11-2) und Tabelle 1.11-4).

Man beachte, daß die zeitliche Inkonstanz des Widerstandswerts nicht mit der Anliefertoleranz in Zusammenhang gebracht werden darf: Die Alterung ist unabhängig von den Anliefertoleranzen. Nur durch niedrigere Oberflächentemperatur ist geringere Alterung erreichbar.

1.14.3 Drahtwiderstände

Für höhere Widerstandsbelastungen werden Drahtwiderstände verwendet (s. Abschnitt 1.11.1). In letzter Zeit haben sich glasierte Drahtwiderstände mit axialen Anschlußdrähten nach DIN 41431 eingeführt. Da Drahtwiderstände einlagige Spulen darstellen, ist die Induktivität u. U. zu beachten (siehe 1.7.2). Ebenso beachte man den höchstmöglichen Widerstandswert; dieser ist durch den kleinsten Wickeldrahtdurchmesser gegeben. Drähte unter 25 µm sind stark störanfällig und führen gelegentlich zum Totalausfall.

Die Belastungsangaben in den Datenblättern sind oft so hoch, daß die Oberflächentemperatur des Widerstandes 350 °C erreicht. Dies beachte man bei der Anordnung der Widerstände in der Nähe von Nachbarbauelementen, die wärmeempfindlich sind (auch bei Leiterplatten sollte die Temperatur 100 °C nicht überschreiten). Es empfiehlt sich, die Temperatur in diesen Fällen herabzusetzen, z. B. durch Wahl der nächstgrößeren Baugröße. Auch ist auf die Lötstellentemperatur bei hochbelasteten Bauelementen zu achten; sie soll 120 °C nicht überschreiten.

1.14.4 Veränderbare Widerstände

Diese sollten nur dann eingesetzt werden, wenn eine Regelmöglichkeit während des Betriebs nötig ist. Die Widerstandsschicht ist leicht gefettet, das Fett verharzt, vor allem bei seltener Betätigung, und bildet isolierende Fremdschichten.

Für einmaligen Prüffeldabgleich empfiehlt man sogenannte Widerstandsgewichts-Sätze, die durch Lötbrücken eingestellt werden oder aber Festwiderstände, deren Widerstandswert man ausgeprüft hat.

Zu beachten ist auch, daß zwischen Schleifer und Widerstandsschicht eine sogenannte Frittspannung von mindestens 1,5 V vorhanden sein muß, damit die Fremdschichten auf Schicht oder Draht sicher beseitigt werden. Die Frittspannung wird zwischen abgehobenem Schleifer und vorherigem Auflagepunkt gemessen. Für kleinste Spannungen gibt es teuere Edelmetallwicklungen.

1.14.5 Impulsbelastbarkeit

Bei periodischen Impulsfolgen darf die mittlere Last höchstens gleich der zulässigen Belastbarkeit sein, die Spitzenspannung kann bis zur 6fachen Nennspannung und bis zum 3,5fachen der maximal zulässigen Spannung am Widerstand (Grenzspannung) für die jeweilige Baugröße betragen (siehe DIN 44052, Anhang E).

Es gibt aber auch Einzelimpulse, die der Widerstand aushalten soll, z. B. von Blitzeinschlägen in Leitungen. Diese Einzelimpulse hoher Leistung dauern nur kurz, man überprüft die Bauelemente mit Spannungsimpulsen 1,2/50 und 10/700 nach VDE 0432, d. h., die Anstiegszeit ist 1,2 bzw. 10 µs, die Rückenhalbwertszeit ist 50 bzw. 700 µs, bei Spitzenspannungen bis 2 kV. Auch dürfte die Einzelimpulsbelastbarkeit vom Fabrikat des Widerstandes abhängig sein.

Kohleschichtwiderstände sind impulsfester als Metallschichtwiderstände, weil die Kohleschicht dicker ist.

Die Beanspruchbarkeit durch diese Einzelimpulse ist im Bedarfsfall zu prüfen, da noch keine allgemein gültigen Angaben vorhanden sind.

2 Kondensatoren und Isolierstoffe (dielektrische Werkstoffe)

Kondensatoren gehören als Träger elektrischer Felder und Ladungen zu den klassischen Bauelementen der Elektrotechnik. Kondensatoren sind Teile von Filtern, Kopplungselemente für Wechselstromkreise, Entkopplungselemente der Störschutztechnik, Energiespeicher der Impulstechnik und Phasenschieber der Starkstromtechnik [1]. Ihre Bauart ist mitbestimmt durch die Betriebsspannung, die sie im Dauerbetrieb aushalten müssen. Ihre Größe wird bestimmt durch die Durchschlagsfestigkeit und Dicke des Isolierstoffs sowie den Realteil ε' seiner relativen Permittivitätszahl (Dielektrizitätszahl) ε_r. Entsprechend der Definition der komplexen Permittivität (Dielektrizitätskonstante) ε gilt

$$\varepsilon = \varepsilon_0\, \varepsilon_r = \varepsilon_0\,(\varepsilon' - j\,\varepsilon'') = \varepsilon_0\, \varepsilon'\,(1 - j\,\varepsilon''/\varepsilon') = \varepsilon_0\, \varepsilon'\,(1 - j\,\tan\delta),$$

mit ε_0 = elektrischer Feldkonstante, $\tan\delta$ = Verlustfaktor. Bei verlustlosem Dielektrikum ist $\varepsilon_r = \varepsilon'$ (vgl. Abschnitt 2.4). Für die entwickelte Wärmeleistung und die Dämpfung in Schwingkreisen und Filtern ist der Verlustfaktor $\tan\delta$ wesentlich. ε' und $\tan\delta$ hängen von Temperatur und Frequenz ab.

Die Tendenz zur Verkleinerung der Abmessungen (Miniaturtechnik) erstreckt sich auch auf Kondensatoren, besonders begünstigt durch aktive Halbleiterbauelemente mit ihrer niedrigen Betriebsspannung von wenigen Volt.

2.1 Kapazität und elektrisches Feld

Unabhängig von der Bauform ist für alle Kondensatoren die Kapazität C definiert als das Verhältnis der gespeicherten Ladung Q zur Spannung U zwischen beiden Kondensatorbelägen

$$C = \frac{Q}{U}. \tag{2.1-1}$$

Der gespeicherten Ladung Q entspricht im Innern des Dielektrikums das Integral der Verschiebung $\int_A \mathbf{D} \cdot \mathrm{d}\mathbf{A}$. Dabei bedeuten $\mathbf{D}$ die elektrische Verschiebung (Flußdichte), $\mathrm{d}\mathbf{A}$ das vektorielle Flächenelement und $\int_A$ das Flächenintegral, das zweckmäßig über die Potentialfläche ausgedehnt wird. Die Verschiebung $\mathbf{D}$ ist mit der elektrischen Feldstärke $\mathbf{E}$ und der (reellen) Permittivität $\varepsilon_0\,\varepsilon'$ durch $\mathbf{D} = \varepsilon_0\,\varepsilon'\,\mathbf{E}$ verknüpft. Hierin ist

$$\varepsilon_0 = 8{,}85419\,\mathrm{pF/m} \approx 8{,}854\,\mathrm{pF/m}$$

und ε' = relative Permittivität (Realteil).

Damit wird bei homogenem Dielektrikum

$$Q = \int_A D \cdot dA = \varepsilon_0 \, \varepsilon' \int_A E \cdot dA$$

und mit der Spannung U als Linienintegral der Feldstärke $\int_0^s E \cdot ds$ und die Kapazität

$$C = \frac{Q}{U} = \varepsilon_0 \, \varepsilon' \, \frac{\int_A E \cdot dA}{\int_0^s E \cdot ds} \, . \tag{2.1-2}$$

Kennt man den Verlauf der elektrischen Feldstärke E zwischen den Leitern genau oder näherungsweise, so kann mit Gl. (2.1-2) die Kapazität rechnerisch oder graphisch bestimmt werden, wie im folgenden gezeigt wird.

2.1.1 Methoden zur Bestimmung der Kapazität

Es gibt mehrere analytische Methoden zur Bestimmung der Kapazität einer Leiteranordnung. Oft ist dabei der mathematische Aufwand für eine strenge Lösung groß. In den folgenden Abschnitten werden die wichtigsten und gleichzeitig einfachsten Wege gezeigt, die zu einer Lösung führen können. Sie sind ausführlicher dargestellt in [2].

2.1.1.1 Überschlagsrechnung

Bei den meisten technischen Kondensatoren (Papier- oder Kunststoffolienwickel, Glimmerpakete, keramische Scheiben oder Rohre) kann man die Formel des einfachen Zweiplattenkondensators zur Abschätzung der Kapazität benutzen. Beschränkt man sich auf das homogene Hauptfeld eines Zweiplattenkondensators, so wird aus $\int_A E \cdot dA$ einfach EA und aus $\int_0^s E \cdot ds$ zwischen den Platten $E\,s$. Damit ist dann

$$C \cong \varepsilon_0 \, \varepsilon' \, A/s \tag{2.1-3}$$

nur von den geometrischen Abmessungen A und s abhängig, aber nicht mehr von der Feldstärke E.

2.1.1.2 Exakte analytische Methoden

(a) *Vorgegebene Ladungsverteilungen* führen zu Potentialfunktionen Φ, die der Laplaceschen Differentialgleichung

$$\Delta \Phi = 0 \tag{2.1-4}$$

genügen. Zwei Flächen konstanten Potentials denkt man sich metallisch belegt. Die Kapazität zwischen diesen Potentialflächen ist nach Gl. (2.1-2)

$$C = \frac{Q}{U} = \left| \frac{Q}{\Phi_1 - \Phi_2} \right| \, . \tag{2.1-5}$$

Durch Kombination entsprechender Ladungsverteilungen (Punkt-, Linien-, Flächenladungen, Ladungsdipole) erhält man die Kapazität von einigen technischen Anordnungen. Rechnerisch exakt läßt sich die Kapazität nur dann angeben, wenn die Leiterflächen bzw. die Äquipotentialflächen gleichzeitig Koordinatenflächen eines orthogonalen Koordinatensystems sind. In diesem Fall hängt die Potentialfunktion nur von einer der Veränderlichen ab, man sagt, die Potentialfunktion ist separierbar. Separierbare Potentialfunktionen liefern z. B. das kartesische, das bipolare Koordinatensystem oder die konforme Abbildung „ebener" Felder (d. h. Felder von Leitungen, die nur von 2 Koordinaten abhängen) oder auch Zylinder- bzw. Kugelkoordinaten [2].

Beispiel: Der Kugelkondensator. Die Potentialfunktion einer Punktladung in Kugelkoordinaten ist nur von dem Radius r abhängig:

$$\Phi(r) = \frac{Q}{4\,\pi\,\varepsilon_0\,\varepsilon'}\,\frac{1}{r} + \text{const}. \tag{2.1-6}$$

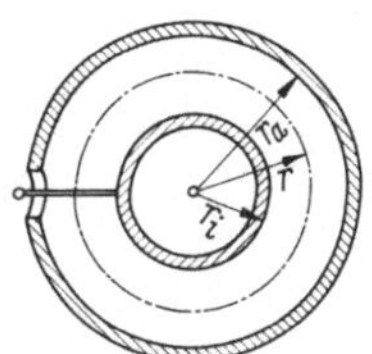

Bild 2.1-1. Schnitt durch einen Kugelkondensator

Im Schnittbild 2.1-1 sind die Äquipotentialflächen (Kugeln) konzentrische Kreise. Die Kapazität zwischen zwei Kugelflächen nach Bild 2.1-1 wird mit Gl. (2.1-5) und (2.1-6)

$$C = \frac{4\,\pi\,\varepsilon_0\,\varepsilon'}{\dfrac{1}{r_\mathrm{i}} - \dfrac{1}{r_\mathrm{a}}}. \tag{2.1-7}$$

(b) Eine wichtige Methode zur Berechnung ebener Felder — also der Kapazitätsberechnung homogener Leitungen — ist die *konforme Abbildung* einer komplexen Ebene auf eine andere. Wie die Funktionentheorie zeigt, erfüllen sowohl Realteil $u(x, y)$ als auch Imaginärteil $v(x, y)$ einer beliebigen regulären Funktion einer komplexen Veränderlichen

$$w = w(z) = w(x + \mathrm{j}\,y) = u(x, y) + \mathrm{j}\,v(x, y) \tag{2.1-8}$$

die zweidimensionale Laplacesche Differentialgleichung (2.1-4). w ist die sogenannte Abbildungsfunktion. Sie bildet die z-Ebene auf die w-Ebene ab. Da beide Komponenten von w die Laplacesche Differentialgleichung erfüllen, kann stets $u(x, y)$ oder $v(x, y)$ als elektrische Potentialfunktion im x, y-Koordinatensystem gedeutet werden. Die zweite Komponente der Abbildungsfunktion ist dann die Gleichung der elektrischen Feldlinien, da u und v stets aufeinander senkrecht stehen. Durch die konforme Abbildung haben wir die Potentialfunktion aus dem x, y-Koordinatensystem so in das u, v-Koordinatensystem transformiert, daß sie separierbar wird. Dabei werden die Äquipotential- bzw. Leiterflächen zu Koordinatenflächen. Man kann auch sagen, daß das wirkliche Feldbild im x, y-Koordinatensystem durch die konforme Abbildung in das homogene Feldbild eines Plattenkondensators im u, v-Koordinatensystem abgebildet wird. Hierbei ändert sich die Kapazität zwischen zwei Äquipotentialflächen bzw. Leiterflächen nicht.

Sind u_1 und u_2 die beiden Äquipotentiallinien der Leiterflächen und v_1 und v_2 die das Feld begrenzenden elektrischen Feldlinien, so errechnet sich die Kapazität pro Längeneinheit (= Kapazitätsbelag)

$$C' = \varepsilon_0\,\varepsilon'\,\frac{\text{Feldbreite}}{\text{Feldhöhe}} = \varepsilon_0\,\varepsilon'\,\frac{v_2 - v_1}{u_2 - u_1}\,. \tag{2.1-9}$$

Manchmal kann man aus der Vielzahl der möglichen Abbildungsfunktionen diejenigen herausfinden, für die $u = $ const oder $v = $ const Leiterumrandungen sind, welche gerade technisch interessieren.

1. Beispiel: Kapazität eines Zylinderkondensators. Die hierfür geeignete Abbildungsfunktion lautet:

$$w = \ln\frac{z}{r_\mathrm{m}}\quad\text{mit}\quad r_\mathrm{m} = \frac{r_\mathrm{i} + r_\mathrm{a}}{2}\,,$$

$$z = x + \mathrm{j}\,y = r\,\mathrm{e}^{\mathrm{j}\Psi}\quad\text{und}\quad r = \sqrt{x^2 + y^2}\quad \Psi = \arctan\frac{y}{x}\,. \tag{2.1-10}$$

Einsetzen von z ergibt

$$w = u + \mathrm{j}\,v = \ln\frac{r}{r_\mathrm{m}} + \mathrm{j}\,\psi\,.$$

Äquipotentiallinien sind die Linien $u = $ const bzw. $r = $ const, also konzentrische Kreise in der z Ebene. Die elektrischen Feldlinien verlaufen strahlenförmig nach

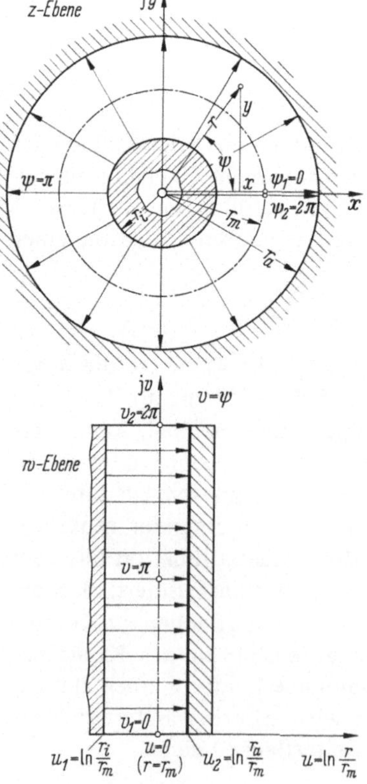

Bild 2.1-2. Umwandlung des Zylinderkondensators in einen Plattenkondensator durch konforme Abbildung

$$r = r_\mathrm{i};\qquad u_1 = \ln\frac{r_\mathrm{i}}{r_\mathrm{m}}\,;\qquad \psi_1 = 0;\qquad v_1 = 0$$

$$r = r_\mathrm{m};\qquad u\ = 0;\qquad \psi = \pi;\qquad v = \pi$$

$$r = r_\mathrm{a};\qquad u_2 = \ln\frac{r_\mathrm{a}}{r_\mathrm{m}}\,;\qquad \psi_2 = 2\,\pi;\qquad v_2 = 2\,\pi$$

der Gleichung $v = \psi = \text{const}$ (s. Bild 2.1-2). Die Kapazität pro Länge des Zylinderkondensators errechnet sich nach Gl. (2.1-9)

$$C' = \varepsilon_0\, \varepsilon'\, \frac{v_2 - v_1}{u_2 - u_1} = \varepsilon_0\, \varepsilon'\, \frac{2\,\pi - 0}{\ln\dfrac{r_a}{r_m} - \ln\dfrac{r_i}{r_m}}\,, \qquad C' = \frac{2\,\pi\,\varepsilon_0\,\varepsilon'}{\ln\dfrac{r_a}{r_i}}\,. \tag{2.1-11}$$

2. Beispiel: Die Berechnung des Kapazitätsbelages einer Doppelleitung aus sehr dünnen Metallbändern, die in einer Ebene liegen (Koplanarleitung) oder in zwei parallelen Ebenen einander gegenüberliegen (Parallelbandleitung), führt auf ellip-

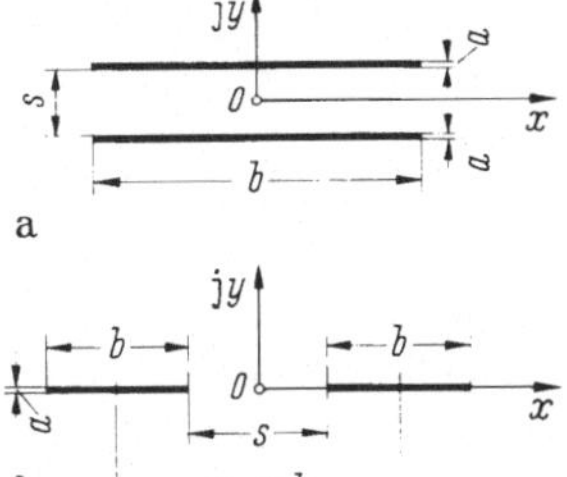

Bild 2.1-3a u. b. Zwei Beispiele homogener Leitungen, deren Kapazität durch konforme Abbildung errechnet werden kann. **a** Parallelbandleitung; **b** Koplanarleitung

tische Funktionen [9]. Der Kapazitätsbelag dieser in Bild 2.1-3 skizzierten Doppelleitungen wird in [2] errechnet und ist in den Bildern 2.1-5 und 2.1-6 über dem Verhältnis von Leiterabstand zu Leiterbreite aufgetragen. Eine aus dem exakten Ergebnis gewonnene Näherungsformel für den Kapazitätsbelag der Parallelbandleitung lautet:

$$C' \approx \frac{1{,}01\,\pi\,\varepsilon_0\,\varepsilon'}{\ln\left\{1 + \dfrac{\pi s}{b}\left[1 + 0{,}27\,\tanh^2\!\left(0{,}7\,\dfrac{s}{b}\right)\right]\right\}}\,. \tag{2.1-12}$$

Sie gilt mit einem maximalen Fehler von 1,1% für beliebige Verhältnisse von Leiterabstand s zu Leiterbreite b. Für die Koplanarleitung erhält man zwei Näherungsgleichungen, die in ihren Gültigkeitsbereichen genauer als 1% sind:

$$C' \approx \frac{2}{\pi}\,\varepsilon_0\,\varepsilon'\,\ln 4\,\frac{\dfrac{s_m}{b} + 1}{\dfrac{s_m}{b} - 1} \qquad \text{für } 1 < \frac{s_m}{b} \leq 1{,}8 \tag{2.1-13a}$$

bzw.

$$C' \approx \frac{\pi\,\varepsilon_0\,\varepsilon'}{\ln\left\{\dfrac{2\,s_m}{b}\left[1 + \sqrt{1 - \left(\dfrac{b}{s_m}\right)^2}\right]\right\}} \qquad \text{für } \frac{s_m}{b} \geq 1{,}2\,. \tag{2.1-13b}$$

2.1.1.3 Allgemeine analytische Näherungsmethode (Computer-Methode)

Sehr leistungsfähig ist die *Teilflächenmethode* [2, 3, 158]. Sie kann bei beliebigen Leiteranordnungen in homogenem Dielektrikum angewandt werden: Jeder Leiter wird nach Bild 2.1-4 in n Teilflächen unterteilt. Jede Teilfläche A_i habe eine noch unbekannte, aber *konstante* Flächenladung q_i', die noch zu bestimmen ist:

In einem beliebigen Aufpunkt $P\,(x',y',z')$ wird das Potential Φ berechnet, das sich aus der Summe der $2n$ Teilpotentiale zusammensetzt (Superpositionsprinzip):

$$\Phi\,(x',y',z') = \sum_{i=1}^{2n} \Phi_i = \sum_{i=1}^{2n} a_i\,q_i'. \tag{2.1-14}$$

Nun läßt man den Aufpunkt in die Mitte der j-ten Teilfläche wandern:

$$\Phi_j = \sum_{i=1}^{2n} \Phi_{ij} = \sum_{i=1}^{2n} a_{ij}\,q_i'. \tag{2.1-15}$$

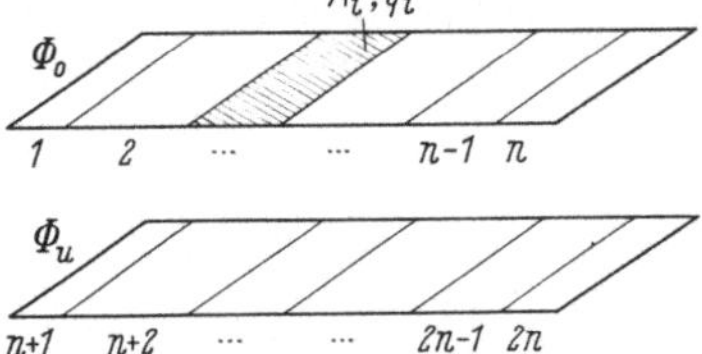

Bild 2.1-4. Aufteilung einer Leiteranordnung in Teilflächen mit jeweils konstanter Ladungsdichte

Die Potentiale aller Teilflächen sind bekannt; sie sind gleich dem Potential des entsprechenden Leiters:

$$\begin{aligned} \Phi_1, \quad \Phi_2, \quad &\ldots, \Phi_n = \Phi_o\,, \\ \Phi_{n+1}, \Phi_{n+2}, &\ldots, \Phi_{2n} = \Phi_u\,. \end{aligned} \tag{2.1-16}$$

Die unbekannten Teilflächenladungen q_i' in (2.1-15) kann man aus der bekannten Potentialverteilung Gl. (2.1-16) mit folgendem Gleichungssystem berechnen:

$$\Phi_o = \sum_{i=1}^{2n} \alpha_{ij}\,q_i' \quad \text{mit } j = 1, \ldots, n\,,$$

$$\Phi_u = \sum_{i=1}^{2n} \alpha_{ij}\,q_i' \quad \text{mit } j = n+1, \ldots, 2\,n\,. \tag{2.1-17}$$

Dieses Gleichungssystem besteht aus $2n$ Gleichungen für $2n$ unbekannte Flächenladungen q_i'. Nach der Auflösung kann sofort ein Näherungswert für die Kapazität C angegeben werden:

$$C = \frac{Q_{\text{ges}}}{U} \approx \frac{\displaystyle\sum_{i=1}^{n} q_i'\,A_i}{\Phi_o - \Phi_u}. \tag{2.1-18}$$

Der Rechenaufwand besteht ausschließlich in der Bestimmung der Ladungskoeffizienten a_{ij} und dem Auflösen des Gleichungssystems (2.1-17). Er läßt sich vermindern

1. wenn Symmetrielinien vorhanden sind,
2. durch Anpassung der Teilflächengröße an die wahre Feldstärkeverteilung (je größer die Feldstärke, desto kleiner die Teilfläche).

Die erhaltenen Kapazitätswerte sind um so genauer, je größer die Anzahl der Teilflächen ist.

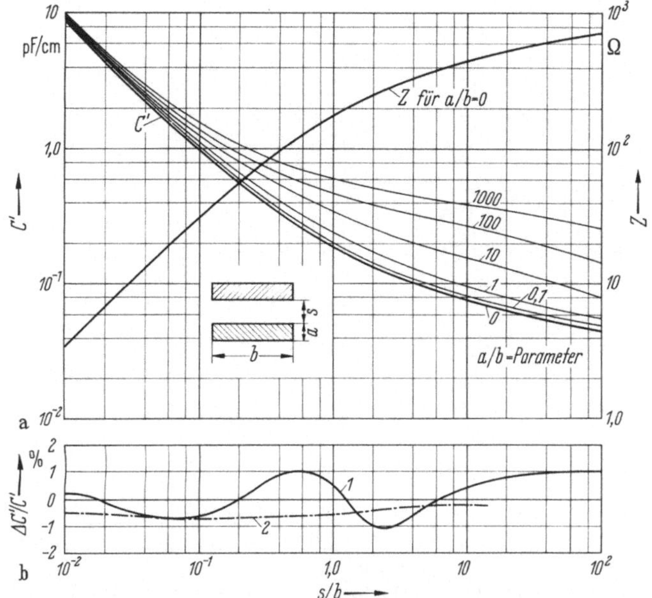

Bild 2.1-5a u. b. Parallelbandleitung. **a** nach der Teilflächenmethode berechneter Verlauf des Kapazitätsbelages C' und des Wellenwiderstandes Z in Abhängigkeit von dem Verhältnis Leiterabstand s zu Leiterbreite b; **b** relative Abweichungen des nach der Näherungsformel (Kurve 1) und des nach der Teilflächenmethode (Kurve 2) berechneten Kapazitätsbelages von den genauen Werten (für $a/b \to 0$)

1. Beispiel: Bandleitungen mit endlicher Dicke. In Bild 2.1-5 ist der nach der Teilflächenmethode berechnete Kapazitätsbelag der Parallelbandleitung nach Bild 2.1-3a verglichen mit den Werten der aus einer konformen Abbildung gewonnenen exakten Formel und mit den Werten der Näherungsformel (2.1-12).

Der Wellenwiderstand $Z = \sqrt{L'/C'}$ ist mit der Ausbreitungsgeschwindigkeit $v = 1/\sqrt{L'\,C'}$ auch nach

$$Z = \frac{1}{v\,C'} = \frac{\sqrt{\varepsilon_r}}{c\,C'}$$

dem Kapazitätsbelag C' umgekehrt proportional (c Lichtgeschwindigkeit).

Bild 2.1-5a zeigt den Verlauf des Kapazitätsbelags als Funktion des Verhältnisses von Leiterabstand s zu Leiterbreite b, außerdem den Wellenwiderstand Z. Bild 2.1-5b vergleicht die relativen Abweichungen der nach der Näherungsformel (2.1-12) (Kurve 1) und der nach der Teilflächenmethode berechneten Werte (Kurve 2) von den exakten Werten. Bei der Teilflächenmethode werden die Leiter nach Bild (2.1-7) in sechs ungleich breite Streifen so aufgeteilt, daß zwei aufeinanderfolgende Streifen ein Breitenverhältnis von $V = 5$ haben. In Bild 2.1-5a sind weitere nach der Teilflächenmethode berechnete Kapazitätsbeläge für verschiedene Querschnittsverhältnisse a/b eingetragen. Bild 2.1-6a zeigt den genauen Verlauf des Kapazitätsbelags C' einer extrem dünnen Koplanarleitung nach Bild 2.1-3b und ihren Wellenwiderstand Z über dem Verhältnis von mittlerem

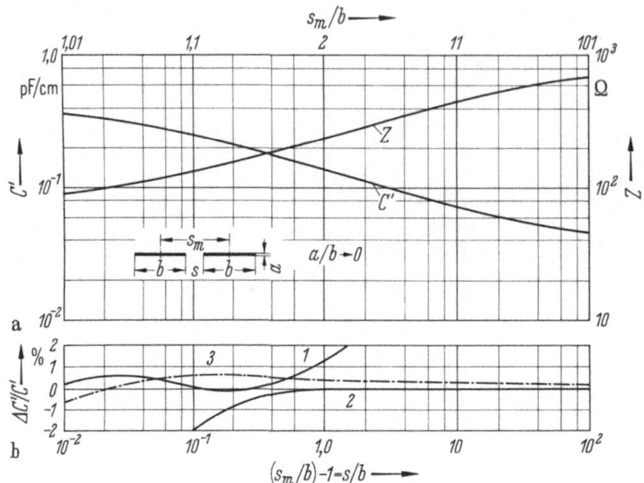

Bild 2.1-6a u. b. Koplanarleitung ($a/b \rightarrow 0$). **a** genauer Verlauf des Kapazitätsbelages C' und des Wellenwiderstandes Z in Abhängigkeit von dem Verhältnis Leiterabstand s zu Leiterbreite b; **b** relative Abweichungen des nach den Näherungsformeln (Gl. (2.1-13a): Kurve *1* bzw. Gl. (2.1-13b): Kurve *2*) und des nach der Teilflächenmethode (Kurve *3*) berechneten Kapazitätsbelages von den genauen Werten

Leiterabstand $s_m = s + b$ zu Leiterbreite b, und Bild 2.1-6b die relativen Abweichungen von den genauen Werten bei Berechnung nach den Näherungsformeln (2.1-13a) (Kurve 1) und (2.1-13b) (Kurve 2), und nach der Teilflächenmethode (Kurve 3). Die Leiterflächen wurden wiederum in sechs ungleich breite Teilflächen mit $V = 5$ unterteilt. Wie man sieht, kommt man mit der Teilflächenmethode schon bei geringer Zahl von Teilflächen zu relativ genauen Ergebnissen.

2. Beispiel: Kreisplattenkondensator. Die Kapazität des Kreisplattenkondensators ist schon von Kirchhoff [8] berechnet, wobei der Rand abgewickelt und mittels konformer Abbildung berechnet wurde. (Die in Kohlrausch: Praktische Physik, 20. Aufl., S. 295 angegebene Beziehung enthält in der runden Klammer von Gl. (2.1-19) anstelle von ln 16 − 1 = 1,7726 eine Näherung für ln 16 + 1 und ergibt wegen des anderen Vorzeichens eine zu hohe Korrektur.)

In unserer Schreibweise ist nach Kirchhoff bzw. Kottler [8, 48]

$$C \approx \varepsilon_0\, \varepsilon_r \frac{\pi\, r^2}{s} \left[1 + \frac{s}{\pi\, r} \left(\ln \frac{\pi\, r}{s} + 1{,}7726 \right) \right]. \tag{2.1-19}$$

Wie Bild 2.1-8 zeigt, ist die in Kurve 2 dargestellte Beziehung (2.1-19) für die „normierte" Kapazität C/r nur für relativ kleine Abstände $s/d \leqq 0{,}1$ praktisch

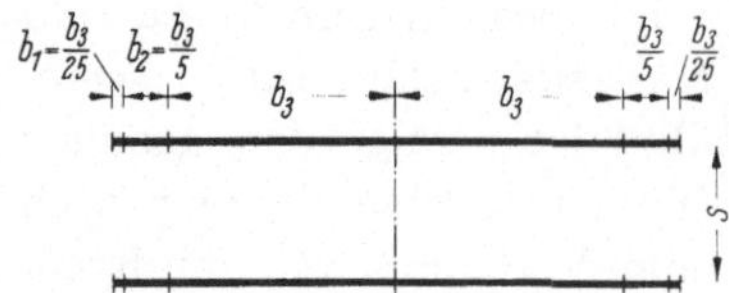

Bild 2.1-7. Aufteilung einer Parallelbandleitung in ungleich breite Teilstreifen

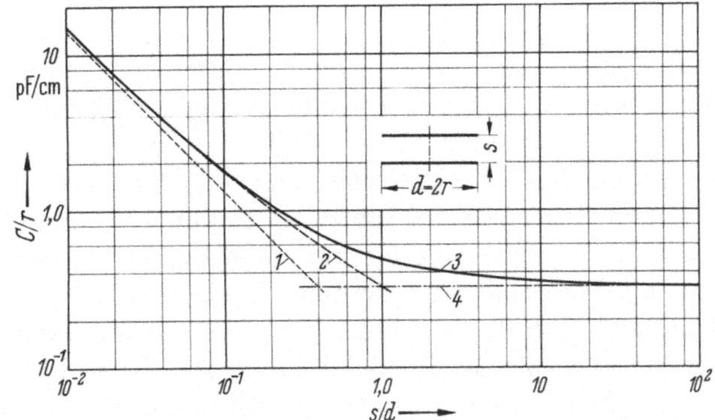

Bild 2.1-8. Kreisplattenkondensator: Verlauf der normierten Kapazität C/r in Abhängigkeit von dem Verhältnis Plattenabstand s zu Plattendurchmesser d. *1* Annahme eines vollständig homogenen Feldes; *2* nach Kirchhoff; *3* nach der Teilflächenmethode; *4* Grenzwert für $s/d \rightarrow \infty$

fehlerfrei, während die genaueren Werte, aus der Teilflächenmethode berechnet, in Kurve 3 den Übergang von den Werten nach Kirchhoff zu dem Grenzwert 4 zeigen, der halb so groß ist wie der nach $C = \varepsilon_0\,\varepsilon_r \cdot 8\,r$ berechnete Wert für die einsame Kreisplatte (Gegenladung auf der unendlich fernen Hüllkugel). Zum Vergleich stellt die Gerade 1 den Anteil des Vorfaktors $\varepsilon_0\,\varepsilon_r\,\pi\,r/s$ dar, der bei kleinem Abstand dem auch am Rande homogen angenommenen Innenfeld entspricht. An diesem Beispiel zeigt sich ebenfalls die Leistungsfähigkeit der Teilflächenmethode. (Dissertation von D. Pflügel am Institut für Hochfrequenztechnik der TH Darmstadt 1965 [158].)

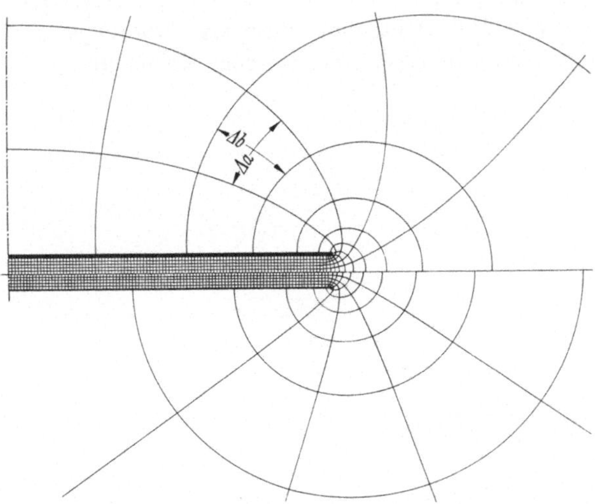

Bild 2.1-9. Potential- und Feldlinien von Parallelbandleitungen, *oben*: Breite b: Abstand $s = 20:1$ (Plattenstärke $a:s = 1:7$); *unten*: Breite b: Abstand $s \doteq \infty$ (Feld zwischen Halbebene und Vollebene nach Maxwell)

2.1.1.4 Graphische Methoden

Die folgenden graphischen Methoden können zur näherungsweisen Bestimmung der Kapazität homogener Leitungen oder rotationssymmetrischer Anordnungen benutzt werden:

Man zeichnet in das Querschnittsbild der Leitung oder des Kondensators (s. Bild 2.1-9 und 2.1-10) Äquipotentiallinien so ein, daß zwischen ihnen eine jeweils gleiche Potentialdifferenz herrscht. Es entstehen hierbei n_E Kästchen in Feldrichtung. Genau senkrecht zu den Potentiallinien werden die elektrischen Feldlinien so eingezeichnet, daß die zwischen den Feldlinien und den Potentiallinien entstehenden Kondensatorelemente C_k alle gleich viel Ladung speichern. Längs einer Potentiallinie erhält man n_Φ Kondensatorelemente. Es sind dann jeweils n_Φ Kondensatorelemente parallel und n_E Elemente gleicher Kapazität in Reihe geschaltet. Die Gesamtkapazität erhält man dementsprechend zu

$$C = C_k \frac{n_\Phi}{n_E}. \tag{2.1-20}$$

Damit kann man das Feldbild quantitativ auswerten (s. Bild 2.1-9).

1. Beispiel: Kapazität einer Parallelbandeitung (Bild 2.1-5). Wegen des ebenen Feldes haben die Kondensatorelemente die Querschnittsform kleiner Kästchen (s. Bild 2.1-9). Bezeichnet man in der Mitte eines beliebigen Kästchens den Abstand der elektrischen Feldlinien mit Δb und den Abstand der Äquipotentiallinien mit Δa, so gilt für den Kapazitätsbelag des Kästchenkondensators:

$$C_k' = \varepsilon_0\, \varepsilon'\, \frac{\Delta b}{\Delta a}. \tag{2.1-21}$$

Da alle Elementarkondensatoren gleiche Kapazität haben sollen, muß in jedem Kästchen das Verhältnis $\Delta b/\Delta a$ konstant sein, d. h., alle entstehenden Kästchen müssen einander ähnlich sein. Diese Bedingung vereinfacht die Zeichenarbeit. Besonders einfach wird die Zeichnung mit $\Delta b = \Delta a$, also bei „quadratischen" Kästchen. Aus Gl. (2.1-20) und (2.1-21) erhält man damit als Näherungswert für den Kapazitätsbelag der homogenen Leitung bei quadratischen Kästchen:

$$C' = \varepsilon_0\, \varepsilon'\, \frac{n_\Phi}{n_E}. \tag{2.1-22}$$

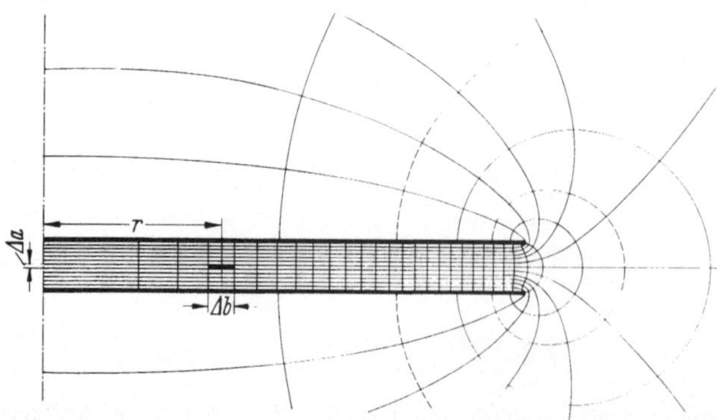

Bild 2.1-10. Potential- und Feldlinien eines Kreisplattenkondensators. Durchmesser: Abstand = 20:1

2. Beispiel: Kapazität eines Kreisplattenkondensators. Die Kondensatorelemente haben die Form kleiner Ringkondensatoren (s. Bild 2.1-10). Bezeichnet man in der Mitte eines beliebigen Kästchens den mittleren Abstand des Ringkondensators von der Symmetrieachse mit r, den Abstand der elektrischen Feldlinien mit Δb und den Abstand der Äquipotentiallinien mit Δa, so gilt für die Kapazität C_k des Ringkondensators:

$$C_k = \varepsilon_0\, \varepsilon' \,\frac{2\,\pi\,r\,\Delta b}{\Delta a}\,. \tag{2.1-23}$$

Wieder sollen alle Kondensatorelemente gleiche Kapazität haben. Man muß also beim Zeichnen das Verhältnis

$$\frac{r\,\Delta b}{\Delta a} = \text{const} \tag{2.1-24}$$

festhalten. Zweckmäßig zeichnet man zunächst die Potentiallinien mit einer ganzen Zahl n_E. Mit Gl. (2.1-24) erhält man aus r und Δa den zum Zeichnen der elektrischen Feldlinien wichtigen Abstand Δb. Ähnlichkeit der Kästchen untereinander besteht hierbei nicht. n_Φ ist im allgemeinen keine ganze Zahl. Aus Gl. (2.1-20) und (2.1-23) ergibt sich als Näherungswert die Gesamtkapazität eines rotationssymmetrischen Kondensators:

$$C = 2\,\pi\,\varepsilon_0\,\varepsilon'\,\frac{r\,\Delta b}{\Delta a}\,\frac{n_\Phi}{n_E}\,. \tag{2.1-25}$$

n_Φ ist hier die Zahl der Kästchen längs einer halben Potentiallinie (von der Rotationsachse längs der Potentiallinie bis zur Achse zurück, s. Bild 2.1-10).

2.1.2 Spezifische Kapazität (Kapazität pro Volumen)

Für den Größenvergleich von Kondensatoren gleicher Kapazität oder die Frage einer möglichen Verkleinerung von Kondensatoren ist nicht C, sondern die Kapazität, bezogen auf das aktive Volumen V_a des Dielektrikums, oder bezogen auf das Gesamtvolumen V_g, wesentlich. Dieses enthält außer V_a noch das Volumen V_m der metallischen Belegungen und das Volumen V_h einer äußeren Hülle: $V_g = V_a + V_m + V_h$. Damit ist die

$$\text{,,spezifische Kapazität''} = \frac{C}{V_g} = \frac{C}{V_a}\,\frac{V_a}{V_a + V_m + V_h}\,. \tag{2.1-26}$$

Den Anteil des aktiven Volumens am Gesamtvolumen V_a/V_g nennen wir ,,dielektrischen Füllfaktor''

$$\frac{V_a}{V_g} = \frac{V_a}{V_a + V_m + V_h}\,. \tag{2.1-27}$$

Verkleinerung von Kondensatoren erfordert hohe spezifische Kapazität und damit einen dielektrischen Füllfaktor möglichst nahe 100% sowie eine hohe spezifische Nutzkapazität $c_a = C/V_a$. Nun ist nach (2.1-3)

$$c_a \equiv \frac{C}{V_a} = \varepsilon_0\,\varepsilon'\,\frac{A}{s\,A\,s} = \frac{\varepsilon_0\,\varepsilon'}{s^2}\,. \tag{2.1-28}$$

Die spezifische Nutzkapazität ist also von der Fläche A des Kondensators unabhängig. Wesentlich ist eine hohe Permittivität ε' und geringe Dicke s des Dielektrikums. Gelingt es z. B., die Dicke s von 1/10 mm auf 1/1000 mm herabzusetzen, so steigt c_a auf den 10000fachen Wert. Besonders dünn ist das Dielektrikum bei Elektrolyt- und Lack-Kondensatoren, die sich durch hohe Kapazität bei kleinem Volumen auszeichnen.

Im homogenen Feldvolumen ist die Kondensatorspannung U mit der Feldstärke E über $U = E\,s$ verknüpft. Ersetzt man s durch U/E, so wird

$$c_a = \frac{C}{V_a} = \varepsilon_0\,\varepsilon'\,\frac{E^2}{U^2}\;.\qquad(1.2\text{-}29)$$

Damit kann die spezifische Nutzkapazität um so mehr gesteigert werden, je kleiner die verlangte Betriebsspannung ist und je mehr die Feldstärke E im Dauerbetrieb der Durchschlagfeldstärke E_d ohne Minderung der Lebensdauer genähert werden kann. Bei $s = 1/100$ mm und $U = 100$ V ist $E = 10$ kV/mm; die Feldstärke erreicht also Werte, die in der Hochspannungstechnik üblich sind. Die Feldstärke von 10 kV/mm ist um den Faktor 10 höher als die in Luft-Kondensatoren bei normalem Druck zulässige Feldstärke, wird aber von Druckgas- und Vakuum-Kondensatoren ebenso wie von festen und flüssigen Isolierstoffen bei Normaldruck ausgehalten (s. Tabelle 2.1-1). Bemerkenswert ist Gl. (2.1-29) dadurch, daß sie außer ε' nur noch die Betriebsfeldstärke E und die Betriebsspannung U enthält, jedoch keine geometrischen Abmessungen, so daß Gl. (2.1-29) für beliebige Kondensatoren mit wesentlich homogenem Feld gilt. $\varepsilon_0\,\varepsilon'\,E^2$ in Gl. (2.1-29) stellt das Doppelte der je

Tabelle 2.1-1. Mittlere Durchschlagsfeldstärke E_d verschiedener Stoffe im homogenen Gleichfeld

Stoff	Durchschlags-Feldstärke $\dfrac{E_d}{\text{kV/mm}}$
Vakuum $s < 0{,}1$ mm	300
Vakuum $s = 10$ mm	30
Luft $\quad s = 10$ mm, $\quad p = 10^{-3}$ bar	0,034
Luft $\quad s = 10$ mm, $\quad p = 1$ bar	3,2
Luft $\quad s = 10$ mm, $\quad p = 10$ bar	26,6
Tetrachlorkohlenstoff $\quad s = 10$ mm, $\quad p = 1$ bar	8
Tetrachlorkohlenstoff $\quad s = 10$ mm, $\quad p = 10$ bar	60
Schwefelhexafluorid (SF_6) $s = 10$ mm, $\quad p = 1$ bar	8,9
Transformatorenöl, technisch rein	8
Lackpapier, kunstharzgetränkt	25
Cellulosetriacetat (Triafol)	60
Teflon	20
Polyethylen	100 bis 150
Polypropylen	100
Silicatglas	10 bis 20
Glimmer	60

Volumeneinheit im Kondensator gespeicherten elektrischen Energie (Energie-dichte) $\frac{1}{2} C U^2/V_a$ dar. Die gesamte in C gespeicherte elektrische Energie ist

$$W_e = \tfrac{1}{2} C U^2. \tag{2.1-29a}$$

Bei allen Kondensatoren stellt sich die Ladungsdichte auf den Metallbelegungen so ein, daß die gespeicherte Energie $\int_V \varepsilon_0 \varepsilon' E^2 \, dV$ ein Minimum wird (Prinzip von William Thomson (Lord Kelvin); das Minimum entspricht dem Minimum der potentiellen Energie im stabilen Gleichgewicht eines mechanischen Systems). – Eine weitere, für die Praxis wichtige spezifische Größe ist die im Nutzvolumen V_a vorhandene spezifische Blindleistung P_q/V_a. Für $u = U \sin \omega t$ und $i = I \sin(\omega t + \varphi)$ ist $P_q = \frac{1}{2} U I \sin \varphi$. Bei einem verlustfreien Kondensator ist $\varphi = \pi/2$ und $\sin \varphi = 1$ und mit Gl. (2.1-29)

$$\frac{P_q}{V_a} = \frac{U I}{2 V_a} = \frac{U^2 \omega C}{2 V_a} = \frac{1}{2} \varepsilon_0 \varepsilon' \omega E^2 = \pi \varepsilon_0 \varepsilon' f E^2 \, ,$$

$$\frac{P_q}{V_a} = \pi \varepsilon_0 \varepsilon' E^2 f. \tag{2.1-30}$$

Die spezifische Blindleistung ist also von ε' und der maximal zulässigen Betriebs-Feldstärke E sowie der Frequenz f abhängig. Sie steigt zugleich mit dem Strom, wenn die Frequenz vergrößert wird, aber nur bis zu einer oberen Grenzfrequenz, von der ab U und E gegenüber den Werten bei Niederfrequenz gesenkt werden müssen, weil sonst die entwickelte Wärmeleistung $P_q \tan \delta$ zu groß wird (s. Bild 2.3-9). Aus Gl. (2.1-29) und (2.1-30) erkennt man, daß eine hohe Kapazität bei kleinem Volumen sowie eine hohe spezifische Blindleistung erreicht werden können, wenn man eine große Betriebsfeldstärke E im homogenen Feld zulassen kann. E wird nur dann nahezu an die Durchschlagsfeldstärke E_d herankommen dürfen, wenn nicht an den Plattenrändern oder dem Rand des Belags höhere Randfeldstärken E_R auftreten. Durch genügende Abrundung muß also dafür gesorgt werden, daß $E_R \approx E$ oder kleiner bleibt. Über die nötige Abrundung der Kanten gibt der nächste Abschnitt Aufschluß.

2.1.3 Abrundung des Randes und Randfeldstärke

Je schärfer der Rand des Kondensators, um so höher ist die Feldstärke E_R am Rand gegenüber der Feldstärke E im homogenen Feld. Rogowski [4] und Wittwer [5] haben aufgrund einer Feldberechnung von Helmholtz [6], Maxwell [7] und Kirchhoff [8] die Erhöhung der Feldstärke an Kanten untersucht. Daß theoretisch an exakt scharfen Kanten die Feldstärke bei beliebiger Kondensatorspannung unendlich hoch wird, hat praktisch keine Bedeutung, da immer eine kleine Abrundung mit dem Radius ϱ vorhanden ist. Es ist aber wichtig, festzustellen, wie weit die Randfeldstärke E_R die Feldstärke E des homogenen Feldes überwiegt, wenn der Radius sehr klein ($\varrho \lesssim a/2$) ist. Nach Rogowski [4] kann man dafür folgende Beziehungen angeben, wenn wir 2 Fälle unterscheiden:

1. Metalldicke $2a \ll$ Abstand s

$$E_R = \frac{E}{\sqrt[3]{\dfrac{3\pi\varrho}{s}} \, \sqrt[2]{\dfrac{16a}{s}}} \, , \tag{2.1-31}$$

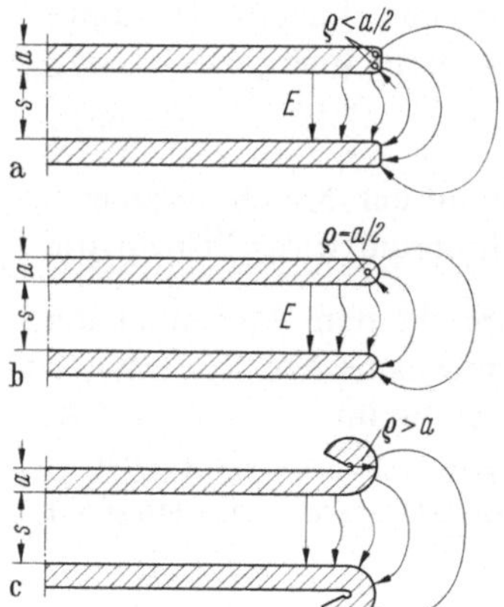

] **Bild 2.1-11 a – c.** Randstreufelder bei verschiedenen Kan-
ǀ tenabrundungen einer Parallelbandleitung

2. Metalldicke $2\,a \geqq$ Abstand s

$$E_R = \frac{E}{\sqrt[3]{\dfrac{3\pi\varrho}{s}}}\,. \tag{2.1-32}$$

Die Randfeldstärke nimmt also nur umgekehrt proportional der 3. Wurzel aus dem Verhältnis des Radius ϱ zum Plattenabstand s zu. Bild (2.1-11) gibt 3 Beispiele für Rundungen und Randstreufelder, Bild (2.1-12) zeigt die relative Feldstärke E_R/E am Rande bei kleinen Abrundungen ϱ im Verhältnis zum Abstand s. Die ausgezogenen Geraden gelten für Bild (2.1-11 a), die gestrichelte Grenzkurve für Bild (2.1-11 b). Diese Grenzkurve folgt bei $\varrho = a/2$ dem Gesetz

$$E_R = \frac{E}{\sqrt[2]{\dfrac{4\pi\varrho}{s}}} = \frac{E}{\sqrt[2]{\dfrac{2\pi a}{s}}}\,. \tag{2.1-33}$$

Für Metalldicken $a \geqq 0{,}2\,s$ und Abrundungen $\varrho \geqq 0{,}1\,s$ ist demnach $E_R \approx E$.

Bei keramischen Kondensatoren für Spannungen $U > 1\,\text{kV}$ ist entweder ein Wulstrand (Bild 2.1-13 a) oder ein verstärkter Rand (Bild 2.1-13 b) üblich, um den

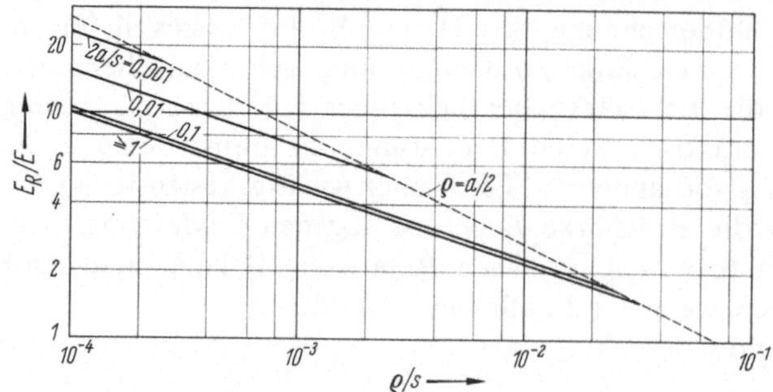

Bild 2.1-12. Feldstärkeerhöhung E_R/E am Rande der Bandleitung in Abhängigkeit von dem Verhältnis des Abrundungsradius ϱ zum Plattenabstand s (Parameter: Verhältnis der doppelten Plattendicke a zum Abstand s)

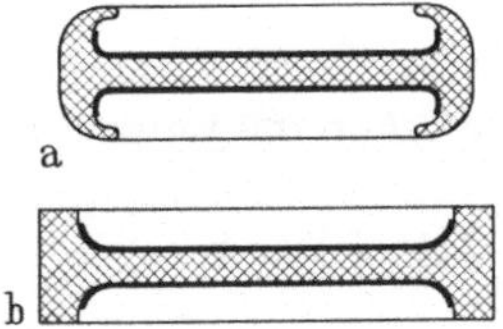

Bild 2.1-13 a u. b. Keramik-Kondensatoren hoher Spannungsfestigkeit

Rand der in die Hohlkehlen gezogenen Metallisierung in ein Gebiet kleinerer Feldstärke zu bringen. Gleichzeitig ist damit ein vergrößerter Kriechweg und erhöhter Sprühschutz erreicht.

2.2 Bauform und Kapazität von Kondensatoren

2.2.1 Festkondensatoren

2.2.1.1 Wickelkondensatoren und ihre Kontaktierung

Die Kapazität eines Wickelkondensators aus 2 Metallfolien und 2 Kunststoff-Bändern oder zwei ein- oder mehrlagigen Papierbändern (Bild 2.2-1) entspricht Formel (2.1-3)

$$C_{\text{Wickel}} = 2\,\varepsilon_0\,\varepsilon'\,\frac{A}{s}\,. \tag{2.2-1}$$

Den Faktor 2 verdankt man der doppelten Ausnutzung der Fläche beim Wickel gegenüber der abgewickelten Bahn.

Bei den Wickelkondensatoren sind die Bauformen mit Metallfolien als Elektroden (Bild 2.2-1) bzw. mit aufgedampften Metallschichten zu unterscheiden.

Bei den metallisierten Wickelkondensatoren werden die Folien bis auf einen Seitenstreifen zur Isolation der Elektrode im Vakuum bedampft. Nach dem Wickeln werden die Seitenflächen mit Metalldampf besprüht (z. B. nach M. U. Schoop) und die Anschlußdrähte mit beiden Metallschichten verlötet bzw. verschweißt.

Werden Metallfolien als Elektroden verwendet, kann die Kontaktierung auf verschiedene Weise erfolgen: mit einem flachgedrückten Anschlußdraht (exzentrische Anschlüsse), mit eingelegten Bändchen (zentrisch axiale Anschlüsse) oder durch Verlöten bzw. Verschweißen der seitlich überstehenden Belagfolien mit dem Anschlußdraht (Endkontaktierung). Bei der letzten Bauform werden die Anschlußdrähte oft zur Vergrößerung der Kontaktfläche zu einem kleinen Ring vorgeformt. Man erreicht durch die Endkontaktierung kleine Induktivitäten und kleine Verlustfaktoren.

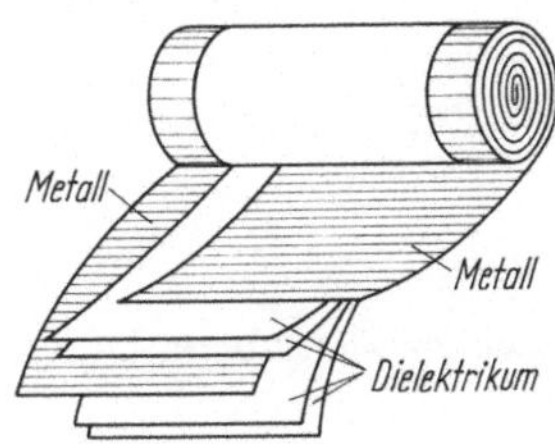

Bild 2.2-1. Grundsätzlicher Aufbau eines Wickelkondensators (Dielektrikum mit je 2 Lagen)

2.2.1.2 Zylinderkondensatoren

Die bekannte Formel (2.1-11) für den Zylinderkondensator mit der aktiven Länge l

$$C_{\text{Rohr}} = \frac{2\pi\varepsilon_0\,\varepsilon'\,l}{\ln d_\text{a}/d_\text{i}} \quad \text{geht für} \quad d_\text{a} = d_\text{m} + s \quad \text{und} \quad d_\text{i} = d_\text{m} - s \quad \textit{über}$$

in

$$C_{\text{Rohr}} = \frac{2\pi\,\varepsilon_0\,\varepsilon'\,l}{\ln\dfrac{1+s/d_\text{m}}{1-s/d_\text{m}}} = \frac{2\pi\,\varepsilon_0\,\varepsilon'\,l}{\dfrac{2s}{d_\text{m}}\left[1+\dfrac{1}{3}\left(\dfrac{s}{d_\text{m}}\right)^2 + \dfrac{1}{5}\left(\dfrac{s}{d_\text{m}}\right)^4 + \dots\right]} \tag{2.2-2}$$

oder

$$C_{\text{Rohr}} \approx \frac{\varepsilon_0\,\varepsilon'\,\pi\,d_\text{m}\,l}{s} = \varepsilon_0\,\varepsilon'\,\frac{A_\text{m}}{s}, \quad \text{Fehler} \leqq 1\% \quad \text{für} \quad \frac{s}{d_\text{m}} \leqq \frac{1}{6}.$$

Die Kapazität keramischer Röhrchenkondensatoren kann man also auch nach der Beziehung des Plattenkondensators abschätzen, da oft $s < d_\text{m}/10$ ist.

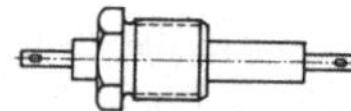

Bild 2.2-2. Durchführungskondensator mit Schraubanschluß für die Masseverbindung des Außenbelags

Eine in der Störschutztechnik viel verwendete Form ist der zylindrische Durchführungskondensator (Bild 2.2-2). Durchführungskondensatoren sind kapazitive Tiefpässe, d. h., sie entkoppeln Niederfrequenzströme von Hochfrequenzströmen, indem sie letztere an Masse ableiten. Als Maß für den Grad der Entkopplung gibt man den sog. Kernwiderstand an, das ist das Verhältnis von Leerlaufspannung U_{20} am Ende des Durchführungskondensators zum eingeprägten Eingangsstrom I_1 (Bild 2.2-3). Mit der Darstellung des Kondensators nach Bild 2.2-2 und Bild 2.2-3 ergibt sich als Kernwiderstand Z_K

$$Z_\text{k} = \left|\frac{U_{20}}{I_1}\right| = \frac{1}{\omega\,C_\text{B}}. \tag{2.2-3}$$

Beim Zylinderkondensator muß man ebenfalls die Ränder gut abrunden bzw. aufwölben, wenn man nicht am Rand erhöhte Feldstärken in Kauf nehmen kann. Im übrigen ist der Betrag der Feldstärke im Innern

$$E_\text{r} = \frac{U}{r\,\ln d_\text{a}/d_\text{i}} \tag{2.2-4}$$

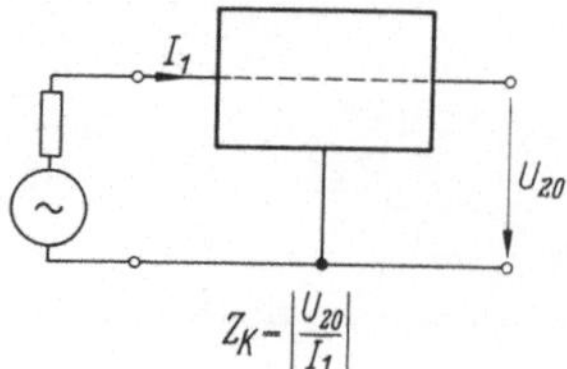

Bild 2.2-3. Zur Definition des Kernwiderstandes beim Durchführungskondensator

Tabelle 2.2-1. Kapazitäten einiger Leiteranordnungen mit Näherungsformeln

Querschnitt	Kapazität C exakte Formel	Kapazität C Näherung	Gültigkeits-Bereich der Näherung
Halbkugel	$C = \dfrac{\varepsilon_0\,\varepsilon'\cdot\pi}{\dfrac{1}{d_i}-\dfrac{1}{d_a}}$ $= \varepsilon_0\,\varepsilon'\,\dfrac{\pi d_a d_i}{2s}$		
Rohrkondensator	$C = \dfrac{\varepsilon_0\,\varepsilon'\,2\pi\cdot l}{\ln\dfrac{d_a}{d_i}}$ l = Länge der Überdeckung der Beläge	$C \approx \varepsilon_0\,\varepsilon'\,\dfrac{\pi d_m\cdot l}{s}$ $d_m = \dfrac{d_a+d_i}{2}$ $s = \dfrac{d_a-d_i}{2}$	Fehler $\leq 1\%$ für $\dfrac{s}{d_m} \leq 1/6$
Doppelleitung	$C = \dfrac{\varepsilon_0\,\varepsilon'\,\pi\cdot l}{\ln\dfrac{s+a}{d}}$ mit $a = \sqrt{s^2-d^2}$	$C \approx \dfrac{\varepsilon_0\,\varepsilon'\,\pi\cdot l}{\ln\dfrac{2s}{d}}$	Fehler $\leq 1\%$ für $\dfrac{s}{d} \geq 3{,}6$
Koplanarleitung	$C = \varepsilon_0\,\varepsilon'\,\dfrac{K(\sqrt{1-k^2})}{K(k)}\,l$ mit $k = \dfrac{\dfrac{s_m}{b}-1}{\dfrac{s_m}{b}+1}$	$C \approx \dfrac{\varepsilon_0\,\varepsilon'\,\pi\cdot l}{\ln\left[\dfrac{2s_m}{b}\left(1+\sqrt{1-\dfrac{b^2}{s_m^2}}\right)\right]}$	Fehler $\leq 1\%$ für $\dfrac{s_m}{b} \geq 1{,}2$
Parallelbandleitung	$C = \varepsilon_0\,\varepsilon'\,\dfrac{K(k)}{K(\sqrt{1-k^2})}\,l$ mit $k = f\!\left(\dfrac{s}{b}\right)$ $K(k)$ = vollständiges elliptisches Integral 1. Gattung. s. [9]	$C \approx \dfrac{\varepsilon_0\,\varepsilon'\,\pi\cdot l}{\ln\dfrac{4s}{b}}$ $C \approx \dfrac{\varepsilon_0\,\varepsilon'\,\pi\cdot l}{\ln\left(1+3{,}4\,\dfrac{s}{b}\right)}$ $C \approx \dfrac{\varepsilon_0\,\varepsilon'\,\pi\cdot l}{\ln\left(1+\pi\,\dfrac{s}{b}\right)}$	Fehler $\leq 2\%$ für $\dfrac{s}{b} \geq 1{,}8$ Fehler $\leq 2\%$ für $0{,}5 = \dfrac{s}{b} \leq 2$ Fehler $\leq 2\%$ für $\dfrac{s}{b} \leq 0{,}5$

naturgemäß für den kleinsten Radius $r_i = d_i/2$ ein Maximum

$$E_i = \frac{2U}{d_i \ln d_a/d_i}\,. \tag{2.2-5}$$

Bei gegebener Spannung U und festem d_a wird E_i ein Minimum für $d_a = \mathrm{e}\,d_i = 2{,}718\,d_i$, nämlich $E_{i,\min} = 2\,U/d_i$.

2.2.1.3 Topfkondensatoren

Topfkondensatoren aus Keramik enthalten außer dem zylindrischen Teil als Boden eine Halbkugel. Deren Kapazität beträgt nach Gl. (2.1-7)

$$C_\text{Halbkugel} = \frac{\pi\,\varepsilon_0\,\varepsilon'}{\dfrac{1}{d_\text{i}} - \dfrac{1}{d_\text{a}}} = \varepsilon_0\,\varepsilon'\,\frac{\pi\,d_\text{a}\,d_\text{i}}{2\,s} \quad \text{mit} \quad d_\text{a} - d_\text{i} = 2\,s$$

oder

$$C_\text{Halbkugel} = \varepsilon_0\,\varepsilon'\,\frac{A_\text{M}}{s} \quad \text{mit} \quad A_\text{M} = \frac{\pi\,d_\text{M}^2}{2} \quad \text{und} \quad d_\text{M} = \sqrt{d_\text{a}\,d_\text{i}} \;. \tag{2.2-6}$$

2.2.1.4 Scheibenkondensatoren

Die Kapazität der Scheibenkondensatoren mit der Dicke s und der wirksamen Kondensatorfläche A beträgt: $C = \varepsilon_0\,\varepsilon'\,A/s$ bei Vernachlässigung des Randfeldes (Bild 2.1-10).

Als Dielektrikum wird Keramik verwendet. Man unterscheidet Rechteck- und Rundscheibenkondensatoren. Bei genügend großer Schichtdicke und günstiger Formgebung (siehe 2.1.3) lassen sich Kondensatoren für hohe Spannungen herstellen. Aufgrund des Aufbaues können keine großen Kapazitätswerte erreicht werden. Jedoch ist die Induktivität dieser Kondensatoren sehr klein, so daß sie auch für höhere Frequenzen verwendet werden können. Eine spezielle Bauform ist der Mehrscheibenkondensator, bei dem mehrere Scheiben aufeinander gelötet werden.

2.2.1.5 Schichtkondensatoren

Schichtkondensatoren können als parallel geschaltete Einzelkondensatoren der Kapazität C_i aufgefaßt werden. Bei N Dielektrikumsschichten ist die Gesamtkapazität:

$$C = N \cdot C_\text{i} = \varepsilon_0\,\varepsilon'\,N \cdot A/s \;.$$

Beispiele für diese Bauform mit kleiner Induktivität sind die Keramik-Vielschichtkondensatoren, die Glimmer-Kondensatoren und die metallisierten Kunststofffolien-Schichtkondensatoren.

2.2.1.6 Meßkondensatoren

Zur Bestimmung der dielektrischen Eigenschaften ε_r und $\tan\delta$ von Isolierstoffen werden entsprechend VDE 0303, Bestimmungen für elektrische Prüfungen von Isolierstoffen, Teil 4, Ausgabe 12.69, Meßelektroden auf die Isolierstoffe aufgebracht. Für Schiedsmessungen von

$$\varepsilon_\text{r} = \frac{C_\text{x}\ \text{gemessen}}{C_0\ \text{Luft}} \quad \text{und} \quad \tan\delta = \frac{1}{Q_\text{r}}$$

verwendet man sogenannte Haftelektroden aus Leitsilber oder Graphit-Hydrokollag; für Vergleichsmessungen oder für überschlägige Messungen genügt auch bei ebenen Isolierstoffen das einfache Anpressen von Metallplatten-Elektroden.

Formeln für zylindrische Proben (Isolierstoff-Rohre) findet man ebenfalls in VDE 0303, Teil 4, Ausgabe 12.69.

In der Tabelle 2.2-2 sind einige wichtige Meßkondensator-Formeln für feste Isolierstoff-Platten zusammengestellt. Die Gleichungen sind als Größengleichungen

Tabelle 2.2-2. Kapazitäten von Meßkondensatoren in Luft mit $\varepsilon_0 = 0{,}08854$ (pF/cm) (sämtliche Maße werden zweckmäßig in cm eingesetzt)

1	2	3	4	5
	Elektrodenanordnung	Kapazität der Elektrodenanordnung in Luft C_0	Kapazitätsanteil des Randfeldes C_e	Permittivitätszahl ε_r
	a) Plattenelektrode mit Schutzring	$C_0 = \dfrac{\pi}{4}\,\varepsilon_0\,\dfrac{(d_1 + g)^2}{h}$ $= 0{,}06954\,\dfrac{(d_1 + g)^2}{h}\,\dfrac{\text{pF}}{\text{cm}}$	$C_e = 0$	$\varepsilon_r = \dfrac{C_x}{C_0}$
Ebene Proben	b) Plattenelektrode ohne Schutzring Elektrodendurchmesser = Probendurchmesser	$C_0 = \dfrac{\pi}{4}\,\varepsilon_0\,\dfrac{d_1^2}{h}$ $= 0{,}06954\,\dfrac{d_1^2}{h}\,\dfrac{\text{pF}}{\text{cm}}$	Für Elektrodendicke $a < h$ gilt: $C_e = 0{,}03245\,\pi \cdot d_1\left(\lg\dfrac{8\,\pi\,d_1}{h} + z - 0{,}4343\right)\dfrac{\text{pF}}{\text{cm}}$ $*z = (1 + x)\,\lg(1 + x) - x\,\lg x \text{ mit } x = a/h$	$\varepsilon_r = \dfrac{C_x - C_e}{C_0}$
	c) Plattenelektrode ohne Schutzring Elektrodendurchmesser < Probendurchmesser		Für Elektrodendicke $a \ll h$ (Elektrode sehr dünn) gilt: $C_e \approx \pi\,d_1\,(0{,}041\,\varepsilon_{r1} - 0{,}077\,\lg\dfrac{h}{\text{cm}} + 0{,}045)\,\dfrac{\text{pF}}{\text{cm}}$ $\varepsilon_{r1} = $ Näherungswert der Permittivitätszahl der Probe	

* $z \cdot 2{,}30258$ ist die Thomson-Funktion (s. Kohlrausch: Praktische Physik, Bd. 2).

Tabelle 2.2-3. Berechnung von ε_{rx} und $\tan \delta_x$ bei Verwendung eines Immersionskondensators (nach VDE 0303, Teil 4, Ausgabe 12.69, S. 15–19)

1	2	3
	Permittivitätszahl	Dielektrischer Verlustfaktor
Ebene Elektroden, in Luft	$\varepsilon_{rx} = \dfrac{1}{1 - \dfrac{\Delta C}{C_1}\dfrac{s}{h}}$	$\tan \delta_x = \tan \delta + M\,\Delta(\tan \delta)$
Ebene Elektroden, Flüssigkeitsverdrängung	$\varepsilon_{rx} = \dfrac{\varepsilon_f}{1 - \dfrac{\Delta C}{\varepsilon_f C_0 + \Delta C}\dfrac{s}{h}}$	$\tan \delta_x = \tan \delta + M\,\dfrac{\varepsilon_{rx}}{\varepsilon_f} \cdot \Delta(\tan \delta)$
Zylindrische Elektroden, Flüssigkeitsverdrängung ($\tan \delta_x < 0{,}1$)	$\varepsilon_{rx} = \dfrac{\varepsilon_f}{1 - \dfrac{\Delta C}{C_1}\dfrac{\lg \dfrac{d_3}{d_0}}{\lg \dfrac{d_a}{d_i}}}$	$\tan \delta_x = \tan \delta + \Delta(\tan \delta)\,\dfrac{\varepsilon_{rx}}{\varepsilon_f}$ $\cdot \left(\dfrac{\lg \dfrac{d_3}{d_0}}{\lg \dfrac{d_a}{d_i}} - 1 \right)$

d_3　Innendurchmesser der Außenelektrode in gleicher Einheit wie
d_0　Außendurchmesser der Innenelektrode.
d_i　Innendurchmesser der Probe in gleicher Einheit wie
d_a　Außendurchmesser der Probe.

In Tabelle 2.2-3 bedeuten:

ΔC　　Kapazitätsänderung beim Einführen der Probe in pF (bei Zunahme mit positivem Vorzeichen),
C_0　　berechnete Leerkapazität der Probenanordnung in pF ohne Berücksichtigung des Randfeldes,
C_1　　Kapazität der Elektrodenanordnung mit Probe in pF,
ε_{rx}　　zu berechnende Permittivitätszahl der Probe,
ε_f　　Permittivitätszahl der Flüssigkeit bei der Prüftemperatur ($= 1{,}00$ für Luft)
$\tan \delta_x$　　zu berechnender Verlustfaktor der Probe,
$\tan \delta$　　gemessener Verlustfaktor,
$\Delta(\tan \delta)$ Zunahme des gemessenen Verlustfaktors beim Einführen der Probe,
s　　Elektrodenabstand in cm,
h　　mittlere Probendicke in cm,

$$M \quad = \frac{s}{h} - 1\,.$$

In den Gleichungen der Tabelle 2.2-3 kann an Stelle des Zehnerlogarithmus (gewöhnlicher oder Briggsscher Logarithmus) auch der Natürliche Logarithmus benutzt werden, da der Umrechnungsfaktor in den Brüchen wegfällt.

geschrieben, die gegenüber Zahlenwertgleichungen zu bevorzugen sind. Bei der Elektrodenanordnung 2 b) in Tabelle 2.2-2 hängt die Streukapazität C_e nicht von der Permittivitätszahl ε_r der Probe ab, da die Streufeldlinien in Luft verlaufen. − Die in Tabelle 2.2-2, Spalte 4, Mitte, angegebene Beziehung für C_e enthält (abweichend von dem Wert $-1,305$ in VDE 0303, Teil 4) den Wert $-0,4343$, welcher dem Wert $+1,7726$ in der anderen Schreibweise von Formel (2.1-19) im Abschnitt 2.1.1.3 entspricht. − Die Vergrößerung der Streukapazität C_e mit der Plattendicke a ist durch die Thomson-Funktion $2,30258 \cdot z\,(a/h)$ berücksichtigt, wobei $h \equiv s$ den Plattenabstand bedeutet.

In vielen Fällen läßt sich die Dicke der Probe nur ungenau bestimmen. Um den Einfluß dieses Fehlers auf das Meßergebnis auszuschalten, wendet man das Immersionsverfahren an. In den Kondensator wird vollständig die Immersionsflüssigkeit (mit bekannter Permittivitätszahl ε_f und bekanntem Verlustfaktor) eingefüllt und C_1 gemessen. Dann wird bei ungeändertem Elektrodenabstand die Probe eingeführt, die damit die Flüssigkeit teilweise verdrängt, und die veränderte Kapazität C_2 gemessen. $\Delta C = C_2 - C_1$ und $\Delta\,(\tan\delta)$ werden bestimmt. Dann können die Permittivitätszahl ε_{rx} und der Verlustfaktor $\tan\delta_x$ der Probe nach Tabelle 2.2-3 bestimmt werden. Es ist $\varepsilon_{rx} = \varepsilon_f$ für $\Delta C = 0$ und $\varepsilon_{rx} > \varepsilon_f$ für $\Delta C > 0$. Als Immersionsflüssigkeit hat sich Siliconöl bewährt.

2.2.1.7 Trimmkondensatoren

Trimmkondensatoren dienen zum Abgleich von Schwingkreisen, Filtern und anderen Schaltungen. Sie werden z. B. im Prüffeld eingestellt und gegen weiteres Verstellen gesichert.

Bild 2.2-4 zeigt vier der gebräuchlichen Bauformen. Bei dem *Drahttrimmer* dient die auf die Innenseite eines Keramikröhrchens eingebrannte Metallschicht als feste Elektrode, während eine verlötete Drahtwicklung auf der Außenseite durch teilweises Abwickeln eine einfache Abstimmung ermöglicht. Der Rotor des *Scheibentrimmers* besteht aus einem keramischen Scheibchen, auf das der Metallbelag gebrannt ist; aus einer ähnlichen Metall-Keramik-Verbindung ist der Stator aufgebaut. Bei dem *Rohrtrimmer* ist auf ein Keramikrohr der Stator in Form einer

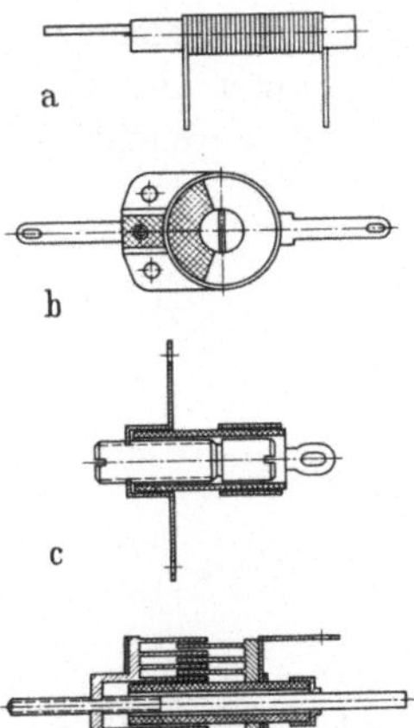

Bild 2.2-4 a − d. Trimmkondensatoren. **a** Drahttrimmer; **b** keramischer Scheibentrimmer; **c** keramischer Rohrtrimmer; **d** Luft-Tauchtrimmer

Metallhülse aufgeschrumpft. Die metallene Rotorspindel wird von einer Metallhülse geführt, die isoliert vom Stator an einem Ende des Keramikröhrchens
befestigt ist. Axiale Verschiebung der Rotorspindel bewirkt die Kapazitätsänderung, ähnlich wie beim *Luft-Tauchtrimmer*, wo konzentrische Rotorzylinder in
entsprechende Statorzylinder eintauchen.

2.2.2 Drehkondensatoren

Während Trimmkondensatoren nach dem Abgleich des Geräts fest eingestellt
bleiben, kann man mit Drehkondensatoren jederzeit während des Betriebs die
Kapazität verändern. Beim Platten-Drehkondensator wird das Rotorplattenpaket
in das Statorpaket hineingedreht. Die Statorplatten sind so groß, daß der einge-
drehte Teil der Rotorplatten sich stets innerhalb der Stators befindet, im übrigen
ist die Stator-Randform beliebig und von technischen Gesichtspunkten bestimmt.
Beim Rotor kann man unabhängig vom speziellen Plattenschnitt nach Bild 2.2-5
eine allgemeingültige Beziehung zwischen Radius r der Rotor-Randkurve und der
Kapazitätsänderung $\Delta C / \Delta \alpha$ aufstellen:

Der Rotor sei in das Statorpaket um den Winkel α eingedreht. Wo der Rotor in
den Stator eintaucht, habe er den Radius $r = r(\alpha)$. Eine weitere Drehung um $\Delta\alpha$
vergrößert dann die Kapazität um einen Betrag, welcher dem Zuwachs der Fläche

$$\Delta A = \frac{r^2\,\Delta\alpha}{2} - \frac{r_{\text{st}}^2\,\Delta\alpha}{2}$$

entspricht. Sind insgesamt n Stator- und Rotorplatten mit dem gegenseitigen
Abstand s vorhanden, also $n - 1$ elektrische Felder, so ist der Kapazitätszuwachs
ΔC

$$\Delta C = \varepsilon_0\,\varepsilon'\,(n-1)\,\frac{\Delta A}{s} = \varepsilon_0\,\varepsilon'\,(n-1)\,(r^2 - r_{\text{st}}^2)\,\frac{\Delta\alpha}{2\,s}$$

oder mit $\dfrac{\Delta C}{\Delta\alpha} \to \dfrac{\mathrm{d}C}{\mathrm{d}\alpha}$

$$r^2 - r_{\text{st}}^2 = \frac{2\,s}{\varepsilon_0\,\varepsilon'\,(n-1)}\,\frac{\mathrm{d}C}{\mathrm{d}\alpha} = K\,\frac{\mathrm{d}C}{\mathrm{d}\alpha}\,. \tag{2.2-7}$$

Mit Gl. (2.2-7) können wir die Randkurve des Rotors verschiedener Drehkondensatoren bestimmen. Drehkondensatoren werden oft zur Einstellung der Resonanzfrequenz f bzw. der Resonanzwellenlänge λ von Schwingkreisen benutzt. Für die
Resonanzfrequenz eines Schwingkreises mit der Induktivität L gilt bei Vernachlässigung der Verluste die Thomsonsche Schwingungsgleichung:

$$f = \frac{1}{2\pi\,\sqrt{LC}}\,. \tag{2.2-8}$$

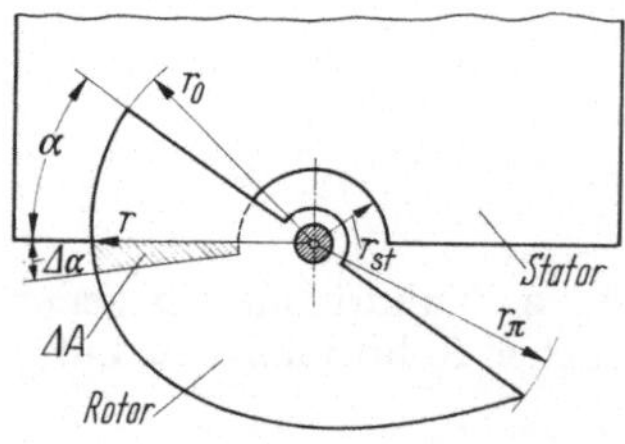

Bild 2.2-5. Bezeichnungen beim Drehkondensator mit beliebigem Plattenschnitt

Daraus erhält man für die Resonanzwellenlänge im leeren Raum

$$\lambda = \frac{c}{f} = 2\,\pi\,c\,\sqrt{LC} \tag{2.2-9}$$

mit c = Lichtgeschwindigkeit im leeren Raum.

Bei fester Induktivität L kann man durch die Kapazität C die Resonanzfrequenz bzw. die Resonanzwellenlänge ändern.

Aus $\qquad \ln f = -\ln 2\pi - \tfrac{1}{2}\ln L - \tfrac{1}{2}\ln C$

und $\qquad \ln \lambda = \ln 2\pi c + \tfrac{1}{2}\ln L + \tfrac{1}{2}\ln C$

folgt durch Differenzieren

$$-\frac{\mathrm{d}f}{f} = \frac{1}{2}\frac{\mathrm{d}C}{C} = \frac{\mathrm{d}\lambda}{\lambda}. \tag{2.2-10}$$

Gleichung (2.2-10) gilt unabhängig vom jeweiligen Plattenschnitt des Drehkondensators, ebenso wie die Beziehung zwischen maximaler und minimaler Reso-

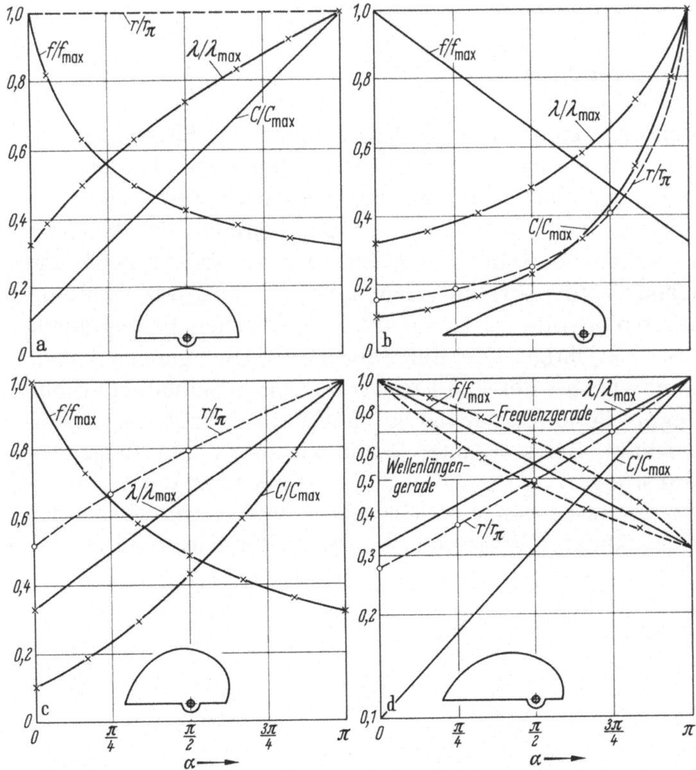

Bild 2.2-6 a–d. Vergleich der verschiedenen Drehkondensatoren. **a** kapazitätsgerade; **b** frequenzgerade; **c** wellenlängengerade; **d** logarithmisch. Für alle Kondensatoren ist C_{min}/C_{max} = 0,1 gewählt

nanzfrequenz bzw. Resonanzwellenlänge, die man aus den Gln. (2.2-8) und (2.2-9) erhält

$$\frac{f_{max}}{f_{min}} = \sqrt{\frac{C_{max}}{C_{min}}} = \frac{\lambda_{max}}{\lambda_{min}}. \tag{2.2-11}$$

2.2.2.1 Vergleich der verschiedenen Plattenschnitte

In den Bildern 2.2-6a – d sind für Kondensatoren, deren Maximal-Kapazität C_{max} zur Minimalkapazität C_{min} sich wie 10 : 1 verhält (also $f_{max}/f_{min} = \lambda_{max}/\lambda_{min}$ $= \sqrt{10} : 1 = 3{,}16 : 1$) die Kurven für C/C_{max} sowie f/f_{max} und λ/λ_{max} zusammen mit der Form der Rotorplatten r/r_{max} eingetragen. Man beachte die logarithmische Auftragung dieser Größen in Bild 2.2-6d. Da sich beim logarithmischen Kondensator alle Größen exponentiell mit dem Drehwinkel ändern, sind hier alle drei Größen durch Geraden darstellbar. Die Linien für f und λ haben die halbe Steigung der Linie C/C_{max}. In Bild 2.2-6d ist noch der Frequenzverlauf des frequenzgeraden bzw. wellenlängengeraden Drehkondensators zum Vergleich eingetragen. Der Frequenzverlauf des logarithmischen Kondensators liegt zwischen den beiden Kurven. Damit wird die Bezeichnung „Mittellinienkondensator" für den logarithmischen Kondensator verständlich.

2.3 Der technische Kondensator

Technische Kondensatoren besitzen nicht nur Kapazität. Wenn sie Ströme führen, haben vor allem die äußeren Zuleitungen ein Magnetfeld, dessen Induktivität sich um so stärker bemerkbar macht, je höher die Betriebsfrequenz ist. Selbst wenn die Zuleitungen äußerst kurz und nahe aneinander als Bandleitung oder koaxiale Leitung mit niedrigem Wellenwiderstand ausgeführt werden, bleibt noch das innere Magnetfeld des Kondensators wirksam (siehe 2.3-1). In der Ersatzschaltung für technische Kondensatoren in Bild 2.3-1 sind die magnetischen Felder durch eine Serieninduktivität berücksichtigt. Die Zuleitungen und Belegungen haben einen ohmschen Widerstand, der bei höheren Frequenzen durch Skineffekt erhöht ist. Dieser Widerstand liegt in Serie mit der Induktivität und Kapazität und ist als r_s im Ersatzbild berücksichtigt. Bei konstanter Spannung wächst mit steigender Frequenz der Kondensatorstrom ($I_c = j\,\omega\,C\,U_c$), und entsprechend stärker fallen die Energieverluste durch Serienwiderstände ins Gewicht. – Anders verhält sich der Einfluß von Isolationswiderständen (Widerstände r_{pa} durch Kriechströme an der

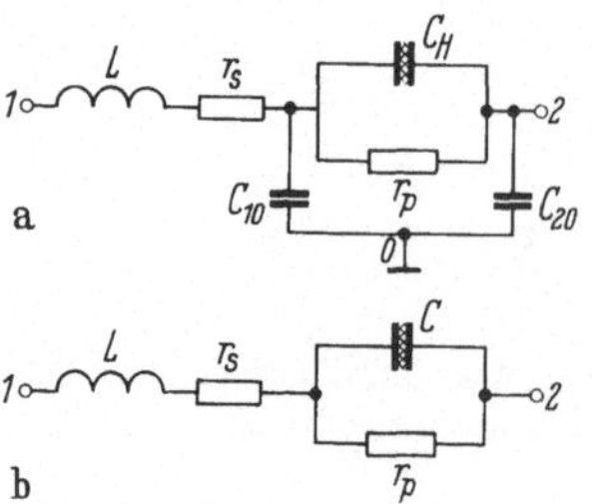

Bild 2.3-1. a Ersatzschaltbild des technischen Kondensators mit Erd- bzw. Gehäusekapazitäten; **b** vereinfachtes Ersatzbild

Oberfläche von Halterungen, Isolationswiderstand r_{pi} des Dielektrikums). Der Ersatzwiderstand r_p der Isolationswiderstände liegt zur Kapazität parallel und verliert um so mehr an Bedeutung, je höher die Frequenz ist. Nur bei Gleichstrom und tiefen Frequenzen ist r_p für die Wärmeverluste maßgebend. − Die dritte Verlustquelle sind bei festen und flüssigen Isolierstoffen die Polarisationsverluste im Wechselfeld, besonders, wenn das Dielektrikum polare Moleküle enthält. Polare Moleküle [10] haben ein statisches Dipolmoment, richten sich im Gleichfeld aus und folgen dem Wechselfeld durch eine Drehung im Takt der Frequenz und ergeben Verluste, die zusätzlich zu r_s und r_p Wärme liefern. Die Polarisationsverluste sind in Bild 2.3-1 durch Kreuzschraffur von C gekennzeichnet.

Wir wollen den Einfluß der Induktivität und den der Verluste durch r_s, r_p und die Polarisation getrennt verfolgen.

2.3.1 Einfluß der Induktivität auf die wirksame Kapazität (Lage der Resonanzfrequenzen)

Wir fassen die Hauptkapazität C_H des Ersatzbildes mit den Teilkapazitäten C_{10} und C_{20} zur Betriebskapazität C zusammen, vernachlässigen alle Verluste, berücksichtigen aber alle Blindwiderstände. Die Serienschaltung von C und L kann man zu einer effektiven, zwischen den Klemmen *1* und *2* meßbaren Kapazität C_{eff} zusammenfassen. Ihre Größe folgt aus

$$\frac{1}{j\,\omega\,C_{eff}} = \frac{1}{j\,\omega\,C} + j\,\omega\,L = \frac{1}{j\,\omega\,C}(1 - \omega^2\,LC)\,.$$

Also

$$C_{eff} = \frac{C}{1 - \omega^2\,LC} = \frac{C}{1 - \left(\dfrac{f}{f_r}\right)^2} \quad \text{mit} \quad \omega_r = 2\,\pi\,f_r = \frac{1}{\sqrt{LC}}\,. \tag{2.3-1}$$

Dabei bedeutet f_r die Frequenz, bei welcher Serienresonanz auftritt. Die effektive Kapazität C_{eff} ist also *größer* als die Betriebskapazität C. Der Anstieg ist nach (2.3-1) unwesentlich bis etwa $f = f_r/10$. Das Anwachsen von C_{eff} über alle Grenzen bei $f = f_r$ bedeutet Verschwinden des Blindwiderstandes bei der Serienresonanz. Oberhalb von f_r wirkt dann der Kondensator wie eine Spule mit der Induktivität

$$L_{eff} = L\left(1 - \left(\frac{f_r}{f}\right)^2\right)\,.$$

Beispiel: Ein Kondensator mit $C = 100\,000$ pF habe eine Induktivität $L = 100$ nH $= 0{,}1\ \mu$H. Die Resonanzfrequenz f_r ist dann berechenbar aus

$$f_r = \frac{1}{2\,\pi\,\sqrt{100\ \text{nH}\cdot10^5\ \text{pF}}} = \frac{1}{2\,\pi\,\sqrt{10^7\cdot10^{-21}\ \Omega\,\text{s}\,\text{S}\,\text{s}}} = \frac{10^7\ \text{Hz}}{2\,\pi} = 1{,}59\ \text{MHz}.$$

Bis zu $f = 160$ kHz ist demnach $C_{eff} \lesssim 1{,}01\ C$.

Es kann vorkommen, daß ein Kondensator durch sein Magnetfeld nicht nur eine, sondern mehrere Eigenfrequenzen besitzt. Ein einfaches Beispiel dafür ist jede am Ende offene Leitung, also auch jeder Kondensatorwickel. Bei genügend dichter Lage der Anschlüsse liegen, einander abwechselnd, mehrere Serien- und Parallel-

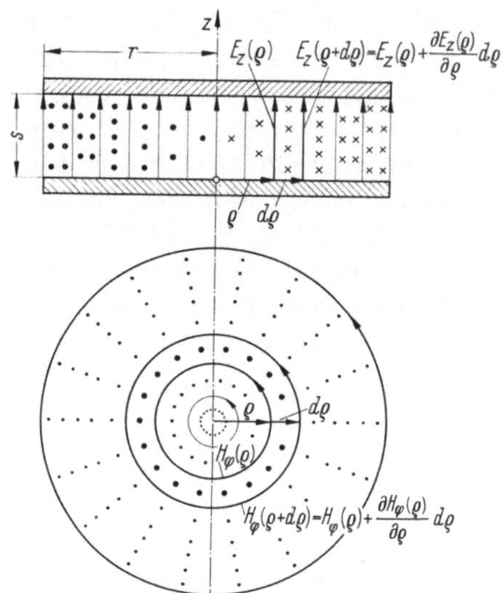

Bild 2.3-2. Elektrische und magnetische Feldlinien beim Kreisplattenkondensator (ohne Randstreufeld)

resonanzen im Bereich der Meter- oder Dezimeterwellen. Selbst ein so „konzentriertes" Bauelement wie ein Kreisplattenkondensator hat durch das innere Magnetfeld (das Magnetfeld des Verschiebungsstromes) ein unbegrenztes Spektrum von Eigenfrequenzen [11]. Die magnetischen Feldlinien umgeben die elektrischen Feldlinien in Kreisen um die Kondensatorachse. (Wir beschränken uns auf den Innenraum $\varrho < r$, in welchem wegen der gut leitenden Kondensatorplatten die elektrischen Feldlinien praktisch senkrecht zu den Platten verlaufen. Das Randstreufeld mit seiner E_ϱ-Komponente wird vernachlässigt.) Bezeichnen nach Bild 2.3-2 E_z bzw H_φ die Stärke der elektrischen bzw. magnetischen Feldstärke (alle übrigen Feldstärkekomponenten seien Null, der Feldraum sei verlustfrei), so folgt aus dem Induktionsgesetz $\oint E \cdot \mathrm{d}s = - \partial\Phi/\partial t$ bzw. aus der zweiten Maxwellschen Gleichung

$$\operatorname{rot} E = -\frac{\partial B}{\partial t} \quad \text{mit} \quad \operatorname{rot}_\varphi E = \frac{\partial E_\varrho}{\partial z} - \frac{\partial E_z}{\partial \varrho} \quad \text{und} \quad E_\varrho = 0$$

die Beziehung

$$\frac{\partial E_z}{\partial \varrho} = \mu_0 \mu_\mathrm{r} \frac{\partial H_\varphi}{\partial t}. \tag{2.3-2}$$

Eine zweite Verknüpfung zwischen E_z und H_φ erhält man mit dem elektrischen Fluß

$$\Psi = \int\limits_A D \cdot \mathrm{d}A = \varepsilon_0 \, \varepsilon_\mathrm{r} \int\limits_A E \cdot \mathrm{d}A$$

aus dem Durchflutungsgesetz $\oint H \cdot \mathrm{d}s = \partial\Psi/\partial t$ bzw. aus der ersten Maxwellschen Gleichung $\operatorname{rot} H = \partial D/\partial t$ mit

$$\operatorname{rot}_z H = \frac{1}{\varrho}\left(\frac{\partial}{\partial \varrho}(\varrho\, H_\varphi) - \frac{\partial H_\varrho}{\partial \varphi}\right) \quad \text{und} \quad H_\varrho = 0,$$

$$\frac{H_\varphi}{\varrho} + \frac{\partial H_\varphi}{\partial \varrho} = \varepsilon_0 \, \varepsilon_\mathrm{r} \frac{\partial E_z}{\partial t}. \tag{2.3-3}$$

Differenziert man Gl. (2.3-3) nach der Zeit und Gl. (2.3-2) nach dem Radius, so kann man H_φ eliminieren und bekommt für E_z die partielle Differentialgleichung

$$\frac{\partial^2 E_z}{\partial \varrho^2} + \frac{1}{\varrho}\,\frac{\partial E_z}{\partial \varrho} = \mu_0\,\mu_r\,\varepsilon_0\,\varepsilon_r\,\frac{\partial^2 E_z}{\partial t^2}\;.$$

Für zeitlich harmonische Vorgänge ist $\partial/\partial t = \mathrm{j}\,\omega$ und damit

$$\frac{\partial^2 E_z}{\partial \varrho^2} + \frac{1}{\varrho}\,\frac{\partial E_z}{\partial \varrho} + \omega^2\,\mu_0\,\varepsilon_0\,\mu_r\,\varepsilon_r\,E_z = 0.$$

Die Lösung dieser Besselschen Differentialgleichung ist die Zylinderfunktion nullter Ordnung $J_0\left(\dfrac{2\,\pi\,\varrho}{\lambda_m}\right)$ mit dem Argument

$$\frac{2\,\pi\,\varrho}{\lambda_m} = \frac{2\,\pi\,\varrho}{\lambda_0/\sqrt{\mu_r\,\varepsilon_r}}\;,$$

λ_m = Wellenlänge im Medium mit μ_r und ε_r $\left(\lambda_m = \dfrac{\lambda_0}{\sqrt{\mu_r\,\varepsilon_r}}\right)$,

λ_0 = Wellenlänge im leeren Raum $\left(\lambda_0 = \dfrac{c}{f} = \dfrac{1}{f\sqrt{\mu_0\,\varepsilon_0}}\right)$.

Die Begründung hierfür kann man entweder dem Buch von Ollendorff [11] oder dem für Ingenieure geschriebenen Bändchen von Rehwald [12] über Bessel-, Neumann- und Hankel-Funktionen entnehmen.

Bezeichnet man mit U_{stat} und Q_{stat} die bei tiefen Frequenzen vorhandene Spannung und Ladung des Kreisplattenkondensators mit dem Radius $r = d/2$, so folgt für die Randspannung

$$U_{rand} = U_{stat}\,J_0\left(\frac{2\,\pi\,r}{\lambda_m}\right) = U_{stat}\,J_0\left(\frac{\pi\,d}{\lambda_m}\right),$$

$$Q = \frac{Q_{stat}}{\dfrac{\pi\,r}{\lambda_m}}\,J_1\left(\frac{2\,\pi\,r}{\lambda_m}\right) = \frac{Q_{stat}}{\dfrac{\pi\,d}{2\,\lambda_m}}\,J_1\left(\frac{\pi\,d}{\lambda_m}\right).$$

Daß man die Randspannung und nicht etwa die Spannung in der Kondensator-achse zur Definition der Kapazität benutzt, folgt aus der Einströmung der Energie entsprechend dem Poyntingschen Vektor $S = E \times H$, dessen Betrag längs des Randzylinders den Wert $S = (E_z\,H_\varphi)_{\varrho=r}$ hat. Dabei ist das Streufeld der Ladungen auf den Außenseiten der Platten vernachlässigt. Strenggenommen liegt der „Kondensator-Rand" an den äußersten Feldlinien, deren Ladungen nicht schon zur Zuleitung gehören.

Damit wird die effektive oder dynamische Kapazität bei beliebig niedriger oder hoher Frequenz

$$C_{eff} = \frac{Q}{U_{rand}} = \frac{Q_{stat}}{U_{stat}}\,\frac{J_1\left(\dfrac{\pi\,d}{\lambda_m}\right)}{\dfrac{\pi\,d}{2\,\lambda_m}\,J_0\left(\dfrac{\pi\,d}{\lambda_m}\right)} = C_{stat}\,\alpha\left(\frac{\pi\,d}{\lambda_m}\right). \tag{2.3-4}$$

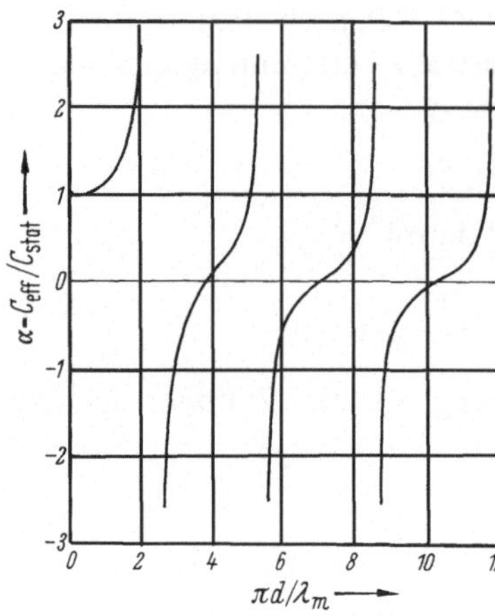

Bild 2.3-3. Auf C_{stat} normierte effektive Kapazität $\alpha = C_{\text{eff}}/C_{\text{stat}}$ eines Kreisplattenkondensators als Funktion der normierten Betriebsfrequenz $2\pi r\, f/v = (\pi d)/\lambda_{\text{m}}$

Bei tiefen Frequenzen ist $\pi\, d/\lambda_{\text{m}} < 1$. Dann kann man (s. Rehwald [12]) die Bessel-Funktionen in folgende Reihen entwickeln:

$$J_0(x) = 1 - \frac{x^2}{4} + \frac{x^4}{64} - \ldots, \quad J_1(x) = \frac{x}{2} - \frac{x^3}{16} + \frac{x^5}{384} - \ldots .$$

Damit wird mit $x = \pi\, d/\lambda_{\text{m}}$

$$\alpha\left(\frac{\pi\, d}{\lambda_{\text{m}}}\right) = \frac{J_1(x)}{\dfrac{x}{2} J_0(x)} = \frac{1 - \dfrac{1}{8} x^2 + \dfrac{x^4}{192}}{1 - \dfrac{1}{4} x^2 + \dfrac{x^4}{64}} \approx 1 + \frac{x^2}{8} = 1 + \frac{1}{8}\left(\frac{\pi\, d}{\lambda_{\text{m}}}\right)^2 .$$

Der Korrekturfaktor ist 1,01 für $\pi\, d/\lambda_{\text{m}} = 0{,}282$ bzw. $\lambda_{\text{m}} \approx 11\, d$ oder $\lambda_0 \approx 11\, d\sqrt{\mu_{\text{r}}\, \varepsilon_{\text{r}}}$. Ein Kreisplattenkondensator mit Luft als Dielektrikum ($\varepsilon_{\text{r}} = 1$) und einem Durchmesser von 90 mm behält also seine statische Kapazität (s. Bild 2.1-8) bei tiefen Frequenzen mit einem Fehler von nur 1 % bis zu 300 MHz ($\lambda_0 = 1$ m). Bei höheren Frequenzen (im Dezimeterwellenbereich) macht sich die Induktivität des inneren Magnetfeldes stärker bemerkbar. Die erste Serienresonanz liegt nach (2.3-4) bei der ersten Nullstelle der Bessel-Funktion $J_0(\pi\, d/\lambda_{\text{m}})$, also bei $\pi\, d/\lambda_{\text{ms}} = 2{,}4$ bzw. $\lambda_{\text{ms}} = 1{,}31\, d$ oder $\lambda_{0\text{s}} = 1{,}31\, d\sqrt{\mu_{\text{r}}\, \varepsilon_{\text{r}}}$ (für $d = 9$ cm wird also $\lambda_{0\text{s}} = 11{,}7$ cm). Den weiteren Verlauf von α mit der Frequenz zeigt Bild 2.3-3.

2.3.2 Güte, Verlustfaktor und Ersatzschaltungen

In diesem Abschnitt soll der technische Kondensator bei nicht zu hohen Frequenzen (unterhalb der ersten Serienresonanz) betrachtet werden, so daß die Wirkungen der inneren und äußeren Induktivitäten noch zu vernachlässigen sind. Abweichend vom idealen Kondensator hat der technische Kondensator die schon oben angeführten Wärmeverluste. Je höher die Blindleistung P_{q} im Vergleich zur Wirkleistung P ist, um so mehr wirkt der Kondensator als reiner Blindwiderstand. Man definiert deshalb die Güte Q_ε eines Kondensators aus

$$Q_\varepsilon = \frac{P_{\text{q}}}{P} . \tag{2.3-5}$$

Besteht nach Bild 2.3-4 zwischen Strom und Spannung am Kondensator die Phasenverschiebung φ, so werden die Blindleistung

$$P_{\mathrm{q}} = \frac{UI}{2} \sin \varphi = U_{\mathrm{eff}}\, I_{\mathrm{eff}} \sin \varphi$$

und die Wirkleistung

$$P = \frac{UI}{2} \cos \varphi = U_{\mathrm{eff}}\, I_{\mathrm{eff}} \cos \varphi$$

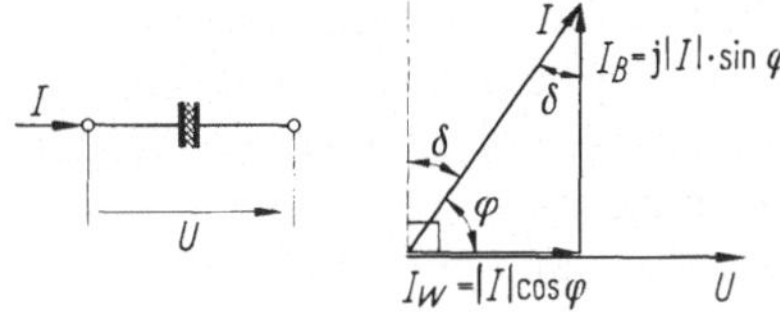

Bild 2.3-4. Strom und Spannung beim technischen Kondensator mit Verlusten

umgesetzt. Die Güte wird damit

$$Q_\varepsilon = \tan \varphi\,.$$

Beim idealen Kondensator ohne Verluste ist $\varphi = 90°$, beim technischen Kondensator mit Verlusten ist $\varphi < 90°$. Den Differenzwinkel des Phasenwinkels zu $90°$ nennt man den Verlustwinkel δ

$$\delta = 90° - \varphi\,.$$

Damit lautet die zweite Definition der Güte eines Kondensators

$$Q_\varepsilon = \frac{1}{\cot \varphi} = \frac{1}{\tan \delta}\,. \tag{2.3-6}$$

Je kleiner der Verlustwinkel δ, desto besser ist der Kondensator. Die Größe

$$\tan \delta = \frac{1}{Q_\varepsilon} = \frac{P}{P_{\mathrm{q}}} \tag{2.3-7}$$

nennt man auch den Verlustfaktor des Kondensators. Er ist gleich der reziproken Güte. Schlechte Kondensatoren haben große Verlustfaktoren. Schaltet man in Reihe mit einem idealen verlustfreien Kondensator C_{s} einen Widerstand R_{s} entsprechend Bild 2.3-5, so wird der Verlustfaktor der Serienschaltung

$$\tan \delta = \frac{P}{P_{\mathrm{q}}} = \frac{I_{\mathrm{eff}}^2\, R_{\mathrm{s}}}{\dfrac{I_{\mathrm{eff}}^2}{\omega\, C_{\mathrm{s}}}} = R_{\mathrm{s}}\, \omega\, C_{\mathrm{s}}\,. \tag{2.3-8}$$

Der Verlustfaktor steigt linear mit der Frequenz an, d. h., Serienwiderstände verschlechtern einen Kondensator besonders bei hohen Frequenzen.

Schaltet man parallel zu einem idealen verlustfreien Kondensator C_{p} einen Widerstand R_{p} (Bild 2.3-6), so wird der Verlustfaktor der Parallelschaltung

$$\tan \delta_{\mathrm{p}} = \frac{P}{P_{\mathrm{q}}} = \frac{\dfrac{U_{\mathrm{eff}}^2}{R_{\mathrm{p}}}}{U_{\mathrm{eff}}^2\, \omega\, C_{\mathrm{p}}} = \frac{1}{R_{\mathrm{p}}\, \omega\, C_{\mathrm{p}}}\,. \tag{2.3-9}$$

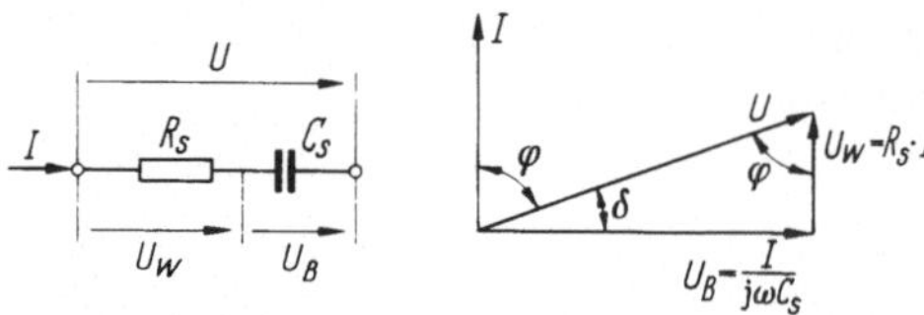

Bild 2.3-5. Strom und Spannungen bei der Serienschaltung von verlustfreiem Kondensator und Widerstand

Der Verlustfaktor sinkt mit steigender Frequenz. Parallelwiderstände verschlechtern also einen Kondensator besonders bei tiefen Frequenzen. Parallelwiderstände entsprechen den Isolationswiderständen technischer Kondensatoren. Kennt man von einem Kondensator mit der Kapazität C den Verlustfaktor $\tan\delta$ bei der Frequenz $f = \omega/2\pi$, so lassen sich mit den Gln. (2.3-8) und (2.3-9) die Widerstandswerte des Serien- bzw. Parallelersatzbildes errechnen.

Für den Leitwert eines Kondensators mit Parallelwiderstand gilt mit Gl. (2.3-9)

$$\underline{Y} = j\,\omega\,C_p + \frac{1}{R_p} = j\,\omega\,C_p + \omega\,C_p \tan\delta = j\,\omega\,C_p(1 - j\tan\delta) = j\,\omega\,\underline{C}\,.$$

Die verlustbehaftete Kapazität läßt sich also auch durch eine komplexe Kapazität $\underline{C}$ beschreiben [s. a. Gl. (2.3-20)]:

$$\underline{C} = C_p(1 - j\tan\delta)\,. \tag{2.3-10}$$

Nach diesen Vorbemerkungen betrachten wir ein Ersatzbild des technischen Kondensators. Für den technischen Kondensator gilt bei einer gegen die erste Serienresonanzfrequenz kleinen Frequenz gemäß Bild 2.3-1 b die Ersatzschaltung nach Bild 2.3-7, in welcher der Serienwiderstand r_s die Verluste der Zuleitungen und der Beläge, der Parallelwiderstand r_p die Isolationsverluste einschließlich der Verluste durch Leitfähigkeit des Dielektrikums und $\tan\delta_\varepsilon$ die Polarisationsverluste des Dielektrikums darstellen, deren Frequenzabhängigkeit im Abschnitt 2.4.1 noch genauer betrachtet wird.

Die drei Verlustquellen kann man in einem einzigen Verlustfaktor zusammenfassen, wie im folgenden Abschnitt gezeigt wird:

1. Der komplexe Gesamtwiderstand des technischen Kondensators ist nach Bild 2.3-7

$$\underline{Z} = r_s + \frac{1}{\dfrac{1}{r_p} + j\,\omega\,C_p(1 - j\tan\delta_\varepsilon)}\,.$$

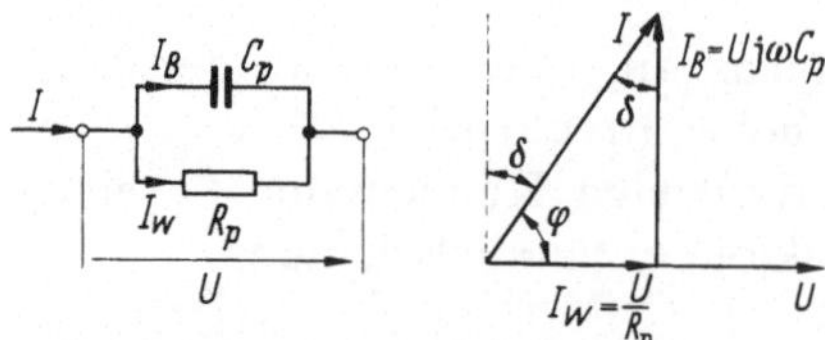

Bild 2.3-6. Ströme und Spannung bei der Parallelschaltung von verlustfreiem Kondensator und Widerstand

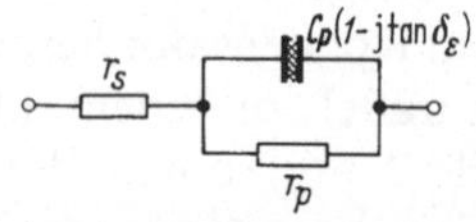

Bild 2.3-7. Ersatzschaltung des technischen Kondensators bei niedrigen Frequenzen unterhalb der ersten Serienresonanzfrequenz

Mit dem Verlustfaktor des Parallelwiderstandes nach Gl. (2.3-9) erhält der Gesamt-widerstand die Form

$$\underline{Z} = r_s + \frac{1}{j\,\omega\,C_p(1 - j\tan\delta_\varepsilon - j\tan\delta_p)} = r_s + \frac{1}{j\,\omega\,C_p}\,\frac{1 + j\,(\tan\delta_\varepsilon + \tan\delta_p)}{1 + (\tan\delta_\varepsilon + \tan\delta_p)^2}\,.$$

Als Abkürzung führen wir die Ersatz-Serienkapazität C_s ein:

$$C_s = C_p\,[1 + (\tan\delta_\varepsilon + \tan\delta_p)^2]\,. \tag{2.3-11}$$

Trennt man Real- und Imaginärteil des Gesamtwiderstandes, so ergibt sich der Ausdruck

$$\underline{Z} = \frac{1}{j\,\omega\,C_s} + \frac{r_s\,\omega\,C_s + \tan\delta_\varepsilon + \tan\delta_p}{\omega\,C_s}\,.$$

Hierin kann man $r_s\,\omega\,C_s$ in Analogie zu Gl. (2.3-8) als Verlustfaktor des Serien-widerstandes r_s bezeichnen:

$$\tan\delta_s = r_s\,\omega\,C_s\,. \tag{2.3-12}$$

Damit erhalten wir für den Eingangswiderstand den einfachen Ausdruck

$$\underline{Z} = \frac{1}{j\,\omega\,C_s} + \frac{\tan\delta_s + \tan\delta_\varepsilon + \tan\delta_p}{\omega\,C_s} = \frac{1}{j\,\omega\,C_s} + R_s \tag{2.3-13}$$

der als Serienschaltung der verlustlosen Ersatzkapazität C_s und des Ersatzwider-standes R_s mit

$$R_s = \frac{\tan\delta_s + \tan\delta_\varepsilon + \tan\delta_p}{\omega\,C_s} = \frac{\tan\delta}{\omega\,C_s} \tag{2.3-14}$$

gedeutet werden kann. Sowohl $\tan\delta$ als auch R_s sind frequenzabhängig. In $\tan\delta$ sind alle Verluste des Kondensators vereinigt. Der gesamte Verlustfaktor

$$\tan\delta = \tan\delta_s + \tan\delta_\varepsilon + \tan d\,\delta_p = r_s\,\omega\,C_s + \tan\delta_\varepsilon + \frac{1}{r_p\,\omega\,C_p} \tag{2.3-15}$$

setzt sich additiv aus den Verlustfaktoren der obengenannten drei Verlustquellen zusammen.

Das Serien-Ersatzbild ist zweckmäßig, wenn mehrere Kondensatoren in Reihe zu schalten sind. Werden zwei Kondensatoren mit den Ersatzkapazitäten C_{s1} und C_{s2} und den Verlustfaktoren $\tan\delta_1$ und $\tan\delta_2$ in Serie geschaltet, so ist der gesamte Verlustfaktor $\tan\delta$ leicht zu bestimmen:

Ersatzserienwiderstände:

$$R_s = R_{s1} + R_{s2}, \quad R_{s1} = \frac{\tan\delta_1}{\omega\,C_{s1}}, \quad R_{s2} = \frac{\tan\delta_2}{\omega\,C_{s2}}\,.$$

Ersatzkapazität

$$C_s = \frac{C_{s1}\,C_{s2}}{C_{s1} + C_{s2}}\,.$$

Gesamter Verlustfaktor

$$\tan\delta = (R_{s1} + R_{s2})\,\omega\,C_s = \frac{C_{s2}}{C_{s1} + C_{s2}}\,\tan\delta_1 + \frac{C_{s1}}{C_{s1} + C_{s2}}\,\tan\delta_2\,. \tag{2.3-16}$$

2. Häufig findet man die Parallelschaltung mehrerer Kondensatoren mit Verlusten. Dann ist als Ersatzbild des technischen Kondensators die Parallelschaltung von einem verlustlosen Kondensator C_p mit einem ohmschen Widerstand R_p, in dem alle drei Verluste vereinigt gedacht sind, zweckmäßig. Am einfachsten rechnet man die oben gefundene Serienersatzschaltung in eine äquivalente Parallelersatzschaltung um. Hierin sind ebenfalls sowohl R_p als auch $\tan \delta$ frequenzabhängig. Beide Schaltungen sind äquivalent, wenn ihre Widerstände bzw. Leitwerte gleich sind:

$$\underline{Y} = j\,\omega\,C_p + \frac{1}{R_p} = \frac{1}{\dfrac{1}{j\,\omega\,C_s} + R_s} = \frac{j\,\omega\,C_s}{1 + j\tan\delta} = \frac{j\,\omega\,C_s(1 - j\tan\delta)}{1 + \tan^2\delta}$$

$$= j\,\omega\,C_s\cos^2\delta + \frac{\tan^2\delta}{R_s}\cos^2\delta .$$

Aus dem Vergleich der Real- und Imaginärteile beider Seiten erhält man die Beziehungen

$$C_p = C_s\cos^2\delta \quad \text{und} \quad R_p = \frac{R_s}{\sin^2\delta} \tag{2.3-17}$$

mit

$$\tan\delta = R_s\,\omega\,C_s = \frac{1}{R_p\,\omega\,C_p} . \tag{2.3-18}$$

Für einen $\tan\delta = 0{,}1$ wird

$$R_p = 100\,R_s ,$$
$$C_p = 0{,}99\,C_s .$$

Für $\tan\delta = 0{,}01 = 100 \cdot 10^{-4}$ ist

$$R_p = 10000\,R_s ,$$
$$C_p = 0{,}9999\,C_s \approx C_s .$$

Werden zwei Kondensatoren mit den Ersatzkapazitäten C_{p1} und C_{p2} sowie den Verlustfaktoren $\tan\delta_1$ und $\tan\delta_2$ parallelgeschaltet, so errechnet sich der resultierende Verlustfaktor der Parallelschaltung aus den Ersatz-Parallelwiderständen

$$\frac{1}{R_p} = \frac{1}{R_{p1}} + \frac{1}{R_{p2}} \quad \text{mit} \quad \frac{1}{R_{p1}} = \omega\,C_{p1}\tan\delta_1 \quad \text{und} \quad \frac{1}{R_{p2}} = \omega\,C_{p2}\tan\delta_2$$

$$\tan\delta = \frac{1}{R_p\,\omega\,(C_{p1} + C_{p2})} = \frac{C_{p1}\tan\delta_1 + C_{p2}\tan\delta_2}{C_{p1} + C_{p2}} . \tag{2.3-19}$$

3. Für Rechnungen mit Produkten oder Quotienten kann man den technischen Kondensator in einer dritten Weise mathematisch beschreiben. Der Eingangsleitwert der Parallelschaltung ist:

$$\underline{Y} = j\,\omega\,C_p + \frac{1}{R_p} = j\,\omega\,C_p(1 - j\tan\delta) = j\,\omega\,\frac{C_p}{\cos\delta}(\cos\delta - j\sin\delta) ,$$

$$\underline{Y} = j\,\omega\,C_B\,e^{-j\delta} = j\,\omega\,\underline{C}$$

mit

$$\underline{C} = C_B\,e^{-j\delta} \quad \text{und} \quad C_B = \frac{C_p}{\cos\delta} = C_s\cos\delta . \tag{2.3-20}$$

Der technische Kondensator kann also auch durch eine komplexe Kapazität mit dem Kapazitätswert C_B und der Phase $-\delta$ dargestellt werden. Den Betrag C_B dieser Kapazität nennt man „Betragskapazität" oder auch „Scheinkapazität".

4. Je nach dem gewählten Ersatzschaltbild kann man Blind- und Wirkleistung sowie den $\tan\delta$ auf verschiedene Weise ausdrücken. Es folgt eine kurze Zusammenfassung der in den vorhergehenden Abschnitten bereits abgeleiteten Formeln in Tabelle 2.3-1.

Tabelle 2.3-1. Wirk- und Blindleistung sowie Verlustfaktor des technischen Kondensators bei verschiedenen Ersatzbildern

Größe	Zeigerdiagramm mit U und I		Serienschaltung	Parallelschaltung	Komplexe Kapazität Betrag C_B mit Phase δ	
P	$\dfrac{U\,I}{2}\cos\varphi$	$\dfrac{U\,I}{2}\sin\delta$	$\dfrac{I^2}{2}R_s$	$\dfrac{U^2}{2\,R_p}$	$\dfrac{U^2}{2}\omega\,C_B\sin\delta$	$\dfrac{I^2}{2\,\omega\,C_B}\sin\delta$
P_q	$\dfrac{U\,I}{2}\sin\varphi$	$\dfrac{U\,I}{2}\cos\delta$	$\dfrac{I^2}{2\,\omega\,C_s}$	$\dfrac{U^2}{2}\omega\,C_p$	$\dfrac{U^2}{2}\omega\,C_B\cos\delta$	$\dfrac{I^2}{2\,\omega\,C_B}\cos\delta$
$\dfrac{P}{P_q}=\tan\delta$	$\cot\varphi$	$\tan\delta$	$R_s\,\omega\,C_s$	$\dfrac{1}{R_p\,\omega\,C_p}$	$\tan\delta$	$\tan\delta$

Eine der für Leistungskondensatoren in der Praxis wichtigsten Beziehungen (s. Abschnitt 2.3.4) folgt aus der drittletzten Spalte von Tabelle 2.3-1. Es ist die in Wärme umgesetzte Verlustleistung

$$P = P_q \tan\delta = \frac{U^2}{2}\,\omega\,C_p\tan\delta. \tag{2.3-21}$$

2.3.3 Frequenzabhängigkeit des Verlustfaktors und des Scheinwiderstandes

Die Beziehung für den Verlustfaktor des Serienwiderstandes in Gl. (2.3-12) $\tan\delta_s = r_s\,\omega\,C_s$ zeigt, daß er nur bei hohen Frequenzen wesentlich zum gesamten Verlustfaktor $\tan\delta$ beiträgt. Andererseits sind alle Isolationswiderstände r_p entsprechend Gl. (2.3-9) mit $\tan\delta_p = 1/(r_p\,\omega\,C_p)$ besonders bei tiefen Frequenzen bedeutsam.

Der Verlustwinkel δ_ε des Isolierstoffs überwiegt in einem mittleren Frequenzbereich. Dies wird deutlich an den 3 Bereichen der Kurven für Verlustfaktor bzw. Güte in Bild 2.3-8, die doppeltlogarithmisch über der Frequenz aufgetragen sind.

$$\tan\delta_s = r_s\,\omega\,C_s \quad \text{und die Güte} \quad Q_p = \frac{1}{\tan\delta_p} = r_p\,\omega\,C_p$$

sind dann gerade Linien, die unter $45°$ mit der Frequenz steigen.

$$\tan\delta_p = \frac{1}{r_p\,\omega\,C_p} \quad \text{und} \quad Q_s = \frac{1}{\tan\delta_s} = \frac{1}{r_s\,\omega\,C_s}$$

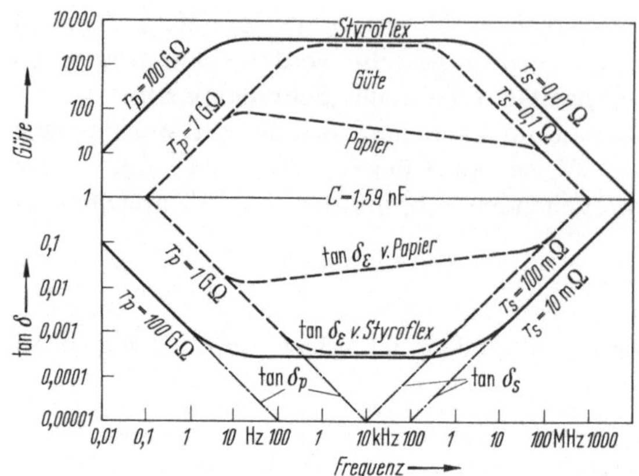

Bild 2.3-8. Frequenzabhängigkeit von Güte und Verlustfaktor des technischen Kondensators bei verschiedenen Dielektrika

werden durch gerade Linien, die unter 45° fallen, dargestellt. Gesamtgüte Q und Einzelgüten Q_s, Q_ε und Q_p sind verknüpft durch

$$\frac{1}{Q} = \frac{1}{Q_s} + \frac{1}{Q_\varepsilon} + \frac{1}{Q_p}$$

entsprechend Gl. (2.3-15). Bei guten Luft- oder Vakuum-Kondensatoren mit $\tan\delta_\varepsilon < 10^{-5}$ werden $\tan\delta$ bzw. Q nur durch die Ableitungsverluste ($\tan\delta_p$) bei tiefen Frequenzen bzw. die Serienverluste ($\tan\delta_s$) bei hohen Frequenzen bestimmt.

Die in Bild 2.3-8 gezeigte Frequenzabhängigkeit muß für höhere Frequenzen korrigiert werden, bei denen die Kapazität mit der eigenen Induktivität des Kondensators in Resonanz kommt. Wir verwenden dazu das vereinfachte Ersatzschaltbild Bild 2.3-1 b und berechnen daraus den Verlustfaktor $\tan\delta$ und den Scheinwiderstand $|Z|$ des Kondensators unter Berücksichtigung von Serienwiderstand r_s und innerer Induktivität L. Es ist (zunächst unter Vernachlässigung des Verlustwinkels δ_ε der Polarisationsverluste des Dielektrikums) entsprechend Bild 2.3-1 b der komplexe Widerstand [13]

$$Z = \frac{1}{j\,\omega\,C + 1/r_p} + r_s + j\,\omega\,L$$

$$= \frac{1}{j\,\omega\,C\left(1 - \dfrac{j}{r_p\,\omega\,C}\right)} + r_s + j\,\omega\,L \quad \text{und mit } \tan\delta_p = \frac{1}{r_p\,\omega\,C}$$

$$= \frac{1 + j\tan\delta_p}{j\,\omega\,C(1 + \tan^2\delta_p)} + r_s + j\,\omega\,L\,,$$

$$Z = \frac{1}{\omega\,C}\frac{\tan\delta_p}{1 + \tan^2\delta_p} + r_s + \frac{1}{j\,\omega\,C(1 + \tan^2\delta_p)} + j\,\omega\,L\,, \tag{2.3-22}$$

$$Z = \mathrm{Re}(Z) + j\,\mathrm{Im}(Z) \quad \text{mit}$$

$$\mathrm{Re}(Z) = \frac{1}{\omega\,C}\frac{\tan\delta_p}{1 + \tan^2\delta_p} + r_s \tag{2.3-23}$$

und

$$\mathrm{Im}\,(\underline{Z}) = \omega\,L - \frac{1}{\omega\,C\,(1 + \tan^2\delta_\mathrm{p})}\,. \tag{2.3-24}$$

Damit wird der Scheinwiderstand

$$|\underline{Z}| = +\sqrt{\mathrm{Re}^2(\underline{Z}) + \mathrm{Im}^2(\underline{Z})} \tag{2.3-25}$$

und der Verlustfaktor des Kondensators

$$\tan\delta = \mathrm{Re}\,(\underline{Z})/|\mathrm{Im}\,(\underline{Z})|\,. \tag{2.3-26}$$

In Bild 2.3-8a und b ist $|\underline{Z}|$ mit $\tan\delta$ für einen Styroflex-Kondensator mit $C = 10\,000\,\mathrm{pF} = 10^{-8}\,\mathrm{s/\Omega}$ und $r_\mathrm{p} = 5\,\mathrm{T\Omega} = 5\cdot 10^{12}\,\Omega$, $r_\mathrm{s} = 50\,\mathrm{m\Omega}$ und $L = 10\,\mathrm{nH} = 10^{-8}\,\mathrm{H}$ eingetragen.

Bei der Resonanzfrequenz $f_\mathrm{r} = \omega_\mathrm{r}/2\,\pi$ wird $\mathrm{Im}\,(\underline{Z}) = 0$, daher nach Gl. (2.3-24) $\omega_\mathrm{r}\,L = 1/\omega_\mathrm{r}\,C\,(1 + \tan^2\delta_\mathrm{p})$.

Bei $\omega = \omega_\mathrm{r}$ ist $\tan\delta_\mathrm{p} \ll 1$ und daher mit großer Genauigkeit

$$\omega_\mathrm{r} = 1/\sqrt{LC} = 10^8/\mathrm{s} \quad\text{und}\quad \tan\delta_\mathrm{pr} = 1/r_\mathrm{p}\,\omega_\mathrm{r}\,C = \sqrt{L/C}/r_\mathrm{p} = 0{,}2\cdot 10^{-12}.$$

Bei der Resonanzfrequenz $f_\mathrm{r} \approx 16\,\mathrm{MHz}$ ist dann $\underline{Z}$ reell und hat nach Gl. (2.3-22) den Wert

$$Z_\mathrm{r} = r_\mathrm{s} + \frac{L}{C\cdot r_\mathrm{p}} = r_\mathrm{s} + \frac{1\,\Omega}{5\cdot 10^{12}} = r_\mathrm{s} = 0{,}05\,\Omega.$$

Für $\omega = \omega_\mathrm{r}$ hat $\underline{Z}$ sein Minimum $Z_\mathrm{r} = r_\mathrm{s}$ erreicht.
$\tan\delta$ geht wegen $\mathrm{Im}\,(\underline{Z}) = 0$ nach Gl. (2.3-26) $\to \infty$.

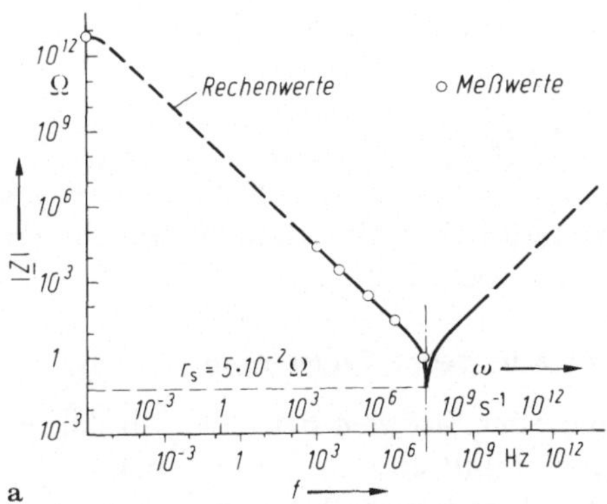

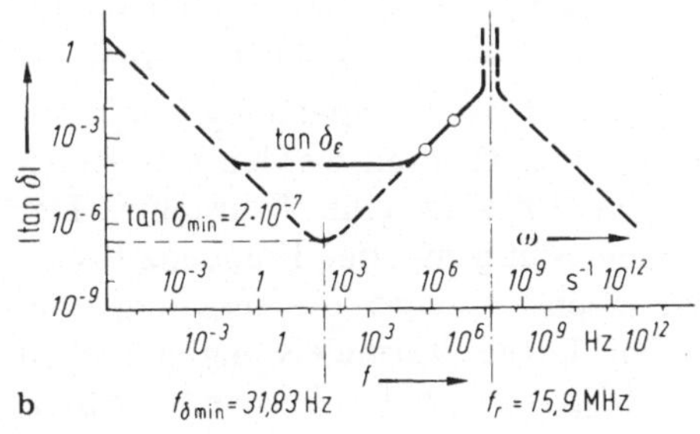

Bild 2.3-8a u. b. Frequenzabhängigkeit von Scheinwiderstand und $\tan\delta$ für einen Styroflex-Kondensator. **a** Scheinwiderstand $|\underline{Z}|$; **b** Verlustfaktor $\tan\delta$

Für $\omega \gg \omega_r$ wirkt der Kondensator wie eine Spule mit der Induktivität L: Es ist $Z = j \omega L$ und $\tan \delta \approx r_s/\omega L$.

Es ist also technisch nur der Frequenzbereich $\omega < \omega_r$ wichtig. In diesem kann man noch 2 markante Frequenzen unterscheiden:

1. Bei extrem tiefen Frequenzen existiert eine Kreisfrequenz ω_{45}, für die $r_p = 1/\omega_{45} C$ ist, also der Blindwiderstand des Kondensators noch ebenso groß ist wie der Parallelwiderstand r_p, also $\tan \delta_p = 1$. Dann wird nach Gl. (2.3-22)

$$Z = 1/2 \, \omega C + 1/2 \, j \, \omega C = (1 - j)/2 \, \omega C \quad \text{und} \quad \tan \delta = 1 \text{ bzw. } \delta = 45°.$$

Die Frequenz $\omega_{45} = 1/r_p C$ begrenzt den kapazitiven Bereich von Z nach tiefen Frequenzen: Bei $\omega \leq \omega_{45}/10$ ist $\tan \delta_p \geq 10$ und nach Gl. (2.3-22) $Z \approx 1/\tan \delta_p \, \omega C \equiv r_p$, der Blindwert also gegenüber dem Leitwert von r_p vernachlässigbar!

Kondensatoren sind also nur im Bereich ω mit $\omega_{45} < \omega < \omega_r$ als Kapazitäten brauchbar. In diesem Bereich nimmt $Z = 1/(j \, \omega \, C (1 + \tan^2 \delta_p))$ erwartungsgemäß $\sim 1/\omega$ ab.

2. Der Verlustfaktor von Z erreicht innerhalb dieses Frequenzbereichs ein Minimum, das (beim Fehlen von Polarisationsverlusten) durch r_s/r_p bestimmt ist. Nach Gl. (2.3-22) und (2.3-26) gilt für $\omega \ll \omega_r$

$$\tan \delta = \tan \delta_p + r_s \, \omega \, C (1 + \tan^2 \delta_p)$$

und mit $\tan \delta_p \ll 1$

$$\tan \delta = \tan \delta_p + r_s \, \omega \, C = \frac{1}{r_p \, \omega \, C} + r_s \, \omega \, C \, .$$

δ_{min} wird erreicht, wenn $r_s \, \omega_{\delta_{min}} C = 1/r_p \, \omega_{\delta_{min}} C$ ist, also $\omega_{\delta_{min}} = 1/C \sqrt{r_s \, r_p}$ ist.

Für $C = 10^{-8}$ s/Ω, $r_s = 0,05$ Ω und $r_p = 5 \cdot 10^{12}$ Ω ergibt sich $\omega_{\delta_{min}} \approx 200$/s bzw. $f_{\delta_{min}} \approx 31,83$ Hz. Bei dieser Frequenz $f_{\delta_{min}}$ hat der Verlustfaktor $\tan \delta$ den Wert

$$\tan \delta_{min} = 2 \tan \delta_p = 2/r_p \, \omega_{\delta_{min}} C = 2 \sqrt{\frac{r_s}{r_p}}$$

oder mit den Zahlenwerten $\tan \delta_{min} \approx 2 \cdot 10^{-7}$.

Dieser Wert (in Bild 2.3-8 gestrichelt) wird natürlich praktisch nicht erreicht, da er durch die Polarisationsverluste von $\tan \delta_\varepsilon$ überdeckt wird.

2.3.4 Strom- und Spannungsbelastbarkeit bei verschiedenen Frequenzen

Wird der Kondensator bei hohen Spannungen oder Strömen betrieben, so dürfen gewisse Grenzwerte nicht überschritten werden, damit er nicht durch Überlastung des Dielektrikums oder der Zuführungen und Beläge innerhalb kurzer Zeit zerstört wird. Das Spannungs-Strom-Frequenzdiagramm in Bild 2.3-9 gibt den prinzipiellen Verlauf der zulässigen Spannung bzw. des zulässigen Stroms als Funktion der Betriebsfrequenz an. Bei tiefen Frequenzen (Gebiet A) ist die Spannung U, die mit Rücksicht auf Durchschlag oder Sprühen nicht überschritten werden soll, durch U_{max} gekennzeichnet. U_{max} ist bis zu einigen 100 kHz eine Konstante. Der aufgenommene Strom $I = U_{max} \, \omega \, C_B$ steigt dabei stetig mit der Frequenz bis ω_1 an. An der Grenze zwischen den Gebieten A und B wird die maximal vom Kondensator abführbare Wärmeleistung erreicht. Diese Wärmeleistung entspricht nach Gl. (2.3-21) der Verlustleistung $P_{max} = \frac{1}{2} U_{max}^2 \, \omega_1 \, C_p \tan \delta$. Bei weiterer Steigerung der Frequenz über ω_1 hinaus muß U gegen $U_{\max}$ so vermindert werden, daß $\frac{1}{2}\,U^2\,\omega\,C_p\tan\delta \leqq P_{\max}$ ist. Also muß

$$U \leqq \sqrt{\frac{2\,P_{\max}}{\tan\delta\,\omega\,C_p}}$$

bleiben. Im Gebiet B fällt also bei doppeltlogarithmischer Auftragung U etwa nach einer Geraden mit der Steigung $1:2$, weil f unter der Wurzel im Nenner erscheint. In diesem Bereich B nimmt dann der Strom zwischen f_1 und f_2 annähernd mit $\sqrt{f}$ zu nach dem Gesetz

$$I = \sqrt{\frac{2\,P_{\max}}{\tan\delta}}\,\omega\,C_s.$$

Der genaue Verlauf hängt von der Frequenzabhängigkeit des $\tan\delta$ ab. Das Gebiet B hat wiederum eine obere Frequenzgrenze f_2. Hier erreicht mit wachsender Frequenz der Strom einen Maximalwert $I_{\max}$, der nicht überschritten werden darf, weil z. B. Anschlußkontakte oder -lötstellen sich zu sehr erwärmen. Also muß im Gebiet C die Spannung weiter abgesenkt werden:

$$U \leqq \frac{I_{\max}}{\omega\,C_B}.$$

Die Grenzspannung verläuft also im Gebiet C für $f > f_2$ nach einer geraden Linie mit der Steigung $-45°$.

2.3.5 Impulsbelastbarkeit

Der Betrieb eines Kondensators mit nicht sinusförmigen Spannungen – wie z. B. Impulsen –, läßt sich nach Fourier immer auf eine sinusförmige Belastung zurückführen [14]

$$U(t) = \sum_{n=0}^{n=\infty} U_n \sin(n\,\omega\,t + \varphi_n).$$

Beim Impulsbetrieb gelten für langsame Anstiegszeiten $\tau < 1/f_2$ die Grenzen, wie sie in Bild 2.3-9 für die Bereiche A und B angegeben sind. Werden die Anstiegszeiten τ kürzer als $\tau_2 = 1/f_2$, müssen die Grenzwerte des Bereichs C beachtet werden, da durch die kurzfristig auftretenden hohen Ströme $i = C\,du/dt$ lokal eine unerlaubte Überhitzung des Kondensators auftreten kann. Dies kann z. B. bei metallisierten Kunststoffolien-Wickelkondensatoren in der Kontaktierungsschicht der Fall sein.

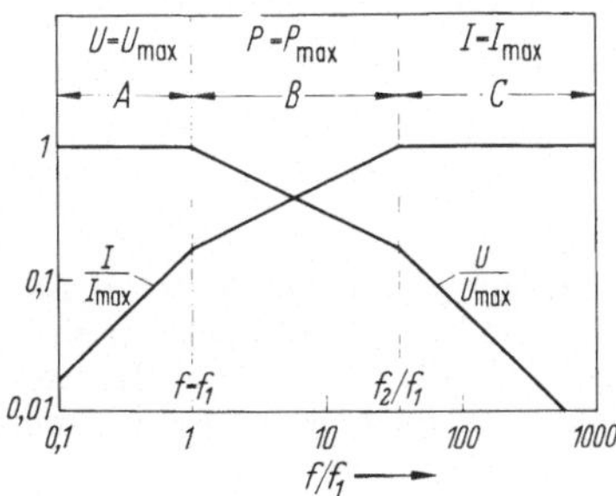

Bild 2.3-9. Das Spannungs-Frequenz-Diagramm und Strom-Frequenz-Diagramm für Leistungskondensatoren. A Spannungsgrenze, B Wärmegrenze, C Stromgrenze maßgebend

2.4 Die Verluste des Dielektrikums und die komplexe Permittivität

Ebenso, wie man den technischen Kondensator mit Verlusten durch eine komplexe Kapazität beschreiben kann (s. Abschnitt 2.3.2), läßt sich ein Dielektrikum mit Verlusten durch eine komplexe Permittivitätszahl

$$\underline{\varepsilon}_r = \varepsilon' - j\,\varepsilon'' \tag{2.4-1}$$

darstellen. Wie schon in Abschnitt 2.3 angedeutet, gibt es zwei Verlustquellen bei Dielektrika: Verluste durch die ohmsche Leitfähigkeit des Stoffes und Verluste durch die Polarisation seiner Moleküle. Letztere werden zunächst diskutiert.

2.4.1 Die Polarisationsverluste

2.4.1.1 Polare und nichtpolare Isolierstoffe

Man kann zwei große Gruppen von Isolierstoffen (unabhängig von ihrem Aggregatzustand) danach unterscheiden, ob sie ohne angelegtes elektrisches Feld ihrer molekularen Struktur entsprechend permanente elektrische Dipole enthalten oder nicht. Fällt in einem Molekül der Schwerpunkt aller positiven Ladungen mit dem Schwerpunkt aller negativen Ladungen zusammen (Bild 2.4-1 a), so kann ein äußeres Feld nur die Elektronenwolke gegenüber dem Kern bzw. entgegengesetzt geladene Atome gegeneinander verschieben. Die Permittivitätszahl ε' (s. Abschnitt 2.4.1.2) wird durch „Verschiebungspolarisation" gegenüber Eins erhöht. Diese Isolierstoffe (z.B. Polyethylen, Polystyrol, Polytetrafluorethylen), deren Ladungsschwerpunkte im feldfreien Zustand zusammenfallen, heißen unpolare oder nichtpolare Isolierstoffe. Die Verschiebung folgt praktisch trägheitslos dem elektrischen Feld im ganzen Frequenzbereich vom Gleichstrom bis zu den mm-Wellen. $\varepsilon' \approx \varepsilon_\infty$ ist nicht sehr groß (2,3 bis 2,6 für einige Kohlenwasserstoffe, wie Polyethylen), bleibt aber nahezu konstant bis in den Bereich der Optik. In Bild 2.4-2 wird als Beispiel für einen unpolaren Stoff (Polystyrol) die Permittivitätszahl ε' in einem weiten Frequenzbereich angegeben.

Im Gegensatz dazu stehen die polaren Isolierstoffe (Bild 2.4-1 b), bei denen die positiven und negativen Ladungsschwerpunkte der Molekülgruppen nicht zusammenfallen, sondern Abstände in der Größenordnung $1\,\text{Å} = 1.10^{-8}\,\text{cm} = 10^{-4}\,\mu\text{m}$ haben. Sie bilden permanente Dipole mit einem Dipolmoment = Ladung × Abstand. Ohne Feld liegen die vorhandenen Dipole regellos und ergeben daher normalerweise keine äußere statische Ladung (eine Ausnahme bilden die „Elektrete"). Beim Anlegen des äußeren Feldes orientieren sich die permanenten Dipole

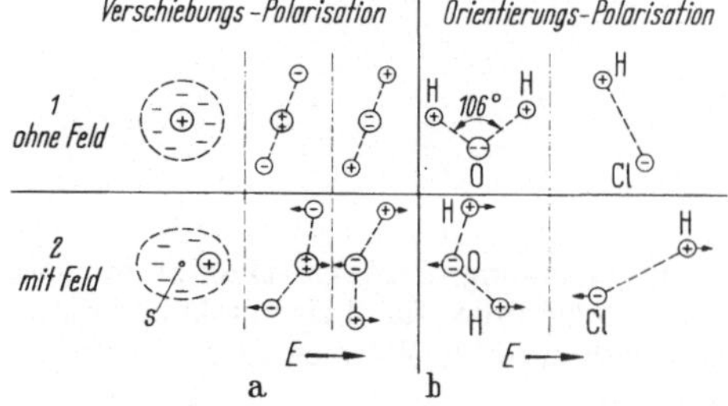

Bild 2.4-1. (a) nichtpolare und (b) polare Isolierstoffe. 1. ohne Feld, 2. mt äußerem elektrischem Feld im Falle **a** Verzerrung der Atome bzw. Moleküle; im Falle **b** Drehung der Moleküle

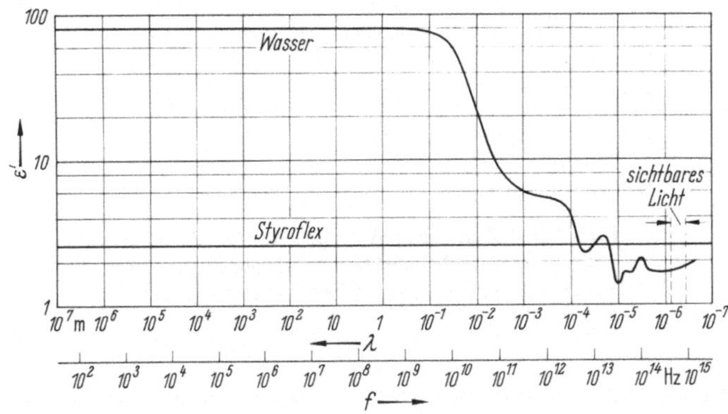

Bild 2.4-2. Frequenzabhängigkeit von ε' bei einem polaren Stoff (Wasser) und einem unpolaren Stoff (Polystyrol)

entgegen der regellosen thermischen Molekular-Bewegung durch Drehung in die Feldrichtung (Orientierung). Durch die „Orientierungspolarisation" erhält man bei flüssigen und festen polaren Isolierstoffen einen erheblichen Zuwachs ($\sim \Delta\varepsilon$) zur Verschiebungspolarisation und damit eine höhere Permittivitätszahl $\varepsilon_{\text{stat}} = \varepsilon_{\infty} + \Delta\varepsilon$. Frequenz- und Temperaturabhängigkeit werden in 2.4.1.2 bzw. 2.4.1.3 besprochen.

Beispiele für polare Isolierstoffe sind Polyvinylchlorid (PVC), Papier, Zellstoff, Bakelit und Wasser bzw. Eis. Bild 2.4-2 zeigt am Beispiel des Wassers die Frequenzabhängigkeit von ε' bei polaren Flüssigkeiten.

Kondensatoren mit wasserabsorbierenden Dielektrika, wie Papier, werden wegen der bei polaren Stoffen im elektrischen Wechselfeld auftretenden erheblichen Verluste sorgfältig getrocknet und anschließend mit Wachsen oder anderen wasserabstoßenden Stoffen getränkt (siehe Abschnitt 2.5.2.3).

2.4.1.2 Frequenzabhängigkeit der komplexen Permittivität bei polaren Stoffen (Beziehungen zwischen Permittivitätszahl und Verlustfaktor)

Neben dem in 2.4.2 dargestellten einfachen Zusammenhang zwischen der Kapazität C und dem inneren Isolationswiderstand r_{pi} existiert auch ein Zusammenhang zwischen der Kapazität und den Polarisationsverlusten bzw. dem Realteil und Imaginärteil der Permittivitätszahl. Entsprechend der Darstellung der komplexen Kapazität $\underline{C} = C_{\text{B}}\, \mathrm{e}^{-\mathrm{j}\delta}$ kann man eine komplexe Permittivitätszahl definieren und schreiben [15, 16]

$$\underline{C} = C_{\text{geom}} \, |\underline{\varepsilon}_{\text{r}}| \, \mathrm{e}^{-\mathrm{j}\delta} = C_{\text{geom}}\,(\varepsilon' - \mathrm{j}\,\varepsilon''),$$

also

$$\underline{\varepsilon}_{\text{r}} = |\underline{\varepsilon}_{\text{r}}| \, \mathrm{e}^{-\mathrm{j}\delta} = \varepsilon' - \mathrm{j}\,\varepsilon'' = \varepsilon'\,(1 - \mathrm{j}\,\varepsilon''/\varepsilon') = \varepsilon'\,(1 - \mathrm{j}\tan\delta_{\varepsilon}). \tag{2.4-2}$$

Dabei ist C_{geom} die „geometrische" Kapazität, die sich bei $\underline{\varepsilon}_{\text{r}} = 1$ ergäbe. (Beim Plattenkondensator z. B. ist $C_{\text{geom}} = \varepsilon_0\, A/s$.)

Während in vielen technischen Büchern ε' und $\tan\delta$ unabhängig nebeneinanderstehen, hat die Physiker und Chemiker frühzeitig der Mechanismus der Polarisation und ihrer Verluste und damit der Zusammenhang von ε' und ε'' beschäftigt.

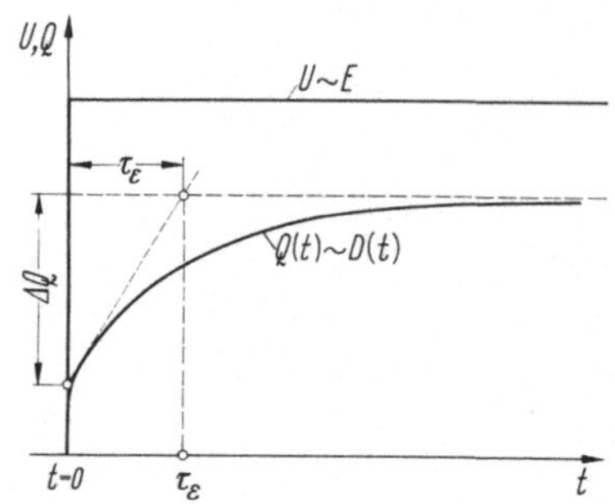

Bild 2.4-3. Zeitlicher Verlauf der Ladung eines Kondensators mit Polarisationsverlusten im Dielektrikum bei Einschalten einer Gleichspannung im Zeitpunkt $t = 0$

Die beiden Komponenten ε' und ε'' sind in ihrer Frequenzabhängigkeit miteinander verkoppelt, wie wir jetzt darstellen wollen. Sowohl die Einstellung der Ladung bei inhomogenen festen oder flüssigen Stoffen wie die Orientierung der molekularen Dipole im elektrischen Feld ist z. T. durch Reibung behindert und folgt daher dem Feld nicht spontan. Bild 2.4-3 kennzeichnet den zeitlichen Verlauf der Ladung Q (bzw. des Betrages der Verschiebung D), wenn im Augenblick $t = 0$ die Spannung $U(t)$ eingeschaltet wird und damit die Feldstärke $E(t)$ als richtende Kraft im Dielektrikum wirkt. Nur ein Teil der Ladung stellt sich sofort ein. Der Rest ΔQ fließt erst nach der Zeitspanne von einigen τ_ε entsprechend einer Exponentialkurve nach. Dabei ist die Zeitkonstante τ_ε (die „Relaxationszeit") von verschiedener Größenordnung (Sekunden bis Nanosekunden). Die Aufladekurve führt zu einem einfachen Ersatzbild (Bild 2.4-5), das auch die komplexe Permittivitätszahl ε_r bei beliebigen Frequenzen zu ermitteln erlaubt. Bildet man $\varepsilon_0\,\varepsilon_r(t) = D(t)/E(t)$, so zeigt Bild 2.4-4, daß bei $t \approx 0$ $\varepsilon_r(t)$ nur den kleinen Wert ε_∞ annimmt und anschließend um $\Delta\varepsilon$ bis zum Wert ε_{stat} ansteigt, der bei Gleichstrom und tiefen Frequenzen beobachtet wird. ε_∞ ist der bei $f \to 1000\,\text{GHz}$ im Bereich der mm-Wellen maßgebende Wert. Er ist etwas höher als der in der Optik beobachtete Wert, der z. B. aus dem Brechungsindex $n = \sqrt{\varepsilon_{opt}}$ bestimmbar ist. Die gleiche Zeitabhängigkeit hat die Modellschaltung in Bild 2.4-5, bei der parallel zur verlustlosen Kapazität $C_\infty = C_{geom}\,\varepsilon_\infty$ ein zweiter verlustloser Kondensator $\Delta C = C_{geom}\,\Delta\varepsilon$ mit der Permittivitätszahl $\Delta\varepsilon = \varepsilon_{stat} - \varepsilon_\infty$ in Serie zu einem Widerstand $r_\varepsilon = \tau_\varepsilon/\Delta C$ mit dem spezifischen Widerstand $\varrho_\varepsilon = \tau_\varepsilon/(\varepsilon_0\,\Delta\varepsilon)$ geschaltet ist.

Der Leitwert dieser Modellschaltung ist für rein sinusförmige Wechselspannungen:

$$\underline{Y} = j\,\omega\,C_{geom}\,\varepsilon_\infty + \cfrac{1}{\cfrac{\tau_\varepsilon}{C_{geom}\,\Delta\varepsilon} + \cfrac{1}{j\,\omega\,C_{geom}\,\Delta\varepsilon}} = j\,\omega\,C_{geom}\left(\varepsilon_\infty + \frac{\Delta\varepsilon}{1 + j\,\omega\,\tau_\varepsilon}\right),$$

$$\underline{Y} = j\,\omega\,C_{geom}\left(\varepsilon_\infty + \frac{\Delta\varepsilon}{1 + (\omega\,\tau_\varepsilon)^2} - j\,\Delta\varepsilon\,\frac{\omega\,\tau_\varepsilon}{1 + (\omega\,\tau_\varepsilon)^2}\right). \tag{2.4-3}$$

Mit der Definitionsgleichung (2.4-2) für die komplexe Permittivitätszahl ε_r erhält man aus (2.4-3) die schon 1912 von P. Debye [10] abgeleitete Gleichung

$$\varepsilon_r = \varepsilon_\infty + \frac{\Delta\varepsilon}{1 + j\,\omega\,\tau_\varepsilon} \tag{2.4-4}$$

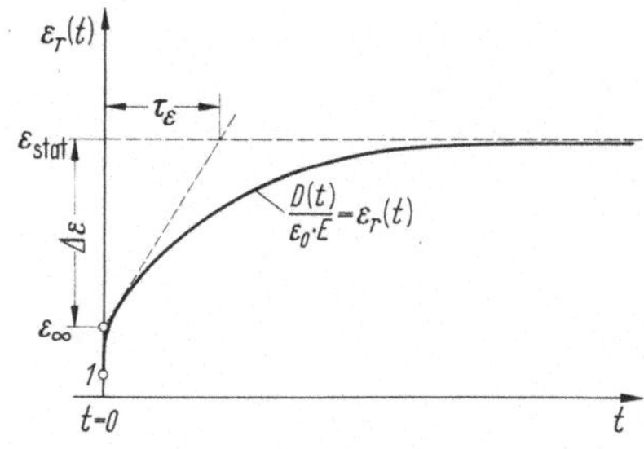

Bild 2.4-4. Zeitlicher Verlauf der Permittivitätszahl $\varepsilon_r(t)$ eines Kondensators mit Polarisationsverlusten im Dielektrikum bei Einschalten einer Gleichspannung im Zeitpunkt $t = 0$

oder

$$\underline{\varepsilon}_r = j\,\varepsilon' + \varepsilon'' = j\left(\varepsilon_\infty + \frac{\Delta\varepsilon}{1 + (\omega\,\tau_\varepsilon)^2}\right) + \Delta\varepsilon\,\frac{\omega\,\tau_\varepsilon}{1 + (\omega\,\tau_\varepsilon)^2} \tag{2.4-5a}$$

mit

$$\varepsilon' = \varepsilon_\infty + \frac{\Delta\varepsilon}{1 + (\omega\,\tau_\varepsilon)^2} \quad\text{und}\quad \varepsilon'' = \Delta\varepsilon\,\frac{\omega\,\tau_\varepsilon}{1 + (\omega\,\tau_\varepsilon)^2}. \tag{2.4-5b}$$

$j\,\underline{\varepsilon}_r$ ist mit seinen Komponenten (ε' und ε'') in Bild 2.4-6 links dargestellt. Man erkennt, daß die Zeigerspitze von $j\,\underline{\varepsilon}_r$ auf einem Halbkreis wandert ($\underline{\varepsilon}_r$-Kreis), der mit wachsender Frequenz im Uhrzeigersinn durchlaufen wird. Die reelle Permittivitätszahl und der Verlustfaktor $\tan\delta = \varepsilon''/\varepsilon'$ sind in Bild 2.4-6 rechts dargestellt. Der steile Abfall von ε' ist bei $\omega_1\,\tau_\varepsilon = 1$, d. h. bei $f_1 = 1/(2\,\pi\,\tau_\varepsilon)$ zu bemerken. Bei dieser Frequenz f_1 hat ε'' ein Maximum. Etwas höher ist die Frequenz, bei der δ_ε und $\tan\delta_\varepsilon$ ihr Maximum erreichen.

Der enge Zusammenhang zwischen ε' und ε'' bzw. Permittivitätszahl ε' und Verlustfaktor $\tan\delta_\varepsilon$ kommt durch Anwendung des Höhensatzes auf den $\underline{\varepsilon}_r$-Kreis in den Gleichungen

$$\varepsilon''^2 = (\varepsilon_{stat} - \varepsilon')\,(\varepsilon' - \varepsilon_\infty) \tag{2.4-6}$$

bzw.

$$\tan\delta_\varepsilon = \frac{\varepsilon''}{\varepsilon'} = \sqrt{\left(\frac{\varepsilon_{stat}}{\varepsilon'} - 1\right)\left(1 - \frac{\varepsilon_\infty}{\varepsilon'}\right)}$$

zum Ausdruck. Bei beliebiger Frequenz und Temperatur ist demnach ε'' und $\tan\delta_\varepsilon$ festgelegt, sobald die Realteile ε' sowie die Grenzwerte ε_{stat} und ε_∞ der Permittivitätszahl gemessen sind. Umgekehrt kann ε' aus ε'' und ε_{stat} sowie ε_∞ nach Umformung von (2.4-6) bestimmt werden:

$$\varepsilon' = \frac{\varepsilon_{stat} + \varepsilon_\infty}{2} + \sqrt{\left(\frac{\varepsilon_{stat} - \varepsilon_\infty}{2}\right)^2 - \varepsilon''^2}.$$

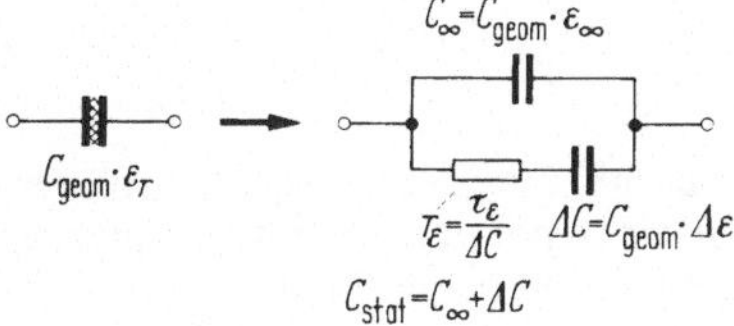

Bild 2.4-5. Ersatzbild eines Kondensators mit Polarisationsverlusten im Dielektrikum (eine einzige Relaxationszeit)

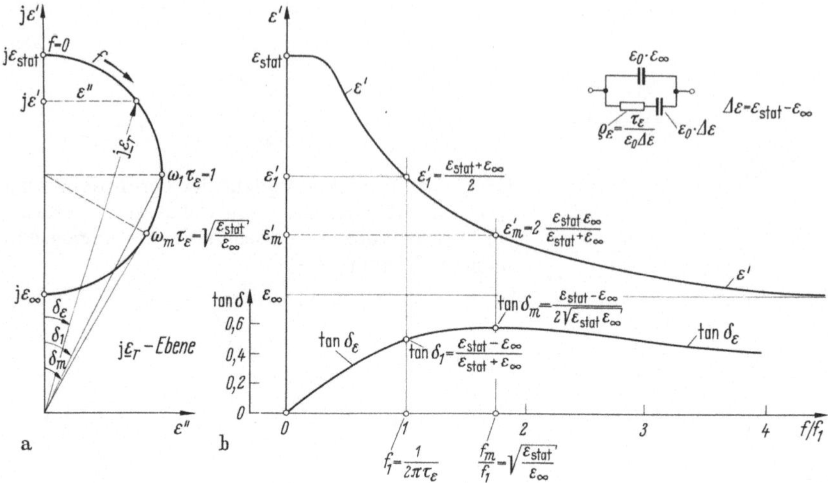

Bild 2.4-6a u. b. Frequenzabhängigkeit der komplexen Permittivitätszahl eines polaren Stoffes mit einer einzigen Relaxationsfrequenz. **a** Debye-Kreis; **b** Frequenzabhängigkeit von ε' und $\tan\delta_\varepsilon$

Die Verknüpfung von steilem Abfall von ε' bei $\omega_\mathrm{m} = \sqrt{\varepsilon_\mathrm{stat}/\varepsilon_\infty}/\tau_\varepsilon$ mit einem Verlustmaximum nach Bild 2.4-6 ist auch zu beobachten, wenn mehrere Verlustmaxima im Frequenzgang von $\tan\delta_\varepsilon$ auftreten, weil mehrere Relaxationszeiten τ_1, τ_2 usw. (z. B. als Folge mehrerer einstellfähiger Gruppen der Moleküle) vorhanden sind. Dies ist vor allem bei konzentrierten, polaren Lösungen und bei Hochpolymeren zu beobachten. Der Verlauf der komplexen Permittivitätszahl bei Stoffen mit mehreren Relaxationsfrequenzen läßt sich durch eine analytische Funktion näherungsweise beschreiben, die zuerst von K. S. Cole und R. H. Cole [17] angegeben wurde. Sie setzen

$$\underline{\varepsilon}_\mathrm{r} = \varepsilon_\infty + \frac{\Delta\varepsilon}{1 + (\mathrm{j}\,\omega\,\tau_0)^{1-\alpha}} \quad \text{mit} \quad 0 \leqq \alpha < 1 . \tag{2.4-7}$$

Hierin ist α ein Verteilungsparameter, der angibt, wie die einzelnen Relaxationszeiten um die wahrscheinlichste Relaxationszeit τ_0 verteilt sind. Für $\alpha = 0$ geht Gl. (2.4-7) über in die von Debye zuerst angegebene Gl. (2.4-4) für eine einzige

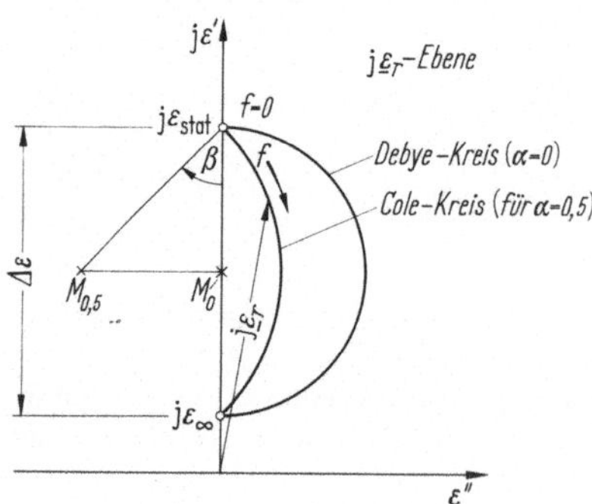

Bild 2.4-7. Frequenzabhängigkeit der komplexen Permittivitätszahl eines polaren Stoffes mit mehreren Relaxationsfrequenzen (Cole-Kreis)

Relaxationszeit. Je mehr sich α dem Wert $+1$ nähert, desto breiter sind die Relaxationszeiten verteilt. Die graphische Darstellung von j ε_r nach Gl. (2.4-7) in Bild 2.4-7 ergibt einen Kreisausschnitt, dessen Mittelpunkt im 2. Quadranten liegt, wobei der Winkel β durch die Beziehung

$$\beta = \alpha \cdot 90° \qquad (2.4\text{-}8)$$

mit dem Verteilungsmuster α zusammenhängt.

2.4.1.3 · Temperaturabhängigkeit der komplexen Permittivität

Der ε_r-Kreis gibt die Frequenzabhängigkeit von ε' und ε'' eines festen oder flüssigen Isolierstoffes bei konstanter Temperatur wieder. Es muß also noch der Einfluß der Temperatur beachtet werden, die auf 3 Größen einwirkt:

1. ε_∞ steigt bei den meisten Stoffen um einige ‰ je 100 K Temperaturerhöhung, bei Titanaten fällt ε_∞ mit steigender Temperatur.

2. ε_{stat} fällt bei wachsender Temperatur (etwa mit dem Kehrwert der thermodynamischen Temperatur T).

Beide Temperatureinflüsse sind relativ schwach.

3. Im Gegensatz dazu ändert sich die Zeitkonstante τ_ε sehr stark mit der Temperatur. Debye gab für das einfache Modell eines in einem Medium mit der

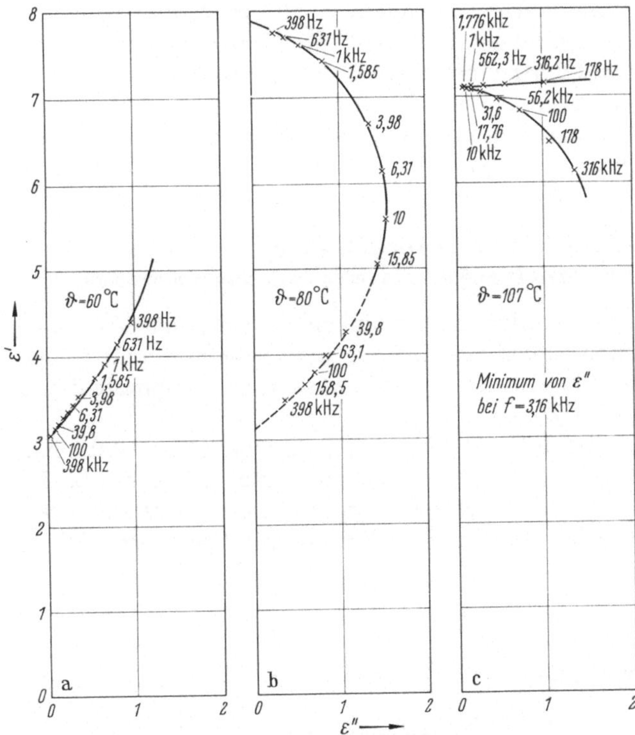

Bild 2.4-8 a–c. Gemessene Frequenzabhängigkeit der komplexen Permittivitätszahl von Polyvinylacetat bei verschiedenen Temperaturen. **a** $\vartheta = 60\,°C$; **b** $\vartheta = 80\,°C$; **c** $\vartheta = 107\,°C$; (zu **c**: stat. Leitfähigkeit überwiegt bei tiefen Frequenzen)

Viskosität $\eta(T)$ sich drehenden Moleküls mit dem Volumen V die Beziehung

$$\tau_\varepsilon = 3\,V\frac{\eta(T)}{k\,T} \tag{2.4-9}$$

an. k ist die Boltzmann-Konstante $(= 1{,}381 \cdot 10^{-23}\ \text{Ws/K})$. Da die Viskosität $\eta(T)$ stark abnimmt, wenn die Temperatur T steigt, bedeutet dies, daß sich mit steigender Temperatur auch die Relaxationsfrequenz $f_1 = 1/(2\pi\,\tau_\varepsilon)$ proportional $T/\eta(T)$ stark nach höheren Frequenzen verschiebt. Bild 2.4-8 zeigt die starke Verschiebung der Frequenzmarken längs der ε_r-Kreise bei verschiedenen Temperaturen für Polyvinylacetat. Mißt man bei fester Frequenz ε_r-Kreise in Abhängigkeit von der Temperatur, so bewegt sich die Spitze von ε_r durch die Gruppe der ε_r-Kreise hindurch. Dabei ändert oft ein *Temperaturunterschied von nur 50 °C die Werte von ε' und ε'' ähnlich wie eine Frequenzänderung um 5 Zehnerpotenzen bei festgehaltener Temperatur.* Oft ist es daher bequemer, in einem richtig gewählten Frequenzgebiet die Temperatur zu variieren, um den Bereich großer Änderungen von ε' und ε'' zu erfassen (s. Bild 2.5-6).

Für die Elektrotechnik sind 3 Bereiche des ε_r-Bogens besonders wichtig:

1. Das Gebiet I in der Nähe von ε_stat mit hoher Permittivitätszahl und kleinen Verlusten für Kondensatoren. In diesem Bereich nimmt ε' mit wachsender Frequenz ab, aber der Verlustfaktor zu.

2. Das Gebiet III in der Nähe von ε_∞ mit relativ niedriger Permittivitätszahl besonders bei Stützern, Isolierhalterungen aller Art und für Kondensatoren der Hochfrequenztechnik, weil ε'' und $\tan\delta$ mit wachsender Frequenz abnehmen.

3. Das Gebiet II in der Nähe von $\omega_1\,\tau_\varepsilon = 1$ mit besonders hohen Verlusten, wenn diese Stoffe in Dämpfungsgliedern oder Wellen-Absorbern verwendet werden sollen. (Beispiel: Wasserabsorber für cm-Wellen.)

2.4.2 Verluste durch ohmsche Leitfähigkeit des Dielektrikums (Beziehung zwischen der Kapazität und dem inneren Isolationswiderstand)

Besitzt das Dielektrikum eine endliche Leitfähigkeit γ, so kann man eine Beziehung zwischen dem inneren Isolationswiderstand (Parallelwiderstand) r_pi und der Kapazität aufstellen. Dazu verhilft die Analogie zwischen Strömungsfeld und statischem Feld, die in Bild 2.4-9 skizziert ist.

Vorausgesetzt werden 2 Elektroden 1 und 2 beliebiger Form. In jedem Volumenelement des statischen Feldes ist die Verschiebungsdichte $D = \varepsilon_0\,\varepsilon_\text{stat}\,E$. Im Strömungsfeld zwischen den gleichen Elektroden in Bild 2.4-9b ruft die Feldstärke E eine Stromdichte J hervor, die über $J = \gamma\,E = E/\varrho$ mit E verknüpft ist. Im

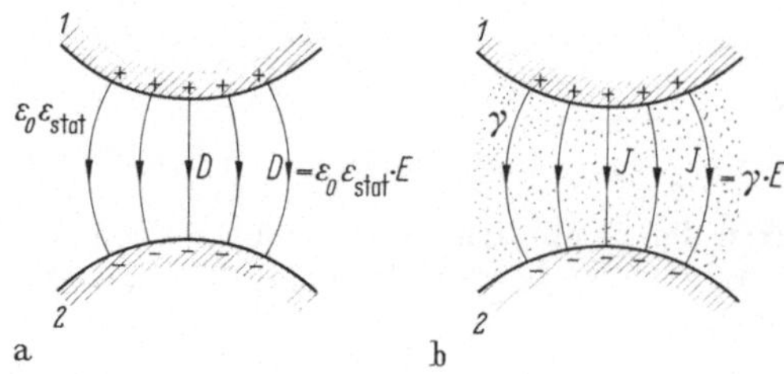

Bild 2.4-9. Analogie zwischen dem Feldbild der elektrischen Verschiebungsdichte (a) und dem Feldbild der elektrischen Stromdichte (b) bei Gleichspannung

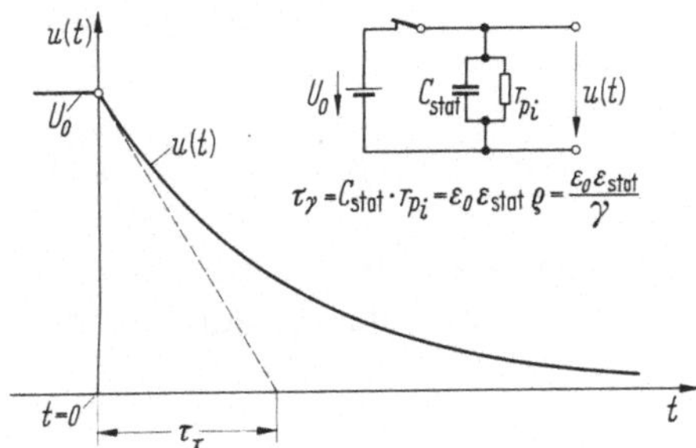

Bild 2.4-10. Zeitlicher Spannungsverlauf an einem Kondensator mit statischer Leitfähigkeit des Dielektrikums nach Abschalten der Gleichspannung U_0 im Zeitpunkt $t = 0$

gleichen Volumenelement ist dann

$$\frac{D}{J} = \frac{\varepsilon_0\,\varepsilon_{\text{stat}}\,E}{\gamma\,E} = \frac{\varepsilon_0\,\varepsilon_{\text{stat}}}{\gamma} = \varepsilon_0\,\varepsilon_{\text{stat}}\,\varrho\;.$$

Dann verhält sich die gesamte Ladung Q zum gesamten Strom wie

$$\frac{Q}{I} = \frac{\int D \cdot \mathrm{d}A}{\int J \cdot \mathrm{d}A} = \varepsilon_0\,\varepsilon_{\text{stat}}\,\varrho\;.$$

Andererseits ist

$$\frac{Q}{I} = \frac{C_{\text{p}}\,U}{U/r_{\text{pi}}} = C_{\text{p}}\,r_{\text{pi}}\;.$$

Also gilt für alle Kondensatoren beliebiger Form, Größe und Kapazität der Zusammenhang

$$C_{\text{p}}\,r_{\text{pi}} = \varepsilon_0\,\varepsilon_{\text{stat}}\,\varrho\;. \tag{2.4-10}$$

$C_{\text{p}}\,r_{\text{pi}}$ hat die Dimension einer Zeit. In der Tat ist $C_{\text{p}}\,r_{\text{pi}}$ identisch mit der Zeitkonstante der Entladung τ_γ (s. Bild 2.4-10), wenn die äußere Isolation hinreichend gut ist, d. h. die Oberflächen-Kriechwiderstände r_{pa} groß gegen r_{pi} sind. Die Entladezeitkonstante hat auch Eingang in die technische Praxis gefunden:

1. In DIN 41 140 z. B. werden für Papierkondensatoren Selbstentlade-Zeitkonstanten zwischen mindestens 1000 s und 4000 s bei Anlieferung und zwischen 100 s und 500 s nach 3- bzw. 5jähriger Betriebszeit gefordert, je nach der Anwendungsklasse (DIN 40 040).

2. Bei Elektrolyt-Kondensatoren ist es üblich, den Reststrom in µA je µF und V anzugeben. Ein spezifischer Reststrom von $1\,\mu\text{A}/(\mu\text{F}\cdot\text{V})$ bedeutet aber nichts anderes als $1/(\Omega\text{F}) = 1/\text{s}$, also den Kehrwert einer Zeitkonstante. Zum Beispiel entspricht die Zeitkonstante $\tau_\gamma = C_{\text{p}}\,r_{\text{pi}} = 10\,\text{s}$ dem Reststrom $0{,}1\,\mu\text{A}$ je µF und V.

Man kann mit Gl. (2.4-10) bei einem durch endliche Leitfähigkeit des Dielektrikums verlustbehafteten Kondensator die Kapazität einem verlustfreien Kondensator der Kapazität $C_{\text{p}} = C_{\text{stat}}$ und die Verluste einem Parallelwiderstand r_{pi} zuordnen. Der komplexe Leitwert des Kondensators mit Leitfähigkeitsverlusten ist bei Benutzung von Gl. (2.4-10)

$$\underline{Y} = \frac{1}{r_{\text{pi}}} + \mathrm{j}\,\omega\,C_{\text{stat}} = \frac{C_{\text{stat}}}{\varepsilon_0\,\varepsilon_{\text{stat}}\,\varrho} + \mathrm{j}\,\omega\,C_{\text{stat}} = \mathrm{j}\,\omega\,C_{\text{stat}}\left(1 - \mathrm{j}\,\frac{\gamma}{\omega\,\varepsilon_0\,\varepsilon_{\text{stat}}}\right).$$

Entsprechend der Definitionsgleichung (2.4-2) werden die Verluste in einer komplexen Permittivitätszahl berücksichtigt:

$$\underline{\varepsilon}_{ri} = \varepsilon_{stat}\left(1 - j\,\frac{\gamma}{\omega\,\varepsilon_0\,\varepsilon_{stat}}\right) = \varepsilon_{stat} - j\,\frac{\varepsilon_{stat}}{\omega\,\tau_\gamma} \quad \text{mit} \quad \tau_\gamma = \frac{\varepsilon_0\,\varepsilon_{stat}}{\gamma}. \qquad (2.4\text{-}11)$$

Die Ortskurve für die mit j multiplizierte, komplexe Permittivitätszahl ist nach Gl. (2.4-11) eine Parallele zur Abszisse im Abstand ε_{stat} im ersten Quadranten der komplexen j $\underline{\varepsilon}_r$-Ebene (s. a. Bild 2.5-4).

2.4.3 Frequenzabhängigkeit der komplexen Permittivitätszahl bei Polarisations- und Leitfähigkeitsverlusten

Im letzten Abschnitt wurde gezeigt, daß man die inneren Isolationsverluste des Dielektrikums durch einen Parallelwiderstand im Ersatzbild berücksichtigen kann. Zusammen mit Bild 2.4-5 erhält man in Bild 2.4-11 das Ersatzbild eines Kondensators mit Leitfähigkeits- und Polarisationsverlusten des Dielektrikums. Aus dem Leitwert dieser Anordnung gewinnt man mit Gl. (2.4-2) die vollständige komplexe Permittivitätszahl eines Stoffes mit Leitfähigkeits- und Polarisationsverlusten:

$$\underline{\varepsilon}_{rges} = \varepsilon_\infty + \frac{\Delta\varepsilon}{1 + (\omega\,\tau_\varepsilon)^2} - j\left(\Delta\varepsilon\,\frac{\omega\,\tau_\varepsilon}{1 + (\omega\,\tau_\varepsilon)^2} + \frac{\varepsilon_{stat}}{\omega\,\tau_\gamma}\right). \qquad (2.4\text{-}12)$$

Die Elemente des Ersatzbildes der komplexen Permittivitätszahl in Bild 2.4-11 c sind unabhängig von den geometrischen Abmessungen des Kondensators. Sie haben die Dimension eines Leitwertes pro Länge.

Ein interessantes Beispiel eines Stoffes mit beiden Verlustquellen ist Wasser. Die Ortskurve seiner mit j multiplizierten komplexen Permittivitätszahl zeigt Bild 2.5-4. Man sieht, daß bei tiefen Frequenzen die Leitfähigkeitsverluste ein Abbiegen der Ortskurve gegen unendlich bewirken; bei hohen Frequenzen verschwindet ihr Einfluß. Die Relaxationsfrequenz liegt bei $1,7 \cdot 10^{10}$ Hz = 17 GHz. In Bild 2.5-5 ist der Verlustfaktor von Wasser als Funktion der Frequenz aufgetragen. Bei niedrigen Frequenzen vermindern sich die Polarisationsverluste, so daß hier

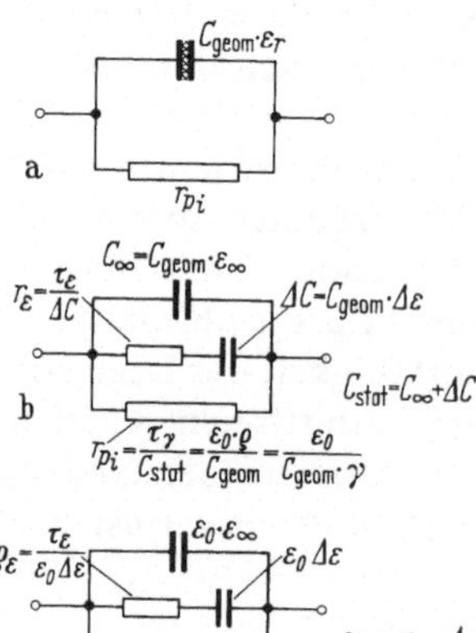

Bild 2.4-11. a Kondensator mit Leitfähigkeit- und Polarisationsverlusten des Dielektrikums; b Ersatzbild des Kondensators (mit einer einzigen Relaxationszeit), für beliebige Frequenzen gültig; c für das Volumenelement des Dielektrikums gültiges Ersatzbild, in dem nur noch Werkstoffeigenschaften erscheinen (entspricht C/C_{geom})

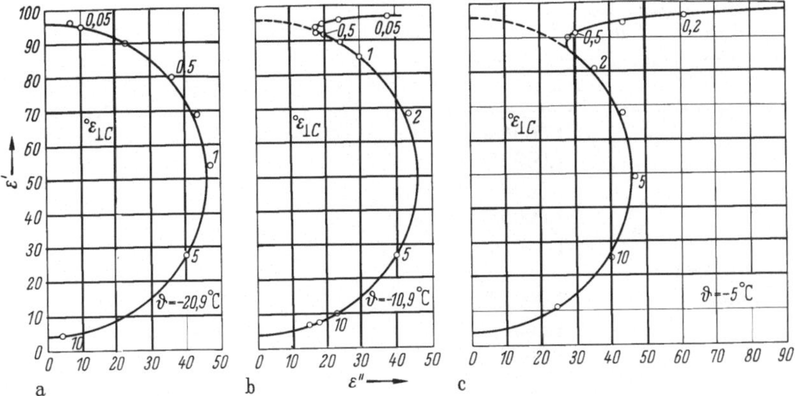

Bild 2.4-12 a – c. Debye-Kreise für Eis bei verschiedenen Temperaturen (Frequenzbeschriftung in kHz)

die Verluste durch ohmsche Leitfähigkeit des Wassers überwiegen. Wo Polarisationsverluste und Leitfähigkeitsverluste gleich groß sind, erreicht der Verlustfaktor ein Minimum. Das Maximum des Verlustfaktors liegt entsprechend Bild 2.4-6 bei der Frequenz f_m, die um den Faktor $\sqrt{\varepsilon_{stat}/\varepsilon_\infty}$ größer ist als die Relaxationsfrequenz $f_1 = 1/(2\pi\,\tau_\varepsilon)$. Die drastische Verschiebung der Relaxationsfrequenz von 17 GHz bei Wasser durch die Änderung der Zähigkeit auf 1 bzw. 5 kHz, also um etwa 6 Zehnerpotenzen, zeigen die Diagramme von Bild 2.4-12 für Eis bei drei verschiedenen Temperaturen. Bemerkenswert ist auch hier der Übergang von Polarisations- zu Leitfähigkeitsverlusten bei wachsender Temperatur im Bereich tiefer Frequenzen. Der grundsätzliche Verlauf von ε und $\tan\delta$ in Abhängigkeit von der Frequenz bleibt also erhalten. Die Vorgänge spielen sich bei Eis nur in einem Frequenzbereich ab, der etwa um den Faktor 10^6 gegenüber Wasser erniedrigt ist.

2.5 Gasförmige und flüssige dielektrische Werkstoffe für Kondensatoren

2.5.1 Gase als Isolierstoffe

Gase als Isolierstoffe findet man in Vakuum- und Preßgas-Kondensatoren. Sie werden bei hohen Spannungen wegen ihrer hohen Durchbruchsfeldstärken verwendet, also in der Energietechnik bei den Starkstromfrequenzen und den Hochfrequenz-Sendern mit Leistungen über etwa 10 kW. Die Werte von ε'_{stat} unterscheiden sich bei Normaldruck erst in der 3. oder 4. Dezimale von eins (s. Tabelle 2.5-1). Polare und nichtpolare Gase sind an der Temperaturabhängigkeit von $\varepsilon'_{stat} - 1$ kenntlich: Nichtpolare Gase zeigen keine Temperaturabhängigkeit, während bei polaren Gasen und Dämpfen die elektrische Suszeptibilität $\chi_e = (\varepsilon'_{stat} - 1)$ proportional zu $1/kT$ ist, also mit wachsender Temperatur T abnimmt, weil die Orientierung der Dipole mit steigender Temperatur behindert wird (Gesetz von Langevin [18]).

Tabelle 2.5-1. Permittivitätszahl ε_{stat} von Gasen
bei Normaldruck und Zimmertemperatur

Gas	ε_{stat}
Helium	1,000066
Wasserstoff	1,00025
Sauerstoff	1,00049
Stickstoff	1,00053
Trockene Luft	1,00059
Luft mit 100% Feuchtigkeit bei 20 °C und Normaldruck	1,00080
Kohlendioxid	1,00095
Schwefelhexafluorid	1,00205

2.5.1.1 Preßgas-Kondensatoren

Der Verlustfaktor von Gasen ist so klein ($\tan \delta_\varepsilon < 10^{-5}$), daß die isolierten Durchführungen der Preßgas-Kondensatoren die Verluste bestimmten. Wesentlich ist die
Erhöhung der Durchschlagsfeldstärke und damit der Durchschlagsspannung, die
nicht nur mit wachsendem Druck zunimmt, sondern auch von der Art des
Füllgases abhängt. Seit den frühen Untersuchungen von K. Natterer [19] ist
bekannt, daß stark elektronegative Gase (s. Bild 2.5-1) freie Elektronen binden und
so bei gleichem Druck erheblich höhere Durchbruchsspannungen als Luft haben.
Elektronegative Gase haben das Bestreben, durch Aufnahme eines Elektrons ihre
äußere Elektronenschale aufzufüllen. Sie bilden relativ stabile, negative Ionen.
Zusatz von Tetrachlorkohlenstoff (CCl_4) zu Luft hat nach [20] die Durchschlagsspannung verdoppelt. Füllung mit Schwefelhexafluorid (SF_6) erfordert nach Kusko
[21] bei gleicher elektrischer Festigkeit nur $^1/_{12}$ des Druckes, der bei Füllung mit
Stickstoff notwendig wäre, siehe auch [159].

Hinsichtlich der Abhängigkeit der Durchbruchsspannung von Druck p und
Elektrodenabstand d sei darauf hingewiesen, daß nach dem Gesetz von Paschen
[22] mit guter Näherung das Produkt $p \cdot d$ in einem mittleren Bereich die bestimmende Größe ist (s. Bild 2.5-2).

Die Gasentladung zündet, wenn jedes Elektron, das von der Kathode kommt,
durch Stoßionisation so viele positive Ionen erzeugt, daß von ihnen beim Aufprall

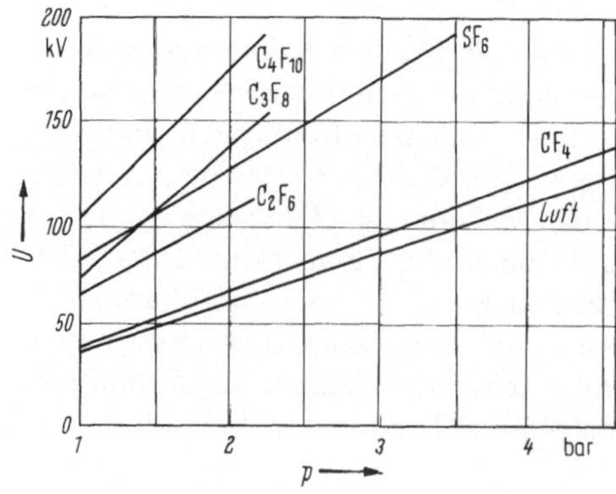

Bild 2.5-1. Überschlagsspannung bei 60 Hz
zwischen Platten von 1,27 cm Abstand für
verschiedene Fluorgase und für Luft als
Funktion des Gasdrucks. (Nach [23])

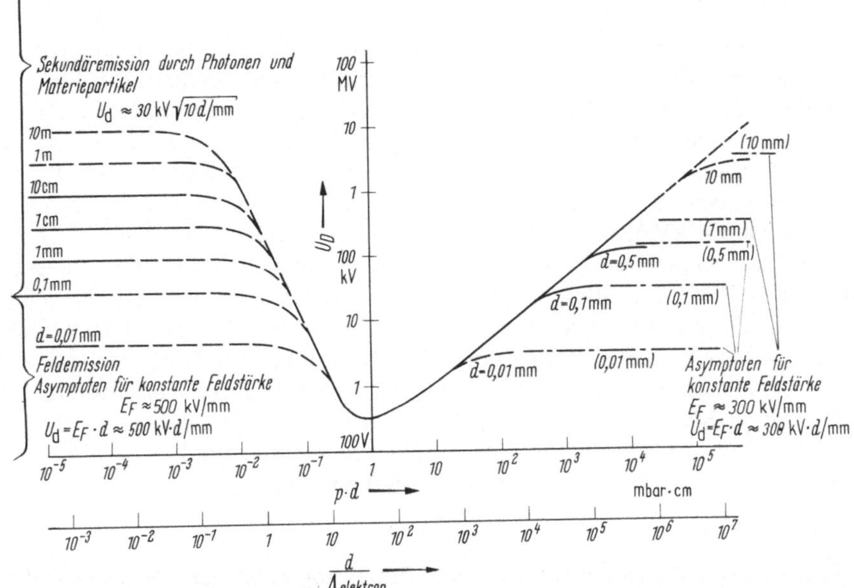

Bild 2.5-2. „Paschen-Kurven". Durchschlagsgleichspannung von Luft im homogenen Feld in Abhängigkeit von dem Produkt aus Gasdruck p und Elektrodenabstand d bzw. von dem Verhältnis Elektrodenabstand d zu mittlerer freien Weglänge λ der Elektronen. —— gemessene Werte, – – – extrapolierte Werte

auf die Kathode im Mittel mindestens wiederum ein Elektron frei gemacht wird. Bezeichnet man die Zahl der von dem startenden Elektron erzeugten Ionen mit v und ihre mittlere Elektronenausbeute nach dem Aufprall auf die Kathode mit k, so ist der Kondensator spannungsfest, solange $k \cdot v < 1$ bleibt. Zündung und Durchbruch erfolgen bei $k \cdot v > 1$. Der Vorgang ist analog dem Einsetzen der Selbsterregung eines Oszillators mit der Rückkopplungsbedingung $Kv = 1$, wenn K den Rückkopplungsfaktor und v die Verstärkung bedeutet. Beim Preßgaskondensator kann v vermindert werden durch

1. erhöhten Gasdruck (kleinere freie Weglänge und damit geringere kinetische Energie des Elektrons bei den Zusammenstößen),
2. die erwähnten, schwerer positive Ionen bildenden elektronegativen Gase.

Die Ausbeute k läßt sich herabsetzen durch

1. ein homogenes Feld an der Kathode (keine Ecken und Kanten, polierte Oberfläche),
2. Material mit hoher Austrittsarbeit für Elektronen (z. B. rostfreier Stahl).

Bild 2.5-2 zeigt die Durchbruchsspannung für Luft in Abhängigkeit von dem Produkt $p \cdot d$ nach Paschen. Ergänzend ist unter der Abszisse noch die physikalisch sinnvolle Skala d/Λ aufgetragen. Λ bedeutet die mittlere freie Weglänge von Elektronen zwischen zwei aufeinanderfolgenden Zusammenstößen mit den Gasmolekülen. Die Kurven zeigen auch einen Anstieg der Durchbruchsspannung für sehr kleine Drücke. In diesem Bereich arbeiten die Vakuum-Kondensatoren [25].

2.5.1.2 Vakuum-Kondensatoren

Kondensatoren für besonders hohe Feldstärken bzw. Spannungen kann man als Vakuum-Kondensatoren bauen, bei denen die mittlere freie Weglänge der Elektronen viel größer ist als die Gehäuseabmessungen und Elektrodenabstände. Es kommt nicht zu einer nennenswerten Stoßionisation der Restgase, weil der Druck in Vakuum-Kondensatoren auf 10^{-7} bis 10^{-9} bar (10 bis 0,1 mPa) gesenkt ist. Bis zu Spannungen von etwa 20 kV kann man bei gut entgasten, polierten Kathoden Feldstärken von etwa 500 kV/mm aufrechterhalten. Bei größeren Elektrodenabständen als 0,1 mm bzw. Betriebsspannungen über 20 kV nimmt dann die zulässige Feldstärke nach Bild 2.5-3 allmählich ab auf 10 kV/mm bei 60 mm Elektrodenabstand. Bild 2.5-3 erklärt zugleich den linken Teil von Bild 2.5-2. Den Durchbruch kann man sich hier als Folge einer Rückkopplung durch Elektronen- und Ionenaustausch zwischen Kathode und Anode vorstellen. Ein Elektron möge an der Anode k_i positive Metall-Ionen und k_p Photonen bzw. Röntgenquanten befreien. Wenn jedes Ion an der Kathode v_i Elektronen herausschlägt und jedes Photon v_p Elektronen befreit, so wird der Vorgang stabil bleiben, wenn

$$k_i\,v_i + k_p\,v_p < 1$$

ist. Für $k_i\,v_i + k_p\,v_p = 1$ kann eine kurzzeitige Entladung einsetzen. Isolationswiderstand und Verlustfaktor von Vakuum-Kondensatoren sind durch die Glas- oder Keramikisolation der Elektroden gegeben.

2.5.2 Flüssige Isolierstoffe

Neben der Größe der Permittivitätszahl sind die wichtigsten elektrischen Daten die Leitfähigkeit, Durchschlagsfestigkeit und der Verlustfaktor. Permittivität sowie wesentliche mechanische Daten, wie z. B. Viskosität, Stockpunkt-Temperatur und Wärmeleitfähigkeit, sind durch die chemische Struktur des Isolierstoffs bestimmt und damit definierte Stoffeigenschaften. Im Gegensatz dazu hängen dielektrische Verluste und Durchschlagsfestigkeit von Verunreinigungen, wie z. B. Wasser, Fasern, Polymerisations- und Oxidationsprodukten, die bei der Alterung von Öl

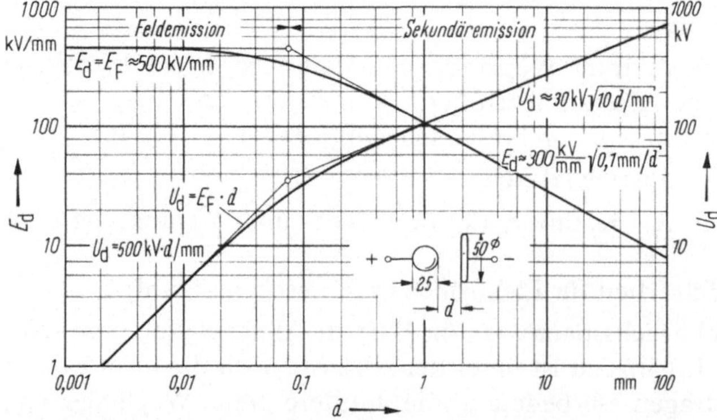

Bild 2.5-3. Durchschlagsgleichspannung U_D und -feldstärke E_D im Vakuum zwischen einer Stahlkugel von 2,5 cm und einer Stahlscheibe von 5 cm Durchmesser in Abhängigkeit von der Schlagweite d bei einem Restdruck von $1,33 \cdot 10^{-4}$ mbar. (Nach [24])

auftreten, so stark ab, daß die Grundeigenschaften der gereinigten Isolierstoffe, hohe Durchschlagsfeldstärken (≈ 4 bis $5\,\text{kV/mm}$) und niedriger Verlustfaktor ($\tan\delta < 10 \cdot 10^{-4}$), stark verschlechtert werden. Ein Wassergehalt von 0,05‰ des Gewichts und geringfügige Faserstoffmengen von 0,01 mg je Liter Öl erniedrigen die elektrische Festigkeit schon beträchtlich.

2.5.2.1 Isolieröle

Man unterscheidet im wesentlichen folgende Isolieröle:

1. Mineralöle als Gemische von Naphthenölen (ringförmige, aromatische Kohlenwasserstoffe) und Methanölen (kettenförmige Kohlenwasserstoffe der aliphatischen Paraffinreihe) mit $\varepsilon'_{\text{stat}} = 2{,}0$ bis $2{,}5$.
2. Chlorierte und fluorierte aromatische Kohlenwasserstoffe (chloriertes Diphenyl = Clophen, Askarel, Frigen) mit $\varepsilon'_{\text{stat}} = 4{,}5$ bis 7.
3. Siliconöle mit $\varepsilon'_{\text{stat}} = 2{,}3$ bis $2{,}8$.

Siliconöle behalten ihre Viskosität in einem weiten Temperaturbereich von -60 bis $+200\,°\text{C}$. Chlorierte und fluorierte Kohlenwasserstoffe sind unbrennbar, aber oft giftig. Über die mit der Alterung von Ölen zusammenhängenden Fragen vgl. Roth [26], sowie den Beitrag von J. D. Piper bei A. v. Hippel [27]. Die Aufklärung der komplizierten chemischen Umsetzungen erfordert enge Zusammenarbeit von Physiker, Chemiker und Elektroingenieur.

2.5.2.2 Isolierflüssigkeiten mit hohem ε' und Wasser

Isolierflüssigkeiten mit höherem ε' wie Aceton ($\varepsilon'_{\text{stat}} = 20$), Ethylalkohol ($\varepsilon'_{\text{stat}} = 24$), Methylalkohol ($\varepsilon'_{\text{stat}} = 36$) und Wasser ($\varepsilon'_{\text{stat}} = 80{,}3$) dienen gelegentlich im Laboratorium dazu, gemischt miteinander oder mit feinkörnigen festen Isolierstoffen, gewünschte Werte von ε' einzustellen. Dabei gilt das *logarithmische Mischungsgesetz* [28]. Für 2 Stoffe mit den Permittivitätszahlen ε_1 und ε_2, die mit den Volumenanteilen a_1 und a_2 (die Summe $a_1 + a_2 = 1$) beteiligt sind, ist ε_m der Mischung bestimmt durch

$$\ln \varepsilon_\text{m} = a_1 \ln \varepsilon_1 + a_2 \ln \varepsilon_2 \, . \tag{2.5-1}$$

ε_m, ε_1 und ε_2 bedeuten dabei zugleich die Beträge der ε-Werte, während die durch $\underline{\varepsilon} = |\varepsilon|\, e^{-j\delta}$ definierten Verlustwinkel nach Einsetzen in (2.5-1) die Gleichung

$$\delta_\text{m} = a_1\, \delta_1 + a_2\, \delta_2 \tag{2.5-2}$$

ergeben. Für mehr als zwei Komponenten folgen weiterer Summanden.

Während die obengenannten Kohlenwasserstoffe ebenso wie geschmolzenes, gereinigtes und entgastes Paraffin geringe Verluste ($\tan\delta = 10^{-3}$ bis 10^{-4}) zeigen, hat Wasser beträchtliche frequenzabhängige Verluste wegen seines Dipolmoments und seiner hohen Leitfähigkeit. Die geringe Viskosität von Wasser führt nach Gl. (2.4-9) zu einer sehr kleinen Relaxations-Zeitkonstante $\tau_\varepsilon \approx 9{,}4 \cdot 10^{-12}\,\text{s} = 9{,}4\,\text{ps}$ [15, S. 128]. Also ist $f_1 = 1/(2\,\pi\,\tau_\varepsilon) \approx 17\,\text{GHz}$ (Wellenlänge $\lambda \approx 18\,\text{mm}$) die Relaxationsfrequenz, bei der ε' von 80,3 auf etwa 43 abgesunken ist. Wasser hat also die höchsten Dipolverluste im cm-Wellengebiet (s. $\underline{\varepsilon}_\text{r}$-Kreis). Bild 2.5-4 zeigt die Ortskurve der komplexen Permittivitätszahl $j\,\underline{\varepsilon}_\text{r}$ von Wasser verschiedener Leitfähigkeit entsprechend Gl. (2.4-12).

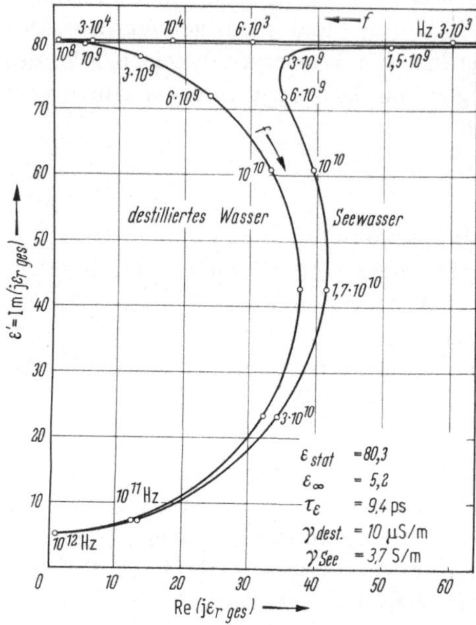

Bild 2.5-4. Ortskurve der vollständigen komplexen Permittivitätszahl j $\varepsilon_{r,ges}$ von destilliertem Wasser und Seewasser bei 20 °C

Im ganzen Frequenzgebiet von einigen Hz bis zu 10 MHz ist die statische Leitfähigkeit γ für die Verluste allein maßgebend, wie auch aus Bild 2.5-5 deutlich wird. Erst bei Frequenzen oberhalb 100 MHz steigen die τ_ε entsprechenden Dipolverluste so stark an, daß sie die Leitfähigkeitsverluste überwiegen. Je nach Reinheit des Wassers liegt das Minimum des Verlustfaktors zwischen $10 \cdot 10^{-4}$ bei

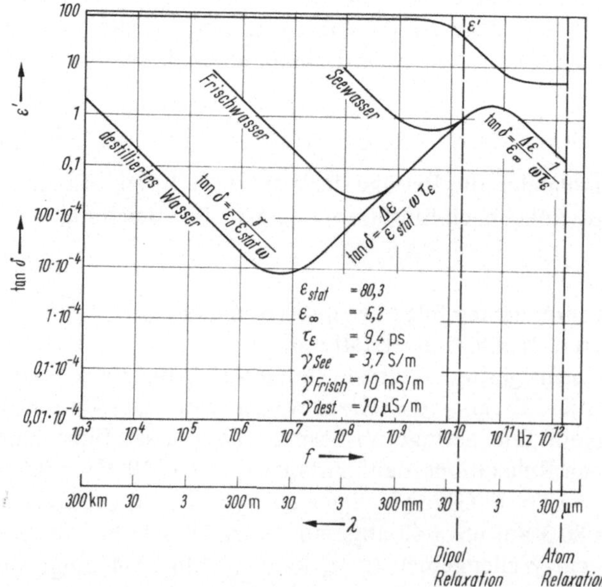

Bild 2.5-5. Frequenzabhängigkeit des Verlustfaktors und des Realteils ε' von $\varepsilon_{r,ges}$ bei Wasser von 20 °C nach Bild 2.5-4

10 MHz (destilliertes Wasser) und $\tan \delta_{\min} = 0{,}6$ bei 3 GHz (Seewasser). Da die Verluste so hoch sind, ist es verständlich, daß Wasseraufnahme bei allen hygroskopischen Isolierstoffen besonders gefürchtet ist. Andererseits kann Wasser in Mikrowellenleitungen als Absorberwerkstoff gut verwendet werden [29].

2.5.2.3 Imprägnier- und Tränkungsmittel

Papier-Kondensatoren mit Kondensatorpapier aus Sulfatzellstoff oder aus Hanffasern mit hoher chemischer Reinheit, gleichmäßigem Gefüge und gleichmäßiger Dicke wurden früher ausschließlich mit niederviskosen Mineralölen getränkt. Diese führten wegen ihres $\varepsilon'_{\text{stat}} = 2{,}0$ bis 2,3 zu Misch-Werten $\varepsilon'_{\text{stat}} = 3{,}0$ bis 4,3 je nach Pressungsgrad des Kondensatorpapiers. Mineralöle als unpolare Imprägnier- und Tränkungsmittel brachten keine zusätzlichen Verluste, hatten hohe Durchschlagfestigkeiten und waren in einem weiten Temperaturbereich von $-40\,^\circ$C bis $+100\,^\circ$C anwendbar.

Mineralöle als Imprägnier- und Tränkungsmittel werden heute nicht mehr verwendet. Für „Öl-Kondensatoren" wurden hauptsächlich angewendet:

1. synthetische aromatische Kohlenwasserstoffe, z. B. Diphenyl oder alkyliertes Naphthalin mit $\varepsilon'_{\text{stat}} = 2{,}2$ bis 2,6 und $\tan \delta = 0{,}02$, sowie
2. chlorierte aromatische Kohlenwasserstoffe, z. B. Askarel oder Clophen mit $\varepsilon'_{\text{stat}} = 4{,}5$ bis 7,0 und $\tan \delta = 0{,}05$.

Chloriertes Diphenyl (Clophen) hat zwar eine höhere Permittivität ($\varepsilon'_{\text{stat}} = 5$) und gestattet wegen der höheren Mischpermittivität von $\varepsilon'_{\text{m}} = 5{,}3$ eine kleinere Bauform, ist aber polar und hat etwa 40% höhere Verluste. Bei tiefen Temperaturen steigen die Verluste von Clophen stark an (s. Bild 2.5-6, das auch zeigt, wie sich bei höheren Frequenzen das Maximum von ε'' und damit auch das Verlustfaktormaximum in den Bereich der normalen Raumtemperatur verschiebt).

Der Temperaturbereich von Clophen-Kondensatoren ist also gegenüber ölimprägnierten Papier-Kondensatoren stark eingeengt.

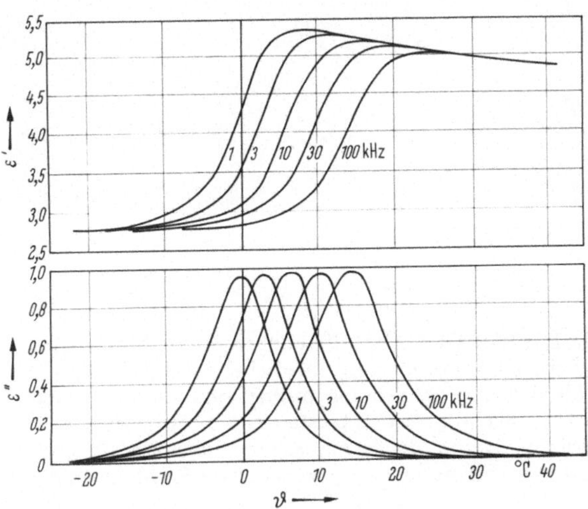

Bild 2.5-6. Realteil ε' und Imaginärteil ε'' der komplexen Permittivitätszahl von Clophen in Abhängigkeit von der Temperatur mit der Frequenz als Parameter. (Nach [29])

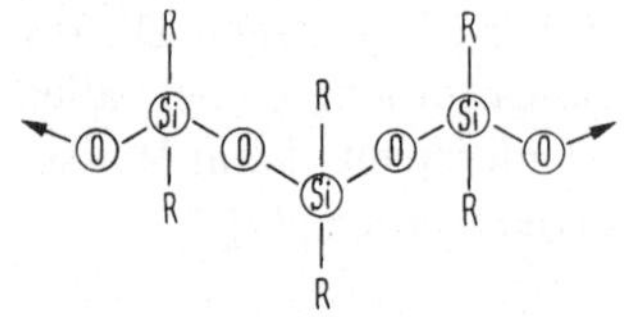

Bild 2.5-7. Aufbau von Siliconen. R entspricht CH_3 oder C_2H_5 oder anderen Radikalen

Fordert man Betriebssicherheit noch bei Temperaturen über 100 °C, so kann man das Papier mit Siliconölen mit $\varepsilon'_{stat} = 2{,}3$ bis $2{,}8$ tränken, die Temperaturen bis etwa 180 °C aushalten. Silicone enthalten temperaturbeständige Ketten, in denen Silicum- und Sauerstoffatome abwechseln (siehe Bild 2.5-7). An den Siliciumatomen hängen Kohlenwasserstoff-Restgruppen (Radikale), wie z. B. Alkyl- oder Arylgruppen, welche den flüssigen oder kautschukartigen oder festen Zustand der Silicone bestimmen.

2.5.2.4 Flüssigkristalle

Viele Stoffe gehen am Gefrierpunkt vom flüssigen Zustand mit relativ geringen Wechselwirkungen zwischen den Molekülen direkt in den festen Zustand über, bei dem sich durch stärkere Kräfte zwischen den Molekülen „wohlgeordnete" Strukturen (Kristalle) bilden [31, 32]. Bei Flüssigkristallen (FK) sind die dielektrischen Wechselwirkungen bereits in der flüssigen Phase so stark, daß sich die Moleküle

(a) parallel zueinander ausrichten (nematische FK),
(b) wie (a), jedoch zusätzlich in Ebenen angeordnet sind (smektische FK),
(c) wie (a), jedoch außerdem noch periodisch gegeneinander verdreht sind (cholesterische FK)

(vergleiche Bild 2.5-8).

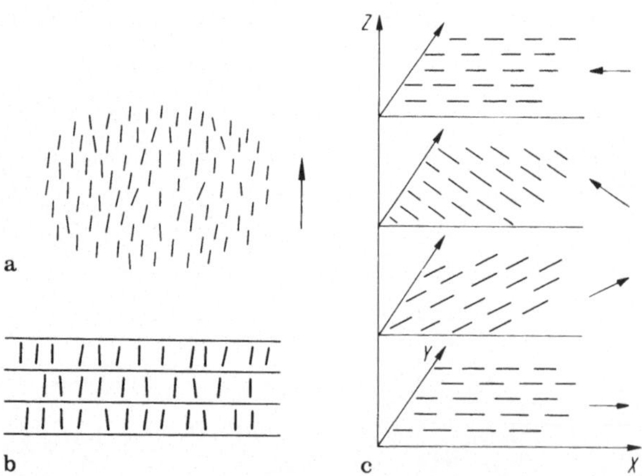

Bild 2.5-8. a nematische Flüssigkristalle. Die Moleküle haben die Längsachse im Mittel parallel zueinander ausgerichtet. Der Schwerpunkt kann aber an einem beliebigen Ort sein. **b** smektische Flüssigkristalle. Die Moleküle liegen in Ebenen angeordnet, sind aber noch nicht wie im Kristall festen Raumgitterplätzen zugeordnet. **c** cholesterische Flüssigkristalle. In einer Ebene findet man die gleiche Struktur wie bei den nematischen Flüssigkristallen, die Vorzugsrichtung in diesen Ebenen ändert sich aber periodisch in senkrechter Richtung zu den Ebenen („Helix-Struktur")

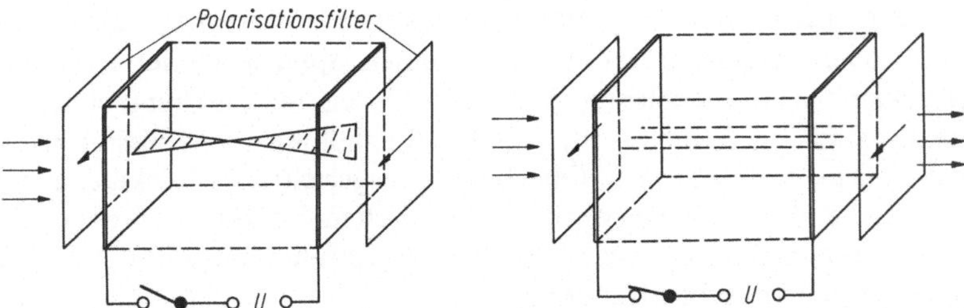

Bild 2.5-9. Prinzipieller Aufbau einer Zelle nach dem Verdrillungsprinzip (Schadt-Helfrich- oder Feldeffekt-Zelle)

Den dielektrischen Wechselwirkungskräften zur Ausrichtung der Moleküle wirkt die Brownsche Molekularbewegung entgegen. Für die praktische Anwendung gilt es, Substanzen zu finden, die einen flüssigkristallinen Zustand über einen möglichst weiten Temperaturbereich ober- und unterhalb von 20 °C besitzen. Daneben müssen sie chemisch stabil sein. Moleküle von Flüssigkristallen besitzen ein elektrisches Dipolmoment, können sich aufgrund von starren Bindungen nicht abwinkeln und haben eine „längliche" Form.

Heute verwendet man z. B.

RO TN 200: − 15 °C bis + 66 °C,
ZLI 684: − 8 °C bis + 60 °C.

Neben der Temperaturmessung werden Flüssigkristalle vor allem auch in Anzeigeelementen verwendet. Dabei nützt man aus, daß die nematischen Flüssigkristalle wegen ihrer „geordneten Moleküle" anisotrope optische Eigenschaften aufweisen. Da die Moleküle aber elektrische Dipole besitzen, können sie über ein angelegtes elektrisches Feld über größere Bereiche ausgerichtet werden (Bild 2.5-9).

Zwischen zwei Glasplatten mit transparenten Metallelektroden befindet sich in einer ca. 10 bis 20 µm dicken Schicht der Flüssigkristall. Dabei richten sich die Moleküle durch Wechselwirkung mit der Elektrodenoberfläche parallel zur Glasplatte aus. Die bevorzugte Ausrichtung der Moleküle an den beiden Glasplatten ist jedoch um 90° verschoben. Beim Einfallen von polarisiertem Licht wird die Schwingungsebene im Flüssigkristall um 90° gedreht und das Licht kann kein zweites Polarisationsfilter parallel zu dieser Ebene passieren. Durch Anlegen eines elektrischen Feldes werden die Moleküle senkrecht zur Glasplattenebene gedreht

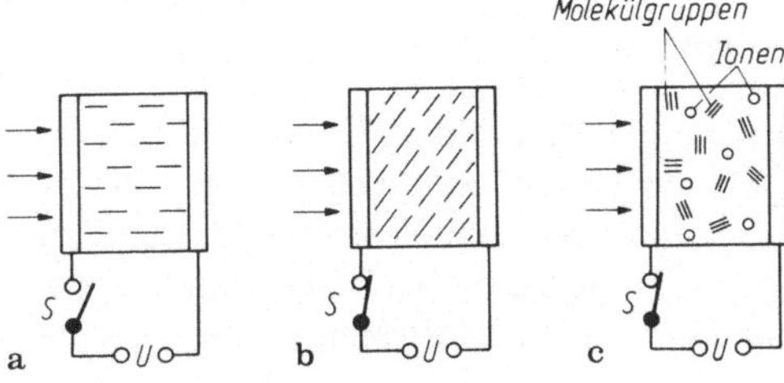

Bild 2.5-10 a−c. Prinzip der dynamischen Streuung bei Flüssigkristall-Anzeigeelementen. **a** Moleküle in Ruhelage senkrecht zu den Glasplatten orientiert; **b** Drehung der Moleküle durch angelegtes elektrisches Feld ($E \approx 2$ kV/mm), ausgeprägte Streuwirkung; **c** anderes Prinzip: Durch das elektrische Feld verursachte Ionenwanderung führt durch Kollision mit querorientierten Molekülen zu Turbulenzen mit Streuwirkung

und das polarisierte Licht wird vom Polarisationsfilter am Ausgang absorbiert (Schadt-Helfrich- oder Feldeffekt-Zelle). Durch einen Spiegel an der Rückseite erhält man die bekannten Anzeigeelemente, z. B. für Uhren und Taschenrechner.

Eine weitere Möglichkeit (Bild 2.5-10) für die Herstellung von Flüssigkristallanzeigen besteht darin, senkrecht zur Oberfläche ausgerichtete Moleküle nematischer Flüssigkristalle durch Anlegen eines elektrischen Feldes zu drehen und durcheinaner zu wirbeln. Dadurch wird das Licht gestreut und kann die Zelle nicht mehr passieren (dynamische Streuung).

2.6 Papier für Kondensatoren

2.6.1 Eigenschaften von Kondensatorpapier

Zellstoff besteht aus Makromolekülen der Glucose $(C_6H_{10}O_5)_{12}$, ist polar und stark hygroskopisch. Vor der Verwendung als Isolierstoff muß zunächst der Wassergehalt in Vakuumtrockenanlagen entzogen und durch im Vakuum entgaste Imprägniermittel ersetzt werden, siehe dazu Abschnitt 2.5.2.3.

Die meist 8 bis 10 µm dicken Lagen aus Kondensatorpapier haben Löcher oder leitende Teilchen als Fehlstellen. Um Betriebsfeldstärken von etwa 40 kV/mm (z. B. 400 V an einer 10 µm dicken Papierschicht) aufnehmen zu können, sind deshalb 2 Bauarten üblich:

1. Normale Papier-Kondensatoren enthalten 2 Bänder aus je zwei oder mehr Lagen Papier zwischen den beiden Aluminiumfolien.
2. MP-Kondensatoren („Metallisiertes Papier") haben nur 2 Bänder aus einlagigem Natronzellulosepapier (8 bis 10 µm dick), die nach einer dünnen Imprägnierung einseitig $\approx 0{,}1$ µm dick im Vakuum mit Aluminium bedampft werden.

2.6.2 Papier-Kondensatoren

Da andere Dielektrika gegenüber Papier wesentlich bessere Eigenschaften besitzen, werden Papierkondensatoren in der Elektronik heute fast nicht mehr verwendet, wohl aber in der Energietechnik [157]. Typische Eigenschaften von Papier-Kondensatoren sind:

1. Kapazitätsbereich 10 nF bis 50 µF bei $U_N = 100$ V bis 200 kV,
2. Verlustfaktor bei 50 Hz etwa $7 \cdot 10^{-3}$ und bei 1000 Hz etwa $(10 \text{ bis } 20) \cdot 10^{-3}$,
3. Isolationszeitkonstante: > 1000 s.

Weitere allgemeine Angaben sind in DIN 41 140 enthalten.

2.6.3 Metallisierte Papier-Kondensatoren (MP)

In elektronischen Schaltungen werden die metallisierten Papier-Kondensatoren fast nicht mehr angewendet. Hauptsächlich werden sie als Motorkondensatoren, zur Kopplung, zum Glätten, für die Erzeugung kurzzeitiger hoher Ströme [33] und zur Phasenkompensation eingesetzt. Metallpapier-Kondensatoren sind selbstheilend: an einer Fehlstelle im Dielektrikum kann ein Durchschlag auftreten [34]. Die dabei von außen zugeführte bzw. im Kondensator gespeicherte Energie verdampft die Metallschicht auf dem Dielektrikum. Dabei tritt ein hoher Gasdruck auf. Dieses

Gas bläst den Lichtbogen aus. Der Bereich um die Fehlstelle wird metallfrei und der Kurzschluß ist behoben. Da Fehlstellen ausheilen, genügt eine einzelne Papierschicht als Dielektrikum.

Der übliche Kapazitätsbereich bei MP-Kondensatoren für Gleichspannungen ist 0,1 µF bis 50 µF bei einer Nennspannung von 250 V, bis 20 µF bei 630 V (DIN 41 191 bis DIN 41 198). Der Temperaturkoeffizient der Kapazität beträgt ca. $+700 \cdot 10^{-6}/K$. Die Isolationszeitkonstante bei 20 °C ist ≥ 1000 s, bei 70 °C ≥ 100 s.

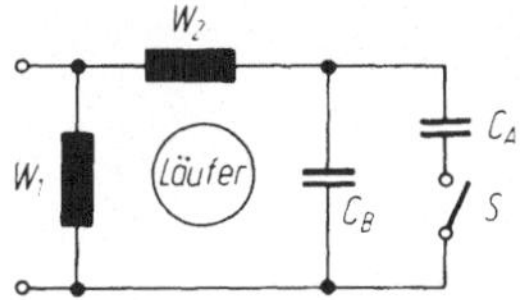

Bild 2.6-1. Hilfsphasenmotor mit Anlaßkondensator C_A und Betriebskondensator C_B (Hauptstrang W_1, Hilfsstrang W_2)

Bei selbstanlaufenden „Kondensatormotoren" liegt ein MP-Kondensator in Serie zur Hilfswicklung. Dadurch ist der Scheinwiderstand klein, und es entstehen sehr hohe Ströme und Spannungen am Kondensator, die die am Motor anliegende Spannung übersteigen können.

Man unterscheidet zwischen Anlaßkondensator (Hilfsstrang wird nach dem Anlaufen abgeschaltet) und dem Betriebskondensator mit Dauerbelastung (Bild 2.6-1) [35].

2.7 Kunststoffe für Kondensatoren

Die organische Chemie hat der Elektrotechnik neben den Kunstharzen auch eine Reihe elektrisch und mechanisch hochwertiger Isolierstoffe [1 (S. 218 und 219), 27, 36, 37] geschenkt, die sich z. T. auch zu sehr dünnen, genügend festen Folien verarbeiten lassen.

Wir können flexible und biegsame Kondensatorfolien unterscheiden aus:

1. Celluloseacetat (CA),
2. Polystyrol (PS),
3. Polypropylen (PP),
4. Polyethylenterephthalat (PETP),
5. Polycarbonat (PC).

2.7.1 Celluloseacetat

2.7.1.1 Eigenschaften von Celluloseacetat (CA)

Der polare Isolierstoff Celluloseacetat und Cellulosetriacetat ist aus β-Glukose aufgebaute Hydratzellulose, bei der Hydroxylgruppen mit Essigsäure verestert sind. Der Gehalt an zwischenmolekular eingelagertem Weichmacher beträgt etwa 20%.

In Bild 2.7-1 ist die kleinste sich wiederholende Struktureinheit dargestellt. Gießfolien aus dem thermoplastischen CA werden als Isolierfolien in Dicken von

25 bis 300 µm hergestellt, bei Kondensatoren im Spezialverfahren zur Metallisierung in Dicken um etwa 3 µm.

Sie besitzen eine obere Grenztemperatur von 120 °C; bei höheren Temperaturen beginnt CA sich unter merkbarer Ausscheidung von Essigsäure zu zersetzen, jedoch verursachen die Spaltprodukte keine nennenswerte Korrosion auf Metallen.

Je nach Typ beträgt die Permittivitätszahl ε' bei 1 kHz 3,6 bis 4,5; bei hohen Frequenzen wird ε', da ein polarer Werkstoff vorliegt, geringfügig kleiner. Die dielektrischen Verluste sind beträchtlich; bei 50 Hz bis 1 kHz liegt $\tan \delta$ zwischen $(10 \text{ und } 20) \cdot 10^{-3}$ und bei 1 MHz sogar bei $(50 \text{ bis } 60) \cdot 10^{-3}$.

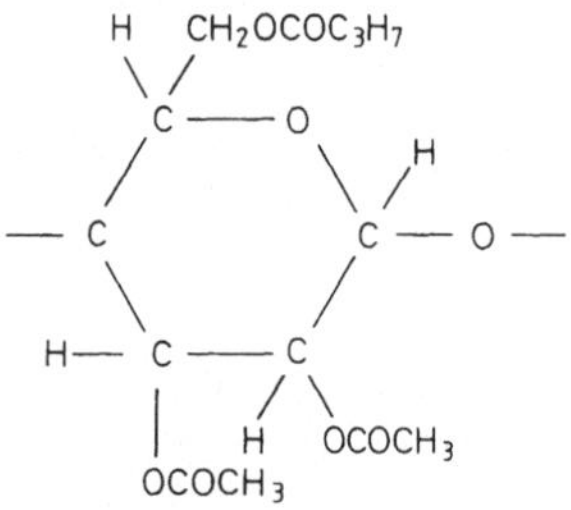

Bild 2.7-1. Aufbau von Cellulosetriacetat

Die Durchschlagsfestigkeit ist $\geqq 60$ kV/mm, der Oberflächenwiderstand im Prüfklima DIN 50015 $+ 23\,^{\circ}$C/83% $\geqq 10^{12}\,\Omega$ und der spezifische Durchgangswiderstand $\geqq 10^{14}\,\Omega \cdot$ cm.

Die für die Verarbeitung wichtigen mechanischen Eigenschaften sind nicht besonders günstig, so die Zugfestigkeit in Längsrichtung $\geqq 50$ N/mm² und die Reißdehnung in trockenem Zustand $\geqq 10\%$ [38].

Ein Handelsname ist z. B. Acetat-Folie (Acetylcellulose-Folie) der Firma Kalle.

2.7.1.2 MKU-Kondensatoren

Mit MKU-Kondensatoren (Metallisierte Celluloseacetat-Kondensatoren) kann eine hohe spezifische Kapazität je Volumen erreicht werden, weil sehr geringe Schichtdicken herstellbar sind und die Permittivität ε' gegenüber anderen Kunststoffolien hoch ist [39].

Bei der Herstellung der metallisierten Folie wird auf eine Trägerfolie (Papier) ein z. B. 3 µm dicker Lackfilm aufgebracht, der metallisiert wird. Beim Wickeln des Kondensators wird dieser Lackfilm vom Trägermaterial abgezogen.

Die Kapazitätswerte liegen zwischen 0,15 µF und 10 µF bei 63 V bzw. zwischen 0,033 µF und 3,3 µF bei 630 V Nennspannung. Die Anliefertoleranz ist normalerweise $\pm 20\%$. Die Grenztemperaturen sind $-55\,^{\circ}$C und $+85\,^{\circ}$C. Dabei muß die Spannung bei Kondensatoren mit 630 V Nennspannung ab 40 °C linear auf 500 V bei 85 °C reduziert werden [40]. MKU-Kondensatoren sind selbstheilend.

Die Kapazität ist stark abhängig von der Temperatur (-8% bei $-55\,^{\circ}$C; $+4\%$ bei 85 °C, bezogen auf 20 °C), der Frequenz (-6% bei 100 kHz bezogen auf 1 kHz) und der Feuchte ($\pm 5\%$). Zur besseren Kapazitätskonstanz werden die Kondensatoren deshalb auch in dichte Metallbecher eingebaut.

Der Isolationswiderstand R_{is} liegt im Mittel bei $45 \cdot 10^3$ MΩ (mindestens $15 \cdot 10^3$ MΩ) bzw. $R_{is}\,C = 15\,000$ s (mindestens 5000 s).

Für den Einsatz bei Wechselspannungsbeanspruchung sind diese Kondensatoren schlecht geeignet. Bei einer Frequenz von 50 Hz muß die effektive Spannung auf ca. 0,35 U_N reduziert werden. Die bei höheren Frequenzen maximal zulässige Spannung kann aus Bild 2.7-2 entnommen werden.

Für den Einsatz in Stoßentladeschaltungen sind diese Kondensatoren nicht zu empfehlen.

Die Resonanzfrequenz ist für $C_N = 0,15\ \mu F$ bei 3 MHz ($R_{res} \approx 0,1\ \Omega$) und für $C_N = 10\ \mu F$ bei 300 kHz ($R_{res} \approx 0,03\ \Omega$).

MKU-Kondensatoren sind nach DIN nicht genormt.

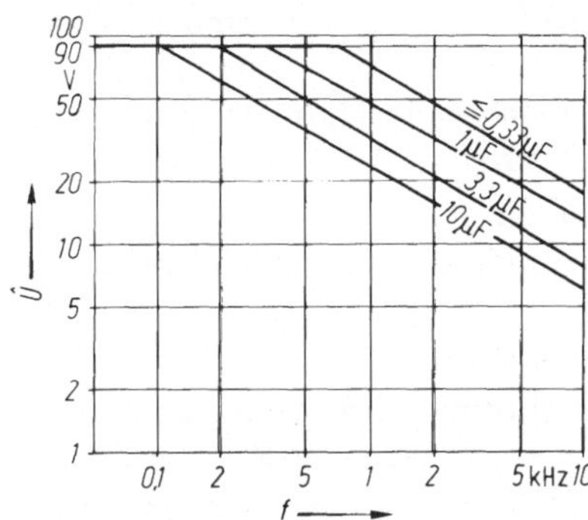

Bild 2.7-2. Zulässige Scheitelspannung (Sinus) von MKU-Kondensatoren für erhöhte Anforderungen mit $U_N = 250$ V in Abhängigkeit von der Frequenz und der Kapazität

2.7.2 Polystyrol

2.7.2.1 Eigenschaften von Polystyrol (PS)

Der unpolare thermoplastische Isolierstoff Polystyrol (PS) ist ein Polymerisat aus Styrol. In Bild 2.7-3 ist die kleinste sich wiederholende Struktureinheit dargestellt.

Polystyrol ist recht spröde und eignet sich nicht für Folien, dagegen besitzt die aus PS in einem Warmreckprozeß gezogene Extruderblasfolie gute elastische und vor allem sehr gute dielektrische Eigenschaften. Sie wird in Dicken ab 10 µm hergestellt [41].

Eine obere Grenztemperatur von 70 °C soll nicht überschritten werden, da Polystyrol bei ca. 70 °C erweicht. Polystyrolfolie ist glasklar, entflammbar und nicht selbstverlöschend.

Die relative Permittivität ε' ist 2,5 und praktisch frequenzunabhängig. Der Verlustfaktor liegt im ganzen Frequenzbereich von 50 Hz bis 100 GHz zwischen $5 \cdot 10^{-5}$ und $5 \cdot 10^{-4}$, ist also sehr gering. ε' hat einen negativen Temperaturkoeffizienten.

Die mechanischen Eigenschaften sind nicht überragend: Die Zugfestigkeit in Längsrichtung ist $\geq 50\ N/mm^2$ und die Reißdehnung gar nur 2%.

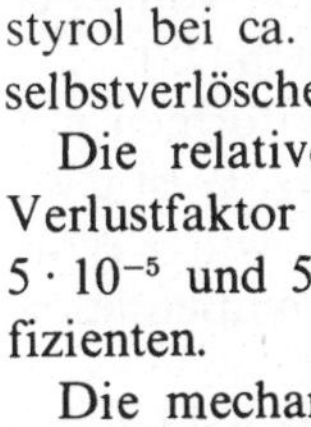

Bild 2.7-3. Aufbau von Polystyrol

Wegen der hervorragenden dielektrischen Eigenschaften wird PS für Polystyrol-folien-Kondensatoren noch heute verwendet.

Die Durchschlagsfestigkeit ist $\geq 75\ \mathrm{kV/mm}$, der Oberflächenwiderstand $\geq 10^{13}\ \Omega$ auch bei höheren Feuchten. Der spezifische Durchgangswiderstand liegt bei $10^{17}\ \Omega \cdot \mathrm{cm}$.

2.7.2.2 *Polystyrolfolie-Kondensatoren (KS)*

Diese Kondensatoren sind für alle Anwendungen geeignet, bei denen es auf hohe Kapazitätskonstanz und kleinen Verlustfaktor – wie es z. B. in Filtern und Schwingkreisen gefordert wird – ankommt. KS-Kondensatoren werden in vielen Bauformen hergestellt.

Die Herstellung der KS-Kondensatoren kann in folgende Hauptschritte unterteilt werden (Beispiel für alle Belagfolienkondensatoren):

1. Wickeln der Kondensatoren, Anschlußdrähte anlöten,
2. Verbacken der Polystyrolfolie z. B. durch Temperaturwechselbeanspruchung [42],
3. Vergießen bzw. Einlöten des Wickels in Metallgehäuse.

Als Beläge werden mindestens 6 µm dicke Aluminium-, Zinn- oder Zinn-Blei-Folien verwendet. Die Dicke der Polystyrolfolie beträgt bei 63-V-Kondensatoren $\geq 10\,\mu\mathrm{m}$ und bei 160 V $\geq 20\,\mu\mathrm{m}$. Beim Verbacken der Folie werden durch Tempera-tureinfluß die durch das Recken „eingefrorenen" Spannungen freigesetzt und die Folie schrumpft zusammen [43]. Dadurch wird der mechanische Aufbau stabilisiert, das Eindringen von Feuchte erschwert bzw. verlangsamt und die Konstanz der Kapazität erhöht.

Die Grenztemperaturen für KS-Kondensatoren sind (je nach Backprozeß) $-55\,°\mathrm{C}$ bis $-25\,°\mathrm{C}$ und $70\,°\mathrm{C}$ [44]. Die Kapazitätswerte reichen bei radialen Bauformen von 2 pF bis ca. 100 nF bei 63 V und bis ca. 50 nF bei 160 V Nenn-spannung. Axiale Bauformen sind auch mit 630 V Nennspannung erhältlich. Bei Temperaturen oberhalb von $40\,°\mathrm{C}$ muß die angelegte Gleichspannung auf $0,9\ U_\mathrm{N}$ bei $60\,°\mathrm{C}$ und auf $0,8\ U_\mathrm{N}$ bei $70\,°\mathrm{C}$ reduziert werden.

Die Kapazitätstoleranzen von KS-Kondensatoren bei der Anlieferung liegen zwischen 5 % und 1 %. Engere Toleranzen können durch Kombination von zwei ausgemessenen Kondensatoren entsprechender Kapazität erhalten werden [45].

Die zeitliche Inkonstanz der Kapazität ist bei den geschützten Bauformen mit etwa $\pm 0,2\%$ sehr niedrig [46]. Der Temperaturkoeffizient [42] der Kapazität ist etwa $-(120 \pm 60) \cdot 10^{-6}/\mathrm{K}$ und kann in Schwingkreisen bei Verwendung von Ferrit-spulen mit entsprechendem positiven Temperaturkoeffizienten zur Kompensation des Temperatureinflusses verwendet werden. Da Polystyrol Wasser aufnehmen kann, ist die Kapazität auch abhängig von der Feuchte in der Umgebung (Feuchtekoef-fizient etwa $130 \cdot 10^{-6}$ je % relative Feuchte). Es werden deshalb auch im Metall-becher dicht verlötete Kondensatoren gebaut.

Die Verlustfaktoren sind besonders bei Bauformen mit Stirnkontaktierung sehr klein. Bei 1 kHz ist $\tan\delta = (0,1$ bis $0,2) \cdot 10^{-3}$, bei 100 kHz ist $\tan\delta \leq (0,15$ bis $0,5) \cdot 10^{-3}$ (C-Werte jeweils von 100 pF auf 100000 pF ansteigend).

Die Resonanzfrequenz f_res wird für größere Kapazitäten immer kleiner. Zur groben Abschätzung kann von einer Induktivität von 1 nH pro 1 mm Anschlußdraht- bzw. Kondensatorlänge ausgegangen werden. Typische Werte für die Resonanzfrequenz sind z. B. 100 MHz bei 100 pF ($R_{res} \approx 1\ \Omega$) bzw. 3 MHz bei 100 nF ($R_{res} = 0{,}03\ \Omega$).

Der Isolationswiderstand aller KS-Kondensatoren ist mit etwa $10^5\ M\Omega$ für $U_N \geqq 63$ V sehr hoch [47].

Bei Wechselspannungsbelastung darf der effektive Wechselstrom im allgemeinen 1 A bei $U_N = 63$ V und 2 A bei $U_N = 630$ V nicht überschreiten; oberhalb von 40 °C müssen die Werte bis auf $0{,}5 \cdot I_{max}$ bei 70 °C reduziert werden.

Der Außenbelag der KS-Kondensatoren kann als Abschirmung verwendet werden. Der Außenbelag ist besonders gekennzeichnet, bei axialen Kondensatoren z. B. durch einen Ring. Insbesondere bei nackten Bauformen muß wegen der Hitzeempfindlichkeit von Polystyrol beim Löten auf eine geringe Wärmebelastung (z. B. kurze Lötzeit, möglichst niedere Löttemperaturen, Lötung erst in einiger Entfernung vom Wickel) geachtet werden. Beim Wickelaufbau muß die Randzone groß genug gewählt werden [43].

Zur Beseitigung von Lötmittel-Rückständen dürfen bei nackten Wickeln nur bestimmte, die Polystyrolfolie nicht angreifende Lösungsmittel Verwendung finden.

2.7.3 Polypropylen

2.7.3.1 Eigenschaften von Polypropylen (PP)

Die biaxial verstreckte thermoplastische Extruderfolie Polypropylen (PP) gibt es bevorzugt in Dicken von 12 bis 25 µm, jedoch sind auch Folien bereits ab 4 µm erhältlich.

$$
\begin{array}{cc}
H & H \\
| & | \\
-C & -C- \\
| & | \\
H & CH_3
\end{array}
$$

Bild 2.7-4. Aufbau von Polypropylen

Die kleinste sich wiederholende Struktureinheit ist in Bild 2.7-4 dargestellt. Polypropylen ist ein unpolarer Stoff mit niedriger Permittivitätszahl $\varepsilon' = 2{,}3$ und einem sehr niedrigen dielektrischen Verlustfaktor $\tan \delta = (0{,}2 \text{ bis } 0{,}5) \cdot 10^{-3}$ bei 1 GHz.

Die Durchschlagsfestigkeit ist hoch ($\geqq 100$ kV/mm), ebenso ist der Oberflächenwiderstand groß ($> 10^{14}\ \Omega$) auch in höheren Feuchten. Der spezifische Durchgangswiderstand ist $> 10^{16}\ \Omega \cdot$ cm.

Hohe Zugfestigkeit $\geqq 100$ N/mm² in Längsrichtung und große Reißdehnung $\geqq 50\%$ bis 100% je nach Verstreckungsgrad erleichtern ihre mechanische Verarbeitbarkeit und zusammen mit ihrer guten Dauertemperaturbeständigkeit (Grenztemperatur ist 90 °C) sind sie allen anderen Kohlenwasserstoff-Folien wie Polyethylen oder Polystyrol überlegen. Die Kälteflexibilität ist mit etwa -20 °C begrenzt. PP-Folien sind feuchtigkeitsabweisend und besitzen eine niedrige Wasserdampfdurchlässigkeit. Die hochtransparenten PP-Folien werden besonders für Leistungskondensatoren und Filterkondensatoren eingesetzt.

Handelnamen sind Novolen von BASF [41] und Hostalen von Hoechst [48] sowie Trespaphan der Fa. Kalle [49].

2.7.3.2 Polypropylen-Kondensatoren (KP)

Polypropylen-Kondensatoren werden ähnlich wie KS-Kondensatoren in Schwing-kreisen und Filtern verwendet. Sie werden vor allem in kommerziellen Geräten, oder wenn ein erweiterter Temperaturbereich notwendig ist, eingesetzt [50].

Die Herstellung der Kondensatoren läuft nach dem gleichen Schema wie bei KS-Kondensatoren ab, nur daß die Folien bei der Temperaturwechselbean-spruchung nicht fest verbacken. Die Belagfolien sind meist aus Zinn- oder Zinn-Blei-Legierungen. Da Polypropylen bei Anwesenheit von Kupfer zerstört wird, müssen bei der Konstruktion dieser Kondensatoren die Anschlüsse ausreichend verzinnt werden.

Die obere Grenztemperatur ist im allgemeinen 85 °C. Die heute lieferbaren Kapazitätswerte reichen bei 63 V Nennspannung von ca. 2 pF bis 60 nF (bei radialer Bauform), bei 160 V bis ca. 80 nF (bei axialer Bauform). Hochvoltaus-führungen haben Nennspannungen bis zu 2000 V mit einer maximalen Kapazität von 47 nF. Die Anliefertoleranzen liegen zwischen $\pm 1\,\%$ und $\pm 10\,\%$.

Die typischen Änderungen der Kapazität sind etwas höher als beim KS-Kon-densator: zeitliche Inkonstanz $\pm 0,3\,\%$, bei $U_N \geqq 630$ V: $\pm 0,5\,\%$.

Temperaturkoeffizient: $-(100 \text{ bis } 300) \cdot 10^{-6}/K$, abhängig auch von der verwen-deten Belagfolie.

Feuchtekoeffizient: $+(40 \text{ bis } 150) \cdot 10^{-6}$ je % relative Feuchte.

Die Verlustfaktoren sind etwas höher als bei KS-Kondensatoren. Der Iso-lationswiderstand ist $\geqq 10^5$ MΩ.

Beim Betrieb mit Gleichspannung kann bis zur oberen Grenztemperatur die Nennspannung angelegt werden.

Bei Wechselspannungsbeanspruchung darf der effektive Wechselstrom bei 40 °C im allgemeinen 1 A nicht überschreiten; bei 70 °C sind 0,7 A, bei 85 °C sind 0,4 A noch zulässig [40].

Polypropylen-Kondensatoren sind weniger empfindlich als KS-Kondensatoren gegen die Lötwärme. Bei der Reinigung von Lötmittelrückständen sind auch chlo-rierte Kohlenwasserstoffe erlaubt.

Eine Sonderbauform für sehr hohe Verlustleistungen sind die MKV-Konden-satoren. Bei diesen Kondensatoren wird anstatt der Belagfolie ein beidseitig metallisiertes, imprägniertes Papier als Elektrode und Polypropylenfolie als Di-elektrikum verwendet [51, 52, 53].

2.7.3.3 Metallisierte Polypropylen-Kondensatoren (MKP)

Metallisierte Polypropylen-Kondensatoren haben zwei Hauptanwendungsgebiete:
1. Impulsbelastungen [54], Hochspannungen,
2. Filter- und Schwingkreise mit hoher Kapazitätskonstanz.

MKP-Kondensatoren sind selbstheilend.

Die lieferbaren Kapazitätswerte sind bei 630 V Nennspannung 10 nF bis 1000 nF, bei 1000 V 2,2 nF bis 220 nF, bei 2000 V 1 nF bis 100 nF. Für den Einsatz in Filtern werden dicht verlötete Kondensatoren mit 250 V Nennspannung zwi-schen 0,1 µF und 10 µF gebaut. Die Kapazitätsänderungen sind für metallisierte Folien-Kondensatoren (MKP) sehr niedrig:

zeitliche Inkonstanz: $\pm 1\%$,

Temperaturkoeffizient: $-(100 \text{ bis } 300) \cdot 10^{-6}/\mathrm{K}$

Der Isolationswiderstand bei 20 °C ist $\geqq 10^5 \, \mathrm{M}\Omega$ bzw. $R_{is} \cdot C \geqq 30\,000$ s, bei 85 °C ist er um ein Zehntel kleiner.

Bei niedrigen Frequenzen, z. B. 50 Hz, ist die maximale effektive Wechselspannung $0,4 \, U_N$. Die maximal erlaubte Verlustleistung bei einer Gehäuseerwärmung um 10 °C wird in den Datenblättern mit 90 mW bei 18 mm, mit 160 mW bei 27 mm und mit 260 mW bei 32 mm Länge für Kondensatoren, die in einem rechteckigen Gehäuse vergossen sind, angegeben. Die Werte für die nichtsinusförmige Impulsbelastung du/dt sind je nach Wickelaufbau sehr unterschiedlich und müssen den Datenbüchern der Hersteller entnommen werden [55, 56].

Die Resonanzfrequenzen liegen zwischen 1 MHz ($R_{res} = 0,02 \, \Omega$) für 2-µF-Kondensatoren und 50 MHz ($R_{res} = 0,5 \, \Omega$) für 1-nF-Kondensatoren.

2.7.4 Polyethylenterephthalat

2.7.4.1 Eigenschaften von Polyethylenterephthalat (PETP)

Polyethylenterephthalat PETP ist ein lineares Polykondensat aus Terephthalsäure und Ethylenglykol. Die Formel der kleinsten sich wiederholenden Einheit ist in Bild 2.7-5 dargestellt.

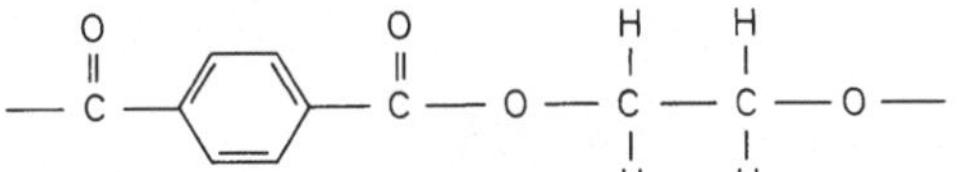

Bild 2.7-5. Aufbau von Polyethylenterephthalat

Wegen ihrer Unempfindlichkeit gegen Feuchtigkeit, ihrer Beständigkeit gegen höhere Temperaturen (Grenztemperatur für Folie bei 130 °C) und ihren guten mechanischen und dielektrischen Eigenschaften drang diese biaxial verstreckte extrudierte Polyesterfolie in Anwendungsbereiche vor, die früher dem Papier-Kondensator vorbehalten waren.

Ihre Eigenschaften sind: Permittivitätszahl $\varepsilon' = 3,2$ bis 3,3 bei 50 Hz bis 1 MHz; ε' ändert sich, da polarer Werkstoff, mit steigender Frequenz bis zu $\varepsilon' = 2,9$ bei 10 GHz. Mit steigender Temperatur erhöht sich ε', z. B. bei 150 °C bei 1 kHz auf 3,6.

Der Verlustfaktor $\tan\delta$ ist $2 \cdot 10^{-3}$ bei 50 Hz und $5 \cdot 10^{-3}$ bei 1 kHz bei 23 °C und bei 10 GHz $6 \cdot 10^{-3}$, er ist stark frequenzabhängig und besitzt bei ca. 1 MHz mit 0,02 ein Maximum. Mit steigender Temperatur erhöht sich $\tan\delta$ (bei 150 °C und 1 kHz auf ca. $10 \cdot 10^{-3}$).

Die für die Verarbeitung wichtigen mechanischen Eigenschaften Zugfestigkeit in Längsrichtung $\geqq 200 \, \mathrm{N/mm^2}$ und Reißdehnung $\geqq 80\%$ sind ausgezeichnet. Die Durchschlagfestigkeit ist $> 100 \, \mathrm{kV/mm}$, der Oberflächenwiderstand $> 10^{12} \, \Omega$ auch in größeren relativen Luftfeuchten. Der spezifische Durchgangswiderstand ist $\geqq 10^{16} \, \Omega \cdot \mathrm{cm}$.

Handelsüblich sind Isolierfolien in Dicken von 10 µm bis 200 µm; Kondensatorfolien sind ab 2,5 µm herstellbar.

Handelsnamen sind: Hostaphan der Firma Kalle, Mylar in USA und Terylene in England. Mylar ist seit 1952 bekannt [57, 58].

2.7.4.2 Polyethylenterephthalat-Kondensatoren (KT)

Bei den KT-Kondensatoren kann aufgrund der Eigenschaften der Folie das Volumen der Kondensatoren klein gehalten werden. Sowohl axiale als auch radiale Bauformen sind erhältlich [56].

Die Belagfolien sind normalerweise aus Aluminium. Es sind Kapazitäten von maximal 0,47 μF bei $U_N = 63$ V und von 0,1 μF bei $U_N = 1000$ V erhältlich, der kleinste Wert ist 220 pF. Die Standardanliefertoleranz der Kapazität ist $\pm 10\%$. Der Temperaturbereich ist $-40\,°C$ bis $100\,°C$, dabei muß die anliegende Gleichspannung zwischen 85 °C und 100 °C linear auf $0,8 \cdot U_N$ reduziert werden.

Die Kapazität ist stark abhängig von der Temperatur ($-3,5\%$ bei $-40\,°C$, $+3\%$ bei $+100\,°C$, bezogen auf 20 °C; nichtlinearer Verlauf) und von der Frequenz (-1% bei 10 kHz; -3.5% bei 100 kHz; bezogen auf die Kapazität bei 1 kHz).

Der Isolationswiderstand ist ≥ 30000 MΩ (bzw. $R_{is} \cdot C \geq 10000$ s) bei 20 °C; bei 85 °C ist er um eine Zehnerpotenz niedriger.

Die zulässige effektive Wechselspannung bei kleinen Frequenzen ist $2/3\ U_N$ für $U_N \leq 250$ V; bei 1000 V Nennspannung sind aber nur noch 200 V$_\sim$ erlaubt. Die maximal zulässigen Verlustleistungen schwanken sehr stark; ein mittlerer Wert ist 100 mW.

Die maximale Flankensteilheit du/dt bei Impulsbelastungen ist ca. 1000 V/μs.

Für die Berechnung der Resonanzfrequenz kann eine Induktivität von ca. 1 nH je mm Drahtlänge angenommen werden.

2.7.4.3 Metallisierte Polyethylenterephthalat-Kondensatoren (MKT)

Dieser Kondensator wird sehr häufig als Koppel- oder Abblockkondensator verwendet, wo es auf eine hohe Kapazität je Volumeneinheit ankommt und eine große Kapazitätsstabilität nicht erforderlich ist. Es sind axiale und radiale Bauformen erhältlich [55, 56].

Bei der Herstellung der MKT-Kondensatoren sind folgende Hauptschritte notwendig:

1. Bedampfen der Folie mit Aluminium im Vakuum (Dicke 0,02 bis 0,05 μm), Schneiden der Folie und Spannungsbelastung zum Ausbrennen von Fehlstellen.
2. Wickeln der Folie, Wärmebehandlung, Besprühen der Seitenflächen des Wickels mit Zink- und Zinn-Bleidampf (Schoopieren), Anlöten der Anschlußdrähte.
3. Vergießen des Wickels, Tempern, nochmaliges Ausbrennen von Fehlstellen durch Anlegen einer Spannung.

Bei einem speziellen Verfahren wird die bedampfte Folie auf große Trommeln gewickelt und danach in kurze Stücke geschnitten, die schoopiert und wie oben weiterverarbeitet werden. Dadurch erhält man Schichtkondensatoren [59].

Die Dicke der Folie beträgt $\geq 2,5$ μm bei 63 V, $\geq 3,5$ μm bei 100 V, 5 bis 8 μm bei 250 V und 8 bis 12 μm bei 400 V Nennspannung.

Das Kapazitätsspektrum geht von ca. 0,1 μF bis 15 μF bei 63 V und von 1000 pF bis 1 μF bei 400 V Nennspannung.

Die Standardanliefertoleranz der Kapazität ist $\pm 10\%$, bei kleinen Baugrößen auch $\pm 20\%$. MKT-Kondensatoren können meist zwischen $-55\,°C$ und $+100\,°C$ eingesetzt werden. Oberhalb von 85 °C muß allerdings die maximale Spannung linear von U_N auf $2/3\ U_N$ bei 100 °C linear reduziert werden.

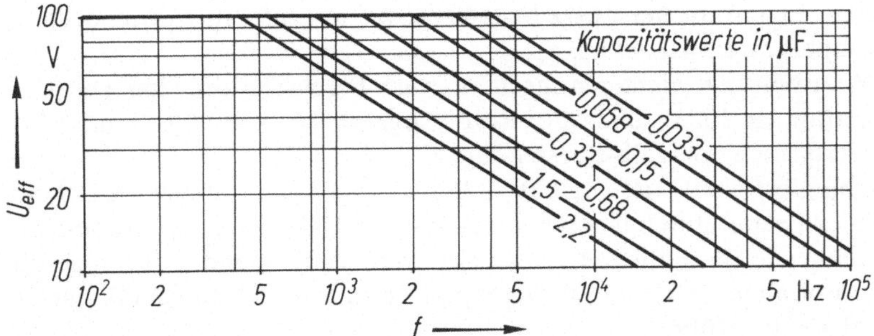

Bild 2.7-6. Zulässige effektive Wechselspannung (Sinus) von radialen MKT-Kondensatoren für erhöhte Anforderungen mit $U_N = 250$ V in Abhängigkeit von der Frequenz und der Kapazität

Die zeitliche Inkonstanz der Kapazität beträgt $\pm 3\%$, maximal $\pm 10\%$. Typische Werte für die Änderung der Kapazität mit der Temperatur sind bei $-55\,°C$: -4% bis -5% und bei $+100\,°C$: $+3\%$ bis $+5\%$. Bei einer Erhöhung der Frequenz von 1 kHz auf 100 kHz ändert sich die Kapazität um -3% bis -6%.

Der Isolationswiderstand bei $20\,°C$ ist abhängig von der Nennspannung; bei $\leqq 100$ V Nennspannung beträgt $R_{is} \geqq 15\,000$ MΩ bzw. $R_{is}\,C \geqq 5000$ s, bei $\geqq 250$ V ist $R_{is} \geqq 30\,000$ MΩ bzw. $R_{is}\,C \geqq 10\,000$ s. Bei $85\,°C$ ist er nur noch 1/15, bei $100\,°C$ 1/40 des Wertes bei $20\,°C$ [60]. Die maximal zulässige effektive Wechselspannung ist $0,4 \cdot U_N$ bei $85\,°C$. Die Impulsbelastbarkeit du/dt der Kondensatoren ist sehr unterschiedlich [61, 62, 63]. Eine erhöhte Impulsbelastbarkeit kann durch Erhöhung der Dicke der Metallisierung am Folienrand erreicht werden. Ein Beispiel für die zulässige Wechselspannung von MKT-Kondensatoren zeigt Bild 2.7-6.

Die Resonanzfrequenzen liegen bei 15 MHz für $C_N = 10$ nF ($R_{res} \approx 0,1\ \Omega$) und bei 30 kHz für $C_N = 10$ µF ($R_{res} \approx 0,02\ \Omega$).

2.7.5 Polycarbonat

2.7.5.1 Eigenschaften von Polycarbonat (PC)

Polycarbonat ist ein polymerisierter Ester der Kohlensäure und des Dioxidiphenylpropans. Es ist weichmacherfrei. Die Formel der kleinsten sich wiederholenden Einheit ist in Bild 2.7-7 dargestellt.

Die aus PC hergestellten Isolierfolien sind in Dicken ab 25 µm bis 200 µm unter der Bezeichnung Makrofol (Bayer) [64] erhältlich, einachsig gerichtete Gießfolien bereits ab 10 µm. Ihre Grenztemperatur beträgt $130\,°C$.

Die Permittivitätszahl ε' liegt, je nach Typ, zwischen 3,0 und 3,2 bei 1 kHz; da PC polar ist, nimmt ε' mit steigender Frequenz geringfügig ab (bei 1 GHz ca. 2,7).

Der Verlustfaktor $\tan \delta$ ist wie bei PETP stark frequenzabhängig, er ist bei 50 Hz bis 1 kHz $(0,8$ bis $1) \cdot 10^{-3}$, bei 1 MHz $(10$ bis $20) \cdot 10^{-3}$ und bei 1 GHz wiederum

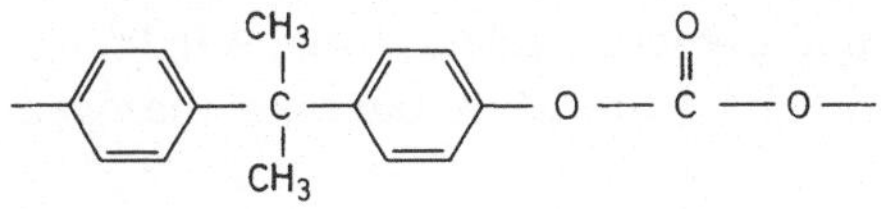

Bild 2.7-7. Aufbau von Polycarbonat

kleiner, ca. $1 \cdot 10^{-3}$. Er nimmt bei 1 kHz bis 100 °C bis auf $0,5 \cdot 10^{-3}$ ab und steigt bei negativen Temperaturen wieder an.

Die für die Verarbeitung wichtigen mechanischen Eigenschaften sind gut: Die Reißdehnung beträgt $\geq 100\%$ und die Reißfestigkeit 80 bis 90 N/mm². Die Farbe der Folie ist typisch goldgelb-transparent.

Die Durchschlagfestigkeit ist ≥ 150 kV/mm, der Oberflächenwiderstand $> 10^{13}\ \Omega$. Der spezifische Durchgangswiderstand ist $\geq 10^{16}\ \Omega \cdot$ cm bei Raumtemperatur; er nimmt wie bei allen Kunststoffen mit zunehmender Temperatur merkbar ab. Die Folie wurde in den fünfziger Jahren in die Elektrotechnik und in den Kondensatorbau eingeführt.

2.7.5.2 Polycarbonat-Kondensatoren (KC)

Die Eigenschaften der Polycarbonat-Kondensatoren liegen zwischen den Werten für die KP/MKP- und KT/MKT-Kondensatoren.

Die Hauptanwendungen sind Filter und Zeitglieder. Als Belag wird Aluminiumfolie verwendet [56, 65].

Lieferbare Kapazitätsbereiche sind 100 pF bis 1 µF bei 63 V und 100 pF bis 0,47 µF bei 400 V Nennspannung. Der Temperaturbereich ist -55 °C bis $+125$ °C mit einer Spannungsminderung oberhalb von 85 °C: $0,8\ U_N$ bei 100 °C und $0,5\ U_N$ bei 125 °C. Die Anliefertoleranzen der Kapazität sind $\pm 1\%$ bis $\pm 10\%$.

Die zeitliche Inkonstanz der Kapazität der KC-Kondensatoren beträgt im Mittel bei 40 °C ca. $\pm 2\%$, bei 85 °C ca. $\pm 3\%$ und bei 100 °C $\pm 5\%$; bei kleinen Kapazitätswerten können bis zu $\pm 10\%$ige Änderungen auftreten. Die Temperaturabhängigkeit bezogen auf 20 °C ist nicht linear: bei -55 °C: $\approx -1,5\%$; -20 °C: $-0,4\%$; $+70$ °C: $+0,4\%$; $+100$ °C: $+1,0\%$ bei runden Wickeln. Für Flachwickel ist die Kapazitätsänderung bei $+100$ °C $-0,5\%$ bis $+0,2\%$. Bei 10 kHz ist die Kapazität ca. 1,8%, bei 100 kHz ca. 5% kleiner als bei 1 kHz.

Der Isolationswiderstand beträgt bei 20 °C ≥ 30000 MΩ; bei 100 °C nur noch ≥ 1500 MΩ.

Die maximalen effektiven Spannungen bei Wechselspannungsbelastung betragen $U_N = 63$ V: 40 V$_\sim$, $U_N = 160$ V: 100 V$_\sim$, $U_N = 400$ V: 200 V$_\sim$.

Die maximale Impulsbelastbarkeit ist 1000 V/µs.

2.7.5.3 Metallisierte Polycarbonat-Kondensatoren (MKC)

MKC-Kondensatoren werden analog wie MKT-Kondensatoren hergestellt. Als Elektrodenmaterial wird Aluminium aufgedampft [55, 56]. Der maximale Temperaturbereich ist -55 °C bis $+100$ °C. Oberhalb von 85 °C muß die angelegte Spannung von U_N auf $\approx 0,8\ U_N$ bei 100 °C linear reduziert werden. Das Kapazitätsspektrum reicht von 0,22 µF bis 10 µF bei 63 V und von 0,01 µF bis 1 µF bei 400 V Nennspannung. Die Standardanliefertoleranzen für die Kapazität sind $\pm 10\%$ und $\pm 20\%$. Es gibt MKC-Kondensatoren mit axialen und radialen Anschlüssen, als Wickel- oder Schichtkondensator [66].

Der Temperaturgang der Kapazität ist nichtlinear und abhängig vom Wickelaufbau. Bei -55 °C ist die Kapazitätsänderung $-0,6\%$ bis $-1,5\%$, bei 100 °C bei rundem Wickel $+0,6\%$, bei flachen Wickeln und Schichtkondensatoren $+0,2\%$ bis $-0,6\%$ bezogen auf 20 °C. Bei 10 kHz beträgt die Kapazitätsänderung (bezogen auf 1 kHz) $-1,2\%$, bei 100 kHz bereits -4%.

Die zeitliche Inkonstanz ist ca. $\pm 2\%$ bis $\pm 3\%$, maximal $\pm 10\%$.

Der Isolationswiderstand bei 20 °C ist $\geqq 30\,000$ MΩ bzw. $R_{is} \cdot C_N \geqq 10\,000$ s bei $U_N > 100$ V; bei $U_N \leqq 100$ V ist er nur halb so groß. Bei 100 °C ist der Isolationswiderstand 10 bis 300mal kleiner als bei 20 °C.

Die maximale effektive Wechselspannung beträgt $0{,}4 \cdot U_N$. Die maximale Verlustleistung beträgt 70 mW bis 150 mW.

Bei Impulsbelastung ist die maximale Flankensteilheit abhängig von den Abmessungen und der Nennspannung (zwischen 3 V/s und 30 V/s). Für Stoßentladeschaltungen sind diese Kondensatoren nicht geeignet. Die Resonanzfrequenzen sind für 1 nF bei 40 MHz ($R_{res} = 0{,}4$ Ω) und für 1 µF bei 1 MHz ($R_{res} \approx 0{,}03$ Ω).

2.7.6 Sonderdielektrika aus Kunststoffen und ihre Anwendung

Neben den bisher genannten Dielektrika zur Verwendung in Kondensatoren gibt es eine Vielzahl von elektrischen Isolierstoffen, die heute in der Elektrotechnik und Elektronik angewendet werden. Einige wichtige Thermoplaste, die als Dielektrika, für isolierte Durchführungen, für Drähte, Kabel, Leitungen und für Gehäuse verwendet werden, sind:

2.7.6.1 Polytetrafluorethylen (PTFE)

Der Werkstoff PTFE, als Handelsname von Du Pont unter Teflon [67] oder von Hoechst als Hostaflon TF [68] bekannt, besitzt die in Bild 2.7-8 angegebene kleinste sich wiederholende Struktureinheit. Der Werkstoff ist „unbrennbar" und unpolar; im Ethylen wurden die Wasserstoffatome durch Fluoratome ersetzt.

$$
\begin{array}{ccc}
\text{F} & & \text{F} \\
| & & | \\
-\,\text{C} & - & \text{C}\,- \\
| & & | \\
\text{F} & & \text{F}
\end{array}
$$

Bild 2.7-8. Aufbau von Polytetrafluorethylen

Außer PTFE gibt es eine Reihe abgewandelter Fluorkunststoffe, wie z. B. Polychlortrifluorethylen, „Kel-F" genannt oder Fluorethylenpropylen FEP (ebenfalls „Teflon" genannt [69], die ähnliche Eigenschaften wie PTFE besitzen, jedoch besser verarbeitbar sind. Zur Isolierung von Schaltdrähten mit großer Kerbfestigeit wird seit einigen Jahren auch Ethylentetrafluorethylen ETFE [70, 71] eingesetzt, dessen thermische Beständigkeit weit unter dem von PTFE liegt, sowie Polyvinylidenflorid (PVDF) [71] als Werkstoff mit piezoelektrischem Effekt für Telefon-Wandler [72].

Die wichtigsten Daten von PTFE sind:

Hohe Temperaturbeständigkeit von -90 °C bis $+250$ °C; nicht brennbar, tropft bei hohen Temperaturen ab.

Der Kristallitschmelzpunkt beträgt etwa 327 °C.

Wegen der extrem hohen Schmelzviskosität kann PTFE nicht nach den üblichen Verfahren für thermoplastische Werkstoffe verarbeitet werden. Man preßt PTFE im kalten Zustand aus einem Formling und sintert bei Temperaturen über 327 °C.

Dichte 2,2 g/cm³; Zugfestigkeit 14 bis 22 N/mm²; Reißdehnung 200 bis 300%. Spezifischer Durchgangswiderstand $\geqq 10^{18}$ Ω · cm.

2.7.6.2 Polysulfon (PSU)

Polysulfon, das seit 1965 industriell aus Bisphenol A und 4,4-Dichlordiphenyl-sulfon hergestellt wird, hat gute mechanische und elektrische Eigenschaften. Die kleinste sich wiederholende Struktureinheit ist in Bild 2.7-9 dargestellt.

Anwendungen auf elektrischem Gebiet sind: Kondensatorfolien ab 2 µm Dicke, gedruckte Schaltungen, Stecker, Gehäuse, Batteriegehäuse. Der zugelassene Temperaturbereich ist $-55\,°C$ bis $+150\,°C$. Je nach Typ sind die elektrischen Eigenschaften:

$\varepsilon' = 3{,}0$ bis $3{,}4$ bei 50 Hz bis 1 MHz; ε' wird mit steigender Temperatur geringfügig kleiner.

$\tan\delta$ bei 50 Hz bis 1 kHz $= (1$ bis $2)\cdot 10^{-3}$ und bei 1 MHz $= 5\cdot 10^{-3}$, $\tan\delta$ ist bis etwa 120 °C konstant und nimmt bei höheren Temperaturen zu.

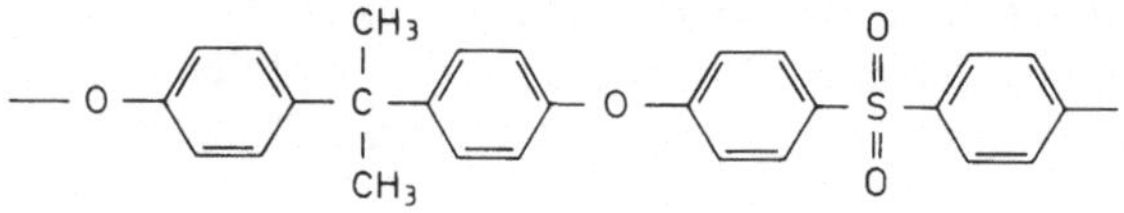

Bild 2.7-9. Aufbau von Polysulfon

Spezifischer Durchgangswiderstand $\varrho = 5\cdot 10^{16}\ \Omega\cdot cm$.
Durchschlagsspannung $\geqq 20$ kV/mm.

Die mechanischen Eigenschaften lassen eine problemlose Verarbeitung auch als Kondensatordielektrikum zu:

Zugfestigkeit $\geqq 70$ N/mm²,
Reißdehnung $\geqq 50\%$.
Die Dichte ist je nach Typ 1,24 bis 1,25 g/cm³.

Polysulfon wird in den USA und England als Kondensatordielektrikum eingesetzt [74, 75, 76].

2.7.6.3 Silicone (SI)

Die Ausgangsstoffe für Silicone sind Silane, man stellt daraus Öle, Harze oder Elastomere her. Von diesen Grundprodukten leiten sich weitere Spezial-Silicone ab, wie z. B. Fette, Trennmittel, Entschäumer, Imprägniermittel, Vergußmassen und Siliconkautschuk [77, 78].

In Bild 2.7-10 ist die kleinste sich wiederholende Struktureinheit der Silicone angegeben.

Siliconkautschuk-Vergußmassen haben folgende Eigenschaften: Wegen ihrer niederen Viskosität werden sie überall dort verwendet, wo enge Hohlräume zu vergießen sind.

Dichte: 1,24 bis 1,39 g/cm³, Farbe grauweiß,
Zugfestigkeit 2 bis 4,5 N/mm², Dehnbarkeit $\geqq 100\%$,
Temperaturbeständigkeit bis 180 °C;

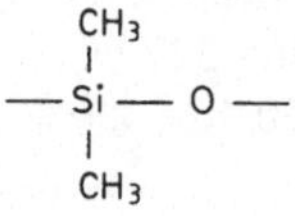

Bild 2.7-10. Aufbau von Siliconen

Spezifischer Durchgangswiderstand $\geqq 10^{14}\,\Omega \cdot$ cm,

Durchschlagfestigkeit $\geqq 20$ kV/mm,

$\varepsilon' = 2{,}3$ bis $3{,}0$,

$\tan\delta = 5 \cdot 10^{-3}$ bei 50 Hz, $3 \cdot 10^{-3}$ bei 1 kHz, $1 \cdot 10^{-3}$ bei 100 kHz.

2.7.6.4 Polyvinylchlorid (PVC)

Durch Anlagerung von Chlorwasserstoff an Acethylen erhält man Vinylchlorid, welches zu PVC polymerisiert wird [41, 71]. Die kleinste sich wiederholende Struktureinheit ist in Bild 2.7-11 angegeben.

Reines PVC enthält ca. 56% Chlor und hat eine Dichte von 1,40 g/cm³. In reinem Zustand ist PVC ein spröder, wenig elastischer Thermoplast, dessen Erweichungsbereich $> 75\,°$C ist. Es kann in diesem Zustand nicht verarbeitet

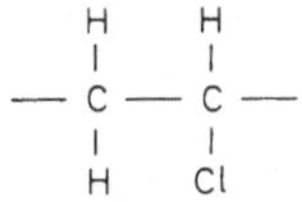

```
    H     H
    |     |
 —  C  —  C  —
    |     |
    H     Cl
```

Bild 2.7-11. Aufbau von Polyvinylchlorid

werden. Durch Zusatz von Weichmachern (je nach PVC-Mischung und Verwendungszweck bis zu 45%) wird PVC geschmeidig und auf Spritzmaschinen verarbeitbar. Mit steigendem Weichmachergehalt nimmt wohl die Kälteflexibilität zu, jedoch werden Flammwidrigkeit, mechanische und elektrische Eigenschaften sowie die Wärmebeständigkeit stark herabgesetzt.

PVC zersetzt sich bereits ab $90\,°$C, deswegen fügt man zusätzlich noch Stabilisatoren hinzu.

Im Gegensatz zu anderen Thermoplasten hat Weich-PVC keinen engen Schmelzbereich, sondern erweicht lediglich mit zunehmender Temperatur. „Weich-PVC" ist der heute mengenmäßig am meisten verwendete Thermoplast, er besitzt ein breites Spektrum von Anwendungsmöglichkeiten. In der Elektrotechnik wird gleichspannungsbeständiges Suspensions-PVC verarbeitet zu Schaltdraht- und Kabelisolationen der Nachrichten- und Starkstromtechnik bis ca. 10 kV Betriebsspannung.

Das polare Verhalten der H-C-Cl-Gruppe bringt Verlustfaktoren von $60 \cdot 10^{-3}$ bis über $100 \cdot 10^{-3}$, aber die Widerstandsfähigkeit gegen Durchschlag, gegen Wasser, Öl, Lösungsmittel sowie die Beständigkeit gegen Wärme und Sonnenlicht sind bei Zusatz entsprechender Stabilisatoren so gut, daß PVC in der Kabeltechnik als äußere Ummantelung vorwiegend verwendet wird. In der Kälte ist es nur mit Vorsicht zu biegen. Unterhalb $-20\,°$C bricht PVC bei mechanischer Belastung. Die maximale Betriebstemperatur üblicher Mischungen liegt bei $80\,°$C. PVC ist seit 1852 bekannt. Es wird seit 1925 in Deutschland produziert.

2.7.6.5 Polyimid (PI)

Polyimide sind Polykondensationsprodukte vierbasischer aromatischer Säuren mit aromatischen Diaminen. Die Strukturformel ist in Bild 2.7-12 angegeben.

Das besondere an Polyimiden ist ihre Anwendbarkeit in einem weiten Temperaturbereich zwischen $-190\,°$C und $+250\,°$C, wobei kurzzeitige Belastungen bis

+ 400 °C möglich sind. Bei Temperaturen über 500 °C tritt spontane Zersetzung ein.

Polyimide besitzen keinen Schmelzpunkt und sind deswegen nicht durch Extrudieren zu verarbeiten.

Polyimidfolien besitzen folgende Eigenschaften:

Dichte = 1,42 g/cm³,

Zugfestigkeit $\geq$ 18 N/mm²,

Bruchdehnung $\geq$ 70%,

spezifischer Durchgangswiderstand $\geq$ 10^{16} $\Omega \cdot$ cm,

$\varepsilon' = 3,5$ bei 25 °C und 50 Hz bis 1 kHz, $\varepsilon' = 3,0$ bei 200 °C und 1 kHz. ε' ist von der Frequenz im Bereich von 50 Hz bis 10^8 Hz nahezu unabhängig.

$\tan \delta$ bei 25 °C = $8 \cdot 10^{-3}$; $\tan \delta$ bei 200 °C = $1 \cdot 10^{-3}$ jeweils bei 1 kHz. $\tan \delta$ hängt von der Frequenz stark ab: bei 20 °C steigt $\tan \delta$ von $2 \cdot 10^{-3}$ bei 50 Hz auf $15 \cdot 10^{-3}$ bei 10^7 Hz an.

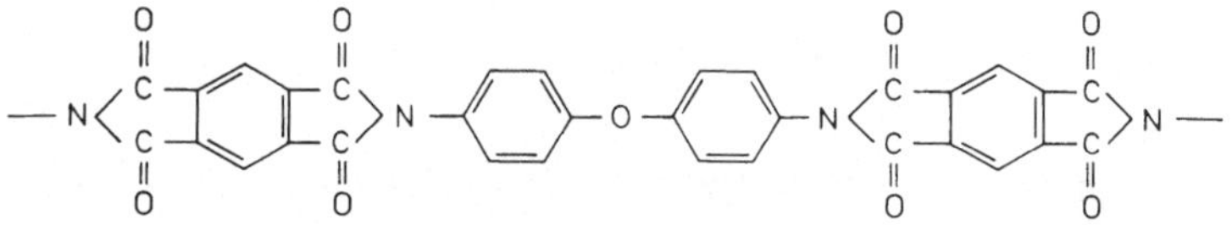

Bild 2.7-12. Aufbau von Polyimid

Polyimide werden heute in Form von Folien für flexible gedruckte Schaltungen, für Motor-Bandagen (Isolierfolie „Kapton") und als Isolierlacke (vor allem als neuzeitliche hochtemperaturbeständige Drahtlackisolationen mit Temperaturindizes bis zu 220 °C) verwendet. Ihre Anwendung ist ständig im Steigen begriffen; sie wird auch als Dielektrikum von Kondensatoren in Zukunft von Interesse sein [71, 79, 80].

2.7.7 Gehäuse, Vergußmittel und Überzüge für Kondensatoren

Um Kondensatoren vor Berührung und Umwelteinflüssen wie Feuchtigkeit und Atmosphärilien zu schützen, werden diese imprägniert (siehe Abschnitt 2.5.2.3), eingebechert oder umhüllt.

2.7.7.1 Metallgehäuse

Der sicherste Schutz gegen Umwelteinflüsse sind Metallbecher, vorwiegend aus Kupfer, Kupal, Messing oder Aluminium, die dicht verlötet oder geschweißt sind und die für die Anschlüsse Glas- oder Keramik-Durchführungen besitzen. Diese Gehäuse werden oft mit Kunstharzen vergossen, um die mechanische Stabilität (Schlag-, Stoß- und Vibrationsfestigkeit) der Kondensatoren zu gewährleisten. Daneben sind Kondensatoren mit nicht dicht zugelöteten Metallgehäusen üblich, die vor allem in Geräten für trockene Räume eingesetzt werden. Diese sind ebenfalls mit Kunststoffen vergossen.

Nasse Aluminium-Elektrolyt-Kondensatoren besitzen Aluminiumbecher mit Dichtungen aus Gummi (Chlorkautschuk), damit sich der Elektrolyt nicht verflüchtigt.

Auch Papier-Kondensatoren werden in Metallgehäusen untergebracht, die gegen das Eindringen von Feuchtigkeit mit leicht schmelzenden Isolierstoffen mit Schmelztemperaturen zwischen $+50\,°C$ und $+150\,°C$ blasenfrei und mit geringer Schwindung vergossen sind. Dafür sind geeignet:

1. natürliche Wachse (Ceresin, Ozokerit),
2. synthetische Wachse (Chlornaphthalin, Nibrenwachs),
3. Kunstharze (Epoxidharze),
4. Hartparaffine (Kohlenwasserstoffe der Methanreihe C_nH_{2n+2}).

2.7.7.2 Kunststoffumhüllungen

Für Geräte, die ausschließlich in trockenen Räumen betrieben werden, sind Kondensatoren in Kunststoffbechern aus Polycarbonat oder Polypropylen, mit Kunstharzen vergossen, im Einsatz.

Auch durch Umpressen mit Kunststoffen, durch Wirbelsintern mit Epoxidharzen oder durch Tauchen in Lacklösungen läßt sich für Kondensatoren ein guter Schutz herstellen.

Bei „Folien-Kondensatoren" (Kondensatoren mit Folienumhüllung) können die Stirnseiten mit Epoxidharz abgedichtet werden.

Alle Vergußmittel, Überzüge und Dichtungen dürfen die Eigenschaften der Kondensatoren nicht verschlechtern. Daneben müssen sie am Gehäuse und am Kondensator fest halten, riß- und blasenfrei sein, möglichst geringe Schwindung besitzen, chemisch mit den Dielektrika verträglich sein, möglichst keine Feuchtigkeit aufnehmen und für den vorgesehenen Temperaturbereich geeignet sein.

2.8 Keramik, Glimmer, Quarz und Glas für Kondensatoren

2.8.1 Eigenschaften von NDK-Massen ($\varepsilon' \leqq 200$)

Hochspannungsporzellan war der erste feinkeramische Stoff der Elektroindustrie. Die Anforderungen der Hochfrequenztechnik brachten in den Jahren zwischen etwa 1930 bis 1936 eine Fülle neuer keramischer Stoffe mit kleinen Verlusten, Kompensation des Temperaturkoeffizienten von ε', ferner Stoffe mit den verschiedensten Werten von ε' bis etwa 100 hervor. Die Vielfalt der keramischen Isolierstoffe ist durch eine Gruppeneinteilung von Weicker, Kunstmann und Demuth geordnet worden. Wir werden dieser Einteilung, wie sie auch in der Norm DIN 40685 Blatt 1 [81] zu finden ist, im wesentlichen folgen. Alle keramischen Stoffe erhalten in ein oder zwei Brennprozessen („Glühbrand" bei 800 bis 900 °C bzw. „Glattbrand" bei 1300 bis 1450 °C) ihre endgültige, vorwiegend kristalline Struktur und gute Formbeständе auch bei erhöhten Betriebstemperaturen. Alle Substanzen mit $\varepsilon' \leqq 200$ bezeichnet man wegen ihrer relativ niedrigen Permittivität als NDK-Massen.

Die Prüfung der Eigenschaften der keramischen Isolierstoffe erfolgt nach bei DIN 40685 Blatt 2 [82] genormten Prüfverfahren.

2.8.1.1 Gruppe 100. Aluminiumsilicate (Porzellane)

Elektroporzellane der Typen KER 110.1, 110.2 und 111 werden aus etwa 50% Ton mit dem Hauptbestandteil Kaolinit ($Al_2Si_2O_5(OH)_4$) und etwa gleichen Anteilen

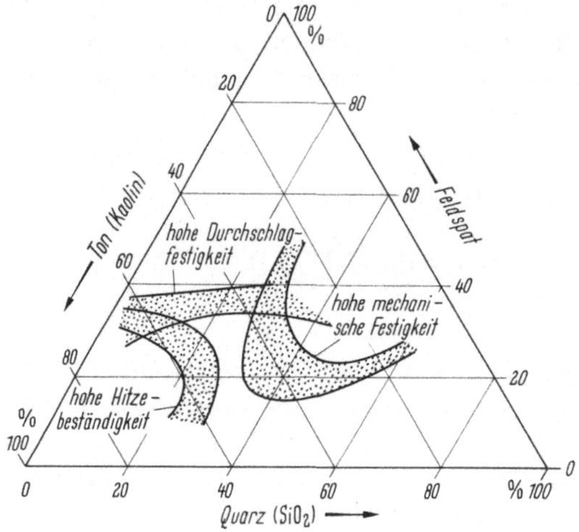

Bild 2.8-1. Ton-Quarz-Feldspat-Diagramm für Porzellan. (Nach [26], S. 180)

Quarz (SiO_2) und Feldspat (Alkali-Alumino-Silicat $K_xNa_{1-x}AlSi_3O_3$) hergestellt. Der Ton (Kaolinit) hat Schichtstruktur wie Glimmer (die Netzebenen enthalten Si_2O_5). Ton gibt die Plastizität, Quarz die Formbeständigkeit und Härte, Feldspat dient als Flußmittel. Im Gefügediagramm (siehe Bild 2.8-1) ist eingetragen, wie höherer Gehalt an Feldspat die Durchschlagsfestigkeit verbessert, während hoher Gehalt an Kaolinit die Hitzebeständigkeit fördert. Beim Brennen werden oberhalb von 600 bzw. 700 °C die OH-Gruppen des Tones abgegeben. Im fertiggebrannten Porzellan finden sich die thermisch beständigen Mullit-Kristalle ($Al_6Si_2O_{13}$) und ungelöste SiO_2-Kristalle in einem Glasfluß. Durch geeignete Glasierung kann die mechanische Festigkeit des Porzellans um 30% erhöht werden. Die inhomogene Struktur führt zu einem relativ hohen Verlustfaktor (tan $\delta \approx 25 \cdot 10^{-3}$ bei 50 Hz und $12 \cdot 10^{-3}$ bei $f > 1$ MHz und 23 °C). Die Wasseraufnahme des dichtgebrannten Porzellans ist auch nach 24 h bei 50 bar unwägbar klein, Permittivitätszahl $\varepsilon' = 6$, Durchschlagsfestigkeit > 20 kV/mm. Der Schwund nach dem Brennen beträgt bis zu 20%, so daß die Toleranzen der Abmessungen relativ groß sind.

Die Hauptanwendungsgebiete der Typen KER 110.1 und 110.2 sind Hoch- und Niederspannungsisolatoren und -isolierteile großer Abmessungen. Sie werden gegossen, gedreht oder stranggepreßt und nach dem Trocknen oder Verglühen bearbeitet. Der Typ KER 111 wird durch Pressen verarbeitet.

2.8.1.2 Gruppe 200. Magnesiumsilicate (Steatite)

Bei den Steatiten der Typen KER 220, 221 und Forsteriten der Typen KER 240 und 250 tritt an die Stelle von Aluminium das Magnesium. Verarbeitet werden die Minerale Speckstein (grobkristallin) und Talk (feinkörnig, weich). Aus diesen Magnesium-Hydro-Silicaten ($Mg_3Si_4O_{10}(OH)_2$) werden beim Brennen Klinoenstatit-Kristalle ($MgSiO_3$). Insbesondere Steatit-Keramik 221 (Handelsnamen: Frequenta, Calit, Elit, Rosalt 7) ist viel homogener als Porzellan und hat daher sehr geringe Verluste (tan $\delta = 1{,}5 \cdot 10^{-3}$ bei 50 Hz und $0{,}5 \cdot 10^{-3}$ bei $f > 1$ MHz), $\varepsilon' = 6$, Durchschlagsfestigkeit $\geqq 23$ kV/min.

Naturspeckstein kann mit üblichem Werkzeug vor dem Brand bearbeitet werden und eignet sich daher für Laboratoriumsversuche. Nach dem Brand ist der

Schwund nur 2%. Der Temperaturkoeffizient (TK) der Permittivität ε'_{stat} ist $\Delta\varepsilon/\varepsilon'\Delta\vartheta = (+160 \text{ bis} +70) \cdot 10^{-6}/K$ bei 1 MHz.

Durch Zufügen von Magnesiumoxid (MgO) kann man die $MgSiO_3$-Struktur in Forsterit (Mg_2SiO_4) umwandeln. Forsterit-Typ KER 240 und 250 hat eine hohe Feuerfestigkeit von ca. 1600 °C und besonders hohen spezifischen Widerstand, auch bei erhöhter Temperatur. Der hohe thermische Ausdehnungskoeffizient von $8 \cdot 10^{-6}/K$ macht Forsterit geeignet zum Zusammenschmelzen mit Ni-Fe-Einschmelzmetallen und paßt zur Ausdehnung von Corning-Glas G 12. Forsterit ist in Calan enthalten, das noch geringere Verluste als Calit und Frequenta hat. Über Mischsubstanzen (Magnesium-Aluminium-Silicate), die im Gegensatz zu Forsterit besonders kleine thermische Dehnung zeigen, s. Gruppe 400.

Die Hauptanwendungsgebiete aller Typen der Gruppe 200 sind Hoch- und Niederspannungsisolatoren und -isolierteile aller Art, insbesondere auch für die Hochfrequenztechnik sowie Isolierkleinteile für die Elektrowärmetechnik. Typ KER 221 ist besonders als Dielektrikum für Kondensatoren der HF-Technik eingesetzt; diese Typen werden gegossen, gedreht oder stranggepreßt. Typ KER 250 ist besonders geeignet für Glasverschmelzungen bei Vakuumgefäßen.

2.8.1.3 Gruppe 300. Titandioxid-Massen (Rutilhaltige Magnesiumsilicate)

Rutil, neben Anatas und Brookit eine wichtige Modifikation des Titandioxids (TiO_2), weist eine hohe Permittivität auf (in Achsrichtung $\varepsilon'_{stat} = 173$, senkrecht zur tetragonalen Achse $\varepsilon'_{stat} = 89$).

Rutilpulver hat ein $\varepsilon'_{stat} \approx 110$. Durch Mischen von Rutil und Magnesiumsilicaten bekommt man keramische Massen mit folgenden Eigenschaften (s. Tab. 2.8-1):

1. Kondensatorkeramik Typ KER 310 und 311: Bei einem hohen Rutilgehalt $> 80\%$ eine Keramik mit $\varepsilon'_{stat} > 40$, $\tan\delta \leqq 1 \cdot 10^{-3}$. Beispiele: Kerafar R und Condensa C, Sirutit 10, Rosalt 85 mit $\varepsilon'_{stat} \approx 80$ und negativem TK von ε'_{stat} mit $(-630 \text{ bis} -870) \cdot 10^{-6}/K$.

2. Kondensatorkeramik Typ KER 320: Bei einem geringen Rutilgehalt $< 20\%$ eine Keramik mit $\varepsilon'_{stat} \approx 12$ bis 40 bei kleinem positiven oder kleinem negativen TK von ε'_{stat} von $(+90 \text{ bis} +30) \cdot 10^{-6}/K$. Beispiele: Tempa S, Diakond O, Rosalt 15 mit $\tan\delta < 0,1 \cdot 10^{-3}$ und $\Delta\varepsilon/\varepsilon'\Delta\vartheta < 5 \cdot 10^{-5}/K$, also 1/3 der Werte für Calit und Frequenta.

3. Kondensatorkeramik Typ KER 330 und 331: Rutilhaltige Massen im Gemenge mit anderen Oxiden; Zirkondioxid (ZrO_2) besitzt ein $\varepsilon'_{stat} \approx 18$, dafür ergibt diese Keramik eine etwas geringere Mischpermittivität als rutilhaltige Massen. Die Massen dieser Typen haben auch recht kleine Verluste (Beispiel Kerafar U mit $\varepsilon'_{stat} \approx 50$ und $\tan\delta \leqq 0,1 \cdot 10^{-3}$ bei Raumtemperatur).

4. Die Kondensator-Keramik-Typen KER 340, 350 und 351 enthalten Titanate an Strontium oder Calcium oder Barium gebunden. Ihr ε'_{stat} ist jedoch > 200 bei hohem Temperaturkoeffizienten von ε'_{stat}. Siehe dazu Abschnitt 2.8.2 (HDK-Massen).

Keramiken dieser Gruppe 300 werden gegossen, stranggepreßt oder gepreßt und nach dem Trocknen oder Verglühen bearbeitet.

2.8.1.4 Gruppe 400. Magnesium-Aluminium-Silicate

Die Keramik des Typs KER 410 hat ihre Bedeutung durch den besonders kleinen thermischen Ausdehnungskoeffizienten (1 bis 2) $\cdot 10^{-6}$/K, ähnlich dem von Quarzglas, ist also ein Werkstoff, der schroffe Temperaturwechsel aushält. Diese Silicate (Ardostan, Sipa, Cordierit ($Mg_2Al_2Si_5O_{15}$)) sind im übrigen porös und daher dann brauchbar, wenn der Wassergehalt nicht stört oder höhere Betriebstemperaturen vorherrschen (tan $\delta \leqq 7 \cdot 10^{-3}$ bei $f \geqq 1$ MHz und Raumtemperatur). ε'_{stat} ist 5, die Durchschlagsfestigkeit $\geqq 10$ kV/mm. Die Hauptanwendungen sind Bauteile für die Wärmetechnik.

2.8.1.5 Gruppe 500. Poröse Aluminiumsilicate

Tonsubstanzhaltige Massen (Typen KER 510, 511, 512, 520 und 530) werden (auch mit Zusätzen von Magnesiumsilicaten) für Heizleiterträger von Elektrowärmegeräten verarbeitet, spielen aber in der Hochfrequenz- oder der Hochspannungstechnik bzw. für Kondensatoren keine Rolle.

2.8.1.6 Gruppe 600. Aluminiumoxid-Keramik

Keramische Massen der Typen KER 610, die aus Ton bestehen und nach dem Brand hauptsächlich Al_2O_3 enthalten, werden für feuerfeste Isolierrohre verarbeitet. Im übrigen gilt die Bemerkung unter Gruppe 500. Die Wärmeleitfähigkeit ist bei Aluminiumoxid groß.

2.8.1.7 Gruppe 700. Reine Oxidkeramik

Sinterkorund, Sinterberyllium, Sintermagnesia, Sinterzirkon der Typen KER 706, 708.1 und 708.2 sowie 710, 720 und 730 sind reine Oxide, die für Material mit hohen Anforderungen an Feuerbeständigkeit ($\geqq 2000$ °C) verwendet werden, z. B. Zündkerzen oder Pyrometerschutzrohre. Aus solcher Keramik bestehen auch die Kathodenträger in Elektronenröhren. Die Typen KER 706, 708.1 und 708.2 werden heute als Substrate für elektronische Bauelemente in der Mikroelektronik eingesetzt.

2.8.1.8 Besondere Silicate

Zu erwähnen ist noch Wollastonit als Calziumsilicat ($CaSiO_3$), das sich durch kleinen Verlustfaktor auszeichnet. Ferner bemerkenswert ist ein Lithium-Aluminium-Silicat ($Li_2Al_2Si_4O_{12}$), bei dem der *thermische* Dehnungskoeffizient null oder sogar negativ gemacht werden kann (Handelsname: Stupalith).

2.8.2 Keramik-Kondensatoren der Klasse 1 (NDK)

Keramik-Kondensatoren der Klasse 1 können überall dort verwendet werden, wo eine relativ hohe Kapazitätskonstanz und eine lineare Abhängigkeit der Kapazität von der Temperatur bei kleinen dielektrischen Verlusten gefordert wird. Das Ausgangsmaterial ist TiO_2, dem verschiedene Zusätze (BaO, La_2O_3, Nd_2O_5) beigemengt sein können. Werte von ε', tan δ, TK von α s. Tabelle 2.8-1.

Typische Änderungen der Kapazität sind:

Frequenzabhängigkeit bis 1 MHz: $\leqq + 1\%$ (bezogen auf 1 kHz),
Feuchteabhängigkeit: $\leqq 1\%$,
zeitliche Inkonstanz: $\leqq 1\%$ (Keramik P 100 bis N 470), $\leqq 2\%$ (N 750 bis N 1500).

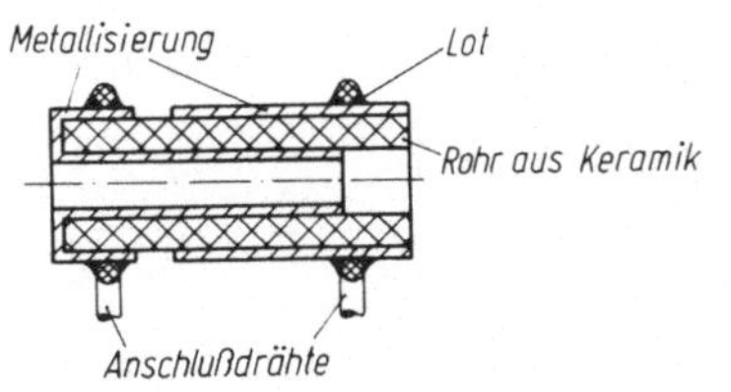

Bild 2.8-2. Aufbau von Keramik-Rohr-
kondensatoren (Schnitt)

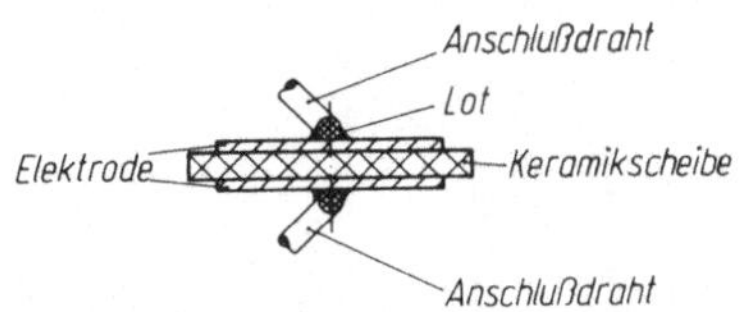

Bild 2.8-3. Aufbau von Keramik-
Scheibenkondensatoren (Schnitt)

Die Temperaturabhängigkeit der Kapazität ist nahezu linear und kann deshalb durch einen Temperaturkoeffizienten beschrieben werden (Tab. 2.8-1).

Die Zuordnung der Kondensatorkeramik zum jeweiligen Temperaturkoeffizienten ist nicht eindeutig und hängt vom jeweiligen Hersteller ab.

Keramik-Kondensatoren der Klasse 1 werden in 3 Hauptbauformen hergestellt:

2.8.2.1 Rohrkondensatoren

Die Nennspannung beträgt 400 V, die Kapazitätswerte liegen zwischen 1 pF und 620 pF bei Anliefertoleranzen von $\pm 1\%$ bis $\pm 20\%$. Es werden alle TK_c-Werte zwischen $(+100$ bis $-750) \cdot 10^{-6}/K$ gefertigt. Der Temperaturbereich beträgt $-40\,°C$ bis $+85\,°C$. Die maximale Verlustleistung ist bei einem Außendurchmesser von 2 mm 3 mW bzw. bei 3 mm 5 mW je mm Kondensatorlänge. Der maximal zulässige Blindstrom ist 0,5 A. Die Bedeutung dieser Bauform (Bild 2.8-2) mit Anschlußdrähten ist gering [83].

Die Berechnung der Kapazität von Rohrkondensatoren ist in 2.2.1.2 angegeben.

2.8.2.2 Scheibenkondensatoren

Als relativ billige Bauelemente mit definiertem Temperaturkoeffizienten (zwischen $(+100$ und $-1500) \cdot 10^{-6}/K$) werden die Scheibenkondensatoren der Klasse 1 häufig zur Temperaturkompensation eingesetzt. Es werden Rechteck- und Rundscheiben gebaut (Bild 2.8-3). Der Kapazitätsbereich geht von 1 pF bis 120 pF bei NPO bzw. bis 560 pF bei N 1500 mit 63 V und bis 15 pF bei NPO bzw. 360 pF bei N 5600 mit 400 V Nennspannung. Scheibenkondensatoren sind mit Nennspannungen bis zu 6000 V lieferbar (vgl. 2.1.3).

Der Temperaturbereich ist meist $-40\,°C$ bis $+85\,°C$. Der Isolationswiderstand ist größer als 10^3 MΩ.

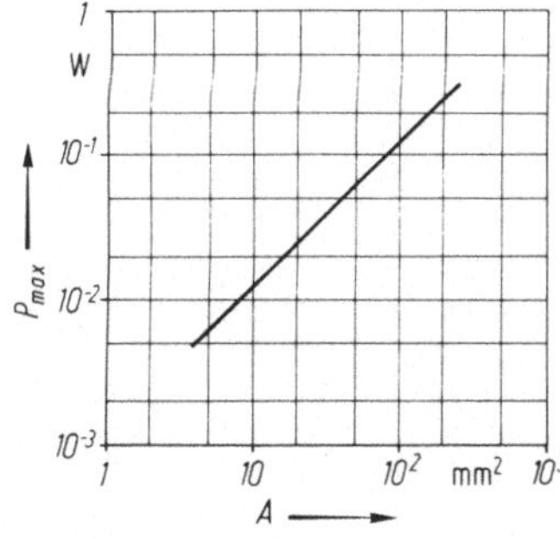

Bild 2.8-4. Maximale Verlustleistung bei Keramik-Scheibenkondensatoren der Klassen 1 und 2 für eine Temperaturerhöhung um 30 °C bei 55 °C Umgebungstemperatur in Abhängigkeit von der Kondensatoroberfläche A. (Nach [84])

Tabelle 2.8-1. Typische Werte für Keramik-Kondensatoren der Klasse 1 (NDK)

Keramik-werkstoff KER	Mittleres ε' [a]	tan $\delta/10^{-3}$ (1 MHz)		Temperatur-koeffizient α [b] $(10^{-6}/\text{K})$	Toleranz für α $(10^{-6}/\text{K})$	Klasse	Codebuchststabe nach CECC 30600		Codefarbe(n)
		Mittel	Max				α	Toleranz	
330 221	30 bis 40 5 bis 7	0,4	1,5	+ 100	$\pm$ 15 $\pm$ 30	1 A 1 B	A	F G	Rot + Violett
320 330	12 bis 40 30 bis 40			**0**	$\pm$ 15 $\pm$ 30 $\pm$ 60	1 A 1 B 1 F	C	F G H	Schwarz
320	12 bis 40			− 33	$\pm$ 15 $\pm$ 30	1 A 1 B	H	F G	Braun
330	30 bis 40			− 75	$\pm$ 15 $\pm$ 30	1 A 1 B	L	F G	Rot
331	30 bis 60			**− 150**	$\pm$ 15 $\pm$ 30 $\pm$ 60	1 A 1 B 1 F	P	F G H	Orange
				− 220	$\pm$ 30 $\pm$ 60	1 A 1 B	R	G H	Gelb
311	40 bis 60	0,5		− 330	$\pm$ 30 $\pm$ 60	1 A 1 B	S	G H	Grün
				− 470	$\pm$ 30 $\pm$ 60	1 A 1 B	T	G H	Blau

Tabelle 2.8-1. Typische Werte für Keramik-Kondensatoren der Klasse 1 (NDK)

Keramik-werkstoff KER	Mittleres ε' [a]	tan $\delta/10^{-3}$ (1 MHz)		Temperatur-koeffizient α [b]	Toleranz für α	Klasse	Codebuchstabe nach CECC 30 600		Codefarbe(n)
		Mittel	Max	$(10^{-6}/K)$	$(10^{-6}/K)$		α	Toleranz	
310	60 bis 100	0,5		-750	$\pm\ 60$	1 A	U	H	Violett
					± 120	1 B		J	
			2,0		± 250	1 F		K	
340	120 bis 350			-1500	± 250	1 F	V	K	Orange+Orange
			3,0	-2200	± 500	1 F	K	L	Gelb + Orange
		1,0		-3300	± 500	1 F	D	L	Grün + Orange
340/350	400 bis 550		4,0	-4700	± 1000	1 F	E	M	Blau + Orange
			5,0	-5600	± 1000	1 F	F	M	Schwarz+Orange

[a] Nach DIN 40 685 Teil 1/VDE 0335 Teil 1 [81].

[b] Bevorzugte Werte von α sind fettgedruckt: Die Nennwerte der Temperaturkoeffizienten α und die zugehörigen Toleranzen nach dieser Tabelle sind zwischen den Temperaturen 20 °C und 85 °C definiert.

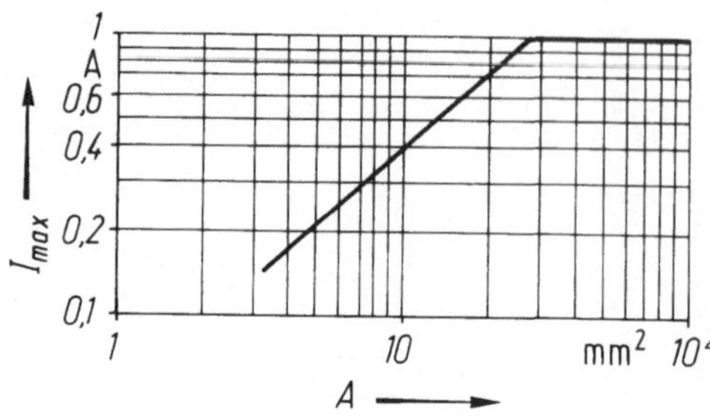

Bild 2.8-5. Maximaler Strom bei Keramik-Scheibenkondensatoren der Klassen 1 und 2 in Abhängigkeit von der Kondensatoroberfläche A. (Nach [84])

Die maximale Verlustleistung hängt von der Fläche der Keramikscheibe ab, ebenso der maximale Strom (Bilder 2.8-4 und 2.8-5).

Für andere Umgebungstemperaturen ϑ_u kann die maximale Verlustleistung berechnet werden:

$$P_{\max}(\vartheta) = \frac{85 - \vartheta_u}{30} \cdot P_{\max}(55\,^\circ\mathrm{C}).$$

Die Resonanzfrequenzen und der Ersatzserienwiderstand sind in Bild 2.8-6 dargestellt.

Die Hauptschritte bei der Herstellung von Keramik-Scheibenkondensatoren sind:

1. Herstellen einer Keramikmischung,
2. Pressen der Scheiben,
3. Brennen,
4. Auftragen der Elektroden z. B. durch Siebdruck,
5. Einbrennen der Elektroden,
6. Anlöten der Drähte, Umhüllen der Scheiben.

Als Elektrodenmaterial wird häufig Silber verwendet. Aufgrund des hohen Preises von Silber wird versucht, billigere, d. h. unedlere Metalle zu verwenden. Dabei muß aber der Brennprozeß sehr genau kontrolliert werden (Oxidationsgefahr) und der Verlustfaktor kann ebenfalls größer werden.

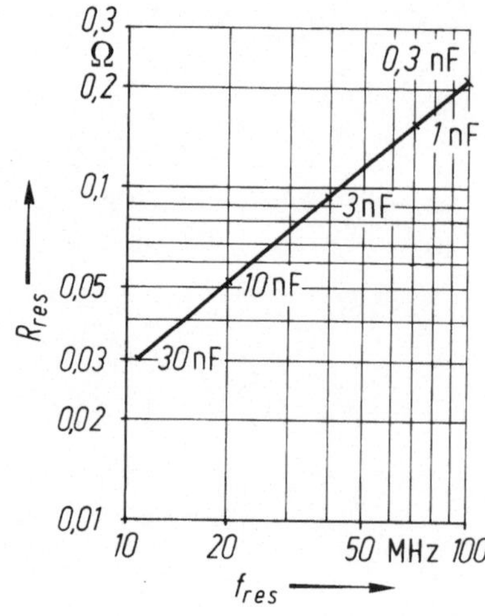

Bild 2.8-6. Resonanzfrequenz f_{res} und Ersatzserienwiderstand R_{res} von Keramik-Scheibenkondensatoren der Klassen 1 und 2 in Abhängigkeit von der Kapazität bei 3 mm langen Anschlußdrähten. (Nach [84])

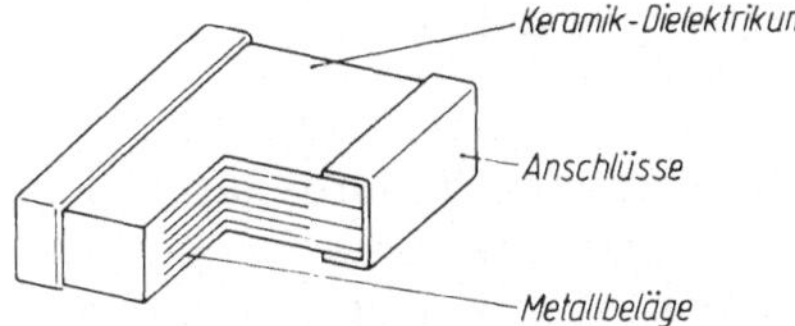

Bild 2.8-7. Aufbau von Keramik-Vielschichtkondensatoren (Chip). (Nach [97])

2.8.2.3 Keramik-Vielschichtkondensatoren

In den letzten Jahren werden in der professionellen Technik mehr und mehr Keramik-Vielschichtkondensatoren eingesetzt (Bild 2.8-7), die auch höhere Kapazitätswerte besitzen:

$U_N = 50$ V: bis zu 100 nF, $U_N = 100$ V: bis zu 68 nF. Der übliche Temperaturkoeffizient ist $(0 \pm 30) \cdot 10^{-6}$/K (vgl. Tabelle 2.8-1), der Temperaturbereich $-55\,°$C bis 125 °C. Die Anliefertoleranz beträgt $\pm 5\%$ oder $\pm 10\%$.

Der Isolationswiderstand bei 20 °C ist $\geqq 10^5$ MΩ; bei 125 °C $\geqq 10^4$ MΩ.

Die Chip-Bauform wird für Hybride und zur automatischen Bestückung von Leiterplatten verwendet [85]. Sie hat den Vorteil besonders kleiner Induktivität, da die Drähte entfallen. Dadurch liegt die Resonanzfrequenz zwischen 10 MHz und 1 GHz (Bild 2.8-8). Durch besondere konstruktive Maßnahmen lassen sich auch Chips für noch höhere Frequenzen herstellen.

Typische Herstellungsschritte sind [86, 87, 88]:

1. Herstellen der keramischen Mischung, zusammen mit einem organischen Bindemittel,
2. Herstellen von „Keramikfolien" („grüne" Keramik) Schichtdicke 25 μm bis 80 μm.
3. Aufbringen der Elektroden (Silber oder Silber-Palladium) im Siebdruckverfahren,
4. Stapeln der Keramikfolien, Deckplatten aufbringen,
5. Schneiden der gestapelten Folien zu einzelnen Kondensatoren,
6. Vorbrennen bei niederen Temperaturen (organische Bindemittel ausbrennen),
7. Brennen bei 1200 °C bis 1400 °C (Sintern der Keramik),
8. Aufbringen der Metallkontaktierung an den Chip-Enden,
9. Anlöten von Drähten und Umhüllen.

Die Hauptschwierigkeit bei der Herstellung der Vielschichtkondensatoren ist neben der geeigneten Keramikmischung ein exakt kontrollierter Brennprozeß. Bei falschem Brennen können die Metallbeläge oxidieren oder es entstehen Löcher, Abblätterungen (Delaminationen) und Risse, die die Zuverlässigkeit beeinträchtigen können.

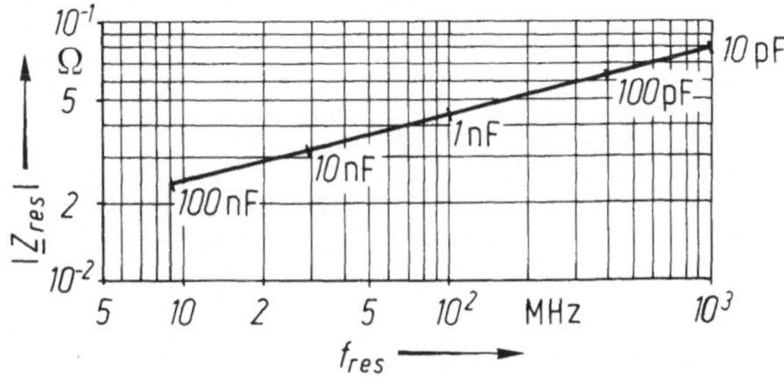

Bild 2.8-8. Resonanzfrequenz f_{res} und Ersatzserienwiderstand $R_{res} = |Z_{res}|$ von Keramik-Vielschichtkondensatoren der Klasse 1 (COG) ohne Anschlußdrähte. (Nach [97])

2.8.3 Eigenschaften von HDK-Massen ($\varepsilon' > 200$), Ferroelektrizität

Seit der Entdeckung ferroelektrischer Eigenschaften von *Rochellesalz* (Kalium-natriumtartrat $KNaC_4H_4O_6 \cdot 4H_2O$), nämlich hoher Werte der Permittivitätszahl ε', der Spannungs-Abhängigkeit von ε' bis zu einer Sättigung, Hysterese, Temperatur-abhängigkeit von ε' im Jahre 1921 [89] wurde erst 1942 von Wainer und Salomon in Barium- und Strontium-Titanaten eine für praktische Anwendungen geeignete Keramik gefunden [91].

Der Unterschied zwischen den HDK-Massen (mit $\varepsilon' > 200$ bis zu der Größen-ordnung 10000) und den NDK-Massen (mit $\varepsilon' < 200$) beruht auf folgenden Erscheinungen:

Bei den NDK-Massen sind die im Wechselfeld schwingenden Elektronen, Ionen und (bei polaren Stoffen) permanenten Dipole schwach miteinander gekoppelt und müssen durch das Feld gegen die Temperaturbewegung ausgerichtet werden. Daher lassen sich nur begrenzte Werte erreichen. Die höchsten Werte von ε' erreicht man dank dem leicht beweglichen Titan-Ion im Rutil (TiO_2), siehe 2.8.1.3. − Dielektrische Dipole der HDK-Massen weisen in bestimmten Temperatur-bereichen eine starke Wechselwirkung auf, so daß in einzelnen Bezirken eine ganze Reihe von Dipolen parallel ausgerichtet sind. Einem äußeren Wechselfeld folgen dann die Dipole in den Bezirken entsprechender Polarisation besonders leicht. Diese Bezirke sind analog den Weissschen Bezirken der ferromagnetischen Stoffe ausgebildet. Die spontane Elektrisierung in den Bezirken führt zu hohen ε'-Werten in schmalen Temperaturbereichen. Bild 2.8-9 zeigt die Struktur eines Elementar-kristalls von Bariumtitanat ($BaTiO_3$) mit dem Titanion in Würfelmitte, den Sauerstoffionen in der Mitte der Würfelseiten und den Bariumionen an den Würfelecken. Diese kubische Struktur hat Bariumtitanat nur oberhalb von 120 °C (Curie-Temperatur). In der Nähe dieser Temperatur zeigt ε'_{stat} ein scharfes und $\tan\delta$ ein flaches Maximum. Zugleich mit dem Auftreten der spontanen Polari-sation (siehe Bild 2.8-10) in Richtung der Würfelkante wird zwischen etwa 5 und 120 °C die kubische Struktur tetragonal verzerrt (Streckung in Richtung der Polarisation, Kürzung senkrecht dazu). Unterhalb von 5 bis etwa − 70 °C springt die Polarisationsrichtung in die Richtung der Flächendiagonalen, unterhalb − 80 °C in die Richtung der Raumdiagonalen um [92].

Für die Technik ist der Bereich von hohen Werten von ε' interessant, obwohl hier die Permittivitätskurve ein Maximum hat. Typ KER 340 (Strontium- oder Calciumtitanat) besitzt bei Raumtemperatur ein ε' von 200 bis 350 mit Tempera-

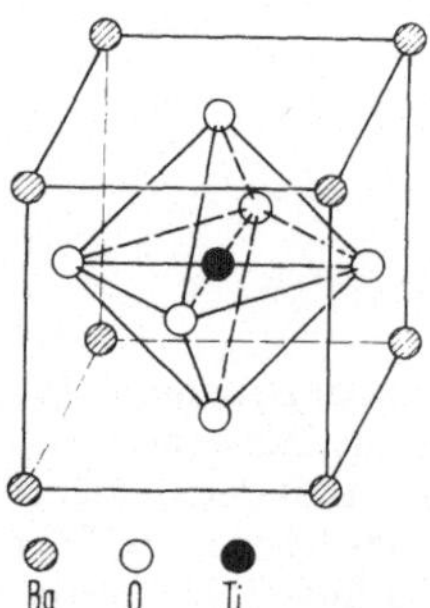

Bild 2.8-9. Elementarzelle des Bariumtitanatkristalls

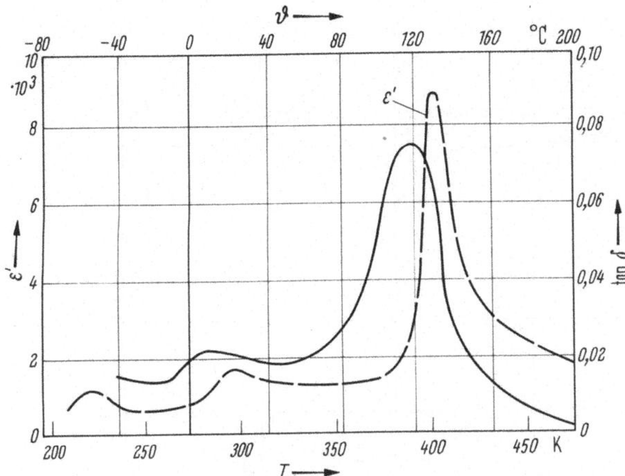

Bild 2.8-10. Permittivitätszahl ε' und Verlustfaktor $\tan\delta$ von Bariumtitanatkeramik bei 1000 Hz als Funktion der Temperatur bei einer Feldstärke von 1,0 V/mm. (Nach [91])

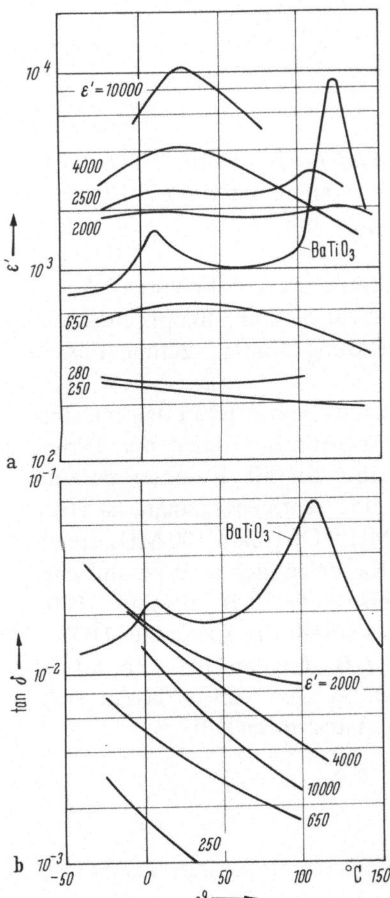

Bild 2.8-11 a u. b. Temperaturgang von ε' und $\tan\delta$ von HDK-Werkstoffen bei 1000 Hz. (Nach [92].) **a** relative Permittivitätszahl; **b** Verlustfaktor $\tan\delta$

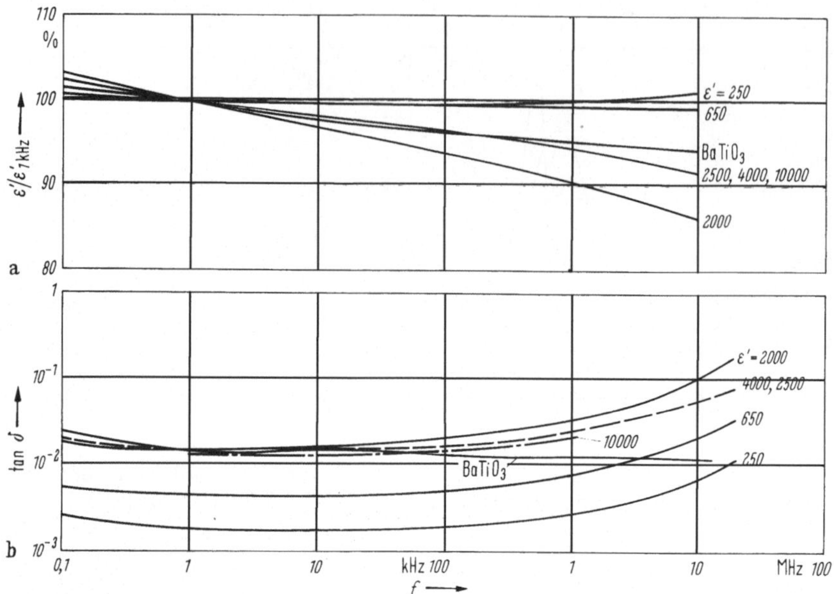

Bild 2.8-12a u. b. Frequenzgang ε' und $\tan \delta$ der gleichen HDK-Werkstoffe; **a** Permittivitätszahl ε'; **b** Verlustfaktor $\tan \delta$

turkoeffizient $-1200 \cdot 10^{-6}$/K bis $-3500 \cdot 10^{-6}$/K und $\tan \delta = 5 \cdot 10^{-3}$. Typ KER 350 dagegen hat $\varepsilon' > 350$ bis 3000, wenig temperaturabhängig, $\tan \delta = 25 \cdot 10^{-3}$. Bei Typ KER 351 ist $\varepsilon' > 3000$, sehr temperaturabhängig, mit $\tan \delta = 25 \cdot 10^{-3}$. Die letzteren Typen enthalten Bariumtitanat.

Wegen der hohen Verluste und dem hohen Temperaturkoeffizienten von ε' können Bariumtitanatkondensatoren nur als Überbrückungs- und Ankopplungskondensatoren, nicht aber in Schwingkreisen Verwendung finden, zumal Ferroelektrika altern und ε' im Laufe der Zeit abnimmt.

Der Temperaturbereich von ca. 100 bis 140 °C mit großem ε' ist in den meisten Fällen zu hoch. Durch Beimengen von 15 bis 20 % Strontiumtitanat der Typen KER 340/350 gelingt es, das Maximum von ε' näher an die Raumtemperatur heranzuschieben (s. Bild 2.8-11). Der Verlustfaktor der heutigen Titanate ist etwa $(10 \text{ bis } 50) \cdot 10^{-3}$ im Frequenzbereich bis etwa 100 MHz. Oberhalb 100 MHz steigt $\tan \delta$ stark an und ε' fällt rasch ab (s. Bild 2.8-12). Handelsüblich sind keramische HDK-Kondensatoren mit Werten von $\varepsilon' = 400$ bis 2000 (z. B. Epsilan 1000, Faralit I, Rosalt 2000, Sibatit N, Suprakond). Daran schließt die Klasse der HDK-Kondensatoren mit $\varepsilon' > 2000$ bis über 3000 an (z. B. Epsilan 7000, Faralit U, Rosalt 7000, Sibatit H, Ultrakond). Bei den hohen Werten von ε' lassen sich Kopplungskondensatoren für Hochfrequenz recht klein ausführen [94].

2.8.4 Keramik-Kondensatoren der Klasse 2 (HDK)

Aufgrund der ferroelektrischen Eigenschaften der HDK-Keramiken, besitzen diese Kondensatoren eine größere spezifische Kapazität je Volumeneinheit als Kondensatoren der Klasse 1, wobei größere Kapazitätsänderungen und höhere dielektrische Verluste in Kauf genommen werden müssen.

Aus der Bezeichnung des Keramik-Kondensators kann auf die maximale Kapazitätsänderung im Temperaturbereich geschlossen werden (vgl. EIA). IEC 384-9 bzw. CECC 30 700 und MIL betrachten noch zusätzlich die Abhängigkeit von der angelegten Spannung (Tabellen 2.8-2, 2.8-3 und 2.8-4). Die Änderung der Kapazität mit der Temperatur ist nichtlinear. Deshalb kann ein Temperaturkoeffizient − wie bei Kondensatoren der Klasse 1 − für einen größeren Temperaturbereich nicht mehr angegeben werden. Man spricht nur noch von einer Temperaturcharakteristik.

Tabelle 2.8-2. Bezeichnung von Keramik-Kondensatoren der Klasse 2 nach EIA Standard RS-198-b

Untere Grenztemperatur °C		Obere Grenztemperatur °C		$(\Delta C/C)_{max}/\%$ im Temp.-Bereich [a]	
+ 10	Z	+ 45	2	± 1,0	A
− 30	Y	+ 55	4	± 1,5	B
− 55	X	+ 85	5	± 2,2	C
		+ 105	6	± 3,3	D
		+ 125	7	± 4,7	E
				± 7,5	F
				± 10	P
				± 15	R
				± 22	S
				+ 22/−23	T
				+ 22/−56	U
				+ 22/−82	V

[a] Bezogen auf C bei 25 °C.

Beispiel: „X7R" heißt: Grenztemperaturen − 55 °C/+ 125 °C mit einer maximalen Kapazitätsänderung von ± 15%.

Tabelle 2.8-3. Bezeichnung von Keramik-Kondensatoren der Klasse 2 nach MIL

1. Buch-stabe	Betriebs-temperatur-Bereich	2. Buch-stabe	Zulässige Kapazitäts-Änderung bezogen auf 25 °C	
			bei Betriebsspg. 0 Volt	bei Nennbetriebsspannung
A	− 55 °C bis + 85 °C	R	+ 15%	+ 15% bis − 40%
B	− 55 °C bis + 125 °C	T	−	+ 15% bis − 10% (− 35%)
C	− 55 °C bis + 150 °C	W	+ 22% bis − 56%	+ 22% bis − 66%
		X	± 15%	+ 15% bis − 25%
		Y	+ 30% bis − 70%	+ 30% bis − 80%
		Z	+ 20%	+ 20% bis − 30%

Beispiel: „BX" heißt: Im Temperaturbereich − 55 °C bis + 125 °C ist die maximale Kapazitätsänderung (bezogen auf 25 °C) ± 15% ohne Spannung bzw. + 15% bis − 25% mit Nennspannung.

Tabell 2.8-4. Bezeichnung von Keramik-Kondensatoren der Klasse 2 nach IEC 384-9 bzw. CECC 30 700

1. Kennzahl und Kennbuchstabe	Größte Kapazitätsänderung in % im Kategorie-temperaturbereich bezogen auf den Kapazitätswert bei 20 °C ohne Gleichspannung		Kategorietemperaturbereich und 2. Kennzahl				
			− 55/+ 125 °C	− 55/+ 85 °C	− 40/+ 85 °C	− 25/+ 85 °C	− 10/+ 70 °C
	ohne Gleichspannung	mit Nenngleichspannung	1	2	3	4	5
2 B	± 10	+ 10/− 15		*	*	*	
2 C	± 20	+ 20/− 30	*	*	*		
2 D	+ 20/− 30	+ 20/− 40				*	
2 E	+ 20/− 55	+ 20/− 70		*	*	*	
2 F	+ 30/− 80	+ 30/− 90		*	*	*	*

* Bei CECC/IEC genormte Bezeichnungen.

Beispiel: „2B2" bedeutet: Im Temperaturbereich − 55 °C bis + 85 °C ist die maximale Kapazitätsänderung (bezogen auf 20 °C) ohne Spannung ± 10%; mit Spannung + 10%/− 15%.

Für den Anwender eines Kondensators ist weniger wichtig, mit welcher Keramikmischung ein Hersteller die geforderten elektrischen Werte erreicht. Es lassen sich jedoch einige typische Permittivitätszahlen angeben (Tabelle 2.8-5).

Tabelle 2.8-5. Typische Werte von ε', $\tan\delta$ und K bei verschiedenen Temperaturcharakteristiken

Keramikart KER	Temperaturcharakteristik nach IEC 384-9	ε'	$\tan\delta/10^{-3}$ bei (1 kHz)	Alterungskonstante K
350	2B2/2C1	700 bis 2000	10	2 bis 3
	2C4/2D2	2000 bis 3000	11	3
351	2E4	4000	12	4
	2F2/2E6	6000	15	5
	2F4	10000	20	6

Die Kapazität eines Kondensators hängt zusätzlich noch vom „Alter" des Dielektrikums ab; d. h. durch Erwärmung auf $T > 120\,°C$ (120 °C liegt meist über der Curie-Temperatur) ist Bariumtitanat nicht mehr ferroelektrisch und die Domänen haben sich aufgelöst. Beim Abkühlen der Keramik müssen sich die ferroelektrischen Bereiche wieder neu bilden. Dieser Prozeß geht oft nur langsam vor sich; der Kondensator ändert seine Kapazität mit der Zeit [95].

Mathematisch vereinfacht wird dieser Vorgang durch eine logarithmische Abhängigkeit der Kapazität von der Zeit beschrieben:

$$C(t) = C_0 \left[1 - \frac{K}{100} \lg \frac{t}{h} \right].$$

Dabei ist K die Alterungskonstante. In der Praxis wird die ursprüngliche Kapazität C_0 schon 1 h nach der Entalterung gemessen. Für Prüfungen (z. B. Dauerspannungsprüfung) legt man sich auf den Meßwert 24 h nach dem Entaltern (d. h. der Ofenentnahme) fest.

Weiter läßt sich die Permittivitätszahl ε' durch die Feldstärke beeinflussen; bei höherer Feldstärke wird die Kapazität kleiner [96]. Da die Feldstärke bei einer bestimmten anliegenden Spannung durch die Dicke des Dielektrikums mitbestimmt wird, kann durch den Aufbau des Kondensators die Höhe der Abhängigkeit der Kapazität von der Spannung verändert werden. Wie aus Bild 2.8-12 ersichtlich ist, hängt ε' und damit auch die Kapazität des Kondensators stark von der Frequenz ab.

Der maximale Verlustfaktor bei 1 kHz ist 2 bis 3 mal größer als die in Tabelle 2.8-5 angegebenen typischen Werte bei 1 kHz (Streuung in der Fertigung).

Bei höheren Temperaturen hängt er sehr stark von der Keramikmischung ab. Da die Betriebsfrequenzen aber häufig auch noch oberhalb von 10 MHz liegen können, sind Angaben für den Verlustfaktor für diesen Frequenzbereich notwendig, auch wenn die Normen hierzu nichts aussagen.

2.8.4.1 Scheibenkondensatoren

Es sind die in Tabelle 2.8-6 angegebenen Temperaturcharakteristiken z. Z. handelsüblich. (63 V Nennspannung meist Rechteckscheiben; 400 V Nennspannung meist Rundscheiben.)

Tabelle 2.8-6. Kapazitäts- und Spannungsbereiche für Keramik-Scheibenkondensatoren der Klasse 2

Temperatur-charakteristik nach IEC 384-9	Nenn-spannung U_N	Kapazitäts-bereich	Anliefertoleranz
2B4	400 V	0,1 nF bis 1,0 nF	$\pm\,20\%$
2C4	63 V	0,18 nF bis 4,7 nF	$\pm\,20\%$
2C4	400 V	0,22 nF bis 2,7 nF	$\pm\,20\%$
2E4	63 V	1,2 nF bis 3,3 nF	$+\,50\% -20\%$
2F4	400 V	0,68 nF bis 4,7 nF	$+\,50\% -20\%;\; +\,80\% -20\%$

Der Isolationswiderstand ist $\geqq 10^3$ MΩ. Für Wechselspannung- und Impulsbelastbarkeit gelten die gleichen Werte für die maximal zulässige Verlustleistung wie bei Kondensatoren der Klasse 1 (Bild 2.8-4 und 2.8-5). Da jedoch der Verlustfaktor wesentlich größer ist, sind die maximal zulässigen Spannungen kleiner.

Die Resonanzfrequenz und der Ersatzserienwiderstand sind in Bild 2.8-6 dargestellt.

2.8.4.2 Vielschichtkondensatoren

Die gebräuchlichsten Keramikarten nach EIA sind X7R und Z5U (vgl. Tabelle 2.8-7).

Tabelle 2.8-7. Kapazitätsbereiche und Nennspannungen bei Keramik-Vielschichtkondensatoren der Klasse 2

Temperatur charakteristik nach EIA	Nennspannung U_N	Kapazitätsbereich	Isolationswiderstand bei 125 °C	Alterungszeitkonstante K
X7R	50 V 100 V	100 pF bis 2,2 µF 100 pF bis 1,0 µF	$\geqq 10^3$ MΩ	2
Z5U	50 V 100 V	0,01 µF bis 4,7 µF 0,01 µF bis 2,2 µF	$\geqq 10^2$ MΩ	5

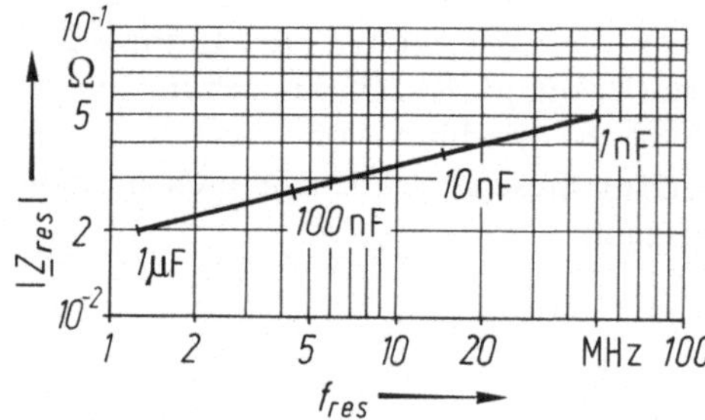

Bild 2.8-13. Resonanzfrequenz f_{res} und Ersatzserienwiderstand $|Z_{res}|$ von Keramik-Vielschichtkondensatoren der Klasse 2 (X7R und Z5U) ohne Anschlußdraht. (Nach [97])

Der Isolationswiderstand bei 85 °C beträgt nur noch ein Zehntel des Wertes bei 20 °C. Die Resonanzfrequenzen von Klasse 2-Kondensatoren und der Ersatzserienwiderstand $|Z_{res}|$ können Bild 2.8-13 entnommen werden.

Die Abhängigkeit der Kapazität von der Spannung macht sich bei den geringen Dicken der Keramikschichten stark bemerkbar. Sogar schon bei Änderungen der Meßspannung von 0,2 V~ bis 1 V~ sind bei X7R-Keramiken Kapazitätsänderungen von 4 bis 5% zu beobachten (Bild 2.8-14).

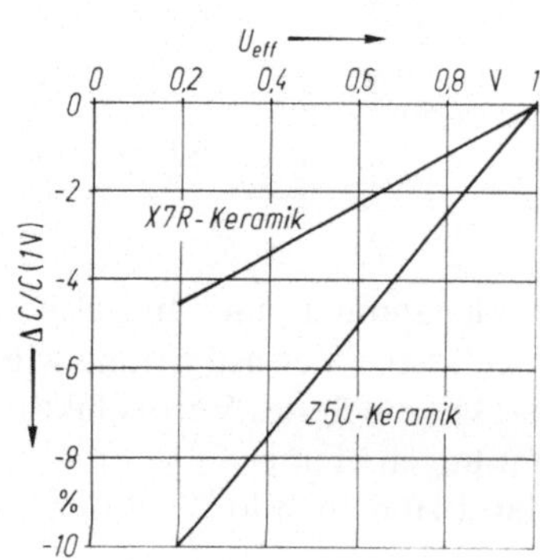

Bild 2.8-14. Abhängigkeit der Kapazitätsänderung von der Meßspannung bei Keramik-Vielschichtkondensatoren der Klasse 2 (X7R und Z5U). (Nach [97])

2.8.5 Andere Anwendungen der ferroelektrischen Keramiken (Piezokeramik)

Alle ferroelektrischen Kristalle sind auch piezoelektrisch [98]. Eine mechanische Spannung am Kristall bewirkt eine Änderung der elektrischen Polarisation. Durch Einwirkung eines elektrischen Feldes werden umgekehrt die Kristalle verzerrt. Anwendung findet dieser zweite Effekt in Ultraschallwandlern und auch in „keramischen Schwingern". Als Keramik werden häufig Bleizirkonat-Bleititanat, Bleimetaniobat $PbNb_2O_6$, Lithiumniobat $LiNbO_3$ oder Lithiumtantalat $LiTaO_3$ verwendet.

2.8.6 Sperrschichtkondensatoren (Keramik-Kondensatoren der Klasse 3)

Wenn relativ hohe Kapazitätswerte bei kleinem Volumen benötigt werden, und die Kapazitätsänderungen und die dielektrischen Verluste groß sein dürfen (z. B. Abblockkondensatoren), können Sperrschichtkondensatoren verwendet werden.

Wie bei den Kaltleitern (siehe Kapitel 1) wird Bariumtitanat in einen n-leitenden Zustand durch Dotierung mit dreiwertigem Antimon (Sb^{3+}) anstelle des zweiwertigen Bariums übergeführt. Wenn ein elektrisches Feld angelegt wird, werden die Leitungselektronen längs der Titan-Sauerstoff-Ketten transportiert [99]. An den Korngrenzen werden durch Dotieren mit den Akzeptoren Kupfer (Cu^{2+}) oder Eisen (Fe^{3+}) p-leitende Zonen aufgebaut, die als Sperrschicht dienen, wenn die Dicke dieser Zone größer als die freie Weglänge der Ladungsträger ist [100] (Bild 2.8-15).

Man erhält auf diese Weise eine effektive Permittivitätszahl (gemittelt über die Keramikscheibe) von $\approx 50\,000$. Sie ist aber sehr stark abhängig von der Feldstärke: $\varepsilon(200\ V/mm)/\varepsilon(0\ V) \approx 0{,}4$, der Temperatur (Curie-Punkt bei ca. 20 °C; $\Delta C(\vartheta)/C_{20} = 0{,}5$) und dem „Keramikalter" (-1% bis -2% je Zeitdekade). Bei einer 0,3 mm dicken Dielektrikumschicht sind im Dauerbetrieb 200 V/mm möglich. Der Kapazitätsbereich liegt zwischen 22 nF und 100 nF bei 63 V Nennspannung. Der Isolationswiderstand liegt bei 10^4 MΩ. Es ist $R_{is} \cdot C > 10^3$ s.

Der Verlustfaktor bei 1 kHz ist $\approx 20 \cdot 10^{-3}$ bei 20 °C bzw. $50 \cdot 10^{-3}$ bei 85 °C. Bei 100 kHz steigt der $\tan\delta$ erheblich an und beträgt bei 20 °C und 85 °C $\approx 50 \cdot 10^{-3}$ mit einem Minimum von $\approx 45 \cdot 10^{-3}$ bei 50 °C [101]. Die Resonanzfrequenzen liegen bei 20 MHz ($R_{res} \approx 0{,}3\ \Omega$) für $C = 10$ nF und bei 4 MHz ($R_{res} \approx 0{,}2\ \Omega$) für $C = 220$ nF.

Eine andere Möglichkeit zur Erzeugung sehr dünner dielektrischer Schichten besteht darin, daß die Bariumtitanat-Keramikscheibe reduziert und dadurch leitend gemacht wird. Anschließend wird an der Oberfläche eine dünne Schicht reoxidiert (Dielektrikumschicht) und mit einer Metallelektrode versehen (Bild 2.8-15 b).

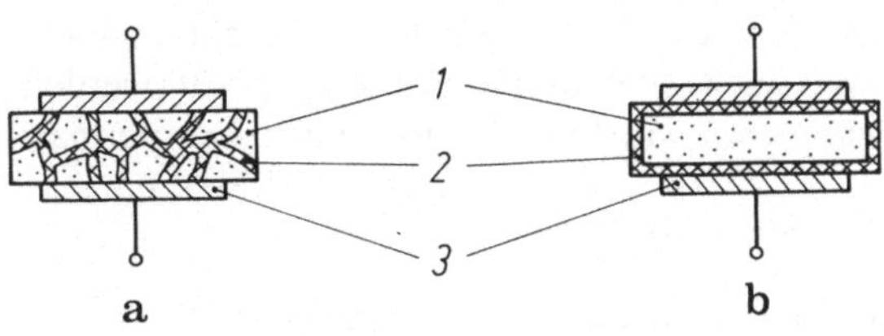

Bild 2.8-15 a u. b. Aufbau von Sperrschichtkondensatoren. (Nach [101].) **a** Sperrschicht an den Korngrenzen; **b** Sperrschicht an der Oberfläche. *1* elektrisch leitende Keramik, *2* $BaTiO_3$-Sperrschicht (Dielektrikum), *3* Metallelektrode

Die elektrischen Eigenschaften der Sperrschichtkondensatoren mit dem Aufbau nach Bild 2.8-15 a und b unterscheiden sich nur wenig. Die Kondensatoren mit der Sperrschicht an der Oberfläche werden mit C-Werten zwischen 4,7 nF und 100 nF bei 30 V bzw. 200 nF bei 16 V Nennspannung hergestellt.

2.8.7 Eigenschaften von Glimmer

Im Gegensatz zu Quarz und Gläsern mit ihrer räumlichen Vernetzung ist Glimmer ein Mineral mit Schichtstruktur. Er ist daher bis zu dünnen Blättchen von ca. 0,02 mm Dicke spaltbar, die sehr schmiegsam sind und als Isolierplättchen auch für Kondensatoren wertvoll sind. Die Netzebenen bestehen aus sechseckigen Maschen mit Si- und Al-Ionen in den Ecken, umgeben von 4 Sauerstoffionen. Bei den Glimmern verhält sich die Zahl der (Si + Al)-Ionen zu den O-Ionen wie 2:5. Da diese Alumosilicatschichten elektronegativ sind, werden noch positive Ionen eingebaut (z. B. Kalium), welche die benachbarten Netzebenen verbinden. Der Kaliglimmer oder Muskovit ($KAl_2(OH_2)AlSi_3O_{10}$) ist der für die Elektrotechnik wertvollste Glimmer ($\varepsilon' \approx 6{,}5$ bis 8; $\tan \delta = (0{,}2$ bis $0{,}5) \cdot 10^{-3}$ bei Raumtemperatur). Die Durchschlagsfestigkeit ist mit ≥ 50 kV/mm gut. Wichtig ist auch die Temperaturbeständigkeit bis zum *Calcinierungspunkt*. Darunter versteht man die *Temperaturgrenze*, bei deren Überschreiten der Glimmer Kristallwasser abgibt und dabei trübe und brüchig wird. Der Calcinierungspunkt liegt bei Muskowit-Glimmersorten zwischen 600 °C und 800 °C. *Phlogopit* (Amber) hat mit einem Calcinierungspunkt zwischen 900 °C und 1000 °C noch höhere Temperaturbeständigkeit. Bei diesem ist ein Teil des Aluminiums durch Magnesium ersetzt (2 Al durch 3 Mg). Wegen seines Gehalts an Eisenoxid ist er elektrisch dem Muskowit unterlegen. − Beim Aufdampfen von leitenden Deckschichten als Kondensatorbelegung ist der Calcinierungspunkt zu beachten. Wirtschaftliche Bedeutung hat Glimmer vor allem im Elektromaschinenbau, wo außer Rohglimmer noch *Mikanit* (Spaltglimmerplättchen mit Schellack- oder Kunstharzlösungen zu Platten verleimt) oder „Mikafolium" (Papierbahn mit Spaltglimmer beklebt) und Mikabänder (Faserstoffbahn mit weichem Glimmer) verarbeitet werden. Metallisierter Glimmer ist wertvoll für Sende- und Normalkondensatoren. Mit Glimmer-Distanzplättchen werden die Elektroden in Röhrensystemen gehalten.

Interessante Glimmerprodukte sind [102]:

1. *Glimmerpapier*, das aus Muskowitabfällen durch Erhitzen über den Calcinierungspunkt, wobei das Kristallwasser zum großen Teil entzogen wird, und anschließende Behandlung mit Natriumcarbonat und Schwefelsäure hergestellt wird. Durch dieses Verfahren des französischen Chemikers Jaques Bardet konnte Glimmer wie Papier aufgeschlossen und weiterverarbeitet werden (Handelsnamen Samica, Isomica, Dimikanit).

2. *Mycalex.* Pulverisierter Glimmer und *Glaspulver* werden gemischt und bei etwa 700 °C in Form gepreßt, wobei auch Metallteile mit eingepreßt werden können. Trotz seiner Härte ist Mycalex mit Hartmetallwerkzeugen bearbeitbar.

$\varepsilon'_{\text{stat}} \approx 8$; $\tan \delta \approx 2 \cdot 10^{-3}$. $E_{\max} \approx 15$ kV/mm nach [103].

Bestimmungen für Glimmererzeugnisse sind in VDE 0332 festgelegt [104].

2.8.8 Glimmer-Kondensatoren

Vor allem in den USA werden Glimmer-Kondensatoren häufig eingesetzt. Aufgrund ihrer engen Kapazitätstoleranzen und ihres kleinen Verlustfaktors sind sie sehr gut für Filter- und Schwingkreisanwendungen geeignet [105].

Der Kapazitätsbereich geht je nach Baugröße von ca. 5 pF bis 500 nF bei Nennspannungen bis zu 500 V. Bei 3000 V Nennspannung sind noch Kapazitätswerte bis ca. 20 nF erhältlich. Es sind Anliefertoleranzen bis zu $\pm 0{,}5\%$ oder $\pm 1\%$ herstellbar. Der maximale Temperaturbereich ist $-55\,°\mathrm{C}$ bis $+125\,°\mathrm{C}$.

Die Kapazität ist linear abhängig von der Temperatur. ($TK_C = (-200$ bis $+200)\cdot 10^{-6}/\mathrm{K}$ bei Kapazitäten kleiner als 100 pF, darüber z. B. $(0$ bis $+70)\,10^{-6}/\mathrm{K}$). Die zeitliche Inkonstanz für Kapazitätswerte > 1000 pF ist bei maximal $85\,°\mathrm{C}$ $\leqq 3\text{‰}$, bei 10 pF allerdings $\pm 10\text{‰}$.

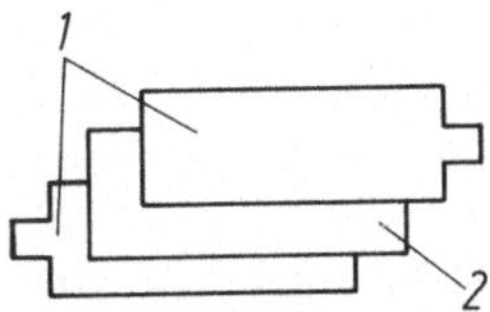

Bild 2.8-16. Aufbau eines Glimmer-Kondensators mit Metallfolien als Elektroden. _1_ Metallfolien, _2_ Glimmerplättchen

Bei 1 MHz ist der Verlustfaktor $\leqq 1\cdot 10^{-3}$. Der Isolationswiderstand bei $20\,°\mathrm{C}$ ist $> 10^5\,\mathrm{M\Omega}$ bzw. $R_{\mathrm{is}}\cdot C > 5000$ s. Bei $\vartheta \geqq 100\,°\mathrm{C}$ ist R_{is} um eine Zehnerpotenz kleiner.

Die maximale Leistung (50 W bis 300 W) hängt ebenso wie der maximale Strom (1 A bis 4 A) stark von der Bauform des Kondensators ab. Die Induktivität ist ca. 2 nH je mm Kondensatorlänge.

Glimmer-Kondensatoren können auf verschiedene Weise hergestellt werden. Eine Methode ist, Metallfolien (Kupfer, Aluminium, Zinn) zwischen die Glimmerplättchen zu legen (Bild 2.8-16). Diese Stapel werden mit Klammern zusammengehalten und die abwechslungsweise seitlich überstehenden Metallfolien miteinander verbunden. Dieser Aufbau wird für hohe Wechselspannungen und -ströme verwendet.

Mehr gebräuchlich ist das Aufbringen von Silberpasten auf die Glimmerplättchen im Siebdruckverfahren. Durch Verwendung von nur teilweise kontaktierten Glimmerplättchen beim anschließenden Stapeln können sehr enge Kapazitätstoleranzen erreicht werden. Die Pakete werden dann entweder durch eine

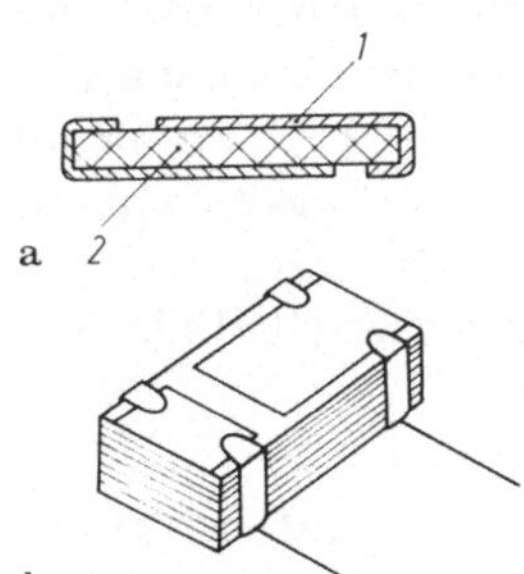

Bild 2.8-17a u. b. Aufbau eines Glimmer-Kondensators mit metallisierten Glimmerplättchen. **a** Metallisierung (_1_) des Glimmerplättchens (_2_); **b** gestapelte Glimmerplättchen mit Halteklammern

elektrisch leitende Glasfritte oder durch geeignete Klammern zusammengehalten (Bild 2.8-17). Um höhere Spannungsbelastungen zu ermöglichen, können Glimmerkondensatoren imprägniert werden.

2.8.9 Eigenschaften von Quarz und Gläsern für Kondensatoren

Eine ähnliche Bedeutung wie der Kohlenstoff für die organischen Isolierstoffe hat das ebenfalls vierwertige Silicium für die anorganischen Isolierstoffe der Elektrotechnik.

2.8.9.1 Quarz

Thermisch und elektrisch besonders hochwertig, aber teuer, ist Quarz, eine der drei Kristallformen von Siliciumdioxid. Verwandt in der Struktur ist Kieselsäure (H_4SiO_4). Quarzglas, die klare Schmelze aus reinem SiO_2, und Quarzgut, die milchige Schmelze aus Quarzsand, mit über 99,7 % SiO_2 erweichen erst bei etwa 1500 °C, haben kleinen thermischen Ausdehnungskoeffizienten und vorzügliche elektrische Eigenschaften, vor allem hohen spezifischen Widerstand ($\varrho > 10^{18}$ Ω cm bei 20 °C und $\varrho > 10^8$ Ω cm bei $\approx$ 600 °C) sowie besonders kleine dielektrische Verluste (Quarzglas hat bei 20 °C und 1 kHz ein $\tan \delta \approx 0,2 \cdot 10^{-3}$, Quarzgut $\tan \delta < 0,6 \cdot 10^{-3}$). Die Durchschlagsfeldstärke beträgt 20 bis 40 kV/mm. $- \varepsilon'_{stat}$ von Quarzglas ist 4,2, Quarzgut (Vitreosil) dagegen hat wegen seiner Poren nur ein $\varepsilon' \approx 3,9$. Man verwendet Quarzgut als Isolator bei Normalkondensatoren, Quarzglas bei Quecksilberdampflampen, die ultraviolettes Licht durchlassen sollen, kristallinen Quarz vor allem für Schwingquarze in Oszillatorschaltungen [105] und Quarzuhren sowie für Filterquarze.

2.8.9.2 Gläser

Der hohe Schmelzpunkt von Quarz ($\approx$ 1600 °C) verteuert die Herstellung im Verhältnis zu den bei niedrigen Temperaturen unter 900 °C schmelzenden Gläsern. SiO_2 ist aber einer der wichtigsten Glasbildner. Während beim Quarz Si im Mittelpunkt eines Tetraeders sitzt, dessen Ecken vier O-Atome bilden (wobei jedes O-Atom zwei benachbarten Tetraedern angehört), sind bei vielen Gläsern Aluminiumatome an die Stelle von einigen Siliciumatomen getreten. Da Aluminium dreiwertig ist, Silicium aber vierwertig, werden in die Raumnetzstruktur noch positive Ionen aufgenommen, womit das Gebilde elektroneutral bleibt. Gläser sind also Gemische von Silicaten und Metalloxiden, wobei Borax (B_2O_3), Aluminiumoxid (Al_2O_3), Zinkoxid (ZnO), Natriumoxid (Na_2O) und Kaliumoxid (K_2O) die wichtigsten Beimengungen bilden.

Der spezifische Widerstand hat bei Raumtemperatur Werte zwischen 10^{11} und 10^{16} Ω cm. Gläser zeigen ausgesprochene Ionenleitfähigkeit, so daß Erhöhung der Temperatur den spezifischen Widerstand stark sinken läßt, bei 100 °C Temperaturanstieg um zwei Zehnerpotenzen. Bei zunehmender Raumfeuchtigkeit nimmt zudem der Oberflächenwiderstand sehr stark ab.

Die meisten Gläser erfüllen das Gesetz von Rasch und Hinrichsen [107] für den spezifischen Widerstand ϱ in Abhängigkeit von der Temperatur T.

Man unterscheidet bei Gläsern folgende besondere Temperaturen:

(a) die Temperatur, bei welcher der spezifische Widerstand auf 10^8 Ω cm = 100 MΩ cm gesunken ist („T_{K100}-Wert" nach DIN 52 326),

(b) die Temperatur, bei welcher der thermische Ausdehnungskoeffizient einen höheren Wert annimmt (*Transformationspunkt* nach DIN 52 324),

(c) die Erweichungstemperatur, bei der das Maximum der Dehnung erreicht wird.

Einige Eigenschaften von Gläsern findet man in Tabelle 2.8.8.

Tabelle 2.8-8. Thermische und elektrische Eigenschaften von Gläsern nach [26, 110]

Glasart	Natronkalkglas	Bleisilikatglas	Alumoboro-silicatglas
Spezifisches Gewicht/g/cm³	2,3 bis 2,8	2,8 bis 3,3	2,1 bis 2,2
$T_{K\,100}$-Wert/°C	120 bis 180	300 bis 400	450 bis 500
Transformationspunkt/°C	450 bis 550	400 bis 480	400 bis 600
Erweichungspunkt/°C	500 bis 600	420 bis 500	550 bis 850
Durchschlagsfestigkeit/kV/mm bei 50 Hz, 20 °C	10 bis 20	10 bis 20	10 bis 20
Verlustfaktor tan δ/10^{-3} bei 50 Hz, 20 °C	4 bis 12	1 bis 6	1 bis 6
Permittivität ε'_{stat}	6 bis 8	6 bis 8	4 bis 5

Glasverschmelzungen. Bedeutende Anwendung finden Gläser im Röhrenbau und als Abschlußkolben von Bauelementen. Sehr wichtig sind Drahtverschmelzungen mit *Wolfram-*, *Molybdän-* und *Platindrähten* sowie den Fe-Ni-Co-Verbindungen „*Fernico*", „*Kovar*" und „*Vacon*".

Bei den Glas-Metall-Verschmelzungen wie Ring-, Schneiden- und Stumpfanglasungen (z. B. von Scheibenröhren der Höchstfrequenztechnik) spielen die Ausdehnungskoeffizienten der Gläser und Metallverbindungen eine große Rolle [108, 109, 110].

2.8.10 Glas-Kondensatoren

Glas als Dielektrikum für Kondensatoren wird nur selten verwendet. Am häufigsten dürfte es noch bei Trimmerkondensatoren eingesetzt werden. Die Kapazitätsbereiche reichen von 0,6 pF einstellbar bis 1,8 pF bis zu Werten von 1 pF einstellbar bis 120 pF. Der Verlustfaktor bei 20 MHz ist je nach Typ kleiner als $4 \cdot 10^{-3}$ bis $0,7 \cdot 10^{-3}$. Der Isolationswiderstand ist größer als 10^6 MΩ. Der Temperaturkoeffizient der Kapazität beträgt $\pm 50 \cdot 10^{-6}$/K bis $\pm 150 \cdot 10^{-6}$/K.

Glas-Kondensatoren werden auch mit einem ähnlichen Aufbau wie Keramik-Vielschichtkondensatoren — jedoch mit Aluminiumfolie als Belägen — hergestellt. Dabei können Kapazitätswerte zwischen 0,5 pF und 10 nF bei 300 V Nennspannung und einem Temperaturkoeffizienten von $+(140 \pm 25) \cdot 10^{-6}$/K erhalten werden.

2.9 Elektrolyt-Kondensatoren

Bei Elektrolyt-Kondensatoren wird auf eine Metalloberfläche (Anode) eine dünne, halbleitende Oxidschicht als Dielektrikum aufgebracht. Die Kathode wird durch

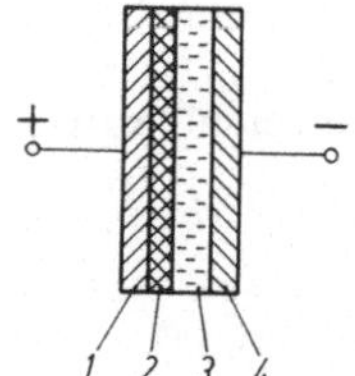

Bild 2.9-1. Schematischer Aufbau eines Elektrolyt-Kondensators. *1* Anode (Metall), *2* Dielektrikum, *3* Elektrolyt, *4* gut leitender Stoff zur Kontaktierung

einen möglichst gut leitenden Elektrolyten gebildet, der wiederum einen guten Kontakt zu einem gut leitenden Stoff (Metall) besitzt (Bild 2.9-1).

In der Praxis haben sich Aluminium und Tantal als Metalle für Elektrolyt-Kondensatoren durchgesetzt, aber auch mit Niob, Titan oder Zirkon sind Elektrolytkondensatoren herstellbar. Je nach dem Aggregatzustand des verwendeten Elektrolyten unterscheidet man „nasse" und „trockene" Elektrolyt-Kondensatoren.

2.9.1 Eigenschaften von Metalloxiden (Al_2O_3 und Ta_2O_5)

Die Metalloxide der „Ventilmetalle" [111] haben alle die Eigenschaft, in einer Richtung den Strom zu sperren und in der anderen gut leitend zu sein.

Tabelle 2.9-1. Eigenschaften von Metalloxiden

Metalloxid	Al_2O_3	Ta_2O_5	TiO_2	Nb_2O_5	ZrO_2
Permittivitätszahl ε'	7 bis 10	25 bis 27	48	250	12 − 13
Betriebsfeldstärke V/nm	0,5 bis 1	0,5 bis 0,6	−	−	−

In Sperrichtung betrieben, fließt immer noch ein Reststrom. Er entsteht dadurch, daß negativ geladene quasifreie Elektronen und Elektrolytionen (z. B. O^{2-}) im Elektrolyten zur positiv geladenen Anode streben. Während die großen Elektrolytionen die Metalloxidschicht normalerweise nicht durchdringen können und höchstens an Fehlstellen zu deren Behebung beitragen, können die kleineren quasifreien Elektronen beinahe ungehindert zur Anode. Die Konzentration dieser quasifreien Elektronen im Elektrolyten ist allerdings sehr gering, so daß auch der Reststrom klein ist. Bei Falschpolung dagegen ist die Zahl der freien Elektronen im Metall, die in Richtung des Elektrolyten streben, sehr groß. Sie gelangen fast ungehindert durch die Oxidschicht und ermöglichen so einen hohen Strom.

Aufgrund der hohen Betriebsfeldstärke sind sehr kleine Schichtdicken des Dielektrikums möglich. Da auch die Permittivitätszahl groß ist, lassen sich Kondensatoren mit sehr hoher spezifischer Kapazität herstellen.

2.9.2 Nasse Elektrolyt-Kondensatoren

2.9.2.1 Nasse Aluminium-Elektrolyt-Kondensatoren

Der Einsatz dieser Kondensatoren ist angezeigt, wenn Kondensatoren hoher Kapazität benötigt werden und dabei besonders hohe Lebensdauer, kleine dielektrische Verluste und extrem kleines Volumen nicht notwendig sind. Typische

Anwendungen sind Glättung und Siebung in Netzgeräten [112, 113, 114], in Frequenzweichen für Lautsprecher, in Entladeschaltungen (Impulsschweißen, Laser, Blitzgeräte), zur Zeitverzögerung und als Motorkondensatoren [115 bis 120]. Die gebräuchlichsten Aluminium-Elektrolyt-Kondensatoren [121] besitzen eine aufgerauhte (angeätzte) Anodenfolie. Durch dieses Anätzen wird die Oberfläche der hochreinen Aluminiumfolie (Dicke ca. 60 bis 100 µm) durch Bildung von Poren und Kanälen bis zu 100fach vergrößert [122]. Von dieser Ätzung hängt auch der Scheinwiderstand des Kondensators ab [123]. Die notwendige Dicke der Oxidschicht folgt aus Nennspannung/Betriebsfeldstärke (siehe Tabelle 2.9-1). Sie wird in einem elektrolytischen Bad durch anodische Oxidation aufgebracht („Formierung"). Die maximale Formierspannung muß dabei über der späteren Nennspannung des Kondensators liegen. Der Betriebselektrolyt wird in einem saugfähigen Papier (Dicke 30 µm bis 60 µm) zwischen der Oxidschicht und der zweiten nicht formierten Aluminiumfolie gespeichert. Dieses meist mehrlagige Papier dient gleichzeitig als Abstandshalter zwischen Anodenfolie und Kathodenfolie, um Überschläge an Fehlstellen in der Oxidschicht zu verhindern.

Der Elektrolyt muß folgende Forderungen für den gesamten Temperaturbereich der Anwendung möglichst gut erfüllen:

1. hohe Leitfähigkeit,
2. chemische Stabilität,
3. Bereitstellung von Sauerstoffionen (O^{2-}) zur Wiederherstellung der Aluminiumoxidschicht bei wenig „freien" Elektronen,
4. keine elektrolytische Zersetzung,
5. keine Korrosion der Anschlußdrähte, des Wickels und des Gehäuses sowie chemische Verträglichkeit mit der Abdichtung,
6. geringe Viskosität, um gut in die Kanäle und Poren der aufgerauhten Aluminiumfolie eindringen zu können.

Solche Forderungen werden von wässrigen Lösungen schwacher Säuren (Borsäure, Phosphorsäure, Essigsäure, Oxalsäure, Milchsäure, Weinsäure) unter Zusatz von Ammoniumsalzen dieser Säuren zur Erhöhung der Leitfähigkeit und von organischen Alkoholen (Glykol, Glycerin) zur Gefrierpunktserniedrigung teilweise erfüllt. Heute werden jedoch überwiegend „Lösungs-Elektrolyte" verwendet, bei denen Salze in organischen Lösungsmitteln gelöst sind.

Die Elektrolytmenge nimmt während der Lebensdauer des Kondensators durch die notwendige Regeneration der Oxidschicht und durch Diffusion durch die Abdichtung nach außen ab. Für eine längere Lebensdauer ist deshalb eine Elektrolytreserve und damit ein größeres Kondensatorvolumen notwendig. Da die Diffusion durch die Abdichtung stark temperaturabhängig ist, wird die Lebensdauer bei höheren Temperaturen (Umgebungstemperaturen oder Eigenerwärmung bei Wechselspannungen) verkürzt. In der Praxis nimmt man häufig an, daß sich die Lebensdauer halbiert, wenn die Temperatur um 7 K bis 10 K ansteigt.

Die zweite Aluminiumfolie besitzt immer − bedingt durch die Luftoxidation − eine etwa 5 nm dicke Oxidschicht. Dadurch sperrt der Kondensator auch noch bei

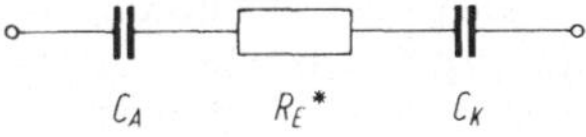

Bild 2.9-2. Ersatzschaltbild eines nassen Aluminium-Elektrolyt-Kondensators zur Berechnung der Kapazität C_g

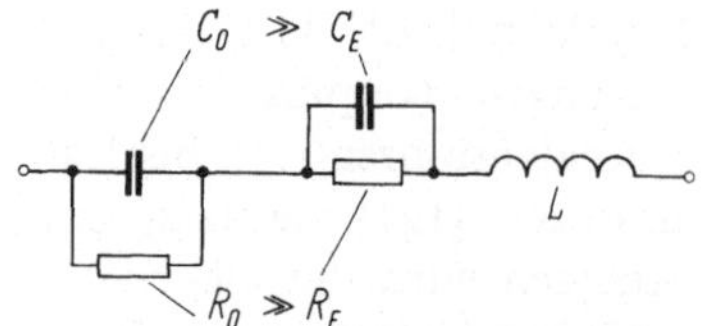

Bild 2.9-3. Ersatzschaltbild eines nassen Aluminium-Elektrolyt-Kondensators. C_0 Kapazität der Oxidschichten, C_E Kapazität des Elektrolyten, R_0 Widerstand der Oxidschicht, R_E ohmscher Widerstand des Elektrolyten und der Zuleitungen, L Induktivitäten der Zuleitungen und des Wickels

geringen Falschpolungen ($-U \le 2\,\mathrm{V}$). Im Ersatzschaltbild sind also immer die Kapazität der Anodenfolie C_A und der Kathodenfolie C_K zu berücksichtigen (Bild 2.9-2). Die Gesamtkapazität C_g ist dann:

$$C_g = \frac{C_A \cdot C_K}{C_A + C_K}\,.$$

Bei bipolaren Elektrolyt-Kondensatoren wird die zweite Aluminiumfolie ebenfalls aufgerauht und formiert. Die Kapazitäten beider Folien sind also ungefähr gleich groß ($C_A \approx C_K$) und die Gesamtkapazität nur noch halb so groß wie die Einzelkapazitäten ($C_g \approx 0{,}5\,C_A \approx 0{,}5\,C_K$). Der Elektrolyt hat aufgrund seiner endlichen Leitfähigkeit einen Widerstand R_E.

Das Frequenzverhalten [124] des Aluminium-Elektrolyt-Kondensators läßt sich durch ein weiteres Ersatzschaltbild gut beschreiben (Bild 2.9-3). Dabei kann man

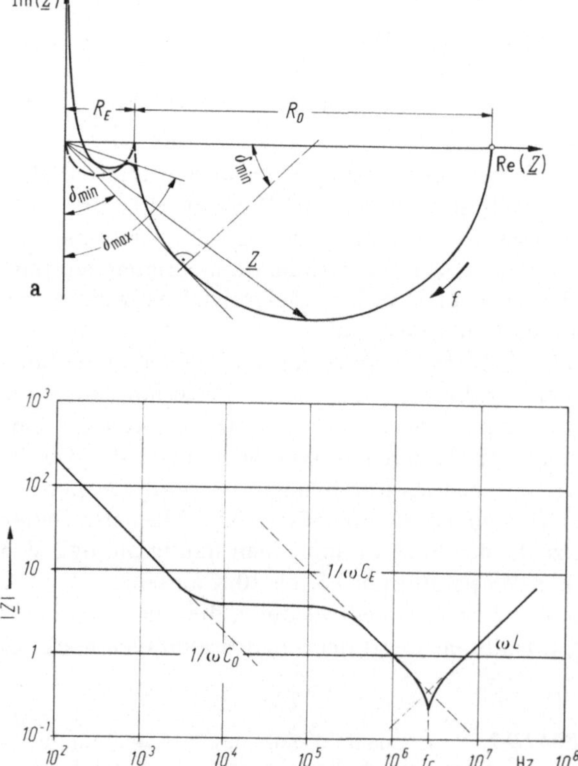

Bild 2.9-4a u. b. Scheinwiderstand eines nassen Aluminium-Elektrolyt-Kondensators. **a** Ortskurvendarstellung; **b** Darstellung in Abhängigkeit von der Frequenz

bei einem gepolten Kondensator mit aufgerauhter Anodenfolie erfahrungsgemäß von $C_0 \approx 100 \cdot C_E$ ausgehen.

Die Ortskurve des Wechselstromwiderstandes zeigt Bild 2.9-4a für eine feste Temperatur. Für tiefe Frequenzen wird der Kreisbogen mit sehr großem Durchmesser durchlaufen. Dabei zeigt der Verlustfaktor ein Minimum, wenn der Zeiger den Kreisbogen tangiert. Dann ist

$$\cos \delta_{\min} = \frac{R_0/2}{R_0/2 + R_E}, \quad \text{bzw.}$$

$$\tan \delta_{\min} = 2\sqrt{\frac{R_E}{R_0}\left(\frac{R_E}{R_0} + 1\right)} \approx 2\sqrt{\frac{R_E}{R_0}}.$$

Der Wert von $\tan \delta_{\min}$ beträgt etwa 0,01 bis 0,1. Die Messung des bei tiefen Frequenzen (unter 500 Hz) beobachteten Minimums $\tan \delta_{\min}$ gibt also Aufschluß über das Verhältnis von R_E zu R_0. Der Scheinwiderstand $\underline{Z}$ ist in diesem Frequenzgebiet noch wesentlich kapazitiv, $(Z \approx 1/\omega C_0)$, nimmt mit wachsender Frequenz ab und erreicht dann bei $\omega = 1/R_E C_0$ einen Wert, der in einem größeren Frequenzbereich $\approx R_E$ ist. Der kleinsten erreichbaren Phase entspricht in diesem Bereich nach Bild 2.9-4b das Maximum des Verlustfaktors

$$\tan \delta_{\max} \approx \frac{1}{2}\sqrt{\frac{C_0}{C_E}} \quad \text{bei} \quad \omega = \frac{1}{R_E\sqrt{C_E C_0}},$$

das mit guter Näherung nur durch das Verhältnis der Elektrolyt- zur Sperrkapazität (wie oben angegeben ist $C_0/C_E \approx 100$) bestimmt wird. Dieser Verlustfaktor beträgt also ≈ 5. Bei höheren Frequenzen macht sich dann der Nebenschluß der Kapazität C_E zu R_E bemerkbar: Als Ortskurve wird der kleine Halbkreis durchlaufen; der Scheinwiderstand beträgt $Z \approx 1/\omega C_E$. Bei weiterer Erhöhung der Frequenz wirkt der induktive Anteil des Scheinwiderstandes zunehmend. Die Resonanzfrequenz f_r ist $1/2\pi\sqrt{L C_E}$ und der Scheinwiderstand in der Resonanz ist

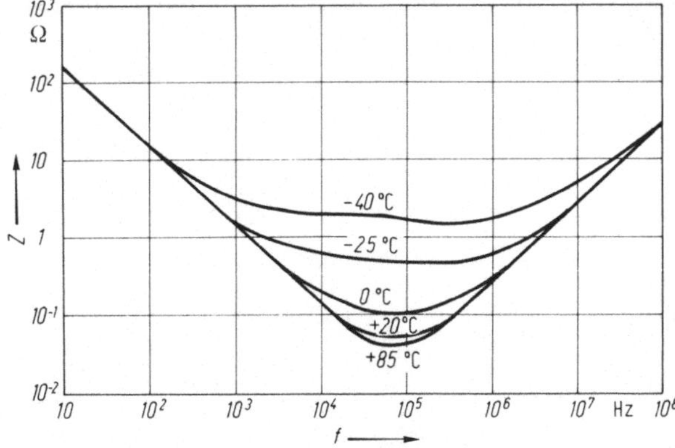

Bild 2.9-5. Typischer Scheinwiderstandsverlauf von nassen Aluminium-Elektrolyt-Kondensatoren für erhöhte Anforderungen (Beispiel 100 µF/63 V), abhängig von Frequenz und Temperatur

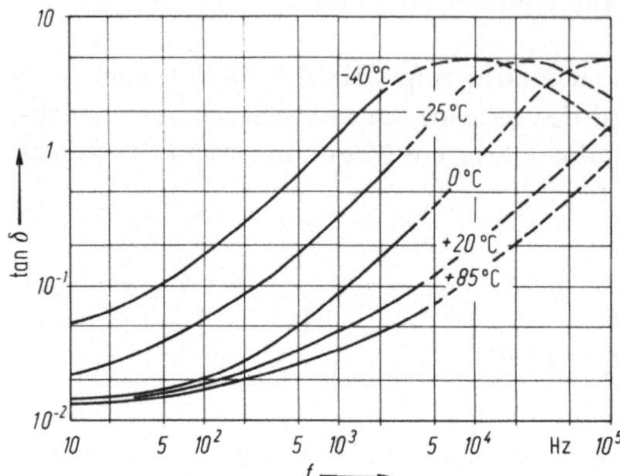

Bild 2.9-6. Typischer Verlauf des Verlustfaktors von nassen Aluminium-Elektrolyt-Kondensatoren für erhöhte Anforderungen (Beispiel 100 µF/63 V), abhängig von Frequenz und Temperatur

$Z(f_r) \leqq \sqrt{L/C_E}$. Darüber steigt der Scheinwiderstand proportional zur Frequenz mit ωL an.

Bei kleinem R_E kann der Fall eintreten, daß der induktive Scheinwiderstand schon in einem Frequenzbereich wirksam wird, wo die Kapazität C_E noch nicht bemerkt wird: Z_{min} hat dann etwa den Wert von R_E. Betrachtet man den typischen Scheinwiderstandsverlauf (Bild 2.9-5) von heute gefertigten Aluminium-Elektrolyt-Kondensatoren mit $U_N \leqq 100$ V, so stellt man fest, daß C_E nur bei tiefen Temperaturen einen merklichen Einfluß hat.

In Bild 2.9-6 ist die typische Abhängigkeit des Verlustfaktors von der Temperatur und der Frequenz angegeben.

In der Praxis wird häufig statt des Verlustfaktors der Ersatzserienwiderstand R_{ESR} angegeben, den man durch eine einfache Umrechnung erhält:

$$R_{ESR} = \frac{\tan \delta}{\omega C} \cdot$$

Bei Kondensatoren für erhöhte Anforderungen mit einer Nennspannung von 63 V oder 100 V ist bei 100 Hz für $C_N \leqq 1000$ µF der Wert $R_{ESR} \cdot C_N \leqq 240$ Ω µF (nach DIN 41 240).

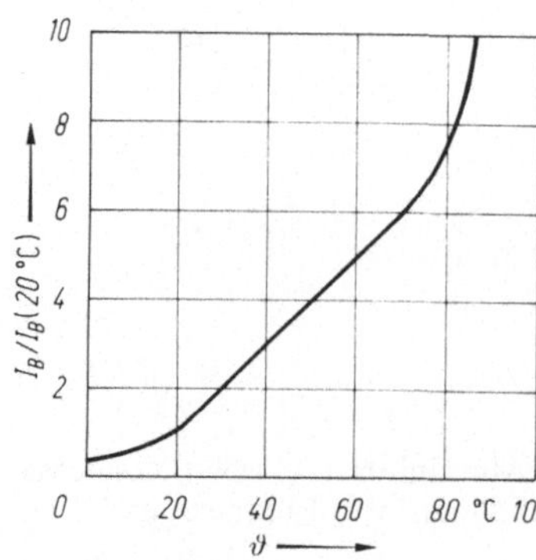

Bild 2.9-7. Abhängigkeit des Betriebsreststroms von nassen Aluminium-Elektrolyt-Kondensatoren von der Kondensatortemperatur

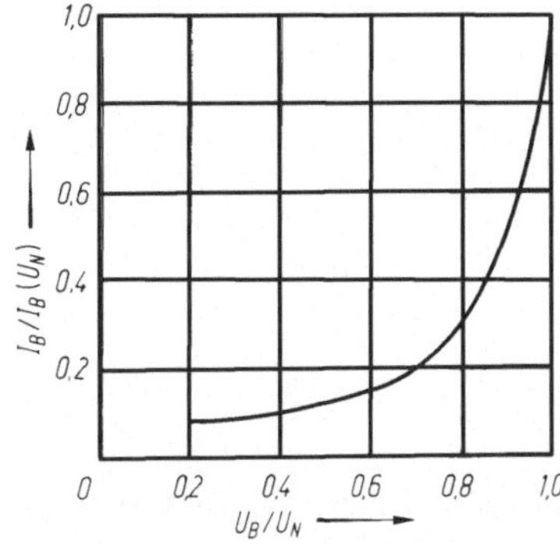

Bild 2.9-8. Abhängigkeit des Betriebsreststroms nasser Aluminium-Elektrolyt-Kondensatoren von der Betriebsspannung

Der Reststrom im Betrieb I_{RB} ist bei Kondensatoren für erhöhte Anforderungen bei 20 °C

$$I_{RB} \leqq 0,005 \ \frac{\mu A}{\mu F \cdot V} \ C_N \ U_N,$$

jedoch mindestens 1 µA.

Bei höheren Temperaturen steigt der Reststrom stark an (Bild 2.9-7). Durch Reduzierung der Betriebsspannung kann er abgesenkt werden (Bild 2.9-8).

Da der Betriebsreststrom oft erst nach längerer Zeit ($\geqq$ 30 min) erreicht wird, wurde für Prüfungen der Abnahmereststrom nach 5 min festgelegt, der etwa doppelt so groß wie der Betriebsreststrom sein darf.

Nach sehr langer Lagerung der Kondensatoren (z. B. 2 Jahre) müssen Fehler in der Oxidschicht beim Anlegen einer Spannung zuerst behoben werden; es kann anfangs ein bis zu 100 mal größerer Reststrom fließen. Gepolte Aluminium-Elektrolyt-Kondensatoren werden für Nennspannungen zwischen 6,3 V und 100 V („Niedervolt") bis zu 450 V („Hochvolt") hergestellt. Die Kapazitätswerte liegen dabei zwischen 0,47 µF und 220 000 µF. Ungepolte Aluminium-Elektrolyt-Kondensatoren werden fast nicht mehr hergestellt. In der Praxis ersetzt man sie durch serielles Gegeneinanderschalten von 2 gepolten Kondensatoren der doppelten Nennkapazität. Der Temperaturbereich ist normalerweise $-$ 40 °C bis $+$ 85 °C. Durch Entwicklung neuer Elektrolyte sind auch Kondensatoren herstellbar, die bis 125 °C eingesetzt werden können [125].

Wird ein Elektrolyt-Kondensator z. B. für die Bestimmung von Zeitkonstanten $-$ d. h. langsamen Vorgängen $-$ benutzt, so wird seine Gleichspannungskapazität C_G wirksam. Diese Kapazität C_G ist um 10% bis 30% größer als die bei 50 Hz gemessene Wechselspannungskapazität C_W [126, 127].

Beim Betrieb mit Wechselstrom treten größere Verlustleistungen ($P_v = R_{ESR} I_{eff}^2$) auf, die das Kondensatorgehäuse gegenüber der Umgebung um die Temperatur ΔT erwärmen. Demgegenüber steht die Wärmeabgabe des Kondensators an die Umgebung, die von der Kondensatoroberfläche A abhängig ist. Nach einiger Zeit stellt sich ein Gleichgewicht ein.

$$\Delta T = \frac{P_v}{A \beta} \, .$$

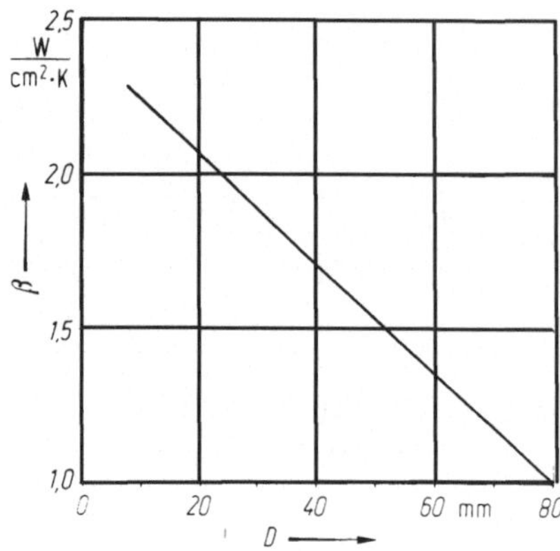

Bild 2.9-9. Wärmeübergangszahl β in Abhängigkeit vom Becherdurchmesser von Aluminium-Elektrolyt-Kondensatoren (naß)

Dabei ist β die mittlere Wärmeübergangszahl aus Wärmeleitung, Wärmekonvektion und Wärmestrahlung. Grobe Werte für die Wärmeübergangszahl können z. B. DIN 41240 entnommen werden (Bild 2.9-9), wobei allerdings die Länge des Kondensators unberücksichtigt bleibt. Genauere Berechnungen sind in der Literatur [129 bis 131] angegeben.

Tabelle 2.9-2. Typische Werte von nassen, polaren Tantal-Elektrolyt-Kondensatoren

Bauart	Tantal-Folie (rauh oder glatt)	Tantal-Sinterperle mit Ag-Gehäuse	Tantal-Sinterperle mit Ta-Gehäuse
Grenztemperaturen	−55 °C bis 85 °C oder 125 °C	−55 °C bis 85 °C oder 125 °C oder 175 °C	−55 °C bis 85 °C oder 125 °C
Nennspannungen und Kapazitätsbereiche	3 V: 10 µF bis 1300 µF 300 V: 0,25 µF bis 30 µF	6 V: 30 µF bis 1200 µF 125 V: 1 µF bis 56 µF	6 V: 140 µF bis 1200 µF 125 V: 9 µF bis 56 µF
Spannungsderating bei 125 °C	$0,65\,U_N$	$0,7\,U_N$	$0,7\,U_N$
Maximaler Reststrom bei 25 °C	$0,02\,C_N \cdot U_N \cdot \dfrac{\mu A}{\mu F \cdot V}$	$0,0005\,C_N\,U_N\,\dfrac{\mu A}{\mu F \cdot V}$ oder 1 µA	$0,0005\,C_N\,U_N\,\dfrac{\mu A}{\mu F \cdot V}$ oder 1 µA
$I_R(125\,°C)/I_R(25\,°C)$	30	8 bis 12	8 bis 12
Falschpolung	max. −3 V	nicht erlaubt (Ag-Migration)	max. −3 V
Z_r und $f_r(25\,°C)$	1 µF: 0,7 Ω bei 700 kHz 2000 µF: 0,05 Ω bei 20 kHz	0,1 bis 0,5 Ω bei 1 MHz	0,2 bis 0,3 Ω bei 0,1 MHz bis 1 MHz
Maximaler Wechselstrom bei 120 Hz für 10 K Temperaturanstieg	−	50 mA bis 400 mA	bis 750 mA
$\Delta C_{1kHz}/C_{120Hz}(25\,°C)$	− 3 % bis − 15 %	− 2 % bis − 30 %	− 2 % bis − 40 %
$\Delta C(125\,°C)/C(25\,°C)$	+ 3 % bis + 20 %	+ 6 % bis + 25 %	+ 2 % bis + 15 %
$\Delta C(-55\,°C)/C(25\,°C)$	− 5 % bis − 20 %	− 14 % bis − 80 %	− 2 % bis − 60 %

2.9.2.2 Nasse Tantal-Elektrolyt-Kondensatoren

Es gibt zwei verschiedene Konstruktionen für nasse Tantal-Kondensatoren [132 bis 139]:

1. Folien-Kondensator

Dieser Typ ist analog wie ein nasser Aluminium-Kondensator aufgebaut: Tantalfolie (0,5 bis 1 mm dick, teilweise auch geätzt zur Oberflächenvergrößerung) mit Oxidschicht, Papier mit Elektrolyt und „Kathoden"-Tantalfolie.

2. Sinterperlen-Kondensator

Aus Tantalpulver wird mit einem organischen Bindemittel eine Tantalperle hergestellt, die im Vakuum bis zum Sintern bei 1600 °C bis 2000 °C erhitzt wird. Danach wird die Oberfläche der gesinterten Perle elektrolytisch oxidiert. Als Elektrolyt wird z. B Schwefelsäure − teilweise in pastösem Zustand − verwendet. Die Kondensatoren werden in Metallbecher aus Silber, die innen mit Platinmohr ausgekleidet sind, oder aus Tantal hermetisch dicht (d. h. mit Glasdurchführungen) oder mit Kunststoffdichtungen eingebaut. Einige typische Werte für nasse Tantal-Kondensatoren sind in Tabelle 2.9-2 angegeben.

2.9.3 Trockene Elektrolyt-Kondensatoren

2.9.3.1 Trockene Tantal-Elektrolyt-Kondensatoren

Diese Art des Tantal-Kondensators wird am häufigsten verwendet. Er wird gegenüber dem nassen Aluminium-Elektrolyt-Kondensator vor allem in professionellen Geräten bevorzugt, wenn hohe Kapazitätswerte mit größerer Zuverlässigkeit und Lebensdauer auch bei höheren Betriebstemperaturen und kleinem Volumen benötigt werden. Er wird eingesetzt beim Abblocken und Entkoppeln, beim Glätten (z. B. IC-Stromversorgung) und beim Aufbau von Zeitgliedern.

Bei der Herstellung wird zunächst aus speziellem Tantalpulver unter Verwendung von Bindemitteln eine Tantalperle um einen eingelegten Tantaldraht gepreßt. Dann wird im Vakuum (ca. 10^{-4} mbar) bei Temperaturen zwischen 1400 °C und 2000 °C ca. 20 bis 30 min lang gesintert [140]. Bei zu hoher Temperatur ist das Sintern zu stark und die wirksame Oberfläche wird verringert. Bei zu schwachem Sintern dagegen läßt sich der Kondensator nicht mehr mit einer genügend hohen Spannung formieren.

Die Formierung erfolgt in einem phosphorsäurehaltigen Elektrolyten. Dabei muß der Strom begrenzt werden, um die Kristallisation des Tantaloxids Ta_2O_5 zu verhindern. Die Oxidschichtdicke d wird durch die Formierspannung U_F bestimmt: $d \approx 2$ nm $\cdot (U_F/V)$.

Um die formierte Sinterperle mit dem Elektrolyten Mangandioxid (MnO_2) zu umgeben, wird sie mehrfach in eine wäßrige Mangannitratlösung getaucht und auf 250 °C bis 400 °C erhitzt. Dabei zersetzt sich das Mangannitrat:

$$Mn(NO_3)_2 \rightarrow MnO_2 + 2\,NO_2 \uparrow .$$

Zur Kontaktierung der Perle wird anschließend Kohlepulver aufgebracht, das mit einem Metall (z. B. Silber oder Zinn) überzogen wird. Diese Metallschicht dient entweder zum Einlöten in einen Becher oder zum Anlöten eines Anschlußdrahtes.

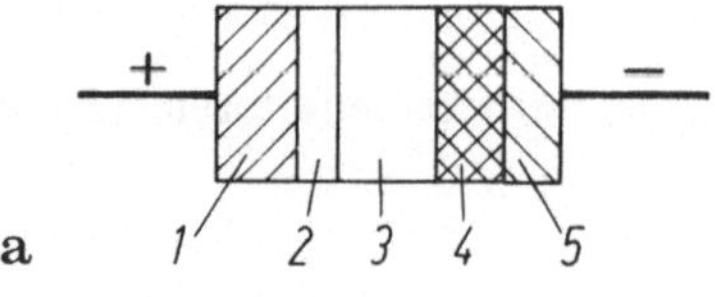

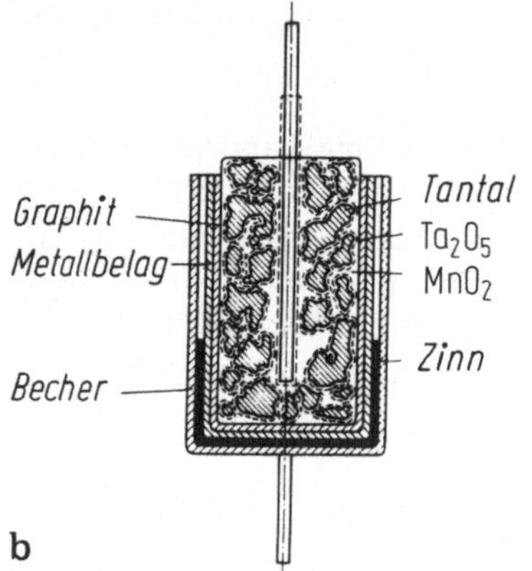

Bild 2.9-10a u. b. Trockener Tantal-Elektrolyt-Kondensator. (Nach [143].) **a** prinzipieller Aufbau, *1* Tantal, *2* Tantalpentoxid (Dielektrikum), *3* Mangandioxid, *4* Graphit, *5* Spritzmetall; **b** Schnitt durch einen trockenen Tantal-Kondensator im Metallbecher

Der Aufbau eines trockenen Tantal-Elektrolyt-Kondensators ist in Bild 2.9-10 dargestellt [141, 142, 143, 150].

Die Kapazitätswerte reichen von 0,22 µF bis 1000 µF bei 6 V und bis zu einem Bereich zwischen 0,0047 µF bis 33 µF bei 50 V Nennspannung. Darüber sind auch noch Kondensatoren mit bis zu 125 V Nennspannung (0,0047 µF bis 2,2 µF) erhältlich. Die Grenztemperaturen sind $-55\,°C$ und bei geeigneter Umhüllung $+125\,°C$. Dabei muß die maximale Spannung zwischen $+85\,°C$ und $+125\,°C$ linear bis auf $0,7\,U_N$ reduziert werden [144 bis 148].

Die Nennkapazität ist immer bezogen auf eine Messung von C_W mit Wechselspannung von 50 Hz oder 120 Hz. Die für die gespeicherte Ladung maßgebende

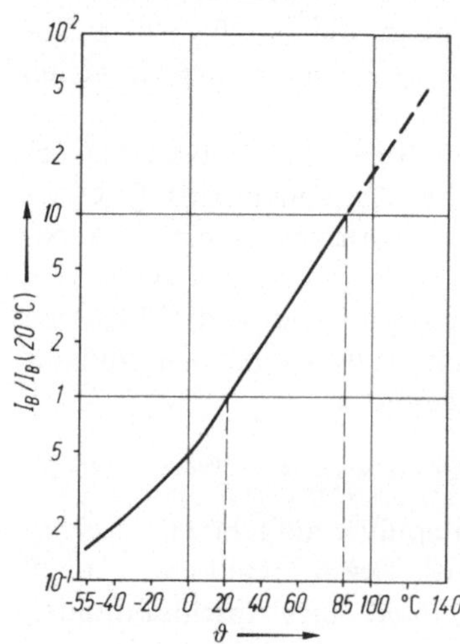

Bild 2.9-11. Abhängigkeit des Reststroms trockener Tantal-Kondensatoren von der Betriebstemperatur

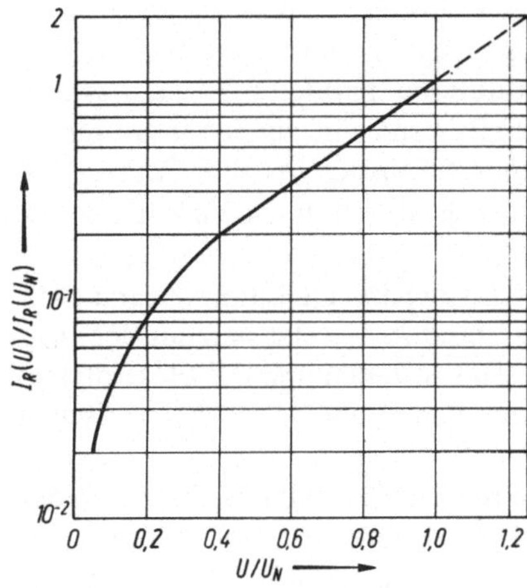

Bild 2.9-12. Abhängigkeit des Reststroms trockener Tantal-Kondensatoren von der Betriebsspannung

Gleichspannungskapazität beträgt (bei 20 °C) $C_G = (1,0$ bis $1,3) C_W$. Der Umrechnungsfaktor ist temperatur- und spannungsabhängig [149]. Bei 1 kHz ist die Kapazitätsänderung -2% bis -7%, bei 5 kHz -6% bis -25%, bezogen auf eine Messung bei 120 Hz. Die Temperaturabhängigkeit, bezogen auf 25 °C, ist für einen Elektrolyt-Kondensator gering (bei -55 °C -2% bis -12%; bei $+85$ °C $+4\%$ bis $+10\%$; bei 125 °C $+7\%$ bis $+15\%$). Die maximal mögliche Umkehrspannung bei Dauerbetrieb beträgt bei 20 °C $0,15 \cdot U_N$, bei 85 °C $0,05 \, U_N$, bei 100 °C $0,03 \, U_N$, jedoch maximal 1 V. Der maximale Reststrom nach 5 min bei 20 °C ist $0,01 \; \mu A/(\mu F \cdot V) \; C_N \, U_N$, jedoch mindestens 1 µA. Er ist stark temperatur- und spannungsabhängig (Bild 2.9-11 und 2.9-12) [143].

Der Reststrom dient auch dazu, die Tantaloxidschicht zu regenerieren. Wird an einer Fehlstelle der Tantaloxidschicht (z. B. durch eine Verunreinigung des Tantals) ein starker Strom durch die Kristallisation der Sperrschicht [151] ermöglicht, so tritt lokal eine starke Erhitzung auf. Dadurch wird Mangandioxid MnO_2 reduziert zu Mn_2O_3 oder MnO. Diese reduzierten Manganoxide haben einen größeren spezifischen Widerstand als MnO_2, der Strom wird wieder geringer und

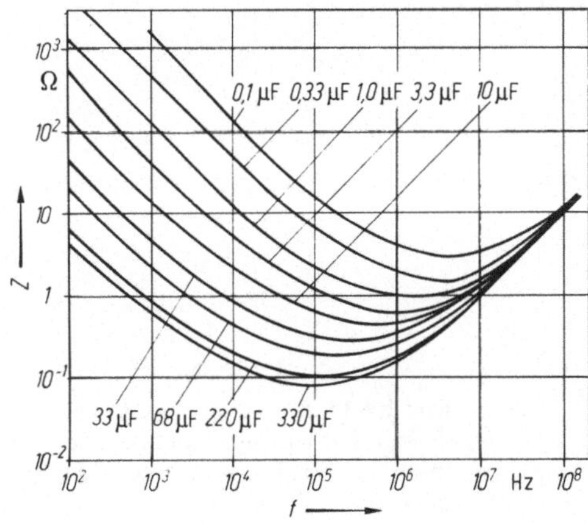

Bild 2.9-13. Abhängigkeit des Scheinwiderstands trockener Tantal-Kondensatoren bei 20 °C von der Frequenz und der Kapazität

die Fehlstelle „heilt aus". Die Wanderung von Fehlstellen durch das Tantal ist temperaturabhängig. Daher ist auch die Lebensdauer des Kondensators bei höheren Temperaturen kürzer. Die Manganoxide sind halbleitend und besitzen einen negativen Temperaturkoeffizienten. Deshalb kann ein zu hoher Strom an solchen Fehlstellen auch zu einem raschen Temperaturanstieg bis zum Totalausfall des Kondensators führen, wenn der Strom nicht, z. B. durch einen Vorwiderstand, begrenzt wird.

Der typische Scheinwiderstand von Tantal-Elektrolyt-Kondensatoren kann Bild 2.9-13 entnommen werden. Der Ersatzserienwiderstand R_{ESR} setzt sich aus dem frequenzunabhängigen Anteil der Drähte, der internen Lötstellen und des Elektrolyten, sowie dem umgekehrt zur Frequenz proportionalen Anteil der dielektrischen Verluste zusammen, siehe Bild 2.9-14 [152].

Die Angabe des Verlustfaktors oder des Ersatzserienwiderstandes sind einander wegen $\tan \delta = \omega\, C\, R_{ESR}$ äquivalent. Normalerweise wird in den Normen der Verlustfaktor bei tiefen Frequenzen (z. B. 120 Hz, vgl. Tabelle 2.9-3) und der Scheinwiderstand bei 10 kHz, 100 kHz oder 1 MHz (sinnvoll ist eine Messung in der Nähe der Resonanzfrequenz) angegeben. Da der temperaturabhängige Widerstand des Elektrolyten MnO_2 den Ersatzserienwiderstand mitbestimmt, ist auch der Scheinwiderstand bei der Resonanzfrequenz ($Z_{res} = R_{ESR}$) abhängig von der Temperatur (Bild 2.9-15).

Tabelle 2.9-3. Maximale Verlustfaktoren von trockenen Tantal-Kondensatoren bei 120 Hz in Abhängigkeit von der Kapazität

$C_N/\mu F$	≤ 1	$> 1{,}0 \ldots 5{,}6$	$> 5{,}6 \ldots 100$	$> 100 \ldots 470$	> 470
$\tan \delta_{max}$	0,02	0,04	0,06	0,08	0,10

Bei Belastung des Kondensators mit Wechselspannung darf der Lade- und Entladestrom nicht größer sein als 300 mA sein. Daraus kann die maximale Wechselspannung mit

$$U_{eff} \leq \frac{1}{\sqrt{2}}\, Z \cdot I_{max}$$

bzw. bei Frequenzen unterhalb der Resonanzfrequenz mit

$$U_{eff} \leq \frac{1}{\sqrt{2}}\, \frac{I_{max}}{2\pi f C}$$

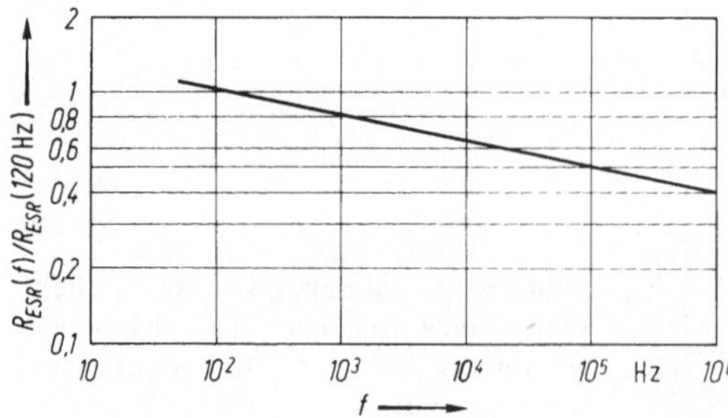

Bild 2.9-14. Relativer Ersatzserienwiderstand trockener Tantal-Kondensatoren in Abhängigkeit von der Frequenz

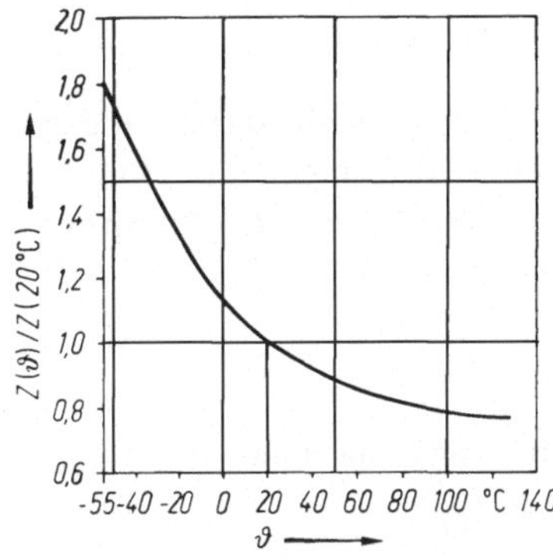

Bild 2.9-15. Abhängigkeit des relativen Scheinwiderstandes trockener Tantal-Kondensatoren von der Temperatur bei 100 kHz für $C_N \geqq 50\ \mu F$

hergeleitet werden. Zusätzlich darf zu keinem Zeitpunkt die zulässige Umpolspannung überschritten werden. Ferner ist bei sehr tiefen Frequenzen die Spannung auf

$$U_{eff} \leqq \frac{1}{\sqrt{2}} \cdot \frac{U_N}{2}$$

beschränkt. In Bild 2.9-16 ist ein Beispiel für die maximale Spannung bei 20 °C angegeben. Bei höheren Temperaturen muß die Spannung nochmals reduziert werden auf 0,5 U_{eff} bei 85 °C und 0,3 U_{eff} bei 125 °C.

2.9.3.2 Trockene Aluminium-Elektrolyt-Kondensatoren

Da Tantal ein sehr teueres Metall ist, andererseits aber die nassen Aluminium-Elektrolyt-Kondensatoren nur eine begrenzte Lebensdauer haben, wurde versucht, trockene Aluminium-Elektrolyt-Kondensatoren herzustellen [153, 154]. Dabei wird ein Aluminiumfolienstreifen geätzt, formiert, mit MnO_2 kontaktiert und in einen Metallbecher eingebaut. Die so herstellbaren Kapazitätswerte liegen bei 6,3 V Nennspannung zwischen 22 µF und 330 µF, bei 40 V zwischen 2,2 µF und 47 µF. Der Verlustfaktor ist bei 120 Hz etwa 0,12 bis 0,18. Der Reststrom beträgt

$$0,05\ \mu A \cdot \frac{C_N}{\mu F} \cdot \frac{U_N}{V}.$$ Der Ersatzwiderstand ist ca. 0,4 Ω. Die Kondensatoren vertragen eine Umkehrspannung bis zu 0,3 U_N.

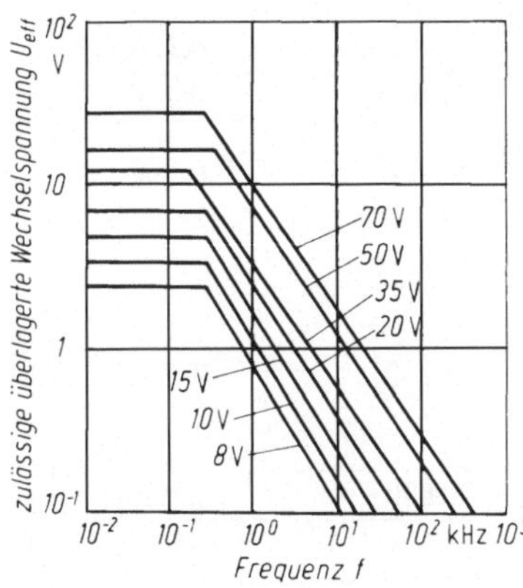

Bild 2.9-16. Zulässige effektive Wechselspannung in Abhängigkeit von Frequenz und Nennspannung trockener Tantal-Kondensatoren im zylindrischen Metallgehäuse (Durchmesser 4,8 mm, Länge 12,0 mm). (Nach [148])

2.10 Prüfungen an Kondensatoren und Zuverlässigkeit

Auch bei Kondensatoren werden die in Abschnitt 1.13.2 für Widerstände angegebenen Umweltprüfungen durchgeführt. Die elektrischen Prüfungen und Messungen sind jedoch speziell auf die Eigenschaften von Kondensatoren abgestimmt.
Wichtige Normen für die Prüfung von Kondensatoren sind in Tabelle 2.10-1
angegeben.

Tabelle 2.10-1. Wichtige DIN-, CECC- und IEC-Grundnormen für Kondensatoren

Kondensatorart	DIN	CECC	IEC
Festkondensatoren-Fachgrundspezifikation	45 910	30 000	384-1
KS	– 41 380 Teil 3	30 900 (Entwurf)	–
KP	– 41 380 Teil 4	– –	384-13 –
KT	– 41 380 Teil 1	30 100 –	384-11 –
KC	41 380 Teil 2	–	384-12
MKP	–	Entwurf	Entwurf
MKT	45 910 Teil 11X 41 110 Teil 1	30 400 –	384-2 –
MKC	45 910 Teil 13X 41 110 Teil 2	30 500 –	384-6 –
Keramik-Kondensatoren der Klasse 1	45 910 Teil 16X	30 600	384-8
bei Berührungsschutz-Kondensatoren	45 910 Teil 20X	Entwurf	–
Keramik-Kondensatoren der Klasse 2	45 910 Teil 17X	30 700	384-9
bei Berührungsschutz-Kondensatoren	45 910 Teil 21X	Entwurf	–
Keramik-Kondensatoren der Klasse 3 (Sperrschicht)	45 910 Teil 18X	31 100	–
Keramik-Chip-Kondensatoren (Vielschicht)	–	–	384-10
Glimmer-Kondensatoren	–	Entwurf	384-5
Aluminium-Elektrolyt-Kondensatoren	45 910 Teil 12X 41 230 41 240 41 250 41 332	30 000	384-4
Tantal-Elektrolyt-Kondensatoren	45 910 Teil 14X 44 350 (trocken) 44 360 (naß)	30 200	384-15
Tantal-Chip	45 910 Teil 15X	30 800	Entwurf
Variable Kondensatoren	–	–	418, Teil 1–4

2.10.1 Elektrische Messungen und Prüfungen

Einige häufig vorkommende Messungen und Prüfungen, die in den IEC/CECC-Normen enthalten sind, werden in diesem Abschnitt angegeben. Der Tabelle 2.10-2 kann entnommen werden, welche Meßgenauigkeit die für die Prüfungen verwendeten Geräte normalerweise besitzen sollten.

Tabelle 2.10-2. Typische Meßunsicherheit von Meßgeräten für die Untersuchung von Kondensatoren

Meßgröße	Meßunsicherheit
Kapazität (50 Hz bis 1 MHz)	$\pm\,0{,}01\,\%$ für Präzisionsmessungen
Verlustfaktor (50 Hz bis 1 MHz)	$\pm\,10\,\%$
Isolationswiderstand	je nach Meßspannung; $\pm\,50\,\%$
Reststrom	$\pm\,5\,\%$, minimal $\pm\,0{,}1\,\mu A$
Scheinwiderstand	$\pm\,10\,\%$

2.10.1.1 Messung der Kapazität

Die Kapazität eines Kondensators wird meistens bei den in Tabelle 2.10-3 angegebenen Frequenzen gemessen. Dabei darf die Meßspannung 5 V bzw. 0,03 U_N nicht überschreiten. Bei Kondensatoren mit stark spannungsabhängiger Kapazität (z. B. Keramik-Kondensatoren der Klassen 2 und 3) muß die Meßspannung jedoch genau festgelegt werden.

Tabelle 2.10-3. Frequenzen zur Messung von Kondensatoren

Meßfrequenz	Kapazitätsbereich	Kondensatorart
100 Hz/120 Hz		Elektrolyt-Kondensator
50 Hz (60 Hz)/100 Hz (120 Hz)	$C_N > 10\,\mu F$	alle Nicht-Elektrolyt-Kondensatoren
1 kHz (oder 10 kHz)	$1\,nF < C_N \leqq 10\,\mu F$	
1 MHz (oder 100 kHz)	$C_N \leqq 1\,nF$	

2.10.1.2 Verlustfaktor

Der Verlustfaktor wird nach IEC 384-1 unter den gleichen Bedingungen wie die Kapazität gemessen. Durch diese Festlegung wird der Verlustfaktor für alle Kondensatoren zwischen 1 nF und 10 µF häufig nur bei 1 kHz gemessen. Bei Kunststoffolien-Kondensatoren läßt aber oft nur eine Messung bei 100 kHz oder 1 MHz eine Aussage über die Güte der Kontaktierung zwischen Anschlußdraht und Belag zu. Bei Keramik-Kondensatoren werden die dielektrischen Verluste bei höheren Frequenzen, wie sie in der Anwendung meist vorkommen, ebenfalls durch Messungen bei 1 kHz noch nicht erfaßt.

2.10.1.3 Isolationswiderstand

Der Isolationswiderstand wird normalerweise 1 min nach Anlegen der Meßspannung (vgl. Tabelle 2.10-4) bestimmt. Es wird unterschieden zwischen dem Isolationswiderstand zwischen den Anschlüssen (Belag gegen Belag) und dem Isolationswiderstand der Isolierumhüllung.

Tabelle 2.10-4. Meßspannung U für den Isolationswiderstand (Belag gegen Belag) in Abhängigkeit von der Nennspannung U_N

Nennspannung U_N	Meßspannung U
< 10 V	$U_N \pm 10\%$
10 V bis < 100 V	10 V $\pm$ 1 V
$\geqq$ 100 V bis < 500 V	100 V $\pm$ 15 V
$\geqq$ 500 V	500 V $\pm$ 50 V

2.10.1.4 Reststrom

Der Reststrom wird 5 min nach dem Anlegen der Nennspannung an den Kondensator gemessen. In der Praxis wird jedoch schon nach 2 bis 3 s (in der Fertigungs-Endprüfung) oder nach 30 s (bei Dauerversuchen) gemessen und auf den Grenzwert nach 5 min extrapoliert.

2.10.1.5 Scheinwiderstand

IEC 384-1 gibt noch keine Meßschaltung für den Scheinwiderstand an. Für Elektrolyt-Kondensatoren bringt DIN 41 328 Teil 2, ein Meßverfahren. Messungen bei höheren Frequenzen sind in der Literatur [156] beschrieben.

2.10.1.6 Induktivität (nach IEC 384-5)

Zur Überprüfung, ob ein Kondensator eine vorgegebene maximale Induktivität L_m nicht überschreitet, wird am Meßsender die Frequenz

$$f_0 \leqq \frac{1}{2\pi\sqrt{L_m C}}$$

eingestellt (Meßschaltung s. Bild 2.10-1). Wird die Frequenz erhöht, so erhält man für f_{res} einen minimalen Ausschlag am Empfänger. Die Messung von L erfolgt bei $1{,}5 f_{res}$, da bei dieser Frequenz der Scheinwiderstand hauptsächlich induktiv ist.

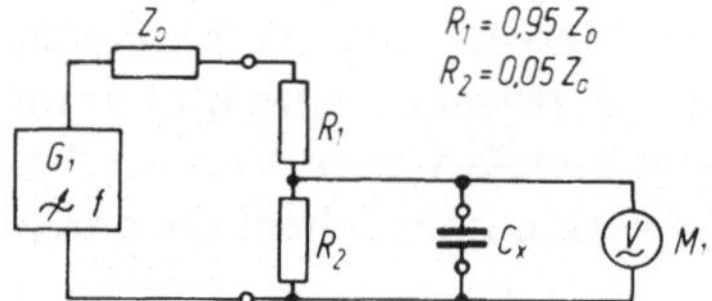

Bild 2.10-1. Schaltungsaufbau zur Messung der Induktivität von Kondensatoren nach IEC 384-5. G_1 Sender mit der Ausgangsimpedanz Z_0, M_1 Empfänger, R_1 = 0,95 Z_0, R_2 = 0,05 Z_0, C_X zu messender Kondensator

2.10.1.7 Temperaturabhängigkeit der Kapazität

Die Kapazität wird bei 20 °C (C_1), bei der unteren Grenztemperatur (C_2), bei $\vartheta_0 = 20$ °C (C_0), bei der oberen Grenztemperatur (C_3) und wieder bei 20 °C (C_4) gemessen. Messungen bei Zwischentemperaturen werden zwischen der Messung von C_2 und von C_3 durchgeführt. Daraus berechnet man die Temperaturcharakteristik:

$$\frac{\Delta C_i}{C_0} = \frac{C_i - C_0}{C_0}, \quad i = 1, 2, 3, 4.$$

Bei nahezu linearer Temperaturabhängigkeit der Kapazität wird ein Temperaturkoeffizient α angegeben.

$$\alpha = \frac{C_i - C_0}{C_0(\vartheta_i - \vartheta_0)}.$$

Die zyklische Drift δ ist definiert als der größte Wert von δ_{01}, δ_{40} oder δ_{41}

$$\delta_{01} = \frac{C_0 - C_1}{C_0},$$

$$\delta_{40} = \frac{C_4 - C_0}{C_0},$$

$$\delta_{41} = \frac{C_4 - C_1}{C_0}.$$

Alternativ können diese Werte „dynamisch" − das heißt während einer langsam durchlaufenden Temperaturschleife − gemessen werden.

2.10.1.8 Spannungsprüfung

Der Kondensator wird über einen Vorwiderstand auf die Prüfspannung aufgeladen und nach der Prüfzeit (z. B. 2 s oder 60 s) über einen zweiten Widerstand wieder entladen. Um ausreichend Energie im Falle eines Durchschlags am Kondensator zur Verfügung zu haben, wird häufig ein zweiter Kondensator mit mindestens der zehnfachen Kapazität des Prüflings parallel zu diesem geschaltet. Auf die gleiche Weise wird die Spannungsfestigkeit der Umhüllung geprüft (vgl. Abschnitt 1.13.1.3).

2.10.1.9 Feuchte-Wärme-Prüfung

Für Kondensatoren ist eine Lagerung bei 40 °C und 92% relativer Feuchte vorgegeben (IEC 68-2-3 Test Ca). Dabei kann Spannung an den Prüfling angelegt werden. Prüfdauer bis zu 56 Tagen. Gemessen wird die Änderung von R_{isol}, C, $\tan \delta$, I_K und Z während der Lagerung.

2.10.1.10 Dauerspannungsprüfung

Die Dauerspannungsprüfung erfolgt meistens unter den in Tabelle 2.10-5 angegebenen, gegenüber den normalerweise zugelassenen Belastungen verschärften Prüfbedingungen.

Tabelle 2.10-5. Belastung von Kondensatoren in der Dauerspannungsprüfung

Kondensatorart	Temperatur	Spannung	Bemerkungen
Belagfolien-Kondensator (KS, KP, KT, KC)	ϑ_{max}	$1{,}5\ U_{grenz}$	
Metallisierte Folien-Kondensatoren (MKP, MKT, MKC)	ϑ_{max}	$1{,}5\ U_{grenz}$ $2\ V$	mit Vorwiderstand
Keramik-Kondensatoren der Klasse 1 und 2	ϑ_{max}	$1{,}5\ U_N$	
Glimmer-Kondensatoren	ϑ_{max}	$1{,}5\ U_N$	
Aluminium-Elektrolyt-Kondensatoren (naß)	ϑ_{max}	U_N	
Tantal-Elektrolyt-Kondensatoren (trocken)	85 °C 125 °C	U_N $0{,}7\ U_N$	wenn Anwendungsklasse bis 125 °C geht

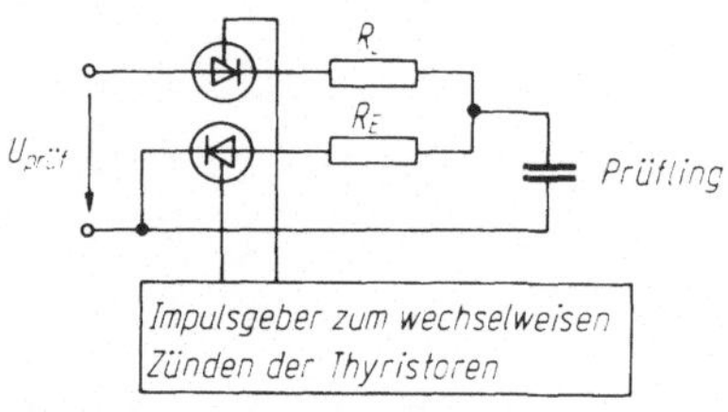

Bild 2.10-2. Prüfschaltung für die Lade- und Entladeprüfung und Spitzenspannungsprüfung nach IEC 384-1

2.10.1.11 Lade- und Entladeprüfung und Spitzenspannungsprüfung

Der Kondensator wird über definierte Widerstände zur Strombegrenzung z. B. 10000 mal geladen und wieder entladen. Eine Prüfschaltung ist in Bild 2.10-2 und der zeitliche Verlauf der Spannung am Kondensator in Bild 2.10-3 angegeben. Die in den jeweiligen Spezifikationen angegebenen Lade- und Entladezeitkonstanten (τ_L und τ_E) bestimmen den Wert des Lade- und Entladewiderstands (R_L und R_E).

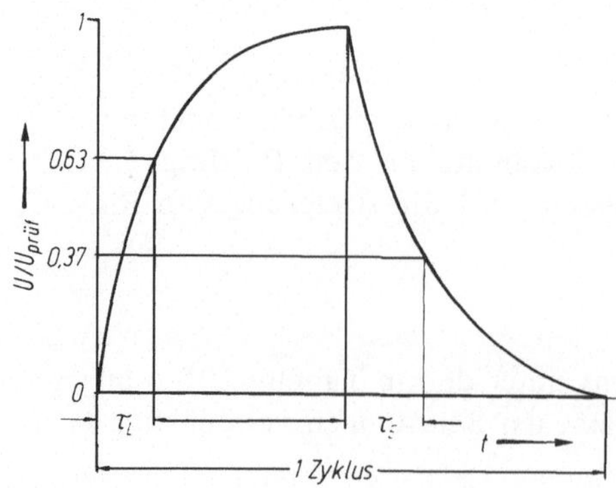

Bild 2.10-3. Zeitlicher Verlauf der Spannung am Kondensator bei der Lade- und Entladeprüfung ($U_{Prüf} = U_N$) und Spitzenspannungsprüfung ($U_{Prüf} > U_N$)

2.10.2 Zuverlässigkeit und typisches Ausfallverhalten

Es ist sehr schwierig, allgemeine Angaben über die Zuverlässigkeit einer Kondensatorart zu machen. Aus der Anzahl n der Ausfälle bei N eingesetzten Bauelementen während einer bestimmten Betriebsdauer t ergibt sich die Ausfallrate $\lambda = n/(N\,t)$ (s. Anhang A.1).

Sie ist abhängig von den Umwelteinflüssen (z. B. Temperatur und Feuchte), der elektrischen Belastungsart (U/U_N, Wechselströme und -spannungen), den mechanischen Beanspruchungen, dem Aufbau und der sorgfältigen Fertigung (d. h. vom Hersteller). Der Entwickler kann seinerseits für seinen Einsatzfall die Zuverlässigkeit steigern, indem er genügend große Änderungen der elektrischen Werte bei der Schaltungsauslegung berücksichtigt und den Kondensator nicht an seinen Belastungsgrenzen betreibt. In Tabelle 2.10-6 sind typische Ausfallverhalten und kritische Belastungsarten für die wichtigsten Kondensatorarten angegeben.

Tabelle 2.10-6. Typisches Ausfallverhalten von Kondensatoren und kritische Belastungsarten

Kondensatoren	Ausfallverhalten	Kritische Belastungs-arten	Bemerkungen
KS KP KT KC	Kurzschluß oder Kapazitätsdrift	hohe Temperatur- und Spannungsbelastung, Feuchte	kleinere Kapazitätswerte heben eine größere Drift
MKP MKT MKC	Unterbrechung oder kleiner Isolationswiderstand	Impulsbelastung, kleine Spannungen mit hohem Widerstand	
Keramik-Kondensatoren	Unterbrechung oder Kurzschluß bzw. niederer Isolationswiderstand	sehr schnelle Temperaturschocks, hohe Temperaturen, hohe Spannungen, sehr kleine Leistungen	können beim Ausfall brennen oder glühen
Glimmer-Kondensatoren	kleiner Isolationswiderstand (Feuchte), Kurzschluß oder Unterbrechung	Feuchte	kleine Kapazitätswerte instabiler
Nasse Aluminium-Elektrolyt-Kondensatoren	Austrocknen der Kondensatoren: R_ESR [a] steigt an, C fällt ab	bei gepolten Kondensatoren: Falschpolung, hohe Temperaturen, halogenierte Kohlenwasserstoffe als Waschflüssigkeit	bei Falschpolung: Explosion maximal 2 Jahre Lagerung ohne Spannung
Nasse Tantal-Elektrolyt-Kondensasatoren	Kurzschluß Überdruck durch Gasentwicklung	Falschpolung hohe Temperaturen	bei Tantal-Gehäuse: Falschpolung zulässig
Trockene Tantal-Elektrolyt-Kondensatoren	Ansteigen des R_ESR [a] oder Kurzschluß	Falschpolung, kleiner Vorwiderstand, hohe Temperatur und Spannung	Brandgefahr hohe CU-Werte > 330 μF · V und U_nenn > 35 V unzuverlässiger

[a] R_ESR (*E*ffective *S*erial *R*esistance) = Effektiver Ersatz-Serienwiderstand.

Bei trockenen Tantal-Kondensatoren kann z. B. der Einfluß der Temperatur, der Spannung und des Schaltkreiswiderstandes durch

$$\lambda = \lambda_0 \left(\frac{U}{U_N}\right)^\alpha \cdot 2^{\left(\frac{\vartheta - 40\,°C}{K}\right)} F$$

beschrieben werden [155]. Legt man die zulässigen Änderungen mit

$|\Delta C/C| \quad \leqq -15\%$ bis $+10\%$,

$\tan\delta \quad\ \leqq 2 \cdot \tan\delta_0$ bei der Anlieferung,   Faktor F siehe Tabelle 2.10-7

$I_R \qquad \leqq 5\ I_{R0}$ bei der Anlieferung,

$Z \qquad \leqq 3\ Z_0$ bei der Anlieferung

fest, so können bei einem trockenen Tantal-Kondensator für erhöhte Anforderungen folgende typischen Werte angegeben werden:

α: Spannungsexponent,
  8,5 für $U/U_N = 0,67 \ldots 1,15$,
  8   für $U/U_N = 0,5$
  7,3 für $U/U_N = 0,33$,
  6,5 für $U/U_N = 0,25$,

λ_0: Zuverlässigkeit bei 40 °C und $U = U_N$ und $R/U > 3\ \Omega/V$
  ($\lambda_0 = 100 \cdot 10^{-9} \cdot h^{-1}$),

K: $K \approx 8\,°C$.

In Bild 2.10-4 sind diese Abhängigkeiten graphisch dargestellt.

Zur Ermittlung von Zuverlässigkeitsdaten können die Ergebnisse von Dauerprüfungen herangezogen werden. Aus wirtschaftlichen Gründen werden dabei aber nur selten Prüfzeiten von 1 Jahr überschritten. Auch IEC- und CECC-Normen für

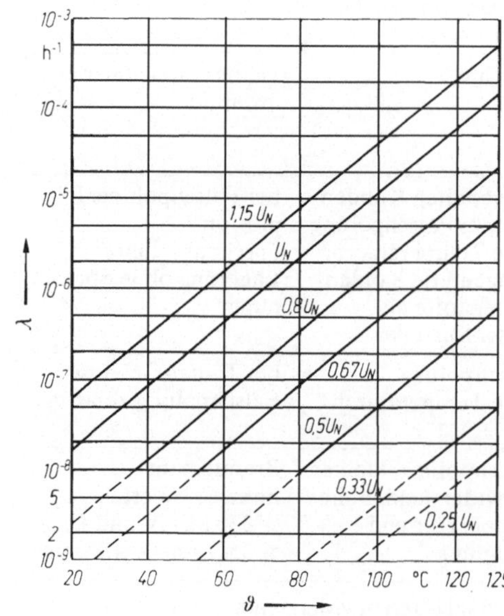

Bild 2.10-4. Ausfallrate λ abhängig von der Temperatur ϑ bei verschiedenen Betriebsspannungen

Tabelle 2.10-7. Faktor F für den Schaltkreiswiderstand R

R/U	$\geqq 3\ \Omega/V$	$1\ \Omega/V$	$0,3\ \Omega/V$	$\leqq 0,1\ \Omega/V$
$C_N\, U_N \leqq 330\ \mu F \cdot V$	1	2	3,5	5
$C_N\, U_N > 330\ \mu F \cdot V$	1	2,8	6,1	12

Kondensatoren geben zum Beispiel 1000 h oder 2000 h als Prüfzeitraum vor, wobei die Prüfungen teilweise bis 8000 h (ca. 11 Monate) zur Information weitergeführt werden. In der Praxis müssen jedoch häufig Geräte mit einer Lebensdauer von 25 Jahren (≈ 220000 h) gebaut werden. Durch Anwendung von verschärften Prüfbedingungen kann aber bei einer Prüfzeit von 8000 h selten eine Zuverlässigkeitsaussage während der geforderten Lebensdauer von 220000 h erhalten werden (Raffungsfaktor 27,5!).

Die Verschärfung der Prüfbedingungen findet ihre Grenzen dort, wo durch diese Überlastung andere Ausfallmechanismen auftreten, als sie unter den Betriebsbedingungen möglich sind. Dazu kommt, daß die Raffungsfaktoren häufig nicht genau bekannt sind; bei einem neuen Produkt müßte eine große Anzahl von Bauelementen sowohl unter Normalbedingungen als auch unter verschärften Prüfbedingungen über sehr lange Zeit (mehrere Jahre) untersucht werden. Man wird in den seltensten Fällen bei Kondensatoren das Ende der Brauchbarkeitsdauer durch solche Prüfungen erfassen. Die bei IEC/CECC erhaltenen Ausfälle setzen sich also nur aus den Anfangsausfällen (Weibull: $\beta < 1$), siehe [A.9] und den meist als konstant angesehenen Ausfällen während des Betriebs (Weibull: $\beta = 1$) zusammen. Die Prüfungen nach IEC/CECC sind für vergleichende Untersuchungen z. B verschiedener Hersteller und zur Ermittlung des Driftverhaltens geeignet (s. a. A. Grundlagen der Zuverlässigkeitsanalyse und -synthese).

Eine Ausnahme bilden die nassen Elektrolyt-Kondensatoren. Durch das Austrocknen des Elektrolyten (siehe 2.9.2.1) ist der Ausfall des Bauelements nach einer bestimmten Betriebszeit zu erwarten. Man gibt deshalb die Brauchbarkeitsdauer und den Ausfallsatz während dieser Zeit an.

Nasse Aluminium-Elektrolyt-Kondensatoren für erhöhte Anforderungen besitzen z. B. bei 85 °C und $U = U_N$ eine Brauchbarkeitsdauer von 5000 h (Bild 2.10-5) und einen Ausfallsatz von 0,5 %. Bei einer Prüfdauer von z. B. 8000 h lassen sich diese Werte noch gut nachweisen.

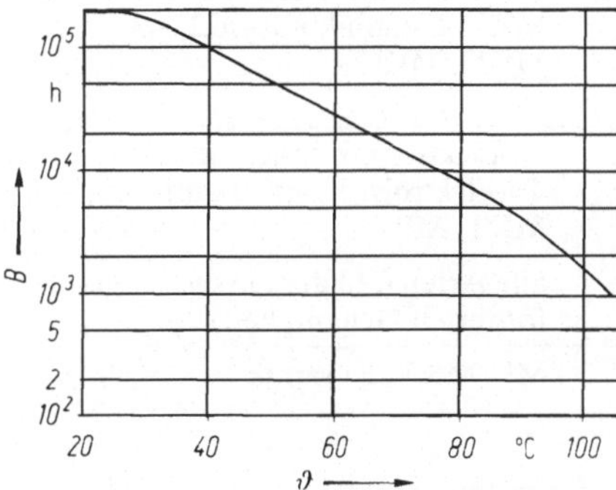

Bild 2.10-5. Brauchbarkeitsdauer B als Funktion der Temperatur ϑ

Eine weitere Quelle für die Angabe der Zuverlässigkeit von Bauelementen ist die Auswertung von Fehlerstatistiken von Fehlermeldungen eingesetzter Geräte. Die Anzahl der Bauelemente ist dabei groß. Jedoch lassen sich selten die genauen Betriebsbedingungen (z. B. Betriebsdauer, Betriebstemperatur, unzulässige Überlast z. B. durch Blitzeinschlag, Sekundärausfall) nachprüfen. Es ist unsicher, ob immer alle Ausfälle in der Fehlerstatistik erfaßt werden. Auch muß ein Überschreiten der laut Datenblatt für das Bauelement zulässigen Driften noch nicht zu einem Ausfall des Gerätes führen und wird deshalb nicht erfaßt. Aber nur durch solche „Felderfahrungen" sind Ausfallraten von $(1 \text{ bis } 10) \cdot 10^{-9} \text{ h}^{-1}$, wie sie für viele passive Bauelemente angenommen werden können, auf wirtschaftlich sinnvollem Weg noch erhältlich.

2.11 Anwendungsrichtlinien für Kondensatoren

2.11.1 Auswahlkriterien für die Praxis

Oft ist es schwierig, für einen Anwendungsfall die am besten geeignete Kondensatorart auszuwählen. Die Tabelle 2.11-1 soll dies erleichtern.

Zur endgültigen Festlegung eines Kondensators müssen dessen elektrische Werte (z. B. Kapazität und Anliefertoleranz, Verlustfaktor, Restströme, Spannungsbelastbarkeit) den Forderungen der Schaltung genügen.

Die Zuverlässigkeit des ausgewählten Kondensators muß unter den gegebenen Belastungen (elektrisch, mechanisch, Umwelteinflüsse) der angestrebten Gesamtzuverlässigkeit des Gerätes adäquat sein. Für die vorgesehene Fertigungstechnologie sucht der Anwender die geeignete Bauform aus (z. B. Chips für die Bestückung von Hybridschaltungen, geeignetes Rastermaß bei automatischer Bestückung mit radialen Bauformen). Nicht zuletzt werden auch Beschaffbarkeit, Lieferzeit und Preis die Einsatzmöglichkeit eines Kondensators mitbestimmen.

Tabelle 2.11-1. Für bestimmte Anwendungen häufig verwendete Kondensatorarten

Hauptsächliche Anwendungen	Wichtigste Anforderungen	Bevorzugte Kondensatorarten
Filter, Schwingkreise	enge C-Toleranzen, hohe Stabilität, kleiner Verlustfaktor, definierter Temperaturkoeffizient	KS, KP, Glimmer, Keramik Klasse 1, teilweise auch KC
Koppeln und Entkoppeln	hohe Kapazitätswerte, kleiner Verlustfaktor, hohe Resonanzfrequenz	MKT, Keramik Klasse 2 + 3 MKU, MKC
Glätten	kleiner Scheinwiderstand, hoher Wechselstrom (ripple), hohe Kapazitätswerte	Al-Elektrolyt-Kondensator, Ta-Elektrolyt-Kondensator MKT, MP
Zeitglieder	kleiner Reststrom, Stabilität	alle Arten (abhängig von der geforderten Genauigkeit)
Energietechnik	hohe Spannungsfestigkeit und Impulsbelastbarkeit, große Spitzenströme	MP, MKV, Keramik

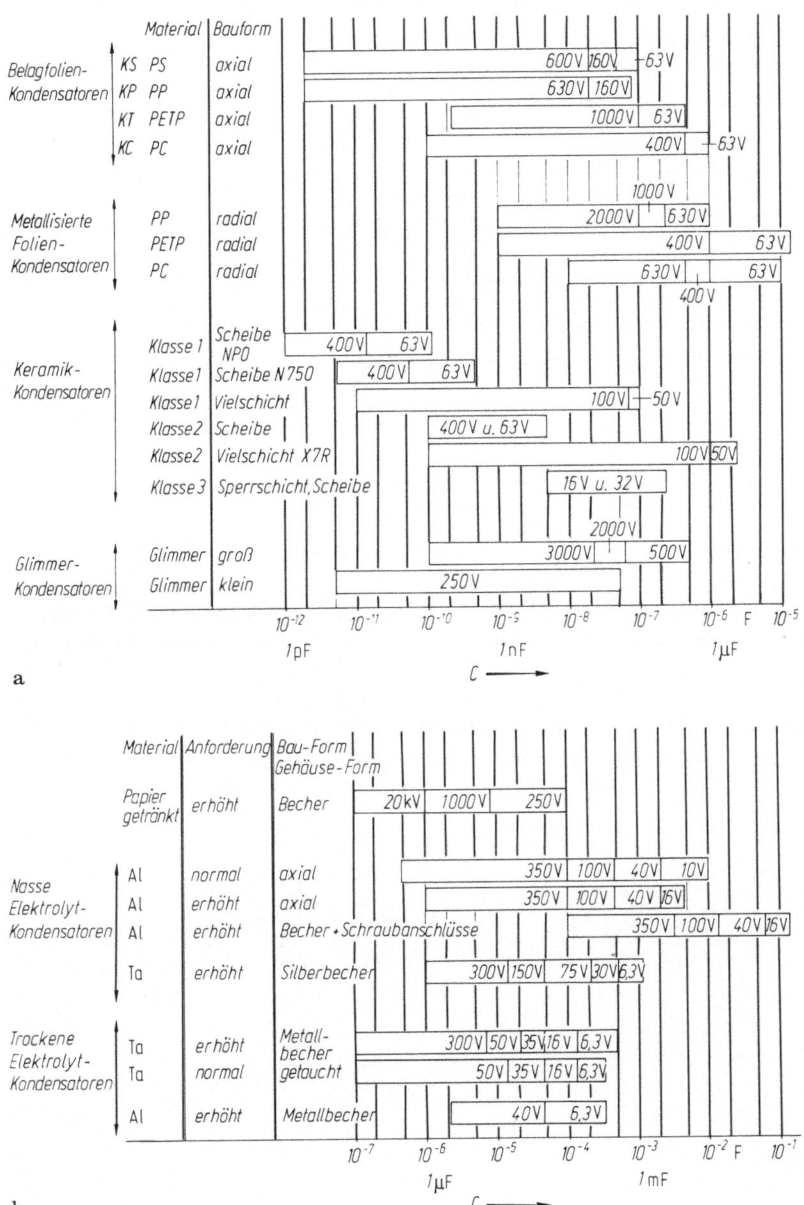

a

b

Bild 2.11-1 a u. **b.** Typische Kapazitätsbereiche der verschiedenen Kondensatortechnologien. **a** für Folien-, Keramik- und Glimmer-Kondensatoren; **b** für Elektrolyt-Kondensatoren

2.11.2 Kapazitätsbereiche bei Kondensatoren

In Bild 2.11-1 a und b sind typische Kapazitätsbereiche für verschiedene Kondensatorarten mit der Nennspannung als Parameter zusammengestellt. Der zugehörige Temperaturbereich geht aus Bild 2.11-2 hervor.

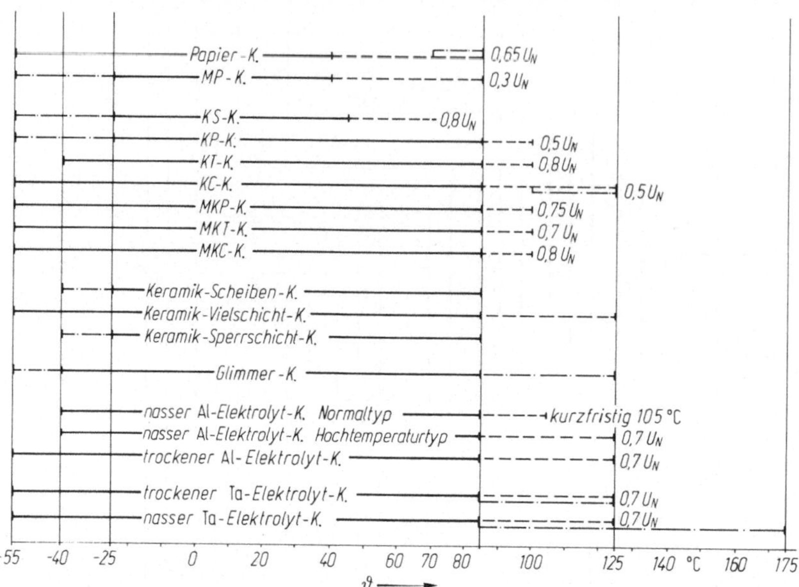

Bild 2.11-2. Typische Temperaturbereiche für die Anwendung bei verschiedenen Kondensatortechnologien (– – – mit verminderter Spannung; —·—·— nicht bei allen Bauformen möglich)

Die angegebenen Bereiche für Kapazität, Nennspannung und Temperatur variieren je nach Hersteller; darüber hinaus gibt es weitere Bauformen und Sondertypen.

3 Spulen, Übertrager und magnetische Werkstoffe

3.1 Grundbeziehungen für die Induktivität

Stromdurchflossene Spulen mit und ohne Eisenkern, Drahtschleifen, Leitungen, Topfkreise und Hohlraumresonatoren enthalten magnetische Feldenergie. Die magnetische Energie dW_m in jedem Volumenelement ist proportional der Größe des Volumenelements dV und der im Volumenelement vorhandenen Energiedichte (s. [1] bzw [2], S. 287)

$$w = \int_{B=0}^{B_{max}} H\, dB\,.$$

Also gilt

$$dW_m = w\, dV\,. \tag{3.1-1}$$

Für Spulen mit ferromagnetischem Kern bzw. unmagnetischem Kern ist die Induktion B in Bild 3.1-1a, die Energiedichte $w = \int_0^B H\, dB$ in Bild 3.1-1b über der magnetischen Feldstärke H dargestellt. Im gesamten, von dem Magnetfeld erfüllten Volumen findet sich dann die magnetische Energie W_m, die man durch Summieren aller Teilenergien dW_m als Beiträge aller Volumenelemente in dem Volumenintegral

$$W_m = \int_V w\, dV = w_1\, \Delta V_1 + w_2\, \Delta V_2 + w_3\, \Delta V_3 + \ldots \tag{3.1-2}$$

erhält. Diese auch für Dauermagnete und harte magnetische Werkstoffe gültige Darstellung kann man zur Definition der Induktivität L der vom Strom i durch-

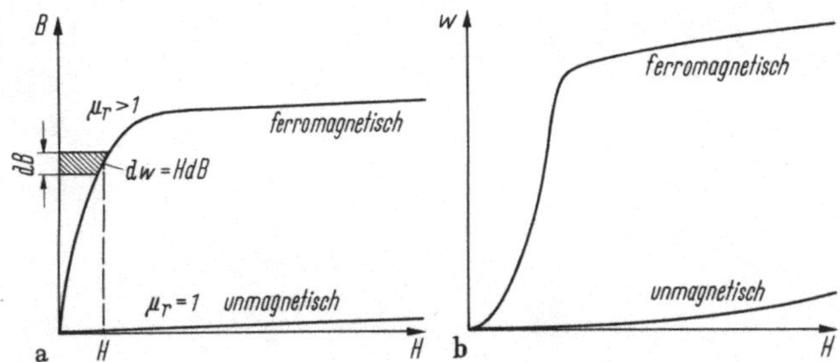

Bild 3.1-1a u. b. Induktion B und magnetische Energiedichte w einer Spule mit ferromagnetischem und unmagnetischem Kern

flossenen Stromkreise verwenden:

$$\tfrac{1}{2} L i^2 = W_m ,$$

$$L = \frac{2 W_m}{i^2} .$$ (3.1-3)

Zweckmäßig unterteilt man das Volumen in den Raum innerhalb der stromdurchflossenen Drähte (Wickelraum) und das Volumen außerhalb der Drähte. Dem entspricht die Aufteilung in die *innere* Induktivität L_i und die im allgemeinen wesentlich größere *äußere* Induktivität L_a

$$L = \frac{2 W_{mi}}{i^2} + \frac{2 W_{ma}}{i^2} = L_i + L_a .$$ (3.1-4)

Die innere Induktivität L_i *muß* aus $2 W_{mi}/i^2$ berechnet werden (Beispiele s. [1], S. 236–238), während L_a aus einfacheren Beziehungen bestimmt werden kann. Im Außenraum sei $B = \mu H = \mu_0 \mu_r H$, d. h., die Induktion B sei mit der Feldstärke H durch eine konstante Permeabilitätszahl μ_r verknüpft (die nicht von der Aussteuerung abhängt) und μ_0 ist die magnetische Feldkonstante mit dem Wert $\mu_0 = 4\pi \cdot 10^{-7}$ H/m $= 4\pi$ nH/cm $= 1{,}257 \cdot 10^{-8}$ Ωs/cm. μ_r ist bei den Kernen der Nachrichtentechnik nahezu konstant gleich der Anfangspermeabilität μ_A, da die aussteuernde Feldstärke nur wenige mA/cm beträgt. Über μ_A s. Abschn. 3.5.2.2. Ferner ist trotz hoher Feldstärken von einigen A/cm oder mehr μ_r noch als konstant anzusehen, wenn der ferromagnetische Kern durch einen Luftspalt geschert ist (siehe 3.3.5). Mit $B = \mu H$ ist dann die magnetische Energiedichte

$$w = \int\limits_{B=0}^{B} H \, dB = \frac{B^2}{2\mu} = \frac{\mu}{2} H^2 = \frac{HB}{2}$$

und

$$W_{ma} = \tfrac{1}{2} \int\limits_V H \, B \, dV = \tfrac{1}{2} \int\limits_V H \, ds \, B \, dA \quad \text{mit} \quad dV = dr \, dl \, ds = dA \, ds .$$

Teilt man das Volumen in Feldröhren mit konstantem magnetischem Teilfluß $d\Phi_a = B \, dA$, die den Leiter umschlingen (siehe Bild 3.1-2), so ergibt die Integration wegen der Konstanz von $\oint H \, ds = i$ für alle Feldröhren, die nach dem Durchflutungsgesetz gesichert ist,

$$W_{ma} = \frac{i}{2} \int B \, dA = \frac{i}{2} \int d\Phi_a = \frac{i}{2} \Phi_a .$$ (3.1-5)

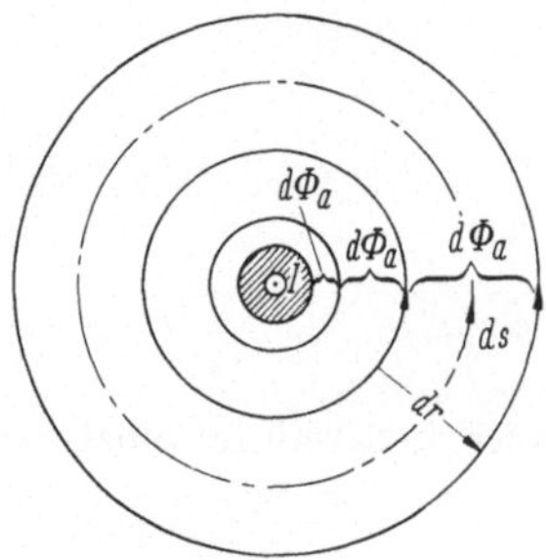

Bild 3.1-2. Stromdurchflossener Leiter mit Feldröhren konstanten magnetischen Flusses

Aus (3.1-3) und (3.1-5) folgt dann

$$W_{\mathrm{ma}} = \frac{i^2}{2} L_{\mathrm{a}} = \frac{i}{2} \, \Phi_{\mathrm{a}} \, .$$

Also ist

$$L_{\mathrm{a}} = \frac{\Phi_{\mathrm{a}}}{i} \, , \qquad\qquad\qquad (3.1\text{-}6)$$

damit auf die einfachere Beziehung zwischen äußerem magnetischem Fluß Φ_{a} und Strom i zurückgeführt. Sie entspricht der hierzu dualen Beziehung $C = Q/U$ des Kondensators (siehe Kapitel 2).

3.1.1 Spule und Kondensator als duale Schaltelemente

Die mathematische Definition der Dualität besagt, daß zwei Begriffe dual sind, bei deren Vertauschung richtige Aussagen wieder in richtige Aussagen übergehen. Beispiel einer strukturellen oder topologischen Dualität: Der Satz „Zwei nichtzusammenfallende Punkte bestimmen eine Gerade" ist dual zum Satz „Zwei nicht parallele Gerade bestimmen einen Punkt".

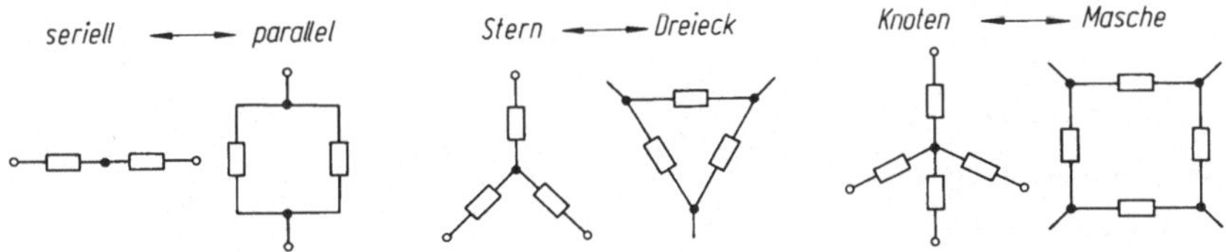

Bild 3.1-3. Duale Strukturen

In der Elektrotechnik sind Serien- und Parallelschaltung, Stern- und Dreieckschaltung, ferner Knoten und Masche Beispiele für duale Strukturen (siehe Bild 3.1-3). Über diese hinaus sind wichtige duale Grundgrößen Spannung u und Strom i, ferner duale Schaltgrößen Widerstand R und Leitwert G. Die Dualität von Induktivität L und Kapazität C erkennt man z. B. aus folgenden Beziehungen für Strom i und Spannung u bei Änderung der Zeit t:

$$\text{Spule} \quad u = L \frac{\mathrm{d}i}{\mathrm{d}t} \, , \qquad\qquad \text{Kondensator} \quad i^* = C^* \frac{\mathrm{d}u^*}{\mathrm{d}t}$$

oder auch aus den Gleichungen für die gespeicherte Energie Gl. (2.1-29a) und (3.1-3)

$$W_{\mathrm{m}} = \tfrac{1}{2} L \, i^2 \, , \qquad W_{\mathrm{e}} = \tfrac{1}{2} C^* \, u^{*2} .$$

Die linken Seiten beider Gleichungspaare gehen bei Vertauschen von u mit i^* sowie L mit C^* in die rechten über. Quantitativ gilt dabei nach [54]

$$L = C^* \, r^2 \, , \qquad\qquad\qquad (3.1\text{-}7\,\mathrm{a})$$

wobei die reelle Konstante r von Feldtkeller als „Dualitätsinvariante" bezeichnet wurde: Die Widerstände zueinander dualer Zweipole sind einander umgekehrt

Bild 3.1-4a u. b. Duale Strukturen mit dualen Schaltgrößen. **a** Induktivität L mit Serienwiderstand r ist dual zur Kapazität C mit Parallelwiderstand r^2/R; **b** duale Schaltungen mit frequenzunabhängigem Scheinwiderstand (gleichzeitig Weichen zur Trennung tiefer und hoher Frequenzen)

proportional (reziproke Widerstandstransformation). So gehört zu einem ohmschen Widerstand R der duale ohmsche Widerstand

$$R^* = r^2/R \qquad (3.1\text{-}8)$$

bzw. der duale Leitwert $G^* \equiv 1/R^* = R/r^2$.

Ferner ist bei sinusförmigen Strömen und Spannungen der zum Blindwiderstand $j\,\omega\,L$ gehörige duale Blindwiderstand analog $R^* = r^2/R$

$$\frac{r^2}{j\,\omega\,L} = \frac{1}{j\,\omega\,L/r^2} = \frac{1}{j\,\omega\,C^*} \quad \text{mit} \quad C^* = \frac{L}{r^2}. \qquad (3.1\text{-}7\,\text{b})$$

Duale Strukturen zeigt Bild 3.1-3.

Duale Größen sind z. B.

Spannung $u \rightarrow$ Strom $i^* = u/r$,
Strom $i \qquad \rightarrow$ Spannung $u^* = i\,r$.

Duale Schaltgrößen sind z. B.

Widerstand $R \leftrightarrow$ Leitwert $G^* = R/r^2$,
Induktivität $L \leftrightarrow$ Kapazität $C^* = L/r^2$.

Beispiel: Einfache duale Strukturen mit dualen Schaltgrößen zeigt Bild 3.1-4.

Bei sinusförmigem u und i gehen bei dualer Vertauschung ineinander über:

Scheinleitwert $\leftrightarrow$ Scheinwiderstand,

$$G^* + j\,\omega\,C^* \leftrightarrow R + j\,\omega\,L \quad \text{mit} \quad C^* = \frac{L}{r^2} \quad \text{und} \quad G^* = \frac{R}{r^2}.$$

Über diese Beziehungen hinaus ist bemerkenswert, daß Gyratorschaltungen, die am Ausgang einen Kondensator enthalten, am Eingang wie eine Spule wirken. Da man in der Niederfrequenztechnik oft eine große Induktivität benötigt, ist deren Realisierung durch einen Gyrator mit Abschlußkapazität besonders bei niedrigen Frequenzen oft nützlich.

3.1.2 Kapazitätsbelasteter Gyrator als Induktivität

Beim verlustlosen und streuungslosen Übertrager gilt

$$U_1 = n\,U_2 \quad \text{und} \quad I_1 = I_2/n ,$$

so daß

$$\frac{U_1}{I_1} \equiv Z_1 = n^2 \, \frac{U_2}{I_2} = n^2 \, Z_2 \quad \text{ist.} \tag{3.1-9}$$

Der Eingangswiderstand Z_1 ist beim idealen Übertrager dem Ausgangswiderstand Z_2 direkt proportional und nur noch vom Windungszahlverhältnis $n = N_1/N_2$ $= \sqrt{L_1/L_2}$ abhängig (siehe 3.4.4).

Gyratoren sind Vierpole, deren Eingangswiderstand nicht wie beim Übertrager oder bei den meisten Vierpolen aus passiven Schaltelementen dem Ausgangswiderstand proportional ist, sondern umgekehrt proportional. Darauf beruht die Fähigkeit des Gyrators, die Ausgangskapazität in eine Eingangsinduktivität mit reziprokem Scheinwiderstandsverhalten umzuwandeln (siehe 3.1.1). Denn es gelten für den idealen Gyrator nach [55] die Gleichungen

$$U_1 = r \, I_2 \quad \text{und} \quad U_2 = r \, I_1,$$

also

$$\frac{U_1}{I_1} \equiv Z_1 = r^2 \, \frac{I_2}{U_2} = \frac{r^2}{Z_2} \, . \tag{3.1-10}$$

Der Eingangswiderstand des idealen Gyrators ist nach Gl. (3.1-10) dem Ausgangswiderstand Z_2 umgekehrt proportional. Es ist r^2 das Quadrat des „Gyrationswiderstandes" r, der nach Gl. (3.1-8) mit der „Dualitätsinvariante" identisch ist.

Bei diesen „idealen" Vierpolen wird die dem Eingang zugeführte Leistung $U_1 I_1 = U_2 I_2$ voll am Ausgang an Z_2 abgegeben.

Praktische Beispiele von Gyratoren, die von B. D. H. Tellegen [56] 1948 als Schaltelemente eingeführt wurden, sind

1. der Hall-Vierpol (siehe auch 1.5.1) [63],
2. die Kombination eines elektrodynamischen Kopfhörers mit seinen Eingangsklemmen und den Ausgangsklemmen eines elektrostatischen Kondensatormikrofons, welches die Schall-Leistung des Kopfhörers vollständig aufnimmt (gemeinsame Membran von Kopfhörer und Mikrofon). K. Braun [57] hat damit zuerst (1944) einen Gyrator beschrieben.
3. Die erste Gyratorschaltung (1952) mit Verstärkerröhren als aktiven Elementen verdankt man W. Klein [58].

Diese Schaltung mit 3 Pentoden RV 12 P 2000 stellte die Antiparallelschaltung von zwei Verstärkern dar. Eine Nachbildung der 3 Pentoden durch 3 Feldeffekttransistoren nach K. Hoffmann zeigt Bild 3.1-5.

Die Eingangsspannung U_1 steuert den Ausgangsstrom I_2 aus, der wegen des hohen Innenwiderstandes der Transistoren nicht von der Ausgangsschaltung

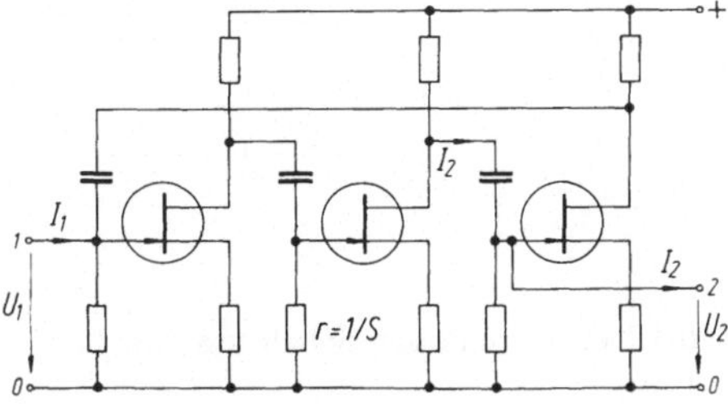

Bild 3.1-5. Gyratorschaltung mit 3 Feldeffekt-Transistoren nach K. Hoffmann

abhängt, so daß die einfache Beziehung $I_2 = S\,U_1$ gilt, wobei $S = dI_D/dU_{GS}$ die Steilheit des Transistors bedeutet. Ferner wird der Eingangsstrom $I_1 = SU_2$ durch die Ausgangsspannung U_2 bestimmt. Aus beiden Gleichungen folgt

$$Z_1 \equiv \frac{U_1}{I_1} = \frac{I_2}{SU_2\,S} = \frac{1}{S^2 Z_2}$$

übereinstimmend mit Gl. (3.1-10), wobei der Gyrationswiderstand r hier der reziproken Steilheit $1/S$ gleich ist.

4. Die 4-Pentoden-Schaltung nach G. S. Sharpe [59] in Bild 3.1-6 zeigt einen zweistufigen Gegentaktverstärker, bei dem die Umpolung in Richtung von den Klemmen 2 zu den Klemmen 1 deutlich ist.

Aus $\quad U_1 = -2I_2/S \quad$ und $\quad I_1 = -SU_2/2 \quad$ folgt

$$Z_1 \equiv \frac{U_1}{I_1} = \frac{4\,I_2}{S^2\,U_2} = \frac{4}{S^2\,Z_2}\,.$$

Der Gyrationswiderstand ist hier $2/S$.

Schließt man an die Ausgangsklemmen 2,2′ eine Kapazität C an, so wirkt sie an den Eingangsklemmen 1,1′ als massefreie (erdfreie) Induktivität L.

Mit $\quad Z_2 = 1/j\,\omega\,C \quad$ folgt

$$Z_1 = j\,\omega\,C \cdot 4/S^2 = j\,\omega\,L\,.$$

Zwischen den Eingangsklemmen 1,1′ erscheint die Induktivität $L = 4\,C/S^2$.
Beispiel: Mit $C = 1\,\mu F$ und $S = 1\,mA/V$ ist die Eingangsinduktivität $L = 4\,\Omega s = 4\,H$.

Gyratoren sind also geeignet, für den Niederfrequenzbereich große Induktivitäten zu realisieren, die auch als Filterspulen dienen, wenn sie geringe Verluste haben [60]. Bei höheren Frequenzen steigen die Verluste proportional der Frequenz [60, S. 424]. Seit vielen Jahren werden Gyratoren nicht mehr als Röhrenschaltungen realisiert, sondern als Schaltungen mit Transistoren in Operationsverstärkern [60, 61, 62]. Einige dieser Schaltungen gehen auf die Sharpe-Schaltung Bild 3.1-6 zurück, z. B. der integrierte Gyrator TCA 580, wobei aber statt 4 Transistoren 37 Transistoren und 14 Dioden verwendet sind, damit die Potentiale

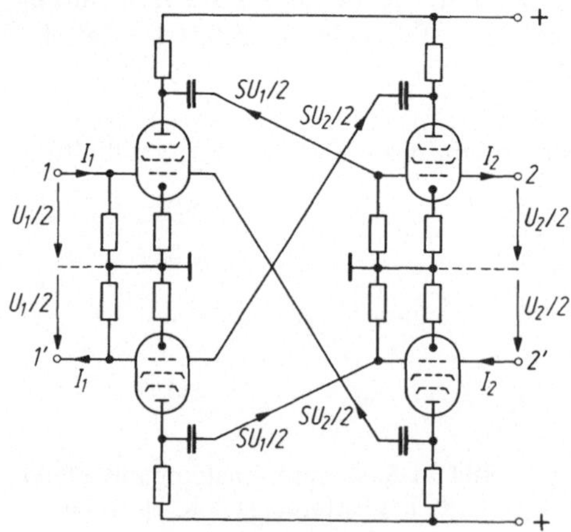

Bild 3.1-6. 4-Pentoden-Schaltung von G. S. Sharpe

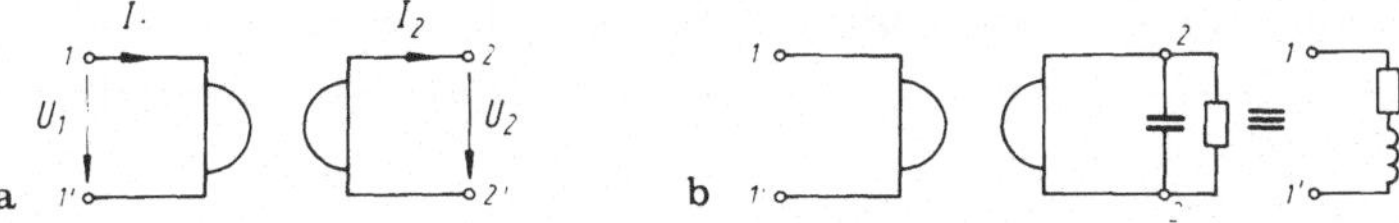

Bild 3.1-7a u. b. Schaltsymbole für Gyratoren. **a** Symbol nach Tellegen; **b** am Ausgang mit C und R beschalteter Gyrator als Eingangsinduktivität mit Verlusten

ohne Verwendung von großen Sperrkondensatoren eingestellt werden können und die Arbeitspunkte gegen Temperatur- und Spannungsschwankungen stabilisiert werden. In integrierter Technik ist die relativ hohe Zahl der Halbleiterbauelemente durchaus wirtschaftlich.

Man beachte, daß kapazitätsbelastete Gyratoren in aktiven Schaltungen bei kleinen Signalen durch Rauschen und bei großen Signalen durch Übersteuerung Grenzen haben, die für passive Induktivitäten nicht gelten. Schaltsymbole für den Gyrator zeigt Bild 3.1-7.

3.2 Induktivität einfacher Leiterformen

Wir beginnen mit Leitern sehr geringer Induktivität. Induktionsarme Leitungen kann man z. B. als Doppelbandleitung oder als Koaxialleitungen aufbauen. Grundsätzlich haben alle Zuleitungen mit besonders kleinem Wellenwiderstand Z auch eine geringe Induktivität je Längeneinheit, da beide direkt proportional sind. In [44, Kap. 4] ist der Zusammenhang

$$\frac{L_a}{l} = L_a' = Z \frac{\sqrt{\mu_r \, \varepsilon_r}}{c} = Z \sqrt{\mu_0 \, \varepsilon_0} \, \sqrt{\mu_r \, \varepsilon_r}$$

mit

$$c = \frac{1}{\sqrt{\mu_0 \, \varepsilon_0}} = \text{Lichtgeschwindigkeit}$$

oder

$$\frac{L_a'}{\text{nH/cm}} = \frac{\sqrt{\mu_r \, \varepsilon_r}}{30} \frac{Z}{\Omega} \tag{3.2-1}$$

abgeleitet. Erst wenn $Z < 30\,\Omega$ ist, erreicht man mit $\mu_r = 1$ und $\varepsilon_r = 1$ Induktivitäten < 1 nH je cm Leitungslänge (hier ist μ_r reell und identisch mit μ', sowie ε_r reell, identisch mit ε' angenommen).

3.2.1 Induktivität der Koaxialleitung

Aus $Z = 60\,\Omega \sqrt{\dfrac{\mu_r}{\varepsilon_r}} \ln \dfrac{d_a}{d_i}$ für die Koaxialleitung folgt mit (3.2-1)

$$\frac{L_a}{\text{nH}} = 2\mu_r \frac{l}{\text{cm}} \ln \frac{d_a}{d_i}, \tag{3.2-2}$$

solange die Länge l klein gegen $\lambda/4$ bleibt ($\lambda = $ Betriebswellenlänge). Für besonders kleine Induktivitäten muß (abweichend von der Bemessung üblicher Koaxialleitungen für 50 oder 60 Ω) der Durchmesser d_i des Innenleiters nur wenig kleiner als d_a sein. Führt man den Abstand $s = (d_a - d_i)/2$ und den mittleren Durchmesser $d_m = (d_a + d_i)/2$ ein, so wird

$$\ln \frac{d_a}{d_i} = \ln \frac{d_m + s}{d_m - s} = \ln \frac{1 + s/d_m}{1 - s/d_m} \approx \frac{2s}{d_m}$$

(Fehler $\leqq$ 1 % für $s/d_m \leqq 1/6$).
Damit wird

$$\frac{L_a}{nH} \approx 4\,\mu_r \, \frac{s}{d_m} \, \frac{l}{cm} \,. \tag{3.2-3}$$

Diese Beziehung gewinnt man auch, wenn man den zylindrischen Ringraum zu einem rechteckigen Raum der Breite $\pi\,d_m$ und der Dicke s abgewickelt denkt und als dünne Streifenleitung auffaßt.

3.2.2 Induktivität der Streifenleitung (Bandleitung, Bifilarband)

Wir verwenden den Ausdruck für den Wellenwiderstand Z der breiten Bandleitung mit sehr geringem Abstand s (s. a. die Kapazität der Bandleitung in Kapitel 2)

$$Z \approx \sqrt{\frac{\mu_0}{\varepsilon_0}} \, \sqrt{\frac{\mu_r}{\varepsilon_r}} \, \frac{s}{b} \approx 377\,\Omega \, \sqrt{\frac{\mu_r}{\varepsilon_r}} \, \frac{s}{b} \approx 120\,\pi\,\Omega \, \sqrt{\frac{\mu_r}{\varepsilon_r}} \, \frac{s}{b}$$

und erhalten nach (3.2-1)

$$\frac{L_a'}{nH/cm} \approx 4\,\pi\,\mu_r \, \frac{s}{b}$$

und

$$\frac{L_a}{nH} \approx 4\,\pi\,\mu_r \, \frac{s}{b} \, \frac{l}{cm} \,. \tag{3.2-4}$$

Ersichtlich stimmt (3.2-4) mit (3.2-3) überein, sobald die Breite b dem mittleren Umfang $\pi\,d_m$ in der Koaxialleitung gleichgesetzt wird.

3.2.3 Induktivität der Doppelleitung aus Runddrähten

Legt man Wert auf größere Induktivität je Längeneinheit, so ergibt eine Doppelleitung aus Runddrähten mit ihrem relativ großen Wellenwiderstand konstruktive Möglichkeiten. Hier ist (siehe auch Tabelle 2.2-1) mit s Achsenabstand, d Drahtdurchmesser

$$Z = 120\,\Omega \, \sqrt{\frac{\mu_r}{\varepsilon_r}} \, \ln\left[\frac{s}{d}\left(1 + \sqrt{1 - \left(\frac{d}{s}\right)^2}\right)\right] = 120\,\Omega \, \sqrt{\frac{\mu_r}{\varepsilon_r}} \, \ln \frac{s + \sqrt{s^2 - d^2}}{d}$$

und mit (3.2-1)

$$\frac{L_a'}{nH/cm} = 4\,\mu_r \ln \frac{s + \sqrt{s^2 - d^2}}{d} \approx 4\,\mu_r \ln \frac{2s}{d}$$

für

$$\frac{s}{d} \geqq 3{,}6 \quad \text{(Fehler} \leqq 1\,\%\text{)}\,. \tag{3.2-5}$$

Die bisher genannten Leitungen sind entweder Zuleitungen für Spulen oder bilden die Induktivität von Schwingkreisen der Dezimeterwellentechnik.

3.2.4 Induktivität eines Drahtringes

Vor der Berechnung der Induktivität einer Leiteranordnung ist es nützlich, sich die Verteilung des magnetischen Feldes klarzumachen, weil man dadurch auch in den Fällen, wo die exakte Berechnung entweder unmöglich ist oder zu unhandlichen oder unübersichtlichen Ergebnissen führt, zu einer Abschätzung und oft guten Näherung kommt [47]. Als Beispiel sei die Induktivität eines Drahtringes mit der Drahtstärke d und dem mittleren Durchmesser D berechnet (siehe Bild 3.2-1). Sobald der Fluß Φ_a bekannt ist, der die Innenfläche $\pi D_i^2/4$ des Drahtringes durchsetzt, ist nach (3.1-6) die Induktivität L_a bestimmt. Das Magnetfeld, das am Umfang des Drahtringes am stärksten ist, kann man aus dem Durchflutungsgesetz $\oint H\,\mathrm{d}s = i$ ermitteln, da die engste den Draht umschlingende Feldlinie etwa ebenso lang ist wie der Leiterumfang: $H_{max}\,\pi\,d = i$. Im Zentrum des Drahtringes ist man innerhalb der Drahtebene von den Stromelementen am weitesten entfernt, daher nimmt hier H seinen Kleinstwert H_i an, der sich nach dem Biot-Savart-Gesetz leicht errechnen läßt (siehe Bild 3.2-2):

$$H_i = \frac{i}{4\pi} \int_{s=0}^{\pi D} \frac{\mathrm{d}s\,\sin\alpha}{(D/2)^2} = \frac{i}{4\pi}\,\frac{\pi D}{D^2/4} = \frac{i}{D}. \tag{3.2-6}$$

Ein gerader stromdurchflossener Draht hat im Abstand $D/2$ ein Magnetfeld $H = i/\pi D$, das also π mal kleiner ist als H_i. Wenn man sich nun den kreisrunden

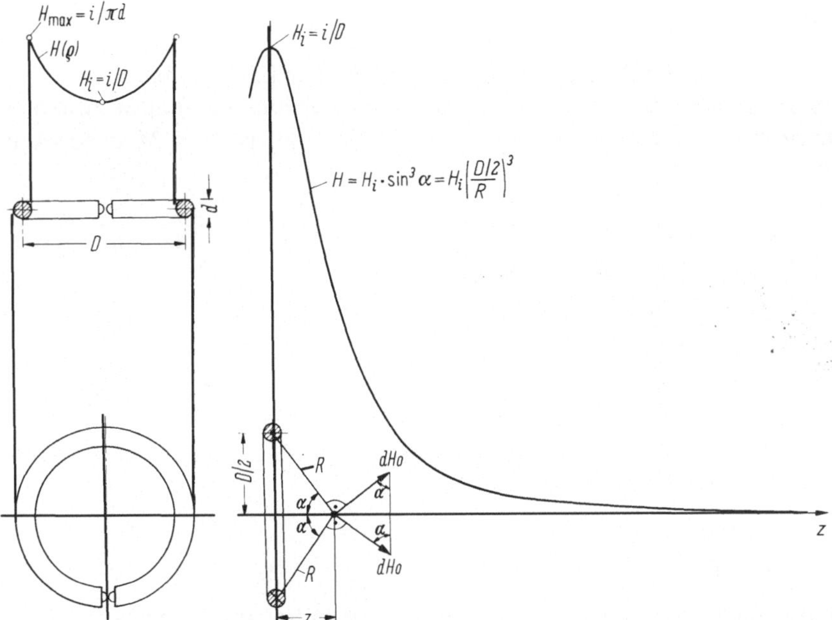

Bild 3.2-1. Feldstärke in der Ebene und längs der Achse eines stromdurchflossenen Drahtringes

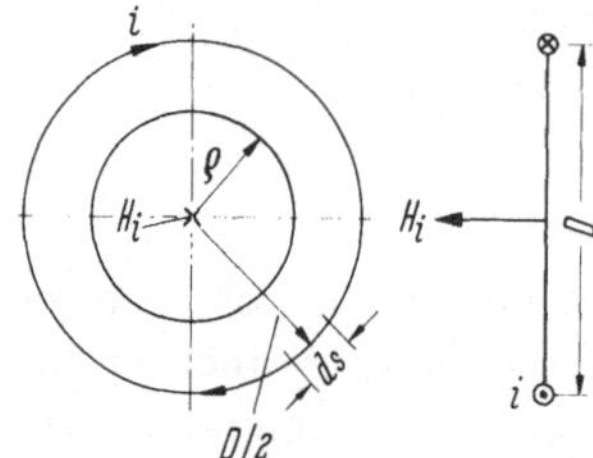

Bild 3.2-2. Zur Berechnung der magnetischen Feldstärke im Zentrum eines stromdurchflossenen Drahtringes aus dem Biot-Savart-Gesetz

Draht nach Bild 3.2-3 zur Länge πD_i gestreckt denkt und statt des Flusses durch die innere Kreisringfläche den Fluß durch das Rechteck mit der Länge πD_i und der Breite gleich dem inneren Radius $D_i/2$ berechnet, so wird die im Vergleich zum Kreisring stärkere Abnahme von H durch die doppelt so große Rechteckfläche ausgeglichen. Der Fehler wird klein sein, da die Feldlinien in der Nähe des Drahtringes mit ihrer größeren Feldstärke den Hauptbeitrag liefern [47]. Der Fluß, der die Rechteckfläche von Bild 3.2-3 durchsetzt, ist nun mit $H = i/(2\pi x)$

$$\Phi_a = \pi D_i \mu_0 \int_{x=d/2}^{D/2} H \, dx = \pi D_i \mu_0 \frac{i}{2\pi} \ln \frac{D}{d} = 2\pi D_i \ln \frac{D}{d} i \cdot 10^{-9} \frac{H}{cm},$$

also

$$L_a = \frac{\Phi_a}{i} \approx 2\pi \frac{D_i}{cm} \ln \frac{D}{d} \, nH \tag{3.2-7}$$

oder

$$\frac{L_a}{nH} \approx 2\pi \frac{D-d}{cm} \ln \frac{D}{d}. \tag{3.2-8}$$

Eine andere Ableitung der Beziehung (3.2-7) findet man in [2, S. 231 bis 232].

Die strenge Lösung führt L_a zurück auf die Gegeninduktivität M zwischen 2 Kreisringen mit den Durchmessern D und D_i. Nach [3] ist $L_a = M$ in unseren Bezeichnungen

$$\frac{L_a}{nH} = 2\pi \frac{D-d/2}{cm} \left[\left(1 + \frac{(d/2\,D)^2}{(1-d/2\,D)^2} \right) K(k) - 2E(k) \right] \quad \text{oder mit} \quad \frac{d}{D} \ll 1$$

$$\frac{L_a}{nH} \approx 2\pi \frac{D-d/2}{cm} [K(k) - 2E(k)]. \tag{3.2-9}$$

Dabei bedeutet $K(k)$ das vollständige elliptische Integral 1. Gattung mit dem „Modul" k, das z. B. in der Hütte I [4] oder in den Funktionentafeln von Jahnke-Emde [5] ebenso tabuliert ist wie $E(k)$, das vollständige elliptische Integral 2. Gattung mit dem Modul k. Da in unserem Fall

$$k = \frac{\sqrt{D D_i}}{(D+D_i)/2} = \frac{\sqrt{1-d/D}}{1-d/2\,D}$$

als Verhältnis von geometrischen zu arithmetrischem Mittel aus D und D_i fast Eins ist, vereinfacht sich der Ausdruck, da nach [6] $E(k) \approx \frac{\pi}{2} \sqrt{1 - 0{,}5\,k^2 - 0{,}095\,k^{10}}$

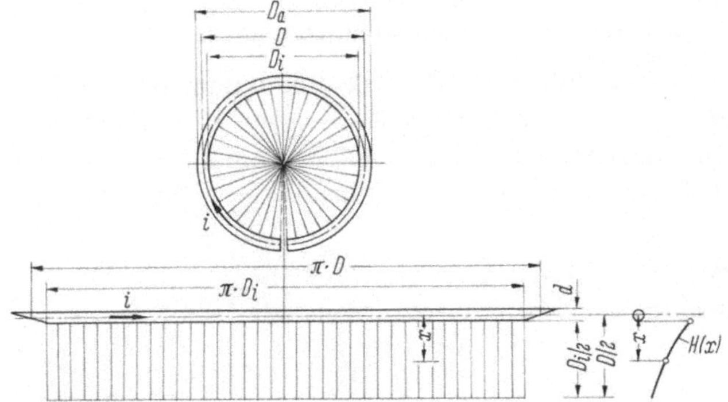

Bild 3.2-3. Ersatz eines stromdurchflossenen Drahtringes durch einen geraden Leiter zur Abschätzung der äußeren Induktivität

den Wert 1 für $k \to 1$ annimmt. Ferner ist nach [6] im Bereich für k von 0,9 bis 1 eine sehr gute Näherung für $K(k)$ der Ausdruck

$$K(k) \approx \frac{1}{k}\left[\ln\left(\frac{\pi}{2}\,\frac{k}{\sqrt{1-k^2}}\right) + \arcsin\left(\frac{\pi}{4}\,k\right) + \left(\frac{2\sqrt{1-k^2}}{\pi\,k}\right)^2\right].$$

Für $k \to 1$ wird

$$K(k) \approx \ln\frac{\pi\,D}{d}\,\sqrt{1-\frac{d}{D}} + 0{,}903 = \ln\left(\frac{D}{d}\,\sqrt{1-\frac{d}{D}}\right) + 2{,}047\ .$$

Die elliptischen Integrale enthalten also als Hauptglied wieder den Logarithmus von Ring- zu Drahtdurchmesser wie unsere Näherung (3.2-7). Der genauere Wert der Induktivität des Drahtringes wird damit

$$\frac{L_\mathrm{a}}{\mathrm{nH}} = 2\pi\,\frac{D - d/2}{\mathrm{cm}}\left[\ln\left(\frac{D}{d}\,\sqrt{1-\frac{d}{D}}\right) + 0{,}047\right].\tag{3.2-10}$$

Wir wollen noch den Verlauf der magnetischen Feldstärke H längs der Achse des Drahtringes verfolgen. Entsprechend dem Biot-Savart-Gesetz ist nach Bild 3.2-1

$$dH_0 = \frac{i}{4\pi}\,\frac{ds}{R^2} = \frac{i}{4\pi}\,\frac{ds}{(D/2)^2 + z^2}\ .$$

Zwei am Umfang gegenüberliegende Stromelemente ergeben dann den Beitrag

$$dH = 2\,dH_0\sin\alpha = \frac{i}{2\pi}\,\frac{ds}{(D/2)^2 + z^2}\,\frac{D/2}{\sqrt{(D/2)^2 + z^2}}\ .$$

Summiert man alle Beiträge des halben Umfangs, so ist $\sum ds = \pi\,D/2$ und

$$H = \frac{i}{D}\left(\frac{D/2}{\sqrt{(D/2)^2 + z^2}}\right)^3 = H_\mathrm{i}(\sin\alpha)^3 = H_\mathrm{i}\left(\frac{D/2}{R}\right)^3.\tag{3.2-11}$$

H nimmt also umgekehrt proportional R^3 bzw. z^3 (bei $z > D$) ab.

3.2.5 Induktivität und Gegeninduktivität von zwei koaxialen Kreisringen

Das Ergebnis des vorigen Abschnitts verhilft dazu, die Selbstinduktion von zwei in gleichem oder entgegengesetztem Sinn durchströmten Kreisringen zu bestimmen. Bezeichnet man mit L_1 die Induktivität von Ring 1 allein, ferner mit L_2 die Induktivität von Ring 2, so ist die Gesamtinduktivität L der in Serie geschalteten Ringe

(a) bei gleichsinnigen Strömen (Bild 3.2-4a) $L_+ = L_1 + L_2 + 2M$,
(b) Bei gegenläufigen Strömen (Bild 3.2-4b) $L_- = L_1 + L_2 - 2M$.

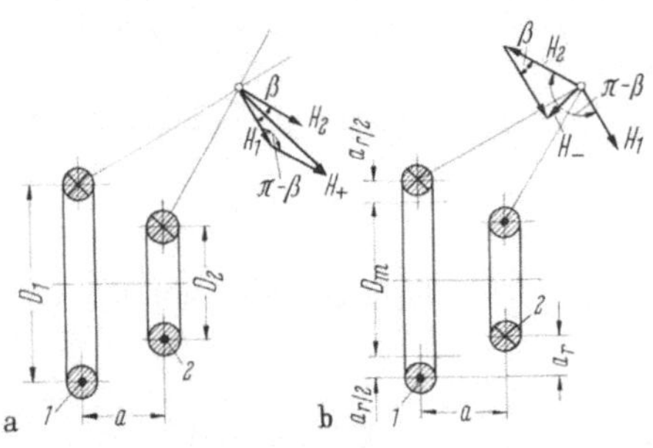

Bild 3.2-4a u. b. Zur Berechnung von Induktivität und Gegeninduktivität von zwei in Reihe geschalteten koaxialen Drahtringen. **a** gleichsinnig; **b** gegensinnig stromdurchflossen

Dieses Resultat folgt aus der Betrachtung des resultierenden magnetischen Feldes. Bei gleichsinnigen Strömen ist nach Bild 3.2-4a

$$H_+^2 = H_1^2 + H_2^2 - 2H_1 H_2 \cos(\pi - \beta) = H_1^2 + H_2^2 + 2H_1 H_2 \cos\beta$$

und die Induktivität entsprechend der Definition aus der magnetischen Energie nach Gl. (3.1-3)

$$L_+ = \frac{2W_m}{i^2} = \frac{\mu_0}{i^2} \int_V H_1^2 \, dV + \frac{\mu_0}{i^2} \int_V H_2^2 \, dV + \frac{2\mu_0}{i^2} \int_V H_1 H_2 \cos\beta \, dV ,$$

$$L_+ = \qquad L_1 \qquad + \qquad L_2 \qquad + \qquad 2M .$$

Sind die beiden Ringe nach Bild 3.2-4 gegeneinandergeschaltet, so ist offenbar, wie das Parallelogramm aus H_1 und H_2 zeigt, die resultierende Feldstärke H_- kleiner und damit auch die Induktivität L_- geringer.

$$H_-^2 = H_1^2 + H_2^2 - 2H_1 H_2 \cos\beta \text{ und damit entsprechend}$$
$$L_- = L_1 + L_2 - 2M .$$

Die gleichen Beziehungen folgen aus der Definition der Induktivität durch den magnetischen Fluß [Gl. (3.1-6)] mit der Gegeninduktivität $M = \Phi_{21}/i = \Phi_{12}/i$

$$L_+ = (\Phi_1 + \Phi_{21} + \Phi_2 + \Phi_{12})/i = L_1 + L_2 + 2M$$

und

$$L_- = (\Phi_1 - \Phi_{21} + \Phi_2 - \Phi_{12})/i = L_1 + L_2 - 2M .$$

Während L_1 und L_2 nach (3.2-10) berechnet werden, wollen wir jetzt die Gegeninduktivität zwischen beiden Ringen anhand von Bild 3.2-4 bestimmen:

Nach [3] ist exakt

$$M = \frac{2\pi\sqrt{D_1 D_2}}{k}\,[(2 - k^2)\,K(k) - 2\,E(k)]$$

mit

$$k = \frac{\sqrt{D_1 D_2}}{\sqrt{\left(\dfrac{D_1 + D_2}{2}\right)^2 + a^2}}\,. \qquad (3.2\text{-}12)$$

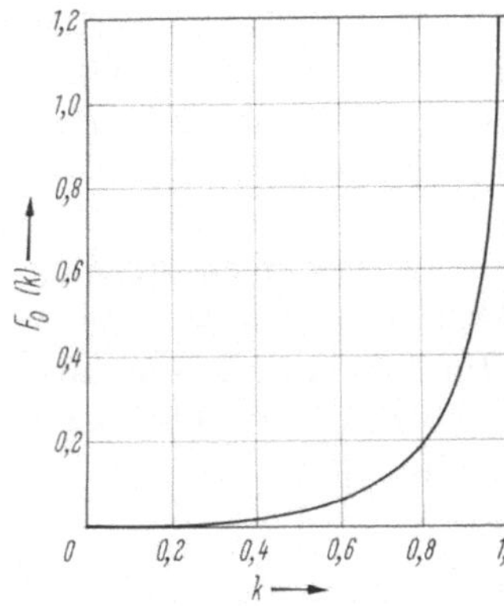

Bild 3.2-5. Formfaktor der Gegeninduktivität zweier koaxialer Drahtringe als Funktion des Moduls k

M scheint danach von 3 Größen, nämlich D_1, D_2 und a abzuhängen; es sind aber nur zwei wesentliche Größen vorhanden, die M bestimmen, wie man durch Normieren von k erkennt. Wenn man außer $D_m = (D_1 + D_2)/2$ noch a_r mit $D_1 = D_m + a_r$ und $D_2 = D_m - a_r$ als radialen Abstand einführt (siehe Bild 3.2-4b), wird

$$k = \sqrt{\frac{D_m^2 - a_r^2}{D_m^2 + a^2}} = \sqrt{\frac{1 - (a_r/D_m)^2}{1 + (a/D_m)^2}}$$

nur von a_r/D_m und a/D_m beeinflußt. Am besten faßt man die eckige Klammer mit dem Nenner k zum Formfaktor $F_0(k)$ zusammen:

$$F_0(k) = \frac{(2 - k^2)\,K(k) - 2\,E(k)}{k}$$

$F_0(k)$ ist dann auch nur von den beiden Parametern a_r/D_m und a/D_m abhängig. In Bild 3.2-5 ist $F_0(k)$ dargestellt. Bei schwacher Kopplung ($k \to 0$) gehen $F(k)$ und M gegen 0, bei starker Kopplung ($k \to 1$) steigt $F_0(k)$ logarithmisch mit D_m/a bzw. D_m/a_r an bzw., wie es Bild 3.2-5 zeigt, nahezu exponentiell mit k. Wenn die zwei Windungen gleichen Durchmesser haben ($D_1 = D_2 = D_m$), so wird $L_1 = L_2 = L$ und bei eng anliegenden Windungen ($a \ll D_m$) auch $M \approx L$, also $L_+ \approx 4L$. Hier deutet sich schon das Gesetz an, daß die Induktivität mit dem Quadrat der Windungszahl steigt. Dieses Gesetz ist auch bei Spulen mit vielen Windungen gültig.

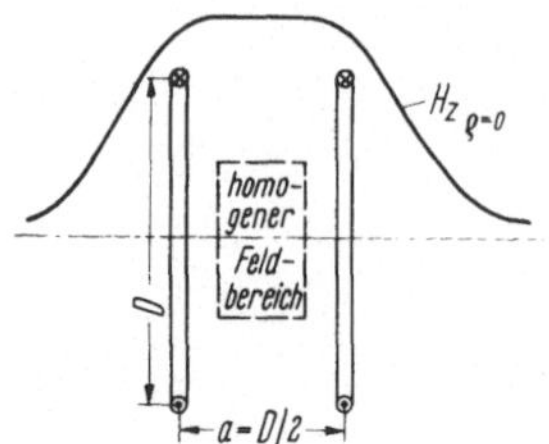

Bild 3.2-6. Feldstärke in der Achse von zwei Drahtringen (Element des Helmholtz-Spulenpaars)

3.2.6 Zwei Windungen bzw. Spulen mit homogenem Axialfeld (Helmholtz-Spulenpaar)

Genauso, wie man die Resonanzkurve eines Kreises durch Kopplung mit einem zweiten Kreis so verbreitern kann, daß eine Durchlaßkurve mit gleichmäßiger Übertragung in einem gewissen Frequenzbereich entsteht, so läßt sich auch durch 2 Kreisringe (oder 2 Ringspulen mit sehr kleinem Drahtdurchmesser im Verhältnis zu D_m) in passendem Abstand das Feld in Achsnähe zwischen beiden Ringebenen homogen gestalten (Bild 3.2-6). Der kritischen Kopplung bei Bandfilterspulen entspricht hier die Wahl des Abstandes $a = D/2$ (Abstand = Radius). Wie das Feldbild Bild 3.2-7 zeigt, ist das Feld bis zu einem Radius von etwa $D/4$ praktisch homogen und parallel zur Achse des Spulenpaares. Die magnetische Feldstärke hat den Wert (siehe 3.2-11) entsprechend dem Abstand $z = a/2 = D/4$

$$H = 2H_i \left(\frac{D/2}{\sqrt{(D/2)^2 + (D/4)^2}} \right)^3 = \frac{2i}{D} \left(\frac{2}{\sqrt{5}} \right)^3 = \frac{i}{a} \frac{8}{\sqrt{125}} = 0{,}716 \, \frac{i}{a}.$$

$$(3.2\text{-}13)$$

Besteht jeder Ring aus N Windungen, so ist i durch $N\,i$ zu ersetzen. Die Helmholtz-Spule ist bequem für magnetische Untersuchungen, weil der homogene Feldraum gut zugänglich ist. Man findet sie daher auch in Laboratorien der Nachrichtentechnik zusätzlich zu den Toroidspulen (siehe 3.2.11.1), die ebenfalls ein nahezu homogenes und berechenbares Feld liefern.

Muß man in den Spulen sehr viele Windungen mit relativ dicken Drähten unterbringen, so empfiehlt es sich, die Windungen als Doppelkegel zu wickeln (Bild 3.2-8) so, daß für jedes Windungspaar mit gleichem Radius die Bedingung $a = D/2$ erfüllt ist.

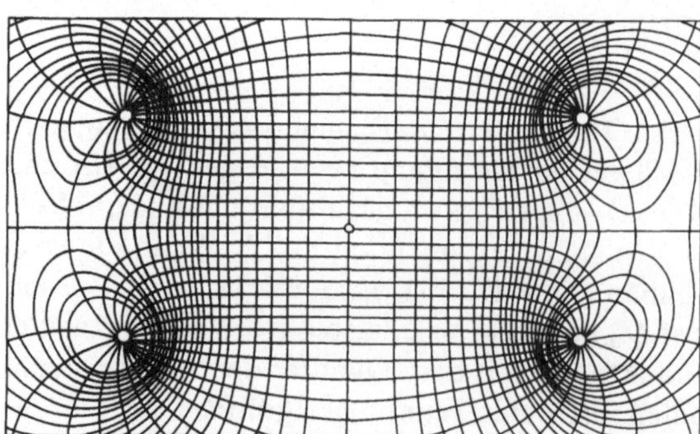

Bild 3.2-7. Feldbild der Helmholtz-Spule. (Nach [7].) Außer den Feldlinien, die im Innenraum parallel zur Achse verlaufen, sind senkrecht dazu die Linien konstanten magnetischen Potentials gezeichnet, die auf den Leitern enden

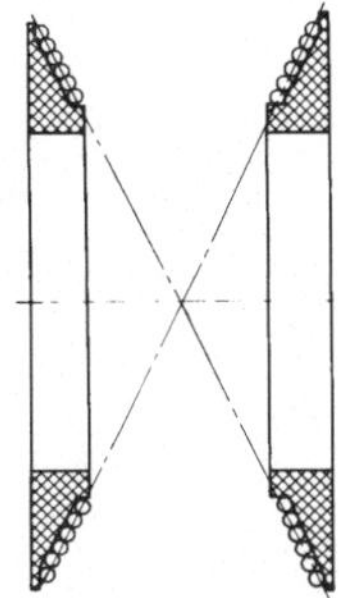

Bild 3.2-8. Anordnung der Windungen bei einer Helmholtz-Spule mit dicken Drähten

3.2.7 Spulen mit drei Windungen

Spulen aus 3 Windungen kann man zur Berechnung der Induktivität durch drei parallele Drahtringe ersetzen, wie Bild 3.2-9 für eine Zylinderspule und für eine Flachspule zeigt. In Erweiterung von Abschnitt 3.2.5 ist für die

Zylinderspule

$$L_+ = 3L + 2M_{12} + 2M_{23} + 2M_{13},$$
$$L_+ = 3L + 2(M_{12} + M_{23} + M_{13}).$$

Flachspule

$$L_+ = L_1 + L_2 + L_3 + 2M_{12} + 2M_{23} + 2M_{13},$$
$$L_+ \approx 3L_2 + 2(M_{12} + M_{23} + M_{13}).$$

Die L- und M-Werte können nach Bild 3.2-9 aus Gl. (3.2-12) bestimmt werden. Auch bei Spulen von 4 oder 5 Windungen mit relativ großen Abständen von Windung zu Windung ist das Verfahren noch nicht zu umständlich (Beispiel für 4 Windungen s. [36]). Relativ große Abstände liegen vor bei Spulen, die aus Blankdraht auf ein Isolierrohr gewickelt sind oder bei Keramikrohren mit aufgebrannten Windungen oder auch bei den Flachspulen der gedruckten Schaltungen. Sind die Spulen aus isoliertem Draht oder Litze Windung an Windung eng gewickelt, so kann man die Induktivität auf einfachere Weise bestimmen, wie der nächste Abschnitt zeigt.

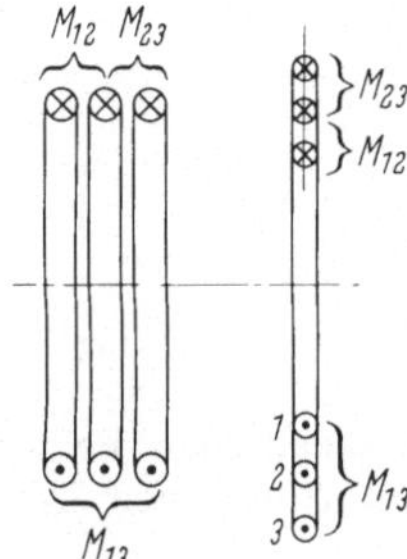

Bild 3.2-9. Spulen mit 3 Windungen

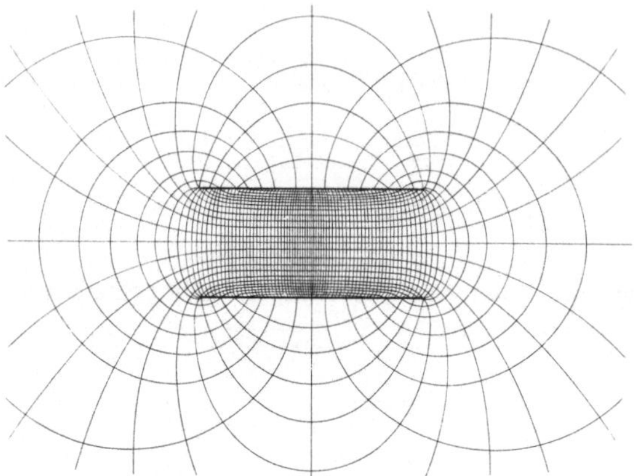

Bild 3.2-10. Feldlinien und Potentiallinien einer enggewickelten Zylinderspule. (Nach [8])

3.2.8 Induktivität von enggewickelten Zylinder- und Flachspulen

Wir gehen wieder so vor daß wir das Feldbild z. B. einer Zylinderspule betrachten und dabei den Verlauf der Feldstärke H längs der Zylinderachse genau bestimmen. Dann läßt sich auch die Induktivität der endlich langen Spule mit guter Näherung berechnen. Bild 3.2-10 zeigt, daß ähnlich wie beim Helmholtz-Spulenpaar ein etwa zylindrischer homogener Feldraum im Innern der Spule vorhanden ist, der mindestens halb so lang ist wie die Spule und dessen Durchmesser etwas größer ist als der halbe Spulendurchmesser. Die magnetische Feldstärke ist in diesem homogenen Teil parallel zur Achse gerichtet und ebenso groß wie in der Achse selbst. Es genügt daher, den Verlauf von H längs der Achse zu berechnen. Die Grundlage hierfür bildet die Gl. (3.2-11) für die Feldstärke längs der Achse eines Drahtrings

$$H = H_\mathrm{i} \left(\frac{D}{\sqrt{D^2 + 4z^2}} \right)^3 = H_\mathrm{i} \sin^3 \alpha = \frac{i}{D} \sin^3 \alpha \, .$$

Wir wollen die Feldstärke H im Punkt P mit dem Abstand a von der Spulenmitte kennenlernen (s. Bild 3.2-11). Die Windungen mit dem Abstand z von der Mittelebene und der Breite $\mathrm{d}z$ tragen den Stromanteil $N\,i\,\mathrm{d}z/l$ und geben somit den Beitrag

$$\mathrm{d}H = \frac{Ni}{lD} \, \mathrm{d}z \sin^3 \alpha \, .$$

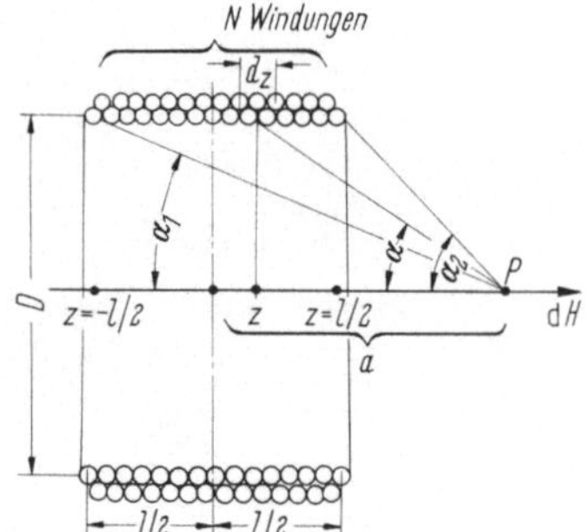

Bild 3.2-11. Zur Berechnung der magnetischen Feldstärke längs der Achse einer stromdurchflossenen Zylinderspule

Also erhält man H durch Summierung aller Beiträge der Windungsteile, indem man z von $-l/2$ bis $+l/2$ erstreckt:

$$H = \frac{Ni}{lD} \int\limits_{z=-l/2}^{+l/2} \sin^3\alpha \; dz \; .$$

Nach Bild 3.2-11 sind z und α fest zugeordnet: $2(a-z) = D \cot\alpha$.
Durch Einsetzen von

$$dz = \frac{D}{2} \frac{d\alpha}{\sin^2\alpha}$$

wird

$$H_a = \frac{Ni}{2l} \int\limits_{\alpha_1}^{\alpha_2} \sin\alpha \; d\alpha = \frac{Ni}{2l}(\cos\alpha_1 - \cos\alpha_2)$$

oder

$$H_a = \frac{Ni}{2l}\left(\frac{a+l/2}{\sqrt{(D/2)^2+(a+l/2)^2}} - \frac{a-l/2}{\sqrt{(D/2)^2+(a-l/2)^2}}\right). \qquad (3.2\text{-}14)$$

Danach kann H abhängig von a berechnet und gezeichnet werden (s. Bild 3.2-12). Besondere Werte der magnetischen Feldstärke H sind die Werte bei $a=0$ und $a=l/2$:

1. Spulenmitte ($a=0$):

$$H_m = \frac{Ni}{\sqrt{l^2+D^2}} = \frac{Ni}{l}\frac{1}{\sqrt{1+(D/l)^2}} . \qquad (3.2\text{-}15)$$

Nur für lange Spulen ($l \geqq 7D$) darf man also mit einem Fehler $\leqq 1\%$ die so übliche Beziehung $H_m \approx Ni/l$ verwenden. Für sehr kurze Spulen ($D \geqq 7l$) ist umgekehrt $H_m \approx Ni/D$ in Übereinstimmung mit der Beziehung für die Feldstärke in der Mitte des Drahtringes, wobei nur Ni and die Stelle von i tritt (siehe Gl. (3.2-6)).

2. Spulenrand ($a=+l/2$):

$$H_{rand} = \frac{Ni}{2\sqrt{l^2+(D/2)^2}} = \frac{Ni}{2l}\frac{1}{\sqrt{1+(D/2l)^2}} . \qquad (3.2\text{-}16)$$

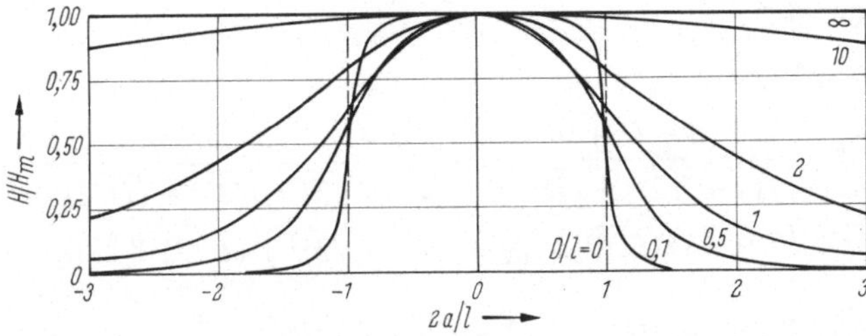

Bild 3.2-12. Größe der normierten magnetischen Feldstärke entlang der Achse von Zylinderspulen mit verschiedenem Verhältnis D/l

Wir sehen aus dem Vergleich von (3.2-15) mit (3.2-16), daß bei langen Spulen die Randfeldstärke auf nahezu 50 % der Feldstärke H_m in Spulenmitte absinkt:

$$H_\mathrm{rand} = \frac{H_\mathrm{m}}{2} \frac{\sqrt{1 + (D/l)^2}}{\sqrt{1 + (D/2\,l)^2}} \qquad\qquad (3.2\text{-}17)$$

oder für $l \geqq 2\,D$ mit einem Fehler $\leqq 1\,\%$

$$H_\mathrm{rand} \approx \frac{H_\mathrm{m}}{2}\left(1 + \frac{3}{8}\left(\frac{D}{l}\right)^2\right).$$

Dagegen folgt aus (3.2-16) für sehr kurze Spulen ($D \geqq 8\,l$), daß (mit einem Fehler $\leqq 3\,\%$) die Randfeldstärke praktisch noch mit der Feldstärke H_m übereinstimmt. In Bild 3.2-12 ist der Verlauf der Feldstärke längs der Achse dargestellt für $D/l = 0$; 0,1; 0,5; 1; 2; 10; ∞.

Damit kann die Induktivität von enggewickelten Spulen bestimmt werden. Es wäre umständlich, L_a aus der magnetischen Energie zu berechnen, da man hierzu das Feld auch im gesamten Außenraum kennen müßte. Wir bestimmen L_a lieber aus den die einzelnen Windungen durchsetzenden Flüssen Φ_k

$$L_\mathrm{a} = \sum_{k=1}^{N} \frac{\Phi_k}{i}$$

d. h., wir summieren die Flüsse aller N Windungen. Da nun die Feldlinien im Innern der Spule praktisch parallelgerichtet sind und durch die Kopplung mit den Nachbarwindungen die Feldstärke H wesentlich weniger vom Radius r der Feldlinie abhängt als bei *einem* Drahtring, kann man innerhalb jeder Windung den Windungsfluß

$$\Phi_k = \int B_k\,\mathrm{d}A \approx B_\mathrm{a}\,A = \mu_0\,\mu_\mathrm{r}\,H_\mathrm{a}\,A$$

setzen, also einfach durch das Produkt aus Induktion B_a und Windungsfläche A ersetzen. Da die Spule N Windungen hat, wird

$$L_\mathrm{a} = \sum_{k=1}^{N} \frac{\Phi_k}{i} \approx \frac{\mu_0\,\mu_\mathrm{r}\,A}{i} \sum_{k=1}^{N} H_{\mathrm{a},k}.$$

Dabei bedeutet $\displaystyle\sum_{k=1}^{N} H_{\mathrm{a},k}$ die Summe der N axialen Feldstärken H_a, die wir leicht bestimmen können:

Anstelle der Summe berechnen wir das Integral mittels (3.2-14) aus dem Mittelwert $\bar{H}_\mathrm{a}$ aller H_{ak}

$$\sum_{k=1}^{N} H_{\mathrm{a},k} = N\,\bar{H}_\mathrm{a} = \frac{N}{l} \int_{a=-l/2}^{l/2} H_\mathrm{a}\,\mathrm{d}a$$

$$= \frac{N}{l}\frac{Ni}{2l}\left[\int_{a=-l/2}^{+l/2} \frac{(a + l/2)\,\mathrm{d}a}{\sqrt{(a + l/2)^2 + (D/2)^2}} - \int_{a=-l/2}^{+l/2} \frac{(a - l/2)\,\mathrm{d}a}{\sqrt{(a - l/2)^2 + (D/2)^2}}\right]$$

$$= \frac{N^2\,i}{2\,l^2}\left([\sqrt{(a + l/2)^2 + (D/2)^2}]_{a=-l/2}^{l/2} - [\sqrt{(a - l/2)^2 + (D/2)^2}]_{a=-l/2}^{l/2}\right)$$

$$= \frac{N^2\,i}{2\,l^2}\left(\sqrt{l^2 + (D/2)^2} - D/2 - D/2 + \sqrt{l^2 + (D/2)^2}\right)$$

$$= \frac{N^2\,i}{l}\left(\sqrt{1 + (D/2\,l)^2} - D/2\,l\right).$$

Damit wird

$$L_\mathrm{a} \approx N^2\,\mu_0\,\mu_\mathrm{r}\,\frac{A}{l}\,(\sqrt{1 + (0{,}5\,D/l)^2} - 0{,}5\,D/l)\,.\tag{3.2-18}$$

Der das Streufeld berücksichtigende Formfaktor ist durch den Klammerausdruck gegeben. Er hängt nur von D/l ab. Es zeigt sich beim Vergleich mit genaueren, aber sehr mühseligen Rechnungen [3, S. 14–28], daß für $D/l \leqq 1$ der Formfaktor gute Übereinstimmung ergibt, aber für $D/l > 1$ versagt. Ersetzt man $\sqrt{1 + (0{,}5\,D/l)^2} - 0{,}5\,D/l$ jedoch durch den einfachen Ausdruck $1/(1 + 0{,}45\,D/l)$ nach [3, S. 30], so bleibt dieser Formfaktor für alle langen Spulen und kurze Spulen bis $D/l \leqq 5$ gültig mit einem Fehler unter 1%. Der Ausdruck für die Induktivität bekommt damit die Form

$$L_\mathrm{a} = N^2\,\mu_0\,\mu_\mathrm{r}\,\frac{A}{l}\,\frac{1}{1 + 0{,}45\,D/l} = \frac{N^2\,\mu_0\,\mu_\mathrm{r}\,A}{l + 0{,}45\,D} = \frac{N^2\,\mu_0\,\mu_\mathrm{r}\,A}{l_\mathrm{eff}}\tag{3.2-19}$$

oder

$$L_\mathrm{a} = N^2\,A_\mathrm{L}\quad\text{mit}\quad A_\mathrm{L} = \frac{\mu_0\,\mu_\mathrm{r}\,A}{l_\mathrm{eff}}\,.$$

Hierin bedeutet A_L die durch die Spulenform und μ_r bestimmte Induktivitätskonstante („A_L-Konstante"), die nur noch von der Permeabilität μ_r des Kernes und den Hauptabmessungen der Spule abhängt.

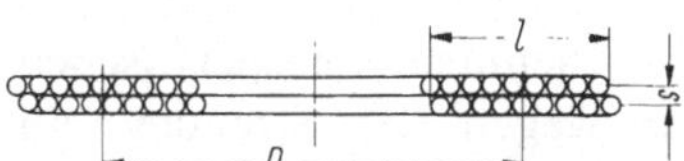

Bild 3.2-13. Bezeichnungen bei der Flachspule

Bei der Ableitung von (3.2-19) war nicht vorausgesetzt, daß die Spule einlagig gewickelt ist. Wohl aber muß die Stärke s der Wicklung sowohl klein gegen $D/2$ als auch klein gegen die Spulenlänge l sein, wenn Formel (3.2-19) anwendbar bleiben soll. Ferner kann der Querschnitt der Spule (quer zur Spulenachse) durchaus von der Kreisform abweichen, z. B. ein Quadrat oder Vieleck sein. Für A ist immer die Querschnittsfläche einzusetzen. Bemerkenswert ist ferner, daß die einfache Beziehung (3.2-19) auch für die Induktivität enggewickelter Flachspulen gültig ist, wenn $s \ll l$ und $s \ll D$ bleibt. Man muß dann aber unter l die Wickelbreite und unter D den *mittleren* Spulendurchmesser verstehen (s. Bild 3.2-13 und [3, S. 31]).

3.2.9 Spezifische Induktivität. Optimale einlagige Zylinderspulen

Wir wollen uns in diesem Abschnitt auf Spulen mit kreisrundem Wickelkörper beschränken. Dann ist $A = \pi\,D^2/4$ und damit nach (3.2-19) mit $\mu_0 = 4\,\pi \cdot 10^{-9}$ H/cm

$$L_\mathrm{a} = N^2\,\mu_\mathrm{r}\,D\,\frac{\pi^2}{l/D + 0{,}45}\,\frac{\mathrm{nH}}{\mathrm{cm}}\,.\tag{3.2-20}$$

Man erkennt, daß bei Veränderungen aller Spulenabmessungen in gleichem Maßstab (wobei N und l/D fest bleiben) die Induktivität linear mit dem Durchmesser D wächst. Sehr viele Anwendungen fordern Verkleinerung der Abmessung bei festgelegten elektrischen Daten, ohne daß also die Induktivität sinkt, wenn D verringert wird. Wir wollen daher analog zur Definition der spezifischen Kapazität (s. Kapitel 2) für die einlagige Zylinderspule die spezifische Induktivität als Induktivität, bezogen auf das (aktive) Volumen V, berechnen: Mit $V = A \cdot l$ folgt aus (3.2-19)

$$\frac{L_a}{V} = \frac{N^2}{l^2} \mu_0 \mu_r \frac{1}{1 + 0,45\, D/l} = \frac{\mu_0 \mu_r}{g^2} \frac{1}{1 + 0,45\, D/l}.$$ (3.2-21)

Nun hat $l/N = g$ die einfache Bedeutung des Abstands von Windung zu Windung (Ganghöhe). Man kann also im Volumen besonders viel magnetische Energie speichern und L_a groß machen, wenn man die Ganghöhe g so klein wie möglich wählt. Das bedeutet: dünne Isolation und dünne Drahtstärke bzw. schmale Bänder. Damit kommt man in der Sendertechnik an die Grenzen der Strom- bzw. Spannungsbelastbarkeit. Bei Empfängern oder Verstärkern liegt die Grenze für die Wahl sehr dünner Windungen entweder in der Herstellbarkeit oder dem unzulässig hohen ohmschen Widerstand. Immerhin ist es wichtig, das Gesetz (3.2-21) für die spezifische Induktivität zu kennen.

Die mittlere, spezifische, im Volumen V gespeicherte magnetische Energie, die Energiedichte, ist

$$\frac{1}{2} \frac{L_a\, i^2}{V} = \frac{1}{2} \mu_0 \mu_r \left(\frac{i}{g}\right)^2 \frac{1}{1 + 0,45\, D/l}.$$ (3.2-22)

Wie man aus (3.2-21) und (3.2-22) entnehmen kann, nehmen die spezifischen Größen mit μ_r unmittelbar zu, so daß nicht nur wegen der Streuung ein magnetischer Kern zweckmäßig ist, wenn er die Belastung ohne unzulässige Erwärmung aushält.

Ferner scheint ein kleiner Wert von D/l günstig zu sein. Wie im folgenden gezeigt wird, ist es aber aus anderen Gründen vorteilhaft, $0,45\, D/l \approx 1$ zu wählen ($D/l \approx 2,2$), so daß der Nenner in (3.2-22) den Wert 2 annimmt. Bis auf diesen Faktor entspricht (3.2-22) vollkommen dem Ausdruck für die spezifische elektrische Energie, die in einem Kondensator gespeichert werden kann (s. Abschnitt 2.1.2)

$$\frac{1}{2} \frac{C U^2}{V} = \frac{1}{2} \varepsilon_0 \varepsilon_r \left(\frac{U}{s}\right)^2,$$

wenn man ε durch μ, U durch i und s durch g ersetzt.

Wir wollen nun die günstigste Spulenform bzw. das günstigste D/l-Verhältnis suchen. Dabei soll bei vernachlässigbar dünner Isolation und eng aneinanderliegenden Windungen mit gegebener Drahtstärke

$$d = \frac{l}{N}$$ (3.2-23)

und mit einer gegebenen Drahtlänge

$$\Lambda = \pi D N$$ (3.2-24)

ein Maximum von L_a erreicht werden. Das Ziel der folgenden Rechnung ist der Ersatz von N und D in Gl. (3.2-20) durch d, Λ und l/D. Aus Gl. (3.2-23) erhalten wir die Windungszahl N zu

$$N = \frac{l}{d} = \frac{1}{d}\left(\frac{l}{D}\right) D \,, \tag{3.2-25}$$

die wir in Gl. (3.2-20) einsetzen:

$$\frac{L_a}{\text{nH/cm}} = \frac{1}{d^2}\left(\frac{l}{D}\right)^2 D^3\, \mu_r \,\frac{\pi^2}{0{,}45 + l/D}\,. \tag{3.2-26}$$

Außerdem setzen wir (3.2-25) in Gl. (3.2-24) ein und lösen nach D auf:

$$D = \sqrt{\frac{\varLambda d}{\pi\, l/D}}\,. \tag{3.2-27}$$

Mit (3.2-27) können wir D in Gl. (3.2-26) eliminieren:

$$\frac{L_a}{\text{nH/cm}} = \sqrt{\pi}\,\mu_r\,\sqrt{\frac{\varLambda^3}{d}}\,\frac{\sqrt{l/D}}{0{,}45 + l/D}\,, \tag{3.2-28}$$

so daß L_a außer dem vorgegebenen $\varLambda$ und d nur das Verhältnis l/D enthält. Wir suchen nun das Maximum von L_a durch Verändern von $l/D = x$. Dann soll

$$y = \frac{\sqrt{l/D}}{0{,}45 + l/D} = \frac{\sqrt{x}}{0{,}45 + x}$$

für den gesuchten Wert $x = x_0$ ein Maximum annehmen. Es ist bestimmt durch die Gleichung

$$\frac{\sqrt{x_0}}{0{,}45 + x_0} = \left(\frac{(\sqrt{x})'}{(0{,}45 + x)'}\right)_{x=x_0} = \frac{1}{2\sqrt{x_0}}\,.$$

Also $2x_0 = x_0 + 0{,}45$ oder $x_0 = 0{,}45$; $(l/D)_{\text{opt}} = 0{,}45$ oder $(D/l)_{\text{opt}} = 2{,}22$. Erfreulicherweise ist dieser Optimalwert von $D/l = 2{,}22$ nicht kritisch und braucht daher auch nicht genau eingehalten zu werden. Am besten erkennt man dies, indem man die L_a bestimmende Funktion $y = \sqrt{l/D}\,/(0{,}45 + l/D)$ über l/D aufträgt (s. Bild 3.2-14). Es ist also weder eine lange Spule, die man mit kleinem Durchmesser aus dem Draht der Länge $\varLambda$ aufwickelt, noch ein Drahtring, der mit einer Windung zu dem Durchmesser $\varLambda/\pi$ gebogen wird, günstig, sondern eine kurze Spule mit der Länge $l = 0{,}45\,D$ (das Helmholtz-Spulenpaar hat den Abstand $l = 0{,}5\,D$).

Von dem Optimalwert der Induktivität verliert man nur bis zu 7,5 %, wenn man l bis zu dem Wert des Durchmessers D verlängert oder bis zu $D/5$ verkürzt. In diesem Bereich für l/D haben auch Flachspulen ihren optimalen Wert. Setzt man den Wert 0,45 für l/D in (3.2-20) ein, so erhält man die für einlagige Flach- und

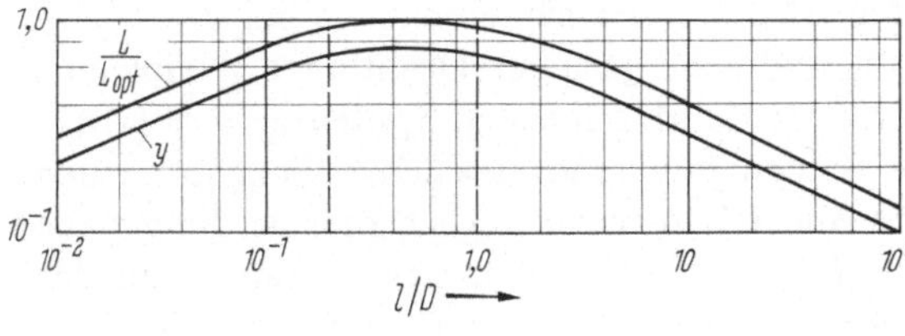

Bild 3.2-14. Normierte Induktivität L/L_{opt} und Faktor y einer Zylinderspule als Funktion des Verhältnisses Länge l zu Durchmesser D

$$y = \frac{\sqrt{l/D}}{(l/D) + 0{,}45}$$

Zylinderspulen gültige Beziehung

$$L_{a,opt} = N^2 \, \mu_r \cdot 11 \, D \, \frac{nH}{cm} \qquad\qquad (3.2\text{-}29\,a)$$

oder nach (3.2-28)

$$L_{a,opt} = 1,32 \, \mu_r \, \Lambda \, \sqrt[2]{\frac{\Lambda}{d}} \, \frac{nH}{cm}. \qquad\qquad (3.2\text{-}29\,b)$$

Der Wickelraum der einlagigen Spulen ist ein sehr schmales Rechteck mit Drahtstärke d und Wickelbreite l als Seiten. Man kann wieder die Frage stellen, ob dieses extreme Seitenverhältnis günstig ist, oder ob nicht bei gleicher Induktivität Spulen mit quadratischem oder nahezu quadratischem Wickelraum kleiner sind als einlagige Spulen.

3.2.10 Optimale Spulen mit quadratischem Wickelraum

Für Spulen mit quadratischem Wickelraum (siehe Bild 3.2-15) kann man durch eine ähnliche Betrachtung wie für einlagige Spulen ebenfalls Optimal-Beziehungen ableiten. Hier ist $\sqrt{N} = l/d$, wenn l die Kantenlänge des Wickelraumes, d die Drahtstärke und N die Windungszahl bedeuten.

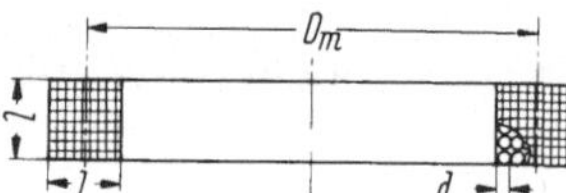

Bild 3.2-15. Kreisförmige Spule mit quadratischem Wikkelraum

Die Spule größter Induktivität bei gegebener Drahtlänge Λ und dem Drahtdurchmesser d hat in diesem Fall eine Verhältnis $(l/D_m)_{opt} = 0,33$ bzw. $(D_m/l)_{opt} = 3$. Die Induktivität der optimalen Spule mit quadratischem Wickelraum wird dann

$$L_{a,opt\square} = N^2 \, \mu_r \cdot 8,5 \, D_m \, \frac{nH}{cm} \qquad\qquad (3.2\text{-}30\,a)$$

oder

$$L_{a,opt\square} = 0,6 \, \mu_r \, \Lambda \, \sqrt[3]{\left(\frac{\Lambda}{d}\right)^2} \, \frac{nH}{cm}. \qquad\qquad (3.2\text{-}30\,b)$$

Vergleicht man (3.2-30 a) mit (3.2-29 a), so scheint wegen des kleineren Faktors 8,5 die Spule mit quadratischen Wickelraum unterlegen. Entscheiden kann man die Frage anhand von (3.2-30 b) und (3.2-29 b), wenn man $L_a/\Lambda \, \mu_r$ vergleicht. Die auf Λ und μ_r bezogenen Induktivitäten $1,32 \sqrt[2]{\Lambda/d}$ und $0,6 \sqrt[3]{(\Lambda/d)^2}$ sind in Bild 3.2-16 über Λ/d aufgetragen und vergleichbar. Die Kurven schneiden sich bei $\Lambda/d \approx 114$. Das bedeutet, daß bei dickem Draht und sehr geringer Drahtlänge Λ einlagige Flach- bzw. Zylinderspulen günstiger sind. Bei den meisten Spulen wird aber Λ/d viel größer als 114 sein. Dann sind Spulen mit quadratischem Wickelraum den einlagig gewickelten überlegen (siehe Bild 3.2-16 rechts). Auch hier ist die genaue Einhaltung der optimalen Werte für l/D_m nicht kritisch. Ferner kann man das Seitenverhältnis l/s des Wickelraumes noch zwischen 1/2 und 2 variieren, ohne viel

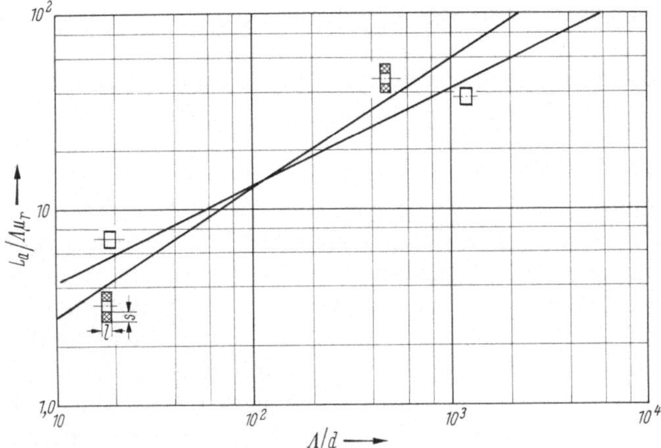

Bild 3.2-16. Vergleich der auf die Drahtlänge Λ und die relative Permeabilität bezogenen Induktivitäten – einlagige Zylinderspule (mit flacher Steigung); Kreisspule mit quadratischem Wickelraum

zu verlieren. Ein kreisförmiger Wickelraum anstelle des quadratischen oder rechteckigen bringt daher auch keinen Vorteil, zumal er schwieriger herzustellen ist (siehe auch [3, S. 103]).

3.2.11 Spulen mit geringem Außenfeld

Die bisher behandelten Spulen haben zwar ein im Verhältnis zum Innenfeld schwaches Außenfeld, doch ist ihr äußeres Magnetfeld oft die Ursache von Kopplungen und Störungen. Umgekehrt sind diese Spulen auch empfindlich gegenüber äußeren magnetischen Störfeldern. Es gibt 3 Möglichkeiten der Abhilfe:

1. Schirmung der Spule durch Abschirmbecher geeigneter Dicke, eventuell mit Material hoher Permeabilität. Dabei erhält man einen zusätzlichen Verlustwiderstand und folglich eine verminderte Güte, wenn die Spule nicht genügenden Abstand von den Wänden des Abschirmbechers hat.

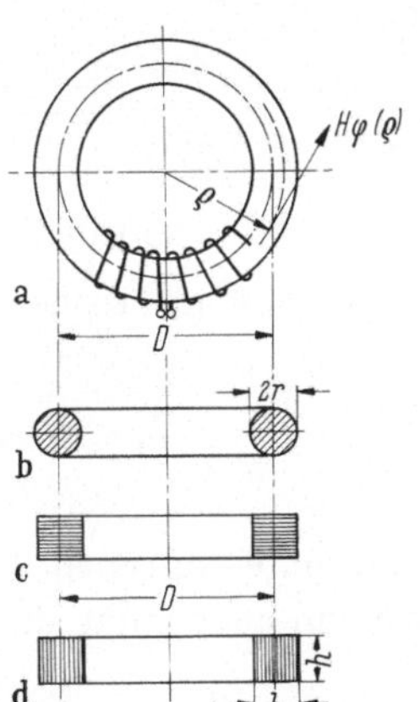

Bild 3.2-17. a Toroidspule mit verschiedenen Querschnittsformen; **b** kreisförmig; **c** rechteckig aus gestanzten Blechen; **d** rechteckig aus gewickeltem Band

2. Konstruktion von Spulen mit sehr geringem Außenfeld, nämlich Toroidspulen (Ringkernspulen, s. Bild 3.2-17).

3. Verwendung von Spulen mit völlig oder fast geschlossenem Kern hoher Permeabilität μ_r.

3.2.11.1 Toroidspulen (Ringkernspulen)

Die Toroidspule kann man als *lange Zylinderspule* ansehen, deren Achse zu einem Kreisring nach Bild 3.2-17 gebogen wurde. Die magnetischen Feldlinien schließen sich dadurch als Kreise im Innern des Ringkerns (Torus), das äußere Streufeld wird auf wenige % des Streufeldes der offenen Spulen vermindert, insbesondere bei magnetischem Kern. Befinden sich auf dem Kern N vom Strom i durchflossene Windungen, so gilt nach dem Durchflutungsgesetz für die magnetische Feldstärke $H_\varphi(\varrho)\,2\pi\varrho = Ni$. Daher ist H_φ mit $1/\varrho$ vom Radius ϱ abhängig. (Diese Abhängigkeit wird bei Transfluxor-Kernen ausgenutzt.) Ist der Kernquerschnitt rechteckig (s. Bild 3.2-17c für gestanzte Bleche, Bild 3.2-17d für gewickelte Bandkerne), so wird der magnetische Windungsfluß

$$\Phi = \int B\,\mathrm{d}A = \mu_0\,\mu_\mathrm{r}\iint H_\varphi(\varrho)\,\mathrm{d}\varrho\,\mathrm{d}h = \mu_0\,\mu_\mathrm{r}\,h\,\frac{Ni}{2\pi}\int_{\frac{D}{2}-\frac{b}{2}}^{\frac{D}{2}+\frac{b}{2}}\frac{\mathrm{d}\varrho}{\varrho}$$

$$= \mu_0\,\mu_\mathrm{r}\,h\,\frac{Ni}{2\pi}\ln\frac{\dfrac{D}{2}+\dfrac{b}{2}}{\dfrac{D}{2}-\dfrac{b}{2}}$$

und damit

$$L_\mathrm{a} = \frac{N\Phi}{i} = N^2\,\mu_0\,\mu_\mathrm{r}\,\frac{h}{2\pi}\ln\frac{1+b/D}{1-b/D} = N^2\,A_\mathrm{L}\,. \tag{3.2-31}$$

Die A_L-Konstante hat damit den Wert

$$A_\mathrm{L} = \mu_0\,\mu_\mathrm{r}\,\frac{h}{2\pi}\ln\frac{1+b/D}{1-b/D}\,. \tag{3.2-31 a}$$

Die physikalische Bedeutung von b und D kommt besser zum Ausdruck, wenn wir den Logarithmus in eine Reihe entwickeln: Für $\dfrac{b}{D} = x < 1$ ist

$$\ln\frac{1+x}{1-x} = 2x\left(1+\frac{x^2}{3}+\frac{x^4}{5}+\frac{x^6}{7}+\dots\right).$$

Hierin kann man für $x < 1/3$ die höheren Potenzen x^4, x^6 usw. vernachlässigen. Dann ist

$$A_\mathrm{L} \approx \mu_0\,\mu_\mathrm{r}\,\frac{h\,b}{\pi D}\left[1+\frac{b^2}{3D^2}\right] = \mu_0\,\mu_\mathrm{r}\,\frac{A}{l}\left[1+\frac{1}{3}\left(\frac{b}{D}\right)^2\right]\,. \tag{3.2-31 b}$$

Damit hat der erste Faktor der A_L-Konstanten wieder das gewohnte Aussehen, s. Gl. (3.2-19), der zweite (Korrekturfaktor) berücksichtigt die Inhomogenität des Feldes.

Etwas schwieriger ist die Berechnung bei kreisförmigem Querschnitt des Ringes. Hier ist der Windungsfluß (s. Bild 3.2-18)

$$\Phi = \int B\,\mathrm{d}A = \mu_0\,\mu_\mathrm{r} \iint H_\varphi(\varrho)\,\mathrm{d}\varrho\,\mathrm{d}h = \mu_0\,\mu_\mathrm{r}\frac{Ni}{2\pi}\int\limits_{h=-r}^{+r}\left(\int\limits_{R=\frac{D}{2}-\sqrt{r^2-h^2}}^{\frac{D}{2}+\sqrt{r^2-h^2}}\frac{\mathrm{d}\varrho}{\varrho}\right)\mathrm{d}h$$

$$= \mu_0\,\mu_\mathrm{r}\frac{Ni}{\pi}\int\limits_{h=0}^{r}\ln\frac{1+\dfrac{\sqrt{r^2-h^2}}{D/2}}{1-\dfrac{\sqrt{r^2-h^2}}{D/2}}\,\mathrm{d}h$$

$$= \mu_0\,\mu_\mathrm{r}\frac{2Ni}{\pi}\int\limits_{0}^{r}\frac{\sqrt{r^2-h^2}}{D/2}\left(1+\frac{1}{3}\frac{r^2-h^2}{(D/2)^2}+\dots\right)\mathrm{d}h\,.$$

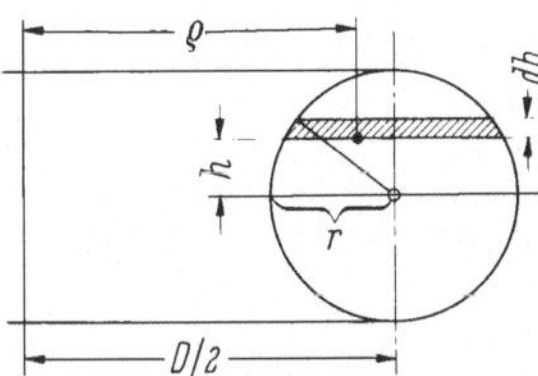

Bild 3.2-18. Zur Berechnung des magnetischen Flusses einer Toroidspule mit kreisförmigem Kernquerschnitt

Wie beim quadratischen Querschnitt vernachlässigen wir alle Potenzen 4. und höheren Grades und erhalten nach der Integration

$$\Phi = \mu_0\,\mu_\mathrm{r}\,Ni\,\frac{\pi r^2}{\pi D}\left[1+\left(\frac{r}{D}\right)^2\right] = \mu_0\,\mu_\mathrm{r}\,Ni\,\frac{A}{l}\left[1+\left(\frac{r}{D}\right)^2\right].$$

Damit wird die Induktivität bei kreisförmigem Querschnitt

$$L_\mathrm{a} = \frac{N\Phi}{i} = N^2\,\mu_0\,\mu_\mathrm{r}\,\frac{A}{l}\left[1+\left(\frac{r}{D}\right)^2\right]\quad\text{mit}\quad\frac{A}{l}=\frac{\pi r^2}{\pi D}=\frac{r^2}{D}\,. \tag{3.2-32}$$

Der Einfluß des radial inhomogenen Feldes ist hier schwächer als beim rechteckigen Querschnitt, wie sich aus (3.2-32) und (3.2-31 b) ergibt, wenn man b mit $2r$ vergleicht.

Das berechenbare und nur schwach inhomogene Feld der Ringkernspule läßt sie zur Untersuchung magnetischer Werkstoffe geeignet erscheinen. μ_r wird daher gelegentlich „Ringkern-Permeabilität", genannt.

Ringkernspulen wurden auch für Pupin-Spulen und Filterspulen verwandt.

Die Anordnung der Windungen ist für die Streuung und die Ausbildung des elektrischen Feldes wichtig. Die Streuung kann durch Wechsel des Umlaufsinns der aufeinanderfolgenden Lagen insbesondere bei geradzahligem m nahezu kompensiert werden. Wie Bild 3.2-19 zeigt, entspricht die normalgewickelte Spule (oben) einer idealen Ringkernspule mit aneinanderliegenden Kreisringen und (bei einer einlagigen Wicklung) *einer* zusätzlichen Windung mit dem mittleren Umfang des Kernes! Besteht die Wicklung aus m Lagen, so ist ein Streufeld vorhanden, das von m Windungen mit dem Umfang der Kernform herrührt. Es ist also nicht

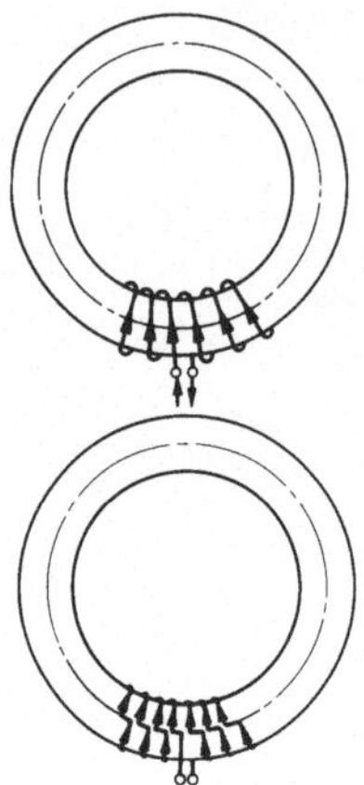

Bild 3.2-19. Zur Erklärung des Streufeldes bei Ringkernspulen

günstig, viele Lagen übereinander anzubringen. Dies ist auch dann nicht günstig, wenn man die Eigenkapazität und damit die Eigenwelle der Ringkernspule klein halten will. Selbst die einlagige Wicklung ist in dieser Beziehung nicht die beste, weil Anfang und Ende der Wicklung, die volle Spannung haben, nahe beieinander liegen.

Bei hohen Strömen und Spannungen teilt man daher zweckmäßig die Wicklung in 2 Hälften und schaltet diese parallel (s. Bild 3.2-20). Eine solche Ausführung, die auch Torus-Solenoid genannt wird, kann mit höherer Spannung als ein Toroid belastet werden. Die Eigenkapazität ist offenbar viel kleiner, weil die Windungen mit hoher Spannung gegeneinander am weitesten voneinander entfernt sind (Beispiel einer 1 m hohen Senderspule von 1 m $\varnothing$ für 350 A ohne Wasserkühlung mit Windungen aus breiten Kupferbändern, s. [9]).

Ringkernspulen werden bei geringer Windungszahl von Hand, bei größeren Windungszahlen mit Ringwickelmaschinen (siehe z. B. [10]) bewickelt. Dies ist teurer als das Wickeln auf Spulenkörper mit normalen Wickelmaschinen. Üblich ist es daher, die Kerne zu teilen und fertig gewickelte Spulen aufzubringen.

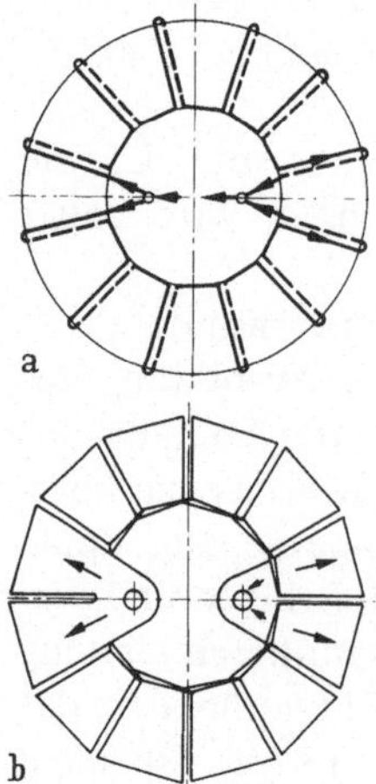

Bild 3.2-20a u. b. Torus-Solenoid mit geringer Streuinduktivität, geringer Eigenkapazität sowie hoher Spannungs- und Strombelastbarkeit. **a** Prinzip der Wicklung; **b** mögliche Ausführung mit breiten Bändern

3.3 Spulen mit magnetischem Kern

Während die besprochenen Ringkernspulen wenig nach außen streuen, auch wenn sie keinen magnetischen Kern haben, ist bei quadratischer oder rechteckiger Form des Kernes magnetisches Material notwendig, um die Streuung an den Ecken des Kernes klein zu halten.

Man unterscheidet in der Ausführung der Kerne:

1. aus Einzelblechen geschichtete Kerne für Anwendungen hauptsächlich im Tonfrequenzbereich,
2. aus gewalzten Bändern spiralig aufgewickelte Bandkerne, die wegen geringerer Banddicke als in 1, auch für Anwendungen oberhalb des Tonfrequenzbereiches geeignet sind,
3. Masse- und Pulverkerne aus in Isolierstoff fein verteiltem Carbonyleisen oder Eisennickellegierungen für Hochfrequenz-Anwendungen,
4. Ferritkerne für alle Frequenzbereiche, auch für Zwecke der Mikrowellentechnik.

Je höher die Frequenzen, um so dünner ist das magnetische Material bei 1. und 2., bzw. um so kleiner ist die Teilchengröße bei 3. zu wählen, um die Wirbelstromverluste zu beschränken. Die unter 4. genannten Ferrite sind magnetische Eisen-Metalloxide ohne makroskopische Wirbelströme. Sie werden wie Keramik gebrannt.

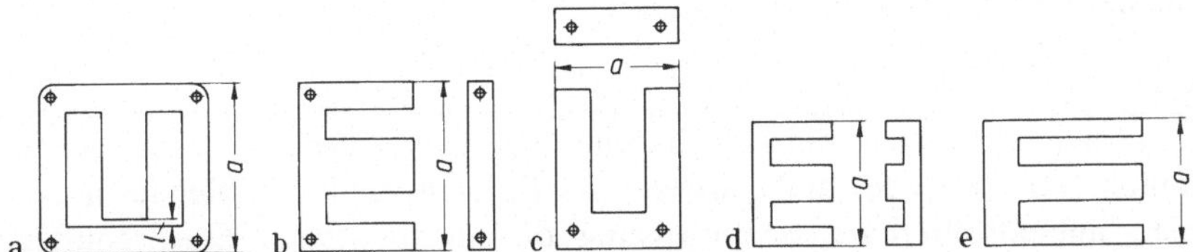

Bild 3.3-1 a–e. Verschiedene Kernbleche. **a** Typ M; **b** Typ EI; **c** Typ UI; **d** Typ EE; **e** Typ ED; alle nach DIN 41 302

3.3.1 Blechkerne für den Niederfrequenzbereich

Je nach Betriebsfrequenz werden verwendet: die Siliciumeisenbleche nach DIN 46 400 in Blechdicken von 0,35 und 0,5 mm sowie die Siliciumeisen- und Nickeleisenbleche nach DIN 41 301, welche auch in geringeren Blechdicken als 0,35 mm geliefert werden (0,05/0,1/0,2 mm). Die dünneren Bleche finden Verwendung bei den hochpermeablen Werkstoffen bzw. bei höheren Frequenzen. (Nach Gl. (3.5-17) ist die Wirbelstrom-Grenzfrequenz umgekehrt proportional zur Permeabilität und zum Quadrat der Blechdicke.) Zur Beschränkung der Wirbelströme auf die Einzelbleche, d. h. zur Isolierung der Bleche gegeneinander, ist fast immer die während der Herstellung der Bleche entstehende leichte Oxidschicht ausreichend, mitunter werden auch zusätzlich oxidische Isoliermittel aufgebracht, oder die Kernbleche werden einseitig lackiert. Sind die Bleche dünn genug, so können sie auch noch oberhalb des Tonfrequenzbereiches eingesetzt werden, jedoch selten oberhalb etwa 20 kHz.

3.3.1.1 Geschichtete Blechkerne

Gestanzte Kernbleche ermöglichen die Verwendung fertiggewickelter Spulen.

Die gebräuchlichsten Kernblechformen nach DIN 41 302 sind M-Schnitte, EI-Schnitte, UI-Schnitte, EE-Schnitte und ED-Schnitte (siehe Bild 3.3-1). Zur Kennzeichnung der Kernformen werden außer den Buchstaben noch Zahlen verwendet, welche das Maß a in Bild 3.3-1 angeben, z. B. M 42, EI 60, UI 90, EE 25 und ED 20.

Kerne vom Typ M, EI, EE und ED haben eine Spule auf dem mittleren Schenkel, UI-Kerne tragen 2 Spulen mit entgegenlaufendem Fluß und haben daher geringere Kopplung mit Fremdfeldern (bessere Annäherung an die Wicklung des Toroids).

Kernbleche M, EI, UI und EE werden wechselseitig geschichtet, wenn ein luftspaltloser Kern entstehen soll; bei gleichseitiger Schichtung erhält man bei den M-Kernen die nach DIN 41 302 genormten Luftspalte (0,3/0,5/1/2 mm); bei den EI-, UI- und EE-Kernen können durch Abstandhalter zwischen den beiden Kernteilen beliebige Luftspalte eingestellt werden. Kernbleche ED werden nur in wechselseitiger Schichtung verwendet, sie sind hauptsächlich für sehr hochpermeable Legierungen und für die Werkstoffe mit rechteckiger Hystereseschleife vorgesehen.

Spulenkörper für diese Kerne sind genormt in DIN 41 303, DIN 41 304 und DIN 41 305. In DIN 41 307 finden sich Halterungs- und Befestigungsteile und in DIN 41 308 sind die Raumbedarfsmaße für die aus den genannten Teilen gefertigten Drosseln und Übertrager zusammengestellt.

3.3.1.2 Geklebte Kernblechpakete

Um die mit dem Schichten der Blechkerne aus Einzelblechen verbundenen Schwierigkeiten (zeitraubendes und aufwendiges Einschachteln der Bleche in den Spulenkörper, unkontrollierbare Beeinflussung der magnetischen Eigenschaften durch unzulässige Biegebeanspruchung beim Einschachteln der Bleche und durch Verschrauben und Verkeilen der geschichteten Bleche) zu vermeiden, werden von den Herstellern der Blechkernwerkstoffe geklebte Kernblechpakete angeboten [45]. In DIN 41 310 sind solche Kernblechpakete vom Typ EK genormt (Bild 3.3-2). Diese sind hergestellt aus Kernblechen vom Typ EE nach DIN 41 302. Zur Kennzeichnung der Kerngröße dient analog zu den EE-Blechen das Maß a in Bild 3.3-2, z. B. EK 25. Bei der Herstellung der EK-Kerne werden die fertiggeglühten EE-Bleche mit Kunstharz verklebt und unter Druck ausgehärtet. Von besonderer Bedeutung ist hierbei die Wahl der verwendeten Klebstoffe und der Verarbei-

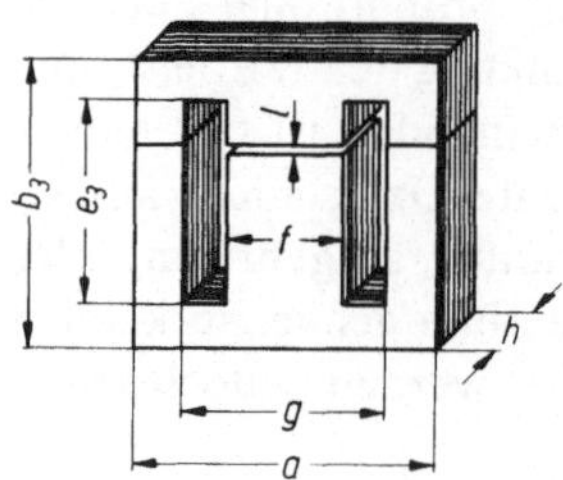

Bild 3.3-2. Kernblechpaket EK nach DIN 41 310. (Nach [45])

tungstechnik, um einerseits eine hinreichende mechanische und thermische Festigkeit der Kerne zu erzielen, andererseits die Beeinträchtigung der magnetischen Eigenschaften durch die beim Verkleben und Aushärten auftretenden Spannungen möglichst gering zu halten. Nach dem Kleben werden die EK-Kerne an den Stirnflächen plan überschliffen. Die Größe des magnetisch wirksamen Luftspaltes hängt u. a. von der Rauhtiefe und der Planparallelität der geschliffenen Flächen ab. Bei üblicher Schliffqualität ergibt sich für den zusammengesetzten EK-Kern zwischen den beiden Kernhälften ein magnetisch wirksamer Luftspalt von $\leq 0{,}005$ mm [46].

EK-Kerne werden hauptsächlich hergestellt aus den Werkstoffen C 5, E 3, und F 3 nach DIN 41 301. Üblich sind Blechdicken zwischen 0,1 mm und 0,35 mm.

Durch Einschleifen eines Luftspaltes in die Mittelschenkel der Kerne (siehe Bild 3.3-2) lassen sich definierte und eng tolerierte A_L-Werte einstellen. Diese A_L-Werte sind lieferbar gestuft in der Auswahlreihe R 10 nach DIN 323. Für Kerne mit Planschliff, d. h. ohne gewollten Luftspalt, werden Mindest-A_L-Werte garantiert. Infolge des unvermeidlichen Schleifspaltes zwischen den beiden Kernhälften können diese A_L-Werte nie so hoch sein, wie sie bei einem aus Einzelblechen wechselseitig geschichteten Kern gleicher Größe und gleichen Werkstoffs erreicht werden.

Für die EK-Kerne werden die gleichen Spulenkörper und Befestigungsteile verwendet wie für die EE-Bleche.

3.3.2 Gewickelte Bandkerne aus hochpermeablem Material

Aus magnetischen Bändern gewickelte Kerne werden für Übertrager, Wandler usw. verwendet, wenn Wert auf kleine Streuung gelegt wird. Besonders bei Werkstoffen, welche eine magnetische Vorzugsrichtung in der Walzrichtung besitzen, ist die Verwendung von Bandkernen vorteilhaft. Geschlossene Ringbandkerne werden hergestellt in Banddicken bis herab zu 0,003 mm. Diese dünnbandigen Kerne aus zumeist empfindlichem Material werden zum Schutz gegen mechanische Beeinträchtigungen in Schutztröge aus Isolierstoff eingebettet oder auf keramische Träger (ähnlich einem Spulenkörper) gewickelt, während die dickbandigeren Kerne durch geeignete Kunststoffkleber verfestigt werden. Wegen der einfacheren

Bild 3.3-3. Beispiel eines Schnittbandkerns. (Nach [12])

Bewicklung werden der geschlossenen Kernform oft die sogenannten Schnittbandkerne vorgezogen (siehe Bild 3.3-3). Dabei werden die meist rechteckigen Bandkerne in der Mitte geschnitten und die Schnittflächen geschliffen und geläppt. Man unterscheidet in der Regel zwei Schliffqualitäten mit magnetisch wirksamen Luftspalten von $\leq$ 0,03 mm bzw. $\leq$ 0,005 mm. Diese Schnittbandkerne kann man mit normalen Spulenkörpern bestücken und hat doch fast die geringe Streuung wie beim Ringkern. Der Grund dafür ist die günstige Lage der Teilfuge in Spulenmitte. Schnittbandkerne werden hergestellt in Banddicken zwischen 0,025 und 0,35 mm. Die in DIN 41 309 genormten Kerne vom Typ SM, SE, und SU sind in ihren Abmessungen so gehalten, daß sie in die Spulenkörper der entsprechenden M-, EI- oder UI-Bleche passen. Spannbänder zum Zusammenhalten der beiden Kernhälften sowie weitere Halterungsteile sind genormt in DIN 41 307.

3.3.3 Eisenpulverkerne mit Isolierstoff

Für höhere Frequenzen werden Massekerne aus Eisenpulver oder aus Permalloy- oder Molybdän-Permalloy-Pulver mit Kunstharz als Bindemittel verwendet. Sie können gespritzt oder gepreßt werden. Die Permeabilität eines Massekernes wird nicht in erster Linie von der Permeabilität des Ausgangsmaterials bestimmt als vielmehr vom Anteil des ferromagnetischen Materials im Kernvolumen. Sie steigt also mit dem Preßdruck, insbesondere wenn das magnetisierbare Pulver wie z. B. beim Molybdän-Permalloy weich und relativ leicht verformbar ist. Bei gespritzten Kernen aus Eisenpulver sind maximale Ringkernpermeabilitäten $\mu_r \approx 10$ erreichbar, während bei gepreßten Kernen wegen des kleineren Isolierstoffanteils $\mu_r \approx 50$ erreicht werden kann. Diese geringen Permeabilitäten sind das Ergebnis der starken Scherung der magnetischen Feldlinien durch den Isolierstoff, während die Eisenkügelchen selbst $\mu_r \approx 300$ haben. Bei Pulvern aus Permalloy bzw. Molybdän-Permalloy sind maximal erreichbar $\mu_r \approx 80$ bzw. 125. Der Durchmesser der Pulverkügelchen liegt zwischen 0,002 und 0,01 mm (Bild 3.3-4), so daß die Wirbelstromverluste gering sind. Gebräuchliche Kernformen sind in Bild 3.3-5 zusammengestellt.

Ausführliche Angaben über die Herstellung, Eigenschaften und Anwendungen der verschiedenen Pulverkerne einschließlich einer umfangreichen Literatursammlung findet man in [48].

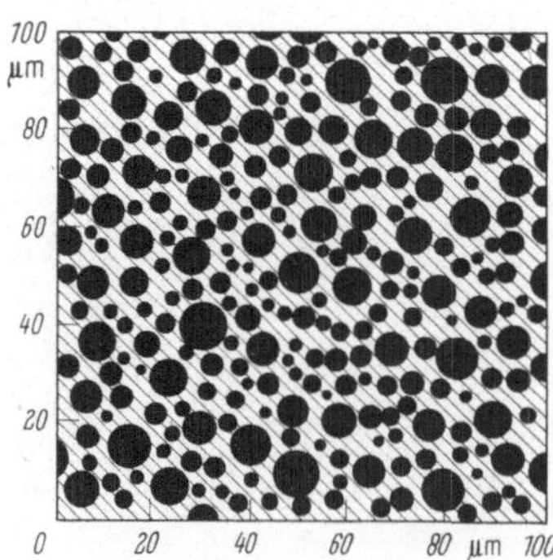

Bild 3.3-4. Eisenpulverkernmaterial in 400facher Vergrößerung, schematisch

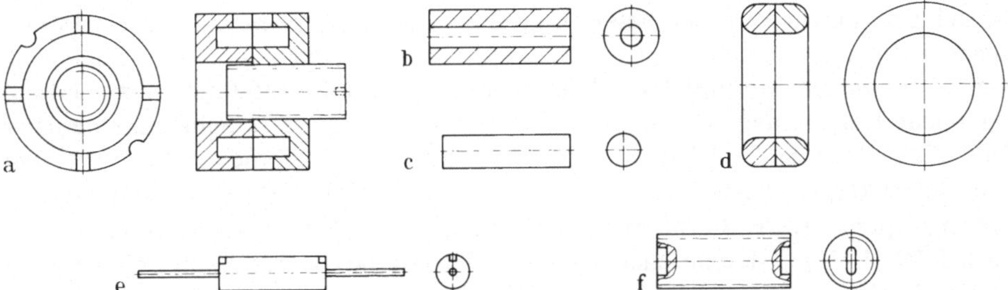

Bild 3.3-5 a−f. Verschiedene Eisenpulverkerne (Nach [13].) **a** Schalenkern mit Abgleichkern; **b** Rohrkern; **c** Stabkern; **d** Ringkern; **e** Drosselkern; **f** Gewindekern

3.3.4 Ferritkerne

Ferritkerne sind in die Technik erst in den Jahren nach 1950 eingedrungen, obwohl Hilpert schon 1909 auf die Bedeutung der Ferrite als magnetische Oxide mit sehr geringer elektrischer Leitfähigkeit hinwies [14] und systematische Studien über Ferrite nach 1930 einsetzten [15]. Während das natürliche Mineral Magnetit ($FeO \cdot Fe_2O_3$) noch verhältnismäßig hohe Leitfähigkeit hat, so daß es gegenüber metallischen Werkstoffen keine Vorteile bietet und wegen der Wirbelströme unterteilt werden müßte, haben andere Ferrite hohen spezifischen Widerstand (zwischen etwa 100 und $10^6\ \Omega\,cm$, während Eisen den spezifischen Widerstand $\approx 10^{-5}\ \Omega\,cm$ hat).

Hohe Permeabilität besitzen Nickel-Ferrit ($NiO \cdot Fe_2O_3$) und Mangan-Ferrit ($MnO \cdot Fe_2O_3$). Beimengungen von Zink-Ferrit ($ZnO \cdot Fe_2O_3$) bewirken eine Erniedrigung der Curie-Temperatur (oberhalb der die Ferrite unmagnetisch werden), eine Vergrößerung der Anfangspermeabilität und eine Verminderung der Koerzitivfeldstärke sowie der magnetischen Verluste. Die Ausgangsstoffe werden gemischt und wie Keramik gebrannt. Magnetkerne aus Mangan-Zink-Ferriten und

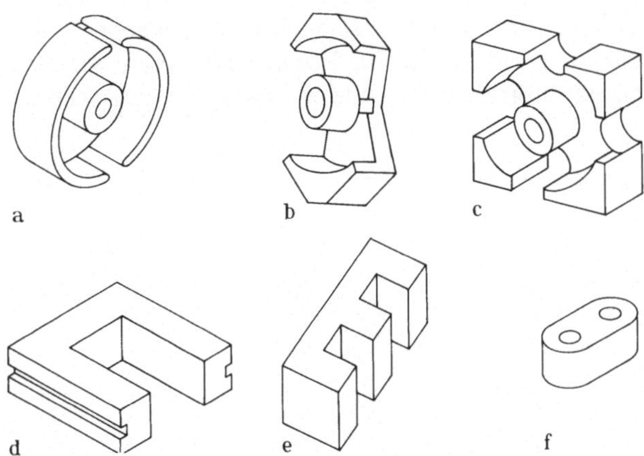

Bild 3.3-6 a−f. Verschiedene Ferritkerne. **a** Schalenkern DIN 41 293; **b** RM-Kern DIN 41 980; **c** X-Kern DIN 41 299; **d** U-Kern; **e** EF-Kern DIN 41 985; **f** Doppellochkern

Nickel-Zink-Ferriten werden heute in großem Umfang verwendet. Die Werkstoffeigenschaften der verschiedenen Ferritsorten sind festgelegt in DIN 41 280. Aus dieser „schwarzen Keramik" werden entsprechend ihrer vielfältigen Verwendung zahlreiche Kernformen hergestellt (siehe auch Bild 3.3-6), z. B. Schalenkerne nach DIN 41 293 (mit Spulenkörpern nach DIN 41 294), RM-Kerne nach DIN 41 980 (mit Spulenkörpern nach DIN 41 981), EF-Kerne nach DIN 41 985 (passend zu den Spulenkörpern der EE-Blechkerne), X-Kerne nach DIN 41 299 (mit Spulenkörpern nach DIN 41 277), E-Kerne nach DIN 41 295 (passend zu den Spulenkörpern der M-Kernbleche), ferner Gewindekerne (DIN 41 286), Stabkerne und Antennenstäbe (DIN 41 291), Rohrkerne (DIN 41 292), U-Kerne (DIN 41 296), Doppel- oder Mehrfachlochkerne (für Breitbandübertrager bis zu sehr hohen Frequenzen).

Ringkerne für Speicher- und Schaltzwecke (z. B. in Rechenmaschinen) sowie Transfluxorkerne werden hergestellt aus Magnesium-Mangan-Ferriten und Kupfer-Mangan-Ferriten (Werkstoffe mit Rechteck-Hystereseschleife).

Besondere Bedeutung haben Ferrite in der Mikrowellentechnik bei *nichtreziproken Bauelementen*, wie der Richtungsleitung (uniline, „isolator"), dem Gyrator und der Richtungsgabel (Zirkulator) gewonnen.

3.3.5 Verminderung und Linearisierung der Permeabilität durch Luftspalte

Bei allen offenen Kernen oder den geteilten Kernen der Technik sind Luftspalte vorhanden. Wir wollen untersuchen, wie weit die Permeabilität dadurch verändert wird. Der magnetische Fluß durchsetzt das magnetische Material mit dem (gleichbleibenden) Querschnitt A_{Fe} in der Länge l_{Fe} und den Luftspalt der Dicke l_{L} mit dem mittleren Querschnitt A, der wegen der Streuung der Feldlinien gewöhnlich größer als A_{Fe} ist. Als Beispiel nehmen wir einen Kern mit M-Schnitt, der immer einen Luftspalt an der Zunge hat (s. Bild 3.3-1 a). Das Durchflutungsgesetz $\oint H \cdot ds = N i$ bekommt dann für eine mittlere Feldlinie die einfache Form

$$H_{\text{Fe}}\, l_{\text{Fe}} + H\, l_{\text{L}} = N i \,. \tag{3.3-1}$$

Dabei bedeutet H_{Fe} die magnetische Feldstärke im Eisen, H diejenige in Luft und $N i$ die Durchflutung der Spule. Die Größe von H oder H_{Fe} können wir aus (3.3-1) noch nicht entnehmen, weil das Verhältnis von H_{Fe}/H noch nicht bekannt ist. Da aber der Fluß im Luftspalt ebenso groß ist wie im Eisen, bekommen wir eine weitere Beziehung über die Induktionsgrößen B_{Fe} und B sowie die Querschnitte A_{Fe} und A:

$$B_{\text{Fe}}\, A_{\text{Fe}} = B A \quad \text{bzw.} \quad \mu_0\, \mu_r\, H_{\text{Fe}}\, A_{\text{Fe}} = \mu_0\, H A \,. \tag{3.3-2}$$

Setzt man (3.3-2) in (3.3-1) ein, so folgt

$$H_{\text{Fe}}\, l_{\text{Fe}} + H_{\text{Fe}}\, \mu_r\, \frac{A_{\text{Fe}}}{A}\, l_{\text{L}} = N i$$

oder

$$H_{\text{Fe}} = \frac{N i}{l_{\text{Fe}} + l_{\text{L}} \dfrac{A_{\text{Fe}}}{A} \mu_r} \,.$$

Damit wird die Induktivität aus der Definition $L\,i = N\,\Phi$

$$L = \frac{N\,\Phi}{i} = \frac{N\,\mu_0\,\mu_r\,H_{Fe}\,A_{Fe}}{i} = N^2\,\frac{\mu_0\,\mu_r\,A_{Fe}}{l_{Fe} + l_L\,\dfrac{A_{Fe}}{A}\,\mu_r} = N^2\,A_L\,. \tag{3.3-3}$$

Bei engem Spalt ist $l = l_{Fe} + l_L \approx l_{Fe}$ die Länge der magnetischen Feldlinien. Ohne Luftspalt wäre die Induktivität $= N^2\,\mu_0\,\mu_r\,A_{Fe}/l_{Fe}$, also größer als nach (3.3-3), weil $\mu_r\,A_{Fe}/A \gg 1$ ist. Es ist sinnvoll, (3.3-3) durch Einführen einer wirksamen oder „gescherten" Permeabilität μ_g in die übliche Form

$$L = N^2\,\mu_0\,\mu_g\,\frac{A_{Fe}}{l} \tag{3.3-4}$$

zu bringen. Durch Vergleich von (3.3-4) mit (3.3-3) erkennt man den Zusammenhang von μ_g mit der Permeabilität μ_r

$$\mu_g = \mu_r\,\frac{l}{l_{Fe} + l_L\,\dfrac{A_{Fe}}{A}\,\mu_r} = \frac{l}{l_{Fe}}\,\frac{\mu_r}{1 + \dfrac{l_L}{l_{Fe}}\,\dfrac{A_{Fe}}{A}\,\mu_r} \approx \frac{\mu_r}{1 + \sigma\,\mu_r}\,. \tag{3.3-5}$$

Also ist $\mu_g < \mu_r$; denn der erste Faktor l/l_{Fe} ist nur um wenige Prozent oder Promille größer als Eins, während der zweite Faktor die Schwächung von μ_r in gleicher Weise darstellt, wie die Minderung der Verstärkung v eines Verstärkers unter dem Einfluß der Gegenkopplung. Dabei entsprechen folgende Größen einander:

Stoffpermeabilität $\mu_r \gg 1 \mathrel{\hat{=}}$ Verstärkung ohne Gegenkopplung $v_0 \gg 1$,
gescherte Permeabilität $\mu_g \mathrel{\hat{=}}$ Verstärkung mit Gegenkopplung v
und $\qquad\qquad \sigma\,\mu_r > 1 \mathrel{\hat{=}} K\,v_0 > 1.$

Das Verhältnis μ_g/μ_r wird auch als Scherungsfaktor S bezeichnet.

$$S = \frac{\mu_g}{\mu_r} = \frac{1}{1 + \sigma\,\mu_r}\,. \tag{3.3-6}$$

Ähnlich wie eine starke Gegenkopplung zwar die Verstärkung herabsetzt, andererseits aber die Abhängigkeit von Betriebsspannungen verringert und die Nichtlinearität bei großer Aussteuerung vermindert, wirkt auch die Scherung durch den Luftspalt günstig und vermindert die Nichtlinearität von μ_r sowie die Abhängigkeit von der aussteuernden Wechsel-Feldstärke oder von einer eventuellen Gleichstromvormagnetisierung. In der Tat wird für $\mu_r \gg \dfrac{1}{\sigma} = \dfrac{l_{Fe}\,A}{l_L\,A_{Fe}}$ auch $\mu_g = \dfrac{l\,A}{l_L\,A_{Fe}} \approx \dfrac{1}{\sigma}$ unabhängig von μ_r! μ_g ist dann im wesentlichen von l/l_L bestimmt, d. h. von dem Verhältnis von Eisenlänge zu Luftspaltdicke, bzw. vom reziproken Füllfaktor. Dies gilt vor allem für die Eisenpulverkerne, deren geringe maximal erreichbare Permeabilität μ_g wesentlich vom Preßgrad und wenig vom Wert μ_r der Pulverkörner abhängt.

Auch die für das Verhalten einer Spule bedeutsamen Eigenschaften *Temperaturbeiwert* α und *Desakkommodationsbeiwert* d (Maß für die zeitliche Inkonstanz,

Alterung zwischen dem Zeitpunkt t_1 und $t_2 \gg t_1$) der Permeabilität ändern sich durch Einfügen eines Luftspaltes im gleichen Maß wie die Permeabilität

$$\alpha = \frac{1}{\mu(25)}\,\frac{\mu(\vartheta)-\mu(25)}{\vartheta-25\,°C} \;\rightarrow\; \alpha_g = \alpha\,S\,, \tag{3.3-7}$$

$$d = \frac{1}{\mu(t_1)}\,\frac{\mu(t_1)-\mu(t_2)}{lg(t_2/t_1)} \;\rightarrow\; d_g = dS\,, \tag{3.3-8}$$

und es können durch die Wahl des Faktors S bestimmte Werte z. B. für den Temperaturbeiwert eingestellt werden.

Man kann ferner nachweisen, daß die Wirkung der Eisenverluste durch einen Luftspalt herabgesetzt wird. Führt man nämlich analog zu den dielektrischen Werkstoffen eine komplexe Permeabilität mit

$$\underline{\mu}_r = \mu' - j\,\mu'' \tag{3.3-9}$$

ein, womit Nachwirkungs-, Hysterese- und Wirbelstromverluste (siehe 3.4) in einem (frequenz- und aussteuerungsabhängigen) μ'' berücksichtigt werden, so ist mit

$$\underline{\mu}_r = \mu'\left(1 - j\,\frac{\mu''}{\mu'}\right) = \mu'\,(1 - j\tan\delta_\mu)$$

der Verlustfaktor $\tan\delta_\mu$ des ungescherten Materials definiert.

Setzt man $\underline{\mu}_r = \mu' - j\,\mu''$ in die Beziehung

$$\mu_g = \frac{\mu_r}{1 + \sigma\,\mu_r}$$

ein, so folgt mit

$$\underline{\mu}_g = \mu_g' - j\,\mu_g''\,, \quad \text{wenn} \quad \mu'' \ll \mu' \quad \text{ist}\,,$$

nach kurzer Zwischenrechnung

$$\mu_g' = \frac{\mu'}{1 + \sigma\,\mu'} \quad \text{und} \quad \mu_g'' = \frac{\mu''}{(1 + \sigma\,\mu')^2 + (\sigma\,\mu'')^2} \approx \frac{\mu''}{(1 + \sigma\,\mu')^2}$$

daher

$$\tan\delta_{\mu g} = \frac{\mu_g''}{\mu_g'} \approx \frac{\mu''}{\mu'}\,\frac{1}{1 + \sigma\,\mu'} = \frac{\tan\delta_\mu}{1 + \sigma\,\mu'}\,. \tag{3.3-10}$$

Es wird also durch die Scherung der Verlustfaktor im gleichen Verhältnis herabgesetzt wie der Realteil ($\approx$ Betrag) der Permeabilität selbst.

Die Abhängigkeit der komplexen Permeabilität von Aussteuerung und Frequenz wird in 3.5 besprochen.

3.3.6 Abgleichbare Spulenkerne

In vielen Fällen werden sehr genaue Werte für die Induktivität verlangt. Da die Kerne nicht ohne Streuung der Abmessungen und der Werkstoffpermeabilität gefertigt werden können, d. h. immer ein Toleranzbereich für den A_L-Wert

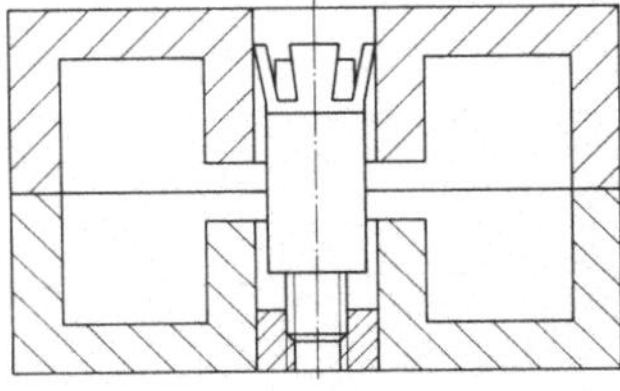

Bild 3.3-7. Schalenkern mit Abgleichkern und Gewinde-einsatz

vorhanden ist, sind zum Einstellen genauer Induktivitätswerte, z. B. zum Abgleichen von Schwingkreisen, besondere Maßnahmen erforderlich.

Bei abgleichbaren Kernen wird die Induktivität einer Spule nicht aus dem A_L-Nennwert ohne Ableich A_{L0} berechnet, sondern aus einem Rechenwert A_{LR}, der etwa in der Mitte des nutzbaren Regelbereiches liegt. Durch den Abgleich können Plus- und Minustoleranzen der Spulen und auch sonstiger Schaltelemente (z. B. Schwingkreiskondensatoren) ausgeglichen werden. Möglichkeiten zum Abgleich von Spulen sind die Änderung des magnetisch wirksamen Querschnitts des Kernes oder die Änderung der Scherung, also des Luftspaltes, oder eine Kombination von beiden.

Bild 3.3-5 a zeigt einen Schalenkern mit Gewindekern als Beispiel für einen Abgleich durch Querschnittsveränderung. Nach [13] erreicht man damit je nach Kerngröße und Werkstoff (z. B. Carbonyleisen) garantierte Regelbereiche (bezogen auf einen mittleren A_L-Wert) von minimal $\pm$ 3 bis 5 % und maximal $\pm$ 10 %.

Schalenkerne, RM- und X-Kerne mit einer Bohrung im Mittelbutzen können abgeglichen werden durch einen in diese Bohrung eingeführten magnetischen Kern, der einen veränderbaren magnetischen Nebenschluß zu dem zwischen den beiden Kernhälften angebrachten Luftspalt darstellt. Die praktische Ausführung einer solchen Abgleichanordnung besteht in der Regel aus zwei Teilen (siehe Bild 3.3-7): einem Gewindestift aus Kunststoff, Messing oder unmagnetischem Stahl, welcher den Abgleichkern trägt (Rohrkern aus Ferrit oder Pulvereisen), und einem Gewindeeinsatz aus Kunststoff, der in einer der beiden Kernhälften befestigt ist. Der Regelbereich, in dem der A_L-Wert geändert werden kann, hängt ab vom Querschnitt von Mittelbutzen und Abgleichkern, der Permeabilität von Schalen- und Abgleichkern, der Luftspaltlänge und Länge des Abgleichkerns und der Durchmesserdifferenz zwischen Abgleichkern und Kernbohrung. Bild 3.3-8

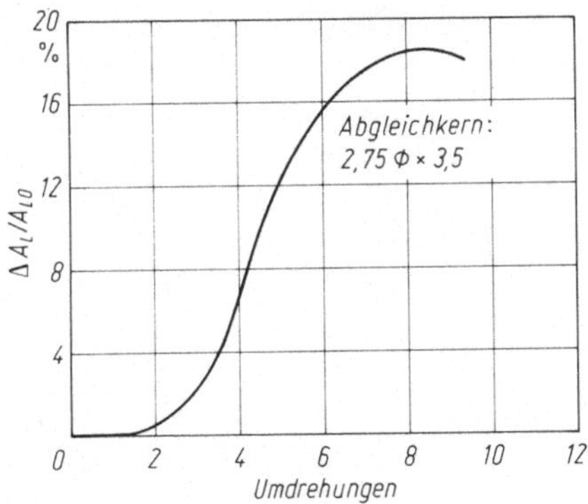

Bild 3.3-8. Abgleichkurve für RM-6-Kern mit $A_{L0} = 250$ nH (Werkstoff-Permeabilität $\approx$ 2000). Abgleichkern: 2,75 mm $\varnothing$ × 3,5 mm Höhe

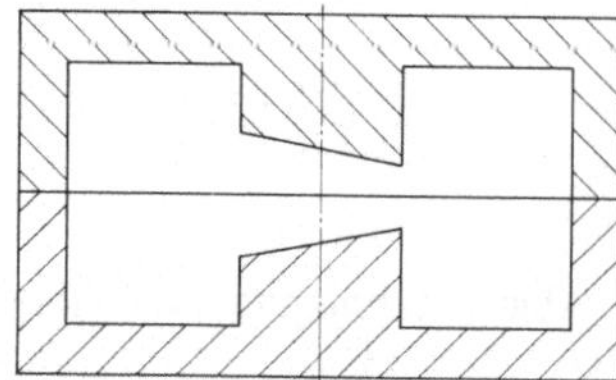 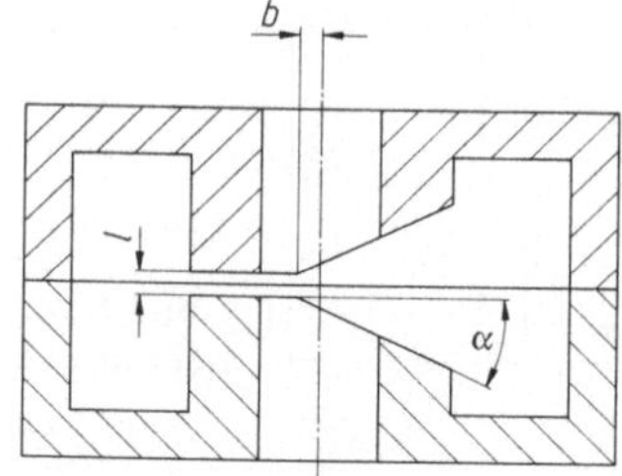

Bild 3.3-9. Schalenkern mit Schrägluftspalt   **Bild 3.3-10.** Variometerkern

zeigt die gemessene Abgleichkurve eines RM 6-Kernes mit einem A_L-Wert von 250 nH. Der flache Anlauf der Kurve bei den ersten beiden Umdrehungen der Abgleichschraube ist durchaus erwünscht, da dieser Bereich nicht zum Abgleichen benützt werden kann, weil diese ersten Gewindegänge den Abgleichkern halten müssen. Bei kleinen Schalenkernen (Durchmesser < 14 mm) wird der Gewindeeinsatz nicht in der Kernschale befestigt, sondern ist Bestandteil der Halterung der Spule. Als bisher kleinster Kern ist bekannt geworden ein Schalenkern mit ca. 6 mm Ø und ca. 3 mm Höhe [50]. Noch kleinere abgleichbare Schalenkerne (z. B. mit ca. 4,5 mm Ø und ca. 4 mm Höhe) haben in einer der beiden Kernschalen im Ferrit ein Innengewinde zur Führung der Abgleichschraube [51].

Eine weitere Möglichkeit zum Spulenabgleich stellen die Kerne mit Schrägluftspalt dar (Bild 3.3-9). Dabei sind die Mittelbutzen der Schalenkernhälften schräg abgeschliffen, wodurch sich durch Verdrehen der Kernhälften gegeneinander eine Änderung des Luftspaltes und damit des A_L-Wertes ergibt. Die Einstellgenauigkeit ist beim Schrägluftspalt etwas schlechter als beim Stiftabgleich, auch ist hierbei eine aufwendigere Kernhalterung (die das Verdrehen erlaubt), erforderlich, jedoch ist die Stabilität des eingestellten A_L-Wertes besser, da außer den beiden Kernhälften keine zusätzlichen Teile (keine Kunststoffe) für den Abgleichvorgang gebraucht werden.

Durch eine Abwandlung der Schrägluftspaltkerne lassen sich Kerne mit relativ großer möglicher A_L-Änderung herstellen, die in Variometerspulen verwendet werden (siehe Bild 3.3-10). So erreicht man z. B. mit einem Kern der Größe

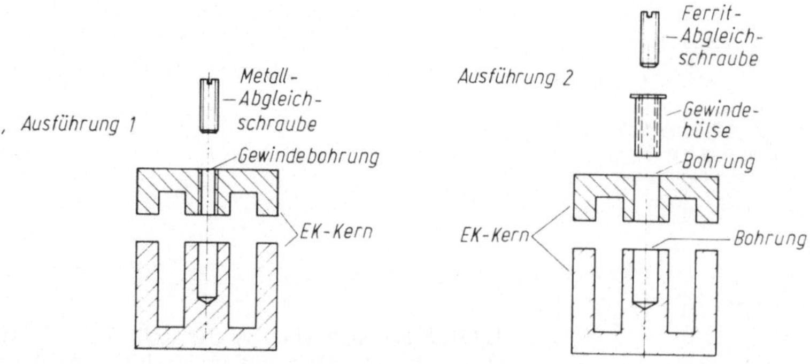

Bild 3.3-11. Abgleichbare EK-Kerne. (Nach [45])

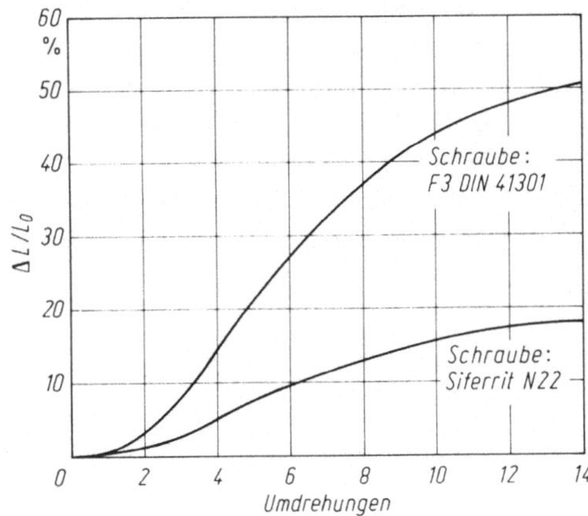

Bild 3.3-12. Abgleichkurven für Kern EK 32 mit $A_L = 400$ nH (Werkstoff F 3). (Nach [45])

26×16 mit einer Werkstoffpermeabilität von ca. 2000 und den Maßen (nach Bild 3.3-10) $l = 0{,}05$ mm, $b = 0{,}6$ mm und $\alpha = 26{,}5°$ folgenden Variationsbereich:

$$A_{L\,min} \leqq 140 \text{ nH} \quad \text{und} \quad A_{L\,max} = (800 \dots 950)\,\text{nH}.$$

Nach [45] gibt es jetzt auch abgleichbare EK-Kerne (siehe Bild 3.3-11). Der Abgleich dieser Kerne erfolgt durch teilweise Überbrückung des Luftspaltes mit einer Schraube aus magnetischem Material. Das Bild 3.3-12 zeigt als Beispiel Abgleichkurven für einen EK 32-Kern mit $A_L = 400$ nH.

3.3.7 Festinduktivitäten (HF-Drosselspulen)

Festinduktivitäten (Herstellerbezeichnungen z. B. HF-Drosseln, Mikro-Induktivitäten, UKW-Drosseln, Dezi-Drosseln) werden eingesetzt zur Funkentstörung, zur HF-Verdrosselung und Entkopplung in Nachrichtengeräten, in Siebgliedern, Filterschaltungen und in Schaltungen zur Frequenzgangentzerrung.

Ihren Aufbau zeigt Bild 3.3-13: auf einen Rohr- oder Rollenkern ist die Wicklung aufgebracht, deren Enden an die im Kern befestigten Anschlußdrähte angelötet sind. Zum Schutz der Wicklung sind die Spulen lackiert oder mit

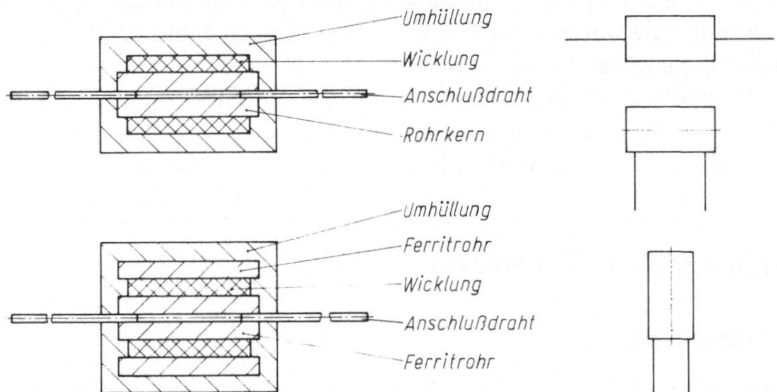

Bild 3.3-13. Aufbau und Ausführungsform von HF-Drosseln

Kunststoff umpreßt oder mit Isolierschlauch (Schrumpfschlauch) überzogen. Es gibt auch Ausführungen, bei denen zur Abschirmung magnetischer Streufelder und zur Verbesserung des magnetischen Rückschlusses über der Wicklung noch ein zweites Ferritrohr aufgebracht ist (siehe z. B. [52]). Die Anschlußdrähte sind meistens axial herausgeführt, es gibt aber auch Ausführungen mit radialen Anschlußstiften und Ausführungen für stehenden Einbau, bei denen der Abstand der Anschlüsse passend zum Rastermaß für Leiterplatten gehalten ist (Bild 3.3-13 rechts).

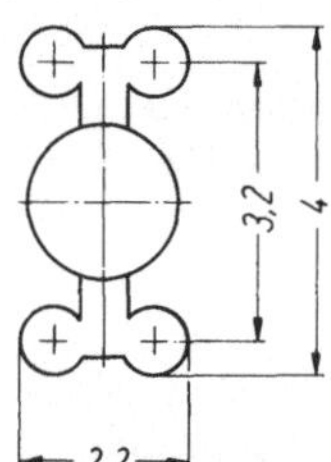
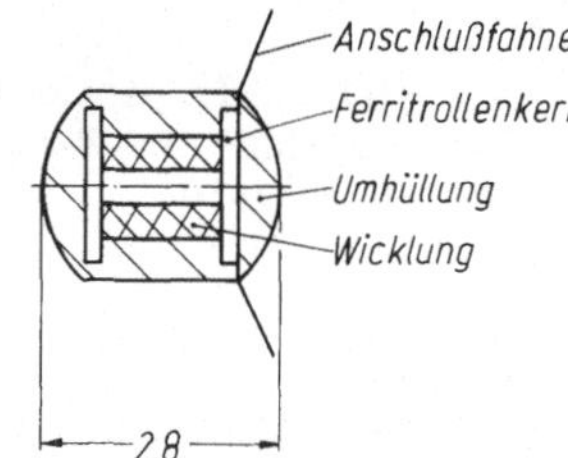

Bild 3.3-14. Miniaturspule für Schichtschaltungen. (Nach [53])

HF-Drosseln werden in einem weiten Größenbereich gefertigt, von Spulen mit ca. 2 mm $\varnothing$ und ca. 5 mm Länge bis zu Spulen mit ca. 8 mm $\varnothing$ und ca. 25 mm Länge. Der lieferbare Induktivitätsbereich geht von 0,1 µH bis 1000 µH, bei Spulen mit magnetischem Rückschluß (Außenrohr) bis zu 100 mH. Je nach Größe der Induktivität wird als Kernwerkstoff verwendet: Isolierstoff (Luftspulen), Pulvereisen oder Ferrit. Der Übergang von einem zum anderen Kernwerkstoff ist bei den einzelnen Herstellern etwas unterschiedlich: der Wechsel von Isolierstoff zu Pulvereisen liegt etwa im Bereich von 1 µH bis 5 µH, der Übergang von Pulvereisen auf Ferrit etwa bei 25 µH bis 50 µH. Die Induktivitäten sind erhältlich in Werten gestuft nach den Auswahlreihen E 6 (Toleranz $\pm$ 20% oder $\pm$ 25%), E 12 (Toleranz $\pm$ 5% oder $\pm$ 10%) und E 48 (Toleranz $\pm$ 2%).

In den Datenblättern der Hersteller findet man Angaben über den Gleichstromwiderstand, die Eigenresonanzfrequenz bzw. die Eigenkapazität, die Spulengüte bei bestimmten Frequenzen, den Frequenzgang des Scheinwiderstandes und die Strombelastbarkeit. Je nach Spulenabmessungen ergeben sich dabei für gleiche Induktivitätswerte sehr unterschiedliche Werte, so daß je nach Einsatzbedingungen die optimale Bauform ausgewählt werden muß.

Neuerdings sind auch tauchlötfähige Miniaturspulen lieferbar, die für den Einbau in Schichtschaltungen (Hybride) geeignet sind (Induktivitätsbereich 0,1 µH bis ca. 200 µH). Ein Beispiel nach [53] ist in Bild 3.3-14 aufgezeichnet.

3.4 Eigenschaften technischer Spulen

3.4.1 Einfluß der Eigenkapazität

An den Enden und zwischen den einzelnen Windungen oder Lagen wechselstromdurchflossener Spulen stehen Spannungen. Die entsprechenden elektrischen Felder kann man durch Kapazitäten berücksichtigen, deren Einfluß im Niederfrequenzbereich meist vernachlässigbar ist, bei höheren Frequenzen sich aber um so mehr bemerkbar macht, je näher man der Grundresonanz der Spule kommt. An die tiefste Resonanzfrequenz schließt sich ein weites Spektrum höherer Resonanzfrequenzen an, in welchem Serien- und Parallelresonanzen aufeinander folgen. Bild 3.4-1a zeigt das Schema zwischen den Windungen verteilter Kapazitäten und verteilter Erdkapazitäten, die im allgemeinen ungleich groß sind. Dieser inhomogene Kettenleiter kann für den ganzen Frequenzbereich von $f = 0$ bis zur tiefsten

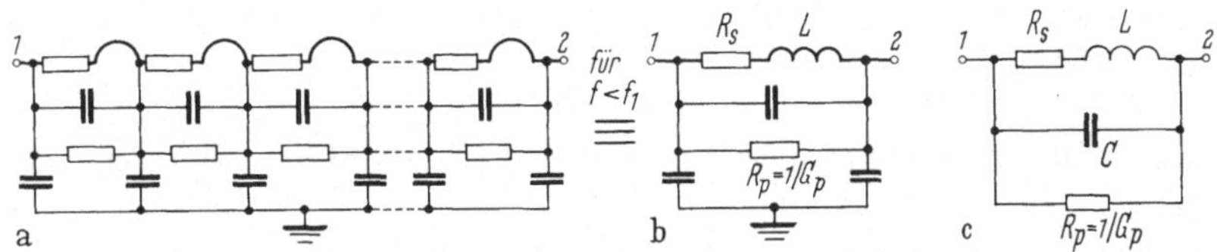

Bild 3.4-1 a–c. Ersatzbilder technischer Spulen. **a** Spule mit verteilten Kapazitäten und Verlustwiderständen; **b** verteilte Kapazitäten und Widerstände durch konzentrierte Schaltelemente ersetzt; **c** Erd- und Wicklungskapazitäten in C zusammengefaßt

Resonanzfrequenz f_1 durch das einfache Bild 3.4-1b ersetzt werden, in der alle Teilkapazitäten durch drei wesentliche Kapazitäten ersetzt sind und die verteilten Verluste durch einen Serienwiderstand R_s und einen Parallelwiderstand $R_p = 1/G_p$ berücksichtigt sind. Berechnen wir nach Bild 3.4-1c nun den Scheinwiderstand $\underline{Z}_{12}$ zwischen den Klemmen 1 und 2, so gilt

$$\frac{1}{\underline{Z}_{12}} = G_p + j\,\omega\,C + \frac{1}{R_s + j\,\omega\,L} = G_p + j\,\omega\,C + \frac{1}{j\,\omega\,L}\,\frac{1 + j\,\dfrac{R_s}{\omega\,L}}{1 + \left(\dfrac{R_s}{\omega\,L}\right)^2}\,.$$

Da der Verlustfaktor $R_s/\omega\,L < 1$ ist, kann man $(R_s/\omega\,L)^2$ gegen Eins im Nenner vernachlässigen. Dann wird der Leitwert

$$\frac{1}{\underline{Z}_{12}} \approx G_p + \frac{R_s}{\omega^2\,L^2} + j\,\omega\,C + \frac{1}{j\,\omega\,L}\,. \tag{3.4-1}$$

Mit $\omega_1^2\,L\,C = 1$ und dem „Kennwiderstand" $X = \sqrt{L/C} \equiv \omega_1\,L \equiv \dfrac{1}{\omega_1\,C}$, der ersichtlich mit dem Blindwiderstand von L oder C bei f_1 identisch ist, folgt

$$\frac{1}{\underline{Z}_{12}} = G_p + \frac{R_s}{X^2}\left(\frac{f_1}{f}\right)^2 + \frac{1 - \omega^2\,L\,C}{j\,\omega\,L} = G_p + G_s + \frac{1}{j\,\omega\,L_{\text{eff}}}\,.$$

Meßbar ist außer dem gesamten Wirkleitwert $G_p + G_s$ die effektive Induktivität

$$L_{\text{eff}} = \frac{L}{1 - \omega^2\,L\,C} = \frac{L}{1 - (f/f_1)^2} > L\,. \tag{3.4-2}$$

Bei Resonanz ist $\underline{Z}_{12}$ reell und hat den hohen Wert

$$\underline{Z}_{12} = \frac{1}{G_p + G_{sr}} = \frac{R_p\,R_{ps}}{R_p + R_{ps}} \quad \text{mit} \quad R_{ps} = \frac{X^2}{R_s}\,. \tag{3.4-3}$$

R_{ps} ist der in einen Parallelwiderstand umgerechnete Serienwiderstand R_s bei Resonanz.

Bei Annäherung an die Resonanzfrequenz f_1 der Spule ist der Einfluß der Verluste der Wicklungskapazität auf den Spulenverlustfaktor nicht mehr zu vernachlässigen. Zum Verlustfaktor $\tan\delta_{ges}$ nach Abschnitt 3.4.2 addiert sich noch ein Anteil $\tan\delta_d$ („dielektrisch"), der vom Verlustfaktor $\tan\delta_c$ der Eigenkapazität abhängig ist. Aus der Gleichung (3.4-1) für den Leitwert $1/\underline{Z}_{12}$ erhält man beim Einsetzen von $j\,\omega\,C\,(1-j\tan\delta_c)$ anstelle von $j\,\omega\,C$ nun $\tan\delta = (G_p + R_s/(\omega L)^2)\,\omega L + \tan\delta_c\,(f/f_1)^2$ und damit für den dielektrischen Anteil $\tan\delta_d$ von $\tan\delta$

$$\tan\delta_d = \tan\delta_c \cdot (f/f_1)^2, \quad \text{wobei} \quad \tan\delta_c = \frac{1}{R_{pc}\cdot\omega C}.$$

$\tan\delta_c$ liegt etwa in der Größenordnung von $40\cdot 10^{-3}$ bei Kupferlackdrähten und von $30\cdot 10^{-3}$ bei umsponnenen Drähten und HF-Litzen.

Die Größe der Eigenkapazität einer Spule ist außer von den Spulenabmessungen, der Drahtstärke und der Drahtisolation auch abhängig vom Aufbau der Spulenwicklung. Durch Ausführung der Wicklung in mehreren Scheiben (d. h. Mehrkammerwicklung) und Lagenisolation zwischen den einzelnen Drahtlagen usw. läßt sich die Kapazität einer Spule beeinflussen. Siehe hierzu z. B. [70] und [71].

Die Eigenkapazität und ihr Verlustfaktor sind mit großen Fertigungstoleranzen behaftet, ihre Werte schwanken mit der Luftfeuchte. Als Grundregel für alle Spulen in frequenzbestimmenden Kreisen gilt deshalb, die Eigenkapazität so klein zu machen, daß sie mit ihren Schwankungen gegen die Gesamtkapazität vernachlässigt werden kann.

3.4.1.1 Resonanzwellenlänge von Flach- und Zylinderspulen

Die soeben eingeführte tiefste Resonanzfrequenz f_1 hängt mit der Resonanzwellenlänge λ_1 über die allgemeine Beziehung $\lambda f = c$ zusammen, wobei c die Licht-

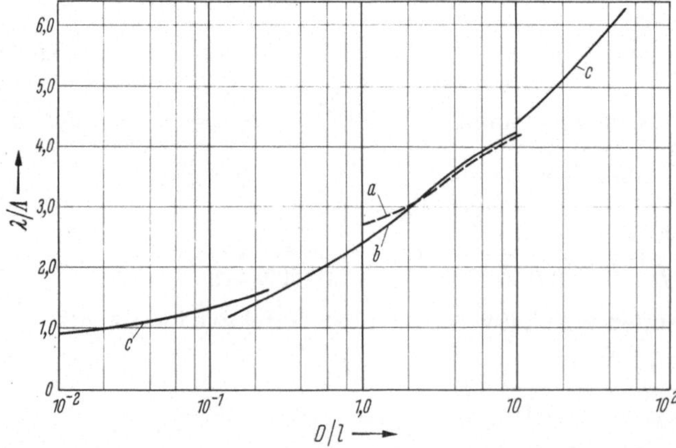

Bild 3.4-2. Auf die Drahtlänge Λ bezogene Resonanzwellenlänge λ von Zylinder- und Flachspulen in Abhängigkeit von der Spulenform (D/l). **a** Flachspule, gerechnet (nach [17]); **b** Zylinderspule, gerechnet (nach [17]); **c** Zylinderspule, gemessen (nach [16])

geschwindigkeit bedeutet. Es ist also

$$\lambda_1 = \frac{c}{f_1}.$$ (3.4-4)

Man kann f_1 nach verschiedenen Methoden messen und dann λ_1 nach (3.4-4) berechnen. Bemerkenswert ist der unmittelbare Zusammenhang zwischen Resonanzwellenlänge λ_1 und Drahtlänge $\varLambda$ von einlagigen Flach- und Zylinderspulen [17]. Die Kurve in Bild 3.4-2 zeigt wieder die Verwandtschaft beider Wickelarten: Sie gibt die Relation zwischen $\lambda_1/\varLambda$ und dem Formfaktor D/l der Spulen wieder. Im Bereich der optimal dimensionierten Spulen ($D/l \approx 2{,}2$) zeigt sich, daß $\lambda_1 \approx 3\varLambda$ ist: Die Resonanzlänge entspricht ungefähr der dreifachen Drahtlänge. Will man also Hochfrequenzdrosseln wickeln, die besonders hohen Widerstand bei einer Betriebswellenlänge λ_1 haben sollen, so ist die notwendige Drahtlänge $\varLambda_{res} \approx \lambda_1/3$.

3.4.2 Einfluß der Verluste

In diesem Abschnitt wird die technische Spule bei weit unterhalb der ersten Parallelresonanz liegenden Frequenzen betrachtet, kapazitive Einflüsse werden also vernachlässigt.

Legt man an die Spule eine Wechselspannung und mißt den sich einstellenden Strom nach Betrag und Phase, so wird dieser nicht um genau 90° der Spannung nacheilen, sondern um den kleineren Winkel φ. Oft sollte die Phasenverschiebung zwischen Strom und Spannung bei einer Spule möglichst genau 90° sein. Je kleiner der Fehlwinkel $\delta = 90° - \varphi$ wird, desto besser ist die Spule als Reaktanz, bei der idealen Spule wäre $\delta = 0$. Der Fehlwinkel δ ist ein Maß für die Spulenverluste, die sich aus Kupferverlusten und Isolationsverlusten der Wicklung und aus den Verlusten des Kernmaterials (s. Abschnitt 3.5.2) zusammensetzen. δ heißt daher auch Verlustwinkel. Vereinigt man alle Verlustquellen in einem Widerstand R_s in Serie zur verlustfrei gedachten Induktivität L_s, so erhält man nach Bild 3.4-3 für

$$\tan\delta = \left|\frac{\underline{U}_\mathrm{w}}{\underline{U}_\mathrm{B}}\right| = \left|\frac{\underline{I}\,R_\mathrm{s}}{\underline{I}\,\mathrm{j}\,\omega\,L_\mathrm{s}}\right| = \frac{R_\mathrm{s}}{\omega\,L_\mathrm{s}}.$$ (3.4-5)

Der Tangens des Fehlwinkels wird Verlustfaktor genannt, er ist, wie noch weiter gezeigt wird, ein praktisches Maß für die Verluste der Spule. Statt einem Serienwiderstand R_s kann man die Verluste auch einem Parallelwiderstand R_p zuordnen. Hierfür gilt nach Bild 3.4-4

$$\tan\delta = \left|\frac{\underline{I}_\mathrm{w}}{\underline{I}_\mathrm{B}}\right| = \left|\frac{\underline{U}/R_\mathrm{p}}{\underline{U}/\mathrm{j}\,\omega\,L_\mathrm{p}}\right| = \frac{\omega\,L_\mathrm{p}}{R_\mathrm{p}}.$$ (3.4-6)

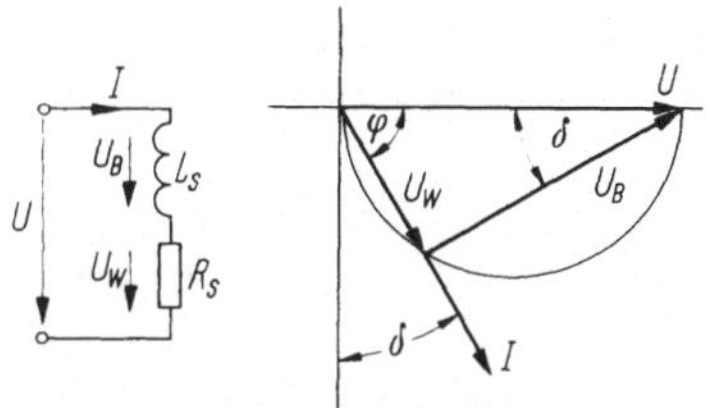

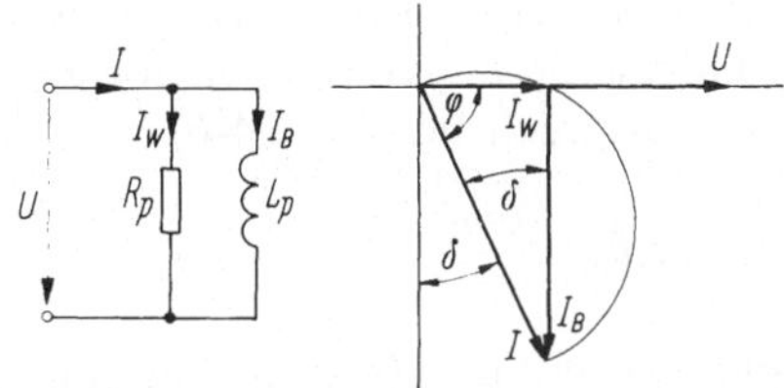

Bild 3.4-3. Serienersatzbild und Zeigerdiagramm einer Spule mit Verlusten

Bild 3.4-4. Parallelersatzbild und Zeigerdiagramm einer Spule mit Verlusten

Ein zu $\tan\delta$ reziprokes Maß für die Verluste von Spulen ist die Güte Q. Man kann sie definieren als das Verhältnis von Blindleistung zu Wirkleistung, die in der Spule umgesetzt werden. Aus dem Serienersatzbild nach Bild 3.4-3 errechnet sich die Güte zu

$$Q = \frac{P_q}{P} = \frac{I_{eff}^2 \,\omega\, L_s}{I_{eff}^2 \,R_s} = \frac{\omega\, L_s}{R_s} = \frac{1}{\tan\delta} \tag{3.4-7}$$

und aus dem Parallelersatzbild Abb. 3.4-4 zu

$$Q = \frac{P_q}{P} = \frac{U_{eff}^2/\omega\, L_p}{U_{eff}^2/R_p} = \frac{R_p}{\omega\, L_p} = \frac{1}{\tan\delta}. \tag{3.4-8}$$

Die Verluste von Spulen können also entweder nach dem Tangens des Verlustwinkels (Verlustfaktor) oder nach dem Verhältnis von Blind- zu Wirkleistung (Güte) beurteilt werden. Beide Kriterien sind, wie auch beim Kondensator, zueinander reziprok:

$$\tan\delta = \frac{1}{Q} = \frac{P}{P_q}. \tag{3.4-9}$$

Die Impedanz der verlustbehafteten Spule erhält mit Gl. (3.4-5) die Form

$$\underline{Z} = R_s + j\,\omega\, L_s = j\,\omega\, L_s(1 - j\tan\delta). \tag{3.4-10}$$

Aus Gl. (3.4-10) kann man eine komplexe Induktivität definieren, die die technische Spule mit Verlusten bei der Frequenz $f = \omega/2\pi$ vollständig beschreibt:

$$\underline{Z} = j\,\omega\,\underline{L} \quad \text{mit} \quad \underline{L} = L_s(1 - j\tan\delta). \tag{3.4-11}$$

Die Spulenverluste setzen sich zusammen aus

1. den Verlusten durch den spezifischen Widerstand des Stromleiters. Da dieser meist aus Kupfer besteht, seien diese Verluste durch den Index Cu gekennzeichnet und kurz „Kupferverluste" genannt. Mit dem Wicklungswiderstand r_{Cu} wird der Verlustfaktor nach Gl. (3.4-5)

$$\tan\delta_{Cu} = \frac{r_{Cu}}{\omega\, L}. \tag{3.4-12}$$

Solange r_{Cu} frequenzunabhängig ist, also keine Feldverdrängung im Leiter auftritt, sinkt $\tan\delta_{Cu}$ mit $1/f$ bei steigender Frequenz. Bei hohen Frequenzen wird die Eindringtiefe kleiner als der Drahtradius, r_{Cu} steigt näherungsweise mit $\sqrt{f}$, und $\tan\delta_{Cu}$ sinkt nur noch mit $1/\sqrt{f}$. Die genaue Frequenzabhängigkeit von r_{Cu} ergibt sich bei Berücksichtigung der genauen Feldverteilung im Wickelraum [43].

2. Den Isolationsverlusten der Wicklung. Man kann diese Verlustquelle durch einen Widerstand r_p parallel zur übrigen Spule darstellen. Der zugehörige Verlustfaktor sei entsprechend Gl. (3.4-6)

$$\tan\delta_p = \frac{\omega\, L}{r_p}, \tag{3.4-13}$$

er steigt linear mit der Frequenz an, solange r_p nicht von der Frequenz abhängt.

3. Den Wirbelstromverlusten in der Wicklung, die von dem Eigenfeld des die Wicklung durchfließenden Stromes und der gegenseitigen Beeinflussung der

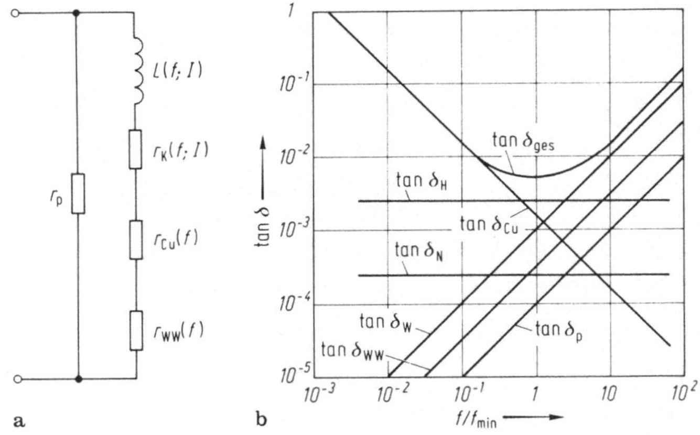

Bild 3.4-5. a vollständiges Ersatzschaltbild einer technischen Spule bei Frequenzen weit unterhalb der ersten Parallelresonanzfrequenz; **b** prinzipielle Frequenzabhängigkeit der einzelnen Verlustfaktoren

einzelnen Windungen herrühren. Sie werden dargestellt durch einen Widerstand r_{ww} in Serie zur Induktivität. Der zugehörige Verlustfaktor ist entsprechend Gl. (3.4-5).

$$\tan \delta_{ww} = \frac{r_{ww}}{\omega L} \qquad (3.4\text{-}14)$$

Er steigt linear mit der Frequenz, (solange $r_{ww} \sim f^2$ ist) und ist stark abhängig ($\sim d_{Cu}^4$) vom Durchmesser des Wickeldrahtes (Volldraht $\rightarrow$ HF-Litze). Siehe hierzu z. B. [72] und [73].

4. Den Verlusten des Kernmaterials. Diese Verluste werden im Abschnitt 3.5.2 ausführlich besprochen. Man kann sie in dem frequenzabhängigen Serienwiderstand r_K bzw. in

$$\tan \delta_K = \frac{r_K}{\omega L} \qquad (3.4\text{-}15)$$

berücksichtigen.

Damit können wir in Bild 3.4-5a das vollständige Ersatzbild einer technischen Spule bei Frequenzen weit unterhalb der ersten Parallelresonanzfrequenz angeben. Die Kernverluste und die verlustfreie Induktivität sind bei den meisten Kernwerkstoffen noch frequenz- und aussteuerungsabhängig, bei Luftspulen ist $r_K = 0$ und L konstant. Die Impedanz der Ersatzschaltung ist mit den Gln. (3.4-12), (3.4-13), (3.4-14) und (3.4-15):

$$\underline{Z} = \frac{r_p(r_{Cu} + r_{ww} + r_K + j\,\omega\,L)}{r_p + r_{Cu} + r_{ww} + r_K + j\,\omega\,L} = j\,\omega\,L\,\frac{1 - j(\tan \delta_{Cu} + \tan \delta_{ww} + \tan \delta_K)}{1 + (r_{Cu} + r_{ww} + r_K)/r_p + j\tan \delta_p}.$$

$$(3.4\text{-}16)$$

Vernachlässigt man $(r_{Cu} + r_{ww} + r_K)/r_p$ sowie Produkte von Verlustfaktoren als sehr klein gegen Eins, so erhält man

$$\underline{Z} \approx j\,\omega\,L\,[1 - j(\tan \delta_{Cu} + \tan \delta_{ww} + \tan \delta_p + \tan \delta_K)]. \qquad (3.4\text{-}16\,\text{a})$$

Vergleich von Gl. (3.4-16a) mit (3.4-10) zeigt das schon bei Kondensatoren gefundene additive Gesetz für die Verlustfaktoren:

$$\tan\delta_{\text{ges}} = \tan\delta_{\text{Cu}} + \tan\delta_{\text{WW}} + \tan\delta_{\text{p}} + \tan\delta_{\text{K}} . \tag{3.4-17}$$

Entsprechend den Ausführungen in Abschnitt 3.5.2 kann man den Verlustfaktor des Kernmaterials weit unterhalb der Wirbelstromgrenzfrequenz und der ferromagnetischen Resonanzfrequenz in die nahezu frequenzunabhängigen, durch Nachwirkung und Hysterese erzeugten Verlustfaktoren $\tan\delta_{\text{N}} + \tan\delta_{\text{H}}$ und den frequenzproportionalen Wirbelstrom-Verlustfaktor $\tan\delta_{\text{W}}$ aufspalten:

$$\tan\delta_{\text{ges}} = \tan\delta_{\text{Cu}} + \tan\delta_{\text{WW}} + \tan\delta_{\text{p}} + \tan\delta_{\text{N}} + \tan\delta_{\text{H}} + \tan\delta_{\text{W}} \tag{3.4-17a}$$

Die prinzipielle Frequenzabhängigkeit von $\tan\delta_{\text{ges}}$ ist in Bild 3.4-5b aufgetragen.

Schaltet man zwei Spulen mit den Induktivitäten L_1 und L_2 und den Verlustfaktoren $\tan\delta_1$ und $\tan\delta_2$ in Reihe, so erhält man eine resultierende Spule mit

$$L_{\text{s}} = L_1 + L_2$$

und

$$\tan\delta_{1+2} = \frac{L_1 \tan\delta_1 + L_2 \tan\delta_2}{L_1 + L_2} . \tag{3.4-18}$$

Für eine Parallelschaltung von zwei Spulen gilt:

$$L_{\text{p}} = \frac{L_1 L_2}{L_1 + L_2}$$

und

$$\tan\delta_{1\,\|2} = \frac{L_1 \tan\delta_2 + L_2 \tan\delta_1}{L_1 + L_2} . \tag{3.4-19}$$

Ähnliche Beziehungen findet man für Kapazitäten (s. Abschnitt 2.3.2). Man kann also eine schlechte Spule mit hohem $\tan\delta$ durch Parallel- oder Serienschaltung mit einer verlustarmen Spule verbessern.

3.4.3 Belastbarkeit von technischen Spulen

Um die Spule vor Zerstörung zu schützen, muß man Grenzen für Strom und Spannung angeben, über die hinaus die Spule nicht betrieben werden darf. Es gibt drei verschiedenen Arten der Zerstörung, die die Belastungsgrenzen festlegen:

1. Der in der Spule fließende Strom darf einen Maximalwert I_{max} nicht überschreiten, da sonst durch mechanische Kräfte Zerstörung der Spule eintreten kann.

$$I = \frac{U}{\omega L} < I_{\text{max}}$$

bzw.

$$U_{\text{zul}} = I_{\text{max}} \, \omega L .$$

2. Die Summe aller in der Spule erzeugten Verluste darf nicht größer als die bei einer vorgegebenen maximalen Betriebstemperatur abführbare Wärmeleistung P_{max} werden:

$$P_{\text{Cu}} + P_{\text{p}} + P_{\text{k}} \leqq P_{\text{max}} \quad \text{bzw.} \quad \frac{I_{\text{zul}}^2 \, \omega L}{2} \tan\delta_{\text{ges}} = P_{\text{max}} .$$

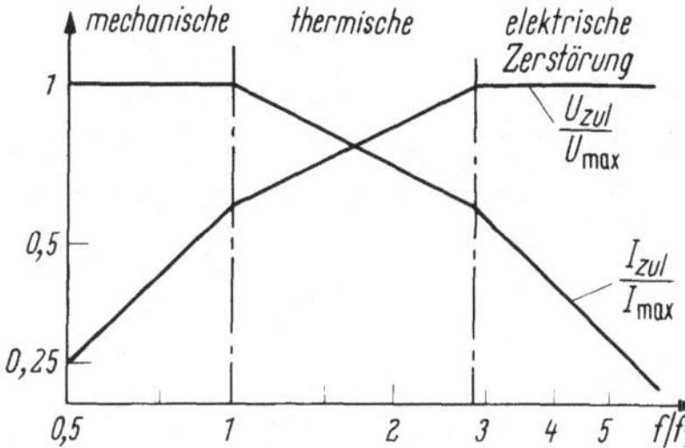

Bild 3.4-6. Verlauf der normierten maximal zulässigen Spannung U_{zul}/U_{max} bzw. des normierten maximal zulässigen Stroms I_{zul}/I_{max} als Funktion der Frequenz bei Senderspulen

3. Die Spulenspannung darf eine Maximalspannung nicht überschreiten, damit elektrischer Über- oder Durchschlag verhindert wird.

$$U = I\,\omega\,L \leqq U_{max} \quad \text{bzw.} \quad I_{zul} = \frac{U_{max}}{\omega\,L}$$

Den prinzipiellen Verlauf der normierten maximal zulässigen Spannung U_{zul}/U_{max} bzw. des normierten maximal zulässigen Stromes I_{zul}/I_{max} über der Frequenz zeigt Bild 3.4-6. Bei vielen Spulen wird im Nutz-Frequenzbereich die Belastungsgrenze nur durch thermische Beanspruchung gegeben sein.

Man vergleiche in Bild 3.4-6 die analogen Kurven für hochbeanspruchte Kondensatoren im Abschnitt 2.3.4 und Abb. 2.3-9.

3.4.4 Übertrager-Ersatzschaltbilder

Ordnet man auf einem magnetisierbaren Kern außer der Wicklung (Spule), durch die der zeitlich veränderliche magnetische Fluß erzeugt wird, eine weitere Wicklung an, die zum größten Teil von dem erregten magnetischen Fluß durchsetzt wird, so wird in der zusätzlichen Wicklung eine Spannung induziert, welche der Flußänderung und damit der Spannung an der Erregerwicklung proportional ist, wobei das Verhältnis der beiden Spannungen im wesentlichen dem Verhältnis der zwei Windungszahlen entspricht. Der sich so ergebende Vierpol wird in der Nachrichtentechnik als Übertrager, in der Energietechnik als Transformator bezeichnet. Solche Übertrager werden eingesetzt zur Umsetzung gegebener Spannungen oder Ströme auf benötigte Werte, zur Anpassung von Verbraucherwiderständen an die Innenwiderstände von Strom- und Spannungsquellen und zur galvanischen Trennung zweier Stromkreise.

Dabei sind die einzelnen Wicklungen mit den störenden Elementen behaftet, die in den Abschnitten 3.4.1 und 3.4.2 erwähnt wurden, womit sich unter Berücksichti-

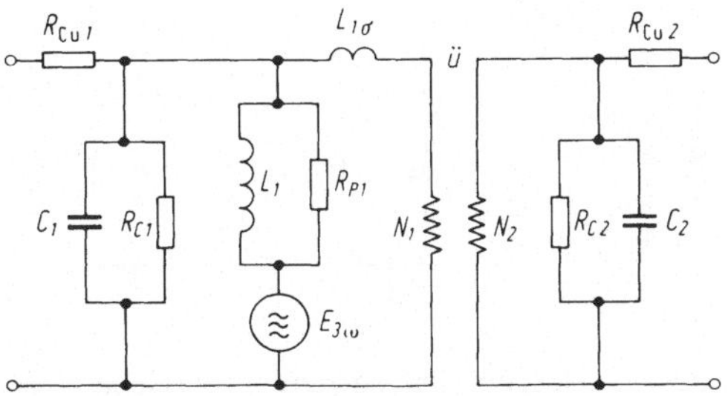

Bild 3.4-7. Übertrager-Ersatzschaltbild

gung der Ersatzschaltungen für den Übertrager mit Streuung (siehe 3.4.5.1) und der nichtlinearen Verzerrungen (siehe 3.5.2.2) das nachstehende Ersatzschaltbild für den Übertrager aufzeichnen läßt (Bild 3.4-7), andere mögliche Anordnungen der Streuinduktivität siehe 3.4.5. Für die exakte Unterbringung der Kerneigenschaften ist aber nur die hier gewählte Anordnung von Induktivität und Streuinduktivität brauchbar (siehe Bild 3.4-7).

Dabei sind

C_1 und C_2 die Eigenkapazitäten der beiden Wicklungen mit ihren Verlustwiderständen R_{C1} und R_{C2},

R_{Cu1} und R_{Cu2} die Wicklungswiderstände der beiden Wicklungen,

L_1 die Induktivität der Wicklung mit N_1 Windungen, $L_1 = A_L \cdot N_1^2$,

R_{p1} der Eisenverlustwiderstand $R_{p1} = \omega L_1/\tan\delta_K$,

$E_{3\omega}$ die Ersatzspannungsquelle für die 3. Oberschwingung,

$L_{1\sigma}$ die Streuinduktivität,

$\ddot{u}$ das Übersetzungsverhältnis des idealen Übertragers.

Zur Berechnung der Übertragereigenschaften, z. B. Eingangsscheinwiderstand (Reflexionsfaktor, Fehlerdämpfung), Betriebsübertragungsmaß (Betriebsdämpfung, Phasenmaß) usw., oder umgekehrt zur Bestimmung der Schaltelemente des Übertragers aus den an ihn gestellten Forderungen läßt sich der Übertragungsfrequenzbereich unterteilen in Teilfrequenzbereiche mit entsprechend vereinfachten Ersatzschaltbildern:

1. Das Ersatzschaltbild für tiefe Frequenzen (Bild 3.4-8 a) entspricht einem Hochpaß mit relativ großen Verlusten. „Tiefe Frequenzen" bedeutet

$$\omega \ll \frac{1}{\sqrt{L_1\,C_1'}} \quad \text{mit} \quad C_1' = C_1 + \frac{C_2}{\ddot{u}^2}.$$

2. Das Ersatzschaltbild für mittlere Frequenzen (Bild 3.4-8 b) entspricht einem Bandpaß mit relativ großen Verlusten. „Mittlere Frequenzen" heißt

$$\omega \approx \frac{1}{\sqrt{L_1\,C_1'}}.$$

3. Das Ersatzschaltbild für hohe Frequenzen (Bild 3.4-8 c) entspricht einem Tiefpaß mit relativ großen Verlusten. „Hohe Frequenzen" heißt

$$\omega \gg \frac{1}{\sqrt{L_1\,C_1'}}.$$

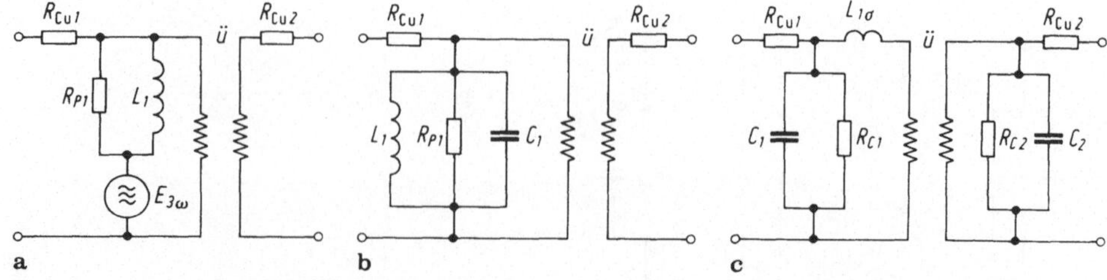

Bild 3.4-8 a–c. Vereinfachte Ersatzschaltbilder des Übertragers für Teilfrequenzbereiche

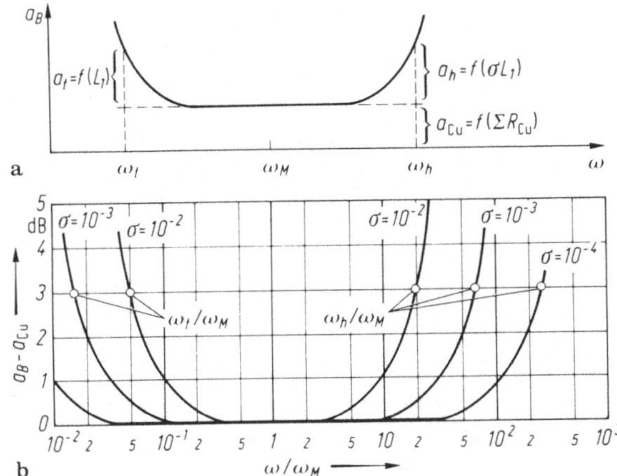

Bild 3.4-9a u. b. Betriebsdämpfung des zwischen ohmschen Widerständen ($Z_1 = \ddot{u}^2 Z_2$) arbeitenden Übertragers mit vernachlässigter Eigenkapazität

Die Angaben tiefe, mittlere und hohe Frequenzen sind also nicht absolut zu sehen, sondern stehen in Beziehung zur tiefsten Eigenresonanzfrequenz des Übertragers $f_1 = 1/(2\pi\sqrt{L_1\,C_1'})$.

Beim Ersatzschaltbild für hohe Frequenzen müssen je nach Größe von Streuinduktivität und Eigenkapazitäten und je nach der äußeren Beschaltung des Übertragers alle Elemente des Ersatzschaltbildes berücksichtigt werden, oder es können noch weitere Elemente des Ersatzschaltbildes vernachlässigt werden (z. B. bei niederohmigen Abschluß und kleinen Kapazitäten nur der Einfluß der Streuinduktivität oder bei hochohmigem Abschluß evtl. nur der Einfluß von C_2).

Für den zwischen ohmschen Widerständen Z_1 und Z_2 (mit $Z_1 = \ddot{u}^2 Z_2$) arbeitenden Übertrager mit vernachlässigbaren Eigenkapazitäten ist im Bild 3.4-9a der prinzipielle Verlauf der Betriebsdämpfung über der Frequenz aufgezeichnet. Das Bild 3.4-9b zeigt die Betriebsdämpfung a_B (abzüglich der frequenzunabhängigen Grunddämpfung a_{Cu}) bei verschiedenem Streugrad σ in Abhängigkeit von der Frequenz und veranschaulicht deutlich den Zusammenhang zwischen Streugrad und übertragbarem Frequenzband (siehe a. [75]). Die zur Normierung verwendete Mittenfrequenz ω_M ist das geometrische Mittel der beiden Grenzfrequenzen ω_t und ω_h, bei denen die Betriebsdämpfung bei tiefen und hohen Frequenzen (a_t bzw. a_h) auf gleich große vorgegebene Werte angestiegen ist. In der Regel definiert man die Grenzfrequenz als die Frequenz, bei der ein Dämpfungsanstieg von 3 dB (0,35 Np) erreicht ist, d. h., wenn gilt

$$\omega_t \cdot L_1 = \frac{Z_1\,\ddot{u}^2 Z_2}{Z_1 + \ddot{u}^2 Z_2} = \frac{Z_1}{2} \quad \text{bzw.} \quad \omega_h\,\sigma\,L_1 = Z_1 + \ddot{u}^2 Z_2 = 2\,Z_1 \, .$$

Dann ist die Mittenfrequenz

$$\omega_M = \sqrt{\omega_t\,\omega_h} = \frac{\sqrt{Z_1\,\ddot{u}^2 Z_2}}{L_1\sqrt{\sigma}} = \frac{Z_1}{L_1 \cdot \sqrt{\sigma}}$$

und als Maß für die Breite des übertragbaren Frequenzbandes das Frequenzverhältnis

$$\frac{\omega_h}{\omega_t} = \frac{(Z_1 + \ddot{u}^2 Z_2)^2}{\sigma\,Z_1\,\ddot{u}^2 Z_2} = \frac{4\,Z_1^2}{\sigma\,Z_1^2} = \frac{4}{\sigma} \, .$$

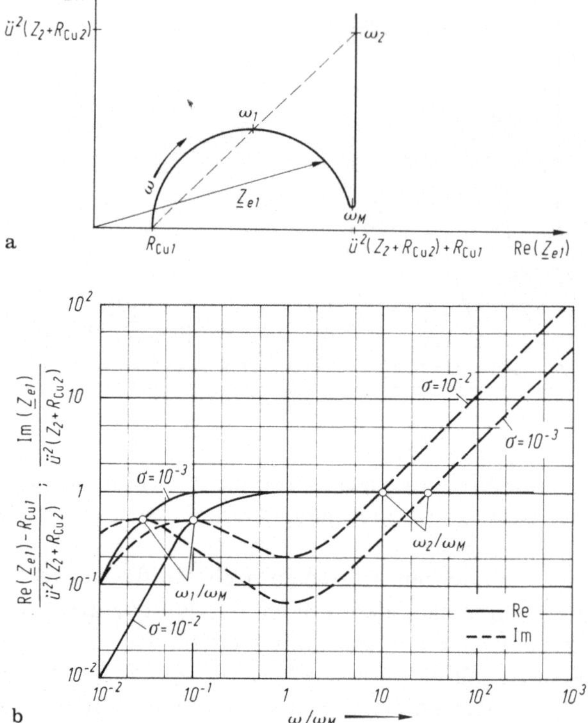

Bild 3.4-10a u. b. Eingangsscheinwiderstand Z_{e1} des mit Z_2 abgeschlossenen Übertragers. **a** Ortskurve für Z_{e1}; **b** Re(Z_{e1}) und Im(Z_{e1}), abhängig von der auf ω_M bzw. f_M bezogenen Frequenz

Im Bild 3.4-10a ist für den gleichen Übertrager dargestellt der prinzipielle Verlauf der Ortskurve des primären Eingangsscheinwiderstandes Z_{e1} bei sekundärseitigem Abschluß mit Z_2. Daraus sind wieder zwei ausgezeichnete Frequenzen ω_1 und ω_2 zu erkennen, bei denen gilt

$$\omega_1 L_1 = \ddot{u}^2(Z_2 + R_{Cu2}) \quad \text{bzw.} \quad \omega_2 \sigma L_1 = \ddot{u}^2(Z_2 + R_{Cu2}),$$

wobei

$$\frac{\omega_2}{\omega_1} = \frac{1}{\sigma}.$$

Damit ergibt sich wieder die Mittenfrequenz

$$\omega_M = \sqrt{\omega_1 \omega_2} = \frac{\ddot{u}^2(Z_2 + R_{Cu2})}{\sqrt{L_1 \sigma L_1}} \approx \frac{Z_1}{L_1 \sqrt{\sigma}}.$$

Bei $\omega = \omega_M$ ist

$$\text{Re}(\underline{Z}_{e1}) = R_{Cu1} + \ddot{u}^2(Z_2 + R_{Cu2}) \cdot (1 - \sigma)$$

und

$$\text{Im}(\underline{Z}_{e1}) = 2\,\ddot{u}^2(Z_2 + R_{Cu2})\,\sqrt{\sigma}.$$

Die Abb. 3.4-10b zeigt Real- und Imaginärteil des primären Eingangsscheinwiderstandes Z_{e1} bei verschiedenem Streugrad σ in Abhängigkeit von der Frequenz.

Unter Vernachlässigung der Wicklungswiderstände gilt folgender Zusammenhang zwischen den Grenzfrequenzen ω_t bzw. ω_h und den Frequenzen ω_1 bzw. ω_2:

$$\frac{\omega_t}{\omega_1} \approx \frac{1}{2} \quad \text{und} \quad \frac{\omega_h}{\omega_2} \approx 2 \; .$$

Die Ersatzspannungsquelle $E_{3\omega}$ für die 3. Oberschwingung ist nur im Ersatzschaltbild für tiefe Frequenzen enthalten, weil Übertrager der Nachrichtentechnik üblicherweise mit gleicher Spannung über den ganzen zu übertragenden Frequenzbereich betrieben werden und sich somit für die tiefste zu übertragende Frequenz die größte magnetische Aussteuerung und damit der größte Leerlaufklirrfaktor k_{3l} ergibt.

Vorstehend wurden die Eigenschaften eines Übertragers beschrieben durch die Frequenzabhängigkeit der Betriebsdämpfung und des Eingangsscheinwiderstandes. Wenn ein Übertrager Signale übertragen soll, die einen impulsförmigen Verlauf über der Zeit haben, so wird man zur Berechnung und Dimensionierung eines solchen Übertragers den Impuls in geeignete Zeitabschnitte unterteilen und jeweils dafür die Elemente des Übertragers bestimmen. So werden z. B. der Impulsanstieg durch die Streuinduktivität und die Wicklungskapazitäten, die Dachschräge eines Rechteckimpulses in erster Linie durch die Hauptinduktivität bestimmt (bei festliegender äußerer Beschaltung). Kleine Anstiegszeit erfordert kleine Werte für σL_1 und C_1', ein geringer Dachabfall erfordert eine große Hauptinduktivität L_1. Es ist auch möglich, durch Fourier-Zerlegung der Impulse das benötigte Frequenzspektrum zu bestimmen und den Impulsübertrager wie einen Breitbandübertrager zu berechnen.

3.4.5 Einfluß des Streuflusses beim Übertrager; Streuinduktivität

3.4.5.1 Übertrager mit getrennten Wicklungen

Befindet sich auf einem Kern außer den vom Wechselstrom i_1 durchflossenen N_1 Windungen, durch die der magnetische Fluß Φ im Kern erzeugt wird, noch eine weitere Wicklung mit der Windungszahl N_2, so wird in dieser durch die Flußänderung eine Spannung u_2 induziert. Dabei versteht man unter „Selbstinduktion" oder „Induktion" die Wirkung des magnetischen Flusses in der erzeugenden Wicklung.

Zusammenhang:

$$u_1 = N_1 \frac{\mathrm{d}\Phi}{\mathrm{d}t} = L_1 \frac{\mathrm{d}i_1}{\mathrm{d}t} \; , \tag{3.4-20}$$

$$N_1 \Phi = L_1 i_1 \; , \tag{3.4-20a}$$

$L_1 =$ Induktivität der Wicklung mit N_1 Windungen.

Unter „Gegeninduktion" versteht man die Wirkung des magnetischen Flusses in der anderen Wicklung.

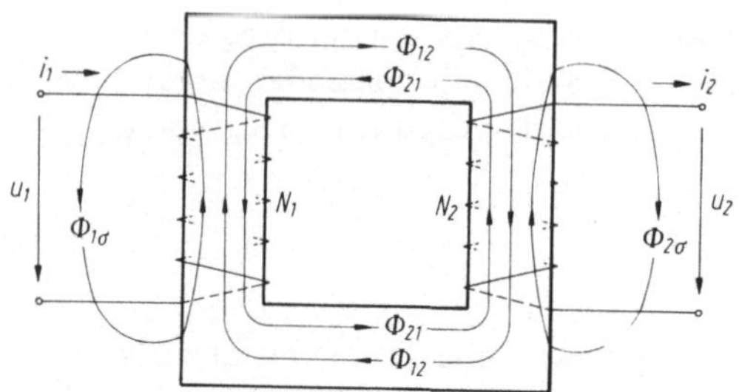

Bild 3.4-11. Flußverlauf beim Übertrager mit Streuung

Zusammenhang:

$$u_2 = N_2 \frac{\mathrm{d}\Phi}{\mathrm{d}t} = M \frac{\mathrm{d}i_1}{\mathrm{d}t}\,, \qquad\qquad (3.4\text{-}21)$$

$$N_2 \cdot \Phi = M \cdot i_1\,, \qquad\qquad (3.4\text{-}21\,\mathrm{a})$$

M = Gegeninduktivität zwischen den Wicklungen mit N_1 und N_2 Windungen.

Wird die 2. Wicklung belastet, d. h. fließt durch sie ein Strom i_2, so wird dadurch im Kern ebenfalls ein Fluß erzeugt, welcher dem ursprünglichen Fluß entgegengesetzt gerichtet ist. Bei einem realen Übertrager sind Primär- und Sekundärwicklung nicht vollständig miteinander gekoppelt, d. h., der von der Primärwicklung erzeugte Fluß Φ_{11} ist nur mit einem Teil Φ_{12} mit der Sekundärwicklung verkoppelt; der restliche Teil ist der primäre Streufluß $\Phi_{1\sigma}$, der die Sekundärwicklung nicht durchsetzt. Ebenso verhält sich der vom Strom i_2 durch die Sekundärwicklung erzeugte Fluß Φ_{22}. Die Richtungen der Spannungen und Ströme in Bild 3.4-11 gelten unter der Voraussetzung gleichen Wickelsinns der Windungen N_1 und N_2.

Es gilt also:

$$\Phi_{11} = \Phi_{12} + \Phi_{1\sigma} \quad \text{und} \quad \Phi_{22} = \Phi_{21} + \Phi_{2\sigma}\,,$$

damit der Gesamtfluß durch N_1:

$$\Phi_1 = \Phi_{11} - \Phi_{21} = \Phi_{12} + \Phi_{1\sigma} - \Phi_{21}$$

und durch N_2:

$$\Phi_2 = \Phi_{12} - \Phi_{22} = \Phi_{12} - \Phi_{21} - \Phi_{2\sigma}\,.$$

Das Verhältnis des Teilflusses Φ_{12} zum gesamten in der Wicklung N_1 durch den Strom i_1 erzeugten Fluß Φ_{11} nennt man den Kopplungsgrad k_{12} von der Primär- zur Sekundärwicklung

$$k_{12} = \frac{\Phi_{12}}{\Phi_{11}} \quad \text{oder} \quad \Phi_{12} = k_{12} \cdot \Phi_{11}\,.$$

Analog ergibt sich der Kopplungsgrad k_{21} von der Sekundär- zur Primärwicklung zu

$$k_{21} = \frac{\Phi_{21}}{\Phi_{22}} \quad \text{oder} \quad \Phi_{21} = k_{21} \cdot \Phi_{22}\,.$$

Eingesetzt in die Gleichungen für den Gesamtfluß durch N_1 bzw. N_2 erhält man

$$\Phi_1 = \Phi_{11} - k_{21}\,\Phi_{22}, \tag{3.4-22}$$

$$\Phi_2 = k_{12}\,\Phi_{11} - \Phi_{22}. \tag{3.4-23}$$

Entsprechend Gl. (3.4-20) und (3.4-21) erhält man aus (3.4-22)

$$u_1 = N_1\frac{\mathrm{d}\Phi_{11}}{\mathrm{d}t} - N_1\,k_{21}\frac{\mathrm{d}\Phi_{22}}{\mathrm{d}t}, \tag{3.4-24}$$

$$u_1 = L_1\frac{\mathrm{d}i_1}{\mathrm{d}t} - M_{21}\frac{\mathrm{d}i_2}{\mathrm{d}t} \tag{3.4-24a}$$

und aus (3.4-23)

$$u_2 = N_2\,k_{12}\frac{\mathrm{d}\Phi_{11}}{\mathrm{d}t} - N_2\frac{\mathrm{d}\Phi_{22}}{\mathrm{d}t}, \tag{3.4-25}$$

$$u_2 = M_{12}\frac{\mathrm{d}i_1}{\mathrm{d}t} - L_2\frac{\mathrm{d}i_2}{\mathrm{d}t}. \tag{3.4-25a}$$

In [2] und [71] wird abgeleitet, daß

$$M_{12} = M_{21} = M$$

ist, d. h., es gibt nur eine Gegeninduktivität M. Damit wird aus den Gln. (3.2-24a) und (3.4-25a):

$$u_1 = L_1\frac{\mathrm{d}i_1}{\mathrm{d}t} - M\frac{\mathrm{d}i_2}{\mathrm{d}t}, \tag{3.4-24b}$$

$$u_2 = M\frac{\mathrm{d}i_1}{\mathrm{d}t} - L_2\frac{\mathrm{d}i_2}{\mathrm{d}t}. \tag{3.4-25b}$$

Durch Vergleich der Gl. (3.4-24) mit (3.4-24b) bzw. (3.4-25) mit (3.4-25b) entsprechend den Gln. (3.4-20), (3.4-20a), (3.4-21) und (3.4-21a) erhält man jeweils zwei Ausdrücke für Φ_{11} bzw. Φ_{22}. Diese gleichgesetzt ergeben mit $n = N_1/N_2$

$$\frac{L_1\,i_1}{N_1} = \frac{M\,i_1}{N_2\,k_{12}} \quad\rightarrow\quad M = k_{12}\frac{N_2}{N_1}L_1 = k_{12}\frac{1}{n}L_1,$$

$$\frac{L_2\,i_2}{N_2} = \frac{M\,i_2}{N_1\,k_{21}} \quad\rightarrow\quad M = k_{21}\frac{N_1}{N_2}L_2 = k_{21}\,n\,L_2.$$

Multipliziert man die beiden Ausdrücke für M miteinander, so fallen die Windungszahlverhältnisse heraus, und es wird

$$M^2 = k_{12}\,k_{21}\,L_1\,L_2,$$

$$M = \sqrt{k_{12}\,k_{21}}\,\sqrt{L_1\,L_2}. \tag{3.4-26}$$

Wenn für beide Wicklungen der gleiche magnetische Widerstand maßgebend ist, d. h., wenn beide Wicklungen den gleichen A_L-Wert haben, d. h., wenn gilt

$$L_1 = A_L\,N_1^2 \quad \text{und} \quad L_2 = A_L\,N_2^2,$$

dann kann man leicht nachweisen, daß die beiden Kopplungsgrade einander gleich sind:

$$k_{12} = k_{21} = k \ .$$

Anstelle der Kopplungsgrade k_{12} und k_{21} bzw. des Kopplungsgrades k wird häufiger und zweckmäßigerweise der Streugrad σ des Übertragers angegeben (siehe z. B. [71]):

$$\sigma = 1 - k_{12}\,k_{21} = 1 - k^2 \ . \tag{3.4-27}$$

Mit Gl. (3.4-27) wird aus Gl. (3.4-26)

$$M = \sqrt{1 - \sigma}\,\sqrt{L_1\,L_2} \ . \tag{3.4-26a}$$

Für sinusförmige Größen u und i und in komplexer Schreibweise erhält man aus den Gln. (3.4-24b) und (3.4-25b) die sogenannten „Übertragergleichungen" oder „Transformatorgleichungen":

$$\underline{U}_1 = j\,\omega\,L_1\,\underline{I}_1 - j\,\omega\,M\,\underline{I}_2 \ , \tag{3.4-24c}$$

$$\underline{U}_2 = j\,\omega\,M\,\underline{I}_1 - j\,\omega\,L_2\,\underline{I}_2 \ . \tag{3.4-25c}$$

Diese Gleichungen führen auf das in Bild 3.4-12 dargestellte T-Ersatzschaltbild des Übertragers.

Dieses Ersatzschaltbild ist weniger anschaulich. Die Übersetzung (Transformierung) der Primärgrößen auf die Sekundärseite und umgekehrt infolge des Verhältnisses der Windungszahlen N_1 und N_2 sowie die galvanische Trennung der Wicklungen sind hier nicht zu erkennen. Man ersetzt deshalb besser das Ersatzschaltbild nach Bild 3.4-12 durch andere Ersatzschaltungen, welche einen „idealen" Übertrager mit den Windungszahlen N_1 und N_2 enthalten.

Unter einem idealen Übertrager versteht man einen verlust- und streuungslosen Übertrager mit unendlich großer Induktivität, d. h., ein idealer Übertrager transformiert alle Größen (Spannung, Strom, Widerstand) exakt entsprechend seinem Übersetzungsverhältnis $\ddot{u}$, d. h., es gilt hier:

$$\frac{u_1}{u_2} = \ddot{u} \quad \text{und} \quad \frac{i_1}{i_2} = \frac{1}{\ddot{u}}$$

und damit

$$P_1 = u_1\,i_1 = \ddot{u} \cdot u_2\,\frac{i_2}{\ddot{u}} = u_2\,i_2 = P_2 \ ,$$

$$R_1 = \frac{u_1}{i_1} = \frac{\ddot{u}\,u_2}{i_2/\ddot{u}} = \ddot{u}^2\,\frac{u_2}{i_2} = \ddot{u}^2\,R_2 \ .$$

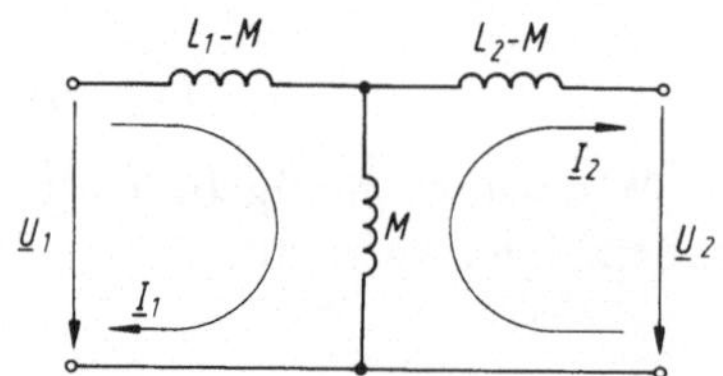

Bild 3.4-12. T-Ersatzschaltbild des Übertragers

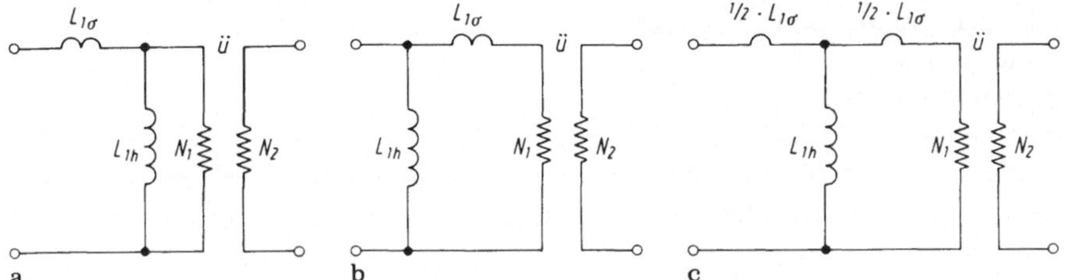

Bild 3.4-13 a–c. Ersatzschaltbilder des Übertragers mit idealem Übertrager (Übersetzer)

Im Bild 3.4-13 sind die drei möglichen Ersatzschaltbilder aufgezeichnet. Eine ausführliche Ableitung der darin verwendeten Schaltelemente findet man in [71].

Für die Ersatzschaltung nach Bild 3.4-13 a ergibt sich:

$$\text{Hauptinduktivität} \quad L_{1h} \quad = (1 - \sigma)\,L_1\,,$$

$$\text{Streuinduktivität} \quad L_{1\sigma} \quad = \sigma\,L_1\,,$$

$$\text{Übersetzungsverhältnis} \quad \ddot{u} = n\,\sqrt{1 - \sigma} \approx n\left(1 - \frac{\sigma}{2}\right)$$

mit $n = N_1/N_2$.

Für die Ersatzschaltung nach Bild 3.4-13 b erhält man:

$$L_{1h} = L_1\,,$$

$$L_{1\sigma} = \frac{\sigma}{1 - \sigma}\,L_1\,,$$

$$\ddot{u} \quad = \frac{n}{\sqrt{1 - \sigma}} \approx n\left(1 + \frac{\sigma}{2}\right).$$

Für die Ersatzschaltung nach Bild 3.4-13 c ergibt sich:

$$L_{1h} = \sqrt{1 - \sigma}\;L_1\,,$$

$$L_{1\sigma} = 2 \cdot (1 - \sqrt{1 - \sigma})\,L_1 \approx \sigma\,L_1\,,$$

$$\ddot{u} \quad = n\,.$$

Dabei gilt immer (in allen drei Ersatzschaltbildern):

$$L_1 = A_L\,N_1^2\,. \tag{3.4-28}$$

Für die Streuinduktivität $L_{1\sigma} = \sigma\,L_1$ läßt sich analog zum A_L-Wert des Kernes eine Streuinduktivitätskonstante

$$A_{\sigma L} = \frac{\sigma\,L_1}{N_1^2} \quad \text{oder} \quad \sigma\,L_1 = A_{\sigma L}\,N_1^2 \tag{3.4-29}$$

definieren. Diese ist unabhängig von den Kerneigenschaften und nur abhängig von den Spulenabmessungen und dem Aufbau der Wicklungen (siehe hierzu z. B. [70]).

Aus (3.4-28) und (3.4-29) erhält man

$$\sigma = \frac{A_{\sigma L}}{A_L}\,. \tag{3.4-30}$$

Damit läßt sich die aus den verlangten Übertragungseigenschaften des Übertragers herrührende Forderung für σ umsetzen in einen entsprechenden Aufbau der Übertragerwicklungen.

Bei gebräuchlichen Übertragern ist σ in der Regel sehr klein gegen Eins (10^{-2} und kleiner), so daß in solchen Fällen für die Praxis gewisse Vernachlässigungen bzw. Näherungen statthaft sind. So kann dann auch für die Hauptinduktivität in Bild 3.4-13a und 3.4-13c schreiben

$$L_{1h} \approx L_1$$

und für die Streuinduktivität in Bild 3.4-13b und 3.4-13c

$$L_{1\sigma} \approx \sigma L_1$$

und für das Übersetzungsverhältnis in Bild 3.4-13a und 3.4-13b

$$\ddot{u} \approx n = \frac{N_1}{N_2} \, .$$

3.4.5.2 Angezapfte Spule (Spartransformator)

Unter einem Spartransformator versteht man eine auf einem magnetischen Kern angebrachte Wicklung, die entsprechend Bild 3.4-14 in zwei Teilwicklungen N_1 und N_2 aufgeteilt ist (Spule mit Anzapfung). Dabei wird z. B. die Gesamtwicklung $(N_1 + N_2)$ als Primärwicklung und die Teilwicklung N_2 als Sekundärwicklung verwendet. Der Primärstrom i_1 erzeugt in der Wicklung $(N_1 + N_2)$ den Fluß Φ_{11} und der Sekundärstrom i_2 in der Wicklung N_2 einen Fluß Φ_{22}, der dem Fluß Φ_{11} entgegengesetzt gerichtet ist. Der Fluß Φ_{22} ist mit der Teilwicklung N_1 nur mit dem Teilfluß $\Phi_{21} = k_{21} \, \Phi_{22}$ verkoppelt (analog zum Übertrager mit getrennten Wicklungen), wobei k_{21} der Kopplungsgrad von der Teilwicklung N_2 zur Teilwicklung N_1 ist. Damit ist der Gesamtfluß durch N_1

$$\Phi_1 = \Phi_{11} - \Phi_{21} = \Phi_{11} - k_{21} \, \Phi_{22} \tag{3.4-31}$$

und durch N_2

$$\Phi_2 = \Phi_{11} - \Phi_{22} \, . \tag{3.4-32}$$

Entsprechend Gl. (3.4-20) und (3.4-21) erhält man aus (3.4-31) und (3.4-32):

$$u_1 = N_1 \frac{d\Phi_{11}}{dt} - N_1 \, k_{21} \frac{d\Phi_{22}}{dt} + N_2 \frac{d\Phi_{11}}{dt} - N_2 \frac{d\Phi_{22}}{dt} \, ,$$

$$u_1 = (N_1 + N_2) \frac{d\Phi_{11}}{dt} - (N_1 + N_2) \frac{N_1 \, k_{21} + N_2}{N_1 + N_2} \frac{d\Phi_{22}}{dt} \, .$$

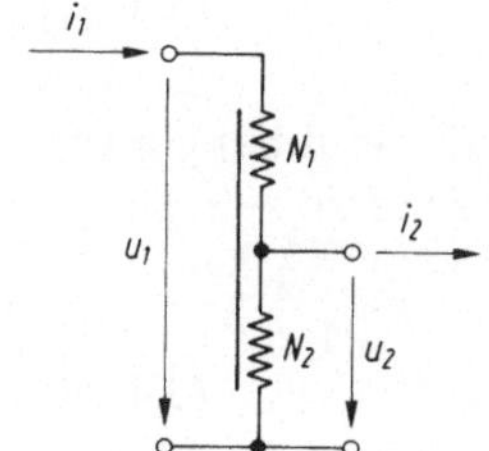

Bild 3.4-14. Spartransformator

Mit dem Kopplungsgrad von der Teilwicklung N_2 (Sekundärwicklung) zur Gesamtwicklung oder Primärwicklung $(N_1 + N_2)$

$$k'_{21} = \frac{N_1\, k_{21} + N_2}{N_1 + N_2} \tag{3.4-33}$$

wird daraus

$$u_1 = (N_1 + N_2)\, \frac{\mathrm{d}\Phi_{11}}{\mathrm{d}t} - (N_1 + N_2)\, k'_{21}\, \frac{\mathrm{d}\Phi_{22}}{\mathrm{d}t}\,. \tag{3.4-34}$$

Ferner ergibt sich

$$u_2 = N_2\, \frac{\mathrm{d}\Phi_{11}}{\mathrm{d}t} - N_2\, \frac{\mathrm{d}\Phi_{22}}{\mathrm{d}t}\,. \tag{3.4-35}$$

Analog zu Gl. (3.4-24 b) und (3.4-25 b) gilt auch hier:

$$u_1 = L_{1+2}\, \frac{\mathrm{d}i_1}{\mathrm{d}t} - M\, \frac{\mathrm{d}i_2}{\mathrm{d}t}\,, \tag{3.4-34a}$$

$$u_2 = M\, \frac{\mathrm{d}i_1}{\mathrm{d}t} - L_2\, \frac{\mathrm{d}i_2}{\mathrm{d}t}\,. \tag{3.4-35a}$$

Durch Vergleich der Gln. (3.4-34) mit (3.4-34 a) bzw. (3.4-35) mit (3.4-35 a) entsprechend den Gln. (3.4-20), (3.4-20 a), (3.4-21) und (3.4-21 a) erhält man wieder jeweils zwei Ausdrücke für Φ_{11} bzw. Φ_{22}. Diese ergeben gleichgesetzt

$$\frac{L_{1+2}\, i_1}{N_1 + N_2} = \frac{M\, i_1}{N_2} \qquad \rightarrow M = \frac{N_2}{N_1 + N_2}\, L_{1+2} = \frac{1}{n}\, L_{1+2}\,,$$

$$\frac{L_2\, i_2}{N_2} = \frac{M\, i_2}{(N_1 + N_2)\, k'_{21}} \qquad \rightarrow M = \frac{N_1 + N_2}{N_2}\, k'_{21}\, L_2 = k'_{21}\, n\, L_2\,.$$

Die beiden Ausdrücke für M, miteinander multipliziert, ergeben

$$M^2 = k'_{21}\, L_{1+2}\, L_2\,,$$
$$M = \sqrt{k'_{21}}\, \sqrt{L_{1+2}\, L_2}\,. \tag{3.4-36}$$

Analog Gl. (3.4-27) ergibt sich der Streugrad des Spartransformators zu

$$\sigma' = 1 - k'_{21}\,. \tag{3.4-37}$$

Mit (3.4-37) wird aus Gl. (3.4-36)

$$M = \sqrt{1 - \sigma'}\, \sqrt{L_{1+2}\, L_2}\,. \tag{3.4-36a}$$

Der Spartransformator kann also bei der Berechnung genau so behandelt werden wie der Übertrager mit getrennten Wicklungen und es gelten auch für ihn die Ersatzschaltbilder nach Bild 3.4-12 und Bild 3.4-13. Es muß hier lediglich an Stelle der Induktivität L_1 die Induktivität $L_{1+2} = A_L\, (N_1 + N_2)^2$, an Stelle der Windungszahl N_1 die Windungszahl $(N_1 + N_2)$ und an Stelle des Streugrades σ der Streugrad des Spartransformators σ' eingesetzt werden.

Bei Übertragung in umgekehrter Richtung (Aufwärtstransformation) ist (immer mit den Bezeichnungen in Bild 3.4-14) an Stelle von L_1 die Induktivität $L_2 = A_L\, N_2^2$, an Stelle von N_1 die Windungszahl N_2 und an Stelle von N_2 die Windungszahl $(N_1 + N_2)$ einzusetzen.

Der Streugrad σ' des Spartransformators ist (abhängig vom Verhältnis der Windungszahlen N_1 und N_2) immer wesentlich kleiner als der Streugrad σ eines Trennübertragers gleicher Größe und gleichen Wicklungsaufbaus (z. B. N_1 und N_2 übereinander angeordnet), da ja einmal nach Gl. (3.4-33) der Kopplungsgrad von N_2 nach $(N_1 + N_2)$ gegenüber dem Kopplungsgrad von N_2 nach N_1 vergrößert wird, zum andern der Kopplungsgrad von $(N_1 + N_2)$ nach N_2 gleich Eins ist, und damit in der Gl. (3.4-37) anstelle des Produktes zweier Kopplungsfaktoren nur ein Kopplungsfaktor auftritt. Entsprechend verkleinert sich auch die zur Berechnung der Streuinduktivität verwendete Streuinduktivitätskonstante beim Spartransformator (immer gleiche Spulengröße und gleichen Spulenaufbau vorausgesetzt) auf

$$A'_{\sigma L} = \frac{\sigma'}{\sigma}\, A_{\sigma L} \,.$$

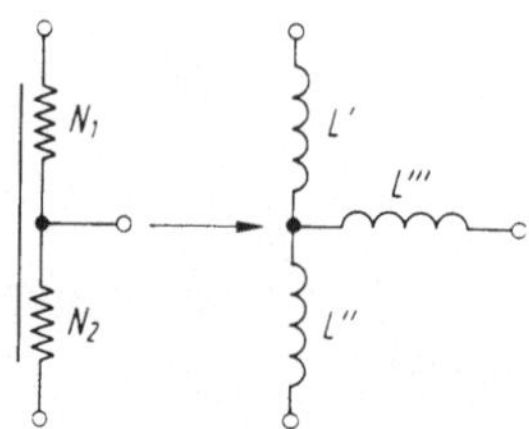

Bild 3.4-15. T-Ersatzschaltbild der angezapften Spule

Rein rechnerisch ergibt sich z. B. unter Verwendung der Gln. (3.4-33) und (3.4-37) und mit $k_{21} = \sqrt{1 - \sigma}$:

$$\text{für } N_1 \gg N_2, \quad \text{d. h.} \quad n \gg 1: \; \sigma' \to 0{,}5\,\sigma \,,$$
$$\text{für } N_1 = N_2, \quad \text{d. h.} \quad n = 2: \; \sigma' = 0{,}25\,\sigma \,,$$
$$\text{für } N_1 \ll N_2, \quad \text{d. h.} \quad n \approx 1: \; \sigma' \to 0 \,.$$

Mit einem Spartransformator lassen sich also breitbandige Übertrager wesentlich einfacher realisieren, jedoch ist diese Möglichkeit wegen der beim Spartransformator nicht vorhandenen galvanischen Trennung zwischen Primär- und Sekundärkreis, einer der Haupteigenschaften des Übertragers für übliche Anwendungen, nicht immer ausnützbar.

Aus dem Ersatzschaltbild nach Bild 3.4-12 (mit M nach Gl. (3.4-36a) und der Induktivität L_{1+2} an Stelle von L_1) erhält man mit $L_1 = A_L\, N_1^2$ und $n' = N_2/N_1$ die Elemente des T-Ersatzschaltbildes nach Bild 3.4-15 für die angezapfte Spule, wie es für die Darstellung von Differentialdrosseln bzw. -übertragern (z. B. für Gabelübertrager, Symmetriedrosseln) in der Literatur häufig verwendet wird. Dann wird:

$$L' = L_1\,(1 + n')\,[1 + n'\,(1 - \sqrt{1 - \sigma'})] \,,$$
$$L'' = L_1\,n'\,(1 + n')\,\sqrt{1 - \sigma'} \,,$$
$$L''' = -L_1\,n'\,[(1 + n')\,\sqrt{1 - \sigma'} - n']$$

oder unter Vernachlässigung der Streuung ($\sigma' \ll 1$)

$$L' \approx L_1 (1 + n') \,,$$
$$L'' \approx L_1 n' (1 + n') \,,$$
$$L''' \approx - L_1 n' .$$

Infolge der galvanischen Verbindung der Wicklungen ($N_1 + N_2$) und N_2 gehen die Kupferwiderstände R_{Cu1} der Teilwicklung N_1 und R_{Cu2} der Teilwicklung N_2 nicht mit ihren vollen Werten in die Übertragungseigenschaften bzw. in das Übertragerersatzschaltbild nach Bild 3.4-7 bzw. 3.4-8 ein. Zur Bestimmung der wirksamen Kupferwiderstände vergleicht man eine mit Wicklungswiderständen behaftete angezapfte Spule mit einem mit Wicklungswiderständen behafteten idealen Übertrager.

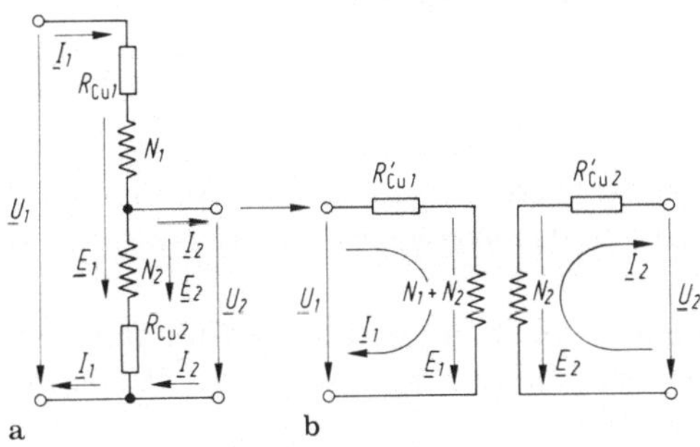

Bild 3.4-16 a u. b. Angezapfte Spule und „idealer" Übertrager mit Wicklungswiderständen

Nach Bild 3.4-16 a ist

$$\underline{U}_1 = \underline{E}_1 + \underline{I}_1 R_{Cu1} + \underline{I}_1 R_{Cu2} - \underline{I}_2 R_{Cu2} \,,$$

$$\underline{E}_2 = \underline{U}_2 - \underline{I}_1 R_{Cu2} + \underline{I}_2 R_{Cu2} \,,$$

mit

$$\frac{\underline{I}_1}{\underline{I}_2} = \frac{N_2}{N_1 + N_2} = \frac{1}{n}$$

wird daraus

$$\underline{U}_1 = \underline{E}_1 + \underline{I}_1 \left[R_{Cu1} + (1 - n) R_{Cu2} \right] \,, \tag{3.4-38}$$

$$\underline{E}_2 = \underline{U}_2 + \underline{I}_2 \left(1 - \frac{1}{n} \right) R_{Cu2} \,. \tag{3.4-39}$$

Nach Bild 3.4-16 b ist

$$\underline{U}_1 = \underline{E}_1 + \underline{I}_1 R'_{Cu1} \,, \tag{3.4-38 a}$$

$$\underline{E}_2 = \underline{U}_2 + \underline{I}_2 R'_{Cu2} \,. \tag{3.4-39 a}$$

Vergleich der Gln. (3.4-38) mit (3.4-38 a) und (3.4-39) mit (3.4-39 a) ergibt

$$R'_{Cu1} = R_{Cu1} + (1 - n) R_{Cu2} \,, \tag{3.4-40}$$

$$R'_{Cu2} = \left(1 - \frac{1}{n} \right) R_{Cu2} \,. \tag{3.4-41}$$

Im Übertragerersatzschaltbild nach Bild 3.4-7 bzw. 3.4-8 sind also im Falle des Spartransformators die wirksamen Kupferwiderstände R'_{Cu1} und R'_{Cu2} entsprechend Gl. (3.4-40) bzw. Gl. (3.4-41) einzusetzen.

3.4.6 Lebensdauer und Zuverlässigkeit technischer Spulen

Das Lebensdauerverhalten von Spulen und Übertragern ist abhängig von ihren Beanspruchungsgrößen, insbesondere von ihrer Betriebstemperatur. Üblicherweise werden die Bereiche, in denen die Bauelemente eingesetzt werden sollen, durch Angabe der Anwendungsklasse nach DIN 40040 gekennzeichnet. Die gebräuchlichsten Angaben sind

1. die untere Grenztemperatur ϑ_u:
In Frage kommen in der Regel

Klasse F mit $\vartheta_u = -55\,°C$ (Spulen für militärische Geräte u. ä.),
Klasse G mit $\vartheta_u = -40\,°C$ (Spulen in normalen Räumen einschließlich Transport im Freien).

Die untere Grenztemperatur braucht bei der Berechnung der Zuverlässigkeit von Wickelgütern in der Regel nicht beachtet zu werden, solange die Spulen nicht häufigen (schroffen) Temperaturwechseln bis zu ϑ_u ausgesetzt werden.

2. Die obere Grenztemperatur ϑ_0:
Für die obere Grenztemperatur (= Temperatur der heißesten Stelle (hot spot) der Wicklung) ergeben sich abhängig von den verwendeten Werkstoffen die Werte der nachstehenden Tabelle.
Die obere Grenztemperatur ist bestimmend für die Berechnung der Betriebszuverlässigkeit.

Die mittlere Temperatur ergibt sich aus der Bauelemente-Umgebungstemperatur ϑ_u und der mittleren Übertemperatur $\vartheta_ü$ der Wicklung zu

$$\vartheta_B = \vartheta_u + \vartheta_ü .$$

Die mittlere Übertemperatur $\vartheta_ü$ erhält man mit den Wärmewiderständen R_{th1} und R_{th2} aus den Verlusten P_{Cu} in der Wicklung und P_K im Kern zu

$$\vartheta_ü = R_{th1} P_{Cu} + R_{th2} \cdot P_K .$$

Die Wärmewiderstände R_{th1} und R_{th2} müssen experimentell aus Modellversuchen für jede Spulengröße bestimmt werden. Sie sind abhängig von der Spulenausfüh-

Tabelle 3.4-1. Zuordnung der mittleren Wicklungstemperatur ϑ_B zur oberen Grenztemperatur ϑ_0 nach DIN 40040

Klasse	Heißeste Stelle ϑ_0	Mittlere Temperatur ϑ_B der Wicklung	Anwendung[a]
Q	80 °C	75 °C	Masse-, Ferrit- und
N	90 °C	85 °C	Blechkern-Spulen
L	110 °C	100 °C	
K	125 °C	115 °C	Netzgeräte-
H	155 °C	140 °C	Spulen

[a] Der Übergang ist fließend.

rung (ungetränkt oder getränkt, siehe hierzu z. B. [64]) und in 1. Näherung umgekehrt proportional der Oberfläche der Spulen oder Übertrager. Bei relativ niederen Übertemperaturen $\vartheta_{\ddot{u}}$ können sie als konstant angesehen werden (Wärmeabgabe durch Wärmeleitung $\sim \vartheta_{\ddot{u}}$, durch Konvektion $\sim \vartheta_{\ddot{u}}^{1,25}$), bei höheren Übertemperaturen werden die Wärmewiderstände infolge des Einflusses der Wärmestrahlung (Wärmeabgabe $\sim (T_B^4 - T_{\ddot{u}}^4)$ kleiner mit wachsender Übertemperatur (kleiner mit steigendem $\vartheta_{\ddot{u}}$). (Siehe [65] und [66] sowie Bild 1.4-2.)

3. Feuchtebeanspruchung:

Üblich sind je nach Spulenaufbau (ungetränkt, getränkt, vergossen, dicht gekapselt) die nachstehenden Feuchteklassen:

G mit 65% relativer Luftfeuchte im Jahresmittel, F mit 75%, D mit 80% und R mit 90%.

Die Feuchte kann durch ungeeignete Werkstoffkombination in der Wicklung eine Korrosion des Cu-Drahtes verursachen und damit den Ausfall vergrößern. In der Regel braucht aber der Einfluß der Feuchte bei der Bestimmung der Zuverlässigkeit nicht beachtet zu werden. Voraussetzung dafür ist natürlich, daß die Spulenausführung und die verwendeten Werkstoffe der zu erwartenden Feuchtebeanspruchung angepaßt sind.

Für den temperaturabhängigen Ausfallsatz A_ϑ (Verschleißausfälle) von Spulen und Übertragern kann man eine Nenn-Betriebszuverlässigkeit festlegen, d. h., man ordnet einer Nenn-Betriebstemperatur ϑ_{BN} (gleich der mittleren Wicklungstemperatur) eine Nenn-Zeitdauer zu

$$t_{BN} = 10\,000 \text{ h}$$

und einen Nenn-Ausfallsatz

$$A_{\vartheta N} = 1\text{‰}.$$

Die Tabelle 3.4-2 zeigt eine Zuordnung der Nenn-Betriebstemperatur ϑ_{BN} (zugeordnet den oberen Grenztemperaturen nach DIN 40040, siehe Tabelle 3.4-1) zum Spulenaufbau und zur verwendeten Kupferlackdraht-Sorte.

Tabelle 3.4-2. Zuordnung der Nenn-Betriebstemperaturen zur Spulenausführung

CuL-Draht nach DIN 46435	ϑ_{BN} in °C für Wicklung			
	getränkt		ungetränkt	
	Lagenisolation		Lagenisolation	
	ohne	mit	ohne	mit
VJ[a]	75	85	100	115
WJ	115	140	115	140

[a] Verzinnbare Lackdrähte (VJ) neigen in getränkten Wicklungen (unter Luftabschluß) stärker zum Altern als in ungeschützten Wicklungen.

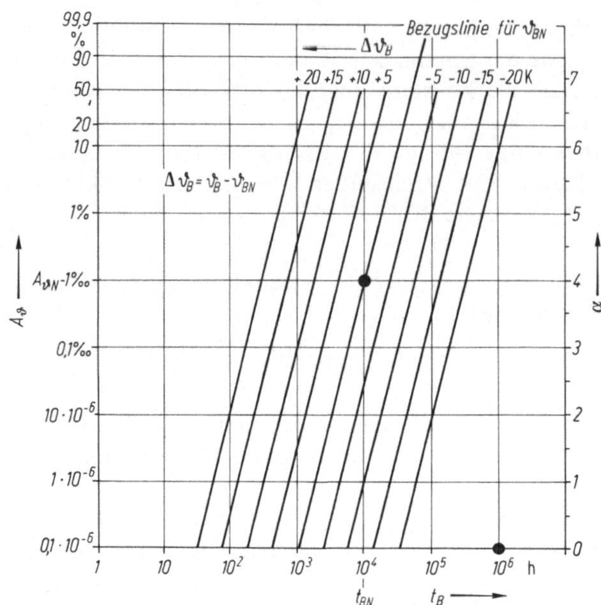

Bild 3.4-17. Temperaturabhängiger Ausfallsatz A_ϑ von Wickelgütern

Die Zeitdauer bis zum Nenn-Ausfallsatz wird verlängert bzw. verkürzt, wenn man die Temperatur erniedrigt bzw. erhöht. Diese Temperaturabhängigkeit folgt dem Arrhenius-Gesetz in seiner allgemeinen Form (s. Anhang [2] S. 89, Gl. (3.5)).

$$\ln t = A + \frac{B}{T}, \qquad (3.4\text{-}42)$$

wobei A und B Konstanten sind und T die thermodynamische Temperatur ist. Das Bild 3.4-17 zeigt den Ausfallsatz A_ϑ in Abhängigkeit von der Betriebszeit t_B. Die Kurven wurden gezeichnet mit einer mittleren Steilheit des Ausfalls $\alpha = 4$ (die ermittelten Werte variierten etwa von $\alpha = 3$ bis $\alpha = 5$). Die Gerade für $\Delta\vartheta_B = 0$ ist die Bezugsgerade für die Betriebstemperatur ϑ_{BN}. Die $\pm\Delta\vartheta_B$-Geraden geben die A_ϑ-Werte an für die Abweichungen der mittleren Wicklungstemperatur von der Bezugstemperatur (Nenn-Betriebstemperatur).

Die obere Grenztemperatur, d. h. die Nenn-Betriebstemperatur, darf durchaus überschritten werden, z. B. wenn geringere Betriebszuverlässigkeit gefordert wird oder für kurze Betriebszeiten (z. B. Störungsfall). Eine Grenze ist jedoch gesetzt, wenn irgendein Werkstoff sich unzulässig verformt. Als Ausfallkriterium gilt hier das Auftreten von Windungsschlüssen.

Die hier angegebenen Zahlenwerte wurden ermittelt aus vielen, z. T. langjährigen Messungen (Modellversuchen) und Beobachtungen, die in den Bauelementelabors der SEL AG durchgeführt wurden.

Zum temperaturabhängigen Ausfallsatz A_ϑ addiert sich noch ein temperaturunabhängiger Ausfallsatz A_δ (Zufallsausfälle), der besagt, daß auch bei niederen Betriebstemperaturen schon ein Grundausfall vorhanden ist. Dieser ist abhängig vom Aufbau der Spule und ist um so größer, je dünner die Drahtstärke und die Lackisolierung und je größer die Zahl der Herausführungen (Anschlüsse) ist. Wildwicklungen sind schlechter als glatte, lagenweise Wicklungen. Isolierzwischenlagen und Tränkung verringern den Grundausfallsatz A_δ, für den man folgende Gleichung ansetzen kann:

$$A_\delta = \frac{t_\mathrm{B} + t_\mathrm{p}}{t_\mathrm{BN}} \cdot A_{\delta 0}\, \delta_1\, \delta_2 \,. \tag{3.4-43}$$

Dabei ist:

$t_\mathrm{B} + t_\mathrm{p}$ = Betriebszeit + Pausenzeit,

$A_{\delta 0}$ = ein Grundausfallsatz für $t_\mathrm{Bn} = 10\,000$ h, abhängig vom Spulenaufbau,

δ_1 = ein Faktor, der die Abhängigkeit von der Drahtstärke berücksichtigt,

δ_2 $\approx 1 + 0{,}2\,(z - 2)$ = ein Faktor, der die Verschlechterung des Ausfallsatzes bei Wickelgütern mit mehr als zwei Herausführungen berücksichtigt (z = Zahl der Herausführungen).

Richtwerte für $A_{\delta 0}$ und δ_1 sind in den nachstehenden Tabellen 3.4-3a und 3.4-3b zusammengestellt:

Tabelle 3.4-3a und b. Werte zur Abschätzung des Ausfallsatzes A_δ

a Aufbau der Spulen

Wicklung	Lagenisolation	Tränkung	Draht	$A_{\delta 0}$
Lagen	nach jeder Lage 1 × Isolierfolie	nein	CuL Cu 2L	$1 \cdot 10^{-6}$ $0{,}5 \cdot 10^{-6}$
		ja	CuL Cu 2L	$0{,}5 \cdot 10^{-6}$ $0{,}25 \cdot 10^{-6}$
Wild	ohne oder nach jeder 3. Lage 1 × Isolierfolie	nein	CuL Cu 2L	$3 \cdot 10^{-6}$ $2 \cdot 10^{-6}$
		ja	CuL Cu 2L	$1{,}5 \cdot 10^{-6}$ $1 \cdot 10^{-6}$

b Drahtdurchmesser

mm	δ_1
$\geqq 0{,}20$	1
$0{,}14$ bis $0{,}19$	1,5
$0{,}10$ bis $0{,}132$	2
$0{,}071$ bis $0{,}095$	3
$0{,}056$ bis $0{,}067$	10
$0{,}048$ bis $0{,}053$	30
$0{,}04$ bis $0{,}045$	100

Als Ausfallkriterien gelten hier Drahtbrüche, schlechte Lötstellen, Windungsschlüsse durch Fehler im Lack des Drahtes.

Die Zahlenwerte wurden abgeschätzt aus Langzeitbeobachtungen und aus der Registrierung von Ausfällen beim Betrieb von Geräten (z. B. Ausfallstatistik der DBP).

Damit erhält man den Gesamtausfallsatz

$$A = A_\vartheta + A_\delta \,. \tag{3.4-44}$$

Dabei ergibt sich A_ϑ aus dem Diagramm nach Bild 3.4-17 und A_δ aus Gl. (3.4-43).

Als Beispiel sei der Ausfallsatz einer Spule, wie sie in dieser Art in nachrichtentechnischen Geräten durchaus vorkommen kann, berechnet:

Spule mit $z = 4$ Anschlüssen aus CuL-Draht des Lacktyps VJ mit $\varnothing = 0{,}10$ mm, Wildwicklung ohne Lagenisolation, ungetränkt.

Betrieb bei Umgebungstemperatur $\vartheta_R = 65\,°C$ mit einer Eigenerwärmung $\vartheta_ü = 15\,°C$, Betriebszeit $t_B = 100\,000$ h, Pausenzeit $t_p = 0$.

Mit der Betriebstemperatur $\vartheta_B = 65\,°C + 15\,°C = 80\,°C$ und der für eine ungetränkte Spule aus VJ-Draht ohne Lagenisolation entsprechend Tabelle 3.4-2 geltenden Nenn-Betriebstemperatur $\vartheta_{BN} = 100\,°C$ wird

$$\Delta\vartheta_B = 80\,°C - 100\,°C = -20\,°C.$$

Damit erhält man aus Bild 3.4-17 mit der Betriebszeit $t_B = 100\,000$ h:

$$A_\vartheta = 8 \cdot 10^{-6}.$$

Für eine ungetränkte Wildwicklung ohne Lagenisolation aus CuL-Draht gilt nach Tabelle 3.4-3a

$$A_{\delta 0} = 3 \cdot 10^{-6}.$$

Für 0,10 mm Drahtdurchmesser wird nach Tabelle 3.4-3b

$$\delta_1 = 2$$

und für $z = 4$ Herausführungen wird

$$\delta_2 = 1 + 0{,}2\,(4 - 2) = 1{,}4 .$$

Damit ergibt sich nach Gl. (3.4-43) mit $t_B = 100\,000$ h und $t_p = 0$:

$$A_\delta = \frac{100\,000 + 0}{10\,000} \cdot 3 \cdot 10^{-6} \cdot 2 \cdot 1{,}4 = 84 \cdot 10^{-6}$$

und nach Gl. (3.4-44)

$$A = 8 \cdot 10^{-6} + 84 \cdot 10^{-6} = 92 \cdot 10^{-6}$$

und daraus die durchschnittliche Ausfallrate in der Betriebszeit

$$\lambda = \frac{92 \cdot 10^{-6}}{100\,000\ \text{h}} \approx 0{,}9 \cdot \frac{10^{-9}}{\text{h}} .$$

Diese Berechnung täuscht eine hohe Genauigkeit vor. In Wirklichkeit ist die Genauigkeit solcher Zuverlässigkeitsangaben noch ziemlich dürftig (viele der verwendeten Größen sind nur geschätzt, andere mit großen Streuungen behaftet), so daß Abweichungen von den gerechneten Werten um den Faktor 2–3 nach unten oder oben durchaus möglich sind.

Angaben aus verschiedenen Quellen weichen oft beträchtlich voneinander ab. So findet man für Spulen in Nachrichtengeräten z. B. in [67] und [68] Werte für λ von $1{,}3 \cdot 10^{-9}$/h bzw. $0{,}8 \cdot 10^{-9}$/h (aus Betriebserfahrungen, allerdings ohne Angabe der Betriebstemperaturen), eine Abschätzung nach [69] führt dagegen auf eine Ausfallrate von $\lambda \approx 25 \cdot 10^{-9}$/h.

Für die Ermittlung des Ausfallgesetzes von Bauelementen (s. a. den Anhang A.1 bis A.4) ergibt sich die Schwierigkeit, daß Modellversuche mit Betriebsbedingungen bei hochzuverlässigen Bauelementen die Beobachtung sehr großer Stückzahlen über sehr lange Prüfzeiten erfordern, um auswertbare Ergebnisse zu erhalten. Solche Untersuchungen sind sehr aufwendig und zeitraubend, so daß man nach Möglichkeit zeitraffende Prüfmethoden unter verschärften Betriebsbedingungen (z. B. erhöhte Temperatur usw.) anwendet. Dazu muß aber das Gesetz für den Verlauf der Lebensdauer in Abhängigkeit von der angewendeten Beanspruchung bekannt sein und es muß sichergestellt sein, daß die erhöhte Beanspruchung in den Grenzen bleibt, für welche das Gesetz gültig ist.

Für den temperaturabhängigen Ausfallsatz von Wicklungen ist bekannt, daß der Abbau der Drahtisolation entsprechend dem Arrhenius-Gesetz (s. Gl. (3.4-42)) abläuft, so daß man hier eine Zeitraffung durch Temperaturerhöhung durchführen kann. Zur Bestimmung der Temperaturabhängigkeit der Ausfälle lagert man z. B. Kollektive von Probespulen bei mehreren Temperaturen und prüft in gewissen Abständen nach, ob Ausfälle aufgetreten sind (Prüfung auf Windungsschluß). Die so gefundenen Ausfälle zeichnet man bei ihren Ausfallzeiten in das Lebendauernetz nach Weibull ein und legt durch die Meßpunkte eine ausgleichende Gerade, der man die Steilheit des Ausfalls α und die Lebensdauerkonstante T_L (bei 63 % Ausfall) entnimmt. Die Werte für α sind in der Regel praktisch unabhängig von der Temperatur. Die temperaturabhängigen Werte für T_L trägt man in ein Koordinatennetz (Bild 3.4-18) ein, das so gestaltet ist, daß die der Arrhenius-Gleichung entsprechende Kurve zu einer Geraden wird (Abszisse (ϑ-Achse) geteilt mit dem

Kehrwert der thermodynamischen Temperatur $\left(\dfrac{T_B}{K} = \dfrac{\vartheta_B}{°C} + 273{,}15\right)$, die Ordinate (Zeitachse) logarithmisch geteilt).

Die eingetragenen Punkte liegen auf einer Geraden (Ausgleichsgerade), solange das Arrhenius-Gesetz gültig ist (es hat sich ergeben, daß dies für die Drahtisolation zumindest bis zu Temperaturen von 160 °C bis 180 °C durchaus der Fall ist). Durch Verlängerung dieser Geraden zu tieferen Temperaturen hin lassen sich

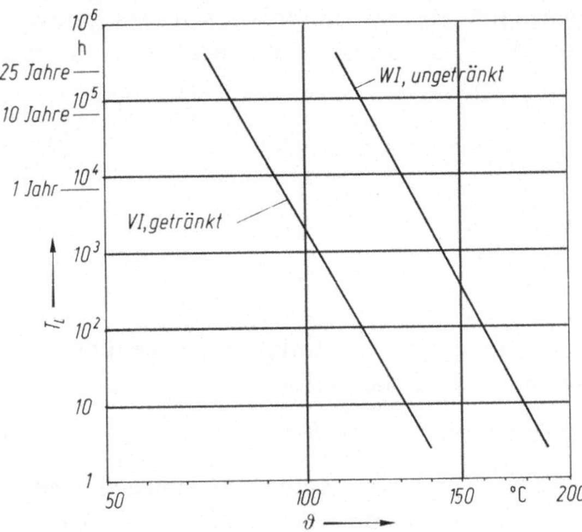

Bild 3.4-18. Verlauf der Lebensdauerkonstanten T_L über der Temperatur

daraus die Werte T_L für den Betriebstemperaturbereich entnehmen und damit die entsprechenden Ausfallsatzgeraden konstruieren (z. B. in Bild 3.4-17).

Für den temperaturunabhängigen Ausfallsatz von Wicklungen ist diese Möglichkeit der Zeitraffung nicht gegeben. Hier muß man zurückgreifen auf Langzeitbeobachtungen mit großen Stückzahlen, oder man macht Gebrauch von der Registrierung und Auswertung von Ausfällen beim Betrieb von Geräten. Man kann diese mechanisch bedingten Ausfälle sicher auch beschleunigen, z. B. durch erhöhte mechanische Beanspruchung oder sehr rasche Temperaturwechsel (Schocks). Um daraus aber Rückschlüsse ziehen zu können, müßten zuerst die entsprechenden Gesetzmäßigkeiten für den Zeitraffungsfaktor ermittelt werden.

3.5 Eigenschaften des Kernmaterials

3.5.1 Einteilung der Stoffe nach magnetischen Eigenschaften

Kennzeichnend für das magnetische Verhalten eines Stoffes ist der Zusammenhang zwischen magnetischer Kraftflußdichte oder Induktion B in einem Volumenelement des Stoffes und der dort herrschenden magnetischen Feldstärke H. Die Funktion $B = f(H)$ ist bei größerer Aussteuerung der ferromagnetischen Werkstoffe nichtlinear (siehe die B,H-Kurven in Bild 3.1-1 und 3.5-10a).

3.5.1.1 Magnetisch neutrale Stoffe

Magnetisch neutral ist das Vakuum. Bei ihm ist die B,H-Kurve für beliebige Aussteuerung eine Gerade. Sie läßt sich mathematisch beschreiben durch

$$B_0 = \mu_0 H .\qquad(3.5\text{-}1)$$

Die Konstante $\mu_0 = 4\pi \cdot 10^{-7}\ \text{Vs/Am} = 4\pi \cdot 10^{-7}\ \text{H/m} \approx 1{,}2566\ \mu\text{H/m}$ wird magnetische Feldkonstante genannt. Alle Stoffe, die die gleiche B,H-Kurve wie das Vakuum haben, nennt man magnetisch neutral. Bei gleicher Feldstärke kann sich je nach Stoff eine höhere oder eine niedrigere Induktion als im Vakuum einstellen. Das Verhältnis der Induktion mit Stoff zur Induktion ohne Stoff nennt man Permeabilitätszahl μ_r. Da μ_r frequenzabhängig ist, definieren wir das genannte Verhältnis, zunächst nur für magnetische Gleichfelder, und nennen es statische Permeabilitätszahl

$$\mu_{\text{stat}} = \frac{B}{B_0}\qquad(3.5\text{-}2)$$

oder mit Gl. (3.5-1):

$$\mu_{\text{stat}} = \frac{B}{\mu_0 H}\quad \text{bzw.}\quad B = \mu_0\,\mu_{\text{stat}} H .\qquad(3.5\text{-}3)$$

Da die Materie meist eine Zu- oder Abnahme der Induktion gegenüber dem Vakuum bewirkt, definiert man als magnetische Polarisation

$$\mu_0 M = B - B_0 \quad \text{mit der Magnetisierung}\quad M = B/\mu_0 - H .\qquad(3.5\text{-}4)$$

Die Polarisation $\mu_0 M$ ist also die zusätzlich von der Materie herrührende Induktion. Sie hat dementsprechend die gleiche Dimension wie die Induktion. Statt der

B, H-Kurve wird auch oft die Magnetisierungskurve eines Stoffes angegeben. Man erhält nach Gl. (3.5-4) aus der B, H-Kurve die Magnetisierungskurve, indem man von ersterer die Gerade $B_0 = \mu_0 H$ abzieht. Setzt man die Gln. (3.5-3) und (3.5-1) in (3.5-4) ein, so erhält man für die magnetische Polarisation

$$\mu_0 M = (\mu_{\text{stat}} - 1)\,\mu_0 H = (\mu_{\text{stat}} - 1)\,B_0 = \chi_{\text{m}}\,B_0\,. \tag{3.5-5}$$

Die Größe

$$\chi_{\text{m}} = \mu_{\text{stat}} - 1 \tag{3.5-5a}$$

heißt magnetische Suszeptibilität. Sie ist eine reine Zahl und gibt an, wievielmal die durch die Materie bewirkte Polarisation (zusätzliche Induktion) größer ist als die Induktion bei Vakuum. Im allgemeinen Fall (besonders bei einzelnen Kristallen) ist χ_{m} richtungsabhängig, also ein Tensor. Seine Komponenten hängen von der Feldstärke H ab. Im folgenden seien, wenn nicht ausdrücklich anders angegeben, stets polykristalline Stoffe betrachtet, bei denen wegen der statistischen räumlichen Orientierung der Einzelkristalle keine Richtungsabhängigkeit von χ_{m} mehr besteht.

Nach der Größe von μ_{stat} bzw. χ_{m} kann man die Stoffe in vier Gruppen einteilen:

1. $\mu_{\text{stat}} = 1$, d. h. $\chi_{\text{m}} = 0$ bei magnetisch neutralen,
2. $\mu_{\text{stat}} < 1$, d. h. $\chi_{\text{m}} < 0$ bei diamagnetischen,
3. $\mu_{\text{stat}} > 1$, d. h. $\chi_{\text{m}} > 0$ bei paramagnetischen,
4. $\mu_{\text{stat}} \gg 1$, d. h. $\chi_{\text{m}} \gg 1$ bei ferromagnetischen Stoffen.

Die unter 2. und 3. genannten Gruppen haben nur gelegentlich technische Bedeutung. Die Kenntnis ihrer gegensätzlichen Eigenschaften führt aber zu einem tieferen Verständnis der physikalischen Zusammenhänge bei den Stoffen der 4. Gruppe.

3.5.1.2 Diamagnetismus

Diamagnetische Stoffe haben eine relative Permeabilität, die kleiner als Eins ist; die B, H-Kurve verläuft also flacher als bei Vakuum, die Magnetisierung M wird negativ (s. Bild 3.5-1, Kurve b). Dies ist auf die Wirkung der um die Atomkerne kreisenden Elektronen zurückzuführen:

Jedes kreisende Elektron bildet einen Ringstrom mit einem entsprechenden Magnetfeld (s. dazu auch Bild 3.2-1). Außerdem hat jedes Elektron, unabhängig von seiner Kreisbewegung, noch ein eigenes Magnetfeld, das man sich durch Rotation (Spin) der Oberflächenladung des Elektrons um sich selbst entstanden denkt [18]. Überlagerung der Magnetfelder aller Elektronen eines Atoms ergibt das nach außen wirksame Magnetfeld: es verschwindet bei diamagnetischen Stoffen in

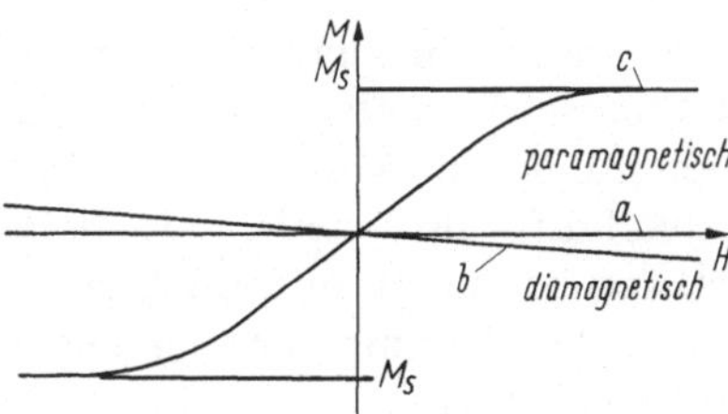

Bild 3.5-1. Magnetisierungskurven in verschiedenen Medien. a Vakuum; b diamagnetisches; c paramagnetisches Material

größerem Abstand vom Atom. Bringt man ein diamagnetisches Atom in ein magnetisches Gleichfeld, beschleunigen oder verzögern sich die umlaufenden Elektronen so, daß sie entsprechend der Lenzschen Regel [19] durch ein resultierendes atomares Magnetfeld das außen wirkende Gleichfeld schwächen, Magnetisierung M und Suszeptibilität sind negativ. Im inhomogenen Magnetfeld wird deshalb ein diamagnetisches Material aus dem Bereich großer Feldstärke *herausgedrängt*, im homogenen Feld stellt sich ein diamagnetisches Stäbchen *quer* zu den Feldlinien. Die Suszeptibilität einiger diamagnetischer Stoffe (z. B. Bi, Cu, H_2O, N_2 und H_2) ist in Tabelle 3.5-1 zu finden. Sie ist temperaturunabhängig im Gegensatz zu den para- und ferromagnetischen Stoffen.

Tabelle 3.5-1. Suszeptibilität dia- und paramagnetischer Stoffe bei 20 °C und Normaldruck (nach [19, S. 167])

Stoff	Zeichen	Suszeptibilität $\chi_m/10^{-6}$	Zustand
Wismut	Bi	− 153	
Gold	Au	− 33,7	
Silber	Ag	− 24,8	
Kupfer	Cu	− 7,4	
Germanium	Ge	− 7,7	diamagnetisch
Wasser	H_2O	− 9	
Kohlendioxid	CO_2	− 0,012	
Stickstoff	N_2	− 0,006	
Wasserstoff	H_2	− 0.002	
Platin	Pt	+ 264	
Aluminium	Al	+ 21,2	
Sauerstoff, flüssig	O_2	+ 3620	paramagnetisch
Sauerstoff } 1,013 bar	O_2	+ 1,86	
Luft ∫ und 0 °C	−	+ 0,364	

3.5.1.3 Paramagnetismus

Bei paramagnetischen Atomen kompensieren sich die durch Elektronenumlauf und Elektronenspin entstehenden Magnetfelder nicht zu Null wie bei den diamagnetischen Stoffen. Durch die Wärmebewegung der Atome und Elektronen sind die Magnetfelder auf alle möglichen Richtungen des Raumes verteilt, wobei sie einander gar nicht oder nur sehr wenig in ihrer gegenseitigen Lage beeinflussen; ein paramagnetischer Körper zeigt also ohne äußeres Magnetfeld kein eigenes Magnetfeld. Er kann jedoch ein äußeres Magnetfeld durch Ausrichtung seiner Elementarmagnete verstärken, die B, H-Kurve verläuft also steiler als beim Vakuum, μ_{stat} ist größer als Eins, die Magnetisierung steigt mit wachsender Feldstärke an (s. Bild 3.5-1 c und Tabelle 3.5-1). Die Ausrichtung der Elementarfelder und damit die Feldverstärkung gelingt um so vollständiger, je geringer die thermische Schwirrbewegung, je kälter also der Stoff ist. Die Temperaturabhängigkeit von χ_m wurde zuerst von P. Curie [20] beobachtet; er fand χ_m umgekehrt proportional der thermodynamischen Temperatur T (Curie-Gesetz):

$$\chi_m = \frac{C}{T} \, . \tag{3.5-6}$$

Dieses Gesetz gilt für viele paramagnetische Gase (z. B. O_2) und flüssige sowie einige feste Stoffe (z. B. Pt und Al) von Zimmertemperatur bis zu beliebigen hohen Temperaturen und bei allen technisch erreichbaren Feldstärken. Bei sehr tiefen Temperaturen kann man erreichen, daß bei hohen Feldstärken alle atomaren Magnete ausgerichtet sind, und eine weitere Feldstärkesteigerung keine weitere Erhöhung der Magnetisierung mehr bringt [18, S. 42–44]. Die B,H-Kurve hat dann nur noch die Steilheit der Kurve von Vakuum, und die Magnetisierung bleibt konstant. Man nennt den Zustand der Konstanz der Magnetisierung bei hohen Feldstärken Sättigung.

Paramagnetische Stoffe werden bei inhomogenem Magnetfeld in den Bereich höherer Feldstärken *hineingezogen*, im homogenen Feld stellen sich paramagnetische Stäbchen *parallel* zu den Feldlinien. Alle paramagnetischen Stoffe sind auch diamagnetisch. Nur wird bei ihnen die schwächende Wirkung der induzierten Ströme durch die verstärkende Wirkung der Ausrichtung der Elementarfelder verdeckt. Solange bei einem Stoff beide Wirkungen gleich groß sind, ist er magnetisch neutral, seine relative Permeabilität ist gleich Eins, seine Suszeptibilität gleich Null.

3.5.1.4 Ferromagnetismus

Bei ferromagnetischen Stoffen [21] sind die Atome ebenfalls paramagnetisch. Im Gegensatz zu den paramagnetischen Stoffen üben aber die einzelnen atomaren Elementarmagnete starke Wechselwirkungen aufeinander aus, indem jeder Elementarmagnet die Nachbarmagnete gegen die regellose Temperaturbewegung parallel zu sich auszurichten sucht. Dadurch werden spontan und ohne äußeres Magnetfeld die einzelnen Kristallbereiche bis zur Sättigung magnetisiert. Die dies bewirkenden atomaren Kräfte nennt man Austauschkräfte; sie entsprechen technisch nicht realisierbaren Feldstärken von einigen 10^9 A/cm. Die starken Bindungskräfte zwischen den atomaren Magneten können nur wirken, wenn die Atome stets die gleiche räumliche Lage gegeneinander behalten, d. h. wenn sie an Kristallgitter gebunden sind. Ferromagnetismus ist also ein Festkörpereffekt, es gibt weder gasförmige noch flüssige ferromagnetische Stoffe. Ferromagnetisch bleibt ein Stoff nur so lange, wie die thermischen Schwirrkräfte kleiner sind als die zwischenatomaren Austauschkräfte. Erwärmt man einen ferromagnetischen Stoff, so verliert er bei einer für den Stoff spezifischen Temperatur, der sog. Curie-Temperatur T_C seine ferromagnetischen Eigenschaften und wird paramagnetisch, d. h., die Wechselwirkung der atomaren Magnete geht wegen des Überwiegens der thermischen Schwirrkräfte verloren. Oberhalb der Curie-Temperatur gilt auch für ferromagnetische Stoffe eine Abwandlung des Curie-Gesetzes (3.5-6), das von P. Weiss [22] gefundene sog. Curie-Weiss-Gesetz:

$$\chi_m = \frac{c}{T - T_C} \, . \tag{3.5-7}$$

Für Temperaturen $T \gg T_\mathrm{C}$ hat der Stoff paramagnetisches Verhalten mit μ_stat wenig über Eins; nähert man sich der Curie-Temperatur von oben, so steigt μ_stat steil an. Es gibt viele ferromagnetische Legierungen, aber nur wenige ferromagnetische Elemente. Die Curie-Temperaturen der bei Zimmertemperatur ferromagnetischen Elemente sind in Tabelle 3.5-2 angegeben (einschließlich Gadolinium (Gd)).

Tabelle 3.5-2. Curie-Temperatur, Sättigungsmagnetisierung und Schmelzpunkt von vier ferromagnetischen Elementen (nach [21, S. 35] und [26])

Element	Curie-Temperatur		Sättigungs-Magnetisierung	Schmelzpunkt
	$\vartheta_\mathrm{C}/°\mathrm{C}$	T_C/K	$\mu_0\,M_\mathrm{s}/T$ bei $0\,\mathrm{K}$	°C
Fe	770	1043	2,19	1530
Co	1127	1400	1,80	1490
Ni	362	635	0,64	1455
Gd	17	290	2,49	1312

Die technisch bedeutende Eigenschaft der Ferromagnetika ist ihre hohe Permeabilität. Während para- und diamagnetische Stoffe relative Permeabilitäten haben, die sich nur geringfügig von Eins unterscheiden, kann μ_stat bei Ferromagnetika Werte von 100000 erreichen. Die prinzipielle Magnetisierungskurve von ferromagnetischen Stoffen zeigt Bild 3.5-2, ihr Verlauf wird durch folgende zuerst 1907 von Weiss [22] aufgestellte Theorie erklärt [21, S. 35−37]:

Im unmagnetischen Zustand ist jeder Kristall des ferromagnetischen Materials in eine Anzahl von Volumenbereichen, sog. Weisssche Bezirke (englisch: domains), unterteilt, die alle bis zur Sättigung magnetisiert sind. Ein Bezirk kann nur in einer der magnetischen Vorzugsrichtungen des Kristalls magnetisiert sein. Der Kristall zeigt eine sog. magnetische Anisotropie. Insgesamt heben sich die Magnetisierungen der Weiss-Bezirke gegenseitig auf, und der Werkstoff erscheint nach außen hin unmagnetisch. In Bild 3.5-3 ist ein ferromagnetischer kubischer Kristall mit 4 Weiss-Bezirken gezeichnet. Die magnetischen Vorzugsrichtungen liegen entlang

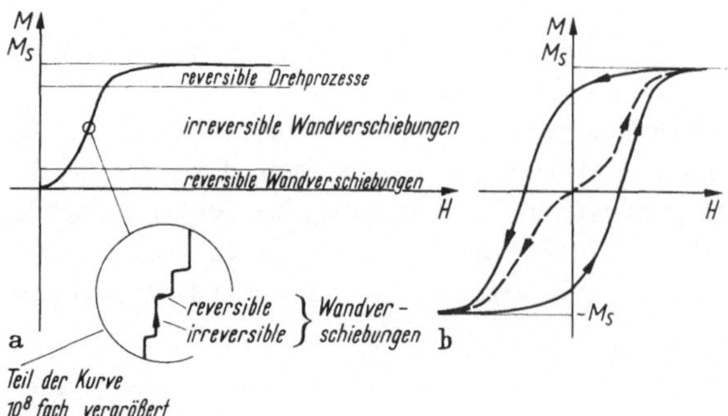

Bild 3.5-2 a u. b. Prinzipieller Verlauf der Magnetisierungskurve eines Ferromagnetikums. **a** Neukurve; **b** Hysteresekurve bei zyklischer Magnetisierung

den Würfelkanten. Bei fehlendem äußerem Feld (Bild 3.5-3a) seien die Weiss-Bezirke gleich groß und so magnetisiert, daß sich ihre Wirkungen nach außen aufheben. Die Grenzschicht zwischen zwei in verschiedenen Richtungen magnetisierten Kristall-Bezirken nennt man Bloch-Wand. Wie zuerst Bloch [23] im Jahre 1932 gezeigt hat, ändert sich die Magnetisierungsrichtung beim Übergang von M_{s1} in einem Bezirk M_{s2} in einem benachbarten Bezirk nicht sprungartig auf einmal,

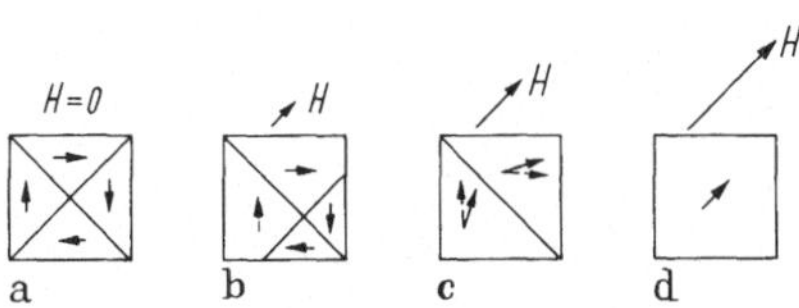

Bild 3.5-3. Weiss-Bezirk bei verschiedenen Feldstärken

sondern entsprechend Bild 3.5-4 in vielen kleinen Drehungen in einer Trennschicht endlicher Dicke. Die Wanddicke beträgt 10 bis 1000 nm, d. h. etwa 50 bis 5000 Atomabstände. Wird ein äußeres Magnetfeld angelegt, das die Magnetisierungen der einzelnen Bezirke ausrichten will, so tritt zunächst eine Wandverschiebung ein, d. h., die Weiss-Bezirke, deren Magnetisierung einen spitzen Winkel mit der Feldrichtung bildet, wachsen auf Kosten derjenigen Nachbarbezirke, bei denen dieser Winkel ein stumpfer ist (Bild 3.5-3b). Bei kleinen Feldstärken verlaufen die Wandverschiebungen stetig und reversibel, bei größeren Feldstärken wechseln sich stetige reversible mit sprungartigen irreversiblen Wandverschiebungen ab entsprechend Bild 3.5-2a. Die irreversible Wandverschiebung, nach ihrem ersten Beobachter [24] auch Barkhausen-Sprung genannt, erfolgt ohne weitere Felderhöhung und mit Geschwindigkeiten der Größenordnung 100 m/s. Diese Geschwindigkeit ist in Metallen im wesentlichen durch Wirbelströme bestimmt. Legt man um das ferromagnetische Material eine Spule, so kann man bei Feldänderung die durch die Barkhausen-Sprünge an der Spule hervorgerufenen Spannungsspitzen nach Verstärkung direkt auf einem Oszillographen sichtbar oder im Lautsprecher hörbar machen. Diese irreversiblen Wandverschiebungen sind die Ursache für die Hysterese der Magnetisierungskurve (Bild 3.5-2b), die man in einem Wechselfeld mißt, während die vom unmagnetischen Zustand ausgehende „Neukurve" (in Bild 3.5-2a) nur bei steigender Feldstärke gemessen werden kann.

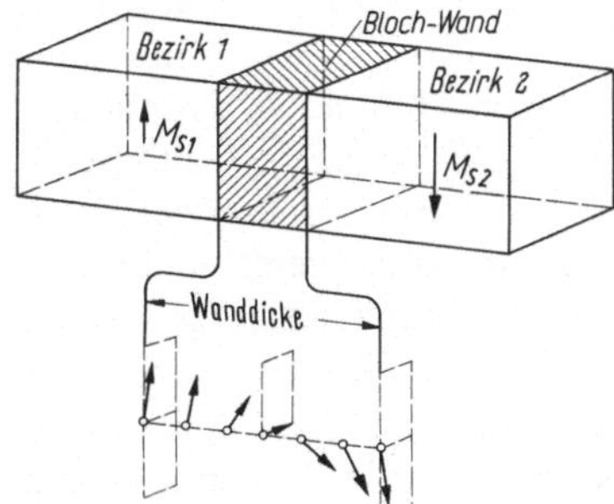

Bild 3.5-4. Drehung des Magnetisierungsvektors innerhalb einer Bloch-Wand. (Nach [21], S. 282)

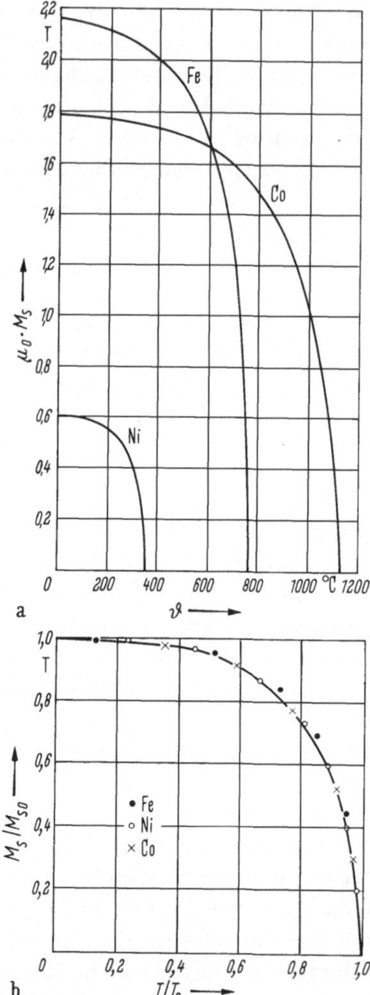

Bild 3.5-5 a u. b. Temperaturabhängigkeit der Sättigungsmagnetisierung einiger ferromagnetischer Elemente. (Nach [27].) **a** über ϑ; **b** normierte Kurven für M_s/M_{s0} von Eisen, Nickel und Kobalt über T/T_c

Durch die Wandverschiebung kompensieren sich die Magnetisierungen der einzelnen Bezirke nicht mehr, die resultierende Induktion des gesamten Materials ist um mehrere Zehnerpotenzen größer als im Vakuum. Der Wandverschiebungsprozeß erfordert nur sehr geringe Energie, deshalb wächst die Magnetisierung bereits in geringen Feldern nahezu so weit an, wie dies mit Wandverschiebungen überhaupt möglich ist. Bei weiterer Feldvergrößerung ist nur noch Drehung der Bezirksmagnetisierungen in die Feldrichtung möglich (Bild 3.5-3c), in die bei Sättigung alle Bezirke ausgerichtet sind (Bild 3.5-3d). Dieser Drehprozeß ist im allgemeinen reversibel. Er benötigt mehr Energie als die Wandverschiebung und erfolgt daher erst bei größeren Feldstärken. Die erreichbare Sättigungsmagnetisierung $\mu_0 M_s$ ist temperaturabhängig (s. Bild 3.5-5a), da die atomaren Austauschkräfte gegen die thermischen Schwirrkräfte wirken müssen. Die höchste Sättigungsmagnetisierung herrscht am absoluten Nullpunkt. Sie sinkt mit steigen-

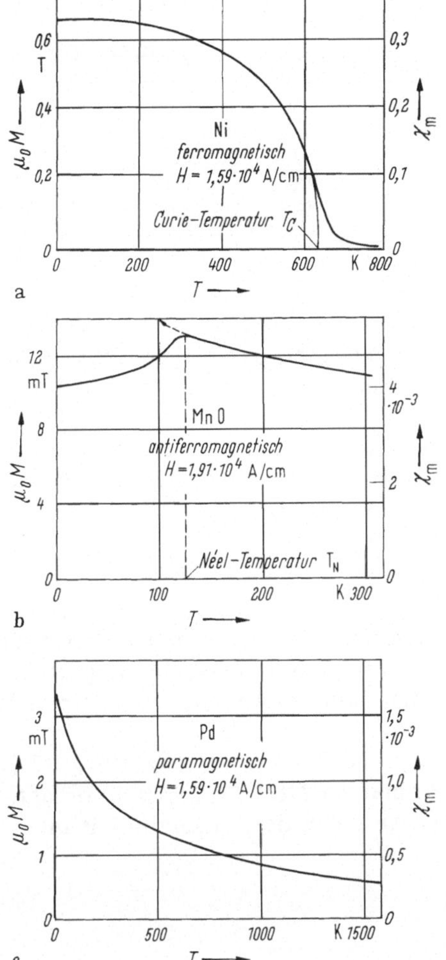

Bild 3.5-6. Temperaturabhängigkeit der Magnetisierung bzw. der Suszeptibilität bei konstanter Feldstärke von (a) reinem Nickel, (b) antiferromagnetischem Manganmonoxid und (c) paramagnetischem Palladium. (Nach [19], S. 316)

der Temperatur und wird bei der Curie-Temperatur Null. Daß diese Temperaturabhängigkeit bei allen Ferromagnetika demselben Gesetz folgt, zeigt Bild 3.5-5b; dort ist für Fe, Ni und Co die Sättigungsmagnetisierung M_s auf den jeweiligen Grenzwert M_{s0} bei $T = 0$ bezogen und die Temperatur T auf die Curie-Temperatur T_c normiert.

3.5.1.5 Antiferromagnetismus

Es gibt eine Reihe von Stoffen mit niedriger Suszeptibilität (Größenordnung wie bei paramagnetischen Stoffen), die sich von para- und ferromagnetischen Stoffen durch die Temperaturabhängigkeit der Magnetisierung bei konstanter magnetischer Feldstärke unterscheiden. Man nennt sie Antiferromagnetika. Für die Technik haben sie geringe Bedeutung, für uns sind sie interessant, weil sie den Übergang von den ferro- zu den im nächsten Abschnitt behandelten ferrimagne-

Tabelle 3.5-3. Eigenschaften einiger antiferromagnetischer Stoffe nach [21, S. 62–64]

Stoff	Zeichen	T_N/K	T_C/K	$\chi_m(0)/\chi_m(T_N)$
Mangan(II)-Oxid	MnO	122	− 610	0,69
Eisenoxid	FeO	198	− 570	0,78
Chrom(III)-Oxid	Cr_2O_3	311	− 1070	0,76
Eisen(II)-fluorid	FeF_2	79	− 117	0,72
Kupfer(II)-chlorid	$CuCl_2$	70	− 109	0,64

tischen Werkstoffen bilden. In Bild 3.5-6 ist die Suszeptibilität als Funktion der Temperatur für einen ferro-, einen antiferro- und einen paramagnetischen Stoff aufgetragen. Charakteristisch für antiferromagnetische Stoffe ist das Maximum der χ_m-Kurve bei einer bestimmten Temperatur $T_N > 0$, sie wird Néel-Temperatur genannt nach L. Néel [25], der als erster den Antiferromagnetismus theoretisch untersuchte. Oberhalb der Néel-Temperatur ist das antiferromagnetische Material paramagnetisch und χ_m verläuft nach dem Curie-Weiss-Gesetz (3.5-7)

$$\chi_m = \frac{c}{T - T_C}.$$

Hierbei ergibt jedoch die Auswertung der gemessenen Kurven negative Werte für die Curie-Temperatur T_C. Unterhalb der Néel-Temperatur steigt die Magnetisierung nicht, wie bei para- und ferromagnetischen Stoffen, weiter an, sondern fällt monoton bis auf einen Kleinstwert bei $T = 0$.

In Tabelle 3.5-3 sind Zahlenwerte für T_C, T_N und das Verhältnis $\chi_m(0)/\chi_m(T_N)$ der Suszeptibilitäten bei absolutem Nullpunkt und der Néel-Temperatur von antiferromagnetischen Werkstoffen gegeben. Das Absinken der Suszeptibilität unter-

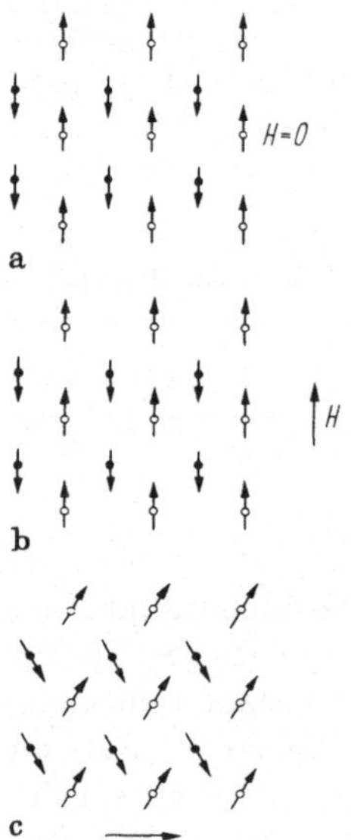

Bild 3.5-7 a–c. Antiferromagnetischer Weiss-Bezirk. **a** ohne äußeres Feld; **b** äußeres Feld parallel und **c** senkrecht zur spontanen Magnetisierung

halb der Néel-Temperatur erklärt man durch die Bildung von einheitlich magnetisierten Bereichen (Weiss-Bezirke), in denen die atomaren Magnete nicht parallel, wie bei den Ferromagnetika, sondern antiparallel stehen (s. Bild 3.5-7). Innerhalb eines Weiss-Bezirks heben sich ohne Fremdfelderregung die Wirkungen der einzelnen Elementarmagnete gegenseitig auf, das ganze Material erscheint unmagnetisch. Die Bildung solcher Bereiche („Kernbildung") beginnt unterhalb der Néel-Temperatur. Bei 0 K erreicht ihre Größe und Anzahl den Höchstwert. Wirkt ein äußeres Feld parallel zu den antiparallel ausgerichteten atomaren Magneten, so erhält man keine Magnetisierung (Bild 3.5-7b); wirkt das Feld senkrecht auf sie (Bild 3.5-7c), so werden die atomaren Magnete unter Energieverbrauch gegen die Austauschkräfte um kleine Winkel reversibel aus ihren antiparallelen Lagen herausgedreht. Dadurch entsteht eine schwache resultierende Magnetisierung in Feldrichtung. Antiparallele Ausrichtung kommt vor, wenn die atomaren Magnete noch dichter im Kristallgitter angeordnet sind als bei den Ferromagnetika.

3.5.1.6 Ferrimagnetismus

Ferrimagnetische Werkstoffe gehören zu den wichtigsten magnetischen Werkstoffen, weil sie ferromagnetische Eigenschaften mit sehr hohem spezifischem Widerstand ($\varrho_{\text{Ferrit}} \approx 10^1$ bis $10^8\ \Omega$ cm gegenüber $\varrho_{\text{Eisen}} \approx 10^{-5}\ \Omega$ cm) verbinden. Es sind hochpermeable Halbleiter bzw. Isolatoren. Ihrem Aufbau nach sind Ferrite kristalline, metallische Mischoxide. Die häufigsten Ferrite kristallisieren kubisch oder hexagonal. Wie die Ferromagnetika sind auch Ferrite oberhalb der Curie-Temperatur para-, darunter ferromagnetisch. Die Temperaturabhängigkeit der Sättigungsmagnetisierung ist bei Ferriten ähnlich wie bei den Ferromagnetika in Bild 3.5-5b; typische Unterschiede bestehen im Temperaturverlauf der technisch uninteressanten paramagnetischen Suszeptibilität oberhalb der Curie-Temperatur (s. hierzu z. B. [28]). Im ferromagnetischen Temperaturbereich $T < T_\text{C}$ bestehen Ferrite ebenfalls aus einzelnen Weiss-Bezirken, und ihre Magnetisierung ändert sich wie bei den Ferromagnetika durch Bloch-Wandverschiebungen und Drehprozesse. Nach Néels Hypothese vom Ferrimagnetismus [25] ist der charakteristische Unterschied zwischen den beiden Magnetika der Aufbau der Weiss-Bezirke. Wie in Bild 3.5-8 schematisch gezeigt wird, sind im ferrimagnetischen Weiss-Bezirk verschieden große atomare Magnetfelder antiparallel ausgerichtet, man spricht deshalb auch von einem nichtkompensierten Antiferromagnetismus. Gleichgerichtete, gleich große Elementarmagnete kann man einem sog. Kristall-Untergitter zuordnen, das in sich ferromagnetisch spontan magnetisiert ist. Den ferrimagnetischen Weiss-Bezirk kann man dann beschreiben durch zwei antiparallel gekoppelte Kristallgitter A und B von unterschiedlicher Stärke der spontanen Magnetisierungen M_{SA} und M_{SB}. Die resultierende Magnetisierung M_s im Weiss-Bezirk ist damit:

$$M_\text{s} = M_{\text{sA}} - M_{\text{sB}} \tag{3.5-8}$$

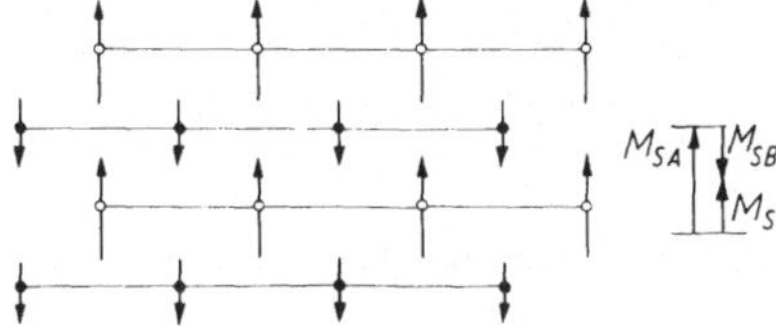

Bild 3.5-8. Ferrimagnetischer Weiss-Bezirk, schematisch

Tabelle 3.5-4. Sättigungsmagnetisierung und Curie-Temperatur einiger kubischer Ferrite (Ferrospinelle) nach [28], S. 157

Ferrit	Zeichen	$\mu_0\,M_s/T$ bei 0 K	$\mu_0\,M_s/T$ bei 20 °C	$\vartheta_C/°C$	ϱ/Ω cm bei 20 °C
Manganferrit	$MnFe_2O_4$	0,70	0,50	300	10^6
Magnetit	Fe_3O_4	0,64	0,60	585	$4 \cdot 10^{-3}$
Kobaltferrit	$CoFe_2O_4$	0,60	0,53	520	10^7
Nickelferrit	$NiFe_2O_4$	0,38	0,34	585	10^3 bis 10^6
Kupferferrit	$CuFe_2O_4$	0,20	0,17	455	10^3
Magnesiumferrit	$MgFe_2O_4$	0,18	0,15	440	10^3 bis 10^6

Aus Gl. (3.5-8) folgt, daß die Sättigungsmagnetisierungen von Ferriten immer kleiner sind als die der entsprechenden Ferromagnetika. Vergleiche hierzu die Tabellen 3.5-2 und 3.5-4.

3.5.1.7 Metamagnetismus

Metamagnetische Stoffe sind in schwachen Feldern antiferromagnetisch und in starken Feldern ferromagnetisch. Zu ihenen gehören die Chloride $CuCl_2$, $NiCl_2$, $CoCl_2$, $FeCl_2$ sowie $MnAu_2$. In Bild 3.5-9 ist die Temperaturabhängigkeit der Magnetisierung von $MnAu_2$ mit der Feldstärke als Parameter angegeben. In schwachen Feldern verhält sich der Stoff antiferromagnetisch mit der Néel-Temperatur $\vartheta_N = 90\ °C$, in starken Feldern erkennt man den für ferromagnetische

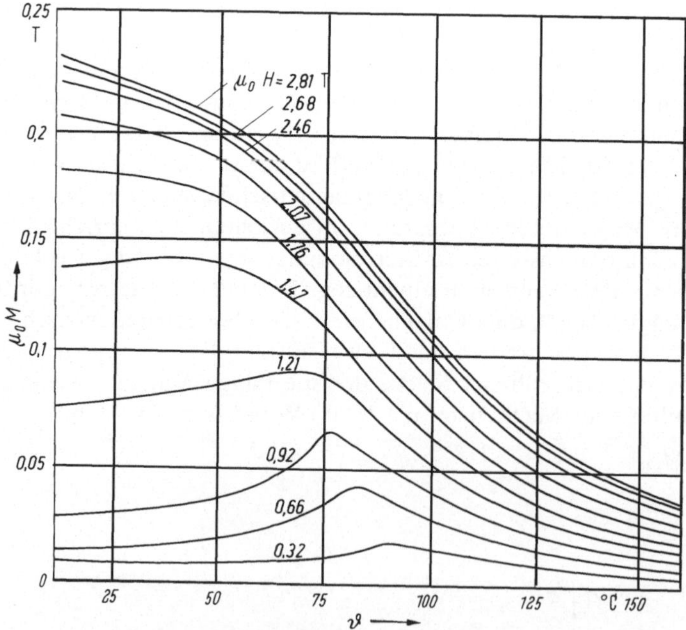

Bild 3.5-9. Temperaturabhängigkeit der Magnetisierung von metamagnetischem $MnAu_2$ bei verschiedenen Feldstärken. (Nach [29])

Stoffe typischen Abfall der Sättigungsmagnetisierung bei steigender Temperatur, die Curie-Temperatur ist wenig ausgeprägt. Eine theoretische Deutung dieses Verhaltens wurde von Meyer und Taglang [29] sowie von Néel [30] gegeben: Unterhalb einer kritischen Feldstärke H_{krit} besteht ein Weiss-Bezirk aus zwei antiparallel gekoppelten Untergittern A und B mit entgegengesetzt gerichteten gleich großen spontanen Magnetisierungen M_{sA} und M_{sB}. Bei der kritischen Feldstärke wird die antiparallele Kopplung zwischen den Untergittern aufgehoben, und die Magnetisierungen der beiden für sich ferromagnetischen Untergitter stellen sich mit wachsender Feldstärke parallel zueinander und zum äußeren Feld ein, so daß in Feldrichtung schließlich eine resultierende Sättigungsmagnetisierung M_s $= M_{sA} + M_{sB}$ erscheint.

3.5.2 Ferromagnetische Stoffe in Wechselfeldern, komplexe Permeabilität

Bei Wechselfeldern finden ferromagnetische Stoffe ihren Hauptanwendungsbereich als Spulenkerne. Hierbei interessiert besonders, wie sich der Scheinwiderstand einer idealen verlustfreien Spule $Z = j\,\omega\,L_0$ (mit der Induktivität L_0) ändert, wenn ihr magnetisch neutraler, verlustfreier Feldraum durch einen Magnetwerkstoff ersetzt wird. Experimentell wird sich als Wirkung des Magnetwerkstoffes meist eine Erhöhung der Induktivität und das Auftreten eines Verlustwiderstandes zeigen. Man definiert nun die Wechselfeldpermeabilität μ_K eines Magnetwerkstoffes dadurch, daß man ihr die Veränderung des Scheinwiderstandes der idealen verlustfreien Spule zuschreibt:

$$\mu_K = \frac{Z_K}{Z_0} = \frac{Z_K}{j\,\omega\,L_0}\,. \qquad (3.5\text{-}9)$$

Meist wird der durch den Magnetwerkstoff veränderte Scheinwiderstand Z_K als Reihenschaltung einer verlustfreien Induktivität $L_s > L_0$ mit einem sog. Kernverlustwiderstand r_K aufgefaßt, siehe hierzu Gl. (3.4-15) und (3.4-10).

$$Z_K = r_K + j\,\omega\,L_s = j\,\omega\,L_s\left(1 - j\,\frac{r_K}{\omega\,L_s}\right) = j\,\omega\,L_s(1 - j\,\tan\delta_K) \qquad (3.5\text{-}10)$$

Aus Gl. (3.5-9) und (3.5-10) kann man μ_K ausrechnen:

$$\mu_K = \frac{L_s}{L_0} - j\,\frac{r_K}{\omega\,L_0} = \mu' - j\,\mu'' = \mu'\left(1 - j\,\frac{\mu''}{\mu'}\right) = \mu'\,(1 - j\,\tan\delta_K)\,. \qquad (3.5\text{-}11)$$

Bei allen Kernwerkstoffen ist μ_K komplex und wird deshalb als komplexe Permeabilität bezeichnet; im Serienersatzbild der mit Kernverlusten behafteten Spule gibt der Realteil μ' von μ_K an, wievielmal die ursprüngliche Induktivität L_0 durch Einführen des Kernwerkstoffes größer geworden ist, der Imaginärteil μ'' repräsentiert die im Kern auftretenden Verluste. Bei konstanter Temperatur ist bei jedem Kernwerkstoff μ_K von der Vorgeschichte des Materials und von der Amplitude und der Frequenz des erregenden Feldes abhängig. Meist wird $j\,\mu_K = j\,\mu' + \mu''$ in der komplexen $j\,\mu_K$-Ebene als Ortskurve mit veränderlicher Frequenz und der Feldamplitude als Parameter aufgetragen. Bei Verwendung des Parallelersatzschaltbildes von Induktivität und Verlustwiderstand gilt für den

Kehrwert der komplexen Permeabilität

$$\frac{1}{\underline{\mu}_K} = \frac{1}{\mu' - j\,\mu''} = \frac{\mu' + j\,\mu''}{\mu'^2 + \mu''^2} = \frac{1}{\mu'_p} - \frac{1}{j\,\mu''_p}. \tag{3.5-11 a}$$

Darin ist μ'_p die Parallelinduktivitäts-Permeabilität und μ''_p die Parallelwiderstands-Permeabilität. Der Zusammenhang mit den Serienpermeabilitäten μ' und μ'' ist nach Gl. (3.5-11 a) gegeben durch

$$\mu'_p = \frac{\mu'^2 + \mu''^2}{\mu'} = \mu'\left(1 + \left(\frac{\mu''}{\mu'}\right)^2\right) = \mu' \cdot (1 + \tan^2 \delta_K)\,,$$

$$\mu''_p = \frac{\mu'^2 + \mu''^2}{\mu''} = \mu''\left(1 + \left(\frac{\mu'}{\mu''}\right)^2\right) = \mu'' \cdot \left(1 + \frac{1}{\tan^2 \delta_K}\right).$$

In den nächsten Abschnitten werden die wichtigsten Verlustquellen eines Kernmaterials besprochen: Wirbelstromverluste infolge Leitfähigkeit des Kernmaterials, Hystereseverluste infolge irreversibler Magnetisierungsprozesse, Nachwirkungsverluste, meist verursacht durch statistisch schwankende thermische Rauschfelder, und Resonanzverluste infolge ferromagnetischer Resonanz.

Die Nichtlinearität der Magnetisierungskurve bewirkt bei zeitlich sinusförmiger Feldstärke einen nicht sinusförmigen Induktionsverlauf; neben der Grundwelle treten Oberwellen der Induktion auf. In den folgenden Abschnitten werden die Oberwellen nicht betrachtet; die durch Gl. (3.5-9) definierte Permeabilität ist also eine reine Grundwellen-Wechselfeldpermeabilität.

3.5.2.1 *Wirbelströme*

Wirbelströme treten in jedem Medium mit einer Leitfähigkeit $\gamma > 0$ auf, das von einem magnetischen Wechselfeld durchflutet wird. Gemäß der von H. F. E. Lenz 1834 gegebenen Regel [19], daß die durch Induktionsvorgänge entstehenden elektrischen Felder, Ströme und Kräfte stets den die Induktion einleitenden Vorgang behindern, sind die Wirbelströme so gerichtet, daß sie das magnetische Wechselfeld schwächen. Bei einer Spule mit homogenem, ferromagnetischem Kern herrscht auf der Kernoberfläche die größte magnetische Feldstärke; sie nimmt durch das Wirbelstromgegenfeld zum Kerninnern hin um so stärker ab, je höher die Frequenz des Wechselfeldes ist. Die Wirbelströme haben also eine abschirmende Wirkung auf das Kerninnere. Bei steigender Frequenz wird daher μ' abnehmen, da sich der wirksame Kernquerschnitt verringert. Die schwächende Wirkung der Wirbelstöme kann man auf zwei Arten nach höheren Frequenzen hin verschieben:

1. Man unterteilt den Kern in dünne, voneinander isolierte Bleche, die parallel zur Feldrichtung liegen, so daß keine geschlossenen Wirbelstrombahnen den ganzen Fluß bzw. große Teile des Wechselflusses umfassen. Geschlossene Wirbelstrombahnen können sich nur in den einzelnen Blechen ausbilden, wo ihre feldschwächende Wirkung bei konstanter Frequenz insgesamt geringer ist als bei homogenem Kern, wie die folgende Rechnung zeigt. Noch wirksamer ist Pulverisierung und Isolierung durch einen Füllstoff (s. Abschnitt 3.3.3).

2. Man erhöht den spezifischen Widerstand des Kernmaterials. Dadurch wird die Wirbelstromdichte $\underline{I} = E/\varrho$ verringert. Ferrimagnetische Stoffe haben einen 10^6

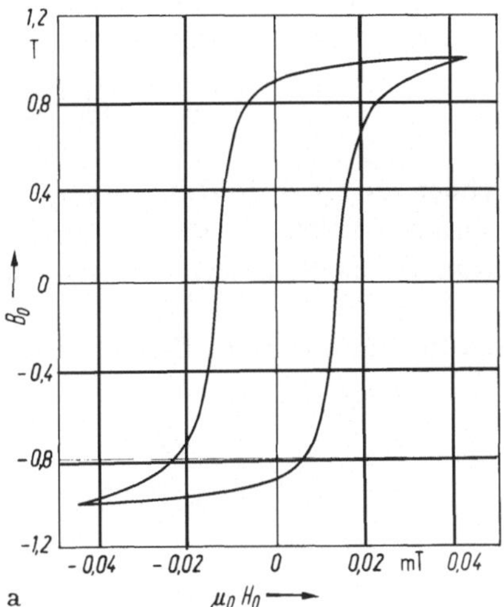

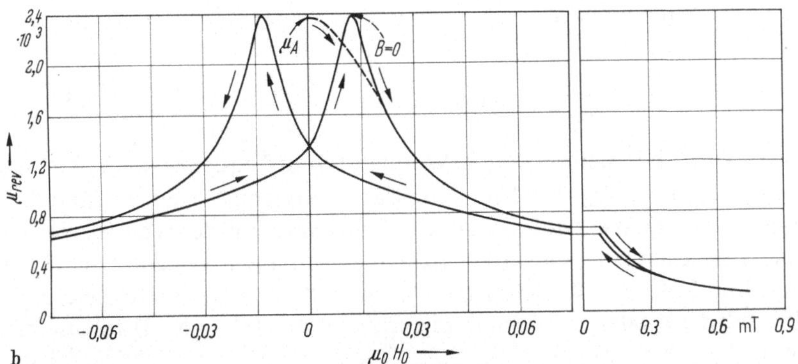

Bild 3.5-10. a Hystereseschleife und b reversible Permeabilität in Abhängigkeit von der statischen Feldstärke H_0 von 45 Permalloy. (Nach [31])

bis 10^{12} mal höheren spezifischen Widerstand als ferromagnetische Stoffe, so daß Wirbelstromeffekte praktisch zu vernachlässigen sind.

Für einen nach 1. lamellierten Kern kann man unter folgenden idealisierten Annahmen den Einfluß der Wirbelströme auf die komplexe Permeabilität ausrechnen.

1. Die Dicke d sei sehr klein gegenüber Länge und Breite des Blechs.

2. Die Magnetisierungskennlinie sei für die Wechselaussteuerung eine Gerade und frequenzunabhängig. Dies gilt näherungsweise nur für sehr kleine Feldstärken und niedrige Frequenzen (unter etwa 100 kHz), bei denen die in Abschnitt 3.5.2.4 besprochenen ferromagnetischen Resonanzerscheinungen noch nicht auftreten. Prinzipiell kann man einen Werkstoff auf einem beliebigen Punkt ($H = H_0$) seiner statischen Magnetisierungsschleife oder seiner Neukurve mit einer kleinen Wechselfeldstärke der Amplitude ΔH aussteuern, so daß eine Wechselinduktion mit der

Amplitude ΔB entsteht. Der Grenzwert

$$\mu_{\mathrm{rev}} = \lim_{\Delta H \to 0} \left(\frac{\Delta B}{\mu_0\,\Delta H} \right)_{H = H_0} \tag{3.5-12}$$

wird als relative reversible Permeabilität bezeichnet, sie ist in Bild 3.5-10 b über der statischen Feldstärke aufgetragen. Im Ursprung bei $H_0 = 0$ und $B_0 = 0$ ist $\mu_{\mathrm{rev}} = \mu_{\mathrm{A}}$ (Anfangspermeabilität) gleich der Steigung der Neukurve (gestrichelte Kurve gibt μ_{rev} auf der Neukurve an).

Mit diesen beiden Voraussetzungen erhält man für die komplexe Permeabilität nach [2, S. 319–324]:

$$\frac{\underline{\mu}_{\mathrm{W}}}{\mu_{\mathrm{rev}}} = \frac{\tanh\left(x\,\dfrac{1+j}{2} \right)}{x\,\dfrac{1+j}{2}}$$

oder

$$\frac{\mu'_{\mathrm{W}}}{\mu_{\mathrm{rev}}} = \frac{1}{x}\,\frac{\sinh x + \sin x}{\cosh x + \cos x} = F_1(x)$$

und

$$\frac{\mu''_{\mathrm{W}}}{\mu_{\mathrm{rev}}} = \frac{1}{x}\,\frac{\sinh x - \sin x}{\cosh x + \cos x} = F_2(x) \tag{3.5-13}$$

mit $x = d/\delta = 2\,\sqrt{f/f_{\mathrm{W}}}$. Hierbei ist f_{W} die Wolman-Grenzfrequenz, siehe (3.5-17), und $\delta = \sqrt{\varrho/(\pi\,\mu_0\,\mu_{\mathrm{rev}}\,f)}$ die sog. Eindringtiefe; das ist diejenige Werkstofftiefe bei einseitig unendlich tiefem Werkstoff, in der die Feldstärke auf den Teil $1/e$ der an der Oberfläche herrschenden Feldstärke abgefallen ist. Den Verlauf von $F_1(x)$ und $F_2(x)$ zeigt Bild 3.5-11 a. Für tiefe Frequenzen ist die Eindringtiefe δ viel größer als die Blechdicke d oder $x \ll 1$, und wir erhalten aus Gl. (3.5-13) für μ_{W} die Näherungswerte

$$\mu'_{\mathrm{W}} \approx \mu_{\mathrm{rev}} \quad\text{und}\quad \mu''_{\mathrm{W}} \approx \frac{\mu_0\,\mu_{\mathrm{rev}}^2}{12\,\varrho}\,d^2 \cdot 2\,\pi f. \tag{3.5-14}$$

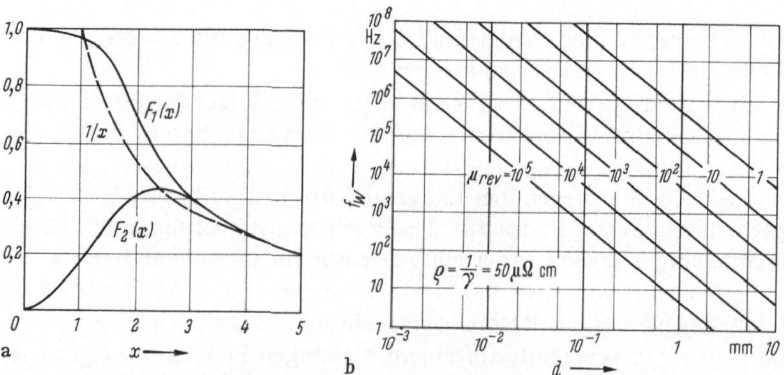

Bild 3.5-11. a Wirbelstromfunktionen $F_1(x)$ und $F_2(x)$; **b** Wolman-Grenzfrequenz als Funktion der Blechdicke für verschiedene μ_{rev} bei $\varrho = 50\ \mu\Omega$ cm

Der Verlustfaktor wird nach Gl. (3.5-11)

$$\tan \delta_\mathrm{W} = \frac{\mu''_\mathrm{W}}{\mu'_\mathrm{W}} \approx \frac{\mu_0\,\mu_\mathrm{rev}}{12\,\varrho}\,d^2 \cdot 2\,\pi f, \qquad (3.5\text{-}15)$$

$\tan \delta_\mathrm{W}$ sinkt also quadratisch mit kleiner werdender Blechdicke d.

Für hohe Frequenzen, bei denen der Feldraum nur durch die Eindringtiefe bestimmt wird, also $x \gg 1$ ist, erhält man aus Gl. (3.5-13) angenähert wegen

$$\tanh\left(x\,\frac{1+\mathrm{j}}{2}\right) \approx 1 \quad \text{und} \quad \mu_\mathrm{W}/\mu_\mathrm{rev} \approx (1-\mathrm{j})/x$$

$$\mu'_\mathrm{W} = \mu''_\mathrm{W} = \frac{\mu_\mathrm{rev}}{x} = \frac{\mu_\mathrm{rev}}{d}\sqrt{\frac{\varrho}{\pi\,\mu_0\,\mu_\mathrm{rev}}}\,\frac{1}{\sqrt{f}}\,. \qquad (3.5\text{-}16)$$

Die Frequenz f_W, bei der die Eindringtiefe δ gleich der halben Blechdicke geworden ist, heißt Wolman-Grenzfrequenz der Wirbelströme [32], bei ihr ist $x = 2$:

$$\delta_\mathrm{W} = \frac{d}{2} = \sqrt{\frac{\varrho}{\pi\,\mu_0\,\mu_\mathrm{rev}}}\,\frac{1}{\sqrt{f_\mathrm{W}}}$$

ergibt

$$f_\mathrm{W} = \frac{4\,\varrho}{\pi\,\mu_0\,\mu_\mathrm{rev}}\,\frac{1}{d^2}\,. \qquad (3.5\text{-}17)$$

In Bild 3.5-11 b ist die Wolman-Grenzfrequenz als Funktion der Blechdicke für ein Kernmaterial mit $\varrho = 50\ \mu\Omega$ cm (Transformatorblech) für verschiedene μ_rev aufgetragen. Die nach Gl. (3.5-13) errechnete komplexe normierte Permeabilität eines Blechs mit Wirbelstromverlusten als Funktion der normierten Frequenz zeigt Bild 3.5-12. Mit der Wolman-Grenzfrequenz f_W erhält die komplexe Permeabilität

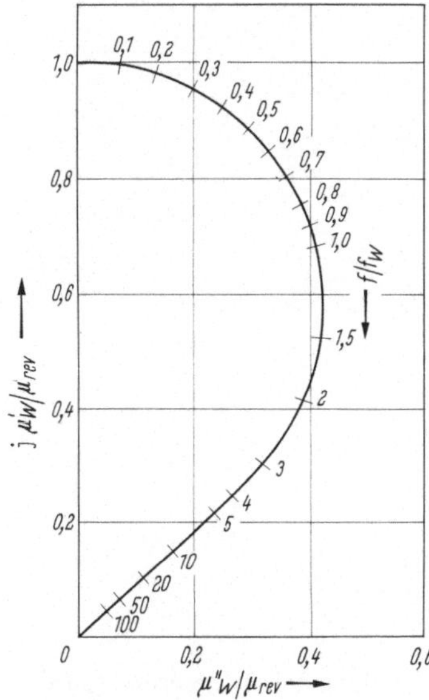

Bild 3.5-12. Normierte komplexe Permeabilität eines Blechs mit Wirbelstromverlusten als Funktion der normierten Frequenz bei sehr geringer Aussteuerung

bei sehr hohen Frequenzen die einfache Form:

$$\underline{\mu}_\mathrm{W} = \mu_\mathrm{rev} \sqrt{\frac{f_\mathrm{W}}{f}} \frac{1-\mathrm{j}}{2} . \tag{3.5-18}$$

Der im Serienersatzbild der Spule die Kernverluste berücksichtigende Reihenwiderstand r_W steigt nach Gl. (3.5-11) und (3.5-14) für tiefe Frequenzen $f \ll f_\mathrm{W}$ quadratisch mit der Frequenz an:

$$r_\mathrm{W} = \frac{\mu_0 \, \mu_\mathrm{rev}}{12 \, \varrho} \, d^2 \, \omega^2 \, L_\mathrm{s} . \tag{3.5-19}$$

Allgemein setzt man $r_\mathrm{W} = w f^2 L_\mathrm{s}$.

Die werkstoffabhängige Konstante

$$w = \frac{\pi^2}{3} \frac{\mu_0 \, \mu_\mathrm{rev}}{\varrho} \, d^2$$

nennt man den Wirbelstrombeiwert des Kernbleches. Er hat die Dimension einer Zeit. Bei tiefen Frequenzen wird damit der durch Wirbelstromverluste verursachte Verlustfaktor Gl. (3.5-15)

$$\tan \delta_\mathrm{W} = \frac{r_\mathrm{W}}{\omega \, L_\mathrm{s}} = \frac{w}{2 \, \pi} f \tag{3.5-20}$$

die komplexe Permeabilität erhält die einfache Form

$$\underline{\mu}_\mathrm{W} = \mu_\mathrm{rev} \left(1 - \mathrm{j} \frac{w}{2\,\pi} f \right) . \tag{3.5-21}$$

3.5.2.2 Hysterese

Im Wechselfeld wird bei ferromagnetischen Stoffen entlang der Hystereseschleife magnetisiert. Nach Gl. (3.1-1) ist die durch Magnetisierung von B_1 auf B_2 dem

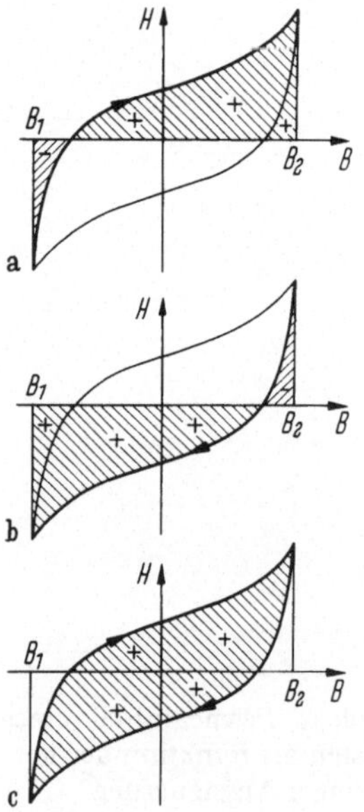

Bild 3.5-13 a–c. Magnetisierung entlang der Hystereseschleife

Volumenelement zugeführte Energie $\int_{B_1}^{B_2} H\,\mathrm{d}B$. Wendet man diese Formel auf einen Magnetisierungsumlauf auf der Hystereseschleife an, wobei man in Bild 3.5-13a von B_1 ausgehend auf dem oberen Ast bis B_2 magnetisiert und in Bild 3.5-13b auf dem unteren Ast zu B_1 zurückkehrt, so sieht man an den Vorzeichen der die Integrale darstellenden Flächen unter den einzelnen Kurvenästen, daß die resultierende Energie für einen Magnetisierungsumlauf nicht zu Null wird, sondern dem Flächeninhalt der Hystereseschleife in Bild 3.5-13c proportional ist. Wird periodisch magnetisiert, so wird als Folge der irreversiblen Wandverschiebungen dem Material Verlustleistung zugeführt, die sich in Wärme verwandelt. Diese Verlustleistung kann wiederum im Imaginärteil der komplexen Permeabilität berücksichtigt werden. Zu seiner Berechnung wird eine noch nicht ins Sättigungsgebiet reichende Hystereseschleife näherungsweise nach Lord Rayleigh [33] durch zwei spiegelbildliche Parabeläste in Bild 3.5-14 zusammengesetzt. Analytisch gilt für den unteren Ast:

$$B_{\mathrm{u}} = \mu_0 \underbrace{(\mu_{\mathrm{A}} + 2v\,H_{\mathrm{m}})}_{\mu_{\mathrm{m}}} H - v\,\mu_0\,(H_{\mathrm{m}}^2 - H^2) \tag{3.5-22}$$

und für den oberen Ast:

$$B_{\mathrm{o}} = \mu_0 \underbrace{(\mu_{\mathrm{A}} + 2v\,H_{\mathrm{m}})}_{\mu_{\mathrm{m}}} H + v\,\mu_0\,(H_{\mathrm{m}}^2 - H^2). \tag{3.5-23}$$

Die Parameter μ_{A} und v sind bei vielen ferromagnetischen Werkstoffen nicht von H_{m}, sondern nur vom Material abhängig, solange man nur um den Ursprung der Magnetisierungskurve magnetisiert und noch keine Sättigungserscheinungen auftreten. Für sehr kleine Feldstärkeamplituden H_{m} kann man in Gl. (3.5-22) und (3.5-23) die quadratischen Glieder vernachlässigen, so daß die Hystereseschleife zu einer Magnetisierungsgeraden mit der Steigung der Anfangspermeabilität $\mu_0\,\mu_{\mathrm{A}}$ wird:

$$\lim_{H_{\mathrm{m}}\to 0} B = \mu_0\,\mu_{\mathrm{A}}\,H \,.$$

Legt man durch die beiden Spitzen der Hystereseschleife eine Gerade, so entspricht deren Steigung eine mittlere Permeabilität μ_{m}, für die nach Gl. (3.5-22) gilt:

$$\mu_{\mathrm{m}} = \frac{B_{\mathrm{m}}}{\mu_0\,H_{\mathrm{m}}} = \mu_{\mathrm{A}} + 2v\,H_{\mathrm{m}} \,.$$

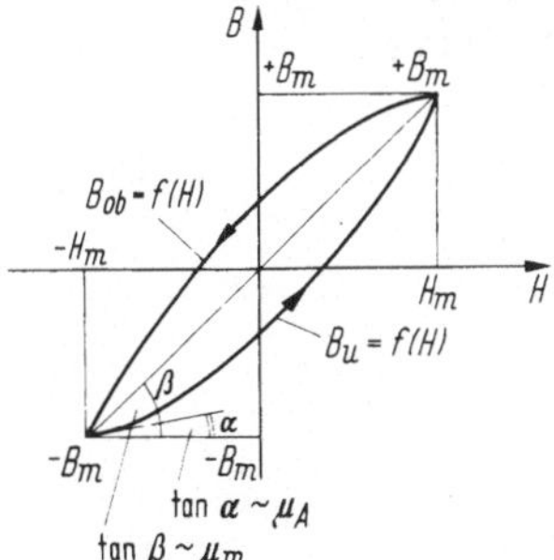

Bild 3.5-14. Nachbildung der Hysteresekurve durch zwei spiegelbildliche Parabeläste; nach Lord Rayleigh

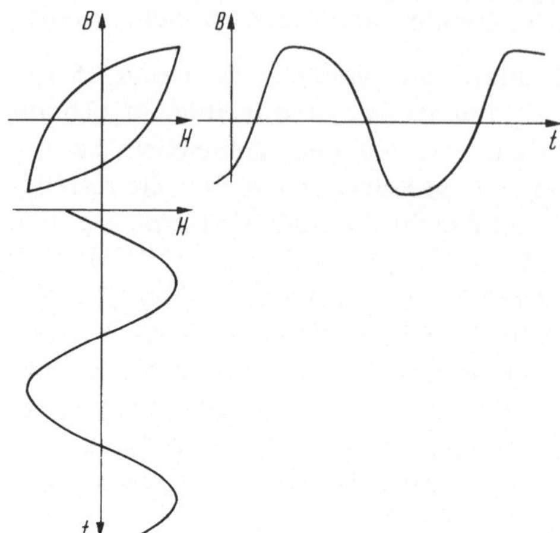

Bild 3.5-15. Induktionsverlauf bei sinusförmiger Feldstärke im Rayleigh-Gebiet

Solange noch keine Sättigung auftritt, steigt μ_m linear mit der Maximalfeldstärke an, die Lage der Hystereseschleife wird immer steiler. Ein Vergleich mit der komplexen Permeabilität bei Hystereseverlusten Gl. (3.5-24) zeigt, daß μ_m gleich deren Realteil μ' ist.

Magnetisiert man einen ferromagnetischen Stoff im Rayleigh-Gebiet mit einer rein sinusförmigen Feldstärke, so erhält man nach Bild 3.5-15 einen nicht-sinusförmigen Induktionsverlauf, den man in eine Fourier-Reihe entwickeln kann [11, S. 20–26]. Aus deren Grundwellenkomponente erhält man die komplexe Permeabilitätszahl

$$\mu_\mathrm{H} = \mu_\mathrm{A} + 2\,v\,H_\mathrm{m} - \mathrm{j}\,\frac{8}{3\,\pi}\,v\,H_\mathrm{m}\,. \tag{3.5-24}$$

In der komplexen μ_H-Ebene in Bild 3.5-16a erscheint Gl. (3.5-24) als eine Gerade, die bei der Anfangspermeabilität μ_A auf der Ordinatenachse beginnt, mit ihr den sog. Hysteresewinkel $\varphi_\mathrm{H} = \arctan 4/3\,\pi = 23°$ bildet und eine lineare Feldstärkeskala trägt. Der Realteil μ' hat sich bei der sog. Verdoppelungsfeldstärke H_d verdoppelt:

$$2\,v\,H_\mathrm{d} = \mu_\mathrm{A} \quad \text{bzw.} \quad H_\mathrm{d} = \frac{\mu_\mathrm{A}}{2\,v}\,. \tag{3.5-25}$$

Der Widerstand r_H, der im Serienwiderstand der Spule die Hystereseverluste des Kerns berücksichtigt, ergibt sich aus Gl. (3.5-24) mit Gl. (3.5-11) zu

$$r_\mathrm{H} = \mu''\,\omega\,L_0 = \frac{8\,v}{3\,\pi}\,H_\mathrm{m}\,\omega\,L_0 = \frac{4\,\mu_\mathrm{A}}{3\,\pi}\,\frac{H_\mathrm{m}}{H_\mathrm{d}}\,\omega\,L_0\,. \tag{3.5-26}$$

Allgemeiner schreibt man in der Technik

$$r_\mathrm{H} = h\,L_\mathrm{s}\,f\,H_\mathrm{m}/\sqrt{2} \quad \text{mit} \quad h \text{ Hysteresebeiwert}$$

oder

$$r_\mathrm{H} = \eta_\mathrm{B}\,\mu_\mathrm{A}\,B_\mathrm{m}\,\omega\,L_\mathrm{s} \quad \text{mit} \quad \eta_\mathrm{B} \text{ Hysteresekonstante.}$$

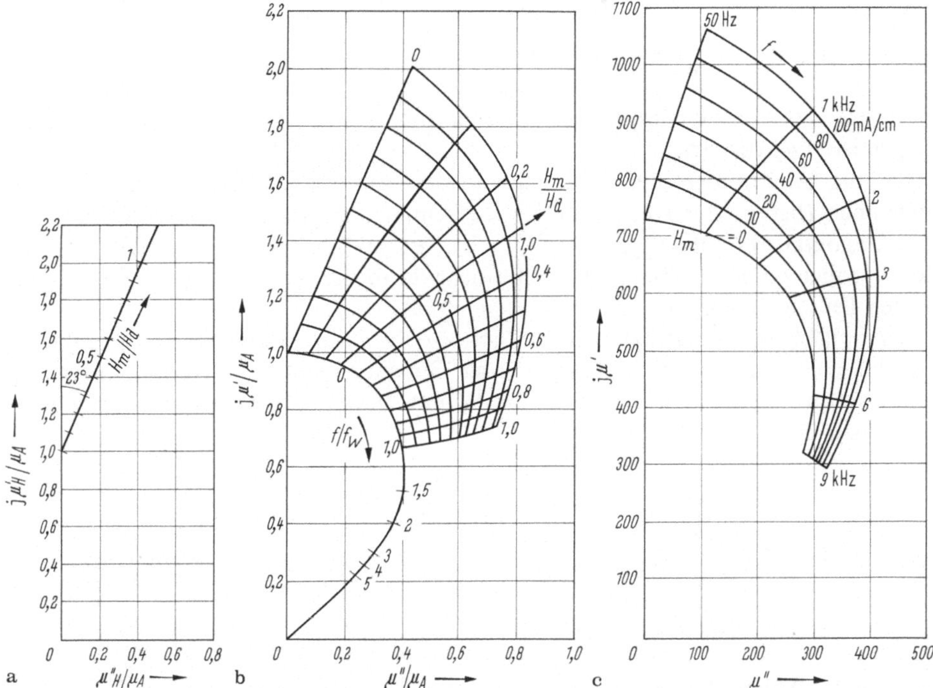

Bild 3.5-16a − c. Komplexe Permeabilität eines idealen Blechs mit Hystereseverlusten im Rayleigh-Gebiet bei sehr tiefen Frequenzen als Funktion der Feldstärke. **b** u. **c** Ortskurven der komplexen Permeabilität bei Wirbelstrom- und Hystereseverlusten. (Nach [34].) **b** gerechnete Werte (normiert); **c** gemessene Werte für 2,5% Si-Eisen

Der Serienwiderstand r_H steigt linear mit Frequenz und Maximalfeldstärke an. Eine geschlossene analytische Darstellung der komplexen Permeabilität bei Berücksichtigung von Wirbelstrom- und Hystereseverlusten ist sehr schwierig. Dies liegt an der wirbelstrombedingten Abnahme der Feldstärke zum Blechinnern hin. Bild 3.5-16b,c zeigt die von Feldtkeller [34] in einem graphischen Verfahren für ein ferromagnetisches Blech unter gleichzeitiger Berücksichtigung der Wirbelströme und der Hysterese ermittelten Ortskurve der komplexen Permeabilität im Vergleich zu einer gemessenen Ortskurvenschar von Eisen mit 2,5% Silicium.

Die Fourier-Zerlegung des bei der Aussteuerung der Rayleigh-Hystereseschleifen mit sinusförmiger Feldstärke entstehenden nichtsinusförmigen Induktionsverlaufes ergibt außer dem Grundschwingungsanteil (entsprechend Gl. (3.4-24)) die Amplituden der ungeradzahligen Oberschwingungen der Induktion:

$$\hat{B}_{3\omega} = \frac{8}{1 \cdot 3 \cdot 5 \cdot \pi}\, v\, H_\mathrm{m}^2 = \text{Amplitude der Teilschwingung mit der dreifachen Grundfrequenz}$$

und

$$\hat{B}_{5\omega} = \frac{8}{3 \cdot 5 \cdot 7 \cdot \pi}\, v\, H_\mathrm{m}^2 = \text{Amplitude der Teilschwingung mit der fünffachen Grundfrequenz}$$

und

$$\hat{B}_{7\omega} = \frac{8}{5 \cdot 7 \cdot 9 \cdot \pi} \, v \, H_{\mathrm{m}}^2 \quad \text{usw.}$$

(Geradzahlige Oberschwingungen entstehen nicht, solange keine Gleichstromvormagnetisierung vorliegt.)

Da die Amplituden der Oberschwingungen mit steigender Frequenz stark abnehmen (bereits der Anteil der 5. Oberschwingung kann bei der Bestimmung des Gesamtklirrfaktors $(\sum \hat{e}_{n\omega} = \sqrt{\hat{e}_{3\omega}^2 + \hat{e}_{5\omega}^2 + \ldots})$ praktisch vernachlässigt werden), genügt zur Beurteilung der Nichtlinearität in der Regel die Betrachtung der dritten Teilschwingung $B_{3\omega}$.

Bei Spulen und Übertragern interessiert weniger die Verzerrung der Induktion als die Verzerrung der Spulenspannung. Entsprechend dem Induktionsgesetz $u = N \, d\Phi/dt$ erhält man für eine Spule mit der Windungszahl N und dem Eisenquerschnitt A_{Fe}

$$\hat{e}_{3\omega} = 3 \, \omega \, N \, A_{\mathrm{Fe}} \, \hat{B}_{3\omega} = \omega \, N A_{\mathrm{Fe}} \, \frac{3}{5} \cdot \frac{8}{3\pi} \, v \, H_{\mathrm{m}}^2$$

oder mit Gl. (3.5/24):

$$\hat{e}_{3\omega} = \omega \, N \, A_{\mathrm{Fe}} \, H_{\mathrm{m}} \, \frac{3}{5} \, \mathrm{Im} \, (\mu_{\mathrm{H}}).$$

Als Leerlaufklirrfaktor k_{3L} bezeichnet man nun das Verhältnis von $\hat{e}_{3\omega}$ zur Amplitude der an der Induktivität L entstehenden Grundwellenspannung (herrührend aus der mit der Feldstärke in Phase schwingenden Grundwellen-Komponente der Induktion):

$$\hat{U}_\omega = \omega \, N A_{\mathrm{Fe}} (\mu_{\mathrm{A}} + 2v \, H_{\mathrm{m}}) \, H_{\mathrm{m}}$$

oder mit (3.5-24):

$$\hat{U}_\omega = \omega \, N A_{\mathrm{Fe}} \, H_{\mathrm{m}} \, \mathrm{Re} \, (\mu_{\mathrm{H}}).$$

Damit wird der Leerlaufklirrfaktor

$$k_{3L} = \frac{\hat{e}_{3\omega}}{\hat{U}} = \frac{E_{3\omega}}{U} = \frac{3}{5} \cdot \frac{\mathrm{Im} \, (\mu_{\mathrm{H}})}{\mathrm{Re} \, (\mu_{\mathrm{H}})},$$

$$k_{3L} = \frac{3}{5} \cdot \tan \delta_{\mathrm{H}}. \qquad (3.5\text{-}27)$$

Die in der Spule erzeugte Oberwellenspannung kann man im Ersatzschaltbild darstellen durch eine in Serie zur Induktivität liegende Spannungsquelle, d. h., die

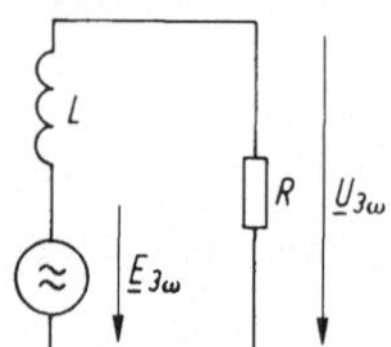

Bild 3.5-17. Leerlauf- und Betriebsklirrspannung

Spule entspricht einem Generator mit $E_{3\omega} = k_{3L}\,U$ und $R_\mathrm{i} = \mathrm{j}\,3\,\omega L$ (siehe auch Bild 3.5-17).

Für den Fall einer mit einem Widerstand R (für den zwischen ohmschen Widerständen arbeitenden Übertrager ist das z. B. die Parallelschaltung des Innenwiderstandes Z_1 und des übersetzten Abschlußwiderstandes $\ddot{u}^2\,Z_2$) belasteten Spule ergibt sich aus dem Leerlaufklirrfaktor einer Spule oder eines Übertragers der sog. Betriebsklirrfaktor $k_{3\mathrm{b}}$, das ist die an den Spulenklemmen entstehende Spannung $U_{3\omega}$ bezogen auf die Grundwellenspannung U_ω:

$$\underline{U}_{3\omega} = \frac{R}{R + \mathrm{j}\,3\,\omega\,L}\,\underline{E}_{3\omega}$$

oder

$$U_{3\omega} = \left| \frac{R}{R + \mathrm{j}\,3\,\omega\,L} \right|\,E_{3\omega}$$

oder

$$k_{3\mathrm{b}} = \left| \frac{R}{R + \mathrm{j}\,3\,\omega\,L} \right|\,k_{3L}\,. \tag{3.5-28}$$

3.5.2.3 Magnetische Nachwirkung

Erhöht man nach Bild 3.5-18 a in einem ferromagnetischen Material sprungartig die Feldstärke, so springt die Induktion in einer kurzen, aber endlichen Zeit (Größenordnung 10^{-7} bis 10^{-9} s) auf den Wert B_A und kriecht dann langsam auf den Wert B_stat. Die anfängliche, kurze Sprungzeit ist, wie im nächsten Abschnitt gezeigt wird, durch Resonanzvorgänge bedingt, das langsame Kriechen auf B_stat wird durch Nachwirkung verursacht. $\mu_0\,M_\mathrm{N} = B_\mathrm{stat} - B_\mathrm{A}$ ist die Nachwirkungsmagnetisierung. Die Nachwirkungserscheinungen wurden zuerst 1924 von H. Jordan [37] beschrieben: Die spontane Magnetisierung eines jeden Weiss-Bezirks unterliegt dauernden thermischen Richtungsschwankungen, die man sich hervorgerufen denken kann durch ein zeitlich statistisch schwankendes, magnetisches Zusatzfeld.

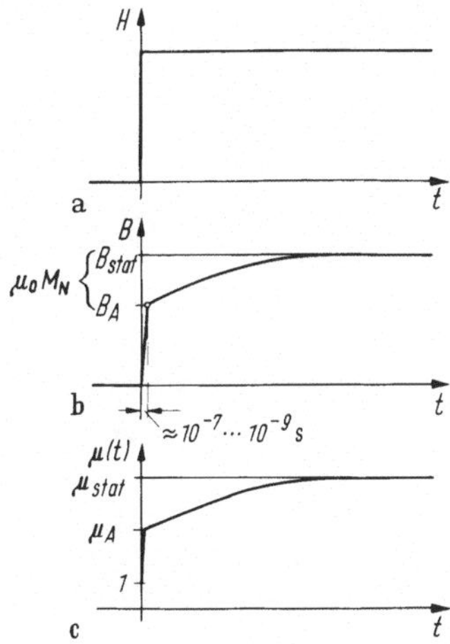

Bild 3.5-18. Zeitlicher Verlauf von **a** Feldstärke; **b** Induktion; **c** Permeabilität bei Nachwirkung in einem ferrimagnetischen Stoff

Die reversiblen Magnetisierungsänderungen des Zusatzfeldes gleichen sich im Mittel aus, die irreversiblen führen zu der in Bild 3.5-18 b gezeigten dauernden Erhöhung der Magnetisierung nach Einschalten des äußeren Feldes. Diese „thermische" Nachwirkung wird bei allen ferromagnetischen Stoffen beobachtet, deren Temperatur über dem absoluten Nullpunkt liegt; sie verschwindet bei 0 K. Bei Wechselfeldern äußert sich die Nachwirkung durch eine Phasenverschiebung zwischen Induktion und Feldstärke, es treten Nachwirkungsverluste auf, die Permeabilität ist komplex. Ändert sich die Feldstärke bei kleinen Frequenzen $f \ll f_1$ langsam, so kann die Induktion ihr trotz Nachwirkung folgen, die Phasenverschiebung ist gering, man beobachtet ein hohes μ'_N und ein sehr geringes μ''_N. Bei hohen Frequenzen $f > f_2$ sind die Ummagnetisierungszeiten so kurz, daß Nachwirkung gar nicht erst beginnt, μ'_n ist geringer als bei tiefen Frequenzen, μ''_N ist ebenfalls gering. Die Berechnung der komplexen Permeabilität μ_N bei Nachwirkung führt zu analogen Ergebnissen wie bei dem komplexen Wert der Permittivität mit elektrischer Dipolrelaxation in Kapitel 2. So wie bei der Dipolrelaxation Zeitkonstanten-Streuung auftreten kann, so beobachtet man auch bei den Ortskurven der thermischen Nachwirkungspermeabilität eine weite Streuung der Zeitkonstanten. Das Verhältnis von größter zu kleinster Nachwirkungszeit ist etwa $\tau_1/\tau_2 = f_2/f_1 \approx 10^4$ bis 10^5. Deshalb verläuft die Ortskurve von μ_N in Bild 3.5-19 in einem weiten Frequenzbereich $f_1 < f < f_2$ sehr flach, fast parallel zur μ'_N-Achse. In diesem Frequenzbereich ist daher $\tan \delta_N$ nahezu frequenzunabhängig.

Neben der Wärmebewegung können auch andere Prozesse Nachwirkung hervorrufen, hierzu siehe z. B. [21, S. 655−673].

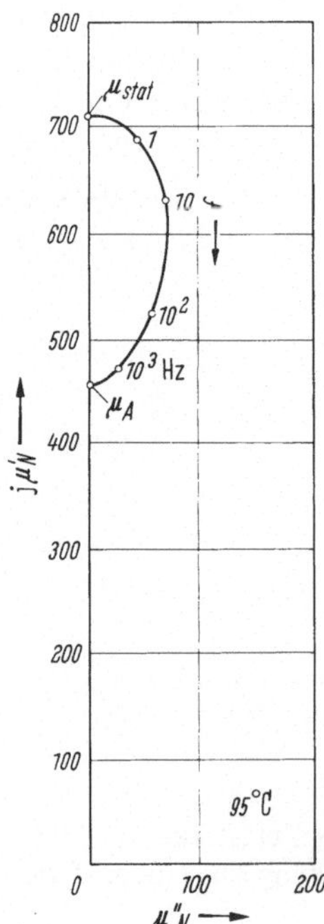

Bild 3.5-19. Nachwirkungsortskurve der komplexen Permeabilität von Trafoperm bei verschwindender Feldstärke, Wirbelstrom eliminiert. (Nach [35])

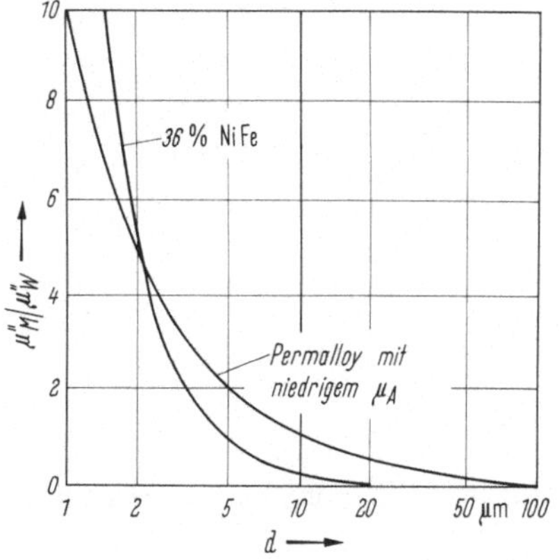

Bild 3.5-20. Verhältnis des gemessenen zum errechneten Imaginärteil der komplexen Permeabilität bei kleinen Blechdicken im niederfrequenten Anfang der Permeabilitätsortskurve bei konstanter Frequenz. (Nach [38])

3.5.2.4 Resonanzerscheinungen

Aus den bisherigen Betrachtungen über die Kernverluste von ferromagnetischen Stoffen in kleinen Wechselfeldern ergibt sich, daß bei Frequenzen oberhalb 10^3 bis 10^4 Hz vor allem Wirbelstromverluste auftreten. Ein Maß für das Wirbelstromverhalten eines Werkstoffs ist die Wolman-Grenzfrequenz nach Gl. (3.5-17) $f_W = 4\varrho/(\pi\,\mu_0\,\mu_{rev}\,d^2)$, in deren Nähe μ_W'' ein Maximum erreicht. Entsprechend Gl. (3.5-17) müßte man f_W, und damit die Brauchbarkeitsgrenze des Kernwerkstoffes, nach immer höheren Frequenzen hin verschieben können, wenn die Blechdicke immer mehr verkleinert wird. Dies ist jedoch nur für Blechdicken bis zu einigen 10 µm bzw. Grenzfrequenzen von einigen MHz der Fall. Bei weiterer Verringerung der Schichtdicke steigen die Verluste entsprechend Bild 3.5-20 stärker an, als es die klassische Wirbelstromtheorie erwarten läßt, sie gilt hier offenbar nicht mehr. Weiteren Aufschluß über die nun wirkenden Vorgänge geben die zugehörigen Ortskurven der komplexen Permeabilität in Bild 3.5-21: Die

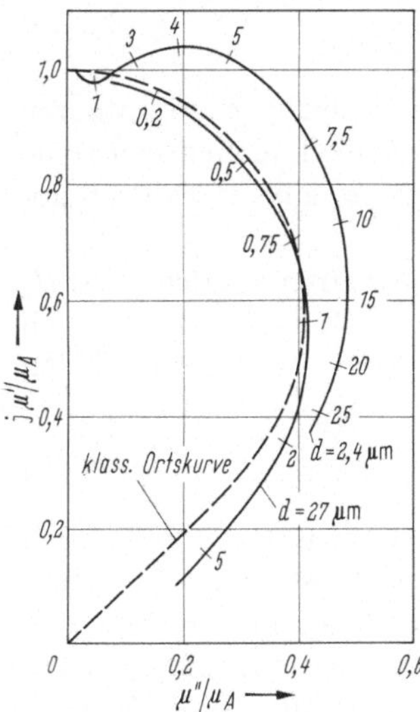

Bild 3.5-21. Ortskurven der komplexen Permeabilität dünner Bänder aus 36% Ni-Fe. (Nach [38])

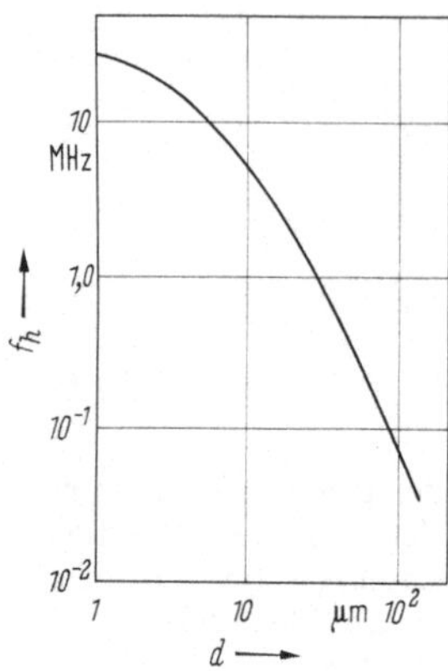

Bild 3.5-22. Halbwertfrequenz f_n als Funktion der Blechdicke d für 36% Ni-Fe

Ortskurve der 27 µm dicken Probe folgt recht gut der nach der klassischen Wirbelstromtheorie berechneten Kurve, während die 2,4 µm dünne Folie ein für Resonanzvorgänge typisches Überschwingen von μ' zeigt. Betrachtet man weiterhin in Bild 3.5-22 die Blechdickenabhängigkeit der gemessenen Halbwertfrequenz (die Frequenz, bei der $\mu'/\mu_\mathrm{A} = 0{,}5$ wird), so zeigt sich bei großen Foliendicken gemäß der klassischen Theorie quadratisches Anwachsen bei sinkender Blechdicke, während bei kleinem d die Halbwertfrequenz nahezu unabhängig von der Foliendicke ist [38]. Die höchste erreichbare Halbwertfrequenz wird, wie noch gezeigt wird, durch Resonanzen im ferromagnetischen Material bewirkt. Bei den ferrimagnetischen Stoffen, den Ferriten, ist die Frequenzabhängigkeit von μ' und μ'' in Bild 3.5-23 nur durch Resonanzvorgänge zu erklären, da hier wegen der geringen Leitfähigkeit Wirbelströme keine meßbare Wirkung haben. Nach J. L. Snoek [39] gilt die durch Messung der Halbwertfrequenz an zahlreichen ferro- und ferrimagnetischen Stoffen bestätigte Gleichung für die Resonanzfrequenz f_A:

$$f_\mathrm{A} = \frac{18{,}7}{\mu_\mathrm{A} - 1} \frac{\mu_0 M}{\mathrm{T}} \, \mathrm{GHz} \,. \tag{3.5-29}$$

Die Gleichung steht in Einklang mit der experimentell leicht beobachtbaren Tatsache, daß die Grenzfrequenz eines Ferrits um so höher liegt, je niedriger seine Anfangspermeabilität μ_A ist. Für die Ursache der Resonanz gibt es zwei Hypothesen:

1. Legt man an einen ferromagnetischen Körper ein magnetisches Gleichfeld H_0 an, dann präzediert der Magnetisierungsvektor eines jeden Weiss-Bezirks, ähnlich wie ein Kreisel im Schwerefeld der Erde, um die Richtung des effektiven, lokalen Feldes H_eff mit der Larmor-Kreisfrequenz

$$\omega_\mathrm{L} = \gamma \, H_\mathrm{eff} \,. \tag{3.5-30}$$

Die Konstante γ nennt man das gyromagnetische Verhältnis. H_eff ist das tatsächlich am Orte des Weiss-Bezirks herrschende Feld, bei Vernachlässigung von Streufeldern setzt es sich zusammen aus dem äußeren Feld H_0 und einem sog. Anisotropiefeld H_A. Wie schon in Abschnitt 3.5.1.4 angedeutet, hat jeder Kristall bestimmte Vorzugsrichtungen für die Lage des Vektors der Sättigungs-Magneti-

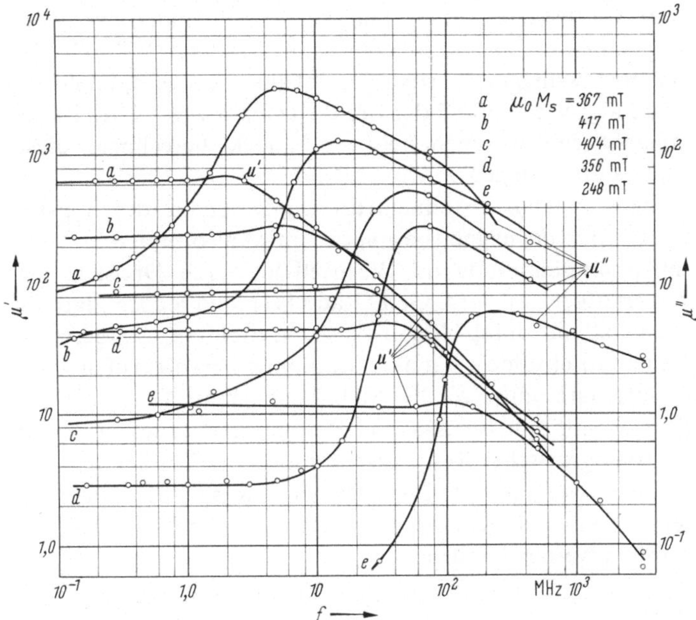

Bild 3.5-23. Frequenzabhängigkeit von Real- und Imaginärteil der komplexen Permeabilität einiger kubischer Ferrite. (Nach [28], S. 269)

sierung. Die Wirkung einer kristallinen Vorzugsrichtung kann man durch ein fiktives Magnetfeld (Anisotropiefeld) beschreiben, das parallel zur Vorzugslage gerichtet ist und die Magnetisierung elastisch in dieser Lage hält. Die Präzessionsbewegung wird durch Energieaustausch der Elektronenspins untereinander und mit dem Kristallgitter gedämpft. Der Öffnungswinkel des Präzessionskegels wird dadurch entsprechend Bild 3.5-24 immer kleiner, bis M_s in Richtung von H_{eff} liegt. Durch ein äußeres Wechselfeld senkrecht zu H_{eff} läßt sich die Präzessionsbewegung aufrechterhalten. Für die Kreisfrequenz des Wechselfeldes $\omega = \omega_L = \gamma \, H_{eff}$ tritt die sog. gyromagnetische Resonanz ein. Bei ihr entzieht die Präzessionsbewegung dem äußeren Feld ein Maximum von Energie, die Verluste des Werkstoffes sind am größten. Wie Landau und Lifschiz [40] schon 1935 aufgrund

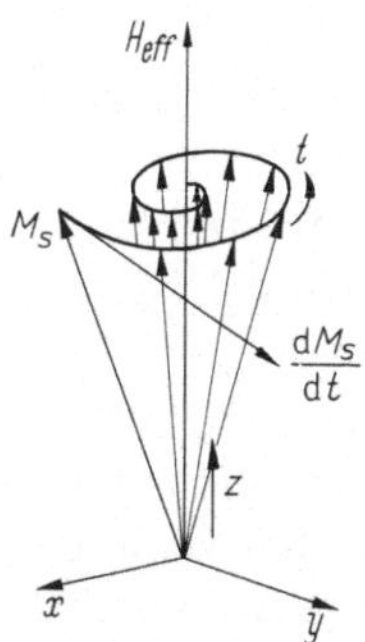

Bild 3.5-24. Kreiselbewegung der spontanen Magnetisierung nach Änderung der lokalen Feldstärke

theoretischer Überlegungen voraussagten, erhält man bei Verschwinden des äußeren Gleichfeldes die sog. „natürliche ferromagnetische Resonanz" durch die Präzessionsbewegung der Bezirksmagnetisierung im lokalen Anisotropiefeld H_A bei Erregung mit einem äußeren Wechselfeld der Frequenz $\omega_A = \gamma H_A$. Dies ist die tiefste mögliche ferromagnetische Resonanzfrequenz. Snoek berechnete diese Gl. (3.5-29) aufgrund obiger Vorstellungen.

2. Die Erklärung der beobachteten ferromagnetischen Resonanz durch gyromagnetische Resonanz der Bezirksmagnetisierungen im Anisotropiefeld setzt voraus, daß die Magnetisierungsänderung im Wechselfeld durch Drehung der Bezirksmagnetisierungen hervorgerufen wird. G. T. Rado [41] fand jedoch, daß die Anfangspermeabilität nicht allein durch Magnetisierungsdrehung, sondern zu einem wesentlichen Teil auch durch Bloch-Wand-Verschiebung hervorgerufen wird. Demgemäß führt er die unterhalb von etwa 100 MHz beobachtete Resonanz, für die die Snoek-Formel (3.5-29) gilt, auf Bloch-Wand-Resonanzen zurück, während erst im GHz-Bereich gyromagnetische Resonanzen auftreten. Tatsächlich beobachtete er auch bei einigen Werkstoffen zwei getrennte Resonanzfrequenzen, während bei anderen Werkstoffen beide Resonanzfrequenzen eng beieinanderliegen und nicht voneinander getrennt werden können.

3.5.2.5 Trennung der Verlustanteile

Wie in den vorstehenden Abschnitten gezeigt, setzen sich die magnetischen Verluste oder Kernverluste einer Spule hauptsächlich zusammen aus den drei Anteilen Nachwirkungs-, Wirbelstrom- und Hystereseverluste und lassen sich z. B. darstellen in einem in Serie zur Induktivität liegenden Kernverlustwiderstand.

$$r_K = r_N + r_W + r_H \tag{3.5-31}$$

oder

$$r_K = n f L + w f^2 L + h H_{eff} f L \tag{3.5-31 a}$$

mit n Nachwirkungsbeiwert, w Wirbelstrombeiwert und h Hysteresebeiwert (siehe auch [37]).

Meßbar ist aber immer nur der gesamte Kernverlustwiderstand r_K bzw. der gesamte Kernverlustfaktor $\tan\delta_K = r_K/\omega L$.

Mißt man aber r_K bzw. $\tan\delta_K$ in Abhängigkeit von Frequenz f und Feldstärke H_{eff}, so lassen sich aus den so gewonnenen Kurvenscharen die einzelnen Verlustbeiwerte bestimmen. Dividiert man die Werte r_K durch $f L$ bzw. multipliziert man die Werte $\tan\delta_K$ mit 2π, so erhält man aus Gl. (3.5-31 a) die Funktion

$$\frac{r_K}{f L} = n + w f + h H_{eff}. \tag{3.5-32}$$

Die so gefundenen Werte $r_K/f L$ zeichnet man einmal über der Frequenz f mit Parameter H_{eff}, einmal über der Feldstärke H_{eff} mit Parameter f auf (Bild 3.5-25 a und b).

Durch Extrapolation der Kurven in Bild 3.5-25 a auf $f = 0$ erhält man die Werte für die Kurve mit Parameter $f = 0$ in Bild 3.5-25 b und durch Extrapolation der Kurven in Bild 3.5-25 b auf $H_{eff} = 0$ erhält man die Werte für die Kurve mit Parameter $H_{eff} = 0$ in Bild 3.5-25 a. Sowohl die Kurve mit Parameter $H_{eff} = 0$ in Bild 3.5-25 a als auch die Kurve mit Parameter $f = 0$ in Bild 3.5-25 b schneiden die

r_K/fL-Achse im Punkt n. Der Wirbelstrombeiwert w ergibt sich aus der Steigung der Kurven in Bild 3.5-25a bzw. aus dem gegenseitigen Abstand der Kurven in Bild 3.5-25b. Ebenso ergibt sich der Hysteresebeiwert h aus der Steigung der Kurven in Bild 3.5-25b bzw. aus dem gegenseitigen Abstand der Kurven in Bild 3.5-25a. Sind n, w und h frequenz- und feldstärkeunabhängige Konstanten, so bestehen die Kurvenscharen in beiden Abbildungen aus einer Schar paralleler Geraden.

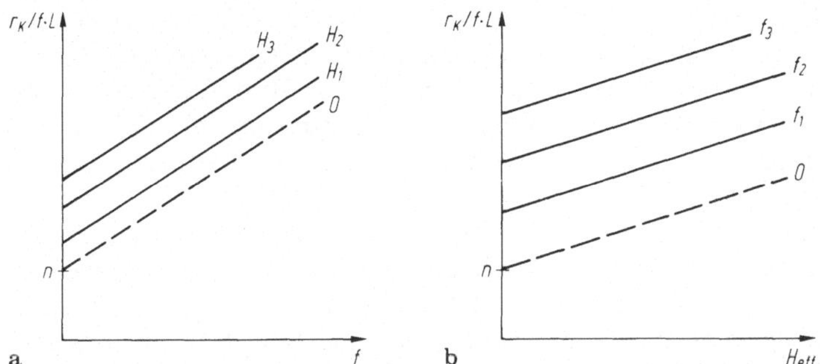

Bild 3.5-25. **a** $r_K/(fL)$ als Funktion der Frequenz mit H_{eff} als Parameter; **b** $r_K/(fL)$ als Funktion der Feldstärke mit f als Parameter

Ergibt sich in Bild 3.5-25b eine Schar nicht paralleler Geraden, so ist h keine Konstante sondern abhängig von der Frequenz. Weicht die Form der Kurve von einer Geraden ab, so ist eine Abhängigkeit des Hysteresebeiwertes h von der Aussteuerung (Feldstärke) vorhanden. Ergibt sich in Bild 3.5-25a eine Schar nicht paralleler Geraden, so ist w keine Konstante, sondern abhängig von der Feldstärke. Weicht die Kurvenform von einer Geraden ab, so ist entweder eine Abhängigkeit des Wirbelstrombeiwerts w oder aber eine nichtlineare Abhängigkeit des Nachwirkungsbeiwertes n von der Frequenz vorhanden.

Bei Ferritkernen, bei denen wegen ihres hohen spezifischen Widerstandes nur sehr geringe Wirbelstromverluste auftreten, findet man trotzdem einen entsprechenden Anstieg der Verluste mit der Frequenz, woraus zwar rein formal ein Wirbelstrombeiwert ermittelt werden kann, der aber auf eine frequenzabhängige Nachwirkung zurückzuführen ist [74].

3.6 Magnetische Werkstoffe

Magnetische Werkstoffe sind Materialien mit einer Permeabilitätszahl größer als 1. Die Permeabilitätszahl solcher Stoffe kann Werte bis 10^6 besitzen. Nach der Größe ihrer Ummagnetisierungsarbeit lassen sich die magnetischen Werkstoffe in zwei Gruppen einteilen: Die magnetisch weichen Materialien mit Hystereseschleifen, die nur sehr kleine Flächen umschließen, und die magnetisch harten Materialien mit Hystereseschleifen besonders großer Flächen und großer Koerzitivfeldstärken an den Schnittpunkten mit der Abszisse.

3.6.1 Magnetisch weiche Werkstoffe mit kleinen Ummagnetisierungsverlusten

Sie dienen vor allem zur Führung von magnetischen Wechselfeldern. Da sie zur Herstellung von linearen Bauteilen verwendet werden, soll bei ihnen die magnetische Feldstärke und Induktion unabhängig von der Größe der Aussteuerung in einem festen Verhältnis zueinander stehen. Dieses Verhältnis beschreibt die relative Permeabilität des Materials. Besitzt es große Werte; so ergeben sich bei geringen magnetischen Feldstärken bereits hohe Induktionen, so daß der Flußquerschnitt und damit die Kernabmessungen klein gehalten werden können. Sollen größere Leistungen übertragen werden, so muß die Aussteuerfähigkeit groß sein. Sie wird gekennzeichnet durch den Wert der Sättigungsmagnetisierung. Neben den Hystereseverlusten, die durch die Größe der von der Hystereseschleife umschlossenen Fläche bestimmt sind, sollen auch die Wirbelstromverluste klein sein. Die Wirbelstromverluste eines Materials werden neben seiner Permeabilität vor allem durch seine Leitfähigkeit bestimmt.

Bei Kernen für Spulen (z. B. Filterspulen, Übertrager usw.) spielen außer den Anforderungen hinsichtlich der Verluste in vielen Fällen auch Anforderungen an die Konstanz der Permeabilität (abhängig von Feldstärke, Frequenz, Temperatur und Zeit) und Unabhängigkeit der Permeabilität von einer Gleichstromvormagnetisierung (Stabilität) eine wichtige Rolle. Man erreicht jedoch hohe Konstanz und Stabilität meist nur durch Einfügen eines Luftspaltes in den Feldlinienweg des Kernes (siehe 3.3.5), d. h. durch Verzicht auf einen Teil der hohen Permeabilität. Bei Anwendungen in Filterschaltungen ergibt sich eine weitere Anforderung an den Temperaturkoeffizienten der Spule (Permeabilität): dieser muß nach Größe und Vorzeichen so beschaffen sein, daß in der Zusammenarbeit mit anderen Schaltelementen (z. B. Kondensatoren in Resonanzkreisen) möglichst temperaturunabhängige Betriebseigenschaften erhalten werden (durch Temperaturkompensation).

3.6.1.1 Ferromagnetische Werkstoffe (Metallegierungen)

Diese setzen sich aus Legierungen der ferromagnetischen Metalle Eisen, Nickel und Kobalt miteinander oder mit geringen Mengen anderer Metalle, wie Silicium, Mangan, Molybdän, Chrom, Kupfer und Aluminium, zusammen.

Die Werkstoffe, die in Form von Kernblechen oder Bandkernen für Übertrager- und Spulenkerne verwendet werden, sind in Werkstoffklassen eingeteilt. So sind z. B. in DIN 46400 die Eigenschaften und die Zusammensetzung von SiFe-Legierungen für Anwendungen mit hoher magnetischer Aussteuerung (Netztransformatoren usw.) festgelegt, während in DIN 41301 die Eigenschaften und die Zusammensetzung der Werkstoffe für Anwendungen mit geringer magnetischer Aussteuerung (Übertrager, Spulen) genormt sind, wobei diese in die Werkstoffklassen A, C, D, E und F unterteilt sind. Diese Klassen werden noch in, durch an den Kennbuchstaben angehängte Ziffern gekennzeichnete, Unterklassen unterteilt, welche sich durch die Höhe der Permeabilität und/oder den Anstieg δ der Permeabilität mit der Feldstärke unterscheiden. Dabei sind die Stoffe der Klassen A und C siliciumlegierte Stähle, die Klassen D, E und F sind NiFe-Legierungen mit verschiedenem Ni-Gehalt und z. T. weiteren Legierungszusätzen (z. B. Cu, Mo, Cr). Eine Zusammenstellung der Abhängigkeiten der magnetischen

Tabelle 3.6-1. Elektrobleche nach DIN 46 400

Werkstoff-sorte	Dicke mm	Si-Gehalt %	Spezifischer Verlust in W/kg		Induktion in T		Dichte g/cm³	Spezifi-scher Widerstand μΩ cm	Permeabilität	
			V_1 bei $\hat{B}=1T$	$V_{1,5}$ bei $\hat{B}=1,5T$	B_{25} bei 25 A/cm	B_{300} bei 300 A/cm			μ_{16}	μ_{max}
V360−50A V360−50B	0,5	0,7	3,6	8,1	1,58 1,56	2,01 2,00	7,80	25	≈ 150	2000 bis 5000
V300−50A V300−50B	0,5	1,0	3,0	6,8	1,56 1,54	2,00 1,99	7,80 7,75	30	≈ 180	
V260−50A V260−50B		1,7	2,6	6,0	1,55 1,53	1,98 1,97	7,75 7,70	36		3000 bis 6000
V230−50A V230−50B	0,5	2,3	2,3	5,3	1,54 1,51	1,97 1,96	7,70	42	≈ 230	
V200−50A V200−50B		2,7	2,0	4,7	1,52 1,49	1,94 1,93	7,65	48		
V170−50A V170−50B		3,4	1,7	4,0	1,51 1,48	1,90 1,89	7,65 7,60	55		
V150−50A V150−50B	0,5	3,9	1,5	3,5	1,50 1,47	1,89 1,88		60	400 bis 1200	4000 bis 8000
V135−50A V135−50B		4,3	1,35	3,3			7,60 7,55	65		
V130−35A V130−35B	0,35	3,9	1,3	3,3	1,49 1,47	1,89 1,88	7,65 7,60	60		
V110−35A V110−35B		4,3	1,1	2,7			7,60 7,55	65		

Tabelle 3.6-2. Werkstoffe für Übertrager nach DIN 41 301

Kurz-name	Zusammen-setzung	Dichte g/cm³	ϱ μΩ cm	H_c A/cm	B_s T	T_c °C	Dicke mm	μ_{16} (μ_4)	μ_{max}	$\delta_{80}(\delta_4)$ ‰/mA/cm	α_u ‰/K
AO		7,7	40	1,0	2,03	750	0,35 bis 0,50	≧ 400	4000 bis 8000		+1,0
A2	Stahl mit ca. 2,5 bis 4,5% Si	7,63	55	0,6	2,0		0,35	≧ 800	ca. 9000	≦ 12,5	
A3		7,57	68	0,35	1,92		0,35	> 800			
							0,20	> 750			
C2	Stahl mit 3,5 bis 4,5% Si	7,55	50	0,30	2,0		0,35	≧ 1300	ca. 10 000	≦ 12,5	
C5		7,65	45	0,15			0,35	(> 800)	ca. 35 000		
D1	Stahl mit ca. 36 bis 40% Ni	8,15	75	0,6	1,3	250	0,10 bis 0,35	2100 ± 200	ca. 8000	≦ 2,5 (≦ 3,75)	+2,0
							0,05	2050 ± 200			
D1a				0,5			0,10 bis 0,35	2400 ± 300			
							0,05	2300 ± 300			
D3				0,15			0,10 bis 0,35	≧ 2900	16 000 bis 20 000		
							0,05	≧ 2500			

Tabelle 3.6-2. (Fortsetzung)

Kurz-name	Zusammen-setzung	Dichte g/cm³	ϱ $\mu\Omega$ cm	H_c A/cm	B_s T	T_c °C	Dicke mm	μ_{16} (μ_4)	μ_{max}	$\delta_{80}(\delta_4)$ ‰/mA/cm	α_u ‰/K
E3	NiFe-Leg. mit ca. 75% Ni +Zusätzen	8,6	50	0,02	0,7 bis 0,8	400	0,20 bis 0,35	($\geqq$ 20 000)	90 000 bis 120 000		
							0,10	($\geqq$ 18 000)			
							0,05	($\geqq$ 16 000)			
E4		8,7	55	0,01	0,6 bis 0,8	270 bis 400	0,35	($\geqq$ 35 000)	130 000 bis 250 000		+ 2,0
							0,20	($\geqq$ 40 000)			
							0,10	($\geqq$ 35 000)			
							0,05	($\geqq$ 30 000)			
F3	NiFe mit ca. 50% Ni	8,25	45	0,1	1,5	470	0,05 bis 0,35	($\geqq$ 4000)	50 000 bis 80 000		

Eigenschaften dieser Werkstoffe von der Legierungszusammensetzung und den Herstellungsverfahren findet man z. B. bei [48].

(a) Eisen-Silicium-Legierungen. Mit wachsendem Siliciumgehalt wächst der spezifische Widerstand von Eisen an und bewirkt eine Verringerung der Wirbelstromverluste. Ferner verkleinert sich die Koerzitivfeldstärke, während die Sättigungsmagnetisierung mit höherem Si-Gehalt kleiner wird. Die Permeabilität bei niedrigen Feldstärken wird erhöht, während oberhalb einer Induktion von etwa 1,2 T die Permeabilität mit wachsendem Si-Gehalt abfällt. Daraus ergibt sich als wünschenswert ein möglichst hoher Si-Anteil. Dessen Vergrößerung sind aber wegen der immer größer werdenden Sprödigkeit und damit schlechteren Verarbeitbarkeit Grenzen gesetzt. Der höchste in der Technik angewendete Legierungsgrad liegt deshalb heute bei etwa 4,5 % Si-Anteil.

Von den hauptsächlich für Anwendungen in der Energietechnik (Motoren, Transformatoren, Drosselspulen) gedachten Werkstoffen nach DIN 46 400 (siehe Tabelle 3.6-1) wird für Niederfrequenzübertrager in der Nachrichtentechnik in der Regel nur der Werkstoff V 130-35 A bzw. V 130-35 B verwendet. Die Werkstoffe nach DIN 46 400 unterteilt man nach dem Herstellungsverfahren (bei gleicher Zusammensetzung) in warmgewalzte (Kennbuchstabe B) und kaltnachgewalzte Bleche (letzter Bearbeitungsschritt Kaltwalzen, Kennbuchstabe A). Bei etwa gleichen magnetischen Eigenschaften zeichnen sich die kaltnachgewalzten Bleche gegenüber den warmgewalzten Blechen durch eine sehr viel ebenere und glattere Oberfläche und damit einen verbesserten Eisenfüllfaktor aus (im gleichen Spulenquerschnitt läßt sich mehr Eisen unterbringen). Aus den Werten der Tabelle 3.6-1 ist ersichtlich, wie die Permeabilität und der spezifische Widerstand mit zunehmendem Siliciumgehalt wachsen, während die Verluste deutlich und die Sättigungsmagnetisierung nur geringfügig abnehmen.

Für Elektroblech V 130-35 B ist in Bild 3.6-1 die Hysteresekurve aufgezeichnet. Die beiden Zweige der Kurve liegen sehr dicht beieinander, wie die vergrößerte Ausschnittsdarstellung um den Nullpunkt zeigt. In Bild 3.6-2 ist die Abhängigkeit der Permeabilitätszahl μ_r von der Amplitude $\hat{H}$ der aussteuernden Feldstärke dargestellt. Dabei sind die Punkte der Permeabilität μ_{16} bei einer magnetischen Feldstärke $\hat{H} = 16$ mA/cm und die Maximalpermeabilität μ_{max} als Größtwert besonders gekennzeichnet. Die Eigenschaften der siliciumlegierten Übertragerwerkstoffe nach DIN 41 301 sind in der oberen Hälfte der Tabelle 3.6-2 aufgezeichnet.

Durch eine Kombination von Kaltverformungsschritten (Kaltwalzen) und Rekristallisierungsglühungen währen des Auswalzens der Bleche erreicht man, daß in den SiFe-Werkstoffen eine magnetische Vorzugsrichtung (Kornorientierung) entsteht, d. h., daß die magnetischen Eigenschaften von der Magnetisierungsrichtung abhängig werden. Bei der sog. Goss-Textur liegt die Vorzugsrichtung in der Walzrichtung des Bleches, d. h. nur bei Magnetisierung in der Walzrichtung, d. h. bei in der Walzrichtung aufgewickelten Bandringkernen oder Schnittbandkernen können die erheblich verbesserten Eigenschaften (hinsichtlich Permeabilität, Hystereseverluste, Aussteuerbarkeit) voll ausgenützt werden, jedoch werden auch bei der Verwendung in Kernblechen gewisse Verbesserungen erzielt.

(b) Eisen-Nickel-Legierungen. Technisch genutzte magnetische NiFe-Legierungen haben Ni-Gehalte von größer als 30 %. Der spezifische Widerstand besitzt ein

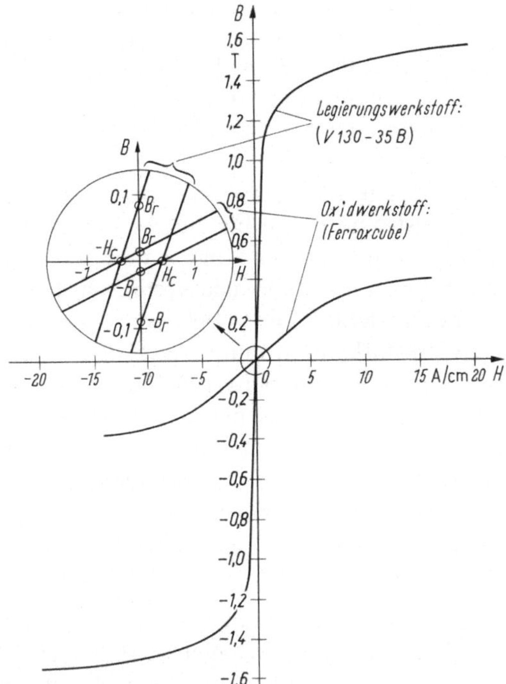

Bild 3.6-1. Hystereseschleifen von magnetisch weichen Werkstoffen

Maximum bei etwa 30% Ni und sinkt mit steigendem Ni-Gehalt ab. Die Sättigungsmagnetisierung steigt mit wachsendem Ni-Gehalt zunächst an, erreicht bei etwa 50% Ni ein Maximum und fällt dann stark ab. Die Permeabilität wächst mit steigendem Ni-Gehalt stark, erreicht bei etwa 78% Ni ein stark ausgeprägtes Maximum und sinkt dann sehr schnell wieder ab. Aus den genannten drei ausgezeichneten Punkten folgt, daß man in der Praxis hauptsächlich drei Legierungsgruppen verwendet: eine mit ca. 30 bis 40% Ni, eine mit ca. 50% Ni und eine mit ca. 80% Ni (siehe die Werkstoffklassen D, F und E in dem unteren Teil der Tabelle 3.6-2).

Diese NiFe-Bleche werden zum Aufbau von Übertragerkernen verwendet, wenn höhere Ansprüche hinsichtlich der Übertragungsbandbreite und geringer Verluste

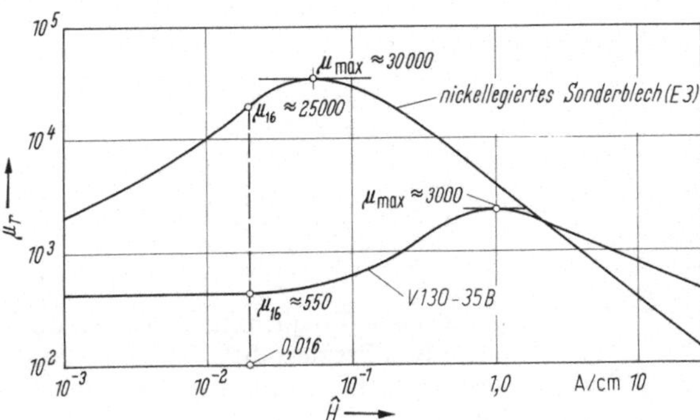

Bild 3.6-2. Abhängigkeit der relativen Permeabilität von der aussteuernden magnetischen Feldstärke für Metallegierungen. μ_{16} ist die Permeabilität bei 16 mA/cm und μ_{max} die Maximalpermeabilität des Materials

gestellt werden. Den Verlauf der Permeabilitätszahl μ_r in Abhängigkeit von der aussteuernden Feldstärke $\hat{H}$ zeigt Bild 3.6-2 für den Werkstoff E3. Dabei fällt gegenüber Elektroblech V 130-35 B der Unterschied der mehrfach höheren Permeabilität bei kleinen magnetischen Feldstärken auf; es ist aber auch der kleinere Aussteuerbereich und das raschere Absinken der Permeabilität oberhalb der Maximalpermeabilität μ_{max} zu erkennen.

Diese hoch nickelhaltigen Eisenbleche lassen sich besonders gut zu dünnen Folien walzen. Dadurch bleiben die Wirbelstromverluste bis zu Frequenzen von einigen 100 kHz noch klein. Derartige Kernmaterialien sind daher gut zum Aufbau von Breitbandübertragerkernen geeignet. Die Frequenzgrenze wird dann bei dünnsten Folien (bis 0,003 mm Stärke herstellbar) nur noch durch die gyromagnetische Grenzfrequenz derartiger Werkstoffe bestimmt. Diese liegt in der Größe einiger MHz. Eine weitere Verbesserung der oberen Grenzfrequenz bieten kleinste, in Isolierstoff eingebettete Metallkörnchen aus solchen NiFe-Legierungen und auch aus Carbonyleisen. Bei einer Korngröße von einigen μm Durchmesser ergeben sich sehr kleine Wirbelstromverluste, so daß sich der Frequenzbereich bis zur gyromagnetischen Grenzfrequenz des technisch reinen Eisens von über 100 MHz ausdehnen läßt. In Bild 3.6-3 ist das Frequenzverhalten der Permeabilität von Carbonyleisen HFF dargestellt (siehe 3.3.3).

(c) Sonstige Legierungen. Besondere Bedeutung erlangt haben die Eisen-Kobalt-Legierungen, die sich durch besonders hohe Sättigungsmagnetisierung (2,35 T) und hohe Permeabilität bei hoher Aussteuerung auszeichnen. Jedoch ist die Anwendung wegen des hohen Preises auf spezielle Fälle beschränkt.

Eisen-Aluminium-Legierungen zeigen im allgemeinen praktisch dasselbe Verhalten wie die Eisen-Silicium-Legierungen, sie spielen diesen gegenüber jedoch eine untergeordnete Rolle.

(d) Amorphe Metalle. Im Gegensatz zu den herkömmlichen metallischen Stoffen sind hier die Atome nicht regelmäßig in einem Kristallgitter angeordnet, sondern wie bei einem Glas oder einer Schmelze ungeordnet, d. h. amorph angeordnet.

Bei der Herstellung solcher metallischer Gläser ist ein sehr schnelles Abschrecken aus dem schmelzflüssigen Zustand erforderlich, so daß sich die kristal-

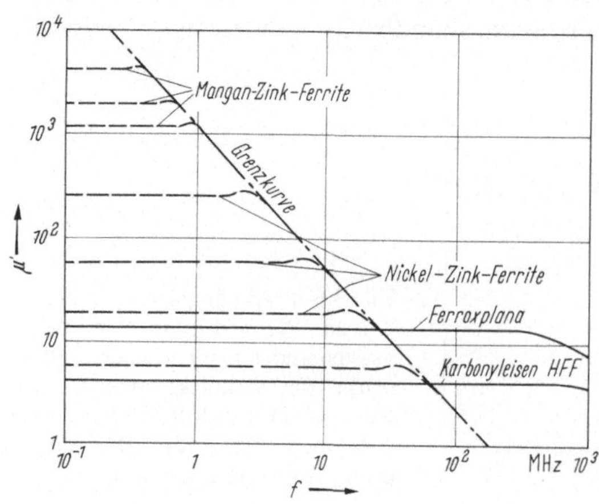

Bild 3.6-3. Frequenzabhängigkeit der relativen Permeabilität für einige Ferritsorten, Ferroxplana und Carbonyleisen

line Struktur nicht einstellen kann (Abkühlgeschwindigkeit ca. 10^6 K/s). Das wird erreicht mit dem sog. Schmelzspinnverfahren, d. h., das flüssige Metall fließt durch eine Düse als dünner Strahl z. B auf eine schnell rotierende Trommel hoher Wärmeleitfähigkeit, erstarrt dort in der erforderlichen kurzen Zeit und wird als dünnes Band abgeführt. Bisher hergestellt werden Bänder mit 0,5 mm bis 50 mm Breite und Dicken zwischen 0,01 mm und 0,05 mm (siehe hierzu [76] und [77]).

Hauptbestandteile der amorphen Metalle für magnetische Anwendungen sind Fe, Ni und Co, dazu kommen kristallisationsverzögernde Zusätze (B, Si, P, C, Al), die nötig sind, um den amorphen Zustand zu erhalten.

Diese ferromagnetischen amorphen Legierungen haben wegen des fehlenden Kristallgitters ein extrem weichmagnetisches Verhalten. Erreicht werden sehr niedrige Koerzitivfeldstärken, hohe Permeabilitäten und geringe Ummagnetisierungsverluste. So ist z. B. bekannt geworden [76] eine FeSiB-Legierung mit den Werten

$$B_s = 1{,}55 \text{ T}, \qquad H_c = 25 \text{ mA/cm},$$
$$\mu_4 = 13\,000, \qquad \mu_{max} \approx 220\,000.$$

Oberhalb einer kritischen Temperatur (je nach Zusammensetzung zwischen 300 °C und 600 °C) erfolgt eine Umwandlung in den kristallinen Zustand, die Eigenschaften ändern sich dann.

Die Bänder aus amorphen Metallen entstehen in nur einem Verfahrensschritt aus der Schmelze. Dieser im Vergleich zur Walzherstellung kristalliner Bänder sehr kurze Herstellungsprozeß läßt sehr wirtschaftliche Fertigungsmöglichkeiten unter erheblicher Energieeinsparung erwarten. Die ausschließliche Verwendbarkeit preiswerter und in großer Menge verfügbarer Rohstoffe wie Fe, Si und B bei einem evtl. ganz entfallenden Anteil von Ni, Co usw. ist auch unter dem Aspekt der Rohstoffsicherung bedeutsam.

3.6.1.2 Ferrimagnetische Werkstoffe (Metallmischoxide)

Sie bestehen aus einer Mischung von Metalloxiden (meist Mangan-Zinkoxid oder Nickel-Zinkoxid) mit Eisenoxid (Ferrioxid $= Fe_2O_3$, daher der Name Ferrit). Da es sich um nichtmetallische Materialien handelt, besitzen diese Stoffe eine sehr geringe Leitfähigkeit ($\gamma < 0{,}1$ S/m), so daß sie in die Gruppe der Halb- oder Nichtleiter einzureihen sind. Die geringe Leitfähigkeit hat geringe Wirbelstromverluste zur Folge, so daß das Frequenzverhalten dieser Werkstoffe allein durch ihre gyromagnetische Grenzfrequenz bestimmt wird. Bild 3.6-3 zeigt das Fre-

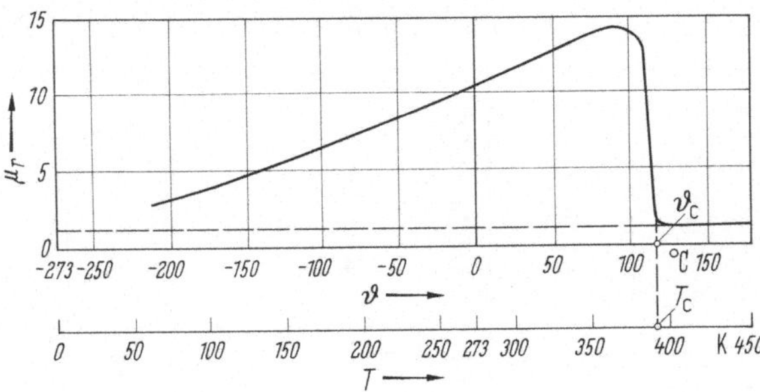

Bild 3.6-4. Temperaturabhängigkeit der relativen Permeabilität für Mangan-Zink-Ferrit. ϑ_c bzw. T_c ist die Curie-Temperatur des Materials

Tabelle 3.6-3. Weichmagnetische Ferrite nach DIN 41 280

Kurz-name	μ_A	bei f_1 MHz	$\dfrac{\tan\delta_1}{\mu_A}$ 10^{-6}	bei f_2 MHz	$\dfrac{\tan\delta_2}{\mu_A}$ 10^{-6}	$\dfrac{h}{\mu_A{}^2}$ cm/A	$\dfrac{\alpha_u(70°)}{\mu_A}$ $10^{-6}/°C$	$\dfrac{d}{\mu_A}$ 10^{-6}	B_s mT	H_c A/cm	T_c °C	ϱ bei 1 V/cm Ωcm	Dichte g/cm³
B1	4 bis <10	50	≤ 500	100	≤ 1000		0 bis 100		≈ 110	≈ 10	500	10^7	4,8
C1	10 bis <25	10	≤ 80	50	≤ 200	$\le 10\times10^{-6}$	20 bis 90		145 bis 175	12 bis 15	400	10^7	4,2 bis 4,3
C2			≤ 250		≤ 900		0 bis 20					10^5	
C3			≤ 500		≤ 2600		0 bis 20				500	10^6	
D1	25 bis <63	10	≤ 380	50	≤ 4000		0 bis 17		240 bis 260	≈ 5	400	10^5	4,1
E1	63 bis <160	1	≤ 40	10	≤ 130	$\le 50\pm10^{-6}$	1 bis 6		300 bis 380	≈ 5	350	10^6	4,4
E2			≤ 100		≤ 250		0 bis 12					10^5	
F1	160 bis <400	0,2	≤ 50	5	≤ 300	$\le 20\times10^{-6}$	0 bis 8		≈ 330	$\approx 0,8$	250	10^5	4,4
G1	400 bis <1000	0,05	≤ 15	1	≤ 50	$\le 8\times10^{-6}$	0 bis 8		340 bis 400	0,8 bis 1	200	10^4	4,5 bis 4,6
G2			≤ 13		≤ 30	$\le 2,5\times10^{-6}$	0 bis 3	-18			150	10^2	
H1	1000 bis <1600	0,01	≤ 7	0,2	≤ 60	$\le 7\times10^{-6}$	0 bis 4		360 bis 460	0,25 bis 0,45	115	10^4	4,5 bis 4,8
H2			$\le 2,5$		≤ 25	$\le 2\times10^{-6}$	0,8 bis 2	-8			145	10^2	
H3			≤ 8		≤ 60	$\le 8\times10^{-6}$	0 bis 2				140		

Tabelle 3.6-3. (Fortsetzung)

Kurz-name	μ_A	bei f_1 MHz	$\dfrac{\tan\delta_1}{\mu_A}$ 10^{-6}	bei f_2 MHz	$\dfrac{\tan\delta_2}{\mu_A}$ 10^{-6}	$\dfrac{h}{\mu_A^2}$ cm/A	$\dfrac{\alpha_u\,(70°)}{\mu_A}$ $10^{-6}/°C$	$\dfrac{d}{\mu_A}$ 10^{-6}	B_s mT	H_c A/cm	T_c °C	ϱ bei 1 V/cm Ωcm	Dichte g/cm³
I1	1600 bis < 2500	0,01	≦ 1,5	0,1	≦ 10	≦ $1,5\times10^{-6}$	− 0,5 bis 0,5	− 8	360 bis 480	0,20 bis 0,48	150	10^2	4,6 bis 4,8
I2			≦ 1,5		≦ 10	≦ $1,5\times10^{-6}$	0,5 bis 1,5	− 8					
I3			≦ 4		≦ 30	≦ 3×10^{-6}	0,5 bis 3						
K1	2500 bis < 4000	0,01	≦ 2	0,1	≦ 10	≦ $1,5\times10^{-6}$	− 1 bis 2		380 bis 480	0,08 bis 0,20	180	10^2	4,8
K2			≦ 5		≦ 20	≦ 3×10^{-6}	0 bis 4				125		
L	≧ 4000	0,01	≈ 8	0,03	≈ 30				380 bis 460	0,03 bis 0,15	125	10	4,8 bis 4,9

quenzverhalten der relativen Permeabilität verschiedener Nickel-Zink- und Mangan-Zink-Ferrite. Alle Kurven münden in eine gemeinsame Grenzkurve ein, die die ereichbaren Permeabilitätswerte in Abhängigkeit von der Frequenz bestimmt. Besonders großen Einfluß auf das magnetische Verhalten derartiger Oxidwerkstoffe hat die Temperatur des Materials. Bild 3.6-4 zeigt das Temperaturverhalten der relativen Permeabilität für Mangan-Zink-Ferrit. Dabei fällt besonders die Curie-Temperatur (ϑ_C oder T_C) auf, bei der die relative Permeabilität auf den Wert 1 abgesunken ist. Im Gegensatz zu Legierungswerkstoffen, bei denen sie in der Größe 500 bis 800 °C liegt und auf das Betriebsverhalten wenig Einfluß ausübt, hat diese Grenztemperatur bei den betrachteten Oxidwerkstoffen nur die Größe 100 bis 300 °C.

Je nach Zusammensetzung und Herstellungsverfahren gibt es bei den MnZn- und NiZn-Ferriten große Variationsmöglichkeiten in den magnetischen Eigenschaften, die eine Anpassung an die jeweiligen Forderungen (Frequenzbereich, Temperaturverhalten, Stabilität usw.) ermöglichen (siehe hierzu [48]). Die gebräuchlichsten Sorten sind in DIN 41 280 (siehe Tabelle 3.6-3) genormt. Weitergehende Angaben findet man in den Datenbüchern und Katalogen der Ferrithersteller.

In Bild 3.6-1 ist die Hystereseschleife eines typischen Ferritmaterials (Ferroxcube) eingezeichnet. Aus der weit geringeren Steigung der Hystereseschleife erkennt man die geringere Permeabilität des Oxidwerkstoffes gegenüber dem Legierungswerkstoff Elektroblech V 130-35 B. Daneben fällt vor allem die geringe Sättigungsmagnetisierung von nur einigen hundert mT auf, wie sie allen Ferriten eigen ist. Aus dem vergrößert dargestellten Nullpunktausschnitt erkennt man schließlich die kleineren Hystereseverluste des Ferritmaterials; seine Magnetisierungsschleife umschließt eine kleinere Fläche.

(a) Mangan-Zink-Ferrite. MnZn-Ferrite kommen wegen ihrer höheren Permeabilität auch für Niederfrequenzanwendungen in Betracht, ihr Anwendungsbereich erstreckt sich bis etwa 1 MHz. Außer ihrer hohen Permeabilität zeichnen sie sich auch durch die bei Ferriten höchst erreichbaren Werte der Sättigungsmagnetisierung aus. Die Herstellung von MnZn-Ferriten mit zuverlässig reproduzierbaren Eigenschaften ist nicht einfach, sie erfordert Rohstoffe hoher Reinheit und Gleichmäßigkeit und die sichere Beherrschung des Sintervorganges (insbesondere des Sauerstoffhaushaltes im Sinterofen).

(b) Nickel-Zink-Ferrite. NiZn-Ferrite werden vorwiegend im Frequenzbereich von etwa 1 MHz bis 100 MHz eingesetzt. Sie haben niedrigere Permeabilität als MnZn-Ferrite und erreichen auch nicht deren hohe Sättigungswerte. Bei der Herstellung bereiten sie wesentlich weniger Schwierigkeiten, da bei ihnen der Einfluß der Sinteratmosphäre weniger relevant ist als bei MnZn-Ferriten, sie können ohne besondere Schutzmaßnahmen in Luft geglüht werden.

(c) Hexagonale Ferrite. Die bisher besprochenen Ferritsorten kristallisieren kubisch und sind, wie gezeigt, bis zu Frequenzen von etwa 100 MHz einsetzbar. Oberhalb dieser Frequenz fällt die Permeabilität und wachsen die Verluste stark. Daneben gibt es jedoch auch hexagonale Strukturen, die ein anderes Verhalten zeigen und im Frequenzbereich von etwa 100 MHz bis 1000 MHz eingesetzt werden können. In Bild 3.6-3 ist das Frequenzverhalten eines hexagonalen Barium-

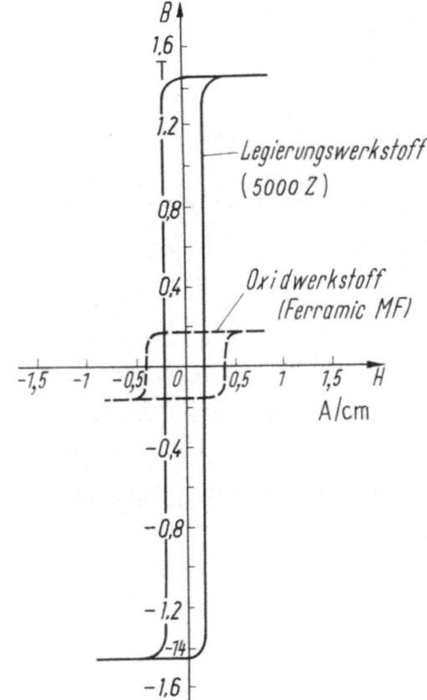

Bild 3.6-5. Hystereseschleifen von Werkstoffen für Schalt- und Speicherzwecke. Die Hystereseschleifen sind schon bei geringer Aussteuerung rechteckförmig

Kobalt-Ferrites (Ferroxplana) wiedergegeben, der im Hochfrequenzgebiet eingesetzt wird.

3.6.1.3 Legierungen nichtferromagnetischer Metalle

Es ist möglich, aus nichtmagnetischen Elementen Legierungen herzustellen, die ferromagnetische Eigenschaften besitzen. Ein weichmagnetisches Material dieser Art ist die Heusler-Legierung aus 76 % Kupfer, 14 % Mangan und 10 % Aluminium.

3.6.2 Magnetisch weiche Werkstoffe mit rechteckiger Hystereseschleife

Unter Rechteckschleife versteht man allgemein eine Hystereseschleife mit einem Remanenzverhältnis B_r/B_S zwischen 0,8 und 1.

Rechteckige Hystereseschleifen werden vor allem für Schalt- und Speicherzwecke der Binärtechnik benötigt. Dieses Verhalten wird meist durch eine thermomagnetische Behandlung des Materials herbeigeführt. Nach der Erhitzung über die Curie-Temperatur folgt eine Abkühlung in einem permanenten Magnetfeld,

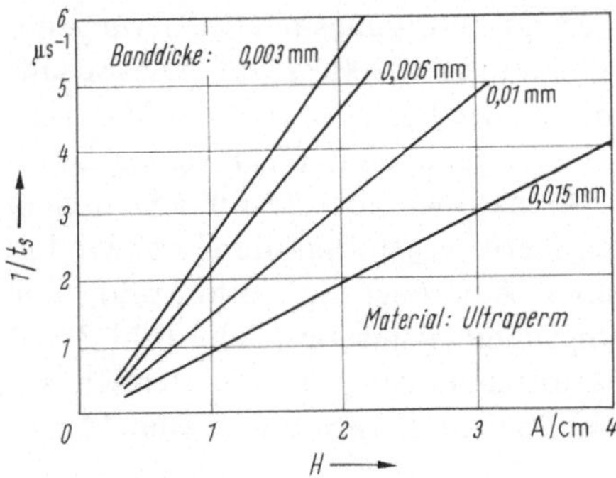

Bild 3.6-6. Umschaltgeschwindigkeit in Abhängigkeit von der Aussteuerung bei verschiedenen Banddicken für einen Bandringkern aus einem Metall-Legierungswerkstoff

wodurch die magnetischen Bezirke ausgerichtet („eingefroren") werden (Stengel-kristallisation).

3.6.2.1 Ferromagnetische Legierungen

Die ferromagnetischen Werkstoffe mit Rechteckhystereseschleife bestehen meist aus hoch nickel- oder kobalthaltigen Eisenlegierungen. Das Bild 3.6-5 zeigt die Hystereseschleife eines solchen Materials (Permenorm 5000 Z), einer NiFe-Legierung mit 50% Ni-Anteil.

Für die Geschwindigkeit des Umschaltens sind die Wirbelströme von entscheidender Bedeutung. Deshalb wählt man eine starke Unterteilung des Kerns, so daß aus sehr dünnen Folien gewickelte Ringkernformen vorherrschen. Bild 3.6-6 zeigt, daß die Umschaltgeschwindigkeit $(1/t_s)$ von der Materialstärke (Banddicke) abhängig und proportional der Aussteuerung ist.

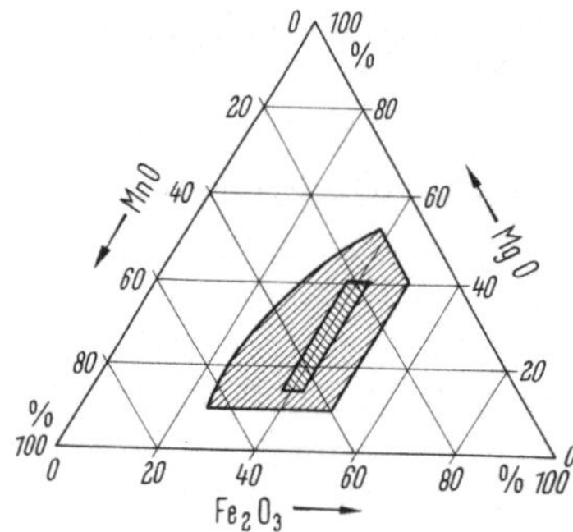

Bild 3.6-7. Dreistoffdiagramm für Magnesium-Mangan-Ferrite. Im schraffierten Bereich besitzen die Werkstoffe rechteckförmige Hystereseschleifen, deren Remanenz im schmalen Bereich besonders hoch ist

3.6.2.2 Ferrimagnetische Werkstoffe

Für ferrimagnetische Werkstoffe mit rechteckförmiger Hystereseschleife kommen vor allem Metallmischoxide in Betracht, die neben Ferrioxid (Fe_2O_3) Magnesium-oxid (MgO) und Manganoxid (MnO) enthalten. Bild 3.6-7 zeigt schraffiert ein Dreistoff-Diagramm für derartige Ferritsorten mit rechteckförmiger Hysterese-kurve. Die Hystereseschleife eines solchen Materials (Ferramic MF) ist in Bild 3.6-5 eingezeichnet. Es fällt wiederum die geringe Sättigungsmagnetisierung des oxidischen Werkstoffes gegenüber der Metallegierung (5000 Z) auf. Die Schalt-geschwindigkeit wird durch das Frequenzverhalten der Permeabilität des Materials (entsprechend Abschnitt 3.5.1.2) bestimmt, die eine genügende Übertragungsband-breite für den Schaltimpuls zulassen muß. Genau wie bei ferromagnetischen Materialien wächst auch bei ferrimagnetischen Kernwerkstoffen die Geschwindig-keit der Ummagnetisierung mit zunehmender Aussteuerung (Bild 3.6-6). Die stärkere Temperaturabhängigkeit der Sättigungsmagnetisierung (siehe Bild 3.5-5) erfordert jedoch bei ferrimagnetischen Werkstoffen einen größeren Bereich zur sicheren Erkennung des Schaltzustandes eines Speicherkernes aus diesen Misch-oxiden.

3.6.3 Magnetisch harte Werkstoffe für permanente magnetische Felder (Dauermagnetwerkstoffe)

Die magnetisch harten Werkstoffe werden fast ausschließlich für magnetische Gleichfelder benötigt, wie sie z. B zum Aufbau elektrodynamischer Wandler oder zur Erzeugung fokussierender Magnetfelder für Mikrowellenröhren gebraucht werden.

Von den magnetisch weichen Werkstoffen unterscheiden sich die Dauermagnetwerkstoffe besonders in der Höhe der Koerzitivfeldstärke. Sie ist meist höher als 20 A/cm, so daß sich der Stoff mit kleinen Feldstärken nicht ummagnetisieren läßt, der magnetische Zustand also von Dauer ist. Umgekehrt wie bei den weichmagnetischen Stoffen ist man bestrebt, möglichst große Koerzitivfeldstärken und große Hystereseflächen zu erhalten [48].

Die Werkstoffe für Dauermagnete werden durch zwei Größen gekennzeichnet: Die Remanenzinduktion B_r und die Koerzitivfeldstärke H_C, die sich als Achsabschnitte ihrer Hystereseschleifen ergeben. Für die Güte eines Dauermagnetmaterials ist der Maximalwert des Produktes $H \cdot B$ von besonderer Bedeutung; der Arbeitspunkt des Magneten sollte zur guten Ausnutzung des Materials stets in seiner Nähe liegen.

Auch bei magnetisch harten Werkstoffen strebt man rechteckförmige Hystereseschleifen an; denn sie lassen bei gleicher Koerzitivfeldstärke H_C und Remanenzinduktion B_r größere Werte des Produktes $H \cdot B$ zu, als es sich für schlanke Schleifen ergibt. Man wendet daher bei den magnetisch harten Materialien vielfach auch eine thermomagnetische Behandlung an, wie sie in Abschnitt 3.6.2 bereits erwähnt wurde.

Bei den magnetisch harten Werkstoffen unterscheidet man ebenfalls ferro- und ferrimagnetische Werkstoffe sowie Legierungen aus nichtmagnetischen Metallen. Letztere spielen hier eine wichtige Rolle.

3.6.3.1 Ferromagnetische Legierungen

Die ferromagnetisch harten Werkstoffe bestehen meist aus Legierungen der ferromagnetischen Metalle Eisen, Nickel und Kobalt und haben gewöhnlich noch geringe Zusätze anderer, nichtmagnetischer Metalle. Als Beispiel aus der Fülle der

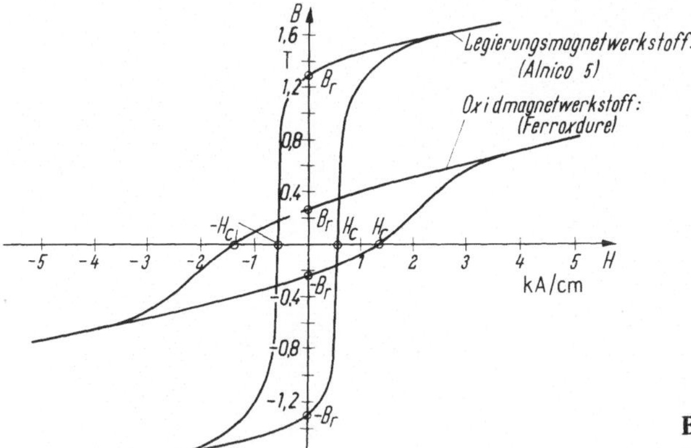

Bild 3.6-8. Hystereseschleifen von magnetisch harten Werkstoffen

möglichen Kompositionen sei „Alnico" genannt. Es kennzeichnet Aluminium-Nickel-Kobalt-Legierungen. Diese haben Koerzitivfeldstärken von 320 bis 560 A/cm und Remanenzinduktionen von 0,7 bis 1,3 T. Bild 3.6-8 zeigt die Hysteresekurve einer Legierung dieser Sorte, Alnico 5 genannt, die aus 24% Kobalt, 14% Nickel, 8% Aluminium, 3% Kupfer und 51% Eisen besteht.

3.6.3.2 Ferrimagnetische Werkstoffe

Ferrimagnetisch harte Werkstoffe sind Metallmischoxide, die neben Eisen- und Kobaltoxid vor allem Barium- und Bleioxid enthalten. Die Remanenzinduktionen derartiger Materialien reichen von 0,1 bis 0,4 T, während die zugehörigen Koerzitivfeldstärken zwischen 800 und 2400 A/cm liegen. Der Verlauf der Hystereseschleife eines Oxidmagnetwerkstoffes (Ferroxdure) ist in Bild 3.6-8 wiedergegeben. Kennzeichnend ist auch hier wiederum die weit niedrigere Sättigungsinduktion des oxidischen Materials gegenüber dem Legierungswerkstoff.

3.6.3.3 Legierungen nichtferromagnetischer Metalle

Bei den Legierungen nichtferromagnetischer Metalle, die Eigenschaften wie ferromagnetisch harte Stoffe besitzen, fällt vor allem die hohe erreichbare Koerzitivfeldstärke auf. Besonders der Werkstoff Silmanal, eine Legierung aus 87% Silber, 9% Mangan und 4% Aluminium, hat für Magnete von Meßinstrumenten Bedeutung gewonnen. Er besitzt bei einer Remanenzinduktion von 0,5 T die hohe Koerzitivfeldstärke von etwa 4,5 kA/cm. Ausführliche Angaben über magnetisch weiche und harte Werkstoffe finden sich in [42].

Anhang
Grundlagen der Zuverlässigkeitsanalyse und -synthese

1. Begriffsbestimmungen

Praktische Erfahrungen bei der Beobachtung der Lebensdauer von Einzelelementen innerhalb eines ausreichend großen Kollektivs (N_0) gleicher Produkte, welche denselben Umweltbedingungen ausgesetzt sind, haben eine bemerkenswerte Gesetzmäßigkeit aufgedeckt. Bezieht man nämlich die Anzahl $N_R(t)$ der zum Beobachtungszeitpunkt noch funktionsfähigen, also überlebenden Elemente auf die Gesamtzahl N_0 der Elemente, so ergibt die graphische Darstellung dieses Verhältnisses (des relativen Bestandes an funktionsfähigen Elementen)

$$R(t) = \frac{N_R(t)}{N_0} \qquad\qquad \text{(A-1)}$$

in Abhängigkeit von der Zeit t in der Regel eine Kurvenform, wie sie in Abb. 1a für drei Beispiele gezeigt ist. Dabei ist die Lebensdauer eines Einzelelementes, definiert als die Zeitspanne zwischen seinem Einsatzbeginn und dem Zeitpunkt, in dem es die Fähigkeit verliert, den gestellten Anforderungen zu genügen, zwar nach seinem Ausfall (a posteriori) exakt feststellbar; sie kann aber vorher (a priori) prinzipiell nicht angegeben werden. Im voraus angegeben werden kann jedoch die Wahrscheinlichkeit für das Auftreten einer bestimmten Lebensdauer. Man wird dann ein Element als um so zuverlässiger bezeichnen, je größer die Wahrscheinlichkeit ist, daß es bis zu einem bestimmten Zeitpunkt überlebt. Die *Zuverlässigkeit* eines Elementes ist deshalb definiert als die Wahrscheinlichkeit, mit der es unter spezifizierten Umweltbedingungen seine Funktion für eine festgelegte Zeitspanne erfüllen wird. Sie wird oft auch *Überlebenswahrscheinlichkeit* genannt und mit dem Formelzeichen $R(t)$ bezeichnet, (herrührend vom englischen Wort reliability für Zuverlässigkeit [1, 2, 6]). Damit ist jetzt die Verbindung zu Gl. (A-1) hergestellt, die für $N_0 \to \infty$ die Definition einer Wahrscheinlichkeit über den Grenzwert der relativen Häufigkeit darstellt. Erfahrungsgemäß kommt die relative Häufigkeit für ausreichend große Zahlen N_0 der Wahrscheinlichkeit sehr nahe.

Statt bei einem Lebensdauerexperiment die Anzahl der überlebenden Elemente zu beobachten, kann man auch die Anzahl der ausgefallenen Elemente $N_Q(t)$ ermitteln. Das Verhältnis $N_Q(t)/N_0$ wird als *Ausfallsatz $A(t)$* bezeichnet:

$$A(t) = \frac{N_Q(t)}{N_0} . \qquad\qquad \text{(A-2a)}$$

Man kommt so bei genügend großem N_0 zur Definition der *Ausfallwahrscheinlichkeit* $Q(t)$, wie sie in Gl. (A-2) in ihrem Zusammenhang mit der Überlebenswahrscheinlichkeit gezeigt wird: Für genügend große N_0 ist die Ausfallwahrscheinlichkeit

$$Q(t) = \frac{N_Q(t)}{N_0} = \frac{N_0 - N_R(t)}{N_0} = 1 - R(t) \quad \text{für} \quad N_0 \to \infty . \tag{A-2}$$

Ein zweckmäßiges Maß für das Zuverlässigkeitsverhalten eines Elements ist seine *Ausfallrate* $\lambda(t)$. Sie ist definiert als der auf die Anzahl der überlebenden Elemente bezogene zeitliche Differentialquotient der Anzahl der ausfallenden Elemente:

$$\lambda(t) = \frac{1}{N_R(t)} \cdot \frac{dN_Q(t)}{dt} = \frac{1}{1 - Q(t)} \cdot \frac{dQ(t)}{dt} = -\frac{1}{R(t)} \cdot \frac{dR(t)}{dt} = -\frac{d \ln R(t)}{dt} . \tag{A-3}$$

Nach Gl. (A-3) beschreibt den Zusammenhang zwischen $R(t)$ und $\lambda(t)$ die Differentialgleichung

$$d \ln R(t) = - \lambda(t) \, dt .$$

Sie kann integriert werden und $R(t)$ erscheint dann in Form der Gl. (A-4)

$$R(t) = e^{-\int_0^t \lambda(t) \cdot dt} . \tag{A-4}$$

Neben der Definition von λ ist in Gl. (A-3) auch der Zusammenhang der Ausfallrate $\lambda(t)$ mit $R(t)$ und $Q(t)$ hergestellt. In der Wahrscheinlichkeitsrechnung, dem adäquaten mathematischen Hilfsmittel zur Beschreibung und Behandlung von Zuverlässigkeitsproblemen, wird

$$-\frac{dR(t)}{dt} = \frac{dQ(t)}{dt}$$

als *Ausfalldichte* $\Phi(t)$ bezeichnet. Die Ausfallrate kann daher auch als auf $R(t)$ bezogene Ausfalldichte aufgefaßt werden: $\lambda(t) = \Phi(t)/R(t)$.

Tatsächlich hat man es in (A-3), da die Zahle der Ausfälle N_0 die Reihe der ganzen Zahlen durchläuft, nicht mit dem Differentialquotienten $dN_Q(t)/dt$, sondern mit dem Differenzenquotienten $\Delta N_Q / \Delta t$ zu tun.

Wir geben 2 Beispiele:

1. Innerhalb des Betriebsbereichs möge $R(t) = N_R(t)/N_0$ von 1 aus linear abnehmen. Bei $t = 0$ sei $N_R(0) = N_0$, also $R(0) = 1$. Nach der Prüfzeit $\Delta t = t_p$ sind n Ausfälle gezählt. Dann ist $\Delta N_Q(t) = n$ und $\Delta N_Q(t)/\Delta t = n/t_p$.

Nach (A-3) nimmt dann $\lambda(t)$ entsprechend der linearen Abnahme von $N_R(t)$ mit

$$\lambda(t) = \frac{1}{N_R(t)} \cdot \frac{dN_Q(t)}{dt} = \frac{n}{N_R(t) \cdot t_p} \quad \text{zu.} \tag{A-3a}$$

Gleichung (A-3a) gibt einen Schätzwert, für den ein Vertrauensintervall [1, 2] angegeben werden muß, das von λ und N_0 abhängt.

2. Innerhalb des Betriebsbereichs möge $R(t) = N_R(t)/N_0$ von 1 aus mit der Zeit t exponentiell abnehmen, wobei $\lambda = \text{const}$ ist:

$$R(t) = e^{-\lambda t} \quad \text{oder} \quad \ln R(t) = - \lambda \cdot t .$$

Dann ist

$$\lambda = \frac{\ln N_0 - \ln N_R(t)}{t}.$$

(A-3b)

Nach dem Ansatz muß λ unabhängig von t sein.

Es sollen innerhalb der Prüfzeit t_p wie im Fall 1 n Ausfälle gezählt sein. Dann gilt

$$\ln R(t_p) = \ln \frac{N_R(t_p)}{N_0} = \ln \frac{N_0 - n}{N_0} = \ln \left(1 - \frac{n}{N_0} \right).$$

Da $n/N_0 \ll 1$, kann man den Logarithmus entwickeln:

$$\ln \left(1 - \frac{n}{N_0} \right) = - \frac{n}{N_0} - \frac{1}{2} \left(\frac{n}{N_0} \right)^2 - \frac{1}{3} \left(\frac{n}{N_0} \right)^3 - \dots ,$$

also

$$\lambda \cdot t_p = \frac{n}{N_0} + \frac{1}{2} \left(\frac{n}{N_0} \right)^2 + \frac{1}{3} \left(\frac{n}{N_0} \right)^3 + \dots$$

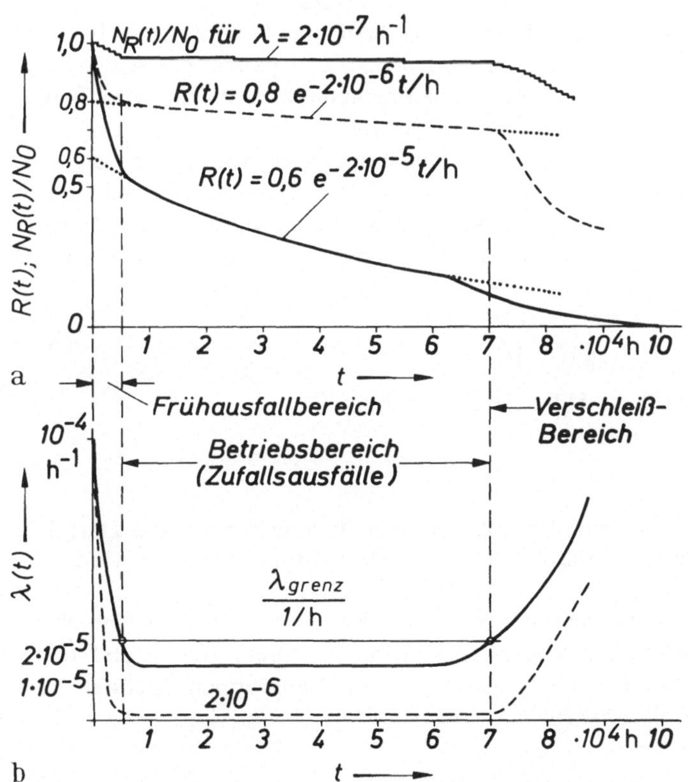

Bild A-1. a relativer Bestand $N_R(t)/N_0$ für $\lambda = 2 \cdot 10^{-7}$/h bzw. Zuverlässigkeit $R(t)$ als Funktion der Zeit t bei Ausfallraten $\lambda = 2 \cdot 10^{-5}$/h und $2 \cdot 10^{-6}$/h ($- - -$). In diesen Beispielen dauert die Betriebszeit mit Zufallsausfällen 8 Jahre (10^4 h = 1⅛ Jahr). **b** Die zu Bild A-1 a gehörigen „Badewannenkurven" stellen die Ausfallrate λ in Abhängigkeit von der Zeit t dar

und damit

$$\lambda \approx \frac{n}{N_0 \cdot t_{\mathrm{p}}} \quad \text{für} \quad \frac{n}{N_0} \ll 1 \,. \tag{A-3c}$$

Hinsichtlich des Vertrauensintervalls von Gl. (A-3c) gilt das unter 1. für Gl. (A-3a) Gesagte.

Der zeitliche Verlauf der Ausfallrate, wegen seiner charakteristischen Gestalt auch „Badewannenkurve" genannt, ist in Bild A-1b qualitativ dargestellt. An ihm wie auch am Verlauf der Zuverlässigkeit nach Bild A-1a fallen 3 Zeitspannen auf. Die erste Zeitspanne, charakterisiert durch eine starke Abnahme der Zuverlässigkeit, aber auch der Ausfallrate λ wird Frühausfallbereich genannt. Die zunächst hohe Ausfallrate ist durch Herstellungsmängel an bestimmten Elementen bedingt. Im Prüf- oder Probebetrieb sind diese Elemente den Anforderungen nicht gewachsen, sie werden ausgeschieden und ihre Zahl in den verbleibenden Elementen wird immer geringer, bis schließlich nur noch einwandfreie Vertreter übrig bleiben.

Zu diesem Zeitpunkt beginnt die eigentliche Brauchbarkeitsdauer der Elemente oder der Betriebsbereich. In Bild A-1b ist er durch die Zeitspanne mit nahezu konstanter Ausfallrate, entsprechend einer praktisch exponentiellen Abnahme der Zuverlässigkeit, ausgezeichnet. Man kann diesen Bereich als den Bereich der Zufallsausfälle bezeichnen. Sein Ende ist durch ein starkes Ansteigen der Ausfallrate gegeben, das durch Alterung z. B. nach dem Arrhenius-Gesetz oder z. B. durch Abnutzung der Elemente hervorgerufen wird. Diese Zeitspanne, die sich bei der Zuverlässigkeit in einer erneuten starken Abnahme bemerkbar macht, wird Spanne der Verschleißausfälle oder Verschleißbereich genannt.

Ein wichtiger statistischer Parameter bei der Behandlung von Zuverlässigkeitsproblemen ist die *mittlere Lebensdauer* t_{m} eines Elements. In der Wahrscheinlichkeitsrechnung würde diese Kenngröße als linearer Erwartungswert oder linearer Mittelwert bezeichnet werden. Die mittlere Lebensdauer t_{m} ist durch Gl. (A-5) definiert:

$$t_{\mathrm{m}} = \int_0^\infty t \cdot \Phi(t) \cdot \mathrm{d}t = - \int_0^\infty \left(t \cdot \frac{\mathrm{d}R}{\mathrm{d}t} \right) \mathrm{d}t \,. \tag{A-5}$$

Partielle Integration von Gl. (A-5) liefert das Ergebnis

$$t_{\mathrm{m}} = \int_0^\infty R(t) \cdot \mathrm{d}t \,. \tag{A-6}$$

Damit sind sämtliche im folgenden benötigten Begriffe eingeführt und erklärt. Für weiterführende Erörterungen muß auf das Spezialschrifttum verwiesen werden [1, 3, 4, 5, 7].

Unter den Elementen, von denen hier immer die Rede war, werden entsprechend dem Buchtitel die Bauelemente Widerstände, Kondensatoren, Spulen und Übertrager verstanden. Sie können aber ebenso gut von Baugruppen, Geräten oder ganzen Systemen dargestellt werden.

2. Zuverlässigkeitsanalyse und -synthese

Die Chance für eine erfolgreiche Funktion eines Produkts während der geplanten Betriebsdauer wächst mit der für diese Dauer gegebenen Zuverlässigkeit. Die

Grundlagen zur Ermittlung der Zuverlässigkeit von Anordnungen aus Elementen, deren Einzelzuverlässigkeit bekannt ist, sollen hier für die einfachsten Fälle entwickelt werden. Dem Ingenieur wird damit ein weiteres Qualitätsmerkmal zur Beurteilung eines Produktes in die Hand gegeben. Er bekommt andererseits im Sinne einer Synthese Hinweise darauf, wie er im Bedarfsfall ein zuverlässigeres Produkt erhalten kann.

Aus der Wahrscheinlichkeitsrechnung werden zwei Sätze benötigt, die hier ohne Beweis angegeben werden.

1. Der Multiplikationssatz, der besagt, daß die Wahrscheinlichkeit für ein Ereignis aus Und-Verknüpfungen bei statistischer Unabhängigkeit der Einzelereignisse gleich dem Produkt der Einzelwahrscheinlichkeiten ist.
2. Der Entwicklungssatz, der als Gleichung lautet:

$$R_{\mathrm{s}} = R(S\,|\,X)\,R_x + R(S\,|\,\bar{X})\,(1 - R_x). \tag{A-7}$$

Gleich auf Zuverlässigkeitsprobleme zugeschnitten, bedeuten R_{s} die Zuverlässigkeit des ganzen Systems, $R(S\,|\,X)$ die Zuverlässigkeit des Systems, wenn das Teilsystem X sicher in Funktion ist, $R(S\,|\,\bar{X})$ entsprechendes, wenn X sicher nicht funktioniert und R_x die Zuverlässigkeit von X.

Der erste Schritt bei der Zuverlässigkeitsanalyse ist die Übersetzung des gegebenen Schaltbildes in ein Zuverlässigkeitsdiagramm. Dies soll anhand des einfachen Beispiels von Bild A-2 erläutert werden, dem ein zu analysierendes Hochpaßfilter zugrunde gelegt wird (Bild A-2 a). Der Ausfall schon eines Betriebselementes hat bereits den Ausfall des ganzen Filters zur Folge. Das zugehörige Zuverlässigkeitsdiagramm ist dementsprechend eine Serienschaltung von „Schaltern", die im geschlossenen Zustand das Überleben und im geöffneten Zustand den Ausfall des jeweiligen Bauelements anzeigen (Bild A-2 b). Es wird vorausgesetzt, daß der Ausfall eines Bauelements das Ausfallverhalten der anderen nicht beeinflußt, daß also der Multiplikationssatz anwendbar ist. Die Zuverlässigkeit des Hochpaßfilters zur Zeit t ist dann

$$R_{\mathrm{HP}}(t) = R_{\mathrm{L1}}(t)\,R_{\mathrm{C}}(t)\,R_{\mathrm{L2}}(t)\,.$$

Ganz allgemein gilt für ein reines Seriensystem, also für ein System ohne Reserve (Redundanz) und unter den gemachten Voraussetzungen, wenn die Einzelzuverlässigkeit R_i heißt

$$R_{\mathrm{ges}}(t) = \prod_{i=1}^{N} R_i(t)\,. \tag{A-8}$$

Die meisten Anwender werden sich bei ihren Analysen für die Phase der Zufallsausfälle interessieren. In dieser Zeitspanne ist die Ausfallrate praktisch

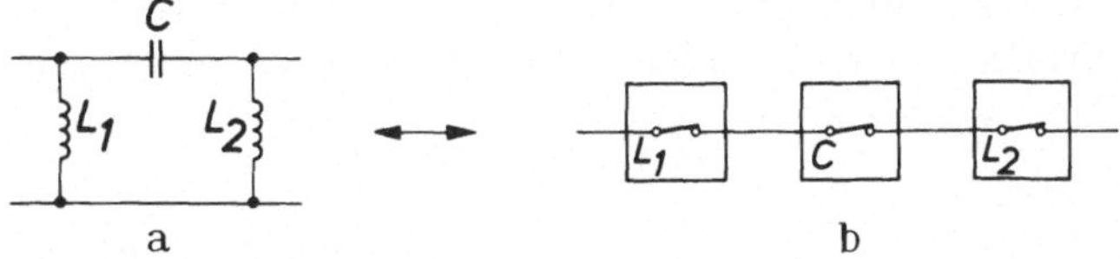

Bild A-2. Hochpaßfilter (**a**) und sein Zuverlässigkeits-Diagramm (**b**), Seriensystem

konstant und für die Zuverlässigkeit gilt entsprechend Gl. (A-5) eine Exponential-verteilung. Für diesen technisch wichtigen Sonderfall nimmt Gl. (A-8) die Form

$$R_{\text{ges}}(t) = \exp\left(-\sum_{i=1}^{N} \lambda_i\, t\right) \tag{A-9}$$

an. In diesem Fall ist auch die Berechnung der mittleren Lebensdauer besonders einfach. Für das Einzelelement folgt nach Gl. (A-6) für $R(t) = e^{-\lambda t}$

$$t_{\text{m},i} = \frac{1}{\lambda_i} \tag{A-10}$$

und für das Gesamtsystem

$$t_{\text{m,ges}} = \frac{1}{\sum\limits_{i=1}^{N} \lambda_i}. \tag{A-11}$$

Ist λ nicht konstant, so liegt eine andere als eine Exponentialverteilung vor. Man kann versuchen, die Verteilung z.B. durch die Weibull-Verteilung [9], die Normal-, die Binomial- oder die Stange-Verteilung [10, 11] anzunähern. Es ist aber zu bedenken: Bei zuverlässigen Bauelementen bedeutet eine Ausfallrate $\lambda = 2,10^{-7}$/h z. B. für eine Stückzahl $N_0 = 100$, daß die Linie für $N_R(t)/N_0$ innerhalb der Zeit von 8 Jahren durch keine Kurve sondern nur durch eine extrem flache Treppe darstellbar ist, deren horizontale Abschnitte an zwei Treppenstufen mit der Höhe 0,01 anschließen, s. Bild A-1. Es wäre nicht sinnvoll, diesen Verlauf durch irgend-eine Kurve nähern zu wollen. Sinnvoll ist aber die Definition einer Grenzausfall-rate, die nicht überschritten werden sollte (s. Bild A-1 b).

Die Treppenkurve in Bild A-1a ist ein Beispiel dafür, daß die Zahl N_0 zu klein gewählt wurde, was sich für die Praxis in einem sehr unsicheren Schätzwert für die Ausfallrate λ auswirkt. Eine verläßlichere Angabe für λ ist bei zu kleiner Prüf-zeit t_p nur durch Erhöhung von N_0 zu erreichen.

Stellt sich nach einer Zuverlässigkeitsanalyse heraus, daß die ermittelte Über-lebenswahrscheinlichkeit hinter den Erfordernissen zurückbleibt, so gibt es in der Regel 3 Verbesserungsmöglichkeiten im Sinne einer Synthese. Unter ihnen muß nach den Regeln technisch-wirtschaftlicher Vernunft ausgewählt und kombiniert werden. Auf zwei Möglichkeiten, nämlich zum einen der Einsatz zuverlässigerer Bauelemente [12], zum anderen die Entwicklung elektrisch gleichwertiger Schal-tungen mit weniger Bauelementen, braucht hier nicht eingegangen werden. Eine dritte Möglichkeit bietet sich mit dem Einbau von Redundanz, die sich bei reiner Redundanz im Zuverlässigkeitsdiagramm als ein Parallelsystem nach Bild A-3 dar-stellt. Im Folgenden ist neben statistischer Unabhängigkeit noch Redundanz vorausgesetzt ohne Umschaltelement und nur „heiße" Redundanz, d. h., die über-zähligen Elemente laufen unter gleichen Bedingungen mit. Da die Wahrscheinlich-keiten jetzt im Sinne einer Oder-Verknüpfung verbunden sind, gilt der Multipli-kationssatz nicht mehr für die Zuverlässigkeit, wohl aber für die Ausfallwahr-scheinlichkeit, denn zum Ausfall eines Parallelsystems kommt es nur, wenn Element 1 und 2 ... und i ... und N ausfällt.

Es gilt daher

$$Q_{\text{ges}}(t) = \prod_{i=1}^{N} Q_i(t), \tag{A-12}$$

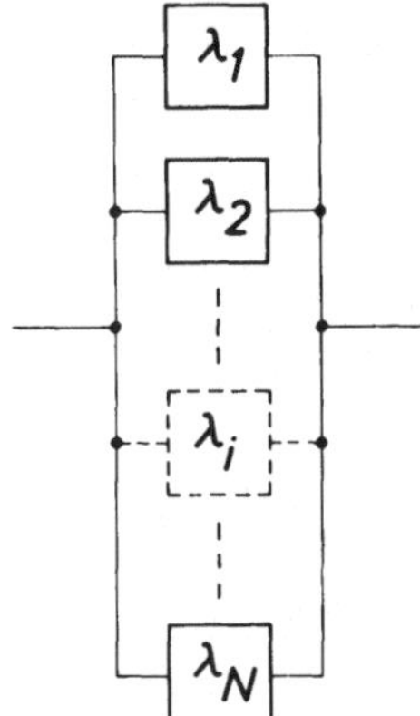

Bild A-3. Zuverlässigkeitsdiagramm bei Redundanz, Parallelsystem

was mit Hilfe von Gl. (A-2) allerdings sofort auf die Überlebenswahrscheinlichkeit umgerechnet werden kann:

$$R_{\text{ges}}(t) = 1 - \prod_{i=1}^{N} (1 - R_i(t)). \tag{A-13}$$

Die Analyse von in Serie geschalteten Parallelsystemen oder parallel geschalteten Seriensystemen im Zuverlässigkeitsdiagramm ist jetzt mit den Grundformeln Gl. (A-8) und Gl. (A-13) leicht möglich. Schwieriger ist die Analyse von Teilredundanzen, wenn nämlich aus N parallelen Systemen mindestens n Systeme ($n < N$) für eine erfolgreiche Funktion notwendig sind, und die Analyse von vermaschten Netzen im Zuverläsigkeitsdiagramm. In diesen Fällen wird der eventuell mehrfach anzuwendende Entwicklungssatz sehr nützlich. Als einfaches Anwendungsbeispiel wird eine Teilredundanz 2 aus 3, gebildet mit den Elementen A, B und C, berechnet. Es werde willkürlich nach dem Element A entwickelt, dann gilt nach Gl. (A-7)

$$R_{\text{ges}} = (R_{\text{B}} + R_{\text{C}} - R_{\text{B}} R_{\text{C}}) \cdot R_{\text{A}} + R_{\text{B}} R_{\text{C}} (1 - R_{\text{A}})$$
$$= R_{\text{A}} R_{\text{B}} + R_{\text{A}} R_{\text{C}} + R_{\text{B}} R_{\text{C}} - 2 R_{\text{A}} R_{\text{B}} R_{\text{C}} .$$

Ein Anwendungsbeispiel für eine solche Teilredundanz ist die Parallelschaltung von drei gleichartigen Sendeverstärkern zur Erzielung einer Gesamtverstärkung, die der einzelne Verstärker nicht erreicht, wobei einer der drei redundant ist.

3. Ermittlung von Zuverlässigkeitsparametern

In den vorangegangenen Abschnitten wurde unter anderem gezeigt, daß bestimmte Parameter bekannt sein müssen, um Zuverlässigkeitsangaben machen zu können. Mit der wichtigste Parameter ist die Ausfallrate λ. Um zu praktischen Daten zu kommen, gibt es keinen anderen Weg als den über zeit- und kostenintensive Tests in Form von Prüf- und Probebetrieb. Solche Tests werden von Herstellern, Verbrauchern und Behörden durchgeführt und dokumentiert. Nur in seltenen Fällen werden dabei die Testbedingungen mit den späteren Einsatzbedingungen

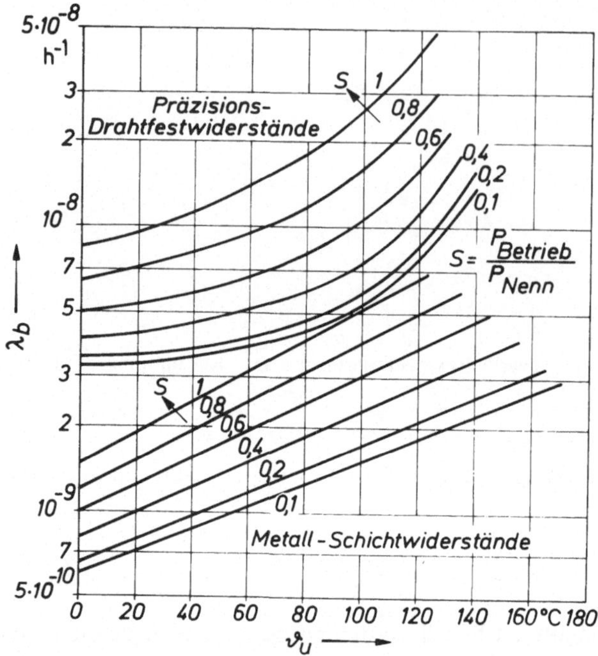

Bild A-4. Grundausfallraten λ_b abhängig von der Umgebungstemperatur ϑ_u bei verschiedenen Lastverhältnissen S nach MIL-HDBK-217 C für Präzisions-Drahtfestwiderstände (Tabelle 2.5.4-4) und Metall-Schichtwiderstände (Tabelle 2.5.2-5)

übereinstimmen. Im allgemeinen wird deshalb nur die sogenannte Grundausfallrate λ_b angegeben, die in einer Standard-Umgebung als Funktion der Umgebungstemperatur und bei dem Belastungsverhältnis, dem Quotienten aus Betriebs- und Nennbelastung, ermittelt wird. Das Ergebnis wird dann wie in Bild A-4 dargestellt. Die speziellen Einsatzbedingungen werden durch Multiplikatoren und Beiwerte, die aus langjährigen Erfahrungen gewonnen werden, berücksichtigt. Für einen Widerstand z. B. gewinnt man die Ausfallrate λ nach Gl. (A-14)

$$\lambda = \lambda_b \cdot \prod_E \cdot \prod_R + K_E .$$

(A-14)

$\prod_E$ ist ein Einsatzmultiplikator, der berücksichtigen soll, ob der Widerstand in einem stationären, tragbaren oder fahrbaren Gerät eingesetzt werden soll. Es hat sich gezeigt, daß solche Einflüsse sich nicht nur multiplikativ auswirken, sondern daß noch ein additiver Term, der sogenannte Einsatzbeiwert K_E hinzugefügt werden muß. Unterschiede im Widerstandswert werden durch den Widerstandsmultiplikator $\prod_R$ erfaßt. Ganz ähnliche Überlegungen gelten für andere Bauelemente. Für ausführliche Darstellungen, insbesondere zur Erlangung von Daten, wird wieder auf die Spezialliteratur hingewiesen [1, 2, 6, 13].

Literatur

Kapitel 1. Widerstände und ihre Werkstoffe

1. Koch, K. M.; Reinbach, R.: Einführung in die Physik der Leitwerkstoffe. Wien 1960, S. 24−26
2. Meinke, H.; Gundlach, F. W. (Hrsg.): Taschenbuch der Hochfrequenztechnik. 2. Aufl. Berlin, Göttingen, Heidelberg: Springer 1962 (3. Aufl. 1968)
3. Hoffmeister, G.: Elektrotechnische Widerstände. Tafeln. Leipzig 1952, Tafel XVII a
4. Gercke, P.: Lichtempfindliche Bauelemente für die Automatisierung. Hamburg 1960, S. 81−112
5. Zinke, O.; Brunswig, H.: Hochfrequenz-Meßtechnik. 3. Aufl. Stuttgart: Hirzel 1959, S. 88−92
6. Henninger, P.: Bauelemente der Fernmeldetechnik. In: Hütte, des Ingenieurs Taschenbuch. 28. Aufl., Bd. 4 b. Berlin, München: Ernst & Sohn 1962, 353−357
7. Simonyi, K.: Theoretische Elektrotechnik. Berlin 1956, S. 276−301
8. Küpfmüller, K.: Einführung in die Theoretische Elektrotechnik. 10. Aufl. Berlin, Heidelberg, New York: Springer 1973, S. 304−308
9. Rint, C.: Handbuch für Hochfrequenz- und Elektrotechniker, Bd. 3. Berlin-Borsigwalde 1954
10. Emde, F.; Jahnke, E.: Funktionentafeln mit Formeln und Kurven. 2. Aufl. Leipzig, Berlin 1933
11. Rehwald, W.: Elementare Einführung in die Bessel-, Neumann- und Hankelfunktionen. In: Mathematische Funktionen in Physik und Technik. Stuttgart 1959
12. v. Laue, M.: Theorie der Supraleitung. Berlin 1949
13. Kleen, W.: Rauschprobleme der Nachrichtentechnik. Elektrotechn. Z., Ausg. A 76 (1955) 209−213
14. v. Weiss, A.: Übersicht über die theoretische Elektrotechnik, Teil 1: Die physikalisch-mathematischen Grundlagen. 3. Aufl. Braunschweig: Winter 1965 S. 353−355
15. Doering, K. E.: Das Stromrauschen von Kohlenschichtwiderständen. Funk Ton 8 (1954) 378−385, 422−429
16. Valvo: Technische Information für die Industrie. Heft 7 K. E. Spannungsstabilisierung mit spannungsabhängigen Widerständen
17. Landolt-Börnstein: Zahlenwerte und Funktionen. 6. Aufl. Bd. II, Teil 6. Berlin, Göttingen, Heidelberg: Springer 1959
18. Busch, H.: Über die Erwärmung von Drähten in verdünnten Gasen durch den elektrischen Strom. Ann. Phys. 64 (1921) 401−450
19. Meissner, W.; Ochsenfeld, R.: Naturwiss. 21 (1933) 787
20. Nyquist, H.: Thermal agitation of electric charge in conductors. Phys. Rev. 32 (1928) 110−113
21. Johnson, J. B.: Thermal agitation of electricity in conductors. Phys. Rev. 32 (1928) 97−109
22. Gröber; Erk; Grigull: Die Grundgesetze der Wärmeübertragung. 3. Aufl. 3. bericht. Neudruck. Berlin, Göttingen, Heidelberg: Springer 1963
23. Wellard, C. L.: Resistance and resistors. New York, Toronto, London 1960, S. 91−95

24. Hofmann, S.; Mosel, H.; Pouplier, L.; Schmidt, S.: Das Magnetfeld von massiven und hohlen Rechteckleitern bei Gleichstrom und niedrigen Frequenzen. Elektrotechn. Z. Ausg. A. 84 (1963) 560−567

25. Becker, R.: Das Magnetfeld von Doppelleitungen mit rundem Querschnitt bei Gleichstrom und tiefen Frequenzen. Elektrotechn. Z. Ausg. A 84 (1963) 692−695

26. Zinke, O.; Brunswig, H.: Lehrbuch der Hochfrequenztechnik 2. Aufl. Bd. 1. Berlin, Heidelberg, New York: Springer 1973, Kap. 2

27. Potma, T.: Dehnungsmeßstreifen-Meßtechnik. Philips 1968

28. Hoffmann, K.: Grundlagen der Dehnungsmeßstreifen-Technik. VD 72 001 (1973), VD 73 002 (1973), VD 73 004 (1973), VD 76 005 (1976), VD 78 001 (1978). Hottinger Baldwin Meßtechnik GmbH

29. Rohrbach, Chr.: Handbuch für elektrisches Messen mechanischer Größen. Düsseldorf: VDI-Verlag, 1967

30. Siemens AG: Kaltleiter, Datenbuch 1980/81

31. Philips GmbH: Valvo-Handbuch, Temperaturabhängige Widerstände, Kaltleiter 1980, Unternehmensbereich Bauelemente, Hamburg

32. Heywang, W.: Bariumtitanat als Sperrschicht-Halbleiter. Solid-State Electron. 3 (1961) 51−58

33. Philips GmbH: Valvo-Handbuch, Heißleiter 1980. Unternehmensbereich Bauelemente, Hamburg

34. Siemens AG: Heißleiter, Datenbuch 1980/81. Bereich Bauelemente, München

35. Standard Elektrik Lorenz AG: Thermistoren, Varistoren 1979/80. ITT Bauelemente Gruppe, Nürnberg

36. Lieneweg, F.: Handbuch der Technischen Temperaturmessung. Braunschweig 1976

37. Physikalisch-Technische Bundesanstalt; VDI-Bildungswerk: Handbuch Technische Temperaturmessung. Braunschweig 1978

38. Weichert, L.: Temperaturmessung in der Technik. 3. Aufl. (Kontakt und Studium 9). Grafenau: Expert-Verlag 1981

39. Mester, U.: Industrielle Strahlungspyrometer-Ausführungsformen und Einsatzmöglichkeiten. In: VDI-Berichte Nr. 198. Düsseldorf: VDI-Verlag 1973

40. Siemens AG: Bauelemente, 1981, Bereich Bauelemente, München

41. Siemens-Datenbuch SIOV Metalloxyd-Varistoren. Bereich Bauelemente. München 1978/79

42. Valvo-Handbuch. Spannungsabhängige Widerstände, Varistoren. Unternehmensbereich Bauelemente der Philips GmbH, Hamburg 1978

43. Siemens-Datenbuch Edelgasgefüllte Überspannungsableiter, Metalloxid-Varistoren SIOV, Lieferprogramm. München 1980/81

44. London, F.: Superfluids, Vol. 1: Macroscopic theory of superconductivity. New York 1950

45. de Gennes, P. G.: Superconductivity of metals and alloys. New York 1966

46. Buckel, W.: Supraleitung: Grundlagen und Anwendungen. 2. Aufl. Weinheim: Physik-Verlag 1977

47. Jutzi, W.: (a) Digitale Schaltungen mit Josephson-Kontakten. Lehrgang Supraleitungstechnik, VDI Bildungswerk; (b) (mit Mohr, Th., et al.) Josephson junctions with 1 μm dimensions and with picosecond switching times. Electron. Lett. 8 (1972) 589

48. Williams, I. E. C.: Superconductivity and its applications. London 1970

49. Matisoo, J.: The superconductivity computer. Sci. Am., May 1980

50. Tafel, H. J., et al.: Passive Bauelemente der Nachrichtentechnik (Vorlesung a. d. TH, Aachen 1969), S. 7, Abb. 1.10

51. Steidle, H. G.: Magnetisch steuerbare Halbleiterwiderstände Siemens-Z. 45 (1971) 607−613, 681−686; Siemens-Datenbuch, Magnetfeldabhängige Halbleiter 1976/77

52. Nögel, O.: Klirren, Rauschen und Spannungskoeffizient von Schichtwiderständen. Radio Mentor Electronic (1970) 57−70

53. Lund, P.: Zuverlässigkeitsuntersuchungen an Bauelementen durch Nichtlinearitätsmessungen. Radio Mentor Electronic (1967) 179−181, 263−265

54. Kirby, P. L.: Nichtlinearitätsmessungen bei der Auslese von Widerständen. Elektronik (1967) 374−376

55. Lörcher, O.: Vollausfall und Driftverhalten von einigen passiven Bauelementen. Technische Zuverlässigkeit, H. 9 u. 10 (1967). München: Oldenbourg

56. Lüder, E.: Bau hybrider Mikroschaltungen. (Nachrichtentechnik, Bd. 3.) Berlin, Heidelberg, New York: Springer 1977

57. Matthias, B. T.; Geballe, T. H.; Compton, V. B.: Superconductivity. Rev. Mod. Phys. 35 (1963) 1

Kapitel 2. Kondensatoren und Isolierstoffe (dielektrische Werkstoffe)

1. Henninger, P.: Bauelemente der Fernmeldetechnik. In: Hütte, des Ingenieurs Taschenbuch. 28.Aufl., Bd. 4 b: Fernmeldetechnik. Berlin, München: Ernst & Sohn 1962, S. 330–333

2. Kessler, A.; Vlcek, A.; Zinke, O.: Methoden zur Bestimmung von Kapazitäten unter besonderer Berücksichtigung der Teilflächenmethode. Arch. elektr. Übertr. 16 (1962) 365–380

3. Cavendish, H.: Electrical research. Cambridge 1879, S. 394, 396, 424

4. Rogowski, W.: Die elektrische Festigkeit am Rande des Plattenkondensators. Arch. Elektrotech. 12 (1923) 1–15

5. Wittwer, W.: Über scharfe Kanten in der Hochspannungstechnik. Arch. Elektrotech. 18 (1927) 81–111

6. Helmholtz, H.: Über diskontinuierliche Flüssigkeitsbewegungen. Mber. Akad. Wiss. (1868) 215–228

7. Maxwell, J. C.: A treatise on electricity and magnetism. Bd. 1, 3. Aufl. Oxford 1904, S. 202–206

8. Kirchhoff, G.: Gesammelte Abhandlungen. Leipzig 1882, S. 101–113

9. Oberhettinger, F.; Magnus, W.: Anwendung der elliptischen Funktionen in Physik und Technik. (Grundlehren der mathematischen Wissenschaften, Bd. 55.) Berlin, Göttingen, Heidelberg: Springer 1949, S. 53

10. Debye, P.: Einige Resultate einer kinetischen Theorie der Isolatoren. Phys. Z. 13 (1912) 97–100. – Polare Molekeln. Leipzig 1929

11. Ollendorff, F.: Die Grundlagen der Hochfrequenztechnik. Berlin 1926. S. 45–54

12. Rehwald, W.: Elementare Einführung in die Bessel-, Neumann- und Hankelfunktionen. Stuttgart 1959, S. 9

13. Lindquist, C. S.: Capacitor DF and Q. IEEE Trans. Components, hybrids, and manufacturing technology (CHMT-1) 1 (1978) 115–117

14. Hagedorn, H.: Berechnung der Verlustleistung von Kondensatoren bei Belastung mit nicht sinusförmigen Wechselspannungen. Frequenz 19 (1965) 370–373

15. Smyth, C. P.: Dielectric behavior and structure. New York 1955

16. Holzmüller, W.; Altenburg, K.: Physik der Kunststoffe. Berlin 1961, S. 487–559

17. Cole, K. S.; Cole, R. H.: Dispersion and absorption in dielectrics. J. Chem. Phys. 9 (1941) 341–351

18. Langevin, M. P.: Sur la théorie du magnétisme. J. Phys. (Paris) 4 (1905) 678–693. – Magnétisme et théorie des électrons. Ann. Chim. Phys. 5 (1905) 70–127

19. Natterer, K.: Einige Beobachtungen über den Durchgang der Elektrizität durch Gase und Dämpfe. Ann. Phys. (Leipzig) 38 (1889) 663–672

20. Joliot, F.; Feldenkrais, M.; Lazard, A.: Emploi du tetrachlorure de carbone pour l'élévation de la tension des générateurs électrostatiques du type Van de Graaf. C. R. Acad. Sci. (Paris) 202 (1936) 291–292

21. Kusko, A.: A study of the electrical behavior of gase at high pressures. Electrical Engineering Doctorate Thesis. Inst. of Technology, Massachusetts, 1951

22. Paschen, F.: Über die zum Funkenübergang in Luft, Wasserstoff und Kohlensäure bei verschiedenen Drucken erforderliche Potentialdifferenz. Ann. Phys. (Leipzig) 37 (1889) 69–96

23. Camilli, G.; Liao, T. W.; Plump, R. E.: Dielectric behavior of some fluorgases and their mixtures with nitrogen. Electr. Eng. (Am. Inst. Electr. Eng.) 74 (1955) 580–584

24. Trump, J. G.; van de Graff, R. J.: The insulation of high voltages in vacuum. J. Appl. Phys. 18 (1947) 327–332

25. Gänger, B.: Der elektrische Durchschlag von Gasen. Berlin, Göttingen, Heidelberg: Springer 1953, S. 302

26. Roth, A.: Hochspannungstechnik. 4. Aufl. Wien 1959, S. 151–190

27. Piper, J. D.: Liquid dielectrics. In: Dielectric materials and applications (Hrsg.: A. von Hippel). New York 1954, S. 156–168

28. Lichtenecker, K.: Dielektrizitätskonstante natürlicher und künstlicher Mischkörper. Phys. Z. 27 (1926) 115–158

29. Zinke, O.: Hochfrequenz-Meßverfahren. In: Handbuch für Hochfrequenz- und Elektrotechniker (Hrsg.: C. Rint), Bd. 3. Berlin-Borsigwalde 1954, S. 652–655

30. Whit, A. H.; Morgan, S. O.: The dielectric properties of chlorinated diphenyls. J. Franklin Inst. 216 (1933) 635–644

31. Stephan, M. J.; Straley, J. P.: Physics of liquid crystals. Rev. Mod. Phys. 46 (1974) 617–704

32. De Gennes, P. G.: The Physics of liquid crystals. London: Oxford Univ. Press 1974

33. Heywang, H., Preissinger, H.: MP-Impulskondensatoren mit kleiner Selbstinduktivität. Siemens-Z. 38 (1964) 376–380

34. Heywang, H.; Preissinger, H.: Zählung selbstheilender Durchschläge in Metallpapier-Kondensatoren. Siemens-Z. 35 (1961) 493–499

35. Standard Elektrik Lorenz AG: Starkstrom-Kondensatoren. Nürnberg 1980/81

36. Kinney, G. F.: Eigenschaften und Anwendungen von Kunststoffen. Stuttgart 1961

37. Saechtling, H.; Zebrowski, W.: Kunststofftaschenbuch. München 1959

38. Kalle-Folien: Datenblatt Acetat-Folie. Kalle AG, Wiesbaden-Biebrich

39. Schill, H.: Neue Entwicklungen an Dünnschichtenkondensatoren. Nachrichtentech. Z. 15 (1962) 549–553

40. Siemens AG: Metallisierte Kunststoffolien-Kondensatoren. München 1978/79

41. BASF AG: BASF-Kunststoffe. 5. Aufl. Ludwigshafen

42. Huebner, J. H.: Das Temperaturverhalten von Styroflex-Kondensatoren. Frequenz 22 (1968) 343–348

43. Huebner, J. H.: Ursachen der Rißbildungserscheinungen im Styroflex-Kondensator. Frequenz 27 (1973) 255–256

44. Bruestle, W.: Das Verhalten von Styroflex-Kondensatoren bei erweitertem Temperaturbereich und schockartigen Temperaturwechseln. Bauteile Report 12 (1974) 127–130

45. Herdieckerhoff, U.: Styroflex-Kondensatoren: Aufgleichsspektrum. Siemens-Bauteile-Informationen 7(1969) 57

46. Zwiesler, W.: Zeitliche Konstanz der Kapazität von Styroflex-Zwillingskondensatoren. Siemens-Z. 45 (1971) 430–435

47. Zwiesler, W.: Der Isolationswiderstand von Styroflex-Kondensatoren. Siemens-Bauteile-Informationen 10 (1972) 89–92

48. Farbwerke Hoechst AG: Kunststoffe Hoechst, Hostalen PP. Frankfurt-Hoechst

49. Kalle AG: Kalle-Folien für die Elektroindustrie: Datenblatt Trespaphan. Wiesbaden-Biebrich

50. Robertson, T.: The properties of polypropylene and their influence on the behaviour of polypropylene capacitors. Electron. Components (1972) 948–953

51. Rheindorf, H. H.: MKV-Kommutierungs-Kondensatoren. Bauteile Report 16 (1978) 121–124

52. Rheindorf, H. H.: MKV-Kondensatoren. Radio Mentor (1972) 545–547

53. Rheindorf, H. H.: MKV-Kondensatoren. Siemens-Bauteile-Informationen 10 (1972) 18–21

54. Puetz, J.: Polypropylenkondensatoren in Impulsschaltungen. Elektronik-Anz. 9 (1977) 29–32

55. Siemens AG: Metallisierte Kunststoff-Kondensatoren. München 1978/79
56. Röderstein GmbH: Folien-Kondensatoren. Landshut 1980/81
57. Kalle AG: Kalle-Folien für die Elektroindustrie: Datenblatt Hostalen. Wiesbaden-Biebrich
58. Farbwerke Hoechst AG: Kunststoffe Hoechst, Hostadur. Frankfurt-Hoechst
59. Finger, B.; Kessler, H.: Aufbau und Vorteile von MKH-Schichtkondensatoren. Bauteile Report 15 (1977) 34–37
60. Gottlob, H.: Isolationswiderstand von MKH-Hochspannungskondensatoren, abhängig von Spannung und Temperatur. Siemens-Bauteile-Informationen 10 (1972) 114–116
61. Hagedorn, H.: Ein Nomogramm zum Bestimmen thermisch bedingter Einsatzgrenzen von Kondensatoren
62. Fuchshuber, K. H.: Impulsbelastbarkeit metallisierter Kunststoffkondensatoren. Int. Elektron. Rundsch. 7 (1974) 139–142
63. Gottlob, H.; Kessler, H.: Impulsbelastbarkeit von metallisierten Kunststoffolien-Kondensatoren. Siemens-Bauteile-Informationen 8 (1970) 66–69
64. Farbwerke Bayer AG: Makrolon-Merkmale auf einen Blick. Leverkusen 1979
65. Andelson, L.; Rice, H. L.: Polycarbonate-foil capacitors. Sprague Tech. Paper No 63–5 (1963)
66. Behn, R.: Selbstheilende Schichtkondensatoren aus metallisiertem Polycarbonat. Siemens-Bauteile-Informationen 6 (1968) 120–122
67. Du Pont de Nemours International SA: Journal of Teflon, Genf (1964–1972)
68. Farbwerke Hoechst AG: Kunststoffe Hoechst, „Hostaflon TF". Frankfurt-Hoechst 1969
69. Du Pont de Nemours International SA: „Teflon-Fluorkunststoffe". Journal of Teflon, Genf (1964–1972)
70. Du Pont de Nemours International SA: „Du Pont Tefzel", Fluorkunststoff, Genf
71. Kabelwerke Reinshagen GmbH: Verdrahtungstechnik. Wuppertal
72. Anonym: Telephon-Wandler mit piezoelektrischer Polymer-Folie. Elektrisches Nachrichtenwesen 52 (1977) 359–362
73. Saure, M.: Kunststoffe in der Elektrotechnik. Berlin, Frankfurt: AEG-Telefunken 1979, S. 165–166
74. Batleman, H. L.: A high-performance PCB-Substrate. Union Carbide Corp., Bound Brook, N.J., USA 1980
75. Union Carbide Deutschland GmbH: Polysulfon. Düsseldorf
76. ICI-Plastic Division: Polyethersulphone. Welwyn Garden City, Hertfordshire, England 1972
77. Wacker Chemie GmbH: Wacker-Silicone, Öle, Pasten, Schmiermittel, Antischaummittel, Imprägniermittel, Kautschuk. München 1973
78. Wacker Chemie GmbH: Siliconkautschuk. München 1974/75
79. Krempel: Kapton-Isolierfolien. Stuttgart 1 1980
80. ASEA: ASEA-Polyimid. Västerås, Schweden 1978
81. DIN 40 685 Bl. 1/VDE 0335 Teil 1: Bestimmungen für keramische Isolierstoffe, Einteilung, Anforderungen, Typen, 1974
82. DIN 40 685 Bl. 2/VDE 0335 Teil 2: Bestimmungen für keramische Isolierstoffe, Prüfverfahren, 1974
83. Draloric Electronic GmbH: Keramik-Kondensatoren. Selb 1979
84. Resista GmbH: Keramik-Kondensatoren für die professionelle Technik. Landshut 1980/81
85. Yate, W.: Chip components. Electronic Products Magazine (1980) 47–53
86. Loebl, H.; Wenkowitsch, V.: Aufbau und Eigenschaften keramischer Stapelkondensatoren. Siemens-Bauteile-Informationen 5 (1967) 124–126
87. Liebetanz, C.; Loebl, H.: Neue Entwicklungen bei keramischen Filterkondensatoren. Bauteile Report 11 (1973) 85–88
88. Rutt, T. C.; Stynes, J. A.: Fabrication of multilayer ceramic capacitors by metal impregnation. IEEE Trans. Parts, Hybrids, and Packaging (PHP-9) 9, No 3 (1973) 144–147
89. Valasek, J.: Piezo-electric and allied phenomena in rochelle salt. Phys. Rev. 17 (1921) 475–481

90. Wainer, F.; Salomon, A. N.: Titanium Alloy Manufacturing Co. Electr. Rep. 8 (1942), 9 (1943) und 10 (1943)

91. Jonker, G. H.; van Santen, J. H.: Seignette-Elektrizität bei Titanaten. Philips Tech. Rundsch. 11 (1949) 176−185

92. Merz, W. J.: The electrical and optical behavior of $BaTiO_3$single-domain crystals. Phys. Rev. 76 (1949) 1221−1225

93. Drexler, O.; Ritscher, B.: Keramische Kondensatorwerkstoffe mit hoher Dielektrizitätskonstante. Valvo Ber. 7 (1961) 105−130

94. Verband der Keramischen Industrie, Fachgruppe Technische Keramik: Technische Keramik; Werkstoff der Zukunft. Selb 1979

95. Buehling, D.: Alterungsverhalten von Keramik-Kondensatoren mit ferroelektrischem Dielektrikum. Hermsdorfer Tech. Mitt. (1968) 796−800

96. Noegel, O.; Malterer, W.: Spannungsabhängigkeit von Keramikkondensatoren. Radio Mentor Electronic 46 (1980) 316−323

97. Siemens AG: Keramik-Kondensatoren. München 1980/81

98. Knittel, Ch.: Einführung in die Festkörperphysik. München: Oldenbourg. 1976

99. Loebl, H.; Schmickl, H.: Sibatit 50 000: Ein neuer Werkstoff für keramische Kondensatoren. Bauteile Report 12 (1974) 6−9

100. Brauer, H.: Korngrenzsperrschichten in $BaTiO_3$-Keramik mit hoher effektiver Dielektrizitätskonstante. Z. Angew. Physik 29 (1970) 282−287

101. Malterer, W.; Noegel, O.: Ein keramischer Sperrschichtkondensator. Elektronik Information 4 (1976)

102. Felten & Guilleaume Dielektrika AG: Firmenunterlagen, Merkblätter (1956−1958)

103. Espe, W.: Werkstoffe der Elektrotechnik in Tabellen und Diagrammen. Berlin 1954, S. 24.1

104. VDE 0332 (11.68) und VDE 0332a (9.71): Bestimmungen für Glimmererzeugnisse

105. Jahre GmbH: Glimmer-Kleinkondensatoren. Berlin 1978

106. Zinke, O.; Brunswig, H.: Lehrbuch der Hochfrequenztechnik. 2. Aufl., Bd. 1. Berlin, Heidelberg, New York: Springer 1973, Kap. 1

107. Rasch, E.; Hinrichsen, F. W.: Über eine Beziehung zwischen elektrischer Leitfähigkeit und Temperatur. Z. Elektrochem. 14 (1908) 41−46

108. Steyskal, H.: Arbeitsverfahren und Stoffkunde der Hochvakuumtechnik, Technologie der Elektronenröhren. Mosbach 1955

109. Mönch, G. C.: Neues und Bewährtes aus der Hochvakuumtechnik. Berlin 1961

110. Glaswerke Schott & Genossen, Mainz: Technische Gläser Nr. 9002 d

111. Smyth, D. M.; Shirn, G. A.: Conduction and stoichiometry in heat-treated anodic oxide films. J. Electrochem. Soc. 115 (1968)

112. Fritze, F.: Vierpol-Aluminium-Elektrolytkondensatoren. Bauteile Report 14 (1976) 79−82

113. Webinger, R.: Für hohe Beanspruchung. Elektrotechnik 57 (1975) 10−13

114. Geissler, E. C.: Aluminium electrolytic capacitor circuit design analysis for power supply input filter applications. Sprague Electric Company Tech. Paper TP 76-1 (1976)

115. Thiesbürger, K. H.: Der Elektrolytkondensator. Frako GmbH, Teningen 1971

116. Siemens AG: Aluminium-Elektrolytkondensatoren. München 1980

117. Roederstein & Türk KG: Aluminium-Elektrolytkondensatoren. Kirchzarten 1980

118. Frako GmbH: Elektrolytkondensatoren. Teningen 1980

119. Sprague GmbH: Aluminium-Elektrolytkondensatoren. Genf 1980

120. Valvo GmbH: Elektrolytkondensatoren. Hamburg 1978

121. Dale-Lace, J. D.: Characteristics of high grade electrolytic capacitors. Electron. Components (1973) 166−169

122. Hannibal, W. D.; Rixen, R.: Aluminium für Kondensatoren. Elektrotech. Z. 101 (1980) 404−405

123. Degenhart, V.: Die Ätzstruktur der Anodenfolie und ihr Einfluß auf den Scheinwiderstand von Al-Kleinelektrolyt-Kondensatoren im Tonfrequenzgebiet. Elektronik-J. 8 (1973)

124. Mennerich, W.; Kampczyk, W.: Über das Frequenzverhalten des Elektrolyt-Kondensators in breitem Frequenz- und Temperaturbereich. Siemens-Z. 30 (1956) 449−456

125. Thiesbürger, K. H.: Die Erweiterung des Betriebstemperatur-Bereiches bei Elektrolytkondensatoren. Elektrotech. Z., Ausg. B 21 (1969) 59−62

126. Effenberger, E.: Beitrag zum „W-G Kapazitätsverhalten" von Aluminium-Elektrolyt-Kondensatoren. Elektronikpraxis 12 (1969)

127. Möbius, P.: Der Elektrolytkondensator als Speicherkapazität. Radio Mentor 38 (1972) 169−170

128. McManus, R. P.: Aluminium electrolytic capacitors. Sprague Electronic Company Tech. Paper 72-2A (1972)

129. Helwig, G.; Baur, O.: Bestimmung der Wärmeübergangszahl s von Al-Kondensatorbechern für Leistungselkos. Elektronik Anzeiger 12 (1980) 15−23

130. Schultz, H.: Einsatz von Aluminium-Elektrolyt-Kondensatoren in Impulsschaltungen. Elektronik Praxis 8 (1973)

131. Macomber, L. L.: Computer thermal resistance: The key to computer-grade capacitor ripple. Electronic Design 12 (1979) 80−83

132. Holladay, A. M.: Guidelines for the selection and application of tantalum electrolytic capacitors in highly reliable equipment. NASA TMX-64 755 (1978)

133. Holladay, A. M.: All-tantalum wet slug capacitor overcomes catastrophic failure. Electronics 51 (1978) 105−108

134. Wolschek, H.: Tantal-Elektrolytkondensatoren mit Sinteranoden und flüssigen und pastösen Elektrolyten. Siemens Bauteile-Informationen 6 (1968) 90−92

135. Moynihan, J. D.: Tantalum-cased tantalum electrolytic capacitors. Sprague Electric Company Tech. Paper 76-4 (1976)

136. England, W. F.: Tantalum-cased wet-slug tantalum capacitors. Sprague Electric Company Tech. Paper 77-4 (1977)

137. Allison, W. M.; Bubriski, S. W.; Hazzard, H. D.; Millard, R. J.: Symposium on tantalum capacitors. IRE Trans. Component Parts (1960) 88−105

138. Deneke, W. H.: Welcher Elektrolytkondensator für welchen Einsatzfall? Ind.- Elektrik + Elektronik 24 (1979) 567−572

139. Deneke, W. H.: Hermetisch dichte Nur-Tantalkondensatoren. Elektronik-Anz. 12 (1980) 15−17

140. Starck, H. C.: Datenblätter für Tantalpulver. Berlin, Goslar (1974 und 1975)

141. Ackmann, W.: Eigenschaften und Verhalten des Tantal-Kondensators mit festem Elektrolyten. Nachrichtentech. Z. 13 (1960) 261−265

142. McLean, D. A.; Power, F. S.: Tantalum solid electrolytic capacitors. Proc. IRE 44 (1956) 872−878

143. Mosebach, W.: Tantalkondensatoren mit Sinteranode und festem Elektrolyten. Elektron. Rundsch. 14 (1960) 371−373

144. Hille (Standard Elektrik Lorenz AG, Nürnberg): private Mitteilung 1980

145. Sprague: Solid Tantalum Capacitors. Genf 1980

146. Roederstein GmbH: Tantal-Elektrolyt-Kondensatoren. Landshut 1980

147. Standard Elektrik Lorenz AG: Tantalkondensatoren. Nürnberg 1980

148. Siemens AG: Aluminium- und Tantal-Elektrolyt-Kondensatoren. München 1980

149. Ackmann, W.: Charakteristiken von Tantalkondensatoren. Elektrotech. Z., Ausg. A 86 (1965) 632−635

150. Hluchan, S. E.: Powder geometry and structural design of the high volumetric efficiency tantalum electrolytic capacitor. IEEE Trans. Parts, Hybrids, Packag. (PHP) 9 (1973) 148−155

151. Brettle, J.; Jackson, N. F.: Failure mechanisms in solid electrolytic capacitors. Electrocomponent Science and Technology 3 (1977) 233−246

152. Hasegawa, Y.; Morimoto, K.: Characteristics and failure analysis of solid tantalum capacitors. NEC (Nippon Electr. Co.) Res. Dev. 50 (1978) 79−93

153. Valvo GmbH: Qualität von Aluminium-Elektrolytkondensatoren der Reihe 121. Hamburg 1980

154. Petrick, P.: Halbleiter als Elektrolyt. Elektronikpraxis 16 (1981) 22−29

155. Petrick, P.: Belastungsverhalten von Tantalkondensatoren. Elektronik-Anz. 12 (1980) 21−24

156. Lorenz, R. W.; Moritz, P.: Messung des Serienresonanzwiderstandes von Kondensatoren. Arch. Techn. Mess. V 3533-3 (1972) 205–208
157. Liebscher, F.; Held, W.: Kondensatoren. Dielektrikum, Bemessung, Anwendung. Berlin, Heidelberg, New York: Springer 1968

Kapitel 3. Spulen, Übertrager und magnetische Werkstoffe

1. Simonyi, K.: Theoretische Elektrotechnik. Berlin 1956, S. 13–14, 26–28.
2. Küpfmüller, K.: Einführung in die Theoretische Elektrotechnik. 10 Aufl. Berlin, Heidelberg, New York: Springer 1973
3. Hak, J.: Eisenlose Drosselspulen. Leipzig 1938, S. 2–4
4. Szabó, J.: Mathematik (Tafeln, Elliptische Integrale). In: Hütte, des Ingenieurs Taschenbuch. 28. Aufl., Bd. 1. Berlin 1955, S. 53–54
5. Emde, F.; Jahnke, F.; Lösch, F.: Tafeln höherer Funktionen. 6. Aufl. Stuttgart 1960, S. 54–55
6. Zinke, O.: Beitrag zur geschlossenen Näherungsdarstellung elliptischer Integrale. Z. Angew. Math. Mech. 21 (1941) 114–118
7. v. Angerer, E.: Technische Kunstgriffe bei physikalischen Untersuchungen. 8. Aufl. Braunschweig 1952, S. 218
8. Ollendorff, F.: Die Grundlagen der Hochfrequenztechnik. Berlin 1926, S. 70
9. Hall, J. R.; Smith, C. E.; Weldon, J. O.: Very high power long-wave broadcasting station. Proc. IRE 42 (1954) 1222–1235
10. Nottebrock, H.: Bauelemente der Nachrichtentechnik. Teil 3: Spulen. Berlin 1950, S. 128
11. Feldtkeller, R.: Theorie der Spulen und Übertrager. 3. Aufl. Stuttgart 1958, S. 14
12. Vacuumschmelze AG: Firmenschrift FS-M 6: Schnittbandkerne 1960, S. 3
13. Vogt & Co. KG: Bauteile-Handbuch 1970/71
14. Hilpert, S.: Genetische und konstitutive Zusammenhänge in den magnetischen Eigenschaften bei Ferriten und Eisenoxyden. Chem. Ber. 42 (1909) 2248–2261
15. Survey of Ferrite Literature, Philips Matronics. (1955) 143–152
16. Hofmeier, W.: Über Messungen der Eigenschwingungen einlagiger Spulen. Ann. Phys. (Leipzig) 74 (1924) 32–54
17. Zuhrt, H.: Eine quasistationäre Berechnung der Eigenwellen einlagiger Flach- und Zylinderspulen. Arch. Elektrotech. (Berlin) 27 (1933) 613–636, 729–742
18. Koch, K. M.; Jellinghaus, W.: Einführung in die Physik der magnetischen Werkstoffe. Wien 1957, S. 39
19. Pohl, R. W.: Elektrizitätslehre, 16. Aufl. Berlin, Göttingen, Heidelberg: Springer 1957, S. 85
20. Curie, M. P.: Propriétés magnétiques des corps à diverses températures. Ann. Chim. Phys. 5 (1895) 289–405
21. Kneller, E.: Ferromagnetismus. Berlin, Göttingen, Heidelberg: Springer 1962, S. 30
22. Weiss, P.: J. Phys. Hist. nat. 6 (1907) 661
23. Bloch, F.: Zur Theorie des Austauschproblems und der Remanenzerscheinung der Ferromagnetika. Z. Phys. 74 (1932) 295–335
24. Barkhausen, H.: Zwei mit Hilfe der neuen Verstärker entdeckte Erscheinungen. Phys. Z. 20 (1919) 401–403
25. Neel, L.: Influence des fluctuations des champs moleculaires sur les propriétés magnétiques des corps. Ann. Chim et Phys. 17 (1932) 5–105 – Propriétés magnétiques des ferrites: Ferrimagnétisme et antiferromagnétisme. Ann. Chim. Phys. 3 (1948) 137–198
26. Dekker, A. J.: Solid State Physics. Englewood Cliffs 1960, S. 470
27. Soohoo, R. F.: Theory and application of ferrites. Englewood Cliffs 1960, S. 43–44
28. Smit, J.; Wijn, H. P.: Ferrites. London 1959, S. 42–45

29. Meyer, A. J. P.; Tagland, P.: Propriétés magnétiques, Antiferromagnétisme et ferromagnétisme de MnAu₂. J. Phys. (Paris) 17 (1956) 457—465

30. Neel, L.: Métamagnétisme et propriétés magnétiques de MnAu₂. C. R. Acad. Sci., Paris 242 (1956) 1549—1554

31. Bozorth, R. N.: Ferromagnetism. New York 1951, S. 542

32. Wolman, W.: Der Frequenzgang des Wirbelstromeinflusses bei Übertragerblechen. Z. Tech. Phys. 10 (1929) 585—588

33. Lord Rayleigh: On the behaviour of iron and steel under the operation of feeble magnetic forces. Philos. Mag. 23 (1887) 225—245

34. Feldtkeller, R.: Tabellen und Kurven zur Berechnung von Spulen und Übertragern. 3. Aufl. Stuttgart 1958, S. 10 u. 24

35. Feldtkeller, R.: Magnetische Nachwirkung in Spulenblechkernen bei schwachen Wechselfeldern. Nachrichtentech. Z. 3 (1950) 112—117

36. Meinke, H.: Einführung in die Elektrotechnik höherer Frequenzen. Berlin, Göttingen, Heidelberg: Springer 1961

37. Jordan, H.: Die ferromagnetischen Konstanten für schwache Wechselfelder. Elektr. Nachr.-Tech. 1 (1924) 7—29

38. Boll, R.: Diss. Stuttgart 1959 — Berichte der Arbeitsgemeinschaft Ferromagnetismus. Düsseldorf 1960 — Wirbelstrom- und Spinrelaxationsverluste in dünnen Metallbändern bei Frequenzen bis zu etwa 1 MHz. Z. Angew. Phys. 12 (1960) 212—223

39. Snoek, J. L.: Dispersion und absorption in magnetic ferrites at frequencies above one Mc/s. Physica (The Hague) 14 (1948) 207—217

40. Landau, L. D.; Lifschiz, E. M.: Theory of dispersion of magnetic permeability in ferromagnetic bodies. Phys. Z. Sowjetunion. 8 (1935) 153—169

41. Rado, G. T.: Magnetic spectra of ferrites. Rev. Mod. Phys. 25 (1953) 81—89

42. Jenss, H.: Werkstoffe der Fernmeldetechnik, Ferromagnetische Werkstoffe. In: Hütte, des Ingenieurs Taschenbuch. 28. Aufl., Bd. 4B. Berlin, München: Ernst & Sohn 1962, S. 238—294

43. Kaden, H.: Wirbelströme und Schirmung in der Nachrichtentechnik. Berlin 1959, S. 37—42

44. Zinke, O.; Brunswig, H.: Lehrbuch der Hochfrequenztechnik. 2. Aufl. Bd. 1. Berlin, Heidelberg, New York: Springer 1973, Kap. 4

45. Vacuumschmelze GmbH: Firmenschrift M 11: Geklebte Blechpakete (1978)

46. Boll, R.; Martin, H.: Kleinübertrager und Drosseln mit hochpermeablen Kernen. Elektronik 18 (1969) 109—112

47. Potthoff, K.: Das magnetische Feld der kreisförmigen Windung. Elektrotech. Z., Ausg. A 82 (1961) 65—67

48. Heck, C.: Magnetische Werkstoffe und ihre technische Anwendung. 2. Aufl. Heidelberg: Hüthig 1975

49. Valvo: Handbuch: Einzelteile II (1967)

50. AEG-Telefunken: Handbuch: Ferrite für Spulen und Übertrager (1979)

51. Siemens AG: Datenbuch: Ferrite (1979/80)

52. Valvo: Handbuch: Ferroxcube (1978)

53. Jahre GmbH: Firmenschrift: Induktivitäten (1979)

54. Feldtkeller, R.: Duale Schaltungen der Nachrichtentechnik (Fernmeldetechnisches Lehrheft 4). Berlin: G. Siemens 1948

55. Küpfmüller, K.: Einführung in die Theoretische Elektrotechnik. 10. Aufl. Berlin, Heidelberg, New York: Springer 1973, S. 395/396

56. Tellegen, B. D. H.: The Gyrator, a new electric network element. Philips Res. Rep. 3 (1948) 81—101. — La recherche pour une série complète d'éléments de circuits ideaux non linéaires. Rend. Semin. Mat. Fis. Milano 25 (1954) 134—144

57. Braun, K.: Elektroakustische Vierpole. TFT 33 (1944) 85—95

58. Klein, W.: Die Ersatzbilder des nicht umkehrbaren Vierpols. Arch. elektr. Übertr. 6 (1952) 205—208. — Vierpoltheorie. Mannheim, Wien, Zürich: Bibliograph. Inst. 1972, S. 94—98

59. Sharpe, G. S.: The pentode gyrator, IRE Trans. Circuit Theory (CT) 4 (1957) 321—323

60. Fliege, N.: Eigenschaften und Entwurf aktiver Filter. Nachrichtentech. Z. (1973) 423–434
61. Antoniou, A.: Realization of gyrators using operational amplifiers, and their use in RC-active-network-synthesis. Proc. Inst. Electr. Eng. 116 (1968) 510–512. – 3-Terminal gyrator circuits using operational amplifiers. Electron. Lett. 4 (1968) 591
62. Schenck, Ch.: Neue Schaltungen spannungsgesteuerter Stromquellen und ihre Anwendungen in elektronischen Y-Gyratoren. Diss. Univ. Erlangen-Nürnberg 1976
63. Grützmann, S.: Untersuchung an Hall-Effekt-Gyratoren, -Isolatoren und -Zirkulatoren. Diss. TH Stuttgart 1966
64. Forkmann, H.: Die resultierende Wärmeleitfähigkeit getränkter Wicklungen aus Runddraht mit Lackisolation. Dtsch. Elektrotech. 12 (1957) 533 ff.
65. Gotter, G.: Erwärmung und Kühlung elektrischer Maschinen. Berlin, Göttingen, Heidelberg: Springer 1954
66. Peek, R. L.; Wagar, H. N.: Switching relay design. Princetown: van Nostrand
67. Yakuwa, K.; Nakazana, T.; Suziki, H.: Failure analysis of transformers and coils for communication equipments. Fujitsu Sci. Tech. J., Sept. 1970
68. van Diest, H. G.: The reliability of failure rates. Philips Telecommun. Rev. 31 (1973) No. 1
69. RADC Reliability Notebook, Vol. 2, Sect. VIII (Rome Air Development Centers)
70. Domsch, G. H.: Der Übertrager der Nachrichtentechnik. Leipzig: Geest & Portig 1953
71. Feldtkeller, R.: Spulen und Übertrager, Teil II, Übertrager. 2. Aufl. Stuttgart: Hirzel 1949
72. Weis, A.: Über die Bestimmung der Kupferverluste von Rundfunkspulen. Hochfrequenztechnik und Elektroakustik 47 (1936) 148–152
73. Koch, J.: Wirbelstromverluste in der Wicklung von Schalenkernen mit Luftspalt. Nachrichtentech. Z. 21 (1968) 267–270
74. Kornetzki, M.: Ferritkerne für Hochfrequenzspulen. Siemens-Z. (1951) 94–100
75. Tafel, H. J.: Passive Bauelemente der Nachrichtentechnik. Aachen 1969, S. 145–168
76. Friedrich Krupp GmbH: Firmenschrift: Amorphe Metalle
77. Vacuumschmelze GmbH: Firmenschrift: Vitrovac

Anhang. Grundlagen der Zuverlässigkeitsanalyse und -synthese

1. Görke, W.: Zuverlässigkeitsprobleme elektronischer Schaltungen. Mannheim: Bibliograph. Inst. 1969
2. Dombrowski, E.: Einführung in die Zuverlässigkeit elektronischer Geräte und Systeme. Berlin: AEG-Telefunken 1970
3. Dummer, G. W.; Griffin, C.: Electronics reliability: Calculation and design. Oxford: Pergamon 1966
4. Girard, J.: La fiabilité dans le domaine de l'électronique spatiale: Le programme Concerto. Rech. Aerosp. 8 (1969) 1–10
5. Schneeweiss, W.: Zuverlässigkeitstheorie. Berlin, Heidelberg, New York: Springer 1973
6. Hoffmann, K.; Röder, H. F.: Zuverlässigkeit elektronischer Bauteile und Schaltungen. In: Handbuch für Hochfrequenz- und Elektrotechniker, Bd. 5. 1981
7. Koslow, B. A.; Uschakow, I. A.: Handbuch zur Berechnung der Zuverlässigkeit für Ingenieure (Übers. K. Reinschke). München: Hanser 1979
8. DIN 40 040: Anwendungsklassen und Zuverlässigkeitsangaben für Bauelemente und Geräte der Nachrichtentechnik und Elektronik, Febr. 1973
9. Weibull, W.: A statistical distribution function of wide applicability. J. Appl. Mech. 18 (1951) 293–297

10. Stange, K.: Zur Ermittlung der Abgangslinie für wirtschaftliche und technische Gesamtheiten. Mitteilungsbl. math. Statistik 7 (1955) 113—151
11. Ackmann, W.: Zuverlässigkeit elektronischer Bauelemente. Heidelberg: Hüthig 1976
12. Beyerlein, F.: Lebensdauerfragen bei Bauelementen. In: Jb. d. elektr. Fernmeldewesens (1964) 150—187. Physikalisch-chemische Betrachtungen zur Zuverlässigkeit. In: Technische Zuverlässigkeit, H. 1. München: Oldenbourg 1964
13. Bazovsky, I.: Reliability: Theory and practice. Englewood Cliffs: Prentice-Hall 1961
14. Wucherer, H.: Industrielle Qualitätssicherung in der Fertigung elektronischer und elektromechanischer Bauelemente. Würzburg: Vogel 1981

Sachverzeichnis